# Lineare Algebra

# Lineare Algebra

2., aktualisierte Auflage

Theo de Jong

Bibliografische Information der Deutschen Nationalbibliothek

Die Deutsche Nationalbibliothek verzeichnet diese Publikation in der Deutschen Nationalbibliografie; detaillierte bibliografische Daten sind im Internet über <http://dnb.dnb.de> abrufbar.



10 9 8 7 6 5 4 3 2 1

24 23 22 21 20

ISBN 978-3-86894-379-5 (Buch)

ISBN 978-3-86326-876-3 (E-Book)


St.-Martin-Straße 82, D-81541 München

www.pearson.de
A part of Pearson plc worldwide

Programmleitung: Birger Peil, bpeil@pearson.de
Korrektorat: Katharina Pieper, Berlin
Coverabbildung: © Unconventional, Shutterstock
Herstellung: Philipp Burkart, pburkart@pearson.de
Satz: le-tex publishing services GmbH, Leipzig
Druck und Verarbeitung: Drukkerij Wilco, Amersfoort

Printed in the Netherlands

# Inhaltsverzeichnis

# Einführung

Die heutige Schulmathematik und die Mathematik, so wie sie an den Universitäten unterrichtet wird, unterscheiden sich erheblich. Worin bestehen diese Unterschiede?

• In der Schule wird sogenannte „realistische Mathematik" unterrichtet. Es wird versucht die Mathematik anhand von Anwendungen zu erklären. Von vielen wird diese Vorgehensweise, Mathematik zu unterrichten, um es vorsichtig zu sagen, kritisch gesehen, vor allem weil die realistische Mathematik nicht realistische Kontexte behandelt.[1]

Im Mathematikstudium hingegen werden, vor allem in den Grundvorlesungen, Anwendungen der Mathematik zum größten Teil ignoriert. Man braucht für die wichtigen Anwendungen der Mathematik viel mehr Mathematik als in der Schule unterrichtet werden kann. Nicht umsonst fangen die Studierenden der Physik, Informatik und auch anderer Studiengänge ihr Studium zunächst mit einer ordentlichen Portion Mathematik an, bevor sie mit ihrem eigentlichen Fach durchstarten können. Ohne Mathematik hätten wir keine Elektrizität, kein GPS, keine Verschlüsselung, keine Computertomographie, keine Suchmaschinen et cetera et cetera. Mathematik ist der Sauerstoff der Wissenschaft. Es ist aber nicht die Aufgabe des Mathematikers, solche Anwendungen der Mathematik zu besprechen. Das sollte man den Anwendungsexperten überlassen. Der Studierende sollte Geduld haben, um Anwendungen zu verstehen. In anderen Bereichen des Lebens wird eine solche Einstellung als selbstverständlich gesehen. Nach einer Stunde Gitarrenunterricht kann man noch keine Gitarre spielen, nach einem Trainingstag schafft man auch nicht, den Marathon zu laufen usw.

Der Vorteil der Mathematik ist, dass man sich von unnötigem anwendungsbezogenen Ballast löst und sich auf die daraus resultierenden mathematischen Probleme stürzt.

• Ein anderer großer Unterschied zwischen Schulmathematik und der Mathematik im Studium ist die Herangehensweise, bestehend aus Definition, Satz und Beweis. Wir schauen im Duden die Bedeutung dieser Begriffe nach.

**Definition:** „eine genaue Bestimmung eines Begriffes durch Auseinanderlegung, Erklärung seines Inhalts". Synonyme sind z. B. Begriffsbestimmung, Deutung, Konkretisierung.

**Satz:** „in einem oder mehreren Sätzen formulierte Erkenntnis, Erfahrung oder Behauptung von allgemeiner Bedeutung".

**Beweis:** „Nachweis dafür, dass etwas zu Recht behauptet, angenommen wird; Gesamtheit von bestätigenden Umständen, Sachverhalten, Schlussfolgerungen".

Diese Vorgehensweise sollte am Anfang des Studiums nicht ad absurdum durchgeführt werden. Stattdessen sollte man diese Vorgehensweise üben. So werden wir sicherlich nicht versuchen, die natürlichen Zahlen zu „definieren". Da in diesem Buch vornehmlich Algebra

1 Siehe zum Beispiel den Aufsatz „Der Schwanz ist eine monoton fallende Exponentialfunktion" von Franz Lemmermeyer.

gemacht wird, werden wir auf eine genaue Definition der reellen Zahlen $\mathbb{R}$ verzichten, wir setzen sie als bekannt voraus. Eine genauere Beschreibung kommt in meinem Analysis-Buch vor. Auch die Begriffe Fläche und Volumen werden wir hier nicht behandeln. Hiervon ausgehend können wir die Ebene definieren als die Menge $\mathbb{R}^2$, deren Elemente Zahlenpaare $(a, b)$ mit $a, b \in \mathbb{R}$ sind. (In der Schule werden Punkte in $\mathbb{R}^2$ oft mit $(a|b)$ bezeichnet.) Für das Verständnis ist es wichtig, den geometrischen Hintergrund von $\mathbb{R}^2$ als Koordinaten zu verstehen. Man hat also eine waagerechte Achse, die $x$-Achse, und eine „senkrecht" daraufstehende $y$-Achse usw. Hiervon ausgehend kann man definieren, was eine Gerade in der Ebene ist, man kann definieren, wann zwei Geraden parallel sind, und den Satz formulieren, dass zwei nicht parallele Geraden sich in einem Punkt schneiden. Anhand solcher einfachen geometrischen Begriffe lässt sich das Beweisen gut üben.

Warum sollte man so vorgehen? Dies kann man am besten durch ein Zitat von Franz Lemmermeyer ausdrücken: „Natürlich kann man mit Handwedeln so einiges zu erklären versuchen, aber durch den Verzicht auf eine genaue Definition wird Mathematik zum Sammelsurium unzusammenhängender und vollkommen willkürlicher Regeln."

### Schulmathematik = Einsetzen in Formeln?

In dieser vielleicht etwas provokanten Aussage steckt ein bisschen Wahrheit. Schulaufgaben bestehen zu einem erheblichen Teil aus dem Einsetzen von Zahlen in gewisse auswendig gelernte oder vorgegebene Formeln. Es spricht natürlich nichts dagegen, Formeln auswendig zu kennen, im Gegenteil. Alles, was man auswendig weiß, hat man sofort parat. Einsetzen in Formeln ist eine einfache Tätigkeit.

Wir erklären dies anhand folgenden Beispiels. Gegeben sind die zwei Vektoren $(a_1, a_2)$ und $(b_1, b_2)$ in der Ebene, beide ungleich $(0, 0)$, und man möchte den (nichtorientierten) Winkel $\varphi$ zwischen diesen Vektoren bestimmen. Dazu benutzt man die Formel

$$\cos(\varphi) = \frac{a_1 b_1 + a_2 b_2}{\sqrt{a_1^2 + a_2^2} \cdot \sqrt{b_1^2 + b_2^2}} .$$

In einem konkreten Beispiel setzt man die Zahlen ein und benutzt den Taschenrechner, um den Winkel $\varphi$ annäherungsweise zu bestimmen. Auch nicht besonders an Mathematik interessierte, mit mir verwandte Personen finden diese Vorgehensweise unbefriedigend. Warum gerade diese Formel? Hätte es genauso gut eine andere Formel sein können? Man hört hier den Ruf nach einem Beweis oder wenigstens nach einer Erklärung (was der Unterschied auch sein möge).

• Benutzung des graphischen Taschenrechners: Der graphische Taschenrechner (GTR) ist ein elektronisches Gerät, welches für viel Geld in der Schule angeschafft werden muss. Nach dem Abitur kann man nur hoffen, das Gerät an Jüngere verkaufen zu können. Wahrscheinlich meistens vergebens, denn die Hersteller sorgen schon für Weiterentwicklungen. Im Mathematikstudium und im weiterem Leben ist der GTR nutzlos.

Wie war es früher? Vor fünfzig Jahren kämpften die Schüler mit Rechenschieber und Tabellenbüchern. Wenn man z. B. annäherungsweise $\sin(39°)$ wissen wollte, so schaute man in einem Tabellenbuch nach. Weil $\cos(51°) = \sin(39°)$, wurde nur eine der beide Zahlen aufgelistet.

Das sorgte dafür, dass die Schüler die wichtigsten Identitäten von Sinus, Cosinus und anderen elementaren Funktionen gut kannten.

Es war ohne Zweifel eine Verbesserung, als erstmals Taschenrechner in der Schule benutzt werden durften. Moderne Taschenrechner können viel mehr als nur Tabellenbücher und Rechenschieber ersetzen. Der Einsatz von Taschenrechnern kann auch kontraproduktiv sein. So sorgt die Berechnung von Binomialkoeffizienten direkt mit dem Taschenrechner dafür, dass die Bedeutung von Binomialkoeffizienten verloren gehen kann. Mit dem Taschenrechner den Binomialkoeffizienten $\binom{7}{3}$ auszurechnen, ist vielleicht noch nachzuvollziehen, direkt danach $\binom{7}{4}$ nicht, weil offenbar die Gleichung $\binom{7}{4} = \binom{7}{3}$ gilt. Für Personen, die auf diese Weise vorgehen, gehören Binomialkoeffizienten leider zum oben genannten Sammelsurium. Nichts in der Mathematik ist ohne Bedeutung.

Ist die Benutzung von Rechengeräten und Computern dann sinnlos? Die Antwort hierauf ist meines Erachtens: nein. Es kann sehr hilfreich sein, gewisse Berechnungen selbst in einem Computer zu programmieren. In diesem Buch werden wir das kostenlose Computeralgebrasystem SAGEMATH benutzen. Später in der Einleitung komme ich hierauf zurück.

- **Abstraktion.** Abstraktion ist ein Schlüsselbegriff für Mathematiker. Anfänger haben bekanntlich Schwierigkeiten mit der abstrakten Denkweise. Abstraktes Denken muss also gelernt werden, allerdings braucht man zunächst mathematische Objekte und Begriffe, die es zu abstrahieren gibt. Für gelernte Mathematiker sind Vektorräume, Gruppen, Ringe, Körper usw. konkrete Objekte: Sie haben hinreichend viele Beispiele solcher Objekte im Hinterkopf, einem Anfänger sind diese aber noch nicht bekannt. Abstraktion ist deshalb ein subjektiver Begriff. Aus diesem Grund fangen wir mit der Ebene $\mathbb{R}^2$ sowie dem Anschauungsraum $\mathbb{R}^3$ an. Für $\mathbb{R}^2$ und $\mathbb{R}^3$ werden viele Begriffe, die später bei allgemeineren Vektorräumen eine Rolle spielen, separat eingeführt und die Sätze für diese Fälle bewiesen. Für $\mathbb{R}^2$ und $\mathbb{R}^3$ ist die geometrische Vorstellungskraft eine enorme Hilfe beim Verstehen der Beweise. Für den allgemeinen Fall von Vektorräumen hoffe ich auf einen „Das beweist man genauso"-Effekt. Jedoch gibt es mehr Indizes, um die man sich kümmern muss. Mit diesem Ansatz verliert man keine Zeit, im Gegenteil, es stellt sich heraus, dass man hiermit Zeit gewinnt! Einer meiner Dozenten meinte, dass man die „einfachen" Sachen wirklich gut verstehen muss. Wie recht er hatte.

Warum sollte man solche abstrakten Begriffe wie Vektorräume, Gruppen, Ringe, Körper usw. lernen? Hier muss man die Studierenden um Geduld bitten. Es wird sich herausstellen, dass die Theorie der Vektorräume in vielen, wenn nicht sogar in fast allen Teilen der Mathematik Anwendungen findet. Spätestens in Kapitel 9, in dem wir Methoden besprechen, um polynomiale Gleichungssysteme zu lösen, wird der abstrakte Begriff des Vektorraums unentbehrlich sein.

### Welchen Rat kann man Anfängern geben?

Ich liste hier einige Hinweise für die Studierenden auf, die nach meiner Erfahrung hilfreich sein können.

1. Kommen Sie immer zur Vorlesung sowie Übungsgruppe, und zwar vorbereitet. Die Themen aus der vorherigen Vorlesung sollten parat sein und es ist sehr hilfreich, wenn Sie das nächste Thema schon mal durchgelesen haben. So können Sie sich in der Vorlesung

besonders darauf konzentrieren, was Sie (noch) nicht verstanden haben. Selbst wenn Sie schon alles verstanden haben, sollten Sie sich realisieren, dass Sie ein Thema siebenmal wiederholen müssen, bevor Sie es sich angeeignet haben. Dies behauptet zumindest die Gehirnforschung.

2. Lernen Sie die Definitionen auswendig.[2] Versuchen Sie nachzuvollziehen, was der Grund für die gegebene Definition ist.
3. Lernen Sie die Aussagen der Sätze auswendig. Versuchen Sie, sich Beispiele für diese Sätze auszudenken. Stellen Sie fest, ob die Aussage für Sie überraschend ist oder nicht.
4. Gehen Sie den Beweis durch. Was geht schief bei dem angegebenen Beweis, wenn Sie eine Voraussetzung aus dem Satz weglassen? Denken Sie darüber nach, ob es andere Beweise geben kann. Warum kann der Satz nicht einfacher bewiesen werden?
5. Hilfreich ist es, täglich eine halbe oder ganze Stunde Aufgaben zu machen. Es gibt drei Arten von Aufgaben.
   - Rechenaufgaben, die man so lange üben muss, bis man diese routinemäßig lösen kann. Diese sind oft vom gleichen Typ. Komplette Lösungen stehen auf der Companion Website, aber man sollte vorher ernsthaft versuchen, die Aufgaben selbst zu lösen.
   - Beweisaufgaben. Diese gibt es in verschiedenen Schwierigkeitsstufen. Wenn Sie anfangs gar keinen Ansatz sehen, so versuchen Sie, Spezialfälle zu betrachten. Wenn Sie zum Beispiel lesen: „Zeigen Sie, dass für alle $n \in \mathbb{N}$ gilt ...“, so betrachten Sie zunächst die Fälle $n = 1, 2, 3$ usw. und hoffen darauf, dann eine Idee zu bekommen.
   - Programmieraufgaben.

Die ersten fünf Kapitel sind für das erste Semester gedacht und in dreizehn Wochen durchführbar. Ich selbst lese in meiner Vorlesung Kapitel 3 bis zu den komplexen Zahlen und fahre mit Kapitel 4 fort. Der Grund hierfür ist, dass man bei der Determinantentheorie, die normalerweise im ersten Semester abgeschlossen sein sollte, nicht in Zeitnot kommt. In den letzten ein bis zwei Wochen des ersten Semesters gibt es in der Regel noch Zeit, die zusätzlichen Körper $\mathbb{F}_p$ und $K[x]/\langle f \rangle$ zu konstruieren. Die Kapitel 6 bis 8 sind für das zweite Semester gedacht. Die Grundlagen der Gruppentheorie sollte man sicherlich durchnehmen können. Ich habe auch die Sylow-Sätze behandelt, weil sie das Studium von Gruppen mit wenig Elementen sehr vereinfachen. Es könnte sein, dass hierfür nicht mehr viel Zeit übrig bleibt. Die letzten zwei Kapitel können als eine Einführung in die Algebra für das dritte Semester benutzt werden. In Mainz werden die Themen der Kapitel 9 und 10 sehr oft von Lehramtsstudierenden im Masterstudiengang gehört.

Das Buch ist folgendermaßen aufgebaut. Jedes Kapitel beginnt mit einer ausführlichen Einführung. Hier werden die wichtigsten Definitionen und Sätze erläutert. Darauf folgen auf den linken Buchseiten die genauen mathematischen Definitionen und Sätze. Auf den rechten Seiten stehen Aufgaben, anhand derer das Gelernte sofort geübt werden kann. Die Aufgaben

2 Ich wurde für diese Bemerkung von einigen Personen belächelt. Es gibt aber keinen Grund, warum es falsch sein sollte, etwas zu wissen.

fangen meist einfach an und werden allmählich schwerer. Auf den linken Seiten werden auch Beweise aufgeführt. Diese wurden recht kurz gehalten und auf das Wesentliche des Argumentes beschränkt. Bei Phrasen wie „man rechnet nach, dass ...“ wird erwartet, dass der Leser an dieser Stelle die Berechnungen durchführt. Ist der Beweis länger, so wird dieser auf zwei Zwischenseiten ausführlich dargestellt. Für das Weiterlernen ist es nicht unbedingt erforderlich, diese langen Beweise (sofort) durchzuarbeiten. Bei kurzen Beweisen ist die Absicht, dass die Studenten den Beweis so lange studieren, bis sie ihn verstanden haben. Allerdings sollte man nicht zu schnell frustriert sein. Das Verstehen von Beweisen muss geübt werden und es kann manchmal Wochen, Monate oder gar Jahre dauern, bevor man einen Beweis wirklich zu 100 % versteht.

Welche Themen beinhaltet dieses Buch? Behandelt werden alle klassischen Themen der linearen Algebra im ersten Studienjahr: Vektorräume, lineare Abbildungen, Matrizen, Determinanten, Eigenwerte und Eigenvektoren, jordansche Normalform, euklidische und unitäre Vektorräume und Anfangskenntnisse der Gruppentheorie. Alternativ kann man statt der Gruppentheorie auch einen Teil des Kapitels 9 behandeln. Eine Besonderheit im Buch möchte ich hier hervorheben. Die Existenz eines Eigenwertes für eine lineare Abbildung $A\colon \mathbb{C}^n \to \mathbb{C}^n$ wird normalerweise bewiesen durch eine Anwendung des Hauptsatzes des Algebra, welche oft in der komplexen Analysis als Folgerung des Satzes von Liouville bewiesen wird. Die Existenz eines Eigenwertes kann, nach einer fantastischen Idee von Derksen, direkt bewiesen werden. Das einzige Ergebnis, das aus der Analysis benutzt wird, ist der Zwischenwertsatz. An der Richtigkeit des Zwischenwertsatzes zweifelt kein vernünftiger Mensch. Umgekehrt leitet man den Hauptsatz der Algebra aus der Existenz eines Eigenwertes einer linearen Abbildung ab. Es ist natürlich schön, dass wir den Hauptsatz der Algebra in diesem Algebra-Buch beweisen können.

In der Neuauflage dieses Buches sind zwei neue Kapitel hinzugefügt worden. In Kapitel 9 betrachten wir polynomiale Gleichungssysteme in mehreren Veränderlichen. Diese Gleichungssysteme verallgemeinern die zuvor studierten linearen Gleichungssysteme. Wir werden Kriterien besprechen, ob und wie viele Lösungen es über den komplexen Zahlen gibt. Algorithmen werden angegeben, um die Anzahl der Lösungen sowie die Lösungen numerisch bestimmen zu können. Ebenfalls werden wir die reellen Lösungen von polynomialen Gleichungssystemen betrachten.

Im letzten Kapitel betrachten wir das Problem der Faktorisierung von Polynomen mit Koeffizienten in $\mathbb{Q}$ und einige Verallgemeinerungen. Diese beide Kapitel, welche konkrete Probleme als Leitfaden nehmen, bilden eine sehr gute Voraussetzung für die Galoistheorie. Die Galoistheorie ist nach meiner Erfahrung viel besser zu verstehen, wenn man die letzten zwei Kapitel durchgearbeitet hat.

Schließlich kommen noch ein paar Worte zu dem Computeralgebra-Programm SAGEMATH. Alle, die PYTHON kennen, werden ohne Probleme mit diesem System anfangen können. PYTHON-Kurse gibt es online auf youtube und manchmal gibt es, zumindestens in Mainz, in jeder vorlesungsfreien Periode einen kostenlosen PYTHON-Kurs. In Mainz wird dieser Kurs vom Institut für Physik organisiert. Mit Programmieren ist es aber wie mit dem Abstrahieren. Über Programmieren reden ist nicht sinnvoll, wenn man nicht weiß, was man programmieren soll.

Wir werden einfache Programmieraufgaben geben. Versuchen Sie, die SAGEMATH-Aufgaben selbst zu lösen, also die Programme selbst zu schreiben. Sie werden feststellen, dass man vom Programmieren mathematischer Algorithmen viel lernt. Es ist meine Hoffnung, dass Lehramtsstudierende Impulse bekommen, wie man Computer in der Schule im Mathematikunterricht *sinnvoll* einsetzen kann.

Hier noch ein paar Anfangsbemerkungen zu SAGEMATH. Es gibt drei Möglichkeiten, SAGEMATH zu benutzen.

1. Benutze SAGEMATHCELL, siehe

   `https://sagecell.sagemath.org/.`

   Diese Methode ist sehr einfach, man muss jedoch mit dem Internet verbunden sein und es ist nicht ohne Weiteres möglich, die Arbeit zu speichern. Zu Beginn ist es sicherlich sinnvoll, diese Methode zu benutzen, da man direkt anfangen und in Ruhe eine der nachfolgenden Methoden wählen kann.
2. Sie können SAGEMATH auf dem Rechner installieren:

   `https://www.sagemath.org/download.html.`
3. Benutze CoCalc:

   `http://www.sagemath.org/notebook-vs-cloud.html.`

   CoCalc steht für „collaborative calculation in the cloud“, damit kann man über das Internet mit anderen zusammenarbeiten.

Sehen Sie SAGEMATH zunächst einfach als einen Taschenrechner an. Dazu können Sie zur Einführung folgende Website aufrufen:

`doc.sagemath.org/html/de/thematische_anleitungen/sage_gymnasium.html`

Auf

`https://wiki.sagemath.org/quickref`

finden Sie die wichtigsten Befehle für SAGEMATH, insbesondere für die lineare Algebra.

Nachfolgend einige Beispiele.[3]

```
sage: 4*3+5
17
sage: 4^3
64
sage: pi
pi
sage: N(pi)
3.14159265358979
sage: N(pi,digits=50)
3.1415926535897932384626433832795028841971693993751
```

3 Ich gebe den Output wieder, wie er aussieht, wenn man SAGE auf dem Rechner installiert hat.

Dass man deutlich mehr mit SAGEMATH machen kann, wird aus den nächsten „uninteressanten“ Beispielen ersichtlich.

```
sage: print 'Affe'
Affe

sage: for i in range(5):
....:     print i
....:
0
1
2
3
4
```

Wie Sie sehen, fängt SAGEMATH bei 0 an zu zählen, das ist gewöhnungsbedürftig.

Wichtig ist, dass man selbst Funktionen definieren kann. Zum Beispiel die Funktionen $f(x) = 2 * x^2 - 4 * x + 3$ und $g(x, y) = x^2 + 4 * y$. Sie werden in SAGEMATH nicht Funktionen genannt, sondern „aufrufbarer symbolischer Ausdruck“.

```
sage: f(x) = 2*x^2-4*x+3
sage: g(x,y) = x^2 + 4*y
sage: g
(x, y) |--> x^2 + 4*y
sage: f(3)
9
```

Wir werden auch Funktionen brauchen, für die das Argument nicht eine Zahl ist, sondern zum Beispiel ein Vektor oder eine Matrix oder irgendetwas anderes. Folgendes Beispiel zeigt, wie man solche Funktionen beschreibt.

```
sage: def f(x):
....:     if x<=0:
....:         return(0)
....:     else:
....:         return x^2
```

## Danksagung

Bedanken möchte ich mich bei Duco van Straten für die anregenden Diskussionen über grundlegende Begriffe der Mathematik und bei Cynthia Hog-Angeloni für Verbesserungsvorschläge in der ersten Auflage. Vielen Dank auch an Oliver Labs für die Fertigung der Bilder zu den quadratischen Flächen. Weiterhin gilt mein Dank dem Pearson-Verlag für die angenehme Zusammenarbeit. Vor allem jedoch danke ich meiner Frau Petra. Ihre Unterstützung und das Korrekturlesen waren eine wesentliche Voraussetzung für die Fertigstellung des Buches. Auch danke ich meiner Familie für die aufgebrachte Geduld und unserem Hund für die Streitschlichtung.

Für Hinweise auf Fehler im Buch bin ich sehr dankbar. Wenn Sie welche finden, bitte ich Sie, mich zu benachrichtigen.

E-Mail: dejong@mathematik.uni-mainz.de

## Xtras-Online

Die Materialien zum Buch befinden sich auf dessen Webseite. Geben Sie in das Suchfeld auf unserer Seite `www.Pearson-Studium.de` die Buchnummer **4379** ein. Nach erfolgreicher kostenloser Registrierung haben Sie dann Zugriff auf die Lösungen der Aufgaben, Listings, eine Errata-Liste sowie weitere nützliche Informationen.

Viel Freude mit dem Buch.

Mainz

Theo de Jong

# Der Raum $\mathbb{R}^2$

1



ÜBERBLICK

## LERNZIELE

- Vektoren, Addition, Skalarmultiplikation
- Basen, Determinanten, cramersche Regel
- Geraden
- Abstand, Satz von Pythagoras
- Lineare Abbildungen
- Invertierbare Abbildungen, Basiswechsel
- Drehungen und Spiegelungen
- Winkel, Sinus und Cosinus
- Die Additionstheoreme von Sinus und Cosinus
- Das Skalarprodukt
- Besondere Punkte im Dreieck, die eulersche Gerade
- Kegelschnitte: Ellipse, Hyperbel und Parabel

Wir werden nicht, wie dies bei Euklid gemacht wurde, die axiomatische Einführung der Ebene durchführen. Die Ebene für uns ist definitionsgemäß gleich dem $\mathbb{R}^2$.

Wir wählen einen Punkt $0 = (0,0)$ in der Ebene und zwei reelle Geraden, die $x$-Achse und die $y$-Achse, welche „senkrecht" aufeinander stehen. Wie aus der Schule bekannt, können wir dann jedem Punkt $p$ in der Ebene gedanklich zwei reelle Zahlen, die $x$-Koordinate von $p$ und die $y$-Koordinate von $p$, zuordnen.

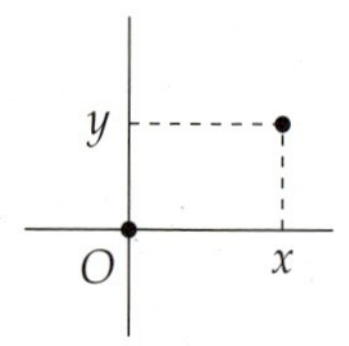


Aus der Schule kennen wir bereits den Begriff des Vektors. Er wird als „Pfeil" erklärt. Dabei werden zwei Vektoren als „gleich" betrachtet, wenn sie die gleiche „Richtung" und die gleiche „Länge" aufweisen. Man kann als Anfangspunkt des Vektors hier immer den Punkt $(0,0)$ nehmen. Der Endpunkt $(a_1, a_2)$ des Vektors bestimmt den Vektor. Weil Vektoren letztendlich durch zwei Zahlen $(a_1, a_2)$, also einen Punkt in $\mathbb{R}^2$ bestimmt sind, können und dürfen wir die Begriffe „Vektor" und „Punkt" synonym benutzen.

Zwei Vektoren können wir addieren. Die geometrische Interpretation ist durch das Parallelogrammgesetz gegeben. Außerdem kann ein Vektor $a$ mit einer reellen Zahl $\lambda$, auch Skalar genannt, multipliziert werden. Das Ergebnis ist ein Vektor $\lambda \cdot a$, der für $\lambda > 0$ in die gleiche Richtung wie $a$ zeigt, für $\lambda < 0$ in die entgegengesetzte Richtung. Die „Länge" des Vektors $\lambda \cdot a$ ändert sich um den Faktor $|\lambda|$.

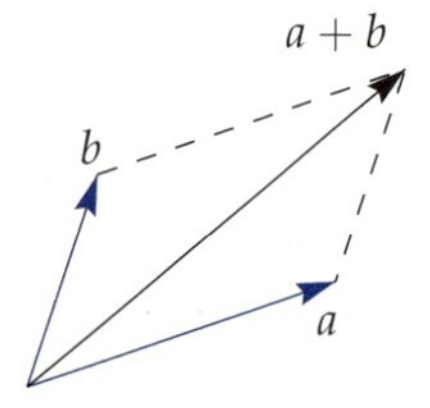


Sind zwei Vektoren $a$ und $b$ in der Ebene gegeben, sodass es für jedes $c \in \mathbb{R}^2$ (eindeutig) bestimmte Zahlen $x, y$ gibt mit $c = x \cdot a + y \cdot b$, so heißt $\mathcal{B} = (a, b)$ eine Basis von $\mathbb{R}^2$. Geometrisch bedeutet dies, dass $a$ und $b$ in $\mathbb{R}^2$ in verschiedene Richtungen zeigen. Die Zahlen $x, y$ mit der Eigenschaft $c = x \cdot a + y \cdot b$ nennt man die Koordinaten von $c$ bezüglich der Basis $\mathcal{B}$. Um die Koordinaten von $c$ bezüglich der Basis $\mathcal{B}$ zu berechnen, muss man das Gleichungssystem

$$a_1 x + b_1 y = c_1$$
$$a_2 x + b_2 y = c_2$$

nach $x$ und $y$ lösen. Das Lösen solcher Gleichungen haben Sie in der Schule gelernt. Eine *Lösungsformel* können wir mithilfe der sogenannten Determinante geben. Ist $a = (a_1, a_2)$ und $b = (b_1, b_2)$, so ist die Determinante $\det(a, b)$ definiert als die Zahl

$$\det(a, b) := a_1 b_2 - a_2 b_1 \,.$$

Das obige Gleichungssystem hat eine eindeutige Lösung genau dann, wenn $\det(a, b) \neq 0$. Die Lösung ist gegeben durch

$$x = \frac{\det(c, b)}{\det(a, b)} \quad \text{und} \quad y = \frac{\det(a, c)}{\det(a, b)} \,.$$

Diese Lösungsformel ist unter dem Namen cramersche Regel bekannt.

Geraden in $\mathbb{R}^2$ kann man mithilfe der Addition und Skalarmultiplikation darstellen. Eine Gerade in $\mathbb{R}^2$ ist demnach eine Menge der Form

$$b + \mathbb{R} \cdot a = \{b + t \cdot a \colon t \in \mathbb{R}\},$$

wobei $b$ ein sogenannter Stützvektor ist und $a \neq (0, 0)$ ein Richtungsvektor. Eine Gerade kann man auch mit einer Gleichung beschreiben. Ist $\ell$ eine Gerade mit Stützvektor $b = (b_1, b_2)$ und Richtungsvektor $(a_1, a_2)$, so ist diese Gerade auch durch die Lösungsmenge einer Gleichung

$$-a_2 x_1 + a_1 x_2 = a_1 b_2 - a_2 b_1$$

gegeben. Dabei besteht $\ell$ aus allen Punkten $(x_1, x_2)$, welche diese Gleichung erfüllen. Der Vektor $(-a_2, a_1)$ wird *Normalenvektor* der Geraden genannt.

Der wichtigste oder zumindest der bekannteste Satz der ebenen Geometrie ist der Satz des Pythagoras. Die Aussage dieses Satzes ist wohlbekannt. Ist ein rechtwinkliges Dreieck gegeben, so ist die Summe der Quadrate der Kathetenlängen gleich dem Quadrat der Hypotenusenlänge. Die Angelegenheit ist jedoch sehr subtil.

Was sollte eigentlich unter der Länge einer Seite eines Dreiecks verstanden werden? Oder unter dem Abstand zwischen zwei Punkten? Oder unter der Länge eines Vektors? Natürlich ist die Länge des Vektors $a = (a_1, a_2)$ gleich $\sqrt{a_1^2 + a_2^2}$. Es ist aber unbefriedigend, diese Aussage als Definition zu nehmen, weil dadurch der Satz des Pythagoras trivial wird.

Wir werden hierzu den Flächeninhalt benutzen. Zwar werden wir in diesem Buch die Fläche nicht genau definieren. Diese Aufgabe wird in der Analysis erfüllt. Es wird auf mein Analysis Buch verwiesen. Dort werden auch die grundlegenden Eigenschaften des Flächenbegriffs bewiesen. Mit diesen Eigenschaften ist es leicht zu zeigen, dass die Fläche des Parallelogramms, aufgespannt von zwei Vektoren $a = (a_1, a_2)$ und $b = (b_1, b_2)$, gleich dem Betrag der Determinante $|\det(a, b)| = |a_1 b_2 - a_2 b_1|$ ist.

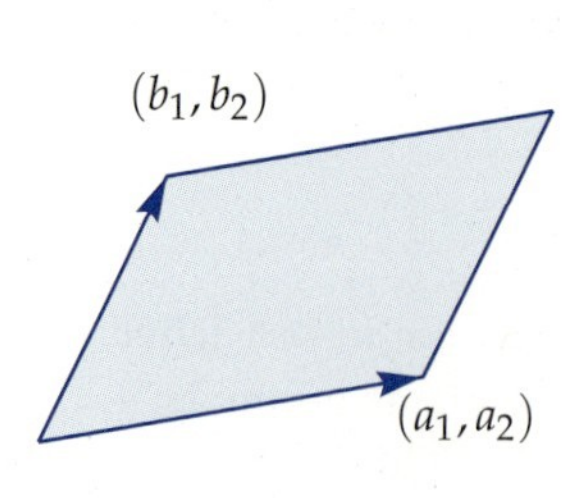


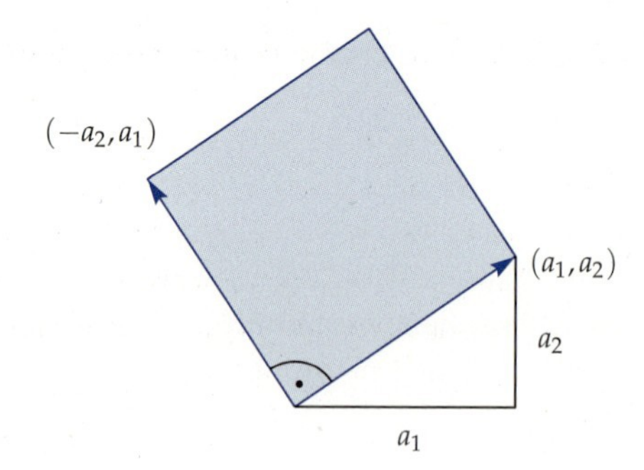


Weil man bei der Definition der Länge irgendwo anfangen muss, nehmen wir die nachfolgenden Grundprinzipien, welche aus der Geometrie offensichtlich erscheinen.

1. Ist $a = (a_1, a_2)$ ein Vektor mit $(a_1, a_2) \neq (0, 0)$, so ist der Vektor $a^\perp := (-a_2, a_1)$ ein Vektor, dessen Länge gleich der Länge von $a$ ist.
2. Der Vektor $a^\perp$ besitzt mit $a$ einen Winkel von $90°$, steht also orthogonal zu $a$. Wir sagen, dass $b \perp a$, wenn $b$ ein Vielfaches von $a^\perp$ ist.
3. Die Länge $\|a\|$ von $a$ ist definitionsgemäß die Quadratwurzel der Fläche des Quadrats $\{\lambda \cdot a + \mu \cdot a^\perp : 0 < \lambda, \mu < 1\}$.

Somit erhalten wir die Formel

$$\|a\| = \sqrt{a_1^2 + a_2^2}$$

für die Länge eines Vektors. Dies ist der Satz des Pythagoras für Dreiecke der Gestalt unten links. Der Satz von Pythagoras für allgemeinere rechtwinklige Dreiecke lautet $\|a - b\|^2 = \|a\|^2 + \|b\|^2$, wenn $b \perp a$. Diesen Satz zeigt man durch eine direkte Berechnung.

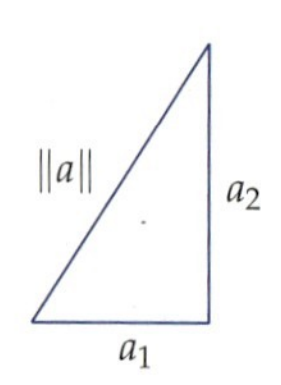


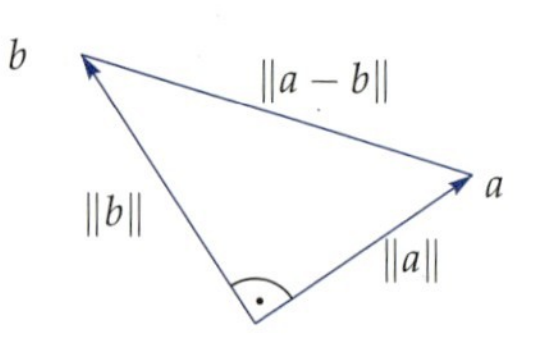


Ein wichtiger Begriff der linearen Algebra ist die lineare Abbildung. Eine Abbildung $A\colon \mathbb{R}^2 \to \mathbb{R}^2$ heißt linear, wenn

$$A(x \cdot a + y \cdot b) = x \cdot A(a) + y \cdot A(b)$$

für alle $x, y \in \mathbb{R}$ und alle $a, b \in \mathbb{R}^2$. Diese Bedingung ist äquivalent zu den zwei Bedingungen

$$A(a + b) = A(a) + A(b)$$

für alle $a, b \in \mathbb{R}^2$ und

$$A(x \cdot a) = x \cdot A(a)$$

für alle $x \in \mathbb{R}$ und alle $a, b \in \mathbb{R}^2$. Alle linearen Abbildungen haben die Form

$$A(x_1, x_2) = x_1 \cdot a + x_2 \cdot b$$

für gewisse Vektoren $a$ und $b$. Ist $a = (a_1, a_2)$ und $b = (b_1, b_2)$, so schreiben wir

$$A = \begin{pmatrix} a_1 & b_1 \\ a_2 & b_2 \end{pmatrix} .$$

Diesen Ausdruck nennen wir die Matrix von $A$. Eine Berechnung zeigt, dass die Verknüpfung linearer Abbildungen wiederum linear ist. Daraus erhält man für $2 \times 2$-Matrizen $A, B$ eine neue Matrix $A \cdot B$, welche die Verknüpfung beschreibt.

Eine lineare Abbildung $A$, gegeben durch $A(x_1, x_2) = x_1 a + x_2 b$, hat eine Inverse genau dann, wenn $\det(a, b) \neq 0$. Diese Zahl wird auch die Determinante $\det(A)$ der linearen Abbildung $A$ oder der Matrix $A$ genannt. Die Inverse $A^{-1}$ von $A$ ist ebenfalls linear und ist gegeben durch die Matrix:

$$A^{-1} = \frac{1}{\det(A)} \begin{pmatrix} b_2 & -b_1 \\ -a_2 & a_1 \end{pmatrix} .$$

Natürlich gilt dies nur, wenn $\det(A) \neq 0$. Tatsächlich gilt $A \cdot A^{-1} = A^{-1} \cdot A$, wie man sofort nachrechnet.

Eine lineare Abbildung ist vollkommen bestimmt durch die Bildvektoren von $e_1 = (1, 0)$ und $e_2 = (0, 1)$. Allgemeiner ist eine lineare Abbildung bestimmt durch die Bildvektoren $A(b_1)$ und $A(b_2)$ einer Basis $\mathcal{B} = (b_1, b_2)$ von $\mathbb{R}^2$. Ist $\mathcal{C}$ eine weitere Basis von $\mathbb{R}^2$, so erhalten wir die Matrix ${}_{\mathcal{C}}A_{\mathcal{B}}$ von $A$ bezüglich den Basen $\mathcal{B}$ und $\mathcal{C}$ auf folgende Weise: In der ersten Spalte von ${}_{\mathcal{C}}A_{\mathcal{B}}$ stehen die Koordinaten von $A(b_1)$ bezüglich $\mathcal{C}$ und in der zweiten Spalte die Koordinaten von $A(b_2)$ bezüglich $\mathcal{C}$.

Ist $\mathcal{E} = (e_1, e_2)$ die Standardbasis, so gilt ${}_{\mathcal{E}}A_{\mathcal{E}} = A$. Ist C die Matrix mit Spaltenvektoren $c_1$ und $c_2$ und $B$ die Matrix mit Spaltenvektoren $b_1$ und $b_2$, so gilt

$${}_{\mathcal{C}}A_{\mathcal{B}} = C^{-1} \cdot A \cdot B .$$

Oft wird diese Formel in der Form

$$A = C \cdot {}_{\mathcal{C}}A_{\mathcal{B}} \cdot B^{-1}$$

benutzt. Die Idee ist, dass die Matrix ${}_{\mathcal{C}}A_{\mathcal{B}}$ leicht zu bestimmen ist und man mit der obigen Formel die Matrix $A$ bestimmen kann. Dies tritt zum Beispiel auf, wenn wir wissen, dass $A(b_1) = 2b_1$ und $A(b_2) = 3b_2$, also

$${}_{\mathcal{B}}A_{\mathcal{B}} = \begin{pmatrix} 2 & 0 \\ 0 & 3 \end{pmatrix} .$$

Sind dann $b_1, b_2$ gegeben, so lässt sich $A$ leicht berechnen.

Eine Abbildung $A \colon \mathbb{R}^2 \to \mathbb{R}^2$ heißt Bewegung, wenn gilt

$$\|A(a) - A(b)\| = \|a - b\|$$

für alle Vektoren $a, b \in \mathbb{R}^2$. Die einfachste Bewegung ist die Verschiebung $T_v$ um einen Vektor $v$. Sie ist gegeben durch die Formel $T_v(a) = a + v$ für $a \in \mathbb{R}^2$. Weitere bekannte Bewegungen sind die *Spiegelung* und die *Drehung*. Natürlich sind Verknüpfungen von Bewegungen wieder Bewegungen. In diesem Sinne reicht es, Verschiebungen, Spiegelungen und Drehungen zu betrachten.[1]

1 Es lässt sich zeigen, dass jede Bewegung eine Verknüpfung von höchstens *drei* Spiegelungen ist.

Es sei $A\colon \mathbb{R}^2 \to \mathbb{R}^2$ eine Bewegung, welche den Nullpunkt auf sich selbst abbildet, also $A(0,0) = (0,0)$. Unsere Vorstellung besagt dann, dass es lediglich zwei Arten von Bewegungen geben kann, nämlich die Drehung um einen Winkel $\alpha$ und die Spiegelung an einer Geraden durch $(0,0)$. Diese Vorstellung stimmt und ist bildlich einfach zu verstehen. Dazu betrachten wir das Bild $(c,s) := A(1,0)$ des Punktes $(1,0)$. Weil $A$ eine Bewegung ist und $A(0,0) = (0,0)$ gilt folgt $c^2 + s^2 = 1$.

Der Punkt $(t,u) = A(0,1)$ liegt ebenfalls auf dem Einheitskreis, aber auch auf dem Kreis mit Mittelpunkt $(c,s)$ und Radius $\sqrt{2}$. Diese Zahl $\sqrt{2}$ ist der Abstand von $(1,0)$ zu $(0,1)$, also muss der Abstand von $(c,s)$ zu $(t,u)$ ebenfalls $\sqrt{2}$ sein. Deshalb ist $(t,u)$ notwendigerweise einer der Schnittpunkte der nebenstehenden Kreise. Diese Schnittpunkte kann man mit elementarer Algebra einfach berechnen. Der eine Schnittpunkt $(-s,c)$ korrespondiert mit einer Drehung, der andere mit einer Spiegelung. Gegeben sei das Bild $(c,s)$ von $(1,0)$ und das Bild $\pm(-s,c)$ von $(0,1)$, so lässt sich das Bild eines beliebigen Punktes geometrisch als den Durchschnitt dreier Kreise bestimmen.

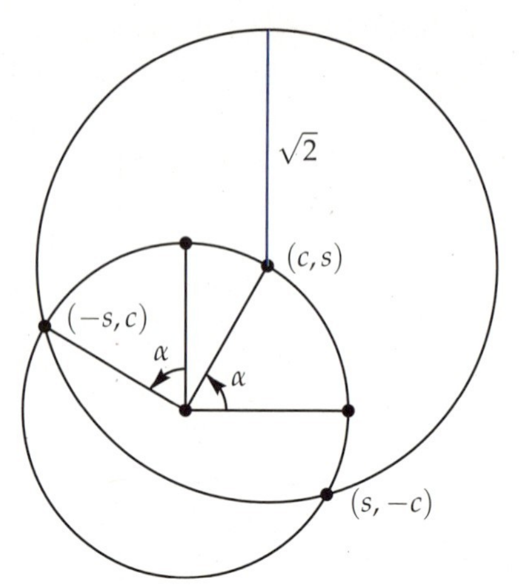


Die untere Zeichnung zeichnet das Bild $(z,w)$ von $(x,y)$ bei einer Drehung. Der erste Kreis ist der Kreis mit Mittelpunkt $(0,0)$ und Radius $\sqrt{x^2+y^2}$, der zweite Kreis hat den Mittelpunkt $(c,s)$ und den Radius $\sqrt{(x-1)^2+y^2}$ und der dritte Kreis hat den Mittelpunkt $(-s,c)$ und den Radius $\sqrt{x^2+(y-1)^2}$.

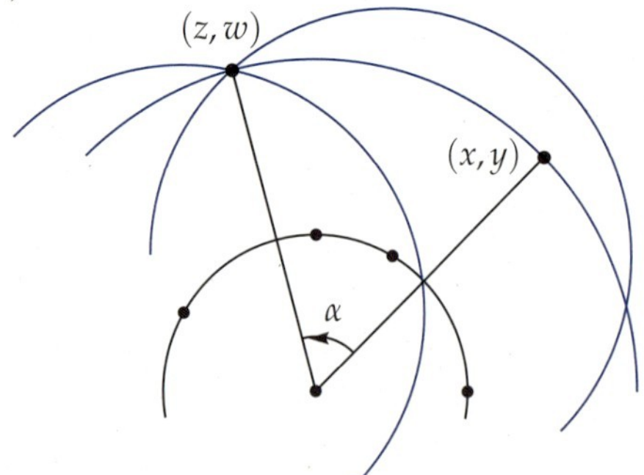


Algebraisch lässt sich dieser Schnittpunkt $(z,w) = A(x,y)$ dreier Kreise berechnen. Das Ergebnis ist

$$z = cx - sy$$
$$w = sx + cy$$

für die Drehung und

$$z = cx + sy$$
$$w = sx - cy$$

für die Spiegelung. Wir sind vor allem an den Drehungen interessiert. Mit $R_{c,s}$ bezeichnen wir die Drehung, welche $(1,0)$ auf $(c,s)$ abbildet. Berechnungen zeigen:

1. Die Verknüpfung zweier Drehungen ist wiederum eine Drehung.
2. Zu je zwei Vektoren $a, b$, beide ungleich 0, gibt es genau eine Drehung $R$ mit $R(a) = \lambda b$ für eine positive reelle Zahl $\lambda$.

Zu jedem Winkel $\angle(a,b)$ gehört deshalb genau eine Drehung oder noch besser: der Winkel $\angle(a,b)$ ist nach Definition gleich der Drehung, welche $a$ in die Richtung von $b$ dreht. Die Summe zweier Winkel korrespondiert dann mit der Verknüpfung zweier Drehungen. Ein Winkel von 90° ist die Drehung $R_{0,1}$. Sie dreht den Vektor $(1,0)$ in $(0,1)$, ein Winkel von 180° ist die Drehung $R_{-1,0}$. Diese dreht $(1,0)$ in $(-1,0)$. Der Winkel von 45° ist gegeben durch $R_{c,s}$ mit $c = s = \frac{1}{2}\sqrt{2}$. Man berechnet, dass die zweimalige Ausführung dieser Drehung die Drehung um 90° ergibt. Jeder Zahl $0 \leq \alpha < 360°$ kann man dann genau eine Drehung zuordnen, für Details verweisen wir jedoch auf die Analysis.

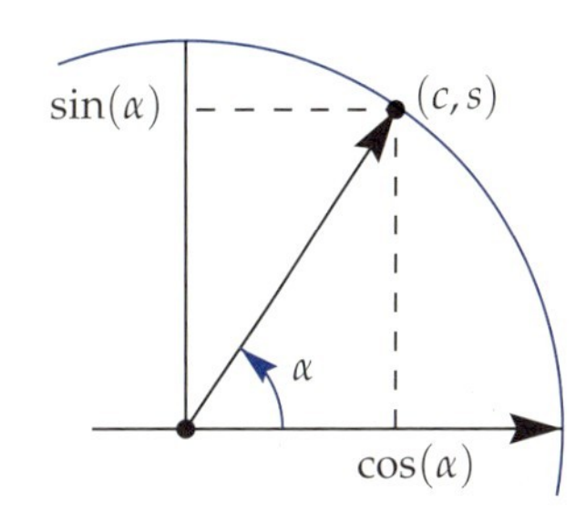


Für den Winkel $\alpha = R_{c,s}$ bezeichnen wir den Cosinus von $\alpha$ mit $\cos(\alpha) = c$ und den Sinus von $\alpha$ mit $\sin(\alpha) = s$. In nebenstehendem Bild ist diese Definition erläutert, sie dürfte aus der Schule gut bekannt sein. Die Matrix einer Drehung um einen Winkel $\alpha$ nimmt dann die vielleicht etwas bekanntere Form

$$\begin{pmatrix} \cos(\alpha) & -\sin(\alpha) \\ \sin(\alpha) & \cos(\alpha) \end{pmatrix}$$

an. Die Verknüpfung zweier Drehungen ist wiederum eine Drehung und zwar um den Summenwinkel. Es gilt deshalb

$$\begin{pmatrix} \cos(\alpha+\beta) & -\sin(\alpha+\beta) \\ \sin(\alpha+\beta) & \cos(\alpha+\beta) \end{pmatrix} = \begin{pmatrix} \cos(\alpha) & -\sin(\alpha) \\ \sin(\alpha) & \cos(\alpha) \end{pmatrix} \cdot \begin{pmatrix} \cos(\beta) & -\sin(\beta) \\ \sin(\beta) & \cos(\beta) \end{pmatrix}$$

Hieraus folgen die Additionstheoreme:

$$\sin(\alpha+\beta) = \sin(\alpha)\cos(\beta) + \cos(\alpha)\sin(\beta)$$
$$\cos(\alpha+\beta) = \cos(\alpha)\cos(\beta) - \sin(\alpha)\sin(\beta)$$

Sie wurden von den Griechen zur Erstellung von Sinus- und Cosinustafeln benutzt. Äquivalent zu diesen Formeln sind die Formeln für das Skalarprodukt und die Determinante

$$\langle a,b\rangle = \|a\| \cdot \|b\| \cdot \cos(\angle(a,b))$$
$$\det(a,b) = \|a\| \cdot \|b\| \cdot \sin(\angle(a,b)),$$

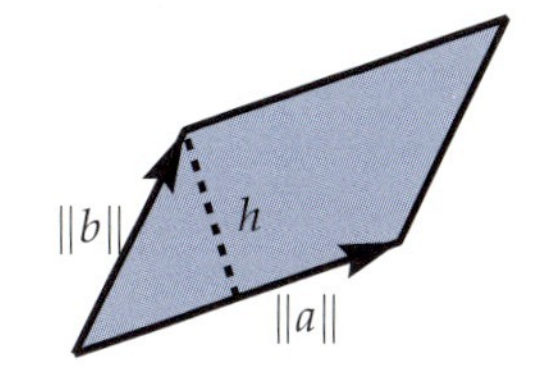


wobei $\langle a,b\rangle = a_1b_1 + a_2b_2$ das Skalarprodukt von $a,b$ ist. Die letzte Gleichung hängt mit der Formel für die Fläche eines Parallelogramms zusammen, denn $\|a\|$ ist als die Basis und $h = \|b\| \cdot \sin(\angle(a,b))$ als die Höhe des Parallelogramms zu sehen.

In den letzten drei Abschnitten des Kapitels behandeln wir geometrische Anwendungen. Diese Abschnitte sind optional und werden in den nächsten Kapiteln nicht benutzt. Wir zeigen die klassischen Ergebnisse über Dreiecken: Die Höhen schneiden sich in einem Punkt $h$, die Seitenhalbierenden schneiden sich in einem Punkt $s$ und die Mittelsenkrechten schneiden sich in einem Punkt $m$. Es gilt $h = 3s - 2m = s + 2(s - m)$: Die Punkte $h, s, m$ liegen auf einer Geraden (die eulersche Gerade).

Wir behandeln die Grundlagen der Kegelschnitte Parabel, Ellipse und Hyperbel, welche durch Abstandsbedingungen definiert werden. Wir werden Gleichungen für die Kegelschnitte herleiten und im letzten Abschnitt Tangenten an den Parabeln sowie Ellipsen beschreiben.

## 1.1 Vektoren in $\mathbb{R}^2$

Ein Vektor $a = (a_1, a_2)$ ist ein Element von $\mathbb{R}^2$. Wir schreiben auch oft $a = \binom{a_1}{a_2}$.

Wir stellen einen Vektor bildlich als einen Pfeil dar, welcher in einem beliebigen Punkt $(b_1, b_2)$ entspringt und in dem Punkt $(a_1+b_1, a_2+b_2)$ endet. Entspringt der Vektor im Punkt $0 = (0,0)$, so reden wir von einem **Ortsvektor**.

**1.** Wir definieren für Ortsvektoren $(a_1, a_2)$, $(b_1, b_2)$ und $\lambda \in \mathbb{R}$:

$$(a_1, a_2) + (b_1, b_2) := (a_1 + b_1, a_2 + b_2)$$
$$\lambda(a_1, a_2) := (\lambda a_1, \lambda a_2)$$

$a + b$ $b$ $a - b$ $a$

**2.** Ein Paar von Vektoren $\mathcal{B} = (a, b)$ heißt **Basis** von $\mathbb{R}^2$, wenn es für jeden Vektor $c$ in $\mathbb{R}^2$ genau ein Paar $(x, y)$ von Zahlen gibt mit $c = x \cdot a + y \cdot b$. In diesem Fall nennen wir $(x, y)$ die Koordinaten von $c$ bezüglich der Basis $\mathcal{B}$.

Die Basis $(e_1, e_2)$ mit $e_1 = (1, 0)$, $e_2 = (0, 1)$ heißt die **Standardbasis** von $\mathbb{R}^2$.

**3.** Die Determinante $\det(a, b)$ wird definiert durch

$$\det(a,b) := \det\begin{pmatrix} a_1 & b_1 \\ a_2 & b_2 \end{pmatrix} := \begin{vmatrix} a_1 & b_1 \\ a_2 & b_2 \end{vmatrix} := a_1 b_2 - a_2 b_1$$

**Satz 1.1 (Cramersche Regel)** Es sei $a = (a_1, a_2)$, $b = (b_1, b_2)$ und $c = (c_1, c_2)$. Das nebenstehende Gleichungssystem hat genau die eindeutige Lösung $x = \frac{\det(c,b)}{\det(a,b)}$ und $y = \frac{\det(a,c)}{\det(a,b)}$, wenn $\det(a, b) \neq 0$.
$\mathcal{B} = (a, b)$ ist eine Basis genau dann, wenn $\det(a, b) \neq 0$.

$$\begin{aligned} a_1 x + b_1 y &= c_1 \\ a_2 x + b_2 y &= c_2 \end{aligned}$$

Der Fall $a_1 = b_1 = a_2 = b_2 = 0$ ist einfach. In allen anderen Fällen multiplizieren wir die erste Gleichung mit $b_2$, die zweite mit $b_1$ und subtrahieren. Die Gleichung $\det(a, b) \cdot x = \det(c, b)$ folgt. Die zweite Gleichung folgt analog. Einsetzen von $x = \det(c, b)$ und $y = \det(a, c)$ in den Gleichungen ergibt

$$a_1(c_1 b_2 - b_1 c_2) + b_1(a_1 c_2 - a_2 c_1) = (a_1 b_2 - a_2 b_1) c_1 = \det(a,b) c_1$$
$$a_2(c_1 b_2 - b_1 c_2) + b_2(a_1 c_2 - a_2 c_1) = (a_1 b_2 - a_2 b_1) c_2 = \det(a,b) c_2 \,.$$

Deshalb gibt es eine eindeutige Lösung, wenn $\det(a, b) \neq 0$.

Ist $\det(a, b) = 0$ und $(x, y)$ eine Lösung, so ist auch $(x + \lambda b_2, y - \lambda a_2)$ und $(x + \lambda b_1, y - \lambda a_1)$ für jedes $\lambda$ eine Lösung. Es gibt dann entweder keine oder unendlich viele Lösungen. ■

## Aufgaben

Lösung

**Aufgabe 1.1** Es seien $a, b, c$ Vektoren und $\lambda, \mu$ reelle Zahlen. Zeigen Sie:

1. $\lambda \cdot (a + b) = \lambda \cdot a + \lambda \cdot b$
2. $(\lambda + \mu) \cdot a = \lambda \cdot a + \mu \cdot a$
3. $(a + b) + c = a + (b + c)$
4. $a + b = b + a$

**Aufgabe 1.2** Lösen Sie die nachfolgenden Gleichungen mithilfe der cramerschen Regel.

1. $3x - y = 5$
   $x + 2y = 5$
2. $x + y = 4$
   $3x + 5y = -2$
3. $3x - 2y = -4$
   $4x - 3y = 3$
4. $2x + y = 3$
   $3x - y = 4$

**Aufgabe 1.3** Gegeben sind die Vektoren $a = (\lambda - 1,\ \lambda)$ und $b = (\mu - 3,\ -\mu)$. Für welche $\lambda, \mu$ ist $(a, b)$ eine Basis von $\mathbb{R}^2$?

**Aufgabe 1.4** Es sei $a = (2, -1)$ und $b = (-1, 2)$.

1. Zeigen Sie, dass $(a, b)$ eine Basis ist.
2. Sei $c = (3, 4)$. Berechnen Sie die Koordinaten von $c$ bezüglich der Basis $(a, b)$.

**Aufgabe 1.5**

1. Sei $a = (3, -1)$ und $b = (2, 1)$. Zeigen Sie, dass $(a, b)$ eine Basis ist.
2. Berechnen Sie die Koordinaten von $(-1, 1)$, $(1, 3)$ und $(3, 4)$ bezüglich der Basis $(a, b)$.

**Aufgabe 1.6** Es sei $\mathcal{B} = (a, b)$ eine Basis. Seien $(x_1, y_1)$ die Koordinaten von $v$ und $(x_2, y_2)$ die Koordinaten von $w$ bezüglich $\mathcal{B}$. Zeigen Sie, dass $(x_1 + x_2, y_1 + y_2)$ die Koordinaten von $v + w$ bezüglich $\mathcal{B}$ sind und $(\lambda x_1, \lambda y_1)$ die Koordinaten von $\lambda \cdot v$.

**Aufgabe 1.7** Zeigen Sie:

1. $\det(a, a) = 0$
2. $\det(a, b) = -\det(b, a)$
3. $\det(a + c, b) = \det(a, b) + \det(c, b)$
4. $\det(\lambda \cdot a, b) = \lambda \cdot \det(a, b)$

## 1.2 Geraden

Geraden in der Ebene können wir auf zwei verschiedene Weisen beschreiben: entweder durch eine Parameterdarstellung oder durch eine Gleichung.

Eine Gerade $\ell$ in $\mathbb{R}^2$ ist eine Menge der Form

$$\ell = a + \mathbb{R} \cdot b = \{a + \lambda b \colon \lambda \in \mathbb{R}\}$$

für einen Vektor $b \neq (0,0)$. Wir nennen $a$ einen **Stützvektor** und $b$ einen **Richtungsvektor** und den Vektor $b^\perp := (-b_2, b_1)$ einen **Normalenvektor** der Geraden $\ell$.

**Satz 1.2** Eine Teilmenge von $\mathbb{R}^2$ ist eine Gerade genau dann, wenn sie die Lösungsmenge einer Gleichung

$$\{(x,y) \in \mathbb{R}^2 \colon \alpha x + \beta y = \gamma\}$$

für bestimmte $\alpha, \beta$ und $\gamma$ mit $\alpha$, $\beta$ nicht beide gleich 0 ist.

Sei $\ell = a + \mathbb{R} \cdot b$, $a = (a_1, a_2)$, $b = (b_1, b_2)$. Dann erfüllt jeder Punkt $(a_1 + tb_1, a_2 + tb_2)$ die Gleichung

$$b_2 x - b_1 y = b_2 a_1 - b_1 a_2 \,.$$

Erfüllt umgekehrt $(x,y)$ die Gleichung $\alpha x + \beta y = \gamma$ und ist z.B. $\alpha \neq 0$, so folgt

$$x = -\frac{\beta}{\alpha} y + \frac{\gamma}{\alpha} \,.$$

Also ist $(x,y)$ ein Punkt der Geraden $a + \mathbb{R}b$ mit $a = (\gamma/\alpha, 0)$ und $b = (-\beta, \alpha)$. ■

**Beispiel**

## Aufgaben

Lösung

**Aufgabe 1.8** Bestimmen Sie für jede nachfolgende Gerade eine Gleichung.

1. $(1,3) + \mathbb{R} \cdot (2,-1)$
2. $(4,1) + \mathbb{R} \cdot (1,-1)$
3. $(0,1) + \mathbb{R} \cdot (1,0)$

**Aufgabe 1.9** Bestimmen Sie eine Parameterdarstellung für die nachfolgenden Geraden.

1. $x + y = 3$
2. $3x - 4y = -4$
3. $2x + y = 5$

**Aufgabe 1.10** Es seien $\ell, m$ zwei verschiedene Geraden. Zeigen Sie, dass der Durchschnitt entweder leer ist oder aus genau einem Punkt besteht.

**Aufgabe 1.11** Es seien $a, b$ verschiedene Punkte in $\mathbb{R}^2$. Zeigen Sie:

1. Es gibt genau eine Gerade $\ell$ mit $a \in \ell$ und $b \in \ell$.
2. Eine Gleichung der Geraden durch $a$ und $b$ wird gegeben durch $\det(x - a, b - a) = 0$ (siehe Aufgabe 1.7). Zeigen Sie diese Aussage.
3. Bestimmen Sie außerdem einen Stützvektor und einen Richtungsvektor von $\ell$.

**Aufgabe 1.12**

1. Sei $a = (2,1)$ und $b = (4,-1)$. Bestimmen Sie eine Gleichung der Geraden durch $a$ und $b$.
2. Führen Sie die gleiche Aufgabe durch für $a = (3,-2)$ und $b = (-2,1)$.

**Aufgabe 1.13**

1. Es seien $a, b, c$ drei Punkte in $\mathbb{R}^2$. Zeigen Sie: $a, b, c$ liegen auf einer Geraden genau dann, wenn $\det(c - a, b - a) = 0$.
2. Prüfen Sie, ob $(3,2)$, $(6,-1)$ und $(2,3)$ auf einer Geraden liegen.
3. Die Punkte $(p,3)$, $(8,1)$ und $(3,5)$ liegen auf einer Geraden. Bestimmen Sie $p$.

## 1.3 Lineare Abbildungen

Eine Abbildung $A\colon \mathbb{R}^2 \to \mathbb{R}^2$ heißt linear, wenn für jedes $a, b \in \mathbb{R}^2$ und $x$, $y$ gilt $A(x \cdot a + y \cdot b) = x \cdot A(a) + y \cdot A(b)$.

Die Bildvektoren $A(1,0) = a$ und $A(0,1) = b$ können beliebig vorgegeben werden, denn die Abbildung $A(x_1, x_2) = x_1 a + x_2 b$ ist linear. Andererseits ist eine lineare Abbildung schon durch $A(1,0)$ und $A(0,1)$ bestimmt:

$$A(x_1, x_2) = A(x_1(1,0) + x_2(0,1)) = x_1 A(1,0) + x_2 A(0,1)\,.$$

Ist $A(1,0) = (a_1, a_2)$ und $A(0,1) = (b_1, b_2)$, so benutzen wir hierfür die Matrixnotation

$$A = \begin{pmatrix} a_1 & b_1 \\ a_2 & b_2 \end{pmatrix}, \quad \begin{pmatrix} a_1 & b_1 \\ a_2 & b_2 \end{pmatrix} \cdot \begin{pmatrix} x_1 \\ x_2 \end{pmatrix} = \begin{pmatrix} a_1 x_1 + b_1 x_2 \\ a_2 x_1 + b_2 x_2 \end{pmatrix}.$$

Dies ist eine $2 \times 2$-Matrix, was bedeutet, dass sie zwei Zeilen und zwei Spalten hat. Beachten Sie, dass in der ersten Spalte der Matrix das Bild von $(1,0)$ steht, in der zweiten Spalte das Bild von $(0,1)$. Insbesondere ist die identische Abbildung Id gegeben durch die nebenstehende *Einheitsmatrix* Id.

$$\begin{pmatrix} 1 & 0 \\ 0 & 1 \end{pmatrix}$$

**Satz 1.3** Sind $A, B\colon \mathbb{R}^2 \to \mathbb{R}^2$ linear, so ist auch die Verknüpfung $A \circ B$ linear.

$A(B(xa + yb)) = A(xB(a) + yB(b)) = xA(B(a)) + yA(B(b))\,.$ ∎

Ist $A = \begin{pmatrix} a_1 & b_1 \\ a_2 & b_2 \end{pmatrix}$ und $B = \begin{pmatrix} c_1 & d_1 \\ c_2 & d_2 \end{pmatrix}$, so rechnet man nach, dass

$$A \cdot B = \begin{pmatrix} a_1 c_1 + b_1 c_2 & a_1 d_1 + b_1 d_2 \\ a_2 c_1 + b_2 c_2 & a_2 d_1 + b_2 d_2 \end{pmatrix}.$$

Man nennt $A \cdot B$ das Produkt der Matrizen $A$ und $B$ oder das Matrixprodukt von $A$ und $B$.

*Das Produkt von Matrizen entspricht der Komposition linearer Abbildungen.*

Im Allgemeinen gilt $A \cdot B \neq B \cdot A$.

**Beispiel**

$$\begin{pmatrix} 1 & 2 \\ 3 & 4 \end{pmatrix} \cdot \begin{pmatrix} 5 & 6 \\ 7 & 8 \end{pmatrix} = \begin{pmatrix} 1 \cdot 5 + 2 \cdot 7 & 1 \cdot 6 + 2 \cdot 8 \\ 3 \cdot 5 + 4 \cdot 7 & 3 \cdot 6 + 4 \cdot 8 \end{pmatrix} = \begin{pmatrix} 19 & 22 \\ 43 & 50 \end{pmatrix}$$

# Aufgaben

Lösung

**Aufgabe 1.14** Berechnen Sie für die nachfolgenden Matrizen die Produkte $A \cdot B$ und $B \cdot A$.

1. $A = \begin{pmatrix} 3 & -1 \\ 4 & 2 \end{pmatrix}$, $B = \begin{pmatrix} 2 & -4 \\ -1 & 3 \end{pmatrix}$
2. $A = \begin{pmatrix} 0 & 1 \\ 0 & 0 \end{pmatrix}$, $B = \begin{pmatrix} 0 & 1 \\ 0 & 0 \end{pmatrix}$
3. $A = \begin{pmatrix} 3 & 1 \\ 4 & 2 \end{pmatrix}$, $B = \begin{pmatrix} 2 & 4 \\ 1 & 3 \end{pmatrix}$
4. $A = \begin{pmatrix} 2 & 1 \\ 6 & 2 \end{pmatrix}$, $B = \begin{pmatrix} 1 & 4 \\ 2 & 3 \end{pmatrix}$

**Aufgabe 1.15** Warum gilt für drei $2 \times 2$-Matrizen $A, B, C$ die Gleichung $(A \cdot B) \cdot C = A \cdot (B \cdot C)$? Begründen Sie dies, ohne eine direkte Berechnung durchzuführen.

**Aufgabe 1.16** Es sei $(a, b)$ eine Basis von $\mathbb{R}^2$. Die Parallelprojektion auf $\mathbb{R} \cdot a$ entlang $b$ ist die Abbildung $A\colon \mathbb{R}^2 \to \mathbb{R}^2$ bestimmt durch

$$A(x \cdot a + y \cdot b) = x \cdot a\,.$$

1. Zeigen Sie, dass $A$ wohldefiniert und linear ist.
2. Bestimmen Sie die Matrix von $A$, wenn $a = (3,1)$ und $b = (1,2)$.

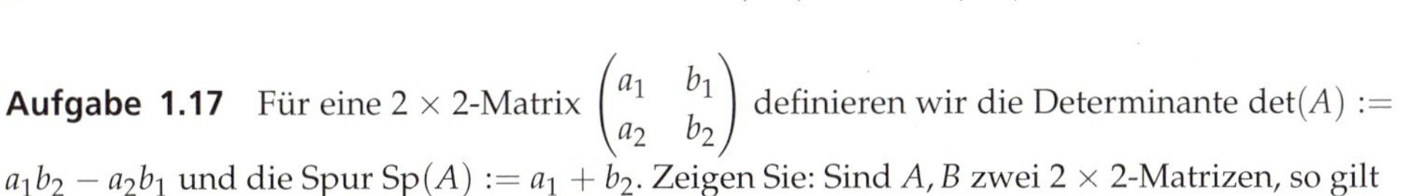

**Aufgabe 1.17** Für eine $2 \times 2$-Matrix $\begin{pmatrix} a_1 & b_1 \\ a_2 & b_2 \end{pmatrix}$ definieren wir die Determinante $\det(A) := a_1 b_2 - a_2 b_1$ und die Spur $\operatorname{Sp}(A) := a_1 + b_2$. Zeigen Sie: Sind $A, B$ zwei $2 \times 2$-Matrizen, so gilt

$$\det(A \cdot B) = \det(A) \cdot \det(B) \quad \text{und} \quad \operatorname{Sp}(A \cdot B) = \operatorname{Sp}(B \cdot A)\,.$$

**Aufgabe 1.18**

1. Sei $a = (2,1)$ und $b = (3,-1)$. Berechnen Sie die Matrix der Parallelprojektion auf $\mathbb{R} \cdot b$ entlang $a$.
2. Führen Sie die gleiche Aufgabe durch für $a = (-1,1)$ und $b = (2,3)$.

**Aufgabe 1.19** Es sei $A\colon \mathbb{R}^2 \to \mathbb{R}^2$ eine lineare Abbildung. Zeigen Sie, dass $A$ injektiv ist genau dann, wenn $A$ surjektiv ist. Ist $A$ nicht injektiv, aber nicht die Nullabbildung, d. h. $A(x,y) \neq (0,0)$ für mindestens ein $(x,y)$, so gilt

1. $\operatorname{Ker}(A) := \{(x,y) \colon A(x,y) = (0,0)\}$ ist eine Gerade durch $(0,0)$.
2. Das Bild $\operatorname{Im}(A)$ ist ebenfalls eine Gerade durch $(0,0)$.

## 1.4 Inverse Matrix, Basiswechsel

Ist $A = \begin{pmatrix} a_1 & b_1 \\ a_2 & b_2 \end{pmatrix}$ und $\lambda \in \mathbb{R}$, so definieren wir $\lambda \cdot A = \lambda \cdot \begin{pmatrix} a_1 & b_1 \\ a_2 & b_2 \end{pmatrix} := \begin{pmatrix} \lambda a_1 & \lambda b_1 \\ \lambda a_2 & \lambda b_2 \end{pmatrix}$.

**Satz 1.4** Für $A = \begin{pmatrix} a_1 & b_1 \\ a_2 & b_2 \end{pmatrix}$ mit $\det(A) \neq 0$ und $A^{-1} = \frac{1}{\det(A)} \begin{pmatrix} b_2 & -b_1 \\ -a_2 & a_1 \end{pmatrix}$ gilt $A \cdot A^{-1} = A^{-1} \cdot A = \mathrm{Id}$.

Dies zeigt man durch direkte Berechnung. Es sei $\mathcal{B} = (b_1, b_2)$ eine Basis von $\mathbb{R}^2$. Mit $B$ beschreiben wir die Matrix mit den Spaltenvektoren $b_1$ und $b_2$ wie nebenstehend dargestellt. Die Koordinaten eines Punktes $a$ bezüglich der Basis $(b_1, b_2)$ sind gegeben durch $B^{-1}(a)$, denn man muss das Gleichungssystem $x_1 b_1 + x_2 b_2 = a$ nach $x_1$ und $x_2$ lösen. Diese Gleichung können wir anders aufschreiben: $B(x) = a$. Die Lösung ist $x = B^{-1}(a)$.

$$B = \begin{pmatrix} b_{11} & b_{12} \\ b_{21} & b_{22} \end{pmatrix}$$

Sei $\mathcal{C} = (c_1, c_2)$ eine weitere Basis. Die lineare Abbildung $A$ ist dann vollständig bestimmt durch die Bilder $A(c_1)$ und $A(c_2)$, welche wir bezüglich $\mathcal{B} = (b_1, b_2)$ ausschreiben können.

Gilt $\begin{matrix} A(c_1) = d_{11} b_1 + d_{21} b_2 \\ A(c_2) = d_{12} b_1 + d_{22} b_2 \end{matrix}$, so nennen wir ${}_{\mathcal{B}}A_{\mathcal{C}} = \begin{pmatrix} d_{11} & d_{12} \\ d_{21} & d_{22} \end{pmatrix}$ die Matrix von $A$ bezüglich der Basen $\mathcal{C}$ und $\mathcal{B}$.

**Satz 1.5** Ist $B$ bzw. $C$ die Matrix mit den Spalten $b_1, b_2$ bzw. $c_1, c_2$ und ist $A\colon \mathbb{R}^2 \to \mathbb{R}^2$ linear, so gilt ${}_{\mathcal{B}}A_{\mathcal{C}} = B^{-1}AC$.

Tatsächlich steht in der ersten Spalte von $AC$ das Bild von $c_1$, also besteht die erste Spalte von $B^{-1}AC$ aus den Koordinaten von $A(c_1)$ bezüglich $\mathcal{B}$. Analog für $c_2$. ■

**Beispiel** Sei $\mathcal{B} = (b_1, b_2)$ mit $b_1 = (2,1)$, $b_2 = (5,3)$ und die lineare Abbildung $A$ gegeben durch die Matrix $\begin{pmatrix} -1 & 0 \\ 0 & 2 \end{pmatrix}$. Dann ist ${}_{\mathcal{B}}A_{\mathcal{B}}$ gleich

$$\begin{pmatrix} 3 & -5 \\ -1 & 2 \end{pmatrix} \cdot \begin{pmatrix} -1 & 0 \\ 0 & 2 \end{pmatrix} \cdot \begin{pmatrix} 2 & 5 \\ 1 & 3 \end{pmatrix} = \begin{pmatrix} 3 & -5 \\ -1 & 2 \end{pmatrix} \cdot \begin{pmatrix} -2 & -5 \\ 2 & 6 \end{pmatrix} = \begin{pmatrix} -16 & -45 \\ 6 & 17 \end{pmatrix}.$$

## Aufgaben

Lösung

**Aufgabe 1.20** Berechnen Sie die Inverse der nachfolgenden Matrizen.

1. $\begin{pmatrix} 3 & 1 \\ 2 & -2 \end{pmatrix}$ 2. $\begin{pmatrix} 1 & 4 \\ 3 & 5 \end{pmatrix}$ 3. $\begin{pmatrix} 2 & -1 \\ 4 & 3 \end{pmatrix}$ 4. $\begin{pmatrix} 3 & 1 \\ 4 & 2 \end{pmatrix}$

**Aufgabe 1.21** Sei $b_1 = (-3,3)$ und $b_2 = (4,1)$ und $A = \begin{pmatrix} -3 & 3 \\ 4 & 1 \end{pmatrix}$.

1. Zeigen Sie, dass $\mathcal{B} = (b_1, b_2)$ eine Basis von $\mathbb{R}^2$ ist.
2. Berechnen Sie ${}_{\mathcal{B}}A_{\mathcal{E}}$, ${}_{\mathcal{E}}A_{\mathcal{B}}$ und ${}_{\mathcal{B}}A_{\mathcal{B}}$.

**Aufgabe 1.22** Es sei $b_1 = (1,1)$, $b_2 = (3,1)$, $\mathcal{B} = (b_1, b_2)$ und $A = \begin{pmatrix} 2 & -4 \\ -1 & 3 \end{pmatrix}$.

1. Zeigen Sie, dass $\mathcal{B}$ eine Basis von $\mathbb{R}^2$ ist.
2. Berechnen Sie ${}_{\mathcal{B}}A_{\mathcal{B}}$.

**Aufgabe 1.23** Es sei $\mathcal{B} = (b_1, b_2)$, $\mathcal{C} = (c_1, c_2)$ mit $b_1 = (2,-1)$, $b_2 = (3,2)$, $c_1 = (1,-1)$ und $c_2 = (3,1)$. Weiterhin sei $A = \begin{pmatrix} 1 & 2 \\ -1 & 4 \end{pmatrix}$.

1. Zeigen Sie, dass $\mathcal{B}$ und $\mathcal{C}$ Basen von $\mathbb{R}^2$ sind.
2. Berechnen Sie ${}_{\mathcal{C}}A_{\mathcal{B}}$ und ${}_{\mathcal{B}}A_{\mathcal{C}}$.

**Aufgabe 1.24** Es seien $A\colon \mathbb{R}^2 \to \mathbb{R}^2$ und $B\colon \mathbb{R}^2 \to \mathbb{R}^2$ invertierbar. Zeigen Sie: $A \cdot B$ ist auch invertierbar und $(A \cdot B)^{-1} = B^{-1} \cdot A^{-1}$ (nicht $A^{-1} \cdot B^{-1}$).

**Aufgabe 1.25** Es sei $A = \begin{pmatrix} 1 & 12 \\ 2 & 3 \end{pmatrix}$. Bestimmen Sie eine Basis von $\mathbb{R}^2$, sodass ${}_{\mathcal{B}}A_{\mathcal{B}} = \begin{pmatrix} 7 & 0 \\ 0 & -3 \end{pmatrix}$. Ist diese Basis durch diese Eigenschaft eindeutig bestimmt?

**Aufgabe 1.26** Sei $A = \begin{pmatrix} 0 & -1 \\ 1 & 0 \end{pmatrix}$. Zeigen Sie, dass es keine Basis $\mathcal{B}$ von $\mathbb{R}^2$ und $\lambda, \mu \in \mathbb{R}$ gibt, sodass ${}_{\mathcal{B}}A_{\mathcal{B}} = \begin{pmatrix} \lambda & 0 \\ 0 & \mu \end{pmatrix}$.

**Aufgabe 1.27** Sei $A\colon \mathbb{R}^2 \to \mathbb{R}^2$ linear. Zeigen Sie: Es gibt Basen $\mathcal{B}$ und $\mathcal{C}$ von $\mathbb{R}^2$, sodass ${}_{\mathcal{B}}A_{\mathcal{C}}$ eine der nachfolgenden Formen hat:

$$\begin{pmatrix} 1 & 0 \\ 0 & 1 \end{pmatrix} \quad \text{oder} \quad \begin{pmatrix} 1 & 0 \\ 0 & 0 \end{pmatrix} \quad \text{oder} \quad \begin{pmatrix} 0 & 0 \\ 0 & 0 \end{pmatrix}$$

## 1.5 Der Satz des Pythagoras

**Satz 1.6** Es seien $a$ und $b$ zwei Vektoren in $\mathbb{R}^2$. Dann ist die Fläche des Parallelogramms

$$P(a,b) = \{\lambda \cdot a + \mu \cdot b\colon 0 \leq \lambda, \mu \leq 1\} \quad \text{gleich } |\det(a,b)|\,.$$

Wir schreiben $a = (a_1, a_2)$ und $b = (b_1, b_2)$. Untenstehendes Bild beschreibt durch Schneiden und Verschieben, dass die Fläche gleich $|a_1 b_2 - a_2 b_1|$ ist. Der Schnittpunkt der Geraden $(a_1, a_2) + \lambda(b_1, b_2)$ mit der $x$-Achse ist gleich $(a_1 - a_2 b_1 / b_2, 0)$.

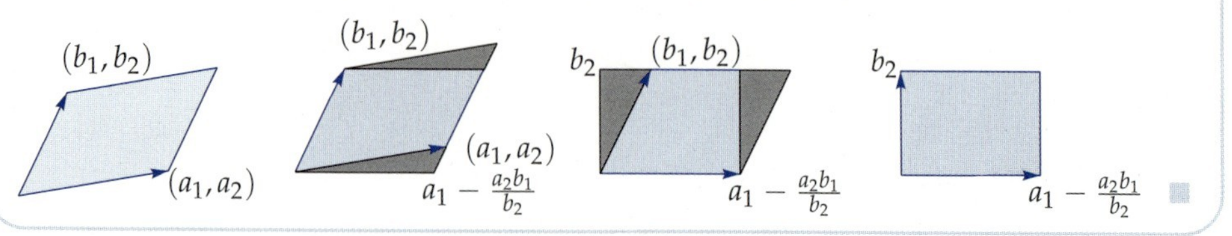


1. Für $a = (a_1, a_2) \in \mathbb{R}^2$ definieren wir $a^\perp := (-a_2, a_1)$.
   Die Länge $\|a\|$ des Vektors $a$ definieren wir als die Quadratwurzel der Fläche des Quadrats $P(a, a^\perp)$.
2. Der Abstand zweier Vektoren $a$ und $b$ ist gleich $\|a - b\| = d(a,b)$.
3. Der Vektor $a = (a_1, a_2)$ steht senkrecht auf $(b_1, b_2)$, Notation $a \perp b$, wenn $(b_1, b_2) = \lambda \cdot (-a_2, a_1) = \lambda \cdot a^\perp$ oder äquivalent $a_1 b_1 + a_2 b_2 = 0$.

**Satz 1.7 (Pythagoras)**

1. Es gilt $\|a\| = \sqrt{a_1^2 + a_2^2}$.
2. Ist $a \perp b$, so gilt $\|a - b\|^2 = \|a\|^2 + \|b\|^2$.

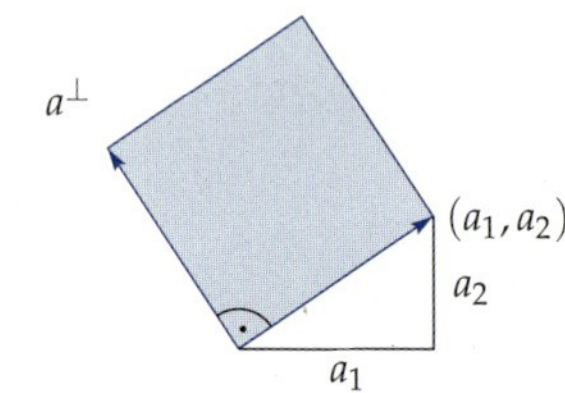


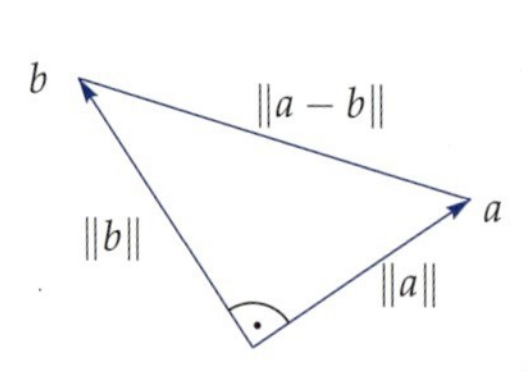


1. Wir wenden die Berechnung der Fläche auf das Parallelogramm, aufgespannt durch $a$ und $a^\perp$, an. Diese Fläche ist $\|\det(a, a^\perp)\| = a_1^2 + a_2^2$, also $\|a\| = \sqrt{a_1^2 + a_2^2}$.
2. Dies kann man natürlich geometrisch beweisen, einfacher geht es aber mit einer Berechnung. Sei $a = (a_1, a_2)$ und $b = (b_1, b_2)$ mit $a_1 b_1 + a_2 b_2 = 0$, dann

$$\|a - b\|^2 = (a_1 - b_1)^2 + (a_2 - b_2)^2 = a_1^2 + a_2^2 + b_1^2 + b_2^2 = \|a\|^2 + \|b\|^2\,.$$

## Aufgaben

Lösung

**Aufgabe 1.28** Begründen Sie mithilfe des nebenstehenden Bildes, also ohne die Determinante zu benutzen, dass die Fläche des Parallelogramms, aufgespannt durch $(a_1, a_2)$ und $(-a_2, a_1)$, gleich $a_1^2 + a_2^2$ ist.

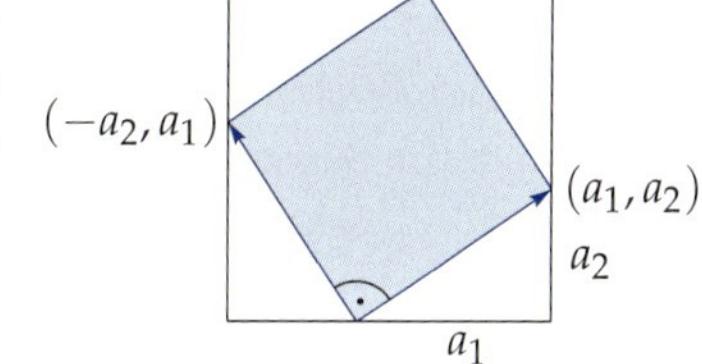


**Aufgabe 1.29**

1. Berechnen Sie die Fläche des Parallelogramms, aufgespannt durch die Vektoren $(3,2)$ und $(-3,4)$.
2. Führen Sie die gleiche Berechnung durch für das Parallelogramm, aufgespannt durch die Vektoren $(1,4)$ und $(3,5)$.

**Aufgabe 1.30** **(Satz von Thales)** Es seien $a$ und $b$ Vektoren mit $\|a\| = \|b\|$. Zeigen Sie, dass $a - b \perp a + b$. Zeichnen Sie ein Bild hierzu.

**Aufgabe 1.31**

1. Es sei $\ell$ eine Gerade und $C$ ein Punkt in $\mathbb{R}^2$ mit $C \notin \ell$. Zeigen Sie, dass es genau einen Punkt $D$ auf $\ell$ gibt, sodass $C - D$ ein Normalenvektor von $\ell$ ist. Wir nennen $D$ den Fußpunkt von $D$ auf $\ell$.
2. **(Höhensatz)** Sei $ABC$ ein Dreieck mit Seitenlängen $a, b, c$ und $\ell$ die Gerade durch $A$ und $B$. Sei $D$ der Fußpunkt von $C$ auf $\ell$. Sei $p = \|D - B\|$, $q = \|D - A\|$ und $h = \|D - C\|$. Nehmen Sie an, dass $C - A \perp C - B$. Zeigen sie, dass $h^2 = pq$.
3. **(Kathetensatz)** Zeigen Sie unter den gleichen Voraussetzungen, dass $a^2 = pc$ und $b^2 = qc$.

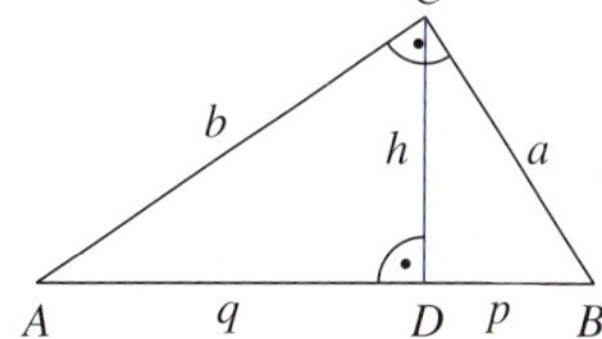

## 1.6 Bewegungen

Wir betrachten $e_1 = (1,0)$ und einen Vektor $a = (c,s)$ auf dem Einheitskreis: $c^2 + s^2 = 1$. Wir möchten die „Drehung“ beschreiben, welche den Vektor $e_1$ auf $a$ abbildet. Wir beschreiben allgemeiner die Bewegungen.

Eine Abbildung $A\colon \mathbb{R}^2 \to \mathbb{R}^2$ heißt **Bewegung** oder **Isometrie**, wenn für alle $a, b \in \mathbb{R}^2$ gilt, dass $\|A(a) - A(b)\| = \|a - b\|$.

**Satz 1.8** Es sei $A\colon \mathbb{R}^2 \to \mathbb{R}^2$ eine Bewegung mit $A(0,0) = (0,0)$. Dann ist $A$ linear. Es gibt Zahlen $s, c$ mit $c^2 + s^2 = 1$, sodass die Matrix von $A$ gleich

$$R_{c,s} = \begin{pmatrix} c & -s \\ s & c \end{pmatrix} \text{ oder } S_{c,s} = \begin{pmatrix} c & s \\ s & -c \end{pmatrix}$$

ist.

Setze $A(1,0) = (c,s)$, $A(0,1) = (t,u)$ und $A(x,y) = (z,w)$. Weil $A$ eine Bewegung ist, gilt $c^2 + s^2 = t^2 + u^2 = 1$. Außerdem gilt $(c-t)^2 + (s-u)^2 = 2$, weil der Abstand von $(1,0)$ zu $(0,1)$ gleich $\sqrt{2}$ ist. Es folgt $ct + su = 0$, somit $(t,u) = \lambda(-s,c)$ für ein $\lambda \in \mathbb{R}$, und weil $t^2 + u^2 = 1$ ist $\lambda = \pm 1$. Es gibt nur noch zwei Möglichkeiten, nämlich $t = -s, u = c$ oder $t = s, u = -c$. Im ersten Fall erhalten wir aus der Isometrieeigenschaft von $A$ die nachfolgenden drei Gleichungen:

$$\begin{aligned} x^2 + y^2 &= z^2 + w^2\,, \\ (z-c)^2 + (w-s)^2 &= (x-1)^2 + y^2\,, \\ (z+s)^2 + (w-c)^2 &= x^2 + (y-1)^2\,. \end{aligned}$$

Hieraus leitet man, nach einer Berechnung, $(z,w) = A(x,y) = (cx - sy, sx + cy)$ ab. Im zweiten Fall zeigt man analog $A(x,y) = (cx + sy, sx - cy)$. ■

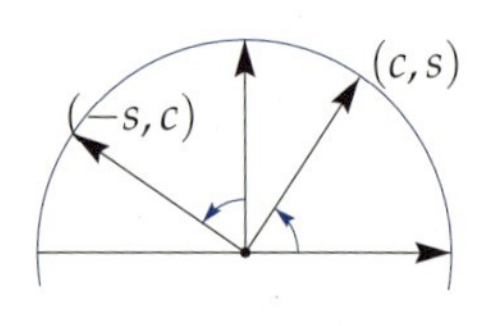


Welche der beiden Abbildungen ist die Drehung? Dazu schaut man nach Vektoren $a$ mit $A(a) = a$. Hierzu muss man das Gleichungssystem

$$\begin{aligned} cx - sy &= x \\ sx + cy &= y \end{aligned} \quad \text{bzw.} \quad \begin{aligned} cx + sy &= x \\ sx - cy &= y \end{aligned}$$

lösen. Im ersten Fall gibt es (wenn $(c,s) \neq (1,0)$) nur den Vektor 0, im zweiten Fall auch die Vielfachen von $(c+1, s)$ (Aufgabe 1.32). Im ersten Fall haben wir die Drehung, im zweiten Fall die Spiegelung in der Geraden $sx - (c+1)y = 0$.

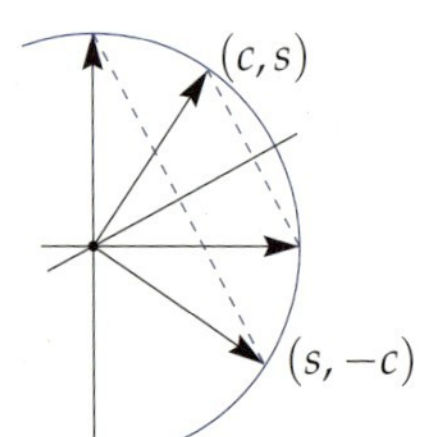

## Aufgaben

Lösung

**Aufgabe 1.32**

1. Führen Sie die notwendige Berechnung im Beweis des Satzes 1.8 durch.
2. Zeigen Sie die Aussage über die Fixpunkte der letzten Seite.
3. Zeigen Sie, dass die Drehung und Spiegelung, wie in Satz 1.8 beschrieben, tatsächlich Isometrien sind.

**Aufgabe 1.33** Sei $c^2 + s^2 = 1$ und $A$ die Spiegelung in der Geraden $\mathbb{R} \cdot (c, s)$.

1. Sei $b_1 = (c, s)$ und $b_2 = (-s, c)$. Zeigen Sie, dass $\mathcal{B} = (b_1, b_2)$ eine Basis von $\mathbb{R}^2$ ist.
2. Bestimmen Sie ${}_{\mathcal{B}}A_{\mathcal{B}}$.
3. Bestimmen Sie die Matrix von $A$.
4. Bestimmen Sie die Matrix der Spiegelung in der Geraden $x = 2y$.
5. Bestimmen Sie diese Matrix nun für die Gerade $2x = 3y$.
6. Die Matrix $\begin{pmatrix} \frac{3}{5} & \frac{4}{5} \\ \frac{4}{5} & -\frac{3}{5} \end{pmatrix}$ beschreibt eine Spiegelung. Geben Sie die Spiegelungsgerade an.

**Aufgabe 1.34**

1. Zeigen Sie, dass das Produkt zweier Spiegelungen, wie in Satz 1.8 beschrieben, eine Drehung ist.
2. Zeigen Sie, dass man jede Drehung $R_{c,s}$ als Verknüpfung zweier Spiegelungen schreiben kann.

**Aufgabe 1.35**

1. Die Verschiebung $V\colon \mathbb{R}^2 \to \mathbb{R}^2$ über den Vektor $v$ ist die Abbildung, die durch $V(a) = a + v$ gegeben ist. Zeigen Sie, dass $V$ eine Isometrie ist. Zeigen Sie, dass $V$ nicht linear ist, wenn $v \neq (0, 0)$.
2. Sei $T\colon \mathbb{R}^2 \to \mathbb{R}^2$ eine Isometrie. Zeigen Sie, dass es $c, s \in \mathbb{R}^2$ mit $c^2 + s^2 = 1$ und $v \in \mathbb{R}^2$ gibt, sodass entweder
$$T(x,y) = (cx - sy, sx + cy) + v \quad \text{oder} \quad T(x,y) = (cx + sy, sx - cy) + v\,.$$
3. Sei $T(x,y) = (cx - sy, sx + cy) + v$ mit $c^2 + s^2 = 1$. Zeigen Sie, dass $T$ genau einen Fixpunkt hat, wenn $(c, s) \neq (1, 0)$. Sei $(p, q)$ dieser Fixpunkt. Zeigen Sie, dass $T(x,y) = (c(x-p) - s(y-p) + p, s(x-p) + c(y-q) + q)$ gilt (Drehung mit Zentrum $(p, q)$).
4. Sei $T(x,y) = (cx + sy, sx - cy) + v$ mit $c^2 + s^2 = 1$. Zeigen Sie, dass $T$ keinen Fixpunkt hat oder die Menge der Fixpunkte eine Gerade ist.

## 1.7 Winkel

**Satz 1.9**

1. Die Verknüpfung zweier Drehungen ist eine Drehung. Die Inverse einer Drehung ist ebenfalls eine Drehung.
2. Für $a, b$, beide ungleich $(0,0)$, gibt es ein eindeutig bestimmtes $\lambda > 0$ und eine eindeutig bestimmte Drehung $R$ mit $R(a) = \lambda \cdot b$ und $R(0,0) = (0,0)$.

1. Man rechnet nach, dass $R_{c,s} \cdot R_{t,u} = R_{ct-su,cu+st}$ und $R_{c,s} \cdot R_{c,-s} = R_{1,0} = \text{Id}$.
2. Sei $(c,s) = b/\|b\|$ und $(t,u) = a/\|a\|$. Weil $R$ linear ist, gilt $R(t,u) = (c,s)$. Dann ist $T := R_{c,-s} \circ R \circ R_{t,u}$ eine Drehung mit $T(1,0) = (1,0)$. Also gilt $T = \text{Id}$ und $R = R_{c,s} \circ R_{t,-u}$ folgt. Umgekehrt erfüllt $R_{c,s} \circ R_{t,-u}$ die Bedingung $R_{t,-u}(a) = \|a\|(1,0)$ und

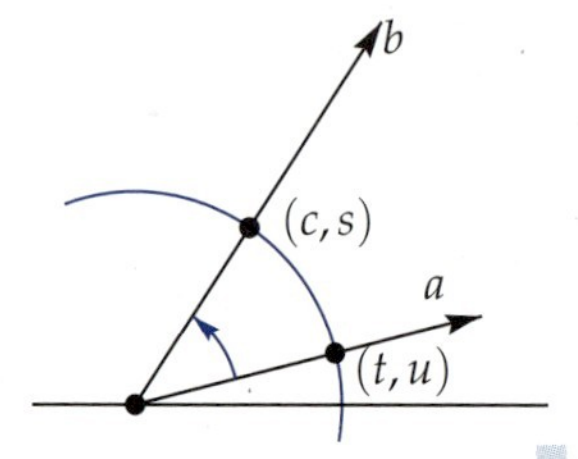


$$R_{c,s} \circ R_{t,-u}(a) = \|a\| \cdot (c,s) = \frac{\|a\|}{\|b\|} \cdot b.$$

■

1. Mit $\angle(a,b)$ bezeichnen wir die Drehung $R$, für die gilt $R(a) = \lambda \cdot b$ mit $\lambda > 0$. Wir nennen $\angle(a,b)$ den Winkel zwischen $a$ und $b$.
2. Für Winkel $\alpha = R_{c,s}$ und $\beta = R_{t,u}$ definieren wir $\alpha + \beta := R_{c,s} \circ R_{t,u}$ und $-\alpha := R_{c,-s}$.

**Satz 1.10** Ist $\alpha$ ein Winkel, so existiert ein Winkel $\beta$ mit: $\beta + \beta = \alpha$.

Sei $\alpha = R_{c,s}$. Setze $\beta = R_{t,u}$ mit $(t,u) = \left(\pm\sqrt{\frac{1}{2}(1+c)}, \sqrt{\frac{1}{2}(1-c)}\right)$, wobei wir $+$ nehmen, wenn $s \geq 0$, sonst $-$. ■

Mit diesem Begriff können wir Winkel messen. Die Koordinatenachsen bestimmen vier Winkel von $90°$, welche alle mit $R_{0,1}$ korrespondieren. Jeder der rechten Winkel kann in Winkel von $45°$ geteilt werden, diese wiederum in Winkel von $22,5°$ usw.

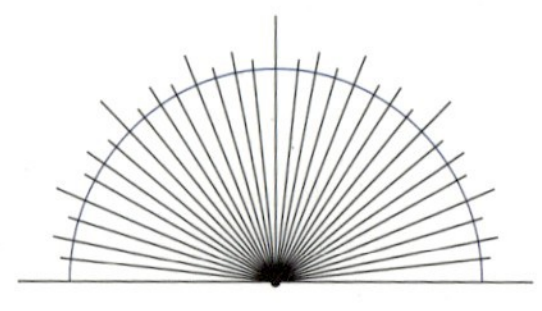

Man erhält auf diese Weise eine Gradeinteilung der Winkel, das sogenannte Winkelmaß. Zwei Winkel sind gleich genau dann, wenn die Winkelmaße gleich sind. Auch ist das Winkelmaß der Verknüpfung gleich der Summe der Winkelmaße, modulo $360°$. Mathematiker rechnen lieber mit der Bogenlänge. Der rechte Winkel hat dabei Bogenlänge $\pi/2$. Eine genaue Definition des Bogenmaßes finden Sie in meinem Analysis Buch.

# Aufgaben

Lösung

**Aufgabe 1.36** Es sei $a\,b\,c$ ein Dreieck. Sei $\alpha$ der Winkel, welcher $b-a$ auf ein positives Vielfaches von $c-a$ abbildet (der Winkel bei $a$). Analog sei $\beta(c-b)$ ein positives Vielfaches von $a-b$ und $\gamma(a-c)$ ein positives Vielfaches von $b-c$. Dann ist $\alpha+\beta+\gamma=180°$. Zeigen Sie diese Aussage. Warum ist die Summe der Winkel in einem Viereck gleich 360°?

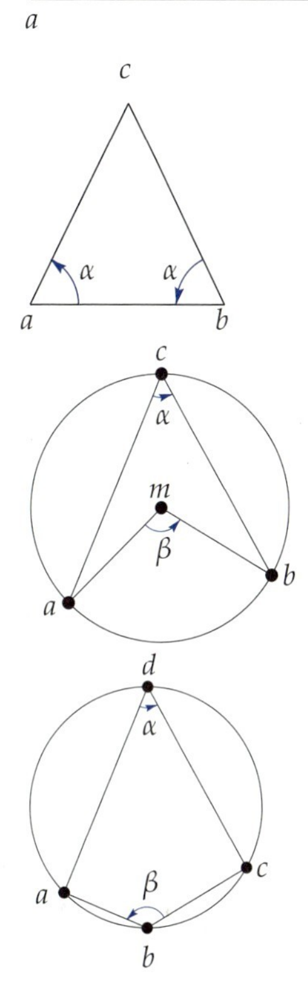


**Aufgabe 1.37 (Gleichschenkliges Dreieck)** Es sei $abc$ ein gleichschenkliges Dreieck, d. h. $\|c-a\|=\|c-b\|$, wie nebenstehend gezeichnet. Zeigen Sie, dass $\angle(c-a,b-a)=\angle(a-b,c-b)$. Tipp: Zeigen Sie zunächst, dass der Punkt $(a+b)/2$ auf der Winkelhalbierenden durch $c$ liegt.

**Aufgabe 1.38 (Peripheriewinkel)** Es sei $K$ ein Kreis mit Mittelpunkt $m$ und $a, b, c$ Punkte auf dem Kreis. Sei $\alpha=\angle(a-c,b-c)$ und $\beta=\angle(a-m,b-m)$. Zeigen Sie, dass $2\alpha=\beta$. Insbesondere ist der Winkel $\alpha$ „unabhängig von $c$".
Tipp: Zeichnen Sie das Geradenstück von $m$ nach $c$.

**Aufgabe 1.39 (Sehnenviereck)** Es sei $abcd$ ein Viereck, wie nebenstehend gezeichnet. Nehmen Sie an, dass $a, b, c, d$ auf einem Kreis liegen. Sei $\alpha=\angle(a-d,c-d)$ und $\beta=\angle(c-b,a-b)$. Zeigen Sie, dass $\alpha+\beta=180°$ ist.
Tipp: Sei $m$ der Mittelpunkt des Kreises. Wenden Sie den Satz über Peripheriewinkel an.

## 1.8 Abstände

Gegeben seien $a = (a_1, a_2) \neq (0,0)$ und $b = (b_1, b_2)$, so suchen wir $x, y \in \mathbb{R}^2$ mit $b = x \cdot a + y \cdot a^\perp$. Dies führt zu einem Gleichungssystem in $x, y$, wobei die Lösung gegeben ist durch

$$x = \frac{(a_1 b_1 + a_2 b_2)}{\|a\|^2}, \quad y = \frac{(a_1 b_2 - a_2 b_1)}{\|a\|^2}.$$

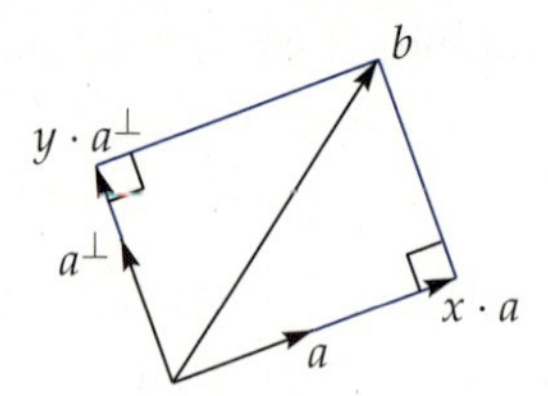


Der Punkt $x \cdot a$ ist der Punkt auf $\mathbb{R} \cdot a$ mit minimalem Abstand zu $b$. Dies folgt aus dem Satz des Pythagoras. Dieser Abstand ist gleich $|y| / \|a^\perp\| = |\det(a,b)| / \|a\|$. Diese Zahl ist der Abstand von $b$ zu der Geraden $\mathbb{R} \cdot a$. Der Abstand von $b$ zu der Geraden $p + \mathbb{R} \cdot a$ ist gleich $\min\{\|b - (p+c)\| : c \in \mathbb{R} \cdot a\}$, also $|\det(a, b-p)| / \|a\|$.

Das **Skalarprodukt** von $a = (a_1, a_2)$ und $b = (b_1, b_2)$ ist $\langle a, b \rangle := a_1 b_1 + a_2 b_2$.

**Satz 1.11**

1. Der Abstand von $b$ zur Geraden $p + \mathbb{R} \cdot a$ ist gleich $|\det(a, b-p)| / \|a\|$.
2. Der Abstand von $b$ zur Geraden $\langle a, x \rangle = c$ ist gleich $|\langle a, b \rangle - c| / \|a\|$.

Da die erste Aussage bereits bewiesen ist, brauchen wir nur noch die zweite Aussage zu zeigen. Die Gerade kann auch gegeben werden durch eine Parameterdarstellung $p + \mathbb{R} \cdot a^\perp$ für ein bestimmtes $p$. Bemerke, dass $\det(a^\perp, x) = \langle a, x \rangle$, also $\det(a^\perp, p) = c$. Der Abstand ist somit gleich $|\det(a^\perp, b-p)| / \|a\| = |\det(a^\perp, b) - \det(a^\perp, p)| / \|a| = |\det(a^\perp, b) - c| / \|a\|$. ■

**Satz 1.12**

1. Sind $a, b$ zwei Vektoren in $\mathbb{R}^2$, so haben die Punkte der Winkelhalbierenden $\mathbb{R} \cdot (\|b\| \cdot a + \|a\| \cdot b)$ den gleichen Abstand zu $\mathbb{R} \cdot a$ und $\mathbb{R} \cdot b$.
2. Die drei Winkelhalbierenden eines Dreiecks gehen durch einen Punkt.

1. Sei $v = \|b\| \cdot a + \|a\| \cdot b$. Der Abstand von $\lambda \cdot v$ zu $\mathbb{R} \cdot a$ und zu $\mathbb{R} \cdot b$ ist gleich

$$\lambda |\det(a,b)| = |\det(\lambda \cdot v, a)| / \|a\| = |\det(\lambda \cdot v, b)| / \|b\|.$$

2. Sei $C = \|b-a\|$, $B = \|c-a\|$ und $A = \|b-c\|$. Die Winkelhalbierende durch $a$ hat die Parametrisierung $a + \mathbb{R} \cdot (C \cdot (c-a) + B \cdot (b-a))$. Einsetzen von $1/(A+B+C)$ für die Parameter gibt

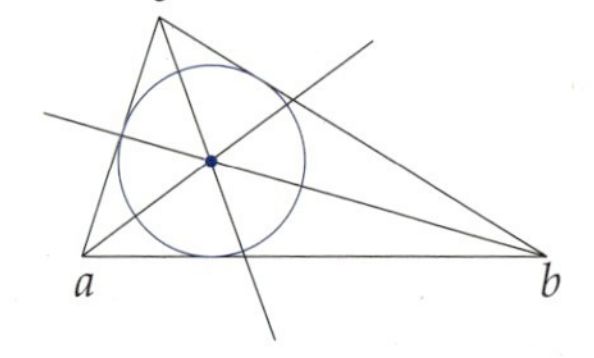


$$\frac{1}{A+B+C}(A \cdot a + B \cdot b + C \cdot c)$$

auf der Winkelhalbierenden durch $a$. Genauso zeigt man, dass dieser Punkt auf den anderen Winkelhalbierenden liegt (Symmetrie). ■

# Aufgaben

Lösung

**Aufgabe 1.40** Die Gerade $\ell$ sei gegeben durch die Gleichung $5x - 12y = -3$. Berechnen Sie den Abstand von $P$ zu $\ell$ in den nachfolgenden Fällen:

1. $P = (1,0)$ 2. $P = (0,1)$ 3. $P = (0,0)$ 4. $P = (4,-1)$ 5. $P = (19,9)$

**Aufgabe 1.41** Die Gerade $\ell$ hat den Stützvektor $(1,3)$ und Richtungsvektor $(-2,1)$. Berechnen Sie den Abstand von $P$ zu $\ell$ für die nachfolgenden Punkte.

1. $P = (1,0)$ 2. $P = (0,1)$ 3. $P = (0,0)$ 4. $P = (-1,2)$ 5. $P = (19,9)$

**Aufgabe 1.42** Es sei $\ell$ die Gerade mit der Gleichung $3x + y = 4$. Bestimmen Sie alle Punkte der Ebene, welche einen Abstand $\sqrt{10}$ zu $\ell$ haben.

**Aufgabe 1.43** Es sei $C$ der Kreis, der gegeben ist durch die Gleichung $x^2 + y^2 + 4x - 9 = 0$. Bestimmen Sie die Punkte von $C$, welche einen Abstand $\sqrt{2}$ zu der Geraden mit der Gleichung $x + y = 1$ haben.

**Aufgabe 1.44** Gegeben ist eine Gerade $m$ durch die Gleichung $3x - y = 6$ und die Gerade $\ell$ mit Stützvektor $(-2,3)$ und Richtungsvektor $(2,1)$. Bestimmen Sie die Punkte von $\ell$, welche Abstand $\sqrt{10}$ zu $m$ haben.

**Aufgabe 1.45** Gegeben sei die Gerade $\ell$ mit der Gleichung $2x + y = 3$ und der Punkt $Q = (2,0)$. Bestimmen Sie alle Punkte $P$ mit der Eigenschaft, dass der Abstand von $P$ zu $Q$ gleich dem Abstand von $P$ zu $\ell$ ist.

**Aufgabe 1.46** Es seien $\ell$ und $m$ zwei verschiedene Geraden. Zeigen Sie die nachfolgenden Aussagen.

1. Ist $\ell$ zu $m$ parallel, also $\ell \cap m = \emptyset$, so ist die Menge $\{P\colon d(P,\ell) = d(P,m)\}$ eine Gerade.
2. Ist dagegen der Durchschnitt von $\ell$ und $m$ ein Punkt, so ist die Menge $\{P\colon d(P,\ell) = d(P,m)\}$ die Vereinigung zweier Geraden.

**Aufgabe 1.47 (Rechenregeln für das Skalarprodukt)** Zeigen Sie:

1. $\langle a+b,c\rangle = \langle a,c\rangle + \langle b,c\rangle$
2. $\langle a,b\rangle = \langle b,a\rangle$
3. $\langle \lambda a,b\rangle = \lambda \cdot \langle a,b\rangle$
4. $\langle a,a\rangle = \|a\|^2$.

**Aufgabe 1.48** Es sei $\ell$ eine Gerade, gegeben durch die Gleichung $5x + 12y = 3$. Bestimmen Sie alle Punkte $P \in \mathbb{R}^2$ mit $d(P,\ell) = 1$.

**Aufgabe 1.49** Gegeben sind die Punkte $P = (4,-2)$ und $Q = (3,1)$. Bestimmen Sie die Punkte $R$, für die gilt: $\angle RPQ = 30°$ und die Fläche des Dreiecks $PQR$ ist gleich 10.

**Aufgabe 1.50** Der Punkt $(a,1)$ habe zu der Geraden $\ell$ mit der Gleichung $3x - 4y = 1$ den Abstand 5. Berechnen Sie $a$.

**Aufgabe 1.51** Zeigen Sie die Formel von Heron. Ist ein Dreieck mit Seitenlängen $a, b, c$ gegeben, $s = (a+b+c)/2$ und $F$ die Fläche des Dreiecks, so gilt $F^2 = s \cdot (s-a) \cdot (s-b) \cdot (s-c)$.

## 1.9 Sinus, Cosinus, Additionstheoreme

Ist $\alpha = R_{c,s}$, so definieren wir $\cos(\alpha) = c$, $\sin(\alpha) = s$ und $\tan(\alpha) = s/c$. Wenn $\cos(\alpha) = 0$, so ist $\tan(\alpha)$ nicht definiert, also z.B für $\alpha = 90°$.

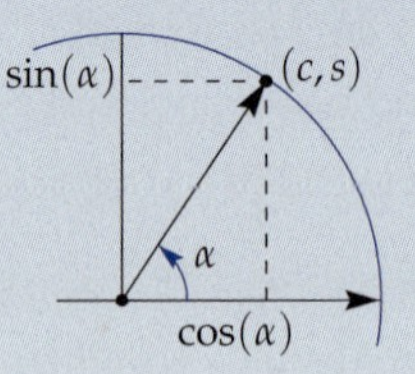


Klar ist, dass $\cos^2(\alpha) + \sin^2(\alpha) = 1$. Ist $\alpha = R_{c,s}$ und $\beta = R_{t,u}$, so ist $\alpha + \beta = R_{c,s} \circ R_{t,u}$. Im Beweis des Satzes 1.9 wurden Sie gebeten nachzurechnen, dass $R_{c,s}^{-1} = R_{c,-s}$ und $R_{c,s} \circ R_{t,u} = R_{ct-su,cu+ts}$. Dies überträgt sich in den Formeln 3. und 4. des nachfolgenden Satzes.

**Satz 1.13**

1. $\cos^2(\alpha) + \sin^2(\alpha) = 1$
2. $\cos(-\alpha) = \cos(\alpha)$ und $\sin(-\alpha) = -\sin(\alpha)$
3. $\cos(\alpha + \beta) = \cos(\alpha) \cdot \cos(\beta) - \sin(\alpha) \cdot \sin(\beta)$ (Additionstheorem)
4. $\sin(\alpha + \beta) = \sin(\alpha) \cdot \cos(\beta) + \cos(\alpha) \cdot \sin(\beta)$ (Additionstheorem)
5. $\langle a, b \rangle = \|a\| \cdot \|b\| \cdot \cos(\angle(a, b))$
6. $\det(a, b) = \|a\| \cdot \|b\| \cdot \sin(\angle(a, b))$

Wir brauchen nur noch die letzten zwei Formeln zu zeigen. Man rechnet nach, dass die nebenstehende Drehung $a$ auf $b$ abbildet (wenn $a, b \neq (0,0)$). Benutze, dass $\langle a, b \rangle^2 + \det(a, b)^2 = \|a\|^2 \cdot \|b\|^2$.

$$\frac{1}{\|a\| \cdot \|b\|} \cdot \begin{pmatrix} \langle a, b \rangle & -\det(a, b) \\ \det(a, b) & \langle a, b \rangle \end{pmatrix}$$

Wir fertigen eine kleine Tabelle von Werten an. Lernen Sie diese auswendig.

| Winkel | 0° | 30° | 45° | 60° | 90° | 180° |
|---|---|---|---|---|---|---|
| sin | 0 | $\frac{1}{2}$ | $\frac{1}{2}\sqrt{2}$ | $\frac{1}{2}\sqrt{3}$ | 1 | 0 |
| cos | 1 | $\frac{1}{2}\sqrt{3}$ | $\frac{1}{2}\sqrt{2}$ | $\frac{1}{2}$ | 0 | −1 |
| tan | 0 | $\frac{1}{3}\sqrt{3}$ | 1 | $\sqrt{3}$ | – | 0 |

Die Werte für 0°, 90° und 180° sind offensichtlich. Dann folgt mit dem Additionstheorem $\cos(90 - \alpha) = \sin(\alpha)$ und aus $\cos^2(\alpha) + \sin^2(\alpha) = 1$ erhält man das Ergebnis $\cos(45°) = \sin(45°) = \frac{1}{2}\sqrt{2}$. Die restlichen Werte prüft man mithilfe der Additionstheoreme (Aufgabe 1.55).

Eine andere Möglichkeit die Formeln 5. und 6. zu interpretieren, ist mittels Abstandsberechnung. Sind $a, b \neq (0,0)$, so ist der Vektor $x \cdot a$ mit $x = \langle a, b \rangle / \|a\|^2$ der Punkt auf $\mathbb{R} \cdot a$ mit dem kleinsten Abstand zu $b$. Das nebenstehende Dreieck ist rechtwinklig, denn $\langle b - xa, a \rangle = 0$. Die 5. Formel besagt, dass, abgesehen vom Vorzeichen, $\cos(\angle(a, b))$ gleich der Länge der Ankathete $\|x\| = \langle a, b \rangle / \|a\|$ geteilt durch die Hypotenuse $\|b\|$ ist.

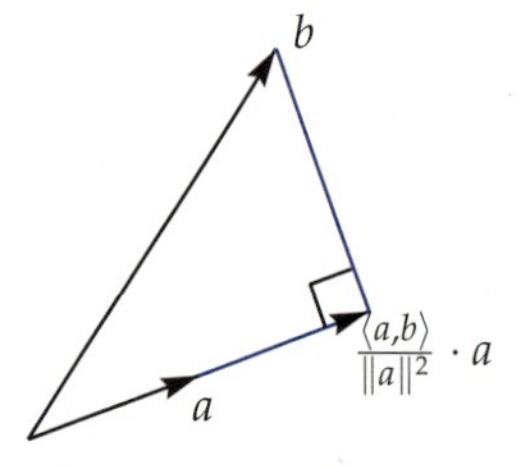


**Beispiel** $a = (2, 3)$ und $b = (-4, 1)$. Dann ist $\langle a, b \rangle = -5$ und $\cos(\angle(a, b)) = -5/\sqrt{221}$. Mit einem Taschenrechner findet man $\angle(a, b) \approx 109{,}6°$.

## Aufgaben

Lösung

**Aufgabe 1.52** Zeigen Sie:

1. $\cos(90° - \alpha) = \sin(\alpha)$.
2. $\sin(90° - \alpha) = \cos(\alpha)$.
3. $\cos(180° - \alpha) = -\cos(\alpha)$.
4. $\sin(180° - \alpha) = \sin(\alpha)$.

**Aufgabe 1.53**

1. Sei $a = (3, 1)$ und $b = (2, 4)$. Zeigen Sie, dass $\cos(\angle(a, b)) = \sin(\angle(a, b)) = \frac{1}{2}\sqrt{2}$, und folgern Sie, dass $\angle(a, b) = 45°$.
2. Sei $a = (2, 1)$ und $b = (-3, 4)$. Berechnen Sie $\cos(\alpha)$ und bestimmen Sie danach mithilfe eines Taschenrechners $\angle(a, b)$.

**Aufgabe 1.54** Zeigen Sie die nachfolgenden Formeln.

1. $\sin(2\alpha) = 2\sin(\alpha)\cos(\alpha)$
2. $\cos(2\alpha) = \cos^2(\alpha) - \sin^2(\alpha) = 2\cos^2(\alpha) - 1$
3. $\cos(\alpha/2) = \pm\sqrt{\frac{1}{2}(1 + \cos(\alpha))}$
4. $\sin(\alpha/2) = \pm\sqrt{\frac{1}{2}(1 - \cos(\alpha))}$
5. $\cos(3\alpha) = 4\cos^3(\alpha) - 3\cos(\alpha)$
6. $\cos(4\alpha) = 8\cos^4(\alpha) - 8\cos^2(\alpha) + 1$

**Aufgabe 1.55** Prüfen Sie, unter Benutzung der letzten Aufgabe, die Einträge in der Tabelle auf der vorherigen Seite.

**Aufgabe 1.56** Es sei $\alpha = 72°$. Warum gilt $\cos(3\alpha) = \cos(\alpha)$? Stellen Sie eine Gleichung für $\cos(\alpha)$ auf und lösen Sie diese. Bestimmen Sie hiermit $\cos(72°)$.

**Aufgabe 1.57** Geben Sie, nur ausgehend von $\sin(0°) = 0$, $\sin(90°) = 1$ und $\cos(60°) = 1/2$, exakte algebraische Formeln für die nachfolgenden Zahlen. Berechnen Sie diese danach mit dem Taschenrechner und vergleichen Sie Ihr Ergebnis mit der sin- und cos-Taste.

1. $\sin(15°)$
2. $\cos(75°)$
3. $\sin(22{,}5°)$
4. $\sin(67{,}5°)$
5. $\sin(7{,}5°)$

**Aufgabe 1.58** Zeigen Sie die **Cosinusregel**: Es gilt

$$\|v - w\|^2 = \|v\|^2 + \|w\|^2 - 2\|v\| \cdot \|w\| \cdot \cos(\angle(v, w)) \,.$$

## 1.10 Die eulersche Gerade

Es sei $a\,b\,c$ ein Dreieck.

**1.** Die Seitenhalbierende durch $a$ ist die Gerade, welche $a$ mit dem Mittelpunkt $(b+c)/2$ der gegenüberliegenden Seite verbindet.

**2.** Die Mittelsenkrechte von $ab$ ist die Gerade senkrecht auf $ab$, welche durch die Mitte $(a+b)/2$ geht.

**3.** Die Höhe durch $a$ ist das Lot von $a$ auf der Seite $bc$.

**Satz 1.14**

**1.** Die Seitenhalbierenden schneiden sich in einem Punkt $s$.

**2.** Die Mittelsenkrechten schneiden sich in einem Punkt $m$.

**3.** Die Höhen schneiden sich in einem Punkt $h$.

**4.** Es gilt $h = 3s - 2m = s + 2(s-m)$, also $h, s, m$ liegen auf einer Geraden (Satz von Euler).

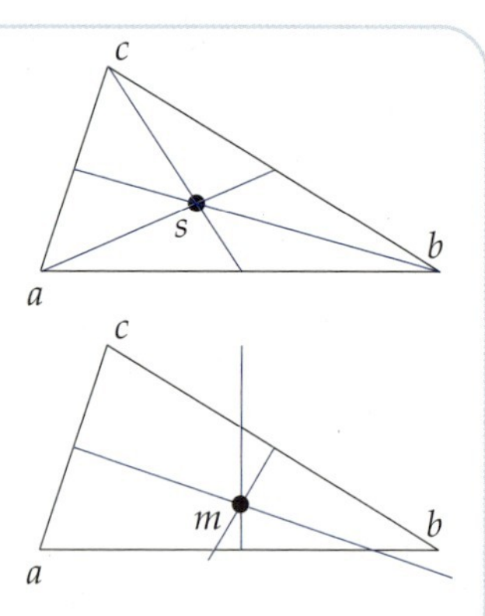


**1.** Die Seitenhalbierende durch $c$ hat die Parameterdarstellung $c + \mathbb{R} \cdot ((a+b)/2 - c)$. Nimm $2/3$ für die Parameter. Dann liegt $\frac{1}{3}(a+b+c)$ auf der Seitenhalbierenden durch $c$. Weil $\frac{1}{3}(a+b+c)$ symmetrisch in $a, b, c$ ist, liegt er auf allen Seitenhalbierenden.

**2.** Die Mittelsenkrechten haben die Gleichungen:

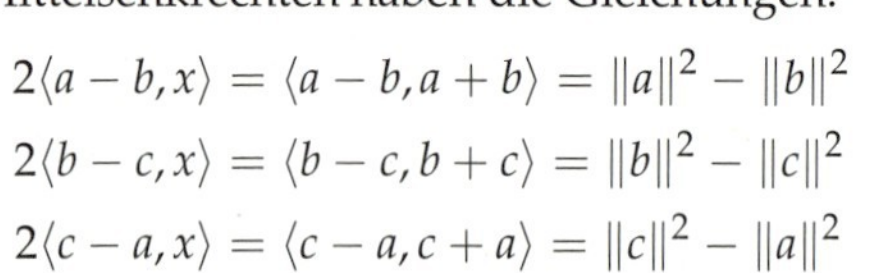

$$2\langle a-b, x\rangle = \langle a-b, a+b\rangle = \|a\|^2 - \|b\|^2$$
$$2\langle b-c, x\rangle = \langle b-c, b+c\rangle = \|b\|^2 - \|c\|^2$$
$$2\langle c-a, x\rangle = \langle c-a, c+a\rangle = \|c\|^2 - \|a\|^2$$

Addition liefert $0 = 0$, d. h. erfüllt ein Punkt zwei der Gleichungen, dann auch die dritte.

**3.** Analog, aber folgt auch aus dem Beweis von 4.

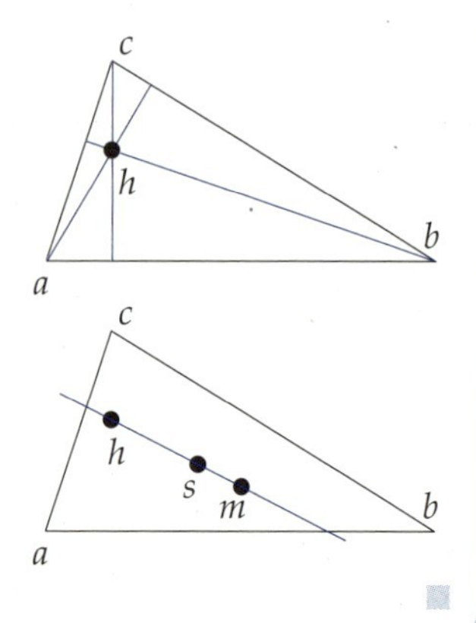


**4.** Wir zeigen, dass $3s - 2m = a + b + c - 2m$ auf jeder Höhe liegt. Die Höhe durch $c$ hat die Gleichung $\langle a-b, x\rangle = \langle a-b, c\rangle$. Wir setzen $x = a + b + c - 2m$ ein:

$$\langle a-b, a+b+c-2m\rangle =$$
$$\langle a-b, a+b-2m\rangle + \langle a-b, c\rangle =$$
$$\|a\|^2 - \|b\|^2 - 2\langle a-b, m\rangle + \langle a-b, c\rangle = \langle a-b, c\rangle\,,$$

weil $m$ auf der Mittelsenkrechten mit der Gleichung $2\langle a-b, x\rangle = \|a\|^2 - \|b|^2$ liegt. Analog für die Höhen durch $a$ und $b$. ∎

# Aufgaben

Lösung

**Aufgabe 1.59** Es seien $a, b, c$ nicht auf einer Geraden und $\lambda \in \mathbb{R}$, $a' = \lambda a$, $b' = \lambda b$ und $c' = \lambda c$ mit $\lambda \neq 0$. Sei $s$ der Schwerpunkt, $m$ der Mittelpunkt des Umkreises und $h$ der Höhenpunkt von $abc$. Für den Schwerpunkt $s'$, den Mittelpunkt des Umkreises $m'$ und den Höhenpunkt $h'$ von $a'b'c'$ gilt $s' = \lambda s$, $m' = \lambda m$ und $h' = \lambda h$. Zeigen Sie diese Aussage.

**Aufgabe 1.60** Sei $a, b, c$ ein Dreieck. Zeigen Sie, dass der Höhenpunkt $h$ gegeben ist durch die Formel

$$h = \frac{1}{\det(a-c, b-c)} \left( \langle a, b-c \rangle a^{\perp} + \langle b, c-a \rangle b^{\perp} + \langle c, a-b \rangle c^{\perp} \right)$$

**Aufgabe 1.61** Es sei $abc$ ein Dreieck mit Schwerpunkt $s$, Höhenpunkt $h$ und $m$ der Mittelpunkt des Umkreises. Der **Feuerbach-Kreis** von $abc$ ist der Kreis durch die Mitte der Seiten $(a+b)/2$, $(b+c)/2$ und $(c+a)/2$. Sei $f$ der Mittelpunkt des Feuerbach-Kreises. Zeigen Sie:

1. $3s = m + 2f$. Tipp: Durch Verschieben darf man annehmen, dass $s = 0$.
2. Der Radius des Feuerbach-Kreises ist die Hälfte des Umkreisradius.
3. $(h+a)/2$, $(h+b)/2$ und $(h+c)/2$ liegen auf dem Feuerbach-Kreis.
4. Die Fußpunkte der Höhen liegen ebenfalls auf dem Feuerbach-Kreis.
   Tipp: Schauen Sie scharf auf die nachfolgende Figur, um eine Idee zu bekommen.

Der Feuerbach-Kreis wird auch Neunpunktekreis genannt.

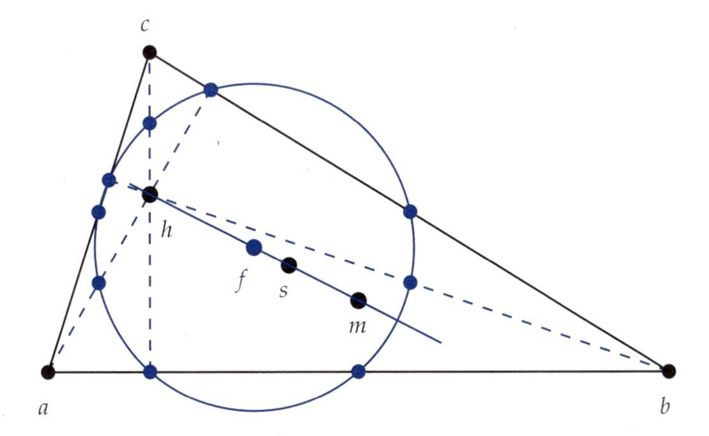

# 1.11 *Kegelschnitte*

**Definition der Kegelschnitte Parabel, Ellipse und Hyperbel.**

1. Die Parabel mit Brennpunkt $F$ und Richtgerade $\ell$ ist die Menge der Punkte, für die gilt: $d(P,F) = d(P,\ell)$.

2. Die Ellipse mit Brennpunkten $F_1$ und $F_2$ und langer Achse $2a$ ist die Menge der Punkte $P$ in $\mathbb{R}^2$, für die gilt: $\mathbf{d(P,F_1) + d(P,F_2) = 2a}$.

3. Die Hyperbel mit Brennpunkten $F_1$ und $F_2$ und langer Achse $2a$ ist die Menge der Punkte $P$ in $\mathbb{R}^2$, für die gilt $\mathbf{|d(P,F_1) - d(P,F_2)| = 2a}$.

Die Exzentrizität $e$ einer Parabel ist 1, die einer Ellipse oder Hyperbel gleich $c/a$, wenn $(\pm c, 0)$ die Brennpunkte sind. Die Geraden $x = \pm\frac{a^2}{c}$ heißen Richtgeraden der Ellipse bzw. Hyperbel.

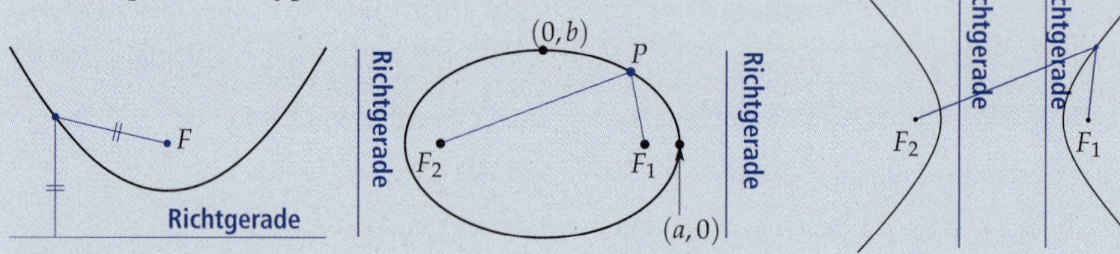


**Satz 1.15**

1. Ist $F = (0, p/2)$ der Brennpunkt der Parabel und $y = -p/2$ die Richtgerade, so ist die Parabel gegeben durch die Gleichung $x^2 = 2py$.

2. Ist $\ell$ die Richtgerade $x = a^2/c$ der Ellipse bzw. Hyperbel mit Brennpunkt $F_1 = (c,0)$ und langer Achse $2a$, so gilt:
   - $P$ liegt auf der Ellipse bzw. Hyperbel genau dann, wenn $d(P,F_1) = e \cdot d(P,\ell)$.
   - Eine Gleichung der Ellipse ist $\left(\frac{x}{a}\right)^2 + \left(\frac{y}{b}\right)^2 = 1$, wobei $b^2 = a^2 - c^2$.

     Eine Gleichung der Hyperbel ist $\left(\frac{x}{a}\right)^2 - \left(\frac{y}{b}\right)^2 = 1$, wobei $b^2 = a^2 + c^2$.

1. Einfach. $x^2 + (y - p/2)^2 = (y + p/2)^2$.

2. Die Gleichung $2a - \sqrt{(x-c)^2 + y^2} = \sqrt{(x+c)^2 + y^2}$ ist die Bedingung, dass $(x,y)$ auf der Ellipse liegt. Nach Quadrieren

$$4a^2 - 4a\sqrt{(x-c)^2 + y^2} + (x-c)^2 + y^2 = (x+c)^2 + y^2$$

$$d(P,F_1) = \sqrt{(x-c)^2 + y^2} = a - \frac{cx}{a} = \frac{c}{a} \cdot \left(\frac{a^2}{c} - x\right) = e \cdot d(P,\ell).$$

$$a^2(x-c)^2 + a^2y^2 = (a^2 - cx)^2$$

$$b^2x^2 + a^2y^2 = (a^2 - cx)^2 - a^2(x-c)^2 + b^2x^2 = a^2b^2.$$

3. Der Nachweis für die Hyperbel ist analog. Allerdings muss man hier die Fälle unterscheiden, dass der Punkt rechts oder links von den Richtgeraden ist. ■

# Aufgaben

Lösung

**Aufgabe 1.62** Führen Sie den Beweis von Satz 1.15 für den Fall der Hyperbel durch.

**Aufgabe 1.63** Es sei eine Ellipse, Hyperbel oder Parabel gegeben. Angenommen $(0,0)$ ist (einer) der Brennpunkte. Sei $P = (x,y) \neq (0,0)$, $r = d(O,P)$ und $\varphi$ der Winkel zwischen der $x$-Achse und $OP$ ($r$ und $\varphi$ heißen die Polarkoordinaten). Zeigen Sie, dass es feste Zahlen $p$ und $e$ gibt mit

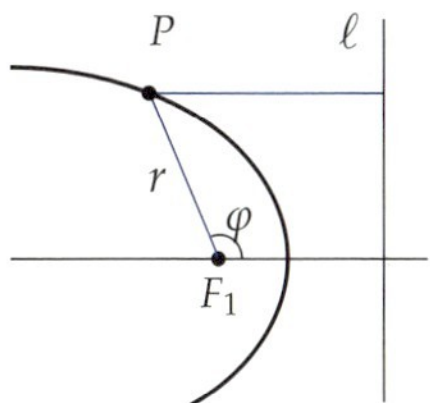


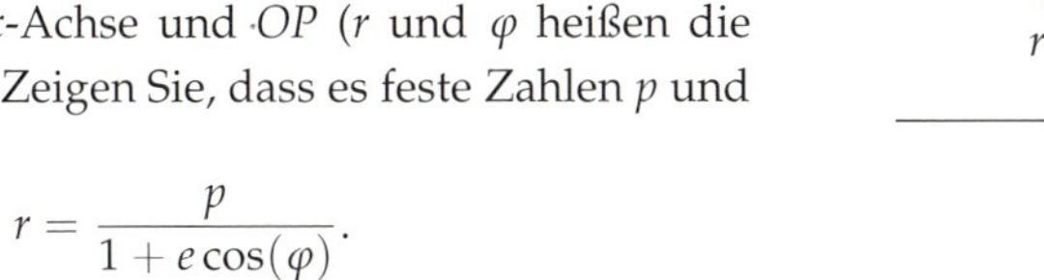

$$r = \frac{p}{1 + e\cos(\varphi)},$$

wobei $e$ die Exzentrizität ist. Wie können Sie $p$ charakterisieren?

**Aufgabe 1.64** Zeigen Sie, dass die Mengen gegeben durch die nachfolgenden Gleichungen Ellipsen sind. Berechnen Sie die Brennpunkte und die Exzentrizität der Ellipsen.

1. $3x^2 + 4y^2 - 6x + 8y - 5 = 0.$
2. $x^2 + 4y^2 - 4x + 16y + 16 = 0.$
3. $9x^2 + 5y^2 + 18x - 10y - 31 = 0.$

**Aufgabe 1.65** Zeigen Sie, dass die Mengen gegeben durch die nachfolgenden Gleichungen Hyperbeln sind. Berechnen Sie die Brennpunkte und die Exzentrizität der Hyperbeln.

1. $x^2 - 4y^2 - 2x + 8y - 5 = 0.$
2. $-x^2 + 4y^2 - 4x + 16y + 16 = 0.$
3. $9x^2 - 5y^2 + 18x - 10y + 5 = 0.$

**Aufgabe 1.66**

1. Eine Ellipse hat die Brennpunkte $(0,1)$ und $(6,1)$ und der Punkt $(7,2)$ liegt auf der Ellipse. Geben Sie eine Gleichung dieser Ellipse an.
2. Gibt es auch eine Hyperbel mit diesen Brennpunkten, und zwar dergestalt, dass $(7,2)$ auf der Hyperbel liegt?

# 1.12 *Tangenten an Kegelschnitte*

**Satz 1.16**

**1.** Ist $P$ ein Punkt auf einer Parabel, so gibt es genau zwei Geraden durch $P$, die die Parabel in einem Punkt schneiden. Eine davon steht senkrecht auf der Richtgeraden, die andere ist die Tangente an der Parabel in $P$.

**2.** Es sei $P$ ein Punkt einer Ellipse oder Hyperbel. Dann gibt es genau eine Gerade $L$, die Tangente, welche die Ellipse bzw. Hyperbel in keinem anderen Punkt schneidet.

Wir betrachten den Fall der Ellipse. Sei $P = (u, v)$ und die Gerade $L$ gegeben durch $(u + \lambda r, v + \lambda s)$. Einsetzen in der Gleichung der Ellipse ergibt

$$\lambda^2 \cdot \left(\frac{r^2}{a^2} + \frac{s^2}{b^2}\right) + 2\lambda \cdot \left(\frac{ur}{a^2} + \frac{vs}{b^2}\right) = 0.$$

Diese Gleichung hat entweder zwei Lösungen für $\lambda$ oder nur die eine Lösung $\lambda = 0$, wenn $\left(\frac{ur}{a^2} + \frac{vs}{b^2}\right) = 0$. Also hat die Tangente $L$ den Normalenvektor $(u/a^2, v/b^2)$ und $L$ ist gegeben durch die Gleichung $ux/a^2 + vy/b^2 = 1$. ■

**Satz 1.17**

**1.** Ein Strahl aus dem Brennpunkt einer Parabel reflektiert an der Parabel so, dass nach der Reflektion dieser senkrecht zu der Richtgeraden steht (Parabolspiegel).

**2.** In einer Ellipse reflektiert jeder Strahl aus dem Brennpunkt $F_1$ an der Ellipse so, dass er $F_2$ durchläuft. (Dieses Phänomen wird benutzt, um Nierensteine zu zertrümmern.)

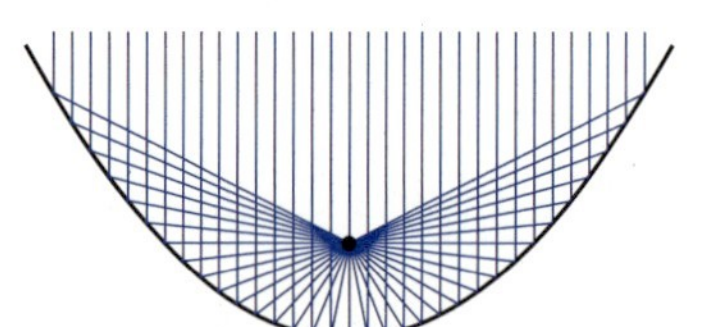

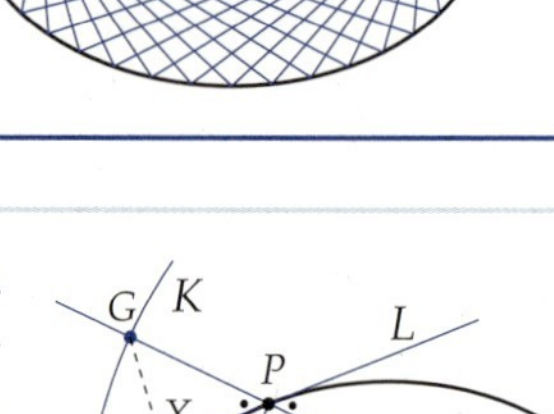

Wir zeigen die Aussage für die Ellipse mit Brennpunkten $F_1, F_2$ und langer Achse $2a$. Betrachte den Kreis $K$ mit Mittelpunkt $F_1$ und Radius $2a$. Sei $G$ der eine Schnittpunkt der Geraden $F_1P$ mit $K$. Dann ist $d(P, G) = d(P, F_2)$. Die Winkelhalbierende von $F_2PG$ ist deshalb die Mittelsenkrechte $L$ von $F_2G$. Dann ist $L$ die Tangente, denn $P$ ist der einzige Punkt auf $L$, der auch auf der Ellipse liegt. Ist nämlich $X$ ein Punkt auf $L$ mit $X \neq P$, so folgt $d(X, F_1) + d(X, F_2) = d(X, F_1) + d(X, G) > d(F_1, G) = 2a$. Wir sehen, dass $PF_1$ und $F_2P$ den gleichen Winkel mit der Tangente $L$ bilden. ■

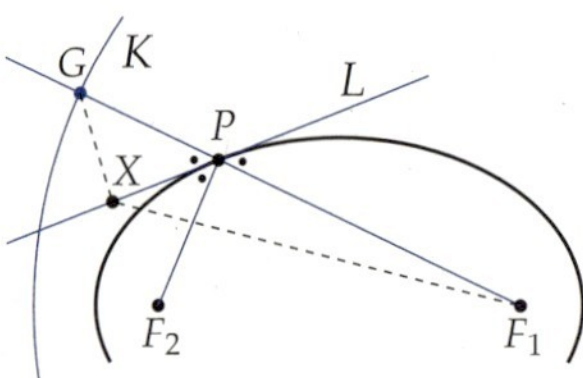

## Aufgaben

Lösung

**Aufgabe 1.67** Vervollständigen Sie den Beweis von Satz 1.16.

**Aufgabe 1.68** Berechnen Sie eine Gleichung der Tangente an dem angegebenen Kegelschnitt im Punkt $P$.

1. $x^2/5 + y^2/2 = 7, P = (5, 2)$.
2. $y^2 = 4x, P = (2, 1)$.
3. $4x^2 - y^2 = 3, P = (1, 1)$.

**Aufgabe 1.69** Für die Reflektion von Lichstrahlen an einer Hyperbel gilt Folgendes: Die Strahlen aus dem einem Brennpunkt reflektieren so, dass der Anschein erweckt wird, dass sich die Lichtquelle im anderen Brennpunkt befindet. Zeigen Sie diese Aussage.

**Aufgabe 1.70** Geben Sie den Beweis von Satz 1.17 für den Fall der Parabel an.

**Aufgabe 1.71** Die Ellipse $E$ sei gegeben durch die Gleichung

$$\frac{x^2}{a^2} + \frac{y^2}{b^2} = 1.$$

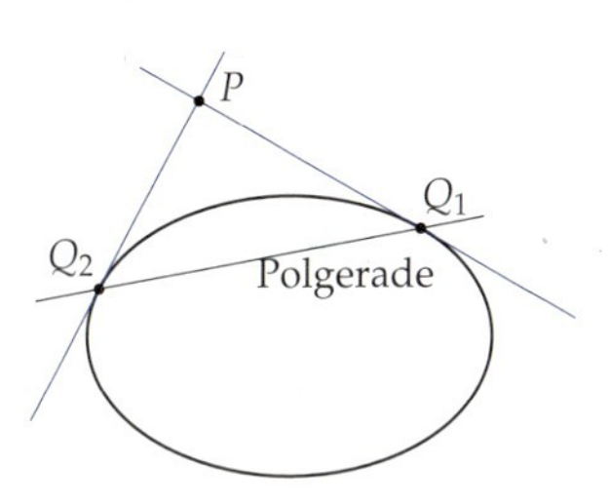


Es sei $P = (u, v) \neq (0, 0)$ ein Punkt in der Ebene. Die Polgerade von $P$ bezüglich $E$ ist die Gerade gegeben durch die Gleichung

$$\frac{u \cdot x}{a^2} + \frac{v \cdot y}{b^2} = 1.$$

Zeigen Sie:

1. Ist $P \in E$, so ist die Polgerade die Tangente.
2. Zu jeder Geraden $L$, welche $(0, 0)$ nicht enthält, gibt es genau einen Punkt $P$, sodass $L$ die Polargerade von $P$ bezüglich $E$ ist.
3. Ist $P$ ein Brennpunkt der Ellipse, so ist die Polgerade eine Richtgerade.
4. Es gilt: $Q$ liegt auf der Polargeraden von $P$ genau dann, wenn $P$ auf der Polargeraden von $Q$ liegt.
5. Ist $P = (u, v)$ innerhalb der Ellipse $E$, d. h. $u^2/a^2 + v^2/b^2 < 1$, so schneidet jede Gerade durch $P$ die Ellipse in zwei Punkten.
6. Ist $P$ außerhalb $E$ (d. h. $u^2/a^2 + v^2/b^2 > 1$), so schneidet die Polgerade von $P$ die Ellipse in zwei Punkten $Q_1$ und $Q_2$. Die Geraden durch $Q_1$ und $P$ sowie durch $Q_2$ und $P$ sind Tangenten an der Ellipse. (Siehe Bild oben.)
7. Ist $P$ innerhalb der Ellipse $E$, so schneidet die Polgerade von $P$ die Ellipse nicht.
8. Ähnliche Aussagen gelten für die Parabel und die Hyperbel. (Welche Anpassungen sollte man für die Hyperbel machen?)

## 1.13 Berechnungen mit SAGEMATH

Wir geben einige Beispiele für Berechnungen mit SAGEMATH sowie Kommentare hierzu.

```
sage: v = vector(QQ,[1,2]); v
(1, 2)
```

Mehrere Befehle auf einer Zeile, getrennt durch ein Semikolon, sind erlaubt.

Will man mit reellen Zahlen näherungsweise rechnen, so schreibt man RR:

```
v = vector(RR,[1,2]); v; v[0]
(1.00000000000000, 2.00000000000000)
1.00000000000000
```

Es gibt auch noch andere Zahlbereiche. Dazu kommen wir später. Wir werden vorläufig nur mit rationalen Zahlen arbeiten. Beachten Sie, dass in SAGEMATH die Zählung immer bei 0 anfängt. Möchte man den ersten Koeffizienten von $v$ haben, so tippt man $v[0]$, für den zweiten $v[1]$ usw. Es gibt einen eingebauten Befehl für das Skalarprodukt zweier Vektoren. Ebenfalls gibt es einen Befehl für die Norm eines Vektors.

```
sage: v = vector(QQ,[1,2]); w = vector(QQ,[3,4])
sage:  v.inner_product(w); v*w; norm(v); N(norm(v))
11
11
sqrt(5)
2.23606797749979
```

Auf folgende Weise definiert man eine Matrix, findet einen Eintrag, multipliziert mit einem Vektor, bildet die inverse Matrix zu A und das Produkt von $A$ und $B$.

```
sage: A = matrix([[2,5],[-1,3]]); B = matrix([v,w])
 A[0,0]; A*w; A^(-1); A*B
2
(26, 9)

[ 3/11 -5/11]
[ 1/11  2/11]

[17 24]
[ 8 10]
```

## Aufgaben

Lösung

**Aufgabe 1.72** Lösen Sie die nachfolgenden Gleichungen mit SAGEMATH. Stellen Sie dazu eine Matrix $A$ und einen Vektor $b$ auf und berechnen Sie $A^{-1}(b)$.

$$4531x + 6532y = -7475 \qquad 3726x - 2222y = 984$$
$$2234x + 1482y = 6746 \qquad 3744x + 3212y = 36924$$

**Aufgabe 1.73**

1. Schreiben Sie eine Funktion

   `rotate(v,alpha)`,

   welche die Drehung des Vektors $v \in \mathbb{R}^2$ über dem Winkel $\alpha$ (in Grad gemessen) berechnet. Rechnen Sie mit reellen Zahlen. Achtung: in SAGEMATH berechnet $\cos(x)$ und $\sin(x)$ den Cosinus und Sinus von $x$ in Bogenlänge.
2. Benutzen Sie dieses Programm, um den Vektor $(2, 1)$ über $67°$ zu drehen.

**Aufgabe 1.74**

1. Schreiben Sie eine Funktion `spiegelung(v,w)`, welche die Spiegelung von $v$ in der Geraden $\mathbb{R} \cdot w$ berechnet. Beachten Sie dazu Aufgabe 1.33.
2. Berechnen Sie die Spiegelung von $(2, 1)$ in der Geraden $R \cdot (3, 2)$.

**Aufgabe 1.75**

1. Schreiben Sie eine Funktion

   `abstand1(p,a,b)`

   in SAGEMATH, welche näherungsweise den Abstand von $p \in \mathbb{R}^2$ zu der Geraden $b + \mathbb{R} \cdot a$ berechnet.
2. Nehmen Sie als Beispiel $p = (213, -312)$, $a = (-541, 231)$ und $b = (34, 78)$ an.

**Aufgabe 1.76**

1. Schreiben Sie eine Funktion

   `def abstand2(p,a,b,c):`

   in SAGEMATH, welche den Abstand von $p \in \mathbb{R}^2$ zu der Geraden mit Gleichung $ax + by = c$ berechnet.
2. Nehmen Sie $p = (213, -312)$, $a = (-541, 231)$, $b = (34, 78)$ und $c = (88, 93)$.

**Aufgabe 1.77** Schreiben Sie eine Funktion

`angle(v,w)`,

welche den Winkel zwischen $v$ und $w$ berechnet (entweder in Bogenmaß oder in Grad).

**Aufgabe 1.78** Schreiben Sie ein SAGEMATH-Programm `matt(A,b1,b2)`, welches, gegeben eine $2 \times 2$-Matrix $A$ und zwei lineare unabhängige Vektoren $b1, b2$, die Matrix ${}_{\mathcal{B}}A_{\mathcal{B}}$ von $A$ bezüglich der Basis $\mathcal{B} = (b1, b2)$ ausgibt.

# Der Raum $\mathbb{R}^3$

2



ÜBERBLICK

## LERNZIELE

- Vektoren, Addition und Skalarmultiplikation
- Länge, Skalarprodukt, Winkel
- Geraden und Ebenen
- Das Vektorprodukt
- Die $3 \times 3$-Determinante
- Volumenberechnung und Abstände
- Lineare Abbildungen, Matrizen
- Inversenberechnung, adjunkte Matrix
- Basen, Basiswechsel
- Bewegungen in $\mathbb{R}^3$: Drehungen und Drehspiegelungen
- Orientierte Basen

In diesem Kapitel erweitern wir unsere Kenntnisse über den Raum $\mathbb{R}^2$ zu dem Raum $\mathbb{R}^3$. Die Vektoren in diesem Raum haben deshalb drei Koordinaten: $a = (a_1, a_2, a_3)$. Zwei Vektoren in $\mathbb{R}^3$ können wir addieren und mit einem Skalar multiplizieren:

$$a + b = (a_1 + b_1, a_2 + b_2, a_3 + b_3)\,, \quad \lambda \cdot a = (\lambda a_1, \lambda a_2, \lambda a_3)\,.$$

Die Länge $\|a\|$ eines Vektors $a = (a_1, a_2, a_3)$ ist gegeben durch die Formel

$$\|a\| = \sqrt{a_1^2 + a_2^2 + a_3^2}\,.$$

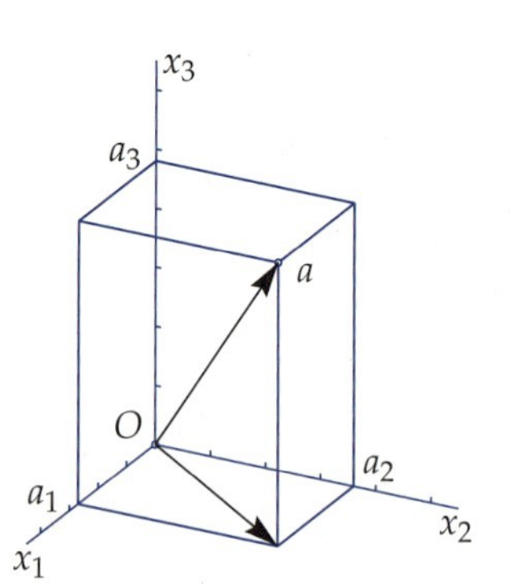


Diese Formel ist der „Satz des Pythagoras“ für den Raum $\mathbb{R}^3$, wie im nebenstehenden Bild dargestellt.

Wir versuchen, das Quadrat des Abstandes eines Punktes $b$ zu $p = t \cdot a$ der Geraden $\mathbb{R} \cdot a$ zu minimieren. Das Quadrat dieses Abstandes ist gleich

$$\|ta - b\|^2 = t^2\|a\|^2 - 2t(a_1b_1 + a_2b_2 + a_3b_3) + \|b\|^2\,.$$

Das Minimum wird für $p = t \cdot a$ mit $t = \langle a, b\rangle / \|a\|^2$ erreicht, wobei

$$\langle a, b\rangle := a_1b_1 + a_2b_2 + a_3b_3$$

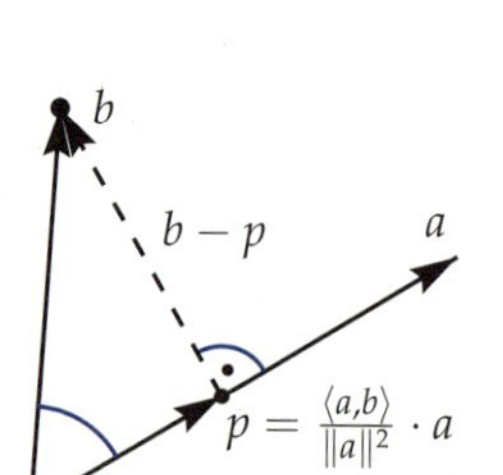


das *Skalarprodukt* von $a$ und $b$ ist. Außerdem ist dieses Minimum gleich $\|b\|^2 - \langle a, b\rangle^2 / \|a\|^2$.

Für den Punkt $p$ auf $\mathbb{R} \cdot a$, welcher die Zahl $\|p - b\|$ minimalisiert, gilt $\|p\| = |\langle a, b\rangle| / \|a\|$. Wir definieren den Cosinus des Winkels $\angle(a, b)$ als die Ankathete geteilt durch die Hypotenuse, also

$$\cos(\angle(a,b)) := \frac{\|p\|}{\|b\|}\,.$$

Deshalb gilt

$$\langle a,b\rangle = \|a\| \cdot \|b\| \cdot \cos(\angle(a,b))\,.$$

Diese Formel ist auch sinnvoll für negative Werte von $\langle a,b\rangle$. Beachten Sie, dass $\angle(a,b) = 90°$, also $a$ steht senkrecht auf $b$ genau dann, wenn

$$\langle a,b\rangle = a_1b_1 + a_2b_2 + a_3b_3 = 0\,.$$

Ebenen in $\mathbb{R}^3$ sind Mengen der Form $c + \mathbb{R}\cdot a + \mathbb{R}\cdot b$. Hierbei sind $a$ und $b$ die Richtungsvektoren, welche beide ungleich 0 sind und in verschiedene Richtungen zeigen. Also sollte nicht $a = tb$ oder $b = ta$ für ein $t \in \mathbb{R}$ gelten. Solche Vektoren nennt man linear unabhängig.

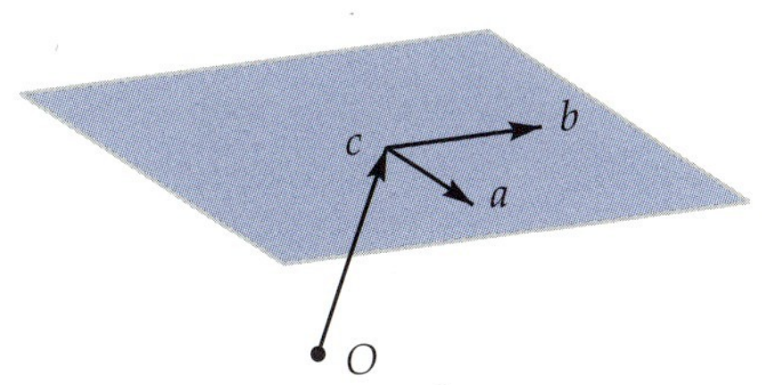


Ebenen kann man auch mit Gleichungen beschreiben. Ist $n_1x_1 + n_2x_2 + n_3x_3 = d$ eine solche Gleichung, so kann man diese mit dem Skalarprodukt kurz als $\langle n,x\rangle = d$ schreiben, mit $n \neq 0$. Es folgt durch Einsetzen, dass $\langle n,a\rangle = \langle n,b\rangle = 0$, der Vektor $n$ steht deshalb senkrecht sowohl auf $a$ als auch auf $b$.

Es seien $a, b$ zwei linear unabhängige Vektoren in $\mathbb{R}^3$. Dann gibt es einen Vektor, welcher senkrecht sowohl auf $a$ als auch auf $b$ steht. Ein solcher Vektor ist bis auf ein skalares Vielfaches eindeutig bestimmt. Um einen solchen Vektor für $a = (a_1,a_2,a_3)$ und $b = (b_1,b_2,b_3)$ zu finden, muss man das Gleichungssystem

$$\begin{aligned} a_1x_1 + a_2x_2 + a_3x_3 &= 0 \\ b_1x_1 + b_2x_2 + b_3x_3 &= 0 \end{aligned}$$

lösen. Eine Lösung ist gegeben durch

$$(x_1,x_2,x_3) = a \times b := (a_2b_3 - a_3b_2, a_3b_1 - a_1b_3, a_1b_2 - a_2b_1)\,.$$

Wir nennen $a \times b$ das **Vektorprodukt** oder auch **Kreuzprodukt** von $a$ und $b$. Bemerke, dass

$$a_2b_3 - a_3b_2 = \begin{vmatrix} a_2 & b_2 \\ a_3 & b_3 \end{vmatrix}\,, \quad a_3b_1 - a_1b_3 = -\begin{vmatrix} a_1 & b_1 \\ a_3 & b_3 \end{vmatrix} \quad \text{und} \quad a_1b_2 - a_2b_1 = \begin{vmatrix} a_1 & b_1 \\ a_2 & b_2 \end{vmatrix}\,.$$

Hier stehen verschiedene $2 \times 2$-Determinanten. Mit diesem Kreuzprodukt lässt sich ganz schnell die Gleichung einer Ebene angeben, welche in Parameterdarstellung gegeben ist. Ist $x = c + \mathbb{R}\cdot a + \mathbb{R}\cdot b$ eine Ebene, so ist diese Ebene gleich der Lösungsmenge der Gleichung

$$\langle a \times b, x\rangle = \langle a \times b, c\rangle\,.$$

Insbesondere gilt: Der Vektor $c$ liegt in der Ebene $\mathbb{R} \cdot a + \mathbb{R} \cdot b$ genau dann, wenn $\langle a \times b, c \rangle = 0$. Der Ausdruck $\det(a,b,c) = \langle a \times b, c \rangle$ heißt die Determinante von $a, b, c$ und spielt eine wichtige Rolle. Eine langweilige Berechnung zeigt

$$\det(a,b,c) = -\det(b,a,c) = -\det(a,c,b)\,.$$

Ist $\det(a,b,c) \neq 0$, so ist

$$x = \frac{1}{\det(a,b,c)} \cdot (\alpha \cdot b \times c + \beta \cdot c \times a + \gamma \cdot a \times b)$$

der Durchschnitt der drei Ebenen gegeben durch die Gleichungen

$$\langle a, x \rangle = \alpha,\ \langle b, x \rangle = \beta,\ \langle c, x \rangle = \gamma\,.$$

Ist dagegen $\det(a,b,c) = 0$, so ist der Durchschnitt leer, eine Gerade, eine Ebene oder der ganze Raum, jedoch niemals genau ein Punkt.

Hiermit hat man eine Lösungsformel für Gleichungssysteme. In der Praxis werden solche Lösungsformeln nicht oft benutzt, stattdessen verwendet man die gaußsche Eliminationsmethode. Hier werden Systeme von Gleichungen in einer solchen Weise vereinfacht, dass die Lösungen des Gleichungssystems sofort abgelesen werden können.

Das Vektorprodukt und die Determinante können ebenfalls benutzt werden, um Flächen und Volumen zu berechnen. Der Abstand von $b$ zu $\mathbb{R} \cdot a$ ist gleich

$$\frac{\|a \times b\|}{\|a\|}\,.$$

Dies folgt aus der mit etwas Mühe nachzurechnenden Formel

$$\langle a, b \rangle^2 + \|a \times b\|^2 = \|a\|^2 \cdot \|b\|^2$$

sowie aus der Tatsache, dass das Quadrat des Abstandes von $b$ zu der Geraden $\mathbb{R} \cdot a$ gleich $\|b\|^2 - \langle a, b \rangle^2 / \|a\|^2$ ist. Hiermit sieht man, dass die Fläche des Parallelogramms

$$P(a,b) = \{\lambda \cdot a + \mu \cdot b \colon 0, \lambda, \mu \leq 1\}$$

gleich der Länge des Vektorprodukts $\|a \times b\|$ ist.

Ist eine Ebene $E$ gegeben durch eine Gleichung $\langle n, x \rangle = c$, so zeigen wir, dass der Abstand $d(p, E)$ eines Punktes $p$ zu dieser Ebene die „Abweichung" dieser Gleichung ist, d. h.

$$\frac{|\langle n, p \rangle - c|}{\|n\|}.$$

Ist die Ebene $E$ gegeben durch eine Parameterdarstellung $\mathbb{R} \cdot a + \mathbb{R} \cdot b$, so erhält man eine Gleichung für $E$ durch $\langle a \times b, x \rangle = 0$ und wir erhalten die Formel

$$\frac{|\det(a,b,c)|}{\|a \times b\|}$$

für den Abstand von $c$ zu der Ebene $E$. Wir können daher $|\det(a,b,c)| = \|a \times b\| \cdot d(p,E)$ als Grundfläche mal Höhe, also das Volumen, des Parallelotops

$$P(a,b,c) = \{x_1 a + x_2 b + x_2 c \colon 0 < x_1, x_2, x_3 < 1\}$$

interpretieren. Es wird noch ein alternatives Argument, dass $|\det(a,b,c)|$ das Volumen des Parallelotops ist, gegeben. Allerdings müssen wir ehrlicherweise erwähnen, dass die Begriffe Fläche und Volumen in diesem Buch nicht definiert werden. Für Einzelheiten verweise ich auf mein Analysis-Buch.

Wir können lineare Abbildungen $A\colon \mathbb{R}^3 \to \mathbb{R}^3$ genauso wie im Fall $\mathbb{R}^2$ definieren, d. h. $A(x \cdot a + y \cdot b) = x \cdot A(a) + y \cdot A(b)$ für alle $x, y \in \mathbb{R}$ und alle $a, b \in \mathbb{R}^3$. Eine solche lineare Abbildung ist durch die Bilder der Einheitsvektoren $e_1 = (1,0,0)$, $e_2 = (0,1,0)$ und $e_3 = (0,0,1)$ bestimmt, denn

$$A(x_1, x_2, x_3) = x_1 \cdot A(1,0,0) + x_2 \cdot A(0,1,0) + x_3 \cdot A(0,0,1)\,.$$

Umgekehrt können $A(e_i) = a_i$ beliebig vorgegeben werden, weil die Abbildung, die gegeben ist durch die Formel

$$A(x_1, x_2, x_3) = x_1 \cdot a_1 + x_2 \cdot a_2 + x_3 \cdot a_3\,,$$

linear ist, wie man sofort nachrechnet. Die Information der linearen Abbildung sammelt man in einer Matrix

$$A = \begin{pmatrix} a_{11} & a_{12} & a_{13} \\ a_{21} & a_{22} & a_{23} \\ a_{31} & a_{32} & a_{33} \end{pmatrix}.$$

Die Interpretation ist, dass in der *ersten Spalte* das Bild $A(e_1) = a_1 = (a_{11}, a_{21}, a_{31})$, in der *zweiten Spalte* das Bild $A(e_2) = a_2 = (a_{12}, a_{22}, a_{32})$ und in der *dritten Spalte* das Bild $A(e_3) = a_3 = (a_{13}, a_{23}, a_{33})$ aufgeschrieben ist.

Verknüpfungen von linearen Abbildungen sind wieder linear: Sind $A$ und $B$ linear, so auch $A \circ B$. Ausgeschrieben in Matrizen führt dies zur Matrixmultiplikation.

Wichtige lineare Abbildungen sind die invertierbaren Abbildungen. Gilt $A(b_i) = e_i$ für $i = 1,2,3$, so ist die lineare Abbildung $B \circ A = \mathrm{Id}$, die identische Abbildung. Es lässt sich dann zeigen, dass auch $A \circ B = \mathrm{Id}$. In diesem Fall schreibt man $B = A^{-1}$. Um diese inverse Matrix $A^{-1}$ zu berechnen, muss man also die Gleichungssysteme $A(x) = e_i$ für $i = 1,2,3$ lösen. Hier stehen drei lineare Gleichungssysteme mit der *gleichen Koeffizientenmatrix*. Deshalb lassen sich diese drei Gleichungssysteme mit der gaußschen Eliminationsmethode gleichzeitig lösen. Man schreibt dazu die Matrix mit drei Zeilen und sechs Spalten $(A|\,\mathrm{Id})$ auf. Mit Zeilenoperationen bringt man die Matrix $A$ auf Id, dann steht rechts die Matrix $A^{-1}$.

Es ist jedoch auch möglich, eine Formel für die Matrix $A^{-1}$ aufzuschreiben. Im Wesentlichen haben wir das schon gemacht. Ist die invertierbare Matrix $A$ mit *Zeilenvektoren* $a, b, c$ gegeben, so ist die Matrix $A^{-1}$ gleich $\frac{1}{\det(A)}$ mal der Matrix mit den Spaltenvektoren $b \times c, c \times a$ und $a \times b$. Sei

$$A = \begin{pmatrix} a_{11} & a_{12} & a_{13} \\ a_{21} & a_{22} & a_{23} \\ a_{31} & a_{32} & a_{33} \end{pmatrix}$$

und

$$A^{\text{ad}} = \begin{pmatrix} a_{22}a_{33} - a_{32}a_{23} & a_{32}a_{13} - a_{33}a_{12} & a_{12}a_{23} - a_{22}a_{13} \\ a_{31}a_{23} - a_{21}a_{33} & a_{11}a_{33} - a_{31}a_{13} & a_{23}a_{11} - a_{21}a_{13} \\ a_{21}a_{33} - a_{32}a_{23} & a_{21}a_{13} - a_{23}a_{11} & a_{11}a_{22} - a_{21}a_{12} \end{pmatrix}$$
$$= \begin{pmatrix} +\det(A_{11}) & -\det(A_{21}) & +\det(A_{31}) \\ -\det(A_{12}) & +\det(A_{22}) & -\det(A_{32}) \\ +\det(A_{13}) & -\det(A_{23}) & +\det(A_{33}) \end{pmatrix}$$

mit $A_{ij}$ die Matrix, die aus $A$ durch Streichen der $i$-ten Zeile und $j$-ten Spalte entsteht. Bemerke die Vertauschung von $i$ und $j$. In der **$i$-ten Zeile und $j$-ten Spalte** von $A^{\text{ad}}$ steht $\det(A_{ji})$, die Determinante der Matrix, die aus $A$ durch Streichen der **$j$-ten Zeile und $i$-ten Spalte** entsteht. Es gilt die Identität

$$A \cdot A^{\text{ad}} = A^{\text{ad}} \cdot A = \det(A) \cdot \text{Id} .$$

Die Diagonalelemente von $A \cdot A^{\text{ad}}$ sind alle gleich $\det(A)$. Der Eintrag $(1,1)$ ist die Entwicklung der Determinante nach der ersten Zeile, der Eintrag $(2,2)$ die Entwicklung der Determinante nach der zweiten Zeile und der Eintrag $(3,3)$ die Entwicklung der Determinante nach der dritten Zeile. Der Eintrag $(2,1)$ berechnet die Determinante, die man aus $A$ erhält, indem die zweite Zeile durch die erste Zeile ersetzt wird. Wir berechnen also die Determinante einer Matrix mit zwei gleichen Zeilen, daher ist sie gleich 0. Ist die Determinante ungleich 0, so folgt

$$A^{-1} = \frac{1}{\det(A)} \cdot A^{\text{ad}} .$$

Wenn wir das Gleichungssystem

$$A(x) = b ,$$

ausgeschrieben

$$\begin{aligned} a_{11}x_1 + a_{12}x_2 + a_{13}x_3 &= b_1 \\ a_{21}x_1 + a_{22}x_2 + a_{23}x_3 &= b_2 \\ a_{31}x_1 + a_{32}x_2 + a_{33}x_3 &= b_3 , \end{aligned}$$

lösen möchten, so ist die Lösung („Dreisatz")

$$x = A^{-1}(b) = \frac{1}{\det(A)} A^{\text{ad}}(b) .$$

Wenn wir diese Formel ausschreiben, so erhalten wir die berühmte cramersche Regel für $x_1, x_2, x_3$.

Ein Tripel $\mathcal{B} = (b_1, b_2, b_3)$ heißt eine Basis von $\mathbb{R}^3$, wenn für jedes $c \in \mathbb{R}^3$ eindeutig bestimmte Zahlen $x_1, x_2, x_3$ existieren, sodass

$$c = x_1 \cdot b_1 + x_2 \cdot b_2 + x_3 \cdot b_3 .$$

Die Zahlen $(x_1, x_2, x_3)$ werden die Koordinaten von $c$ bezüglich der Basis $\mathcal{B}$ genannt. Ist $B$ die lineare Abbildung, gegeben durch die Matrix $B$ mit *Spaltenvektoren* $b_1, b_2, b_3$, so gilt für die Koordinaten $x = (x_1, x_2, x_3)$ die Gleichung $B(x) = c$. Also ist $x = B^{-1}(c)$. Genau wie im zweidimensionalen Fall ist eine lineare Abbildung $A\colon \mathbb{R}^3 \to \mathbb{R}^3$ bestimmt durch die Bilder der Basisvektoren $b_1, b_2, b_3$. Ist $\mathcal{C} = (c_1, c_2, c_3)$ eine weitere Basis von $\mathbb{R}^3$ und gilt $A(b_i) = d_{1i}c_1 + d_{2i}c_2 + d_{3i}c_3$, so nennt man

$$_{\mathcal{C}}A_{\mathcal{B}} = \begin{pmatrix} d_{11} & d_{12} & d_{13} \\ d_{21} & d_{22} & d_{23} \\ d_{31} & d_{32} & d_{33} \end{pmatrix}$$

die Matrix von $A$ bezüglich der Basen $\mathcal{B}$ und $\mathcal{C}$. Ist $C$ die Matrix mit Spaltenvektoren $c_1, c_2, c_3$, so gilt $_{\mathcal{C}}A_{\mathcal{B}} = C^{-1} \cdot A \cdot B$. Der Fall $\mathcal{B} = \mathcal{C}$ ist besonders wichtig: $_{\mathcal{B}}A_{\mathcal{B}} = B^{-1} \cdot A \cdot B$.

Wichtige lineare Abbildungen sind die Bewegungen, welche 0 als Fixpunkt haben. Solche Bewegungen werden orthogonale Abbildungen genannt und erhalten definitionsgemäß den Abstand

$$\|A(a) - A(b)\| = \|a - b\|$$

für alle $a, b \in \mathbb{R}^3$. Solche orthogonale Abbildungen haben die Form

$$A(x_1, x_2, x_3) = x_1 a_1 + x_2 a_2 + x_3 a_3\,,$$

wobei $\mathcal{A} = (a_1, a_2, a_3)$ eine Orthonormalbasis von $\mathbb{R}^3$ ist, d. h., die Vektoren haben die Länge 1 und stehen senkrecht aufeinander. Hat allgemein die Matrix $A$ die Spaltenvektoren $a_1, a_2$ und $a_3$, so hat $A^{\mathrm{T}} \cdot A$ die Einträge $\langle a_i, a_j \rangle$. Es ist $A$ orthogonal genau dann, wenn $A^{\mathrm{T}} \cdot A = \mathrm{Id}$.

Geometrisch lassen sich die orthogonalen Abbildungen als Spiegelungen, Drehungen oder Drehspiegelungen charakterisieren. Ist $A$ eine Spiegelung in der Ebene $E = \langle b_1, x \rangle = 0$ und sind $b_2, b_3$ zwei senkrechte Vektoren der Länge eins in $E$, so gilt für die Spiegelung $A$ in der Ebene $E$:

$$_{\mathcal{B}}A_{\mathcal{B}} = \begin{pmatrix} -1 & 0 & 0 \\ 0 & 1 & 0 \\ 0 & 0 & 1 \end{pmatrix}$$

Aus $\mathrm{Sp}(A \cdot B) = \mathrm{Sp}(B \cdot A)$ und deshalb $\mathrm{Sp}(_{\mathcal{B}}A_{\mathcal{B}}) = \mathrm{Sp}(A)$ folgt, dass die Spur einer Spiegelung gleich eins ist. Ein Vektor $b_1$ ist leicht zu berechnen: Er ist bis auf ein Vielfaches gleich $b_1 = (a_{11} - 1, a_{12}, a_{13})$, weil die Punkte $v$ in der Spiegelungsebene die Gleichung $A(v) = v$ erfüllen.

Wir betrachten jetzt Drehungen $A$. Für solche Abbildungen gibt es einen Vektor $v$ mit $A(v) = v$. Die Gerade $\mathbb{R} \cdot v$ ist die sogenannte Drehachse. Ist $v = b_1$, so wählen wir wie oben zwei senkrechte Vektoren $b_2, b_3$ der Länge 1 in der Ebene $\langle b_1, x \rangle = 0$. Eine Drehung mit Drehachse $\mathbb{R} \cdot b_1$ und Drehwinkel $\varphi$ ist gegeben durch die Matrix

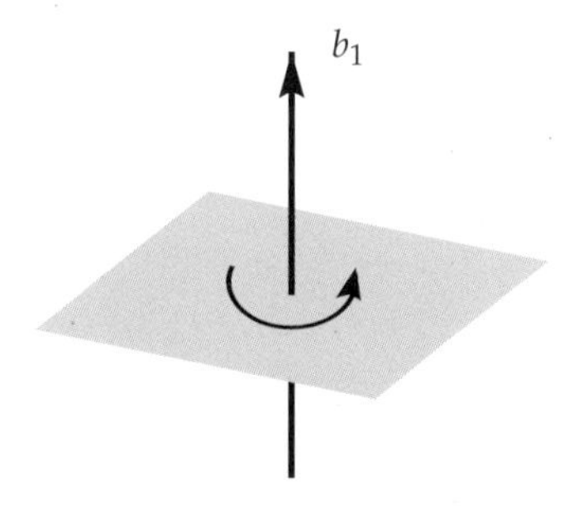


$$_{\mathcal{B}}A_{\mathcal{B}} = \begin{pmatrix} 1 & 0 & 0 \\ 0 & \cos(\varphi) & -\sin(\varphi) \\ 0 & \sin(\varphi) & \cos(\varphi) \end{pmatrix}.$$

Weiterhin hat man noch die Drehspiegelungen. In diesem Fall gibt es eine Orthonormalbasis $\mathcal{B}$, sodass

$$_{\mathcal{B}}A_{\mathcal{B}} = \begin{pmatrix} -1 & 0 & 0 \\ 0 & \cos(\varphi) & -\sin(\varphi) \\ 0 & \sin(\varphi) & \cos(\varphi) \end{pmatrix}.$$

Sie besteht aus einer Drehung mit einer Drehachse $\mathbb{R} \cdot b_1$, gefolgt von einer Spiegelung in der Ebene mit Normalenvektor $b_1$, ist also gegeben durch die Gleichung $\langle b_1, x\rangle = 0$. Die Spiegelung selbst kann auch als Drehspiegelung gesehen werden, und zwar mit Drehwinkel $0°$. Die Drehachse kann fast immer einfach bestimmt werden: Für den Vektor $v$ mit Koordinaten

$$v = (a_{23} - a_{32}, a_{31} - a_{13}, a_{12} - a_{21})$$

gilt $A(v) = \pm v$. Dieser Vektor kann nur gleich 0 sein, wenn $A^{\mathrm{T}} = A$. Weil $A^{\mathrm{T}} = A^{-1}$, ist dies nur der Fall, wenn $A^2 = \mathrm{Id}$. Solche Abbildungen sind entweder die Identität, eine Spiegelung oder die Drehung mit Drehwinkel $180°$. Um den Drehwinkel $\varphi$ zu bestimmen, benutzt man die Spur. Es gilt

$$\mathrm{Sp}(A) = 1 + 2\cos(\varphi)$$

für die Drehung und

$$\mathrm{Sp}(A) = -1 + 2\cos(\varphi)$$

für die Drehspiegelung. Gilt für die Spur $\mathrm{Sp}(A)$ von $A$, dass $\mathrm{Sp}(A) > 1$, so hat die Gleichung $-1 + 2\cos(\varphi) = \mathrm{Sp}(A)$ keine Lösung und wir haben deshalb eine Drehung. Ebenso liegt eine Drehspiegelung vor, wenn $\mathrm{Sp}(A) < -1$. Ist $\mathrm{Sp}(A) = 1$, so haben wir eine Spiegelung und für $\mathrm{Sp}(A) = -1$ eine Drehung über $180°$, was ebenfalls als Spiegelung an der Drehachse gesehen werden kann. Nur für $-1 < \mathrm{Sp}(A) < 1$ muss man schauen, ob eine Drehung oder Drehspiegelung vorliegt. Am einfachsten berechnet man $A(v) = \pm v$ für die Drehachse, welche leicht zu bestimmen ist.

Das letzte Thema des Kapitels ist die Orientierung. Es ist eine Konvention der Menschheit (selbst in England), das Standardkoordinatensystem $e_1, e_2$ und $e_3$, also die $x$-, $y$- und $z$-Achse, wie untenstehend zu zeichnen. Diese Zeichnung ist gemäß der Rechte-Hand-Regel: Wenn der Daumen der rechten Hand in die Richtung von $e_1$ zeigt, die restlichen Finger in die Richtung von $e_2$, so zeigt die Handfläche in die gleiche Richtung wie $e_3$. Wir werden zeigen, dass diese Interpretation für jede positiv orientierte Basis gilt. Eine Basis $\mathcal{B} = (a, b, c)$ heißt positiv orientiert, wenn $\det(a, b, c) > 0$. In diesem Fall sind $a, b, c$ wie bei $e_1, e_2, e_3$ geordnet nach der Rechte-Hand-Regel. Ist dagegen $(a, b, c)$ negativ orientiert, so sind die Vektoren $a, b, c$ geordnet nach der Linke-Hand-Regel.

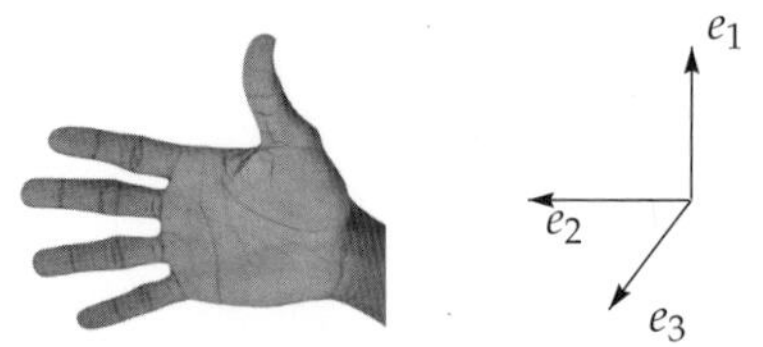

Die Rechte-Hand-Regel von Michael Jordan.

Wenn wir eine räumliche Figur auf ein Blatt Papier oder an einem Bildschirm zeichnen möchten, so müssen wir eine Abbildung von $\mathbb{R}^3$ nach $\mathbb{R}^2$ betrachten. Eine naheliegende Abbildung, welche wir betrachten,ist die orthogonale Projektion auf der $(x_2, x_3)$-Ebene, gegeben durch die sehr einfache Matrix

$$\begin{pmatrix} 0 & 0 & 0 \\ 0 & 1 & 0 \\ 0 & 0 & 1 \end{pmatrix} .$$

Wenden wir diese Abbildung auf den Standardwürfel $-1 \leq x \leq 1$, $-1 \leq y \leq 1$ und $-1 \leq z \leq 1$ an, so erhalten wir als Bild ein Quadrat, das nicht sehr realistisch aussieht. Deshalb drehen wir stattdessen das Objekt und projizieren danach. Die Drehung des Objekts mit Drehachse $\langle e_3 \rangle$ und Drehwinkel $\alpha$ ist gegeben durch die Matrix

$$\begin{pmatrix} \cos(\alpha) & -\sin(\alpha) & 0 \\ \sin(\alpha) & \cos(\alpha) & 0 \\ 0 & 0 & 1 \end{pmatrix} .$$

Danach können wir das Objekt um die Achse $\langle e_2 \rangle$ mit Drehwinkel $\beta$ drehen. Die Matrix dieser Drehung ist

$$\begin{pmatrix} \cos(\beta) & 0 & -\sin(\beta) \\ 0 & 1 & 0 \\ \sin(\beta) & 0 & \cos(\beta) \end{pmatrix} .$$

Die Verknüpfung dieser zwei Drehungen ist gegeben durch die Matrix

$$\begin{pmatrix} \cos(\alpha)\cos(\beta) & -\sin(\alpha)\cos(\beta) & -\sin(\beta) \\ \sin(\alpha) & \cos(\alpha) & 0 \\ \cos(\alpha)\sin(\beta) & -\sin(\alpha)\sin(\beta) & \cos(\beta) \end{pmatrix}$$

wie man leicht nachrechnet. Wenn man anschließend noch orthogonal auf die $(x_2, x_3)$-Ebene projiziert, so erhalten wir die lineare Abbildung gegeben durch die Matrix

$$\begin{pmatrix} 0 & 0 & 0 \\ \sin(\alpha) & \cos(\alpha) & 0 \\ \cos(\alpha)\sin(\beta) & -\sin(\alpha)\sin(\beta) & \cos(\beta) \end{pmatrix}$$

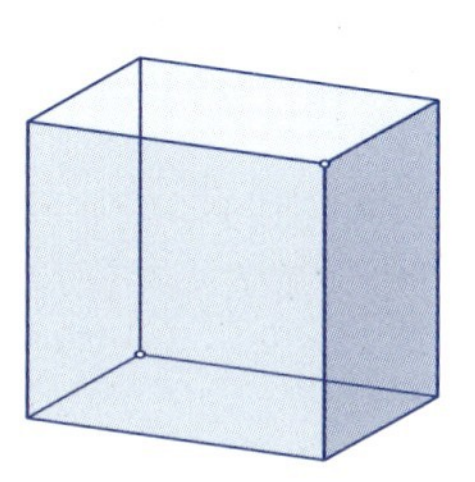

Man bekommt durch geignete Wahl von $\alpha$ und $\beta$ oft realistisch aussehende Bilder. Zum Beispiel ist das nebenstehende Bild mit einer Wahl von $\alpha = -27^\circ$ und $\beta = -23^\circ$ gezeichnet worden. Allerdings werden hier perspektivische Phänomene nicht berücksichtigt.

## 2.1 Skalarprodukt

Elemente des $\mathbb{R}^3$ nennen wir Vektoren oder auch Punkte. Diese schreiben wir nach Bedarf als Zeilen- oder als Spaltenvektoren. Wenn wir von dem Vektor $a$ reden, so ist $a = (a_1, a_2, a_3)$. Wie in $\mathbb{R}^2$ können wir zwei solcher Vektoren addieren: $(a_1, a_2, a_3) + (b_1, b_2, b_3) = (a_1 + b_1, a_2 + b_2, a_3 + b_3)$. Außerdem können wir einen Vektor mit einer reellen Zahl multiplizieren.

1. Für $a \in \mathbb{R}^3$ definieren wir die Länge $\|a\| := \sqrt{a_1^2 + a_2^2 + a_3^2}$.
2. Für $a, b \in \mathbb{R}^3$ definieren wir das Skalarprodukt: $\langle a, b\rangle := a_1 b_1 + a_2 b_2 + a_3 b_3$.
3. Vektoren $a$ und $b$ heißen linear abhängig, wenn $b = t \cdot a$ oder $a = t \cdot b$ für ein $t \in \mathbb{R}$. Sonst nennt man sie linear unabhängig.
4. Eine Gerade in $\mathbb{R}^3$ ist eine Menge der Form $b + \mathbb{R} \cdot a = \{b + ta \colon t \in \mathbb{R}\}$ mit $a \neq (0,0,0)$. Der Vektor $a$ heißt Richtungsvektor der Geraden.

Wir können $\|a\|$ interpretieren als den Abstand von $a$ nach 0 und $\|a - b\|$ als den Abstand von $a$ nach $b$. Das Skalarprodukt hat einfache Rechenregeln wie

1. $\langle a, b\rangle = \langle b, a\rangle$
2. $\langle a + b, c\rangle = \langle a, c\rangle + \langle b, c\rangle$
3. $\langle \lambda a, b\rangle = \lambda \cdot \langle a, b\rangle$
4. $\langle a, a\rangle = \|a\|^2$

**Satz 2.1** Es seien $a$ und $b$ Vektoren in $\mathbb{R}^3$, beide ungleich 0. Dann ist

$$p = \frac{\langle a, b\rangle}{\|a\|^2} \cdot a$$

der eindeutig bestimmte Punkt auf $\mathbb{R} \cdot a = \{ta \colon t \in \mathbb{R}\}$ mit minimalem Abstand zu $b$. Es gilt $\|b\|^2 = \|p\|^2 + \|b - p\|^2$.

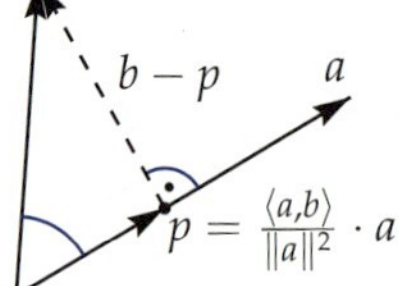


$$\|ta - b\|^2 = \langle ta - b, ta - b\rangle = t^2 \langle a, a\rangle - 2t\langle a, b\rangle + \langle b, b\rangle = \left(\|a\| t - \frac{\langle a, b\rangle}{\|a\|}\right)^2 + \|b\|^2 - \frac{\langle a, b\rangle^2}{\|a|^2}$$

Das Minimum erhalten wir für $t = \langle a, b\rangle / \|a\|^2$ und es ist gleich $\|b\|^2 - \dfrac{\langle a, b\rangle^2}{\|a\|^2}$. ■

Wir definieren: $0° \leq \angle(a, b) \leq 180°$ durch die Gleichung

$$\langle a, b\rangle = \|a\| \cdot \|b\| \cdot \cos(\angle(a, b)) .$$

Die Motivation dieser Definition ist klar. Wir wollen erzwingen, dass die Formel für $\cos(\varphi)$ gleich Ankathete geteilt durch Hypotenuse ist, genauso wie im $\mathbb{R}^2$. Wir sagen, dass $a$ und $b$ **senkrecht** sind, wenn $\langle a, b\rangle = 0$, also $\angle(a, b) = 90°$. Es macht keinen Sinn, für Vektoren in $\mathbb{R}^3$ über links oder rechts zu reden. Wir wissen nämlich auch nicht, was „oben" und „unten" für eine Ebene in $\mathbb{R}^3$ bedeuten sollte.

## Aufgaben

Lösung

**Aufgabe 2.1** Bestimmen Sie näherungsweise $\angle(a,b)$ für die nachfolgenden Vektoren.

1. $a = (1,2,3)\,,\quad b = (-2,1,4)$
2. $a = (-1,2,-1)\,,\quad b = (3,2,-1)$
3. $a = (2,-1,-2)\,,\quad b = (1,1,-1)$
4. $a = (2,-1,2)\,,\quad b = (1,4,1)$
5. $a = (3,1,-1)\,,\quad b = (1,1,4)$
6. $a = (1,1,1)\,,\quad b = (-2,-2,-2)$

Benutzen Sie hierfür, wenn nötig, einen Taschenrechner.

**Aufgabe 2.2 (Parallelogrammgesetz)** Zeigen Sie, dass für alle $a, b \in \mathbb{R}^3$ gilt

$$\|a+b\|^2 + \|a-b\|^2 = 2 \cdot \|a\|^2 + 2 \cdot \|b\|^2\,.$$

Interpretieren Sie diesen Satz geometrisch.

**Aufgabe 2.3**

1. Zeigen Sie den Cosinussatz:

$$\|a-b\|^2 = \|a\|^2 + \|b\|^2 - 2\|a\| \cdot \|b\| \cdot \cos(\angle(a,b))\,.$$

2. Zeigen Sie die Dreiecksungleichung: $\|a+b\| \leq \|a\| + \|b\|$. Interpretieren Sie diese geometrisch. Wann tritt Gleichheit auf?

**Aufgabe 2.4** Zeigen Sie:

1. Die Seiten eines Parallelogramms sind gleich lang genau dann, wenn die Diagonalen orthogonal sind.
2. Wenn ein Parallelogramm gleich lange Diagonalen hat, dann ist es ein Rechteck.

**Aufgabe 2.5** Bestimmen Sie für die nachfolgenden Vektoren $a$ und $b$ die Projektion $p$ von $b$ auf $\mathbb{R} \cdot a$, d. h. den Punkt auf $\mathbb{R} \cdot a$ mit minimalem Abstand zu $b$.

1. $a = (1,1,1)\,,\quad b = (4,2,3)$
2. $a = (1,0,0)\,,\quad b = (1,2,3)$
3. $a = (-1,2,-1)\,,\quad b = (2,1,2)$
4. $a = (0,1,1)\,,\quad b = (1,2,4)$
5. $a = (2,3,1)\,,\quad b = (0,1,1)$
6. $a = (-1,1,2)\,,\quad b = (2,3,-1)$

## 2.2 Ebenen und Kreuzprodukt

**1.** Sei $n \neq (0,0,0)$. Eine Ebene $E$ in $\mathbb{R}^3$ mit **Normalenvektor** $n \in \mathbb{R}^3$ und $d \in \mathbb{R}$ ist die Lösungsmenge einer Gleichung $E = \{x \in \mathbb{R}^3 \colon \langle n,x\rangle - d = 0\}$.

**2.** Das Vektor- oder Kreuzprodukt von $a, b \in \mathbb{R}^3$ ist
$a \times b := (a_2b_3 - a_3b_2, a_3b_1 - a_1b_3, a_1b_2 - a_2b_1)$.

**Satz 2.2**

**1.** $a$ und $b$ sind linear abhängig genau dann, wenn $a \times b = (0,0,0)$.

**2.** Sind $a, b$ linear unabhängig, so gilt $\langle a,x\rangle = \langle b,x\rangle = 0$ genau dann, wenn $x = \lambda \cdot a \times b$ für ein $\lambda \in \mathbb{R}$.

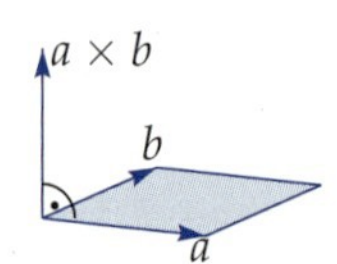


**3.** Eine Teilmenge $E \subset \mathbb{R}^3$ in $\mathbb{R}^3$ ist eine Ebene genau dann, wenn

$$E = c + \mathbb{R} \cdot a + \mathbb{R} \cdot b = \{c + \lambda a + \mu b \colon \lambda, \mu \in \mathbb{R}\}$$

mit linear unabhängigen Vektoren $a, b$ (Parameterdarstellung von $E$). Der Vektor $c$ heißt Stützvektor der Ebene und $a, b$ heißen Richtungsvektoren. Eine Gleichung der Ebene $E$ ist

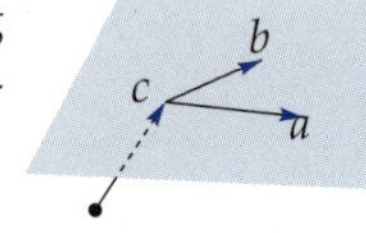


$$\langle a \times b, x\rangle - \langle a \times b, c\rangle = 0\,.$$

**1.** Ist $a = 0$ oder $b = \lambda a$, so rechnet man nach, dass $a \times b = (0,0,0)$. Sei umgekehrt $a \times b = (0,0,0)$. Entweder $a = (0,0,0)$ oder z. B. $a_1 \neq 0$. Dann gilt $a_3b_1 - a_1b_3 = a_1b_2 - a_2b_1 = 0$. Es folgt $b_1 = (b_1/a_1)a_1, b_2 = (b_1/a_1) \cdot a_2, b_3 = (b_1/a_1)a_3$, also sind $b$ und $a$ linear abhängig, denn $b = (b_1/a_1) \cdot a$.

**2.** Die Bedingung $\langle a,x\rangle = \langle b,x\rangle = 0$ ist das Gleichungssystem

$$\langle a,x\rangle = a_1x_1 + a_2x_2 + a_3x_3 = 0$$
$$\langle b,x\rangle = b_1x_1 + b_2x_2 + b_3x_3 = 0$$

Ist z. B. $a_1b_2 - a_2b_1 \neq 0$, so setze $x_3 = \lambda(a_1b_2 - a_2b_1)$ und löse nach $x_1, x_2$. Wir erhalten

$$x = (x_1, x_2, x_3) = \lambda \cdot (a_2b_3 - a_3b_2, a_3b_1 - a_1b_3, a_1b_2 - a_2b_1) = \lambda \cdot a \times b.$$

**3.** Sei $E$ gegeben durch $\langle n,x\rangle - d = 0$ mit z. B. $n_3 \neq 0$. Dann ist die Gleichung äquivalent zu $x_3 = (d - n_1x_1 - n_2x_2)/n_3$. Wir können somit $(x_1, x_2) = (\lambda, \mu)$ beliebig wählen und erhalten die Ebene als Lösungsmenge

$$\{(0,0,d/n_3) + \lambda(1,0,-n_1/n_3) + \mu(0,1,-n_2/n_3), \lambda, \mu \in \mathbb{R}\}.$$

Sei umgekehrt $F := c + \mathbb{R} \cdot a + \mathbb{R} \cdot b$ gegeben. Dann erfüllen alle Punkte von $F$ die Gleichung $\langle a \times b, x\rangle - \langle a \times b, c\rangle = 0$ (Aufgabe 2.6). Daher gilt $F \subset E$.

Wir zeigen umgekehrt, dass $E \subset F$. Es gilt $a \times b \neq 0$, z.B $a_1b_2 - a_2b_1 \neq 0$. Wir können $(x_1, x_2)$ beliebig wählen und die Gleichung $\langle a \times b, x\rangle = \langle a \times b, c\rangle$ nach $x_3$ lösen. Weil $a, b$ eine Basis von $\mathbb{R}^2$ ist, gibt es $\lambda, \mu$ mit $(x_1, x_2) - (c_1, c_2) = \lambda(a_1, a_2) + \mu(b_1, b_2) + (c_1, c_2)$. Nach Lösen nach $x_3$ erhalten wir $x = c + \lambda a + \mu b$ (Aufgabe 2.6), also alle Elemente von $E$ liegen in $F$. ∎

# Aufgaben

Lösung

**Aufgabe 2.6**

1. Zeigen Sie die nachfolgenden Rechenregeln für das Vektorprodukt.
   1. $\langle a, a \times b \rangle = \langle b, a \times b \rangle = 0$.
   2. $a \times b = -b \times a$, $(a+b) \times c = a \times c + b \times c$, $(t \cdot a) \times b = t \cdot (a \times b)$.
   3. $\langle a \times b, c + \lambda a + \mu b \rangle = \langle a \times b, c \rangle$.
2. Führen Sie den Beweis der Gleichung $x = c + \lambda a + \mu b$, welcher am Ende des Beweises von Satz 2.2 steht, durch.

**Aufgabe 2.7** Berechnen Sie $a \times b$ für die nachfolgenden Vektoren.

1. $a = (1,1,1)\,, \quad b = (4,2,3)$
2. $a = (1,0,0)\,, \quad b = (1,2,3)$
3. $a = (-1,2,-1)\,, \quad b = (2,1,2)$
4. $a = (0,1,1)\,, \quad b = (1,2,4)$
5. $a = (2,3,1)\,, \quad b = (0,1,1)$
6. $a = (-1,1,2)\,, \quad b = (2,3,-1)$

**Aufgabe 2.8** In den nachfolgenden Fällen sei $E$ die Ebene mit Stützvektor $c$ und Richtungsvektoren $a, b$. Geben Sie jeweils eine Gleichung der Ebene $E$ an.

1. $a = (1,2,3)\,, \quad b = (4,-1,3)\,, \quad c = (2,1,0)$
2. $a = (1,2,-1)\,, \quad b = (3,1,1)\,, \quad c = (0,1,2)$
3. $a = (1,0,-1)\,, \quad b = (2,0,-1)\,, \quad c = (0,0,0)$
4. $a = (3,-2,1)\,, \quad b = (4,2,-3)\,, \quad c = (1,1,1)$
5. $a = (2,-1,1)\,, \quad b = (4,1,2)\,, \quad c = (-1,2,3)$

**Aufgabe 2.9** Es seien $a, b, c$ drei verschiedene Punkte in $\mathbb{R}^3$, die nicht auf einer Geraden liegen. Zeigen Sie:

1. Die Vektoren $b-a$ und $c-a$ sind linear unabhängig, also $E = \{c + \lambda(b-a) + \mu(c-a) \colon \lambda, \mu \in \mathbb{R}\}$ ist eine Ebene.
2. $E$ ist die eindeutig bestimmte Ebene mit $a, b, c \in E$.

**Aufgabe 2.10** Bestimmen Sie in den nachfolgenden Fällen eine Gleichung der Ebene durch $a, b, c$.

1. $a = (1,0,0)\,, \quad b = (2,1,-1)\,, \quad c = (2,3,-1)$
2. $a = (1,2,3)\,, \quad b = (2,0,4)\,, \quad c = (-1,1,-1)$
3. $a = (1,-2,4)\,, \quad b = (3,-1,2)\,, \quad c = (1,2,2)$
4. $a = (2,-3,5)\,, \quad b = (1,-1,4)\,, \quad c = (0,3,4)$

**Aufgabe 2.11**

1. Es seien $a, b, c$ drei verschiedene Punkte, die nicht auf einer Geraden liegen. Zeigen Sie, dass die Ebene $E$ mit $a, b, c \in E$ gegeben ist durch die Gleichung
$$\langle a \times b + c \times a + b \times c,\ x \rangle = \langle a \times b, c \rangle\,.$$
2. Rechnen Sie nach, dass tatsächlich $\langle a, b \times c \rangle = \langle b, c \times a \rangle = \langle c, a \times b \rangle$ gilt.

**Aufgabe 2.12** Sei $\ell : \{b + ta \colon t \in \mathbb{R}\}$ eine Gerade in $\mathbb{R}^3$. Zeigen Sie, dass $\ell$ gegeben wird durch das Gleichungssystem $a \times x = a \times b$.

## 2.3 Gleichungssysteme I

Wir betrachten drei lineare Gleichungen mit drei Unbekannten. Ein Beispiel sehen Sie rechts. Man braucht hierzu nicht das ganze Gleichungssystem aufzuschreiben. Ausreichend sind die jeweiligen Koeffizienten und die Konstanten. Zum Beispiel ist es für das eben genannte Beispiel hinreichend, die nebenstehende sogenannte erweiterte Koeffizientenmatrix aufzuschreiben.

$$\begin{aligned} x_1 - x_2 + 3x_3 &= 8 \\ x_1 + x_2 - x_3 &= 0 \\ 2x_1 + 3x_2 + x_3 &= 11 \end{aligned}$$

$$\left(\begin{array}{rrr|r} 1 & -1 & 3 & 8 \\ 1 & 1 & -1 & 0 \\ 2 & 3 & 1 & 11 \end{array}\right)$$

Es ist klar, dass man in einem Gleichungssystem zu *einer* Gleichung des Systems eine lineare Kombination der anderen addieren kann, ohne dass sich die Lösungen des Systems ändern. Außerdem kann man eine Gleichung mit einer Zahl ungleich 0 multiplizieren, ohne dass sich die Lösungen des Systems ändern.

Natürlich ist auch die Vertauschung von Gleichungen erlaubt. Oft können wir durch mehrfache Anwendung dieser Prinzipien die Matrix auf nebenstehende Gestalt bringen. Dann können wir die Lösung direkt ablesen: $x_1 = a$, $x_2 = b$ und $x_3 = c$.

$$\left(\begin{array}{rrr|r} 1 & 0 & 0 & a \\ 0 & 1 & 0 & b \\ 0 & 0 & 1 & c \end{array}\right)$$

**Beispiel** Wir berechnen die Lösung des oben genannten Gleichungssystems.

$$\begin{matrix} -1 \downarrow \\ -2 \downarrow \end{matrix} \left(\begin{array}{rrr|r} 1 & -1 & 3 & 8 \\ 1 & 1 & -1 & 0 \\ 2 & 3 & 1 & 11 \end{array}\right) \rightsquigarrow \cdot\tfrac{1}{2} \left(\begin{array}{rrr|r} 1 & -1 & 3 & 8 \\ 0 & 2 & -4 & -8 \\ 0 & 5 & -5 & -5 \end{array}\right) \rightsquigarrow$$

$$\begin{matrix} +1 \uparrow \\ -5 \downarrow \end{matrix} \left(\begin{array}{rrr|r} 1 & -1 & 3 & 8 \\ 0 & 1 & -2 & -4 \\ 0 & 5 & -5 & -5 \end{array}\right) \rightsquigarrow \left(\begin{array}{rrr|r} 1 & 0 & 1 & 4 \\ 0 & 1 & -2 & -4 \\ 0 & 0 & 5 & 15 \end{array}\right) \cdot\tfrac{1}{5} \rightsquigarrow$$

$$\begin{matrix} -2 \uparrow \\ +1 \uparrow \end{matrix} \left(\begin{array}{rrr|r} 1 & 0 & 2 & 7 \\ 0 & 1 & -1 & -1 \\ 0 & 0 & 1 & 3 \end{array}\right) \rightsquigarrow \left(\begin{array}{rrr|r} 1 & 0 & 0 & 1 \\ 0 & 1 & 0 & 2 \\ 0 & 0 & 1 & 3 \end{array}\right)$$

Die Lösung ist deshalb $x_1 = 1$, $x_2 = 2$ und $x_3 = 3$. Die Strategie ist jeweils links von der Matrix vermerkt. Sie dürfen natürlich auch eine andere Strategie verfolgen, solange Sie nur die Lösungen bestimmen können.

## Aufgaben

Lösung

**Aufgabe 2.13** Bestimmen Sie die Lösung der nachfolgenden Gleichungssysteme.

1. $\begin{aligned} 2x_1 - x_2 &= 5 \\ x_1 + x_2 + x_3 &= -2 \\ 3x_1 + 2x_2 - 3x_3 &= -3 \end{aligned}$

2. $\begin{aligned} x_1 - x_2 + x_3 &= 4 \\ 2x_1 + x_2 + x_3 &= 1 \\ x_1 - x_2 + 2x_3 &= -3 \end{aligned}$

3. $\begin{aligned} -2x_1 + 3x_2 - x_3 &= -7 \\ x_1 + 4x_2 - 2x_3 &= -7 \\ x_1 + 2x_2 + x_3 &= 1 \end{aligned}$

4. $\begin{aligned} x_1 + x_2 + x_3 &= 4 \\ 2x_1 + 3x_2 + x_3 &= 8 \\ x_1 - x_2 + 2x_3 &= 3 \end{aligned}$

5. $\begin{aligned} -2x_1 + 3x_2 - x_3 &= -1 \\ 2x_1 - 4x_2 + x_3 &= -1 \\ x_1 + 2x_2 + x_3 &= 8 \end{aligned}$

6. $\begin{aligned} 3x_1 + x_2 - x_3 &= 6 \\ 2x_1 + x_2 - 4x_3 &= 2 \\ x_1 - 2x_2 + 2x_3 &= -5 \end{aligned}$

7. $\begin{aligned} -x_1 + 3x_2 - x_3 &= 4 \\ 4x_1 - 3x_2 + x_3 &= -7 \\ 2x_1 - 3x_2 + 2x_3 &= -2 \end{aligned}$

8. $\begin{aligned} x_1 + 2x_2 - x_3 &= 2 \\ 2x_1 + 3x_2 - 3x_3 &= 2 \\ 4x_1 - x_2 + 2x_3 &= 5 \end{aligned}$

**Aufgabe 2.14** Für eine lineare Gleichung $L : ax_1 + bx_2 + cx_3 = d$ sei

$$V(L) = \{(x_1, x_2, x_2) : ax_1 + bx_2 + cx_3 = d\}$$

die Lösungsmenge der linearen Gleichung $L$. Sind lineare Gleichungen $L_1, \cdots, L_s$ gegeben, so sei

$$V(L_1, \ldots, L_s) = V(L_1) \cap \cdots \cap V(L_s)$$

die Menge der gemeinsamen Lösungen der Gleichungen $L_1, \ldots, L_s$. Zeigen Sie:

1. $V(L_1, \ldots, L_s)$ ändert sich nicht bei Vertauschung der Gleichungen $L_i$.
2. $V(L_1 + \lambda L_2, L_2, \ldots, L_s) = V(L_1, L_2, \ldots, L_s)$ für alle $\lambda \in \mathbb{R}$.
3. $V(\lambda L_1, L_2, \ldots, L_s) = V(L_1, L_2, \ldots, L_s)$ für alle $\lambda \neq 0$.

## 2.4 Determinanten

Für Vektoren $a, b, c \in \mathbb{R}^3$ definieren wir die Determinante $\det(a,b,c) := \langle a \times b, c \rangle$.

Aus Satz 2.2 folgt, dass $\det(a,b,c) = 0$ genau dann, wenn $a, b, c$ in einer Ebene liegen. Wir schreiben die Vektoren $a, b, c$ oft auch als Zeilenvektoren in einer sogenannten $3 \times 3$-Matrix $A$. Die Determinante schreiben wir in diesem Fall auch als $|A| = \det(A)$, wie nebenstehend dargestellt.

$$\begin{vmatrix} a_1 & a_2 & a_3 \\ b_1 & b_2 & b_3 \\ c_1 & c_2 & c_3 \end{vmatrix}$$

**Satz 2.3 (Rechenregeln für die Determinante)**

1. $\det(a + a', b, c) = \det(a,b,c) + \det(a', b, c)$.
2. $\det(\lambda a, b, c) = \lambda \cdot \det(a,b,c)$.
3. $\det(a,b,c) = \det(c,a,b) = \det(b,c,a) = -\det(b,a,c) = -\det(c,b,a) = -\det(a,c,b)$.

Die erste Aussage folgt aus $\langle (a + a') \times b, c \rangle = \langle a \times b + a' \times b, c \rangle = \langle a \times b, c \rangle + \langle a' \times b, c \rangle$. Die zweite Aussage ist analog. Für die dritte:

$$\langle a \times (b+c), (b+c) \rangle = \langle a \times b, c \rangle + \langle a \times c, b \rangle + \langle a \times b, b \rangle + \langle a \times c, c \rangle = \langle a \times b, c \rangle - \langle c \times a, b \rangle.$$

Die restlichen Aussagen folgen analog. ∎

Formeln für die Determinante erhalten wir durch Ausschreiben:

$$\begin{vmatrix} a_1 & a_2 & a_3 \\ b_1 & b_2 & b_3 \\ c_1 & c_2 & c_3 \end{vmatrix} = \begin{cases} +a_1 \cdot (b_2c_3 - b_3c_2) - a_2(b_1c_3 - b_3c_1) + a_3 \cdot (b_1c_2 - b_2c_1) \\ -b_1 \cdot (a_2c_3 - a_3c_2) + b_2(a_1c_3 - a_3c_1) - b_3 \cdot (a_1c_2 - a_2c_1) \\ +c_1 \cdot (a_2b_3 - a_3b_2) - c_2(a_1b_3 - a_3b_1) + c_3 \cdot (a_1b_2 - a_2b_1) \end{cases}$$

Die erste Formel ist $\det(c,a,b)$, die zweite $\det(b,c,a)$ und die dritte $\det(a,b,c)$. Sie sind alle gleich. Man nennt die erste Formel die Entwicklung der Determinante nach der ersten Zeile. Die zweite und dritte Formel sind die Entwicklungen nach der zweiten und dritten Zeile. Für eine solche Entwicklung nimmt man jeweils einen Eintrag $(a_{ij})$ der Matrix und multipliziert diesen mit der Determinante der $2 \times 2$-Matrix, welche man durch Streichen der $i$-ten Zeile und $j$-ten Spalte der Matrix erhält. Hierbei ist ein Vorzeichen zu beachten, wie im nebenstehenden Schachbrettmuster dargestellt.

$$\begin{matrix} + & - & + \\ - & + & - \\ + & - & + \end{matrix}$$

**Beispiel** Berechnung einer Determinante durch Entwicklung nach der 1. und 3. Zeile:

$$\begin{vmatrix} 1 & -1 & -2 \\ 2 & 4 & 3 \\ -3 & 5 & 6 \end{vmatrix} = \begin{cases} +1 \cdot (4 \cdot 6 - 5 \cdot 3) + 1 \cdot (2 \cdot 6 + 3 \cdot 3) - 2 \cdot (2 \cdot 5 + 3 \cdot 4) = -14 \\ -3 \cdot (-3 + 8) - 5 \cdot (3 + 4) + 6 \cdot (4 + 2) = -14 \end{cases}$$

# Aufgaben

Lösung

**Aufgabe 2.15** Berechnen Sie die nachfolgenden Determinanten durch Entwicklung nach der ersten Zeile und auch durch Entwicklung nach der dritten Spalte.

1. $\begin{vmatrix} 1 & 2 & 3 \\ -1 & 1 & 2 \\ 3 & -1 & 4 \end{vmatrix}$ 2. $\begin{vmatrix} -1 & 3 & -5 \\ -4 & 2 & 1 \\ -2 & 0 & 1 \end{vmatrix}$ 3. $\begin{vmatrix} -2 & -1 & 0 \\ 0 & 7 & 6 \\ 5 & -9 & 4 \end{vmatrix}$

**Aufgabe 2.16** Berechnen Sie die nachfolgenden Determinanten durch Entwicklung nach der zweiten Zeile und auch durch Entwicklung nach der ersten Spalte.

1. $\begin{vmatrix} 3 & 2 & 6 \\ -4 & 1 & 1 \\ 2 & -3 & 7 \end{vmatrix}$ 2. $\begin{vmatrix} 5 & 3 & -10 \\ 8 & -7 & 5 \\ 1 & 4 & -1 \end{vmatrix}$ 3. $\begin{vmatrix} 8 & 1 & -4 \\ 2 & -37 & 1 \\ 1 & -3 & 2 \end{vmatrix}$

**Aufgabe 2.17** Es seien $a = (a_1, a_2)$ und $b = (b_1, b_2)$ zwei verschiedene Punkte in $\mathbb{R}^2$. Erklären Sie, warum die nebenstehende Determinante die Gleichung der Geraden durch $a$ und $b$ beschreibt.

$$\begin{vmatrix} x_1 & x_2 & 1 \\ a_1 & a_2 & 1 \\ b_1 & b_2 & 1 \end{vmatrix} = 0$$

**Aufgabe 2.18** Zeigen Sie (mit oder ohne die Determinante wirklich zu berechnen), dass die nachfolgenden Determinanten gleich 0 sind.

1. $\begin{vmatrix} 0 & a & b \\ -a & 0 & c \\ -b & -c & 0 \end{vmatrix}$ 2. $\begin{vmatrix} 1 & 1 & 1 \\ a & b & c \\ b+c & a+c & a+b \end{vmatrix}$ 3. $\begin{vmatrix} 1 & 2 & 3 \\ 4 & 5 & 6 \\ 7 & 8 & 9 \end{vmatrix}$

**Aufgabe 2.19** Folgende Berechnungsweise der Determinante ist unter dem Namen **Regel von Sarrus** bekannt.

- Man kopiert die ersten zwei Spalten der Matrix und stellt sie rechts neben die Matrix.
- Dann addiert man die Produkte der Zahlen, welche zu den Geraden von links oben nach rechts unten laufen.
- Nun subtrahiert man die Produkte, welche zu den Geraden von links unten nach rechts oben laufen.

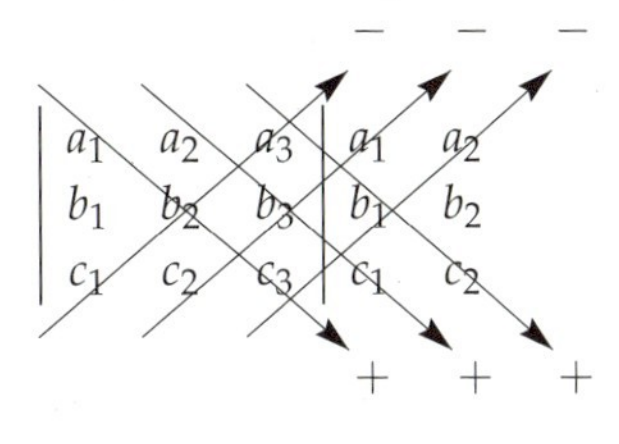


Zeigen Sie, dass man tatsächlich mit dieser Methode die Determinante erhält.

## 2.5 Gleichungssysteme II

**Satz 2.4**

**1.** Sei $\ell = b + \mathbb{R} \cdot a$ eine Gerade und $x \in \mathbb{R}^3\colon \langle n,x\rangle = c$ eine Ebene.
- Ist $\langle n,a\rangle \neq 0$, so haben $\ell$ und $E$ genau einen gemeinsamen Punkt.
- Ist $\langle n,a\rangle = 0$, so haben entweder $\ell$ und $E$ keinen gemeinsamen Punkt (also $\ell$ ist parallel zu $E$) oder $\ell$ ist Teilmenge von $E$.

**2.** Sind zwei Ebenen mit linear unabhängigen Normalenvektoren $a$ und $b$ gegeben, so ist der Durchschnitt eine Gerade mit Richtungsvektor $a \times b$. Sonst ist der Durchschnitt leer oder die Ebenen sind gleich.

**3.** Der Durchschnitt dreier Ebenen $\langle a_1,x\rangle = \alpha_1$, $\langle a_2,x\rangle = \alpha_2$ und $\langle a_3,x\rangle = \alpha_3$ ist genau dann ein Punkt, gegeben durch

$$x = \frac{1}{\det(a_1,a_2,a_3)} \cdot (\alpha_1 \cdot a_2 \times a_3 + \alpha_2 \cdot a_3 \times a_1 + \alpha_3 \cdot a_1 \times a_2)\,,$$

wenn $\det(a_1,a_2,a_3) \neq 0$. Sonst ist der Durchschnitt leer, eine Gerade oder eine Ebene.

**1.** Setzen wir $x = b + ta$ in die Gleichung der Ebene $\langle n,x\rangle = c$ ein, so erhalten wir die Gleichung $\langle n,a\rangle \cdot t = c - \langle n,b\rangle$ für $t$. Ist $\langle n,a\rangle \neq 0$, so gibt es einen eindeutigen Schnittpunkt. Ist $\langle n,a\rangle = 0$, so gibt es entweder keinen Schnittpunkt oder die Gleichung ist identisch erfüllt: $0 = 0$.

**2.** Die Ebenen seien gegeben durch die Gleichungen $\langle a,x\rangle = \alpha$ und $\langle b,x\rangle = \beta$ mit $a,b$ beide nicht gleich $(0,0,0)$. Ist $a \times b = (0,0,0)$, also $a$ und $b$ sind linear abhängig, z. B. $b = ta$, so erhalten wir durch Multiplikation der ersten Gleichung mit $t$ entweder die gleiche Gleichung oder eine widersprüchliche Gleichung. Ist $a \times b \neq (0,0,0)$, z. B. $a_1b_2 - a_2b_1 \neq 0$, so finden wir eine Lösung $c$ (Stützvektor) durch $x_3 = 0$ zu setzen und das nebenstehende Gleichungssystem zu lösen. Dann erfüllt $x - c$ die Gleichungen $\langle a, x-c\rangle = \langle b,x\rangle = 0$, also ist $x - c = \lambda \cdot a \times b$ (Satz 2.2).

$$a_1x_1 + a_2x_2 = \alpha$$
$$b_1x_1, + b_2x_2 = \beta$$

**3.** Sei $a_2 \times a_3 \neq 0$. Dann ist der Durchschnitt der letzten zwei Ebenen eine Gerade mit dem Richtungsvektor $a_2 \times a_3$. Diese Gerade schneiden wir mit der ersten Ebene. Der Durchschnitt ist genau ein Punkt, wenn $\det(a_1,a_2,a_3) = \langle a_1, a_2 \times a_3\rangle \neq 0$. In diesem Fall ist, wie man durch Einsetzen feststellt:

$$\det(a_1,a_2,a_3) \cdot x = \alpha_1 \cdot a_2 \times a_3 + \alpha_2 \cdot a_3 \times a_1 + \alpha_3 \cdot a_1 \times a_2\,.$$

Ist $a_2 \times a_3 \neq 0$, so ist sicherlich $\det(a_1,a_2,a_3) = 0$ und die letzten zwei Ebenen sind gleich oder parallel. Nach Schneiden mit der ersten Ebene erkennt man, dass der Durchschnitt leer, eine Gerade oder eine Ebene ist. ■

**Beispiel**

$$\begin{aligned} x_1 + x_2 + x_3 &= 2 \\ x_1 - x_2 + x_3 &= 1 \\ x_1 + 2x_2 + 2x_3 &= 3 \end{aligned} \qquad a = \begin{pmatrix}1\\1\\1\end{pmatrix},\quad b = \begin{pmatrix}1\\-1\\1\end{pmatrix},\quad c = \begin{pmatrix}1\\2\\2\end{pmatrix},$$

$$\det(a,b,c) \cdot \begin{pmatrix}x_1\\x_2\\x_3\end{pmatrix} = 2 \cdot \begin{pmatrix}-4\\-1\\3\end{pmatrix} + 1 \cdot \begin{pmatrix}0\\1\\-1\end{pmatrix} + 3 \cdot \begin{pmatrix}2\\0\\-2\end{pmatrix} = \begin{pmatrix}-2\\-1\\-1\end{pmatrix}.$$

Es gilt $\det(a,b,c) = \langle a \times b, c\rangle = -2$, also $x_1 = 1, x_2 = 1/2$ und $x_3 = 1/2$.

# Aufgaben

Lösung

**Aufgabe 2.20** Bestimmen Sie in jedem der nachfolgenden Fälle den Durchschnitt der Ebene $E$ und die Gerade $\ell$.

1. $E : x_1 + x_2 + x_3 = 1,\ \ell = (1,2,3) + \mathbb{R} \cdot (1,2,3)$
2. $E : x_1 + x_2 + 2x_3 = 4,\ \ell = (10,11,12) + \mathbb{R} \cdot (1,1,-1)$
3. $E : 2x_1 - 3x_3 + x_4 = -2,\ \ell = (-1,4,-2) + \mathbb{R} \cdot (2,-1,1)$
4. $E : x_1 - 2x_2 + x_3 = 2,\ \ell = (2,1,2) + \mathbb{R} \cdot (1,1,1)$

**Aufgabe 2.21** Bestimmen Sie eine Parameterdarstellung des Durchschnitts der nachfolgenden Ebenen $E$ und $F$.

1. $E : x_1 + x_2 + x_3 = 0\,, \quad F : x_1 + 2x_2 - 4x_3 = 0$
2. $E : 2x_1 + x_2 - x_3 = 2\,, \quad F : x_1 + x_2 - 4x_3 = 2$
3. $E : x_1 + x_2 - x_3 = 2\,, \quad F : 3x_1 + x_2 - x_3 = 1$
4. $E : 2x_1 - 4x_2 + 3x_3 = 6\,, \quad F : x_1 + x_2 - 4x_3 = 2$

Tipp: Um einen Stützvektor zu finden, setzen Sie $x_1 = 0$. Wenn dies nicht funktioniert, probieren Sie etwas anderes.

**Aufgabe 2.22** Zeigen Sie, dass das nachfolgende Gleichungssystem eine eindeutige Lösung hat. Benutzen Sie Satz 2.4, Nr. 3, um diese Lösung zu bestimmen.

1. $$\begin{aligned} x_1 + x_2 + x_3 &= 3 \\ 2x_1 - x_2 + 4x_3 &= 5 \\ 3x_1 - x_2 + 5x_3 &= 7 \end{aligned}$$

2. $$\begin{aligned} x_1 + x_2 - x_3 &= 0 \\ x_1 - x_2 + 4x_3 &= 11 \\ x_1 - 3x_2 + 5x_3 &= 10 \end{aligned}$$

3. $$\begin{aligned} 4x_1 + 2x_2 + x_3 &= 5 \\ -2x_1 + x_2 + 4x_3 &= 1 \\ 3x_1 - 2x_2 + 5x_3 &= 7 \end{aligned}$$

4. $$\begin{aligned} 3x_1 + 2x_2 - x_3 &= -1 \\ 2x_1 - 3x_2 + 5x_3 &= 4 \\ -3x_1 - 2x_2 + 4x_3 &= 2 \end{aligned}$$

5. $$\begin{aligned} x_1 + x_2 - x_3 &= 7 \\ 2x_1 + 3x_2 - 4x_3 &= 1 \\ 3x_1 + x_2 + 2x_3 &= 4 \end{aligned}$$

6. $$\begin{aligned} 3x_1 + 2x_2 + 4x_3 &= -1 \\ 2x_1 + 5x_2 - 3x_3 &= 6 \\ -3x_1 - 2x_2 + 4x_3 &= 2 \end{aligned}$$

## 2.6 Die cramersche Regel

$$\begin{aligned}\langle a_1, x\rangle &= a_{11}x_1 + a_{12}x_2 + a_{13}x_3 = \alpha_1\\ \langle a_2, x\rangle &= a_{21}x_1 + a_{22}x_2 + a_{23}x_3 = \alpha_2\\ \langle a_3, x\rangle &= a_{31}x_1 + a_{32}x_2 + a_{33}x_3 = \alpha_3\end{aligned} \qquad x_1\begin{pmatrix}a_{11}\\a_{21}\\a_{31}\end{pmatrix} + x_2\begin{pmatrix}a_{12}\\a_{22}\\a_{32}\end{pmatrix} + x_2\begin{pmatrix}a_{13}\\a_{23}\\a_{33}\end{pmatrix} = \begin{pmatrix}\alpha_1\\\alpha_2\\\alpha_3\end{pmatrix}$$

Ist ein Gleichungssystem $\langle a_1, x\rangle = \alpha_1$, $\langle a_2, x\rangle = \alpha_2$ und $\langle a_3, x\rangle = \alpha_3$ gegeben, so können wir das auch interpretieren als Gleichung $x_1b_1 + x_2b_2 + x_3b_3 = \alpha$ für Vektoren $b_1, b_2, b_3, \alpha \in \mathbb{R}^3$. Im vorherigen Abschnitt haben wir Lösungen in Termen von $a_1, a_2, a_3$ aufgeschrieben, hier machen wir es in Termen von $b_1, b_2, b_3$.

**Satz 2.5 (cramersche Regel)** Ist $A$ eine Matrix mit Zeilenvektoren $a_1, a_2, a_3$ und Spaltenvektoren $b_1, b_2, b_3$, so gilt $\det(a_1, a_2, a_3) = \det(b_1, b_2, b_3)$.

Das Gleichungssystem $x_1b_1 + x_2b_2 + x_3b_3 = \alpha$ für Vektoren $b_1, b_2, b_3, \alpha \in \mathbb{R}^3$ hat eine eindeutige Lösung genau dann, wenn $\det(b_1, b_2, b_3) \neq 0$. Es gilt in diesem Fall

$$x_1 = \frac{\det(\alpha, b_2, b_3)}{\det(b_1, b_2, b_3)}, \quad x_2 = \frac{\det(b_1, \alpha, b_3)}{\det(b_1, b_2, b_3)}, \quad x_3 = \frac{\det(b_1, b_2, \alpha)}{\det(b_1, b_2, b_3)}.$$

Aus dem Gleichungssystem folgt

$$\begin{aligned}x_1 \cdot \det(b_1, b_2, b_3) &= x_1\langle b_1, b_2 \times b_3\rangle = \langle x_1b_1 + x_2b_2 + x_3b_3, b_2 \times b_3\rangle = \langle \alpha, b_2 \times b_3\rangle\\ &= \det(\alpha, b_2, b_3)\,.\end{aligned}$$

Analog für $x_2$ und $x_3$. Wir sehen, dass die Lösung eindeutig ist, wenn $\det(b_1, b_2, b_3) \neq 0$. Ist jedoch $\det(a_1, a_2, a_3) = 0$, so gibt es keine eindeutige Lösung (Satz 2.4, Nr.3). Aus $\det(a_1, a_2, a_3) = 0$ folgt deshalb, dass $\det(b_1, b_2, b_3) = 0$.

Sei also $\det(a_1, a_2, a_3) \neq 0$. Dann ist $a_2 \times a_3 \neq (0, 0, 0)$, z. B. der erste Koeffizient $a_{22}a_{33} - a_{32}a_{23}$, welcher auch der erste Koeffizient von $b_2 \times b_3$ ist. Wir betrachten das Gleichungssystem $x_1b_1 + x_2b_2 + x_3b_2 = (1, 0, 0) = e_1$. Dann:

$$\begin{aligned}x_1 \cdot \det(b_1, b_2, b_3) &= \det(e_1, b_2, b_3) = a_{22}a_{33} - a_{32}a_{23} \neq 0\\ \det(a_1, a_2, a_3) \cdot (x_1, x_2, x_3) &= (a_{22}a_{33} - a_{32}a_{23}, \star, \star)\end{aligned}$$

Es folgt $\det(b_1, b_2, b_3) = \det(a_1, a_2, a_3)$. Das Gleichungssystem hat nach Satz 2.4 eine eindeutige Lösung und diese ist gegeben durch die cramersche Regel. ■

**Bemerkung.** Es folgt, dass man Determinanten auch durch Entwicklung nach einer Spalte berechnen kann. So ist z. B. die Entwicklung nach der ersten und zweiten Spalte:

$$\begin{vmatrix}1 & -1 & -2\\ 2 & 4 & 3\\ -3 & 5 & 6\end{vmatrix} = \begin{cases}+1 \cdot (4 \cdot 6 - 5 \cdot 3) - 2 \cdot (-6 + 10) - 3 \cdot (-3 + 8) = -14\\ 1 \cdot (12 + 9) + 4 \cdot (6 - 6) - 5 \cdot (3 + 4) = -14\,.\end{cases}$$

## Aufgaben

Lösung

**Aufgabe 2.23** Lösen Sie die nachfolgenden Gleichungssysteme mithilfe der cramerschen Regel.

1. $$\begin{aligned} x_1 + 5x_2 - x_3 &= 12 \\ -3x_1 + x_2 - x_3 &= -8 \\ 3x_1 + x_2 + x_3 &= 12 \end{aligned}$$

2. $$\begin{aligned} 2x_1 + x_2 - 3x_3 &= -9 \\ 3x_1 - 2x_2 + x_3 &= -4 \\ x_1 + 2x_2 - x_3 &= 0 \end{aligned}$$

3. $$\begin{aligned} 2x_1 + 3x_2 &= 2 \\ x_1 \qquad + x_3 &= -4 \\ -x_1 + x_2 + x_3 &= 3 \end{aligned}$$

4. $$\begin{aligned} 2x_1 + 2x_2 - 3x_3 &= -9 \\ 3x_1 - 2x_2 + 2x_3 &= -4 \\ 5x_1 - 2x_2 - x_3 &= 3 \end{aligned}$$

**Aufgabe 2.24** Gegeben ist das Gleichungssystem

$$\begin{aligned} ax_1 + 5x_2 &= a \\ 2x_1 + ax_2 - x_3 &= a \\ x_2 + ax_3 &= a \end{aligned}$$

1. Bestimmen Sie die $a$, für die das Gleichungssystem genau eine Lösung hat.
2. Lösen Sie für diese $a$ das Gleichungssystem mit der cramerschen Regel.

## 2.7 Abstand

**1.** Der Abstand eines Punktes $p$ zu einer Geraden $c + \mathbb{R} \cdot a$ ist gleich

$$\frac{\|a \times (p-c)\|}{\|a\|}.$$

**2.** Der Abstand eines Punktes $p$ zu der Ebene $E = \{\langle n, x\rangle = c\}$ ist gleich

$$\frac{|\langle n,p\rangle - c|}{\|n\|}.$$

**3.** Der Abstand eines Punktes $p$ zu der Ebene $E = c + \mathbb{R} \cdot a + \mathbb{R} \cdot b$ ist gleich

$$\frac{|\det(p-c,a,b)|}{\|a \times b\|}.$$

**4.** Der Abstand zweier windschiefer Geraden $b + \mathbb{R} \cdot a$ und $d + \mathbb{R} \cdot c$ ist gleich

$$\frac{|\det(d-b,a,c)|}{\|a \times c\|}.$$

**1.** Sind $a, p \in \mathbb{R}^3$ mit $a \neq (0,0,0)$, so haben wir in Satz 2.1 gezeigt, dass es genau ein Punkt $q$ auf der Geraden $\mathbb{R} \cdot a$ gibt mit minimalem Abstand zu $p$. Dieser Punkt ist gegeben durch

$$q = \frac{1}{\|a\|^2} \cdot \langle a,p\rangle \cdot a.$$

Der Abstand von $p$ zu $\ell$ ist $\|p-q\|$ und diese Zahl zum Quadrat ist $\langle p-q, p-q\rangle$. Diese ist gleich

$$\|p\|^2 - \langle a,p\rangle^2 / \|a\|^2,$$

wie man leicht nachrechnet. Es gilt die Identität $\langle a,p\rangle^2 + \|a \times p\|^2 = \|a\|^2 \cdot \|p\|^2$ (Aufgabe 2.25). Wir erhalten für den Abstand die Formel $\|a \times p\| / \|a\|$. Es gilt

$$\begin{aligned}\min\{\|p-q\| : q \in c + \mathbb{R} \cdot a\} &= \min\{\|p-c-\widetilde{q}\| : \widetilde{q} \in \mathbb{R} \cdot a\}\\ &= \|a \times (p-c)\| / \|a\|.\end{aligned}$$

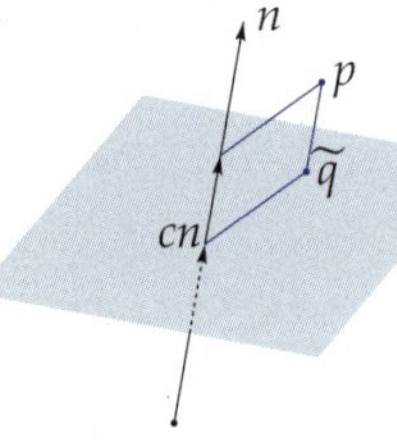


**2.** Gilt die Aussage für den Normalenvektor $n$, dann auch für $\lambda \cdot n$ $(\lambda \neq 0)$. Wir dürfen deshalb $\|n\| = 1$ annehmen. Sei $\widetilde{q} = p + cn - \langle n,p\rangle \cdot n$. Dann ist $\langle n, \widetilde{q}\rangle = c$, also $\widetilde{q} \in E$. Ist $q \in E$, so ist $(q - \widetilde{q}) \perp (p - \widetilde{q})$, also mit Pythagoras

$$\|p-q\|^2 = \|p-\widetilde{q}\|^2 + \|q-\widetilde{q}\|^2 \geq \|p-\widetilde{q}\|^2 = (\langle n,p\rangle - c)^2$$

mit Gleichheit genau dann, wenn $q = \widetilde{q}$. Also ist

$$\min\{\|p-q\| : q \in E\} = |\langle n,p\rangle - c|.$$

**3.** Weil $\langle a \times b, x\rangle = \langle a \times b, c\rangle$ eine Gleichung der Ebene ist, folgt diese Aussage aus 2.

**4.** Dieser Abstand ist das Minimum von $\{\|b + t \cdot a - (d + s \cdot c)\| : t, s \in \mathbb{R}\}$. Dieses Minimum ist ebenfalls der Abstand von $d - b$ zur Ebene $\mathbb{R} \cdot a + \mathbb{R} \cdot c$. ■

# Aufgaben

Lösung

**Aufgabe 2.25** Zeigen Sie die Identität $\|a \times b\|^2 + \langle a, b \rangle^2 = \|a\|^2 \cdot \|b\|^2$.

**Aufgabe 2.26** Es sind jeweils ein Punkt $p$ und eine Gerade $\ell$ gegeben. Berechnen Sie den Abstand von $p$ zu $\ell$.

1. $p = (2, -1, 4)$, $\ell = \mathbb{R} \cdot (1, 1, 1)$
2. $p = (2, -1, 3)$, $\ell = (1, 4, 2) + \mathbb{R} \cdot (2, -4, 1)$
3. $p = (-1, 4, 3)$, $\ell = (1, 6, 2) + \mathbb{R} \cdot (5, 2, -4)$

**Aufgabe 2.27** Es sei die Ebene $E$ gegeben durch die Gleichung $x_1 + 2x_2 - 2x_3 = 4$. Berechnen Sie den Abstand von $P$ zu $E$ für die nachfolgenden Punkte $P$.

1. $P = (1, 1, 1)$
2. $P = (0, 0, 0)$
3. $P = (-1, 2, 2)$
4. $P = (2, 1, 3)$

**Aufgabe 2.28** Gegeben sind ein Punkt $P$ und eine Parameterdarstellung der Ebene $E$. Berechnen Sie jeweils den Abstand von $P$ zu $E$.

1. $P = (0, 0, 0)$, $E = (1, 2, 3) + \mathbb{R} \cdot (-1, 2, -1) + \mathbb{R} \cdot (2, -1, 3)$
2. $P = (3, 4, 5)$, $E = \mathbb{R} \cdot (2, 2, -3) + \mathbb{R} \cdot (4, -1, 4)$
3. $P = (3, 4, 5)$, $E = (2, 1, -1) + \mathbb{R} \cdot (1, 2, -3) + \mathbb{R} \cdot (1, 3, -3)$

**Aufgabe 2.29** Es seien im Nachfolgenden zwei Geraden $\ell$ und $m$ gegeben. Berechnen Sie jeweils den Abstand von $\ell$ zu $m$.

1. $\ell = (4, -1, 3) + \mathbb{R} \cdot (2, -1, 1)$, $m = (-1, 5, -2) + \mathbb{R} \cdot (3, -2, 2)$
2. $\ell = (1, 0, 1) + \mathbb{R} \cdot (-1, 2, 0)$, $m = (0, 1, 4) + \mathbb{R} \cdot (-2, 3, 4)$
3. $\ell = (-1, 2, 3) + \mathbb{R} \cdot (1, -1, 1)$, $m = (1, 2, 3) + \mathbb{R} \cdot (3, 2, 1)$

**Aufgabe 2.30** Die Ebene $E$ sei gegeben durch die Gleichungen

$$x + y - 2z = 0$$

sowie $a = (1, 2, 3)$. Schreiben Sie eine Gleichung für alle Punkte $p = (x, y, z) \in \mathbb{R}^3$ auf, deren Abstand zu $E$ und $a$ gleich sind.

**Aufgabe 2.31** Es seien die windschiefen Geraden

$$\ell = \mathbb{R} \cdot (1, -1, 1)$$
$$m = (0, 0, 1) + \mathbb{R} \cdot (2, -1, 1)$$

gegeben. Stellen Sie eine Gleichung auf für alle Punkte $p = (x, y, z)$, die gleichen Abstand zu $\ell$ und $m$ haben.

## 2.8 Fläche und Volumen

**Satz 2.6**

1. Die Fläche des Parallelogramms, aufgespannt von $a$ und $b$, ist $\|a \times b\|$.
2. Das Volumen des Parallelotops

$$\{\lambda a + \mu b + \nu c\colon 0 \leq \lambda, \mu, \nu \leq 1\},$$

aufgespannt von $a, b, c$, ist gleich $|\det(a, b, c)|$.

Wir können diese Aussage nicht richtig beweisen, weil wir keine genauen Definitionen von Fläche und Volumen gegeben haben. Es ist einleuchtend, dass die Fläche eines Rechtecks $P(a, b)$ (d. h. eines Parallelogramms $P(a, b)$ mit $a \perp b$) gleich $\|a\| \cdot \|b\|$ ist. Aus der Formel $\langle a, b\rangle^2 + \|a \times b\|^2 = \|a\|^2 + \|b\|^2$ folgt die Aussage für das Rechteck.

Sei $x = \langle a, b\rangle / \|a\|^2 \neq 0$. Der Vektor $\widetilde{b} = b - x \cdot a$ steht senkrecht auf $a$. Es gilt $a \times \widetilde{b} = a \times b$ und die Fläche von $P(a, b)$ ist gleich die von $|x|^{-1}P(xa, b)$ und diese ist gleich $|x|^{-1}P(xa, \widetilde{b})$, also gleich dem vom $P(xa, \widetilde{b})$. Betrachten Sie dazu das untenstehende Bild. Das rechte graue Dreieck können wir über den Vektor $-x \cdot a$ verschieben und erhalten das linke graue Dreieck. Die Fläche von $P(xa, b)$ ist somit gleich der von $P(xa, \widetilde{b})$.

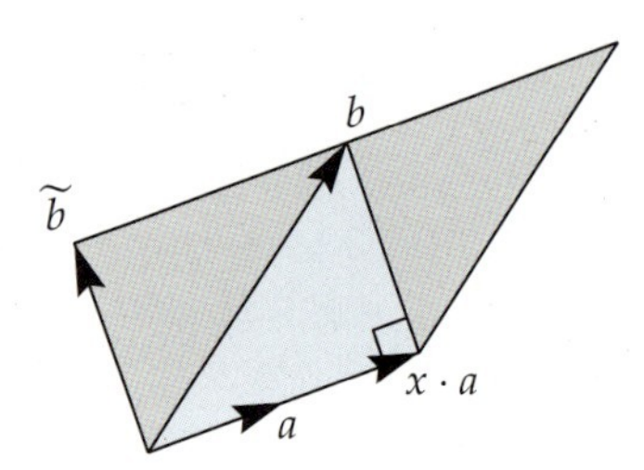


Für das Volumen benutzen wir, dass das Volumen von $P(a, b, c)$ gleich $\|a\| \cdot \|b\| \cdot \|c\|$, wenn $a \perp b, b \perp c$ und $a \perp c$. Auch hier kann man dafür sorgen, dass $\|a\| = \|b\| = \|c\|$ ist, das ist im unterem Bild jedoch nicht gemacht worden. Es wird dreimal vom Parallelotop ein Stück abgeschnitten, verschoben und wieder angegeklebt. In jedem Schritt wird gezeigt, welche Vektoren in senkrechter Position stehen. Gleichfarbige Pfeile stehen senkrecht. In jedem Schritt bleiben sowohl die Grundfläche als auch die Höhe gleich. Die Grundfläche ist $\|a \times b\|$, die Höhe $|\langle c, a \times b\rangle| / \|a \times b\|$. Somit ist das Volumen gleich $|\det(a, b, c)|$.

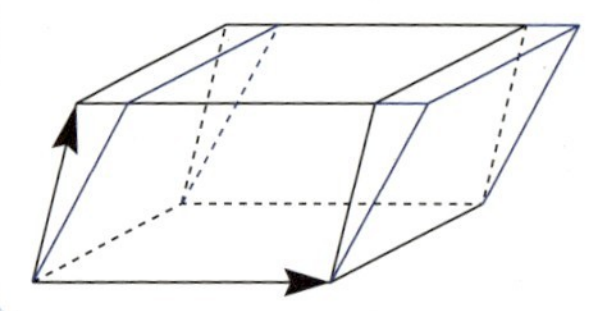
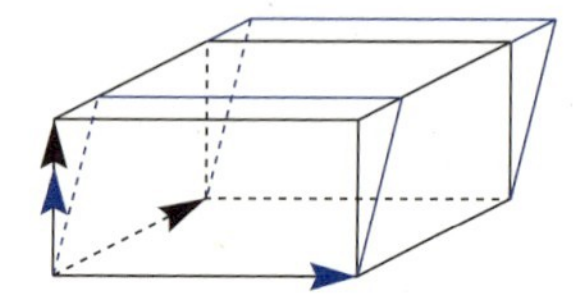
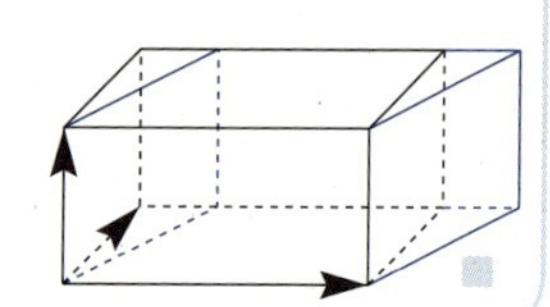

# Aufgaben

Lösung

**Aufgabe 2.32** Es sind jeweils drei Punkte $a, b, c$ gegeben. Berechnen Sie die Fläche des Dreiecks mit den Eckpunkten $a, b, c$.

1. $a = (0,0,0), b = (1,0,1), c = (2,-1,0)$
2. $a = (3,-1,2), b = (5,2,4), c = (-3,7,1)$
3. $a = (5,-12,3), b = (10,-3,17), c = (2,18,4)$

**Aufgabe 2.33** Es sind jeweils drei Vektoren $a, b, c$ gegeben. Berechnen Sie das Volumen des Parallelotops, aufgespannt durch $a, b, c$.

1. $a = (1,2,3), b = (4,5,6), c = (-3,1,10)$
2. $a = (-2,3,1), b = (3,0,1), c = (7,-10,5)$

**Aufgabe 2.34** Es seien $(x_1, y_1)$, $(x_2, y_2)$ und $(x_3, y_3)$ drei Punkte in $\mathbb{R}^2$. Zeigen Sie, dass die Fläche des Dreiecks mit diesen drei Eckpunkten gleich

$$\frac{1}{2} \cdot \left| \det \begin{pmatrix} x_1 & y_1 & 1 \\ x_2 & y_2 & 1 \\ x_3 & y_3 & 1 \end{pmatrix} \right|$$

ist.

**Aufgabe 2.35** Gegeben sind die Punkte

$$\begin{aligned} a &= (1,2,3), \\ b &= (2,3,-1). \end{aligned}$$

Sei

$$c = (5,1,2) + t(1,-1,4)$$

ein Punkt auf einer Geraden $\ell$. Bestimmen Sie das Volumen des Parallelotops, aufgespannt von $a, b, c$, als Funktion von $t$. Erklären Sie das Ergebnis geometrisch.

**Aufgabe 2.36** Schreiben Sie eine SAGEMATH-Funktion

```
angle(v,w),
```

welche den Winkel zwischen den Vektoren $v$ und $w$ in $\mathbb{R}^3$ berechnet (entweder in Bogenmaß oder in Grad).

## 2.9 Lineare Abbildungen

Eine Abbildung $A\colon \mathbb{R}^3 \to \mathbb{R}^3$ heißt linear, wenn für jedes $a, b \in \mathbb{R}^3$ und $x$, $y$ gilt $A(x \cdot a + y \cdot b) = x \cdot A(a) + y \cdot A(b)$.

Die Werte $A(1,0,0) = a_1$, $A(0,1,0) = a_2$ und $A(0,0,1) = a_3$ können beliebig vorgegeben werden, denn die Abbildung $A(x_1, x_2, x_3) = x_1 a_1 + x_2 a_2 + x_3 a_3$ ist linear. Dies kann man sofort nachrechnen. Andererseits ist eine lineare Abbildung schon durch die Werte $A(1,0,0)$, $A(0,1,0)$ und $A(0,0,1)$ vollkommen bestimmt:

$$\begin{aligned} A(x_1, x_2, x_3) &= A\left(x_1(1,0,0) + x_2(0,1,0) + x_3(0,0,1)\right) \\ &= x_1 A(1,0,0) + x_2 A(0,1,0) + x_3 A(0,0,1) \end{aligned}$$

*Wir benutzen die nebenstehende Matrixnotation $A = (a_{ij})$ für die lineare Abbildung $A$.*

$$A = \begin{pmatrix} a_{11} & a_{12} & a_{13} \\ a_{21} & a_{22} & a_{23} \\ a_{31} & a_{32} & a_{33} \end{pmatrix}$$

In die erste Spalte schreiben wir $A(1,0,0)$, in die zweite $A(0,1,0)$ und in die dritte $A(0,0,1)$. Also ist $A(1,0,0) = (a_{11}, a_{21}, a_{31})$ usw. Es gilt

$$A(x) = \begin{pmatrix} a_{11} & a_{12} & a_{13} \\ a_{21} & a_{22} & a_{23} \\ a_{31} & a_{32} & a_{33} \end{pmatrix} \cdot \begin{pmatrix} x_1 \\ x_2 \\ x_3 \end{pmatrix} = \begin{pmatrix} a_{11}x_1 + a_{12}x_2 + a_{13}x_3 \\ a_{21}x_1 + a_{22}x_2 + a_{23}x_3 \\ a_{31}x_1 + a_{32}x_2 + a_{33}x_3 \end{pmatrix}.$$

Sind $A, B$ lineare Abbildungen, so auch die Komposition $AB$. Der Beweis ist wörtlich wie bei Satz 1.3. In der Matrixnotation ist die Komposition durch das Matrixprodukt gegeben:

$$\begin{aligned} A \cdot B &= \begin{pmatrix} a_{11} & a_{12} & a_{13} \\ a_{21} & a_{22} & a_{23} \\ a_{31} & a_{32} & a_{33} \end{pmatrix} \cdot \begin{pmatrix} b_{11} & b_{12} & b_{13} \\ b_{21} & b_{22} & b_{23} \\ b_{31} & b_{32} & b_{33} \end{pmatrix} \\ &= \begin{pmatrix} a_{11}b_{11} + a_{12}b_{21} + a_{13}b_{31} & a_{11}b_{12} + a_{12}b_{22} + a_{13}b_{32} & a_{11}b_{13} + a_{12}b_{23} + a_{13}b_{33} \\ a_{21}b_{11} + a_{22}b_{21} + a_{23}b_{31} & a_{21}b_{12} + a_{22}b_{22} + a_{23}b_{32} & a_{21}b_{13} + a_{22}b_{23} + a_{23}b_{33} \\ a_{31}b_{11} + a_{32}b_{21} + a_{33}b_{31} & a_{31}b_{12} + a_{32}b_{22} + a_{33}b_{32} & a_{31}b_{13} + a_{32}b_{23} + a_{33}b_{33} \end{pmatrix} \end{aligned}$$

Diese vielleicht kompliziert aussehende Formel ist leicht zu verstehen. In der $i$-ten Zeile und $j$-ten Spalte von $A \cdot B$ steht das Skalarprodukt der $i$-ten Zeile von $A$ mit der $j$-ten Spalte von $B$, wie oben blau dargestellt für den Eintrag in der zweiten Zeile und dritten Spalte. Hiermit ist auch klar, dass im Allgemeinen $A \cdot B \neq B \cdot A$, denn die zweite Zeile von $B$ und die dritte Spalte von $A$ können ganz anders aussehen.

**Beispiel**

$$\begin{pmatrix} 1 & 3 & 2 \\ 0 & 4 & 1 \\ 2 & 1 & 0 \end{pmatrix} \cdot \begin{pmatrix} 4 & 2 & 1 \\ 1 & 2 & 0 \\ 0 & 1 & 5 \end{pmatrix} = \begin{pmatrix} 7 & 10 & 11 \\ 4 & 9 & 5 \\ 9 & 6 & 2 \end{pmatrix}$$

# Aufgaben

Lösung

**Aufgabe 2.37** Es sei $A\colon \mathbb{R}^3 \to \mathbb{R}^3$ eine lineare Abbildung. Zeigen Sie, dass $A(0,0,0) = (0,0,0)$ ist.

**Aufgabe 2.38** Berechnen Sie für die nachfolgenden Matrizen $A$ und $B$ die Produkte $A \cdot B$ und $B \cdot A$.

1. $A = \begin{pmatrix} 1 & -1 & 3 \\ 4 & -2 & 5 \\ -3 & 2 & 2 \end{pmatrix}, \quad B = \begin{pmatrix} -2 & -3 & 6 \\ 3 & -2 & 1 \\ -5 & 1 & -4 \end{pmatrix}$

2. $A = \begin{pmatrix} 1 & 4 & 6 \\ -2 & -1 & 10 \\ 2 & 3 & -4 \end{pmatrix}, \quad B = \begin{pmatrix} 4 & -5 & -7 \\ 1 & -4 & 8 \\ -5 & 3 & -4 \end{pmatrix}$

3. $A = \begin{pmatrix} 3 & 5 & -1 \\ -1 & -6 & 8 \\ 4 & -7 & -5 \end{pmatrix}, \quad B = \begin{pmatrix} -5 & 3 & 6 \\ 3 & 4 & 7 \\ -2 & -1 & -3 \end{pmatrix}$

**Aufgabe 2.39** Die Einheitsmatrix Id ist gegeben durch

$$\mathrm{Id} = \begin{pmatrix} 1 & 0 & 0 \\ 0 & 1 & 0 \\ 0 & 0 & 1 \end{pmatrix}.$$

Zeigen Sie, dass Id die Matrix der Identitätsabbildung ist. Folgern Sie, dass $A \cdot \mathrm{Id} = \mathrm{Id} \cdot A = A$ für jede $3 \times 3$-Matrix.

**Aufgabe 2.40** Für $A = \begin{pmatrix} a_{11} & a_{12} & a_{13} \\ a_{21} & a_{22} & a_{23} \\ a_{31} & a_{32} & a_{33} \end{pmatrix}$ sei $A^{\mathrm{T}} := \begin{pmatrix} a_{11} & a_{21} & a_{31} \\ a_{12} & a_{22} & a_{32} \\ a_{13} & a_{23} & a_{33} \end{pmatrix}$ die sogenannte transponierte Matrix von $A$, welche man aus $A$ durch Vertauschen der Zeilen und Spalten erhält. Zeigen Sie, dass $(A \cdot B)^{\mathrm{T}} = B^{\mathrm{T}} \cdot A^{\mathrm{T}}$.

**Aufgabe 2.41** Es seien $A$ und $B$ beides $3 \times 3$-Matrizen. Zeigen Sie, dass $\det(A \cdot B) = \det(A) \cdot \det(B)$.
Tipp: Berechnen Sie zunächst das Vektorprodukt der letzten zwei Spalten von $AB$:

$$(b_{12}a_1 + b_{22}a_2 + b_{32}a_3) \times (b_{13}a_1 + b_{23}a_2 + b_{33}a_3)$$

unter Beachtung der Rechenregeln für das Vektorprodukt, Aufgabe 2.6.

**Aufgabe 2.42** Die Spur $\mathrm{Sp}(A)$ der $3 \times 3$-Matrix $A = (a_{ij})$ ist die Summe der Diagonalelemente: $\mathrm{Sp}(A) = a_{11} + a_{22} + a_{33}$. Zeigen Sie, dass für $3 \times 3$-Matrizen gilt: $\mathrm{Sp}(A \cdot B) = \mathrm{Sp}(B \cdot A)$.

## 2.10 Inverse Matrizen

Ist $A = \begin{pmatrix} - & a_1 & - \\ - & a_2 & - \\ - & a_3 & - \end{pmatrix}$, so definieren wir $A^{\mathrm{ad}} := \begin{pmatrix} | & | & | \\ a_2 \times a_3 & a_3 \times a_1 & a_1 \times a_2 \\ | & | & | \end{pmatrix}$

Wir nennen $A^{\mathrm{ad}}$ die **adjunkte Matrix** zu $A$.

**Satz 2.7**

1. Für $A \in \mathbb{R}^{3\times 3}$ gilt $A \cdot A^{\mathrm{ad}} = \det(A)\mathrm{Id}$.
2. Ist $A\colon \mathbb{R}^3 \to \mathbb{R}^3$ linear, so ist $A$ injektiv genau dann, wenn $A$ surjektiv ist genau dann, wenn $\det(A) \neq 0$. In diesem Fall ist $A^{-1} = \frac{1}{\det(A)} \cdot A^{\mathrm{ad}}$.

Die erste Aussage folgt aus Satz 2.3. Die zweite Aussage ist die cramersche Regel 2.5. ■

**Beispiel**

$$A = \begin{pmatrix} 1 & -3 & 3 \\ 3 & 1 & -2 \\ 2 & -1 & 4 \end{pmatrix}, \quad A^{\mathrm{ad}} = \begin{pmatrix} 2 & 9 & 3 \\ -16 & -2 & 11 \\ -5 & -5 & 10 \end{pmatrix}, \quad A \cdot A^{\mathrm{ad}} = \begin{pmatrix} 35 & 0 & 0 \\ 0 & 35 & 0 \\ 0 & 0 & 35 \end{pmatrix}$$

Es gibt noch eine andere Methode, das Inverse $A^{-1}$ zu berechnen. Es sei $A$ gegeben durch die Matrix $(a_{ij})$. Ausgeschrieben sieht die Gleichung $A(x) = \alpha$ wie nebenstehend aus. Die Gleichung $A(x) = e_i$ hat eine Lösung $c_i$. Dann ist $A^{-1}(x_1, x_2, x_3) = x_1c_1 + x_2x_2 + x_3c_3$ das Inverse von $A$. Um das Inverse zu berechnen, können wir drei Gleichungssysteme $A(c_i) = e_i$ für $i = 1, 2, 3$ *gleichzeitig* lösen. Das ist mit der Methode von Seite 66 machbar. Das Ergebnis ist Folgendes.

$$\begin{aligned} a_{11}x_1 + a_{12}x_2 + a_{13}x_3 &= \alpha_1 \\ a_{21}x_1 + a_{22}x_2 + a_{23}x_3 &= \alpha_2 \\ a_{31}x_1 + a_{32}x_2 + a_{33}x_3 &= \alpha_3 \end{aligned}$$

**Satz 2.8** Schreibe $(A|\,\mathrm{Id})$ auf. Führe Zeilenoperationen durch, bis links die Matrix Id steht. Dann steht rechts die Matrix $A^{-1}$.

**Beispiel**

$$\begin{matrix} \\ -3\downarrow \\ -2\downarrow \end{matrix} \left(\begin{array}{ccc|ccc} 1 & -3 & 3 & 1 & 0 & 0 \\ 3 & 1 & -2 & 0 & 1 & 0 \\ 2 & -1 & 4 & 0 & 0 & 1 \end{array}\right) \rightsquigarrow \begin{matrix} +\frac{3}{10}\uparrow \\ \\ -\frac{1}{2}\downarrow \end{matrix} \left(\begin{array}{ccc|ccc} 1 & -3 & 3 & 1 & 0 & 0 \\ 0 & 10 & -11 & -3 & 1 & 0 \\ 0 & 5 & -2 & -2 & 0 & 1 \end{array}\right) \rightsquigarrow$$

$$\begin{matrix} \\ \cdot\frac{1}{10} \\ \cdot\frac{2}{7} \end{matrix} \left(\begin{array}{ccc|ccc} 1 & 0 & -\frac{3}{10} & \frac{1}{10} & \frac{3}{10} & 0 \\ 0 & 10 & -11 & -3 & 1 & 0 \\ 0 & 0 & \frac{7}{2} & -\frac{1}{2} & -\frac{1}{2} & 1 \end{array}\right) \rightsquigarrow \begin{matrix} +\frac{3}{10}\uparrow \\ \\ +\frac{11}{10}\uparrow \end{matrix} \left(\begin{array}{ccc|ccc} 1 & 0 & -\frac{3}{10} & \frac{1}{10} & \frac{3}{10} & 0 \\ 0 & 1 & -\frac{11}{10} & -\frac{3}{10} & \frac{1}{10} & 0 \\ 0 & 0 & 1 & -\frac{1}{7} & -\frac{1}{7} & \frac{2}{7} \end{array}\right)$$

$$\rightsquigarrow \left(\begin{array}{ccc|ccc} 1 & 0 & 0 & \frac{2}{35} & \frac{9}{35} & \frac{3}{35} \\ 0 & 1 & 0 & -\frac{16}{35} & -\frac{2}{35} & \frac{11}{35} \\ 0 & 0 & 1 & -\frac{1}{7} & -\frac{1}{7} & \frac{2}{7} \end{array}\right) \qquad A^{-1} = \frac{1}{35}\begin{pmatrix} 2 & 9 & 3 \\ -16 & -2 & 11 \\ -5 & -5 & 10 \end{pmatrix}$$

# Aufgaben

Lösung

**Aufgabe 2.43** Berechnen Sie, wenn möglich, die Inversen der nachfolgenden Matrizen.

1. $\begin{pmatrix} 1 & 2 & 3 \\ 2 & 4 & 2 \\ 3 & 2 & 1 \end{pmatrix}$ 2. $\begin{pmatrix} 1 & 2 & 3 \\ 0 & -1 & 1 \\ 1 & 1 & 2 \end{pmatrix}$ 3. $\begin{pmatrix} 2 & -2 & 1 \\ 3 & 4 & 3 \\ 4 & 2 & 2 \end{pmatrix}$

4. $\begin{pmatrix} 1 & 2 & 1 \\ 3 & -1 & 0 \\ 1 & -2 & 1 \end{pmatrix}$ 5. $\begin{pmatrix} 3 & 2 & 1 \\ 2 & -1 & -1 \\ 0 & 1 & 2 \end{pmatrix}$ 6. $\begin{pmatrix} 1 & 1 & 1 \\ 1 & 2 & 2 \\ 1 & 3 & 3 \end{pmatrix}$

7. $\begin{pmatrix} 3 & 2 & 1 \\ 2 & -1 & 1 \\ 0 & 1 & 2 \end{pmatrix}$ 8. $\begin{pmatrix} 1 & 2 & 1 \\ -2 & -1 & 6 \\ 4 & 1 & -1 \end{pmatrix}$ 9. $\begin{pmatrix} 1 & 2 & 1 \\ 2 & -1 & -2 \\ 3 & 1 & -1 \end{pmatrix}$

**Aufgabe 2.44**

1. Es sei $A$ eine invertierbare Matrix und $AB = AC$. Zeigen Sie: $B = C$.
2. Warum ist die Aussage im Allgemeinen falsch, wenn $A$ nicht invertierbar ist?

**Aufgabe 2.45** Berechnen Sie die Inversen von

$$\begin{pmatrix} 1 & a & 0 \\ 0 & 1 & a \\ 0 & 0 & 1 \end{pmatrix}, \quad \begin{pmatrix} 1 & 0 & 0 \\ b & 1 & 0 \\ 0 & b & 1 \end{pmatrix} \quad \text{und} \quad \begin{pmatrix} 1+ab & a & 0 \\ b & 1+ab & a \\ 0 & b & 1 \end{pmatrix}.$$

**Aufgabe 2.46** Berechnen Sie $A^{\text{ad}}$ und $A \cdot A^{\text{ad}}$ für die nachfolgenden Matrizen $A$.

1. $\begin{pmatrix} 2 & -1 & 3 \\ 4 & -4 & 5 \\ 6 & 9 & -2 \end{pmatrix}$ 2. $\begin{pmatrix} -1 & 2 & 4 \\ 3 & 3 & 2 \\ 5 & -7 & -1 \end{pmatrix}$ 3. $\begin{pmatrix} 3 & 1 & -7 \\ -1 & 5 & 9 \\ 2 & 8 & -2 \end{pmatrix}$

4. $\begin{pmatrix} 2 & -1 & 1 \\ 1 & 2 & -3 \\ 1 & -3 & -2 \end{pmatrix}$ 5. $\begin{pmatrix} 2 & -1 & 5 \\ 9 & -4 & 2 \\ 4 & -3 & -2 \end{pmatrix}$ 6. $\begin{pmatrix} 1 & 2 & 3 \\ 4 & 5 & 6 \\ 7 & 8 & 9 \end{pmatrix}$

## 2.11 Basen und Basiswechsel

**1.** Ein Tripel von Vektoren $\mathcal{B} = (b_1, b_2, b_3)$ heißt Basis von $\mathbb{R}^3$, wenn es für jeden Vektor $a$ in $\mathbb{R}^3$ genau ein Tripel $(x_1, x_2, x_3)$ von Zahlen gibt mit $a = x_1 \cdot b_1 + x_2 \cdot b_2 + x_3 \cdot b_3$. Die Zahlen $(x_1, x_2, x_3)$ nennt man die Koordinaten von $a$ bezüglich der Basis $\mathcal{B}$.

**2.** Die Basis $\mathcal{E} = (e_1, e_2, e_3)$ mit $e_1 = (1,0,0)$, $e_2 = (0,1,0)$ und $e_3 = (0,0,1)$ heißt die *Standardbasis* von $\mathbb{R}^3$.

Um die Koordinaten von $a$ bezüglich einer Basis $\mathcal{B}$ von $\mathbb{R}^3$ berechnen zu können, müssen wir das Gleichungssystem $x_1 b_1 + x_2 b_2 + x_3 b_3 = a$ lösen. Ist $B$ die Matrix mit Spaltenvektoren $b_1, b_2$ und $b_3$, so lautet die Gleichung $B(x) = a$. Deshalb sind die Koordinaten von $a$ bezüglich $\mathcal{B}$ gegeben durch $B^{-1}(a)$.

Sind $\mathcal{B} = (b_1, b_2, b_3)$ und $\mathcal{C} = (c_1, c_2, c_3)$ Basen von $\mathbb{R}^3$ und ist $A\colon \mathbb{R}^3 \to \mathbb{R}^3$ linear, so gibt es $a_{ij}$, sodass $A(c_j) = a_{1j} b_1 + a_{2j} b_2 + a_{3j} b_3$. In der nebenstehenden Matrix ${}_{\mathcal{B}}A_{\mathcal{C}}$ steht deshalb in der $i$-ten Spalte das Bild von $c_i$, ausgeschrieben in der Basis $\mathcal{B}$. Die Aussage des Satzes 1.5 gilt wortwörtlich.

$$\begin{pmatrix} a_{11} & a_{12} & a_{13} \\ a_{21} & a_{22} & a_{23} \\ a_{31} & a_{32} & a_{33} \end{pmatrix}$$

**Beispiel** Betrachten Sie die Ebene mit der Gleichung $x_1 + x_2 + x_3 = 0$. Wir untersuchen die orthogonale Spiegelung $A$ in dieser Ebene. Die Vektoren $b_2 = (1, -1, 0)$ und $b_3 = (1, 0, -1)$ erfüllen $A(b_2) = b_2$ und $A(b_3) = b_3$. Für den Normalenvektor $b_1 = (1,1,1)$ gilt $A(b_1) = -b_1$. Ist $B$ die Matrix mit Spaltenvektoren $b_1, b_2, b_3$, so gilt ${}_{\mathcal{B}}A_{\mathcal{B}} = B^{-1} \cdot A \cdot B$ und deshalb ist $A = B \cdot {}_{\mathcal{B}}A_{\mathcal{B}} \cdot B^{-1}$ gleich

$$\begin{pmatrix} 1 & 1 & 1 \\ 1 & -1 & 0 \\ 1 & 0 & -1 \end{pmatrix} \cdot \begin{pmatrix} -1 & 0 & 0 \\ 0 & 1 & 0 \\ 0 & 0 & 1 \end{pmatrix} \cdot \begin{pmatrix} \frac{1}{3} & \frac{1}{3} & \frac{1}{3} \\ \frac{1}{3} & -\frac{2}{3} & \frac{1}{3} \\ \frac{1}{3} & \frac{1}{3} & -\frac{2}{3} \end{pmatrix} = \begin{pmatrix} \frac{1}{3} & -\frac{2}{3} & -\frac{2}{3} \\ -\frac{2}{3} & \frac{1}{3} & -\frac{2}{3} \\ -\frac{2}{3} & -\frac{2}{3} & \frac{1}{3} \end{pmatrix}.$$

Wir überlassen hier die Berechnung von $B^{-1}$ und dem Produkt dem Leser.

Wenn $\|b_i\| = 1$ für $i = 1,2,3$ und $\langle b_i, b_j \rangle = 0$ für $i \neq j$, so heißt $\mathcal{B} = (b_1, b_2, b_3)$ eine Orthonormalbasis von $\mathbb{R}^3$.

Die Standardbasis $\mathcal{E}$ ist ein Beispiel einer Orthonormalbasis. Ist $x = x_1 b_1 + x_2 b_2 + x_3 b_3$, so ist $x_i = \langle x, b_i \rangle$, wie man durch Einsetzen prüft. Insbesondere hat $0 = x_1 b_1 + x_2 b_2 + x_3 b_3 = 0$ die eindeutige Lösung $(x_1, x_2, x_3) = (0,0,0)$. Es folgt, dass eine Orthonormalbasis tatsächlich eine Basis ist.

**Satz 2.9** Ist $b_1$ ein Vektor mit $\|b_1\| = 1$, so gibt es Vektoren $b_2$, $b_3$, sodass $(b_1, b_2, b_3)$ eine Orthonormalbasis von $\mathbb{R}^3$ ist.

Sei $b_2$ ein Vektor der Länge 1 in der Ebene $\langle b_1, x \rangle = 0$ und $b_3 = b_1 \times b_2$. ■

# Aufgaben

Lösung

**Aufgabe 2.47** Es sei jeweils eine Basis $\mathcal{B} = (b_1, b_2, b_3)$ und eine Matrix $A$ gegeben. Berechnen Sie ${}_{\mathcal{B}}A_{\mathcal{B}}$.

1. $b_1 = (1,2,3)\,,\quad b_2 = (-1,0,1)\,,\quad b_3 = (2,-1,3)\,,\quad A = \begin{pmatrix} 2 & 0 & 0 \\ 0 & 3 & 0 \\ 0 & 0 & -1 \end{pmatrix}$

2. $b_1 = (2,-1,2)\,,\quad b_2 = (-1,2,1)\,,\quad b_3 = (1,0,3)\,,\quad A = \begin{pmatrix} 1 & -1 & 2 \\ 1 & 2 & 1 \\ 1 & 3 & -1 \end{pmatrix}$

3. $b_1 = (1,-2,3)\,,\quad b_2 = (-1,2,1)\,,\quad b_3 = (4,-1,3)\,,\quad A = \begin{pmatrix} 1 & -1 & 2 \\ 4 & 3 & -2 \\ -1 & 2 & 0 \end{pmatrix}$

**Aufgabe 2.48**

1. Es sei $A\colon \mathbb{R}^3 \to \mathbb{R}^3$ eine lineare Abbildung mit $A(1,-1,2) = (3,-1,2)$, $A(-2,1,3) = (4,0,1)$ und $A(1,2,5) = (-2,-1,3)$. Bestimmen Sie die Matrix von $A$ (bezüglich der Standardbasis $\mathcal{E}$).
2. Führen Sie die gleiche Aufgabe durch, wenn $A(2,-1,1) = (2,4,1)$, $A(3,2,0) = (2,3,1)$ und $A(1,-1,2) = (4,1,0)$.
3. Führen Sie die gleiche Aufgabe durch, wenn $A(2,-1,0) = (3,1,4)$, $A(3,1,2) = (1,-2,4)$ und $A(-1,3,2) = (3,-1,2)$.

**Aufgabe 2.49**

1. Berechnen Sie die Parallelprojektion auf die Ebene $x_1 + x_2 + x_3 = 0$ entlang $\mathbb{R} \cdot (2,-1,1)$.
2. Berechnen Sie die Matrix der Spiegelung in der Ebene $x_1 - x_2 + x_3 = 0$.
3. Berechnen Sie die Matrix der senkrechten Projektion auf die Ebene $x_1 + 2x_2 - x_3 = 0$.

**Aufgabe 2.50** Zeigen Sie: Für eine lineare Abbildung $A\colon \mathbb{R}^3 \to \mathbb{R}^3$ mit $A \neq 0$ gibt es Basen $\mathcal{C}$ und $\mathcal{B}$ von $\mathbb{R}^3$, sodass ${}_{\mathcal{B}}A_{\mathcal{C}}$ eine der nachfolgenden Formen hat:

$$\begin{pmatrix} 1 & 0 & 0 \\ 0 & 1 & 0 \\ 0 & 0 & 1 \end{pmatrix}, \quad \begin{pmatrix} 1 & 0 & 0 \\ 0 & 1 & 0 \\ 0 & 0 & 0 \end{pmatrix}, \quad \begin{pmatrix} 1 & 0 & 0 \\ 0 & 0 & 0 \\ 0 & 0 & 0 \end{pmatrix}$$

**Aufgabe 2.51** Sei $A$ eine $3 \times 3$-Matrix und $\mathcal{B}$ eine Basis von $\mathbb{R}^3$. Zeigen Sie:

1. $\det({}_{\mathcal{B}}A_{\mathcal{B}}) = \det(A)$
2. $\mathrm{Sp}(A) = \mathrm{Sp}({}_{\mathcal{B}}A_{\mathcal{B}})$

Tipp: Aufgaben 2.41 und 2.42

## 2.12 Bewegungen

Eine Abbildung $A\colon \mathbb{R}^3 \to \mathbb{R}^3$ heißt Bewegung, wenn $\|A(a)-A(b)\| = \|a-b\|$ für alle $a,b \in \mathbb{R}^3$. Ist überdies $A(0) = 0$, so nennen wir $A$ orthogonal.

**Satz 2.10**

**1.** $A$ ist orthogonal genau dann, wenn $A$ linear ist und $A^T \cdot A = \mathrm{Id}$.

**2.** Ist $A$ orthogonal, so gibt es eine Orthonormalbasis $\mathcal{B}$ von $\mathbb{R}^3$, sodass ${}_{\mathcal{B}}A_{\mathcal{B}}$ die nebenstehende Gestalt hat. Es gilt

$$\begin{pmatrix} \pm 1 & 0 & 0 \\ 0 & \cos(\varphi) & -\sin(\varphi) \\ 0 & \sin(\varphi) & \cos(\varphi) \end{pmatrix}$$

${}_{\mathcal{B}}A_{\mathcal{B}}$ ist eine Diagonalmatrix $\iff \varphi = 0, 180^\circ \iff A = A^T \iff A^2 = \mathrm{Id}$ .

Im Fall von $+1$ an der Stelle links oben ist $A$ eine mit Drehwinkel $\varphi$ bestimmt durch $\mathrm{Sp}(A) = 1 + 2\cos(\varphi)$. Im Fall von $-1$ an der Stelle links oben ist $A$ einer Drehspiegelung mit Drehwinkel $\varphi$ bestimmt durch $\mathrm{Sp}(A) = -1 + 2\cos(\varphi)$.

Ist $A \neq A^T$, so ist die Drehachse gleich $\mathbb{R} \cdot v$ mit $v = (a_{23} - a_{32}, a_{31} - a_{13}, a_{12} - a_{21})$.

**1.** Seien $a, b \in \mathbb{R}^3$. Wir behaupten, dass $\langle a,b\rangle = \langle A(a), A(b)\rangle$. Tatsächlich gilt:

$$-2\langle a,b\rangle = \|a-b\|^2 - \|a\|^2 - \|b\|^2 = \|A(a) - A(b)\|^2 - \|A(a)\|^2 - \|A(b)\|^2 = -2\langle A(a), A(b)\rangle .$$

Mit $a_i = A(e_i)$ ist deshalb $(a_1, a_2, a_3)$ eine Orthonormalbasis. Ist $x \in \mathbb{R}^3$ und $A(x) = y_1a_1 + y_2a_2 + y_3a_3$, so ist $y_i = \langle A(x), a_i\rangle = \langle A(x), A(e_i)\rangle = \langle x, e_i\rangle = x_i$, also $A(x) = x_1a_1 + x_2a_2 + x_3a_3$. Deshalb ist $A$ linear. Weil $A^T \cdot A$ an der Stelle $(i,j)$ den Eintrag $\langle a_i, a_j\rangle$ hat folgt, dass $A^T \cdot A = \mathrm{Id}$. Ist umgekehrt $A^TA = \mathrm{Id}$, $A(e_i) = a_i$ und $a - b = (x_1, x_2, x_3)$, so folgt

$$\|A(a) - A(b)\|^2 = \|x_1a_1 + x_2a_2 + x_3a_3\|^2 = x_1^2 + x_2^2 + x_3^2 = \|a-b\|^2 .$$

**2.** Gilt $A = A^T$, so folgt $A^2 = \mathrm{Id}$, also $(A+\mathrm{Id})\cdot(A-\mathrm{Id}) = 0$. Ist $A \neq \mathrm{Id}$, so wähle $w \in V$ mit $b_1 := (A - \mathrm{Id})(w) \neq 0$. Es folgt $A(b_1) = -b_1$.

Sei $A \neq A^T$ und angenommen, es gibt kein $w \neq 0$ mit $A(w) = -w$. Für das angegebene $v$ im Satz gilt $(A - A^T)(v) = 0$, siehe Aufgabe 2.52. Dann folgt $(A + \mathrm{Id}) \cdot (A - \mathrm{Id})(v) = A(A - A^T)(v) = 0$. Wäre $A(v) \neq v$, so folgt $A(w) = -w$ für $w = (A - \mathrm{Id})(v)$, Widerspruch! Also $A(v) = v$. Genauso zeigt man: Ist $A(w) \neq w$ für alle $w \neq 0$, so ist $A(v) = -v$. In jedem Fall finden wir ein $b_1$ mit $A(b_1) = \pm b_1$.

Sei $E = \{x\colon \langle x, b_1\rangle = 0\}$. Dann ist $A(E) \subset E$ und $A$ ist eine Bewegung der Ebene $E$. Ist dabei $A\colon E \to E$ eine Spiegelung oder eine Drehung über $0^\circ$ oder $180^\circ$, so gibt es eine Orthonormalbasis$(b_2, b_3)$ und $A(b_i) = \pm b_i$ für $i = 2, 3$. In diesem Fall ist $A^2 = \mathrm{Id}$. Ist $A\colon E \to E$ eine Drehung über $\varphi$, $\varphi \neq 0^\circ, 180^\circ$, so ist $A^2 \neq \mathrm{Id}$. In diesem Fall nimmt man $(b_2, b_3)$ eine beliebige Orthonormalbasis von $E$. ∎

**Beispiel** Die nebenstehende Matrix beschreibt eine Drehung mit Drehachse $\mathbb{R} \cdot (1,1,1)$. Der Drehwinkel $\varphi$ erfüllt $1 + 2\cos(\varphi) = 2$, $\cos(\varphi) = 1/2$, also $\varphi = 60^\circ$.

$$\frac{1}{3}\begin{pmatrix} 2 & 2 & -1 \\ -1 & 2 & 2 \\ 2 & -1 & 2 \end{pmatrix}$$

# Aufgaben

Lösung

**Aufgabe 2.52** Es sei $A$ eine schiefsymmetrische Matrix wie nebenstehend dargestellt.

$$\begin{pmatrix} 0 & a_{12} & a_{13} \\ -a_{12} & 0 & a_{23} \\ -a_{13} & -a_{23} & 0 \end{pmatrix}$$

1. Berechnen Sie: $\det(A) = 0$.
2. Geben Sie einen Vektor $v \in \mathbb{R}^3$ an, sodass $v \neq 0$ und $A(v) = 0$.

**Aufgabe 2.53** Zeigen Sie, dass das Produkt zweier Spiegelungen eine Drehung ist.

**Aufgabe 2.54**

1. Es sei $A$ eine Drehung oder Drehspiegelung und $v$ der Vektor aus dem Beweis von 2.10. Rechnen Sie direkt nach, dass $A(v) = \pm v$. Tipp: $A^{\text{ad}} = \pm A^{\text{T}}$
2. Sei $A$ eine Drehung mit Drehwinkel 180°. Finden Sie eine Formel für die Drehachse von $A$. Was gilt, wenn $A$ eine Spiegelung ist?

**Aufgabe 2.55**

1. Sei $v \in \mathbb{R}^3$ mit $\|v\| = 1$. Zeigen Sie, dass die Abbildung $S\colon \mathbb{R}^3 \to \mathbb{R}^3$ gegeben durch $S(x) = x - 2\langle v, x\rangle \cdot v$ eine Spiegelung ist.
2. Berechnen Sie die Matrix der Spiegelung in der Ebene $x_1 + x_2 - x_3 = 0$.
3. Führen Sie die gleiche Berechnung durch für die Ebene $2x_1 - 2x_2 - x_3 = 0$.

**Aufgabe 2.56** Zeigen Sie, dass $A$ eine Drehung ist und bestimmen Sie Drehwinkel (eventuell näherungsweise) und Drehachse.

1. $A = \dfrac{1}{\sqrt{6}} \begin{pmatrix} 2 & -1 & -1 \\ 0 & \sqrt{3} & -\sqrt{3} \\ \sqrt{2} & \sqrt{2} & \sqrt{2} \end{pmatrix}$
2. $\dfrac{1}{6} \cdot \begin{pmatrix} 1 & 2-\sqrt{6} & 1+2\sqrt{6} \\ 2+\sqrt{6} & 4 & 2-\sqrt{6} \\ 1-2\sqrt{6} & 2+\sqrt{6} & 1 \end{pmatrix}$
3. $\dfrac{1}{3} \cdot \begin{pmatrix} -1 & 2 & 2 \\ 2 & -1 & 2 \\ 2 & 2 & -1 \end{pmatrix}$
4. $\dfrac{1}{3} \cdot \begin{pmatrix} 4 & \sqrt{2} & \sqrt{6} \\ \sqrt{2} & 1 & \sqrt{3} \\ \sqrt{6} & \sqrt{3} & 6 \end{pmatrix}$

**Aufgabe 2.57**

1. Es sei $v \in \mathbb{R}^3$ mit $\|v\| = 1$ und $\alpha$ ein Winkel. Zeigen Sie, dass die Abbildung $R(v, \alpha)$

$$R(v,\alpha)(x) = (1 - \cos(\alpha)) \cdot \langle v, x\rangle \cdot v + \cos(\alpha) \cdot x + \sin(\alpha) \cdot v \times x$$

eine Drehung mit Drehachse $\mathbb{R} \cdot v$ und Drehwinkel $\alpha$ ist. Zeigen Sie, dass $R(v,\alpha) = R(-v, 360° - \alpha)$.

2. Geben Sie die Matrix der Drehung mit Achse $\mathbb{R} \cdot (1, 2, 2)$ und Drehwinkel 60° an.
3. Geben Sie die Matrix der Drehung mit Achse $\mathbb{R} \cdot (-1, 3, 2)$ und Drehwinkel 45° an.

**Aufgabe 2.58** Die Abbildung, gegeben durch die nebenstehende Matrix, sei orthogonal. Bestimmen Sie $\alpha$ und $\beta$.

$$\begin{pmatrix} \alpha & -\beta & \alpha \\ \beta & -\alpha & -\alpha \\ \alpha & \alpha & -\beta \end{pmatrix}$$

## 2.13 Orientierung

Ist $(a,b)$ eine Basis von $\mathbb{R}^2$, so ist $\det(a,b) \neq 0$. Es gibt zwei Möglichkeiten: entweder $\det(a,b) > 0$ oder $\det(a,b) < 0$. Weil $\det(a,b) = \|a\| \cdot \|b\| \cdot \sin(\angle(a,b))$, hat $\det(a,b)$ das gleiche Vorzeichen wie $\sin(\angle(a,b))$. Ist $\det(a,b) > 0$, so erhält man $b$ aus $a$ durch Drehung über einen positiven Winkel, sonst durch Drehung über einen negativen Winkel. Man nennt $(a,b)$ positiv orientiert , wenn $\det(a,b) > 0$, und negativ orientiert , wenn $\det(a,b) < 0$.

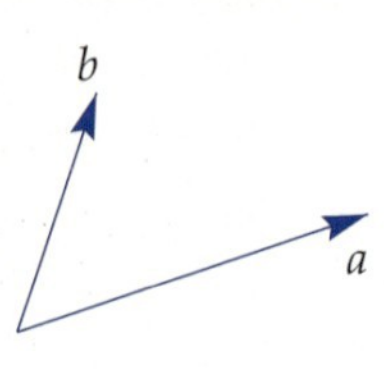


Wir können auch über positiv orientierte und negativ orientierte Basen in $\mathbb{R}^3$ reden.

Eine Basis $\mathcal{B} = (a,b,c)$ von $\mathbb{R}^3$ heißt positiv orientiert, wenn $\det(a,b,c)$ positiv ist, und negativ orientiert, wenn $\det(a,b,c)$ negativ ist.

Es ist unmöglich, eine positiv orientierte Basis stetig in eine negativ orientierte Basis zu verändern. Ist nämlich $(a_t, b_t, c_t)$ eine stetige Familie von Basen von $\mathbb{R}^3$ für $t \in [0,1]$, so folgt aus dem Zwischenwertsatz der Analysis, dass $\det(a_t, b_t, c_t) > 0$ für alle $t \in [0,1]$ oder $\det(a_t, b_t, c_t) < 0$ für alle $t \in [0,1]$.

Ist $\det(a,b,c) > 0$, so ist es jedoch möglich, diese stetig in die Standardbasis $(e_1, e_2, e_3)$ zu bewegen. Wir bemerken zunächst, dass $a, b$ linear unabhängige Vektoren sind und $\det(a \times b, a, b) = \|a \times b\|^2 > 0$. Es gibt deshalb Zahlen $x_1, x_2, x_3$ mit

$$c = x_1 \cdot a \times b + x_2 \cdot a + x_3 \cdot b$$

und $x_1 > 0$. Betrachte $c_t = x_1 \cdot a \times b + (1-t)x_2 a + (1-t)x_3 b$. Dann ist für jedes $t \in [0,1]$ das System $(a, b, c_t)$ eine Basis von $\mathbb{R}^3$, für $t = 0$ haben wir $(a,b,c)$, für $t = 1$ haben wir $(a, b, x_1 a \times b)$ mit $x_1 > 0$. Durch Skalieren können wir diese Basis noch zu $(a, b, a \times b)$ abändern. Nun drehen wir $v = a \times b$ in $e_3$ mit Drehachse $v \times e_3$. Auf diese Weise erhalten wir eine Familie von invertierbaren Matrizen $A_t$ mit $A_0 = \mathrm{Id}$ und $A_1(a \times b) = \lambda e_3$ mit $\lambda > 0$. Nach dieser Drehung liegen $a = (a_1, a_2, 0)$ und $b = (b_1, b_2, 0)$ in der Ebene $x_3 = 0$, es gilt $\det(a, b, a \times b) = a_1 b_2 - a_2 b_1$. Für Vektoren $a, b$ in $\mathbb{R}^2$ gilt $\det(a,b) = \|a\| \cdot \|b\| \cdot \sin \angle(a,b)$. Diese Zahl ist positiv genau dann, wenn $0° < \angle(a,b) < 180°$. Es ist dann eine einfache Aufgabe in $\mathbb{R}^2$, diese Basis $(a,b)$ in $(e_1, e_2)$ zu bewegen.

## 2.14 Berechnungen mit SAGEMATH

**Aufgabe 2.59**

1. Schreiben Sie ein Programm `kreuzprodukt(a,b)`, welches das Kreuzprodukt der Vektoren $a$ und $b$ berechnet.
2. Schreiben Sie ein Programm `deter(a,b,c)`, welches die Determinante $\det(a,b,c)$ berechnet.
3. Schreiben Sie ein Programm `aju(A)`, das im Fall $\det(A) \neq 0$ die Matrix $A^{\text{ad}}$ berechnet. Tipp: Mit `A[i]` erhält man die $i$-te Zeile der Matrix $A$.

**Aufgabe 2.60** Schreiben Sie ein SAGEMATH-Programm `matB(A,b1,b2,b3)`, das als Eingabe eine $3 \times 3$-Matrix erhält und folgende Ausgabe liefert: entweder die Antwort, dass `(b1,b2,b3)` keine Basis von $\mathbb{R}^3$ ist, andernfalls die Matrix ${}_{\mathcal{B}}A_{\mathcal{B}}$ von $A$ bezüglich der Basis $\mathcal{B} =$`(b1,b2,b3)`.

**Aufgabe 2.61**

1. Tippen Sie Folgendes in SAGEMATH ein:
   ```
   sage: x = 5; print 'x=', x
   ```
2. Schreiben Sie ein Programm, das, gegeben $a, b, c$, die nicht auf einer Geraden liegen, eine Gleichung der Ebene durch $a, b, c$ liefert.
   Tipp: Mit `v.cross_product(w)` berechnet man $v \times w$.
3. Sei $a = (347, 872, 781)$, $b = (81, 834, 751)$ und $c = (123, 456, 789)$. Berechnen Sie eine Gleichung der Ebene durch $a, b, c$.

**Aufgabe 2.62** Schreiben Sie ein SAGEMATH-Programm `abst(p,a,b,c)`, welches den Abstand von $p$ zu der Ebene $a + \mathbb{R} \cdot b + \mathbb{R} \cdot c$ berechnet.

**Aufgabe 2.63**

1. Schreiben Sie ein SAGEMATH-Programm, das die Matrix einer Spiegelung in der Ebene $ax + by + cz = 0$ aufstellt.
2. Testen Sie das Programm mit $x = 0$ usw. Prüfen Sie, dass das Quadrat gleich der Identität ist.
3. Schreiben Sie ein SAGEMATH-Programm, das die Matrix einer Spiegelung in der Ebene $\mathbb{R} \cdot a + R \cdot b$ aufstellt. Hierbei sind $a$ und $b$ linear unabhängig.

**Aufgabe 2.64**

1. Schreiben Sie ein SAGEMATH-Programm `drehmat(v,a)`, das die Matrix einer Drehung mit Drehachse $\mathbb{R} \cdot v$ und Drehwinkel $a$ aufstellt.
2. Tippen Sie `var('a')` in SAGEMATH ein, um eine Variable $a$ zur Verfügung zu stellen.
3. Probieren Sie Ihr Programm für $v = (0, 0, 2)$ und eine Unbestimmte $a$ aus. Was sollte das Ergebnis sein?

# Körper

3



ÜBERBLICK

## LERNZIELE

- Der Begriff Körper
- Komplexe Zahlen
- Geometrische Deutung der Addition und Multiplikation komplexer Zahlen
- Teilung mit Rest, Polynomdivision
- Primzahlen, irreduzible Polynome
- Die Körper $\mathbb{F}_p$ und $K[x]/\langle f\rangle$

Für Begriffe wie „lineare Gleichungen", „lineare Abhängigkeit", „lineare Abbildungen" und „Determinanten" spielen die Begriffe „Abstand" und „Winkel" keine Rolle. Alles was hier von Skalaren verlangt wird, ist, dass man sie addieren, multiplizieren, subtrahieren und dividieren (natürlich nicht durch 0) kann. Eine Menge mit einer solchen Addition und Multiplikation mit den bekannten Rechenregeln, wie wir sie von $\mathbb{Q}$ und $\mathbb{R}$ kennen, wird ein Körper genannt.

Am Anfang des Studiums erscheint der Begriff Körper ziemlich abstrakt. Wir werden in diesem Kapitel, zusätzlich zu den offensichtlichen Beispielen $\mathbb{Q}$ und $\mathbb{R}$, einige Körper kennenlernen, als wichtigsten wohl den Körper der komplexen Zahlen. Wer die lineare Algebra nur für diese Körper verstehen will (obwohl sie für allgemeine Körper nicht schwieriger ist), kann nach dem Abschnitt 3.4 zum nächsten Kapitel übergehen. In den letzten Abschnitten geben wir noch weitere Konstruktionen von Körpern und besprechen weitere interessante Themen, die für die Entwicklung der Theorie der Vektorräume nicht benötigt werden.

Den Körper der komplexen Zahlen müssen Sie am Anfang des Studiums kennenlernen. Komplexe Zahlen sind Zahlen der Form $a + bi$, wobei $a$ und $b$ reelle Zahlen sind. Eine komplexe Zahl ist im Wesentlichen nichts anderes als ein Punkt in der Ebene $\mathbb{R}^2$. Die Multiplikation von komplexen Zahlen ist dann vollständig festgelegt durch die üblichen Rechenregeln und die Formel $i^2 = -1$:

$$\begin{aligned}(a + bi) \cdot (x + iy) &= a \cdot x + a \cdot yi + b \cdot xi + b \cdot yi^2 \\ &= (ax - by) + (bx + ay)i\end{aligned}$$

Betrachten wir also die Multiplikation mit $(a + bi)$ als Abbildung von $\mathbb{R}^2$ nach $\mathbb{R}^2$, so steht hier die Formel für die Drehstreckung: Für $a^2 + b^2 = 1$ ist sie die Drehung. Die Gültigkeit aller Rechenregeln, welche für Körper gelten sollten, ist mit dieser Interpretation wohl offenbar. Natürlich kann man die Regeln auch alle nachrechnen.

Der Körper der komplexen Zahlen spielt eine herausragende Rolle in der Mathematik und ihren Anwendungen. Ein Grund – aber sicherlich nicht der einzige – ist der Hauptsatz der Algebra: Jede Gleichung

$$x^n + a_1x^{n-1} + \ldots + a_n = 0$$

mit $a_1, \ldots, a_n \in \mathbb{C}$ hat eine Lösung in den komplexen Zahlen. Dies ist ein tief greifender Satz, den wir erst in Kapitel 6 beweisen werden.

Die Körper $\mathbb{Q}$ und $\mathbb{R}$ sind nicht die einfachsten Körper, die es gibt. Ohne Zweifel hat $\mathbb{F}_2$ die Ehre, der einfachste Körper zu sein. Er hat nur zwei Elemente, 0 und 1. Die Additions- und

Multiplikationstabellen sind gegeben durch:

| + | 0 | 1 |
|---|---|---|
| 0 | 0 | 1 |
| 1 | 1 | 0 |

| • | 0 | 1 |
|---|---|---|
| 0 | 0 | 0 |
| 1 | 0 | 1 |

Eine Verallgemeinerung des Körpers $\mathbb{F}_2$ sind die Körper $\mathbb{F}_p$, wobei $p$ eine Primzahl ist. Der Körper $\mathbb{F}_p$ hat $p$ Elemente, welche wir als

$$\{0, 1, 2, \ldots, p-1\}$$

notieren. Das Produkt von zwei Zahlen $a$ und $b$ in $\mathbb{F}_p$ ist der Rest bei Teilung durch $p$ von dem gewöhnlichen Produkt, analog für die Summe. Vielleicht ist das Rechnen in einem solchen Körper am Anfang etwas ungewohnt. Für Rechner ist es einfacher, in $\mathbb{F}_p$ zu rechnen als in $\mathbb{Q}$, selbst für große Primzahlen mit 100 Dezimalstellen.

Eine andere Konstruktion von Körpern erfolgt mithilfe von sogenannten Polynomen. Ein Polynom ist ein Ausdruck der Form

$$a_0 + a_1 x + \ldots + a_n x^n ,$$

wobei die Koeffizienten alle aus einem festen Körper, wie zum Beispiel $\mathbb{Q}$, $\mathbb{R}$ oder $\mathbb{C}$, sind. Ist $a_n \neq 0$, so nennt man $n$ den Grad von $f$. Polynome können wir addieren und multiplizieren, wie wir es aus der Schule kennen.

Ein Polynom $f$ heißt reduzibel, wenn es als Produkt $f = g \cdot h$ von Polynomen $g$ und $h$ kleineren Grades geschrieben werden kann. Sonst heißt $f$ irreduzibel. Irreduzible Polynome sind wie Primzahlen. Ähnlich wie bei $\mathbb{F}_p$ konstruieren wir für irreduzible Polynome einen Körper $K[x] / \langle f \rangle$. Als Menge besteht $K[x] / \langle f \rangle$ aus den Polynomen vom Grad kleiner als der Grad von $f$, mit Koeffizienten in $K$. Sind $g$ und $h$ solche Polynome, so definiert man die Summe in offensichtlicher Weise. Das Produkt ist der Rest von $g \cdot h$ bei Division durch das Polynom $f$.

Im Allgemeinen ist es nicht leicht festzustellen, ob ein Polynom irreduzibel ist. Hat das Polynom jedoch den Grad kleiner gleich 3, so ist ein Polynom $f$ mit Koeffizienten in $K$ reduzibel genau dann, wenn eine Nullstelle $\alpha$ von $f$ in $K$ liegt: $f(\alpha) = 0$. Beispiele irreduzibler Polynome sind deshalb:

- $x^2 + 1$ in $\mathbb{R}[x]$.
- $x^2 - 2$ in $\mathbb{Q}[x]$: Die Zahlen $\pm\sqrt{2}$ sind keine rationalen Zahlen.
- $x^2 + 1$ als Polynom in $\mathbb{F}_2[x]$ ist reduzibel, denn 1 ist eine Nullstelle: $1^2 + 1 = 0$.
- $x^2 + x + 1$ als Polynom in $\mathbb{F}_2[x]$ ist irreduzibel. Die einzigen möglichen Nullstellen sind 0 und 1 (es gibt keine anderen Elemente in $\mathbb{F}_2$) und beide sind keine Nullstellen, wie man einfach nachprüft.

In Kapitel 10 wird erklärt, wie Polynome aus $\mathbb{Q}[x]$ und $\mathbb{F}_p[x]$ in der Praxis faktorisiert werden.

Körper wie $\mathbb{F}_p$ und $K[x] / \langle f \rangle$ spielen in der Mathematik und ihren Anwendungen eine wichtige Rolle, zum Beispiel in der Codierungstheorie und Kryptografie.

## 3.1 Rationale und reelle Zahlen

Mit rationalen Zahlen zu rechnen, lernen wir in der Schule. Rationale Zahlen sind Zahlen, die als Bruch geschrieben werden können. Sie haben deshalb die Form $\frac{a}{b} = a/b$, wobei $a$ und $b$ ganze Zahlen sind, mit $b$ ungleich 0. Zwei rationale Zahlen $a/b$ und $c/d$ sind gleich, wenn $ad = bc$ ist. Wenn eine rationale Zahl als $a/b$ geschrieben wird, so nennt man $a$ den Zähler und $b$ den Nenner. Aus der Schule wissen wir, wie rationale Zahlen addiert und multipliziert werden können:

$$\frac{a}{b} + \frac{c}{d} = \frac{ad+bc}{bd}, \quad \frac{a}{b} \cdot \frac{c}{d} = \frac{ac}{bd}.$$

Wir können immer dafür sorgen, dass der Nenner eine natürliche Zahl ist.

Ein anderes bekanntes Zahlensystem ist das System der reellen Zahlen. Wir werden an dieser Stelle auf eine genaue Einführung der reellen Zahlen verzichten. Es reicht hier zu wissen, dass reelle Zahlen vom Typ $\pm x$ sind, wobei $x$ eine Dezimalentwicklung ist. So ist

$$\sqrt{2} = 1{,}4142135623730950488016887242096980785696718753 76 \cdots$$
$$\pi = 3{,}1415926535897932384626433832795028841971693993 75 \cdots$$

Auch reelle Zahlen können wir addieren, multiplizieren und dividieren (wenn der Nenner nicht null ist). Für Einzelheiten verweisen wir auf das Analysis-Buch des Autors. Reelle Zahlen und rationale Zahlen sind Beispiele von Körpern, die nachfolgend definiert werden.

Ein Körper $K$ ist eine Menge, welche mindestens zwei Elemente 0 und 1 hat. Außerdem sind für je zwei Elemente $a, b$ aus $K$ die Summe $a+b$ und das Produkt $a \cdot b$ definiert, welche nachfolgende Rechenregeln erfüllen.

1. $(a+b)+c = a+(b+c)$ für alle $a,b,c \in K$
2. $a+b = b+a$ für alle $a,b \in K$
3. Es gibt ein $0 \in K$ mit $a+0 = a$ für alle $a \in K$
4. Für alle $a \in K$ gibt es ein $-a \in K$ mit $a+(-a) = 0$.
5. $(a \cdot b) \cdot c = a \cdot (b \cdot c)$ für alle $a,b,c \in K$
6. $a \cdot b = b \cdot a$ für alle $a,b \in \mathbb{R}$
7. Es gibt eine $1 \in K$ mit $a \cdot 1 = a$ für alle $a \in K$
8. Für alle $a \neq 0$ gibt es ein $a^{-1} \in K$ mit $a \cdot a^{-1} = 1$.
9. $a \cdot (b+c) = a \cdot b + a \cdot c$ für alle $a,b,c \in K$

Wir schreiben oft $a - b$ für $a + (-b)$ und $\frac{a}{b}$ für $a \cdot b^{-1}$.

# Aufgaben

Lösung

**Aufgabe 3.1** Zeigen Sie: In einem Körper gelten folgende Rechenregeln:

1. $-(-a) = a$
2. $-(a+b) = -a-b$
3. $x+b=a \iff x=a-b$
4. $a \cdot 0 = 0 \cdot a = 0$
5. $(-a) \cdot b = a \cdot (-b) = -a \cdot b$
6. $a \cdot (b-c) = a \cdot b - a \cdot c$
7. Aus $a \cdot b = 0$ folgt $a = 0$ oder $b = 0$
8. $(a^{-1})^{-1} = a$
9. $ax = b$ genau dann, wenn $x = \frac{b}{a}$
10. $\frac{a}{b} + \frac{c}{d} = \frac{ad+bc}{bd}$ für $b, d \neq 0$

**Aufgabe 3.2**

1. Zeigen Sie, dass es einen Körper mit 2 Elementen gibt.
2. Beschreiben Sie einen Körper mit drei Elementen.

**Aufgabe 3.3** Es sei $K$ ein Körper mit vier Elementen. Es sei außer $0, 1$ ein drittes Element gegeben, welches wir $x$ nennen.

1. Zeigen Sie, dass $1+1+1 \neq 0$ und $1+1+1+1 = 0$.
2. Zeigen Sie, dass $1+1 = 0$.
3. Die vier Elemente von $K$ sind $0, 1, x, 1+x$. Schreiben Sie die Additionstabelle und die Multiplikationstabelle auf und zeigen Sie, dass ein Körper mit 4 Elementen existiert.

**Aufgabe 3.4** Es sei $K$ ein Körper mit neun Elementen und mit folgenden Eigenschaften: $1+1+1 = 0$. Sei $x \in K$ mit $x^2 = -1$. Schreiben Sie alle Elemente von $K$ auf. Schreiben Sie ebenfalls die Additionstabelle und die Multiplikationstabelle auf und folgern Sie, dass tatsächlich ein Körper mit neun Elementen existiert.

**Aufgabe 3.5** Es sei $\mathbb{Q}(\sqrt{2}) = \{a + b\sqrt{2} \colon a, b \in \mathbb{Q}\}$. Zeigen Sie, dass $\mathbb{Q}(\sqrt{2})$ ein Körper ist.

**Aufgabe 3.6**

1. Es sei $K$ ein Körper mit $2^n$ Elementen, $n \in \mathbb{N}$. Zeigen Sie, dass $1+1 = 0$ in $K$ gilt.
2. Zeigen Sie, dass ein Körper mit acht Elementen existiert.
   Tipp: Außer $0, 1$ gibt es noch ein Element $x$. Der Körper $K$ hat die acht Elemente $a + bx + cx^2$, $a, b, c \in \{0, 1\}$. Was sind die Möglichkeiten für $x^3$? Wählen Sie eine dieser Möglichkeiten aus. Fertigen Sie eine Multiplikationstabelle an.

## 3.2 Komplexe Zahlen

Komplexe Zahlen sind Zahlen $z$ der Form $z = a + b \cdot i$, wobei $a$ und $b$ reelle Zahlen sind und $i$ ein Symbol ist. Ist $z = a + bi$, so nennen wir:

1. $a = \mathrm{Re}(z)$ den Realteil von $z$ und $b = \mathrm{Im}(z)$ den Imaginärteil von $z$.
2. $|z| := \sqrt{a^2 + b^2}$ den Betrag von $z$.
3. $\mathrm{Arg}(z) := b(\angle(e_1, z))$ das Argument von $z$. Das Argument ist das Bogenmaß des Winkels $\angle(e_1, z)$.
4. $\overline{z} = a - bi$ die komplex Konjugierte von $z$.

Die Menge der komplexen Zahlen bezeichnen wir mit $\mathbb{C}$.

Eine komplexe Zahl $a + bi$ ist deshalb ein Punkt in der Ebene. Diese Ebene wird in diesem Zusammenhang auch *komplexe Ebene* genannt. Wir schreiben kurz $a$ für $a + 0i$. Jede reelle Zahl werden wir auf diese Weise als komplexe Zahl auffassen. Die Menge der reellen Zahlen korrespondiert mit den Punkten auf der Geraden, die gegeben ist durch die Gleichung $y = 0$. Die Zahlen der Form $b \cdot i$ nennen wir die rein imaginären Zahlen.

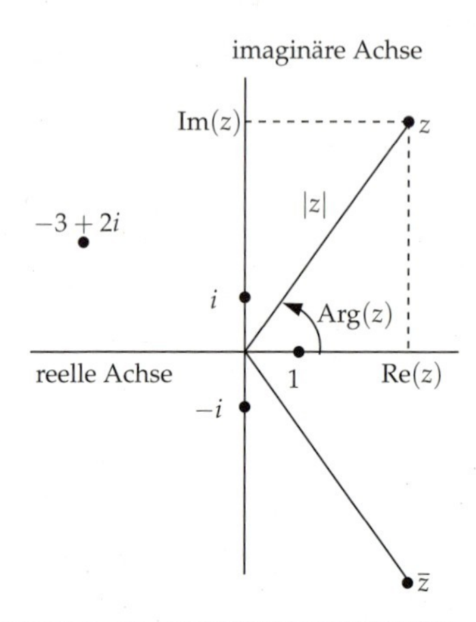


Der Begriff „Zahlen", statt Punkte, für komplexe Zahlen ist dadurch gerechtfertigt, dass wir für komplexe Zahlen eine Addition und eine Multiplikation definieren können.

Es seien $z = a + bi$ und $w = c + di$ komplexe Zahlen. Wir definieren die Summe $z + w = (a + bi) + (c + di)$ und das Produkt $z \cdot w = (a + bi) \cdot (c + di)$ durch

$$(a + bi) + (c + di) := (a + c) + (b + d)i\,, \quad (a + bi) \cdot (c + di) := (ac - bd) + (ad + bc)i\,.$$

Die Addition und Multiplikation von komplexen Zahlen ist nicht schwer. Man rechnet mit $i$ wie mit einem Symbol, wobei man jedes Mal, wenn ein $i^2$ auftritt, dieses durch $-1$ ersetzen kann. In der Tat ist $i = 0 + 1i$ eine Zahl mit $i^2 = -1$.

**Satz 3.1** Die Menge der komplexen Zahlen $\mathbb{C}$ zusammen mit der obigen Addition und Multiplikation ist ein Körper.

Alle Eigenschaften können routinemäßig nachgeprüft werden. Nur die Existenz des Kehrwertes sollte noch kurz erwähnt werden. Ist $z = (a+bi)$, so ist $w = \dfrac{a}{a^2 + b^2} - \dfrac{b}{a^2 + b^2}i$ eine komplexe Zahl mit $z \cdot w = 1$. ■

## Aufgaben

Lösung

**Aufgabe 3.7** Schreiben Sie die nachfolgenden komplexen Zahlen in der Form $a + bi$ mit $a, b \in \mathbb{R}$ und zeichnen Sie diese in der komplexen Ebene.

1. $(1 - i) + (3 + 4i)$
2. $2(3 - i) + 3(-1 - i)$
3. $3(-1 + i) - 4(2 - 3i)$
4. $3(1 + i)(2 - i)$
5. $\dfrac{2 + i}{3 - i}$
6. $\dfrac{(2 + i)(7 + 5i)}{3 - i}$
7. $(1 + i)^5$
8. $(-1 + 2i)^2$
9. $\dfrac{1}{(-1 + 2i)^2}$
10. $\dfrac{3 - i}{1 + 2i}$

**Aufgabe 3.8** Sei $z = 2 + 3i$ und $w = -2 + i$. Berechnen Sie $\overline{z + w}$, $\overline{zw}$, $\overline{z/w}$, $\overline{\overline{z}/\overline{w}}$.

**Aufgabe 3.9** Gegeben sind folgende komplexe Zahlen:

$$z_1 := -\frac{1 - i}{2 + i} - \frac{3 + i}{4}, \quad z_2 := \frac{(1 + i)^2}{2} - \frac{6 + 5i}{i^3}.$$

Vervollständigen Sie die nachfolgende Tabelle.

| $\mathrm{Re}(z_1)$ | $\mathrm{Im}(z_1)$ | $\lvert z_1 \rvert$ | $\mathrm{Re}(z_2)$ | $\mathrm{Im}(z_2)$ | $\lvert z_2 \rvert$ | $\mathrm{Re}(z_1 + z_2)$ | $\mathrm{Im}(z_1 + z_2)$ | $\lvert z_1 + z_2 \rvert$ |
|---|---|---|---|---|---|---|---|---|
| | | | | | | | | |
| | | | | | | | | |

**Aufgabe 3.10** Berechnen Sie den Betrag und das Argument der nachfolgenden komplexen Zahlen.

1. $-2 + 2i$
2. $4 - 4\sqrt{3}i$
3. $1 + i\sqrt{3}$
4. $-5i$
5. $-3$
6. $3 + 4i$
7. $-1 + i$
8. $(1 + i)^{10}$

**Aufgabe 3.11** Es sei $\mathbb{Q}(i) = \{a + bi : a, b \in \mathbb{Q}\}$. Zeigen Sie, dass $\mathbb{Q}(i)$ ein Körper ist.

## 3.3 Geometrie der Addition und Multiplikation

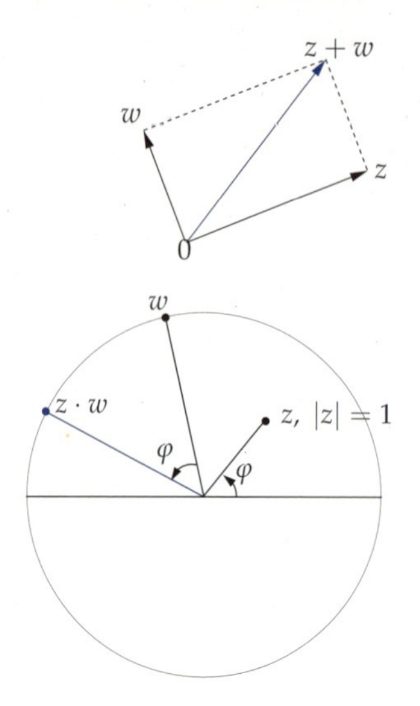


Die Addition und Multiplikation komplexer Zahlen kann man geometrisch gut interpretieren. Für die Addition $z + w$ ist dies einfach die Vektoraddition, welche Sie aus der Schule kennen, siehe das nebenstehende Bild.

Auch die Multiplikation hat eine schöne Interpretation. Hierzu betrachten wir zunächst den Fall $|z| = 1$, also $a^2 + b^2 = 1$. Der Punkt $(c, d)$ in $\mathbb{R}^2$, welcher die Zahl $w = c + di$ darstellt, wird auf den Punkt $(ac - bd, ad + bc)$, der die komplexe Zahl $z \cdot w$ darstellt, abgebildet.

*Dies sind genau die Formeln für die Drehung, siehe Seite 36.*

Salopp gesagt, drehen wir die komplexe Zahl $w$ um einen Winkel $\operatorname{Arg}(z)$: Der Winkel zwischen dem Vektor $w$ und $z \cdot w$ ist gleich $\varphi = \operatorname{Arg}(z)$, welcher der Winkel zwischen 1 und $z = z \cdot 1$ ist. Insbesondere bedeutet Multiplikation mit $i$ eine Drehung um den Winkel 90°, was dann die Gleichung $i^2 = -1$ geometrisch erklärt.

Noch einfacher ist der Fall, wenn $z$ eine (positive) reelle Zahl $\lambda$ ist. Dann ist $(\lambda + 0 \cdot i) \cdot (c + di) = \lambda c + \lambda di$. Dies ist also die Streckung mit dem Faktor $\lambda$. Im Allgemeinen ist $zw$ eine **Drehstreckung**. Man dreht $w$ um den Winkel $\operatorname{Arg}(z)$ und streckt das Ergebnis mit dem Faktor $|z|$.

**Satz 3.2** Bei der Multiplikation von komplexen Zahlen werden **die Beträge multipliziert** und **die Argumente addiert**.

Insbesondere gilt **die Formel von de Moivre**: $(\cos(\varphi) + i \sin(\varphi))^n = \cos(n\varphi) + i \sin(n\varphi))$.

Hierbei wird die Summe der Argumente natürlich modulo $2\pi$ gerechnet.

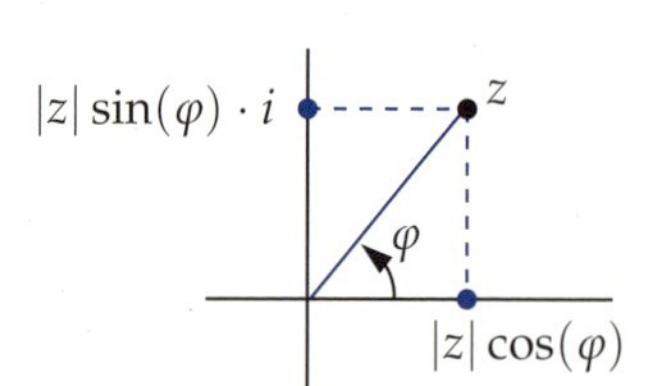


Diese Tatsache kann man auch mit der **Polardarstellung** komplexer Zahlen formulieren. Ist $\varphi = \operatorname{Arg}(z)$, so gilt die Formel

$$z = |z| \cdot (\cos(\varphi) + i \cdot \sin(\varphi)) .$$

Ist nun $w = |w| \cdot (\cos(\psi) + i \cdot \sin(\psi))$, so rechnet man mithilfe der Additionstheoreme 1.13 nach, dass

$$z \cdot w = |z||w| \cdot (\cos(\varphi + \psi) + i \cdot \sin(\varphi + \psi)) .$$

# Aufgaben

Lösung

**Aufgabe 3.12** Zeichnen Sie in den nachfolgenden Aufgaben jeweils $z$ und $w$ in der komplexen Ebene. Konstruieren Sie jeweils mithilfe eines Geometriedreiecks geometrisch $z + w$ und $z \cdot w$. Berechnen Sie danach $z + w$ und $z \cdot w$ und kontrollieren Sie Ihr Ergebnis.

1. $z = i, \quad w = -1$
2. $z = 1 + i, \quad w = i$
3. $z = 1 - i, \quad w = 1 + i$
4. $z = 2 + i, \quad w = 3 - i$
5. $z = 3 + 4i, \quad w = 1 + 2i$
6. $z = -1 + 3i, \quad z = w$

**Aufgabe 3.13** Schreiben Sie die nachfolgenden komplexen Zahlen in Polardarstellung.

1. $-2$
2. $i$
3. $-4i$
4. $-1 + i$
5. $\frac{1}{2} + \frac{1}{2}\sqrt{3}i$
6. $-\frac{1}{2} + \frac{1}{2}\sqrt{3}i$
7. $\sqrt{3} + i$
8. $2 - 2i$

**Aufgabe 3.14** Beschreiben Sie für eine komplexe Zahl $z$ mit $|z| = 1$ den Kehrwert $z^{-1}$ geometrisch.

**Aufgabe 3.15** Berechnen Sie:

1. $(1 + i)^4$
2. $(\sqrt{3} + i)^6$
3. $(1 - i)^{10}$
4. $(1 + i)^{102}$

**Aufgabe 3.16**

1. Berechnen Sie mithilfe der Formel von de Moivre:

$$\sin(3t) = 3\sin(t) - 4\sin^3(t) \text{ und } \cos(3t) = 4\cos^3(t) - 3\cos(t)$$

2. Sei $x, y$ mit $x^2 + y^2 = 1$ und $n$ ungerade. Begründen Sie, dass $(x + iy)^n$ von der Form $p(x) + i \cdot q(y)$ ist, wobei $p, q$ Polynome sind. Was kann man hieraus für $\cos(nx)$ und $\sin(nx)$ schließen?

## 3.4 Polynomiale Gleichungen

**Satz 3.3** Sei $a$ eine feste komplexe Zahl. Die Gleichung $z^n = a$ hat $n$ Lösungen in $\mathbb{C}$.

Wir setzen dazu $\lambda = \sqrt[n]{|a|}$, welche eine gewöhnliche reelle Zahl ist. Sei $\varphi = \operatorname{Arg}(a)$. Setze $\alpha_1 := \varphi/n$ und $\alpha_k = \alpha_1 + (k-1) \cdot \frac{2\pi}{n}$ für $k = 2, \ldots, n-1$. Dann haben

$$z_k = \lambda \cdot (\cos(\alpha_k) + \sin(\alpha_k) \cdot i)$$

die Eigenschaft, dass $z^n = a$. Tatsächlich ist nach der geometrischen Interpretation $|z|^n = \lambda^n = |a|$ und $\operatorname{Arg}(z^n) = n \operatorname{Arg}(z) \bmod 2\pi = \varphi = \operatorname{Arg}(a)$, also sind Betrag und Argument gleich, deshalb $z^n = a$. ∎

Den Fall $n = 2$, als Quadratwurzel aus *komplexen Zahlen*, können wir auch direkt aufschreiben. Ist $a = c + d \cdot i, d \geq 0$ und $\gamma = \sqrt{c^2 + d^2}$, so ist das Quadrat von $\pm\left(\sqrt{\frac{\gamma+c}{2}} + \sqrt{\frac{\gamma-c}{2}} \cdot i\right)$ gleich $a = c + d \cdot i$. Der Fall $d < 0$ ist analog.

Aus der Schule kennen wir die $pq$-Formel für quadratische Gleichungen $x^2 + px + q = 0$. Wir können diese formulieren als

$$x^2 + px + q = \left(x + \frac{p}{2} + \sqrt{\frac{p^2}{4} - q}\right) \cdot \left(x + \frac{p}{2} - \sqrt{\frac{p^2}{4} - q}\right).$$

Hierbei steht das Symbol $\pm\sqrt{\frac{p^2}{4} - q}$ für eine Lösung der Gleichung $z^2 = \frac{p^2}{4} - q$, die zwei Lösungen hat, wenn $p^2 - 4q$ positiv ist. Ist $p^2 - 4q < 0$, so hat die quadratische Gleichung keine reelle Lösung. Sie hat jedoch Lösungen $x = -\frac{p}{2} \pm i \cdot \sqrt{q - p^2/4}$, wenn man komplexe Zahlen zulässt. Es gilt deshalb der nachfolgende Satz.

**Satz 3.4** Seien $p, q \in \mathbb{C}$. Dann gibt es $\alpha, \beta \in \mathbb{C}$ mit $x^2 + px + q = (x - \alpha) \cdot (x - \beta)$.

Diese zwei Sätze, welche wir relativ elementar beweisen konnten, haben eine wichtige Verallgemeinerung: Jede polynomiale Gleichung in $z$

$$z^n + a_1 z^{n-1} + \cdots + a_n = 0$$

mit $a_1, \ldots, a_n \in \mathbb{C}$ hat eine Lösung in $\mathbb{C}$. Diese Aussage ist der berühmte **Hauptsatz der Algebra**. Einen Beweis werden wir auf Seite 173 geben.

# Aufgaben

Lösung

**Aufgabe 3.17** Zeichnen Sie die komplexen Zahlen $z$, welche eine der nachfolgenden Gleichungen erfüllen.

1. $z^2 = i$
2. $(z+1)^2 = i$
3. $(z+2-i)^2 = i$
4. $z^2 = -2\sqrt{3} + 2i$
5. $z^3 = 1$
6. $z^4 = 1$
7. $z^6 - 2z^3 + 1 = 0$
8. $(z-i)^4 = 1$
9. $z^6 = 1$

**Aufgabe 3.18** Lösen Sie die nachfolgenden Gleichungen.

1. $z^2 - 2z + 2 = 0$
2. $z^2 + 4z + 6 = 0$
3. $z^2 + 4z - 8 = 0$
4. $z^4 + 8 - 8\sqrt{3}i = 0$
5. $z^2 + iz + 2 = 0$
6. $z^2 + (2-2i)z - 2 - 2(1+\sqrt{3})i = 0$

**Aufgabe 3.19** Bestimmen Sie die komplexen Zahlen $a$, sodass die Gleichung

$$iz^2 + (a - 3 + i)z - 12 + 5i = 0$$

genau eine Lösung hat.

**Aufgabe 3.20** Bestimmen Sie die reellen Zahlen $a$, sodass die Gleichung

$$(3+4i)z^2 - (a+5)z + (2-4i) = 0$$

eine reelle Lösung hat und lösen Sie dann diese Gleichung.

**Aufgabe 3.21 (cardanische Formel)** Betrachten Sie die Gleichung $x^3 = px + q$ in $x$ mit $p, q$ in $\mathbb{C}$ und $p \neq 0$. Seien $z, u$ komplexe Zahlen mit

$$z^2 = \left(\frac{q}{2}\right)^2 - \left(\frac{p}{3}\right)^2 \text{ und } u^3 = \frac{q}{2} + z\,.$$

Zeigen Sie, dass $x = u + p/(3u)$ eine Lösung der Gleichung $x^3 = px + q$ ist.
Tipp: Berechnen Sie $x^3 - px$ und zeigen Sie, dass $u^6 - qu^3 + p^3/27 = 0$.

**Aufgabe 3.22** Finden Sie mithilfe der cardanischen Formel eine Lösung für:

1. $x^3 = 9x + 28$
2. $x^3 = -3x + 4$

Was fällt bei der zweiten Gleichung auf?

## 3.5 Polynome

**1.** Ein Polynom mit Koeffizienten in einem Körper $K$ ist ein Ausdruck der Form $f = f(x) = a_0 + a_1x + \cdots + a_nx^n$ mit $a_1, \ldots, a_n \in K$. Ist $a_n \neq 0$, so nennt man $n$ den **Grad** von $f$, Notation $\deg(f)$. Dem Nullpolynom geben wir den Grad $-\infty$. Ein Polynom $f$ wie oben heißt *normiert*, wenn $a_n = 1$. Die Menge der Polynome bezeichnen wir mit $K[x]$.

**2.** Für Polynome $f = a_0 + \cdots + a_nx^n$ und $g = b_0 + \cdots + b_nx^n$ definieren wir

$$f + g := (a_0 + b_0) + (a_1 + b_1)x + \cdots + (a_n + b_n)x^n \,,$$
$$f \cdot g := a_0 \cdot b_0 + (a_0 \cdot b_1 + a_1 \cdot b_0)x + \ldots (a_{n-1} \cdot b_n + a_n \cdot b_{n-1})x^{2n-1} + a_n \cdot b_nx^{2n} \,.$$

**3.** Ist $f = a_0 + a_1x + \ldots + a_nx^n$ und $\lambda \in K$, so ist $f(\lambda) := a_0 + a_1\lambda + \ldots + a_n\lambda^n$.

**4.** Eine Zahl $\alpha \in K$ heißt **Nullstelle** von $f$, wenn $f(\alpha) = 0$.

**Satz 3.5 (Polynomdivision)** Seien $f(x), g(x)$ Polynome. Dann gibt es eindeutig bestimmte Polynome $q(x)$ und $r(x)$, sodass

$$g(x) = q(x) \cdot f(x) + r(x) \,, \quad \deg(r) < \deg(f) \,.$$

**Existenz.** Beweis mit Induktion nach $\deg(g)$. Ist $\deg(g) < \deg(f)$, so nehmen wir $q = 0$ und $r = g$. Sei $g = b_mx^m + \ldots + b_0$ und $f = a_nx^n + \ldots + a_0$ mit $m \geq n$ und $a_n \neq 0$. Dann ist der Grad von $\widetilde{g} := g - \frac{b_m}{a_n} \cdot x^{m-n}f$ kleiner als $m$, deshalb gilt nach Induktionsannahme $\widetilde{g} = \widetilde{q} \cdot f + r$ für gewisse $\widetilde{q}$ und $r$. Nimm nun $q = \widetilde{q} + \frac{b_m}{a_n}x^{m-n}f(x)$.

**Eindeutigkeit.** Ist $q \cdot f + r = \widetilde{q}f + \widetilde{r}$, so folgt $(q - \widetilde{q})f = \widetilde{r} - r$. Links steht 0 oder ein Polynom vom Grad $\geq n$, rechts steht 0 oder ein Polynom vom Grad kleiner $n$. Es folgt $r = \widetilde{r}$ und $q = \widetilde{q}$. ■

**Beispiel**

$$\begin{array}{rrrrl} f(x) = (x^3 & +2x^2 & -3x & +7\;) : & (x^2 - x + 2) \quad = x + 3 \\ x^3 & -x^2 & +2x & & \quad\uparrow \qquad\qquad \uparrow \\ \hline & 3x^2 & -5x & +7 & \quad g(x) \qquad\quad q(x) \\ & 3x^2 & -3x & +6 & \\ \hline & & -2x & +1 & \leftarrow r(x) \end{array}$$

Der Beweis der Polynomdivision ist ähnlich dem Beweis der Division mit Rest für die ganzen Zahlen. Diese Division formulieren wir im Folgenden.

**Satz 3.6 (Teilung mit Rest)** Sind $a, b$ ganze Zahlen mit $b > 0$, so gibt es eindeutig bestimmte $q \in \mathbb{Z}$ und $r \in \mathbb{N}_0$ mit $a = q \cdot b + r$ und $0 \leq r < b$.

## Aufgaben

Lösung

**Aufgabe 3.23** Beweisen Sie Satz 3.6.

**Aufgabe 3.24** Sei $K$ ein Körper und $f \in K[x]$.

1. $\alpha$ ist eine Nullstelle von $f$ genau dann, wenn $f = (x - \alpha) \cdot q$ für ein Polynom $q$.
2. $f$ hat höchstens $\deg(f)$ Nullstellen.

**Aufgabe 3.25** Führen Sie die Polynomdivision für die nachfolgenden Polynome durch.

1. $g(x) = x^5 + 2x^3 - x^2 + 5x - 7\,, \quad f(x) = x^2 - 2x + 1$
2. $g(x) = 4x^4 + 3x^2 - 5x - 3\,, \quad f(x) = x - 2$
3. $g(x) = x^7 - 1\,, \quad f(x) = x - 1$

**Aufgabe 3.26** Es sei $f(x) = a_n x^n + \ldots + a_1 x + a_0$ ein Element von $K[x]$. Die Ableitung von $f$ ist gegeben durch

$$f'(x) = n a_n x^{n-1} + \ldots + a_1\,.$$

Zeigen Sie:

1. $(f + g)' = f' + g'$
2. $(cf)' = c \cdot f'$ für $c \in K$
3. $(f \cdot g)' = f' \cdot g + g' \cdot f$
   Tipp: Nehmen Sie zunächst $f = x^n$ und $g = x^m$.
4. Ist $f = g^k \cdot h$, so ist $f' = k \cdot g' \cdot g^{k-1} \cdot h + g^k \cdot h'$.

**Aufgabe 3.27** **(Der Körper der rationalen Funktionen $K(x)$)** Eine rationale Funktion ist ein Bruch $\frac{f(x)}{g(x)}$, wobei $f(x), g(x)$ Polynome sind und $g(x) \neq 0$ gilt. Zwei rationale Funktionen $\frac{f_1(x)}{g_1(x)}$ und $\frac{f_2(x)}{g_2(x)}$ sind gleich genau dann, wenn $f_1(x)g_2(x) = g_1(x)f_2(x)$. Betrachten Sie die Menge $K(x)$ der rationalen Funktionen mit der Addition und Multiplikation:

$$\frac{f_1(x)}{g_1(x)} + \frac{f_2(x)}{g_2(x)} = \frac{f_1(x) \cdot g_2(x) + f_2(x) g_1(x)}{g_1(x) \cdot g_2(x)}$$
$$\frac{f_1(x)}{g_1(x)} \cdot \frac{f_2(x)}{g_2(x)} = \frac{f_1(x) \cdot f_2(x)}{g_1(x) \cdot g_2(x)}$$

Zeigen Sie, dass $K(x)$ ein Körper ist und ein Polynom $f(x)$ als rationale Funktion gesehen werden kann.

## 3.6 Primzahlen, irreduzible Polynome

**1.** Seien $a, b \in \mathbb{Z}$. Ist $a \cdot c = b$ für ein $c \in \mathbb{Z}$, so heißt $a$ Teiler von $b$, Notation $a \mid b$.

**2.** $p \in \mathbb{N}$ heißt Primzahl, wenn $p \neq 1$ und $\pm 1, \pm p$ die einzigen Teiler von $p$ sind.

**3.** Eine ganze Zahl $d > 0$ heißt der größte gemeinsame Teiler $\mathrm{ggT}(a,b)$ von $a, b \in \mathbb{Z}$, wenn $d \mid a$, $d \mid b$ und aus $c > 0$, $c \mid a$, $c \mid b$ folgt, dass $c \mid d$.

**4.** Sei $K$ ein Körper, $f, g \in K[x]$. Dann heißt $f$ Teiler von $g$, Notation $f \mid g$, wenn $f \cdot h = g$ für ein $h \in K[x]$.

**5.** Sei $K$ ein Körper. Ein Polynom $f \in K[x]$ heißt irreduzibel, wenn $\deg(f) \geq 1$ und die Polynome $c \in K$ und $cf$ für $c \in K$ die einzigen Teiler von $f$ sind.

**6.** Ein $d \in K[x]$ heißt der größte gemeinsame Teiler $\mathrm{ggT}(f,g)$ von $f, g \in K[x]$, wenn $d$ normiert ist, $d \mid f$, $d \mid g$ und aus $e \mid f$, $e \mid g$ folgt, dass $e \mid d$.

**Satz 3.7**

**1.** Sind $a, b \in \mathbb{Z}$, beide ungleich 0, so existiert der $\mathrm{ggT}(a,b) =: d$ und es gilt $d = xa + yb$ für gewisse $x, y \in \mathbb{Z}$.

**2.** Sei $p$ eine Primzahl und $p \mid a \cdot b$. Dann ist $p \mid a$ oder $p \mid b$.

**3.** Für jedes $a \in \mathbb{N}$ mit $a > 1$ gilt: $a = \pm p_1 \cdot \ldots \cdot p_s$, wobei $p_1 \leq \cdots \leq p_s$ eindeutig bestimmte Primzahlen sind.

**4.** Ist $K$ ein Körper, $f, g \in K[x]$, beide ungleich 0. Dann existiert der $\mathrm{ggT}(f,g) = d$ und es gilt $d = Af + Bg$ für gewisse $A, B \in K[x]$. $A$ und $B$ werden die Bézoutkoeffizienten von $f$ und $g$ genannt.

**5.** Ist $f \in K[x]$ mit $\deg(f) \geq 1$, so gibt es normierte irreduzible Polynome $f_1, \ldots, f_s$ und $c \in K$ mit $f = c \cdot f_1 \cdot \ldots \cdot f_s$. Bis auf die Reihenfolge sind die $f_i$ eindeutig bestimmt.

**1.** Sei $D = \{ma + nb : m, n \in \mathbb{Z}\}$. Weil $\pm a, \pm b$ Elemente von $D$ sind, enthält $D$ positive Elemente. Sei $d = xa + yb$ das kleinste positive Element von $D$. Es ist $a = qd + r$ mit $0 \leq r < d$. Dann gilt $r = (1 - qx)a + (-qy)b \in D$ und es folgt $r = 0$. Also $d \mid a$ und analog $d \mid b$. Ist $e \mid a$ und $e \mid b$, dann $e \mid d = xa + yb$. Also ist $d$ der größte gemeinsame Teiler von $a$ und $b$.

**2.** Gilt $p \nmid a$, so ist $\mathrm{ggT}(p,a) = 1$ und es existieren $x, y$ mit $1 = xa + yp$. Multiplizieren mit $b$ ergibt $b = xab + ybp$. Aus $p \mid xab$ und $p \mid ybp$ folgt $p \mid b$.

**3.** Induktion nach $a > 1$. Ist $a$ eine Primzahl, so ist $s = 1$ und $p_1 = a$. Sonst ist $a = b \cdot c$ mit $b, c < a$. Nach Induktionsannahme sind $b, c$ Produkte von Primzahlen. Also ist $a$ ein Produkt $p_1 \cdot \ldots \cdot p_s$ von Primzahlen. Zum Nachweis der Eindeutigkeit sei $p_1 \cdot \ldots \cdot p_s = q_1 \cdot \ldots \cdot q_t$. Es folgt $p_s \mid q_1 \cdot \ldots \cdot q_t$. Mit Induktion folgt $p_s \mid q_i$ für ein $i$. Analog gilt $q_i \mid p_j$ für ein $j$. Also folgt $p_s \mid p_j$ und $p_s = p_j = q_j$. O.B.d.A. gilt $p_s = q_t$ und $p_1 \cdot \ldots \cdot p_{s-1} = q_1 \cdot \ldots \cdot q_{t-1}$. Mit Induktion folgt die Behauptung.

**4.** und **5.** zeigt man analog. ∎

# Aufgaben

Lösung

**Aufgabe 3.28** Beweisen Sie die Aussagen 4. und 5. des Satzes 3.7.

**Aufgabe 3.29 (Euklidischer Algorithmus zur ggT-Berechnung)** Seien $a, b \in \mathbb{N}$ mit $a > b$. Wir definieren $a_0 = a$, $a_1 = b$ und induktiv durch Teilung mit Rest $a_{n-1} = q_n a_n + a_{n+1}$.

1. Zeigen Sie: $a_0 > a_1 \cdots > a_k > a_{k+1} = 0$ für ein $k$.
2. Zeigen Sie, dass für diese Zahl $k$ gilt: $\mathrm{ggT}(a, b) = a_k$.
3. Seien $x_0 = y_1 = 1$, $x_1 = y_0 = 0$ und $x_{n+1}$ und $y_{n+1}$ induktiv definiert durch: $x_{n-1} = q_n x_n + x_{n+1}$, $y_{n-1} = q_n y_n + y_{n+1}$. Zeigen Sie, dass $x_n a + y_n b = a_n$. Mit $x_n = x$ und $y_n = y$ gilt deshalb $\mathrm{ggT}(a, b) = xa + yb$ (erweiterter euklidischer Algorithmus).
4. Seien $a = 2003$ und $b = 1812$. Berechnen Sie $a_n$, $q_n$, $x_n$ und $y_n$ in der nachfolgenden Tabelle. Zeigen Sie, dass $a_8 = 0$.

| n | 0 | 1 | 2 | 3 | 4 | 5 | 6 | 7 | 8 |
|---|---|---|---|---|---|---|---|---|---|
| $a_n$ | 2003 | 1812 | | | | | | | |
| $x_n$ | 1 | 0 | | | | | | | |
| $y_n$ | 0 | 1 | | | | | | | |
| $q_n$ | | | | | | | | | |

5. Führen Sie den erweiterten euklidischen Algorithmus für die nachfolgenden Zahlen durch.

   1. $a = 313$, $b = 217$
   2. $a = 1767$, $b = 533$
   3. $a = 1891$, $b = 1273$

6. Formulieren Sie einen euklidischen und einen erweiterten euklidischen Algorithmus für Polynome. Beweisen Sie die Aussagen 1.–3. aus dieser Aufgabe.

**Aufgabe 3.30**

1. Sei $K$ ein Körper, $f \in K[x]$ mit $\deg(f) = 2$ oder $\deg(f) = 3$. Zeigen Sie, dass $f$ irreduzibel ist genau dann, wenn $f$ keine Nullstelle in $K$ hat.
2. Warum ist diese Aussage im Allgemeinen falsch für $\deg(f) = 4$?

**Aufgabe 3.31**

1. Eine rationale Zahl $p/q$ mit $\mathrm{ggT}(p, q) = 1$ sei Lösung einer Gleichung

$$a_n x^n + a_{n-1} x^{n-1} + \cdots + a_0 = 0$$

   mit $a_i \in \mathbb{Z}$ und $a_0, a_n \neq 0$. Zeigen Sie, dass $p \mid a_0$ und $q \mid a_n$.

2. Sei $n > 2$ und $p$ eine Primzahl. Zeigen Sie, dass $\sqrt[n]{p} \notin \mathbb{Q}$.

**Aufgabe 3.32**

1. Es sei $\mathrm{ggT}(a, c) = 1$ und $c \mid (ab)$. Zeigen Sie, dass $c \mid b$.
2. Sei $\mathrm{ggT}(a, b) = 1$ und $a \mid c$, $b \mid c$. Zeigen Sie: $(ab) \mid c$.

**Aufgabe 3.33** Zeigen Sie, dass es unendlich viele Primzahlen gibt (Euklid).

## 3.7 Die Körper $\mathbb{F}_p$ und $K[x]/\langle f\rangle$

**1.** Seien $a,b \in \mathbb{N}$. Ist $a = qb + r$ mit $0 \leq r < b$, so schreiben wir $r = a \bmod b$. Analoges gilt für Polynome $f,g \in K[x]$.

**2.** Sei $p$ eine Primzahl und $\mathbb{F}_p = \{0,1,\ldots,p-1\}$. Wir definieren für $a,b \in \mathbb{F}_p$:

$$a +_p b := a + b \bmod p, \quad a \cdot_p b := a \cdot b \bmod p\,.$$

**3.** Sei $K$ ein Körper, $f \in K[x]$ irreduzibel und $n = \deg(f)$. Sei $K[x]/\langle f\rangle = \{a_0 + a_1x + \ldots + a_{n-1}x^{n-1} \colon a_1,\ldots,a_{n-1} \in K\}$. Wir definieren für $a,b \in K[x]/\langle f\rangle$:

$$a +_f b := a + b, \quad a \cdot_f b := a \cdot b \bmod f\,.$$

**Satz 3.8** **1.** Ist $p$ eine Primzahl, so ist $\mathbb{F}_p$ zusammen mit der Addition $+_p$ und der Multiplikation $\cdot_p$ ein Körper.
**2.** Ist $K$ ein Körper und $f \in K[x]$ irreduzibel, so ist $K[x]/\langle f\rangle$ zusammen mit der Addition $+_f$ und der Multiplikation $\cdot_f$ ein Körper.

Wir beweisen **1.** Die Aussage **2.** zeigt man analog. Sei $\overline{a} := a \bmod p$ für $a \in \mathbb{Z}$.

$$\overline{a+b} = a + b - q_3p = \overline{a} + \overline{b} + (q_1 + q_2 - q_3)p = (q_4 + q_1 + q_2 - q_3)p + \overline{\overline{a} + \overline{b}}$$

für gewisse $q_3$ und $q_4$. Wegen der Eindeutigkeit der Teilung mit Rest folgt $\overline{a+b} = \overline{\overline{a} + \overline{b}}$. Analog gilt $\overline{a \cdot b} = \overline{\overline{a} \cdot \overline{b}}$.
Nun zeigen wir zum Beispiel die Distributivität.

$$\begin{aligned} a \cdot_p (b +_p c) &= a \cdot_p (\overline{b+c}) = \overline{a \cdot \overline{b+c}} = \overline{\overline{a} \cdot \overline{b+c}} = \overline{\overline{a} \cdot \overline{b} + \overline{a} \cdot \overline{c}} \\ &= \overline{\overline{a \cdot b} + \overline{a \cdot c}} = \overline{a \cdot_p b + a \cdot_p c} = a \cdot_p b +_p a \cdot_p c \end{aligned}$$

Die anderen Rechenregeln – bis auf die Existenz des Inversen – zeigt man analog. Zum Beweis der Existenz des Inversen: Ist $a \in \mathbb{F}_p$ mit $a \neq 0$, so ist $\operatorname{ggT}(a,p) = 1$, weil $p$ eine Primzahl ist. Es existieren deshalb $x,y$ mit $xa + yp = 1$. Sei $x = sp + b$ mit $0 < b < p$. Dann gilt $a \cdot b = (-as - y)p + 1$, es folgt $a \cdot_p b = 1$. ∎

Wir werden ab jetzt einfach $a+b$ statt $a +_p b$ oder $a \cdot b$ statt $a \cdot_p b$ schreiben. Analog für $+_f$ und $\cdot_f$.

**Beispiele**

**1.** Das Polynom $x^2 + 1 \in \mathbb{R}[x]$ ist irreduzibel. Somit ist $\mathbb{R}[x]/\langle x^2+1\rangle$ ein Körper, welcher eine äquivalente Beschreibung des Körpers $\mathbb{C}$ ist.

**2.** Betrachte den Körper mit 2 Elementen $\mathbb{F}_2 = \{0,1\}$ und $f = x^2 + x + 1$. Dann ist $f$ irreduzibel, weil $\deg(f) = 2$ und $f$ keine Nullstellen hat. Es folgt, dass $\mathbb{F}_2[x]/\langle f\rangle = \{a + bx \colon a,b \in \{0,1\}\}$ ein Körper mit vier Elementen ist, siehe Aufgabe 3.3.

## Aufgaben

Lösung

**Aufgabe 3.34** Wenn wir in der Definition von $\mathbb{F}_p$ bzw. $K[x]/\langle f\rangle$ nicht annehmen, dass $p$ eine Primzahl bzw. $f$ ein irreduzibles Polynom ist, warum liegt dann kein Körper vor?

**Aufgabe 3.35**

1. Zeigen Sie, dass 101 und 127 Primzahlen sind.
2. Berechnen Sie $45 \cdot 14$ in $\mathbb{F}_{101}$ und in $\mathbb{F}_{127}$.
3. Berechnen Sie den Kehrwert von 23 in $\mathbb{F}_{101}$ und in $\mathbb{F}_{127}$.
4. Berechnen Sie den Kehrwert von 10 in $\mathbb{F}_{101}$ und in $\mathbb{F}_{127}$.

**Aufgabe 3.36**

1. Welche irreduziblen Polynome in $\mathbb{F}_2[x]$ vom Grad zwei gibt es?
2. Konstruieren Sie ein irreduzibles Polynom in $\mathbb{F}_2[x]$ vom Grad drei.
3. Konstruieren Sie irreduzible Polynome vom Grad vier und fünf in $\mathbb{F}_2[x]$.

**Aufgabe 3.37** Sei $f = x^2 + 3x + 5 \in \mathbb{F}_7[x]$.

1. Zeigen Sie, dass $\mathbb{F}_7[x]/\langle f\rangle$ ein Körper ist.
2. Wie viel Elemente hat $\mathbb{F}_7[x]/\langle f\rangle$?
3. Berechnen Sie $(x+2)\cdot(3x+4) \in \mathbb{F}_7[x]/\langle f\rangle$.
4. Berechnen Sie den Kehrwert von $x$ und von $3x+1$ in $\mathbb{F}_7[x]/\langle f\rangle$.

**Aufgabe 3.38**

1. Sei $x \in \mathbb{F}_p$ mit $x \neq 0$. Zeigen Sie, dass $x^{p-1} = 1$ (kleiner Satz von Fermat).
   Tipp: Zeigen Sie, dass $\mathbb{F}_p \setminus \{0\} = \{x, 2x, \ldots, (p-1)x\}$, und betrachten Sie $N = 1 \cdot 2 \cdot \ldots \cdot (p-1)$.
2. Sei $K$ ein Körper mit $q$ Elementen und $x \in K$ mit $x \neq 0$. Zeigen Sie, dass $x^{q-1} = 1$.
3. Sei $p$ eine Primzahl und $1 \leq k \leq p-1$. Zeigen Sie, dass $\binom{p}{k}$ eine durch $p$ teilbare natürliche Zahl ist.
4. (Falsche binomische Formel) Sind $f, g \in \mathbb{F}_p[x]$, so zeigen Sie, dass $(f+g)^p = f^p + g^p$.

**Aufgabe 3.39** Warum gibt es keinen Körper mit sechs Elementen?

**Aufgabe 3.40**

1. Bestimmen Sie den Kehrwert von 2 in $\mathbb{F}_p$ für $p = 3, 5, 7, 11, 13, 17$.
2. Bestimmen Sie ein $a \in \mathbb{F}_p$ mit $\{a, a^2, \ldots, a^{p-1}\} = \mathbb{F}_p \setminus \{0\}$ für $p = 3, 5, 7, 11$.
3. Sei $K$ der Körper $\mathbb{F}_3[x]/\langle x^2+1\rangle$ mit neun Elementen. Bestimmen Sie ein $a \in K$ mit $\{a, a^2, \ldots, a^8\} = K \setminus \{0\}$.

## 3.8 *Der chinesische Restsatz*

Ist $n \in \mathbb{N}$, so können wir auf $\mathbb{Z}/n\mathbb{Z} = \{0, 1, \dots, n-1\}$ eine Addition und eine Multiplikation durchführen, genauso wie wir es für $\mathbb{F}_p = \{0, 1, \dots, p-1\}$ im Falle einer Primzahl getan haben. Ist $n$ zusammengesetzt, so ist $n = a \cdot b$ mit $0 < a, b < n$, also $a \cdot b = 0 \in \mathbb{Z}/n\mathbb{Z}$, aber $a, b \neq 0$ als Elemente von $\mathbb{Z}/n\mathbb{Z}$. Dies kann in einem Körper nicht vorkommen. Ist $a \cdot b = 0$ und $a \neq 0$, so folgt $b = a^{-1}ab = a^{-1} \cdot 0 = 0$. Deshalb ist $\mathbb{Z}/n\mathbb{Z}$, wenn $n$ keine Primzahl ist, kein Körper.

Ähnliches gilt für Polynome $f \in K[x]$ (nicht notwendigerweise irreduzibel). Ist $n = \deg(f)$, so können wir auf der Menge

$$K[x]/\langle f \rangle = \{a_0 + a_1 x + \dots + a_{n-1}x^{n-1} : a_0, \dots, a_{n-1} \in K\}$$

eine Addition und Multiplikation einführen. Genau dann ist $K[x]/\langle f \rangle$ ein Körper, wenn $f$ irreduzibel ist.

**Satz 3.9 (Chinesischer Restsatz)**

**1.** Seien $n = p \cdot q$ mit $p, q$ teilerfremde natürliche Zahlen. Dann ist

$$\begin{aligned} \varphi \colon \mathbb{Z}/(pq)\mathbb{Z} &\to \mathbb{Z}/p\mathbb{Z} \times \mathbb{Z}/q\mathbb{Z} \\ a &\to (a \bmod p,\ a \bmod q) \end{aligned}$$

bijektiv.

**2.** Es sei $K$ ein Körper und $g, h \in K[x]$ teilerfremde Polynome. Dann ist

$$\begin{aligned} \varphi \colon K[x]/\langle g \cdot h \rangle &\to K[x]/\langle g \rangle \times K[x]/\langle h \rangle \\ f &\to (f \bmod g,\ f \bmod h) \end{aligned}$$

bijektiv.

**1.** Wir zeigen, dass die Abbildung $\varphi$ injektiv ist. Ist $\varphi(a) = \varphi(b)$ mit o.E. $a \geq b$ so ist $(a - b)$ sowohl durch $p$, als auch durch $q$ teilbar. Also $pq$ teilt $a - b$ und es folgt $a = b \bmod n = pq$.

Für die Surjektivität bestimme $c, d \in \mathbb{Z}$ mit $c \cdot p + d \cdot q = 1$ (Zum Beispiel mit dem erweiterten euklidischen Algorithmus). Ist $(a, b) \in \mathbb{Z}/p\mathbb{Z} \times \mathbb{Z}/q\mathbb{Z}$, dann gilt mit

$$x = adq + bcp\,,$$

dass $x = a \bmod p$ und $x = b \bmod q$. Also ist $\varphi$ surjektiv.

**2.** Analog.

■

**Beispiel** Es sei $p = 13$ und $q = 11$. Wir bestimmen eine Zahl $a$ mit $a = 4 \bmod 13$ und $a = 5 \bmod 11$.

Mit dem erweiterten euklidischen Algorithmus erhalten wir $-5 \cdot 13 + 6 \cdot 11 = 1$. Also ist $-65 = 0 \bmod 13$, $-65 = 1 \bmod 11$ und $66 = 0 \bmod 13$, $66 = 0 \bmod 11$. Die Lösung ist deshalb $a = 4 \cdot 66 + 5 \cdot (-65) \bmod 143$. Man rechnet nach, dass $a = 82$.

| 13 | 11 | 2 | 1 |
|---|---|---|---|
| 1 | 0 | 1 | −5 |
| 0 | 1 | −1 | 6 |
|  | 1 | 5 |  |

## Aufgaben

Lösung

**Aufgabe 3.41** Geben Sie einen viel einfacheren Beweis für die Bijektivität von $\varphi\colon \mathbb{Z}/(pq)\mathbb{Z} \to \mathbb{Z}/p\mathbb{Z} \times \mathbb{Z}/q\mathbb{Z}$, wenn $\mathrm{ggT}(p,q) = 1$.

**Aufgabe 3.42**

1. Es seien $p_1, \ldots, p_s \in \mathbb{N}$ mit $p_i \geq 2$ und alle teilerfremd. Sei $n = p_1 \cdot \ldots \cdot p_s$. Zeigen Sie, dass die nachfolgende Abbildung bijektiv ist.

$$\begin{aligned} \mathbb{Z}/n\mathbb{Z} &\to \mathbb{Z}/p_1\mathbb{Z} \times \cdots \times \mathbb{Z}/p_s\mathbb{Z} \\ x &\mapsto (x \bmod p_1, \ldots, x \bmod p_s) \end{aligned}$$

2. Analog: Sei $K$ ein Körper und $f_1, \ldots, f_s \in K[x]$ mit $\deg(f_i) \geq 1$ und alle teilerfremd. Sei $f = f_1 \cdot \ldots \cdot f_s$. Zeigen Sie, dass die nachfolgende Abbildung bijektiv ist.

$$\begin{aligned} K[x]/\langle f \rangle &\to K[x]\langle f_1 \rangle \times \cdots \times K[x]/\langle f_s \rangle \\ g &\mapsto (g \bmod f_1, \ldots, g \bmod f_s) \end{aligned}$$

**Aufgabe 3.43** Lösen Sie die folgenden Gleichungssysteme.

1. $x = 3 \bmod 7, x = 6 \bmod 11$.
2. $x = 3 \bmod 7, x = 6 \bmod 11, x = 4 \bmod 13$.
3. $x = 43 \bmod 101, x = 57 \bmod 127$.

**Aufgabe 3.44** Es sei $g = x^2 + x + 1 \in \mathbb{F}_2[x]$ und $h = x^3 + x^2 + 1 \in \mathbb{F}_2[x]$. Finden Sie ein Polynom $f \in \mathbb{F}_2[x]$, sodass $f = x \bmod g$ und $f = x^2 + 1 \bmod h$.

**Aufgabe 3.45**

1. Es sei $p$ eine Primzahl. Zeigen Sie, dass aus $x^2 = 1 \bmod p$ folgt, dass $x = \pm 1 \bmod p$.
2. Angenommen $n = p_1 \cdot \ldots \cdot p_s$ mit verschiedenen ungeraden Primzahlen $p_i$. Zeigen Sie, dass die Menge

$$\left\{ x \in \mathbb{Z}/n\mathbb{Z} \colon x^2 = 1 \bmod n \right\}$$

genau $2^s$ Lösungen hat.

3. Es sei $f \in \mathbb{F}_p[x]$ und $f = f_1 \cdot \ldots \cdot f_s$ mit $f_i \in \mathbb{F}_p[x]$ verschiedene normierte Polynome. Zeigen Sie, dass die Menge

$$\left\{ g \in \mathbb{F}_p[x]/\langle f \rangle \colon g^p = g \right\}$$

genau $p^s$ Elemente hat.

## 3.9 *Mehrfache Nullstellen und sturmsche Ketten*

**Satz 3.10** Es sei $f = f_1^{n_1} \cdot \ldots \cdot f_s^{n_s} \in \mathbb{Q}[x]$, $\mathbb{R}[x]$ oder $\mathbb{C}[x]$, sodass die Polynome $f_i$ irreduzibel und paarweise verschieden sind. Dann gilt

$$\frac{f}{\mathrm{ggT}(f,f')} = f_1 \cdot \ldots \cdot f_s\,.$$

Aus der Produktformel folgt $f' = \sum_{i=1}^{s} n_i \frac{f}{f_i} f_i'$. Ist $n_i \geq 2$, so kommt der $f_i^{n_i-1}$ als echter Faktor in jedem Summand vor, aber $f_i^{n_i}$ nicht, denn sonst muss $f_i$ das Polynom $f_i'$ teilen, was aus Gradgründen nicht möglich ist. ■

1. Sei $K$ ein Körper und $f \in K[x]$. Ist $f = cf_1 \cdot \ldots \cdot f_s$ mit $f_i$ verschiedenen irreduzibelen Faktoren, so nennt man $f$ quadratfrei.
2. Ist $f \in \mathbb{R}[x]$ quadratfrei, so ist die **sturmsche Kette** $f_0, \ldots, f_s$ definiert durch:
$$f_0 = f,\ f_1 = f',\ f_{i+1} = -f_{i-1} \bmod f_i,\quad i \geq 1, f_s = c \neq 0\,.$$
3. Ist $f \in \mathbb{R}[X]$ gegeben und $a \in \mathbb{R}$, so definieren wir $v(a) = v_f(a)$ als die Anzahl der Vorzeichenwechsel in der Folge $f_0(a), \ldots, f_s(a)$. (Hierbei werden evtl. Nullen ignoriert.)

**Satz 3.11** Sei $f \in \mathbb{R}[x]$ quadratfrei und für $a < b$ $f(a) \cdot f(b) \neq 0$, so ist die Anzahl der Nullstellen von $f$ im Intervall $(a, b)$ gleich $v(a) - v(b)$ ($a = -\infty$ und $b = \infty$ sind erlaubt).

Die Aussage ist wahr, wenn $a$ sehr groß und $b = \infty$, denn die Anzahl von Vorzeichenwechsel für $a$ und $b$ sind gleich. Wir brauchen deshalb nur zu schauen, was passiert, wenn $a$ eine Nullstelle einer $f_i$ überquert. Es sei $f_i(a) = 0$ für ein $i > 0$. Aus $f_{i-1} = q_i f_i - f_{i+1}$ folgt durch Einsetzen von $a$, dass $f_{i-1}(a) = -f_{i+1}(a)$. Sie können nicht null sein, dann sonst wäre (mit dem gleichen Argument) $f_{i+2}(a) = f_{i+3}(a) = \cdots = f_s(a) = 0$. Jedoch ist $f_s = \mathrm{ggT}(f,f')$ eine Konstante ungleich 0, weil $f$ und $f'$ keine gemeinsamen Faktoren haben. Die Anzahl von Vorzeichenwechsel von $f_{i-1}(x), f_i(x), f_{i+1}(x)$ ist deshalb für $x$ in der Nähe von $a$ konstant, unabhängig vom Vorzeichen von $f_i(x)$. Es sei nun $f(a) = f_0(a) = 0$. Weil $f$ nur einfache Nullstellen hat, ist $f'(a) \neq 0$. Es gilt: Ist $f'(a) < 0$, so ist $f(x) > 0$ für $x < a$ und nahe bei $a$ und $f'(x) < 0$. Also gibt es einen Vorzeichenwechsel für $x < a$. Ist $x > a$, so ist $f(x) < 0$ und $f'(x) < 0$ ebenfalls. Wir haben beim Überqueren von $a$ (von rechts nach links) genau einen Vorzeichenwechsel gewonnen. Der Fall $f'(a) > 0$ ist analog. ■

**Beispiel** Sei $f_0(x) = x^3 - 3x + 1$. Dann ist $f_1(x) = 3x^2 - 3$, $f_2(x) = 2x - 1$ und $f_3(x) = 9/4$. In $\infty$ gibt es keine Vorzeichenwechsel, in $-\infty$ drei. Deshalb gibt es drei reelle Nullstellen.

## Aufgaben

Lösung

**Aufgabe 3.46** Ist $f \in \mathbb{F}_p[x], f = x^n + a_{n-1}x^{n-1} + \ldots + a_1x + a_0$, so haben wir die Ableitung von $f$ definiert durch (siehe Aufgabe 3.26)

$$f' = nx^{n-1} + (n-1)a_{n-1}x^{n-1} + \cdots + a_1 \in \mathbb{F}_p[x] .$$

Zeigen Sie:

1. $f' = 0 \iff f = x^{kp} + b_{k-1}x^{(k-1)p} + \ldots + b_1x^p + b_0$ für gewisse $b_i \in \mathbb{F}_p$.
2. $f' = 0 \iff f = g^p$ für ein $g \in \mathbb{F}_p[x]$.
3. $f$ ist quadratfrei $\iff$ $\text{ggT}(f, f') = 1$.

**Aufgabe 3.47** Ist $f = f_1^{n_1} \cdot \ldots \cdot f_s^{n_s}$ mit $n_i \geq 1$ und $f_i$ irreduzibel und $\text{ggT}(f_i, f_j) = 1$, so nennt man $f_1 \cdot \ldots \cdot f_s$ den quadratfreien Teil von $f$.

Berechnen Sie den quadratfreien Teil der nachfolgenden Polynome in $\mathbb{Q}[x]$.

1. $f = x^2 - 2x + 1$.
2. $f = x^3 - x^2 - 8x + 12$.
3. $f = x^3 - 4x^2 + 2x - 1$.
4. $f = x^6 - 3x^5 - 3x^4 + 11x^3 + 6x^2 - 12x - 8$.

**Aufgabe 3.48** Wir haben den Satz über die Anzahl der reellen Nullstellen einer polynomialen Gleichung bewiesen unter der Annahme, dass $f$ quadratfrei ist. Zeigen Sie, dass der Satz auch für nicht quadratfreie Polynome gilt.

Tipp: Teilen Sie durch $\text{ggT}(f, f')$.

**Aufgabe 3.49** Bestimmen Sie mit den sturmschen Ketten die Anzahl der reellen Nullstellen der nachfolgenden Polynome.

1. $x^2 + px + q$. Unterscheiden Sie den Fall $p \neq 0$ und $p = 0$.
2. $x^3 + px + q$.
3. $x^4 - 1$.
4. $x^4 - 3x^2 + 2$.

**Aufgabe 3.50** Bestimmen Sie die Anzahl der positiven Nullstellen von

1. $x^4 - 3x + 2$
2. $x^4 + x - 1$

## 3.10 Berechnungen mit SAGEMATH

Das folgende Beispiel zeigt, wie man in SAGEMATH Teilung mit Rest in $\mathbb{Z}$ durchführt.

```
sage: 101//23; 101%23; 101.quo_rem(23)
4
9
(4,9)
```

Folgendes Programm berechnet den größten gemeinsamen Teiler zweier natürlicher Zahlen $a, b$. Probieren Sie es aus, auch mit hundertstelligen natürlichen Zahlen. Zufallszahlen erhalten Sie durch `randint`. Tippen Sie einfach `randint?` in SAGEMATH ein.

```
sage: def ggT(a,b):
....:     while b>0:
....:         a,b = b,a%b
....:     return a
sage: ggT(101,23)
1
```

Natürlich hat SAGE eine eingebaute ggT-Funktion `gcd`. Den erweiterten euklidischen Algorithmus ruft man mit `xgcd` auf. Ähnliches funktioniert bei Polynomen. Allerdings funktioniert Folgendes irgendwie nicht:

```
sage: f = x^3+4; g = x^2+1; f%g
```

Der Grund hierfür ist schwer zu erklären. Es wird hier in einem „symbolischen Ring" gerechnet. Man soll aber im Polynomring $\mathbb{Q}[x]$ rechnen. Diesen Ring definiert man durch `Q.<x> = QQ[]`. Folgendes funktioniert deshalb:

```
sage: Q.<x> = QQ[]; Q;  f = x^3+4; g = x^2+1; f%g
Univariate Polynomial Ring in x over Rational Field
-x + 4
```

Den Körper $\mathbb{C}$ ruft man in SAGEMATH mit CC auf. Unser „$i$" wird hier großgeschrieben. Den Körper $\mathbb{Q}(i)$ definiert man durch

```
QI.<i> = QQ.quotient(x^2+1)
```

und den Körper $\mathbb{F}_p$ durch

```
Fp= ZZ.quotient(p)
```

## Aufgaben

Lösung

**Aufgabe 3.51**

1. Schreiben Sie selbst ein SAGEMATH-Programm für den erweiterten euklidischen Algorithmus.
2. Wenden Sie dieses an auf

$$
\begin{aligned}
a &= 84287, & b &= 4987\\
a &= 36476, & b &= 859874871\\
f &= x^3 + 4x - 3, & g &= x^5 - 7x^4 + 25\\
f &= 6x^5 + 7x^3 + 4, & g &= x^7 + 6x^5 - 4x^2 + 3 \text{ in } \mathbb{F}_{11}[x]
\end{aligned}
$$

**Aufgabe 3.52**

1. Schreiben Sie ein SAGEMATH-Programm `Ch(a,b,p,q)`, welches, gegeben $a, b, p, q$ mit $p, q$ teilerfremd, ein $x$ berechnet mit $x = a \bmod p$ und $x = b \bmod q$ und $x \in [0, pq)$. Vergleichen Sie mit dem eingebauten Befehl `CRT(a,b,p,q)`.
2. Berechnen Sie mit diesem Programm eine Zahl $x \in [0, pq)$ mit

$$
\begin{aligned}
x &= 5121499159 \bmod 22045606543\\
x &= 36197655864 \bmod 80203903711.
\end{aligned}
$$

3. Probieren Sie Ihr Programm für hundertstellige Zahlen $a, b, p, q$ aus.

**Aufgabe 3.53**

1. Schreiben Sie ein SAGEMATH-Programm für den chinesischen Restsatz für Polynome. Benutzen Sie dafür das eingebaute `xgcd` für den erweiterten euklidischen Algorithmus und vergleichen Sie mit dem eingebauten `CRT` von SAGE.
2. Sei $g = x^5 + 3 * x + 4$ und $h = x^6 - 6 * x^3 + 4 * x^2 - 3 \in \mathbb{Q}[x]$. Bestimmen Sie ein Polynom vom Grad höchstens zehn, sodass $f = x^4 \bmod g$ und $f = x^3 \bmod h$ ist.

**Aufgabe 3.54** Programmieren Sie die sturmsche Ketten `sturm(f,x)`, um die Anzahl der reellen Lösungen einer polynomialen Gleichung $f(x) = 0$ mit $f(x) \in \mathbb{Q}[x]$ zu bestimmen. Tippen Sie dazu erst `r.<x> = QQ[]` ein, um diesen Polynomring in SAGEMATH zu erhalten. Bestimmen Sie hiermit die Anzahl der reellen Lösungen von

1. $x^2 + 1 = 0.$
2. $x^3 - x = 0$
3. $x^4 - x = 0.$
4. $f(x) = x^6 - 3 * x^5 + x^4 + 3 * x^3 - 4 * x^2 + 6 * x - 4 = 0.$

**Aufgabe 3.55** Berechnen Sie mit SAGEMATH $(1 + i)^{100} + 2^{50}$. Warum sollte das Ergebnis nicht überraschen?

## 3.11 *Primzahlbestimmung*

Bei den meisten Tests, die entscheiden möchten, ob eine gegebene Zahl eine Primzahl ist, handelt es sich um probabilistische Tests. (Eigentlich sind es Tests, die zeigen, dass eine Zahl zusammengesetzt ist, ohne explizit einen Faktor zu bestimmen.) Dies bedeutet, wenn eine gegebene Zahl diese Tests besteht, ist sie mit hoher Wahrscheinlichkeit eine Primzahl. Für die praktische Anwendung (Kryptografie) ist dies ausreichend. Die Chance, 10-mal nacheinander einen Sechser im Lotto zu gewinnen, ist auch nicht null.

**Satz 3.12** Sei $n > 2$ eine ungerade natürliche Zahl und $a \in \{2, \ldots, n-1\}$.

- Ist $\mathrm{ggT}(a, n) \neq 1$, so ist $n$ keine Primzahl.
- (Fermat-Test) Ist $a^{n-1} \neq 1 \bmod n$, so ist $n$ keine Primzahl.
- (Miller-Rabin-Test) Sei $n - 1 = 2^e \cdot d$ mit $d$ ungerade. Ist $a^d \neq 1 \bmod n$ und $a^{2^f \cdot d} \neq -1 \bmod n$ für $f = 0, \ldots, e-1$, so ist $n$ keine Primzahl.

Der Fermat-Test folgt aus dem kleinen Satz von Fermat. Der Miller-Rabin-Test folgt aus der Tatsache, dass aus $x^2 = 1 \bmod p$ folgt, dass $x = \pm 1 \bmod p$. Ist $n$ eine Primzahl, so ist $a^{2^e d} = a^{n-1} = 1 \bmod n$ und daraus folgt $a^{2^{e-1} d} = \pm 1 \bmod n$. Ist dabei $a^{2^{e-1} d} = 1 \bmod n$ und $e > 1$, so ist $a^{2^{e-2} d} = \pm 1 \bmod n$ usw. ■

Der Miller-Rabin-Test ist besser als der Fermat-Test. Eine starke Pseudoprimzahl zur Basis $a$ ist eine Zahl $a$ mit $\mathrm{ggT}(a, n) = 1$ und $a^{n-1} = 1 \bmod n$, welche aber keine Primzahl ist. Zum Beispiel ist $341 = 11 \cdot 13$ eine starke Pseudoprimzahl zur Basis $a$, denn $2^{340} = 1 \bmod 341$. Sie besteht aber den Miller-Rabin Test nicht. Eine Zahl $n$, die für jedes $a \in \{2, \ldots, n-1\}$ eine starke Pseudoprimzahl zur Basis $a$ ist, heißt Carmichaelzahl. Carmichaelzahlen sind recht selten, aber es gibt unendlich viele davon. Der Vorteil des Miller-Rabin-Tests gegenüber dem Fermat-Test ist, dass der Miller-Rabin-Test eine zusammengesetzte Zahl nur in höchstens $1/4$ aller Basen $a$ diese nicht als zusammengesetzt erkennt. Wir beweisen diese Tatsache hier nicht. Durch Wiederholen des Miller-Rabin- Tests kann man diese Wahrscheinlichkeit beliebig klein halten.

Mit dem schnellen Potenzieren gelingt es, $a^k \bmod m$ auszurechnen, auch wenn $n$ eine sehr große Zahl ist. Um $a^{115} \bmod n$ zu berechnen, braucht man nicht unbedingt 114 Multiplikationen, sondern lediglich 10. Dazu schreiben wir 115 im Binärsystem aus: $115 = 64 + 32 + 16 + 2 + 1$. Wir berechnen zunächst $a^2, a^4 = (a^2)^2, \ldots, a^{64} = (a^{32})^2$, alles modulo $n$. Hierfür brauchen wir sechs Multiplikationen. Um $a^{115}$ zu berechnen, brauchen wir noch 4 zusätzliche Multiplikationen: $a^{115} = a^{64} \cdot a^{32} \cdot a^{16} \cdot a^2 \cdot a^1$.

Ist allgemein $k = \sum_{i=0}^{s} e_i 2^i$ mit $e_i \in 0, 1$, so berechnen wir rekursiv die beide Zahlen

$$y_\ell = a^{\sum_{i=0}^{\ell} e_i 2^i} = \begin{cases} y_{\ell-1} & \text{falls } e_\ell = 0 \\ y_{\ell-1} \cdot z_\ell & \text{falls } e_\ell = 1 \end{cases}$$

$$z_{\ell+1} = a^{2^{\ell+1}} = (a^{2^\ell})^2 = z_\ell^2$$

beginnend mit $z_0 = a$ und $y_{-1} = 1$. Das Ergebnis ist $y_s = a^k$.

# Aufgaben

Lösung

**Aufgabe 3.56** Wie viele Multiplikation braucht man, um $2^{104}$ mod 105 auszurechnen?

**Aufgabe 3.57** Schreiben Sie ein eigenes SAGEMATH-Programm `anm(a,n,m)`, welches $a^n$ mod $m$ schnell berechnet. Prüfen Sie das Ergebnis mit dem SAGEMATH-Befehl `Mod(a,m)^n`. Das Programm sollte kein Problem mit 1000-stelligen Zahlen haben. Geben Sie auch aus, wie viele Multiplikationen Sie gebraucht haben, um $a^n$ mod $m$ zu berechnen.

**Aufgabe 3.58**

1. Schreiben Sie ein eigenes Programm, das den Miller-Rabin-Test umsetzt.
2. Finden Sie hiermit die kleinste Primzahl größer als $10^{100}, 10^{101}, \ldots, 10^{105}$.
3. Prüfen Sie das Ergebnis mit dem `next_prime()`-Befehl aus SAGEMATH.

**Aufgabe 3.59**

1. Es sei $n = p_1 \cdot \ldots \cdot p_s$ mit $p_i > 2$ verschiedene Primzahlen. Für jedes $p = p_i$ gilt $(p-1) \mid (n-1)$. Warum ist $n$ eine Carmichaelzahl?

   Tipp: kleiner Satz von Fermat und chinesischer Restsatz.
2. Zeigen Sie, dass $561, 1105, 1729$ Carmichaelzahlen sind.
3. Es sei $n$ ungerade und $x^2 = 1 \bmod n$, aber $x \neq \pm 1 \bmod n$. Warum ist $\mathrm{ggT}(x+1, n)$ ein echter Teiler von $n$?
4. Warum ist es für Carmichaelzahlen $n$ relativ „einfach", einen echten Teiler von $n$ zu finden?
5. Zeigen Sie, dass

$$\begin{array}{c}963225335162084300026095186890506160954226888238586\\316073628447707725561632662650907598969104164941177\\542443843244622704772665133824213359104708240486161\end{array}$$

und

$$\begin{array}{c}64778922030104750750250090884295330180321296102526756\\95195010479425880156388911260480392461596628257407400\\70843208545780026480380232842499393984417088896192449\\76768189354595631863505502274696867045087016793917601\end{array}$$

Carmichaelzahlen sind.

# Vektorräume

4



ÜBERBLICK

## LERNZIELE

- Definition des Vektorraums
- Unterraum
- Basis, Basisauswahl- und Basisergänzungssatz
- Gleichungssysteme
- Lineare Abbildungen
- Matrizenrechnung, inverse Matrizen
- Dimensionssatz
- Basiswechsel
- Elementarmatrizen
- Quotientenräume

In diesem Kapitel fangen wir mit der eigentlichen linearen Algebra an. Der fundamentale Begriff der linearen Algebra ist der Begriff des $K$-Vektorraums, wobei $K$ ein Körper ist.[1] Vektorräume spielen in fast allen Teilen der Mathematik eine wichtige Rolle. Jedoch ist hier nicht der Ort und die Stelle, um solche Anwendungen von Vektorräumen zu geben. Es ist wichtiger, erstmal die allgemeine Theorie gut zu entwickeln, sodass man für das weitere Studium gut gewappnet ist.

Ein Vektorraum besteht aus einer Menge, deren Elemente in diesem Zusammenhang Vektoren genannt werden. Solche Vektoren können wir addieren und mit einem Skalar, d. h. einem Element aus $K$, multiplizieren. Die Rechenregeln, welche für Vektoren aus $\mathbb{R}^2$ und $\mathbb{R}^3$ selbstverständlich sind, werden nun als Axiome genommen.[2] Somit sind automatisch $\mathbb{R}^2$ und $\mathbb{R}^3$ Beispiele von $\mathbb{R}$-Vektorräumen. Allgemeiner ist für jede natürliche Zahl $n$ die Menge $K^n$ mit der offensichtlichen Addition und Skalarmultiplikation ein $K$-Vektorraum.
Vektoren $b_1, \ldots, b_n$ nennt man ein Erzeugendensystem des Vektorraums $V$, wenn es für jeden Vektor $v \in V$ Zahlen (d. h. Skalare) $x_1, \ldots, x_n$ in $K$ gibt, mit

$$v = x_1 b_1 + \cdots + x_n b_n \, .$$

Existiert ein solches Erzeugendensystem von $V$, so ist der Vektorraum definitionsgemäß endlich dimensional. Sind überdies die Zahlen $x_1, \ldots, x_n$ eindeutig durch $v$ bestimmt, so nennt man $\mathcal{B} = (b_1, \ldots, b_n)$ eine Basis von $V$. Ist $\mathcal{B}$ eine solche Basis von $V$ und $v = x_1 b_1 + \cdots + x_n b_n$, so nennen wir $(x_1, \ldots, x_n)$ die Koordinaten von $v$ bezüglich der Basis $\mathcal{B}$. Der wichtigste Satz der linearen Algebra besagt:

- Jeder endlich dimensionale $K$-Vektorraum hat eine Basis.
- Je zwei Basen eines endlich dimensionalen Vektorraums haben die gleiche Länge.

1 Die wichtigsten Körper für uns sind die reellen Zahlen und die komplexen Zahlen. Es ist für den Leser ungefährlich, zunächst nur diese Körper zu betrachten.

2 Die Begriffe Abstand und Winkel spielen in diesem Kapitel keine Rolle. Sie sind für beliebige $K$-Vektorräume nicht erklärt.

Wir werden uns hauptsächlich mit *endlich dimensionalen* Vektorräumen beschäftigen. Die Länge einer Basis des Vektorraums wird die *Dimension* von $V$ genannt. Der Hauptsatz impliziert, dass man in einem endlich dimensionalen Vektorraum genau so rechnen kann wie in dem Beispiel $K^n$. Tatsächlich ist $K^n$ endlich dimensional und eine Basis ist

$$\mathcal{E} = \mathcal{E}_n = (e_1, \ldots, e_n)\,,$$

wobei

$$\begin{aligned} e_1 &= (1, 0, 0, \ldots, 0) \\ e_2 &= (0, 1, 0, \ldots, 0) \\ &\vdots \\ e_n &= (0, 0, 0, \ldots, 1)\,. \end{aligned}$$

Die Basis $\mathcal{E}_n$ von $K^n$ nennt man die Standardbasis von $K^n$.

Wir können jetzt für beliebige Vektorräume Begriffe aus den ersten zwei Kapiteln verallgemeinern. So zum Beispiel den Begriff der linearen Abbildung. Sind $V, W$ zwei $K$-Vektorräume, so heißt eine Abbildung $A\colon V \to W$ linear, wenn die Summe und die Skalarmultiplikation von $A$ respektiert wird: Für alle $v, w \in V$ und alle $\lambda, \mu \in K$ gilt

$$A(\lambda v + \mu w) = \lambda A(v) + \mu A(w)\,.$$

Oft schreibt man dies in zwei Bedingungen aus:

- $A(v + w) = A(v) + A(w)$ für alle $v, w \in V$;
- $A(\lambda v) = \lambda A(v)$ für alle $v \in V$ und $\lambda \in K$.

Aus der Linearität folgt sofort (mit Induktion)

$$A(x_1 b_1 + \cdots + x_n b_n) = x_1 A(b_1) + \cdots + x_n A(b_n)\,.$$

Hieraus sieht man, dass eine lineare Abbildung bereits durch die Werte eines Erzeugendensystems $(b_1, \ldots, b_n)$ bestimmt ist. Ist $\mathcal{B} = (b_1, \ldots, b_n)$ eine Basis von $V$, so kann man die Werte $A(b_1), \ldots, A(b_n)$ beliebig vorgeben. Ist $A(b_i) = a_i$, so rechnet man nach, dass $A\colon V \to W$, gegeben durch

$$A(x_1 b_1 + \cdots + x_n b_n) = x_1 a_1 + \cdots + x_n a_n\,,$$

eine lineare Abbildung definiert für beliebige Elemente $a_1, \ldots, a_n$ von $W$ ist.

Lineare Abbildungen werden oft durch Matrizen beschrieben. Diese Art der Darstellung eignet sich besonders für Berechnungen. Um eine lineare Abbildung $A\colon V \to W$ durch eine Matrix zu beschreiben, muss man zunächst Basen $\mathcal{B} = (b_1, \ldots, b_n)$ von $V$ und $\mathcal{C} = (c_1, \ldots, c_m)$ von $W$ wählen. Die Werte $A(b_i)$ kann man mithilfe der Basis $\mathcal{C}$ von $W$ beschreiben. Gilt

$$A(b_j) = a_{1j} c_1 + \cdots + a_{mj} c_m\,,$$

so heißt die Matrix

$$ {}_{\mathcal{C}}A_{\mathcal{B}} = \begin{pmatrix} a_{11} & \cdots & a_{1n} \\ \vdots & & \vdots \\ a_{m1} & \cdots & a_{mn} \end{pmatrix} $$

die Matrix von $A$ bezüglich den Basen $\mathcal{B}$ und $\mathcal{C}$. Diese ist eine $m \times n$-Matrix, also eine Matrix mit $m$ Zeilen und $n$ Spalten. Wichtig zu behalten ist, dass in der $j$-ten Spalte der Matrix ${}_{\mathcal{C}}A_{\mathcal{B}}$ das Bild $A(b_j)$ des $j$-ten Basisvektors $b_j$ steht. Um $A(b_j)$ festzulegen, werden die Koordinaten von $A(b_j)$ bezüglich der Basis $\mathcal{C}$ von $W$ benutzt.

Ist $B\colon W \to Z$ eine weitere lineare Abbildung, so rechnet man sofort nach, dass die Verknüpfung $B \circ A\colon V \to Z$ ebenfalls linear ist. Ist also $\mathcal{D}$ eine Basis von $Z$, so existiert die Matrix ${}_{\mathcal{D}}(B \circ A)_{\mathcal{B}}$ der Verknüpfung $B \circ A$ bezüglich der Basen $\mathcal{B}$ und $\mathcal{D}$. Diese Matrix ist natürlich durch die Matrizen ${}_{\mathcal{C}}A_{\mathcal{B}}$ und ${}_{\mathcal{D}}B_{\mathcal{C}}$ bestimmt. Tatsächlich gilt der Basiswechselsatz

$$ {}_{\mathcal{D}}(B \circ A)_{\mathcal{B}} = {}_{\mathcal{D}}B_{\mathcal{C}} \cdot {}_{\mathcal{C}}A_{\mathcal{B}}\,, $$

wobei rechts das Produkt der Matrizen steht. Der einfachste Fall ist, dass $\mathcal{B} = \mathcal{C}$ und $\mathrm{Id}\colon V \to V$ die Identitätsabbildung ist, also $\mathrm{Id}(v) = v$ für alle $v \in V$. In diesem Fall ist

$$ {}_{\mathcal{B}}\mathrm{Id}_{\mathcal{B}} = \mathrm{Id}_n = \begin{pmatrix} 1 & 0 & \cdots & 0 \\ 0 & 1 & \cdots & 0 \\ \vdots & & \ddots & \vdots \\ 0 & 0 & \cdots & 1 \end{pmatrix} $$

die Einheitsmatrix. Für $V = K^n$ mit Standardbasis $\mathcal{E}$ und eine weitere Basis $\mathcal{B} = (b_1, \ldots, b_n)$ gilt, dass $B := {}_{\mathcal{E}}\mathrm{Id}_{\mathcal{B}}$ die Matrix mit den *Spaltenvektoren* $b_1, \ldots, b_n$ ist. Mit $B^{-1} := {}_{\mathcal{B}}\mathrm{Id}_{\mathcal{E}}$ gilt

$$ \begin{aligned} \mathrm{Id}_n &= {}_{\mathcal{E}}\mathrm{Id}_{\mathcal{E}} = {}_{\mathcal{E}}\mathrm{Id}_{\mathcal{B}} \cdot {}_{\mathcal{B}}\mathrm{Id}_{\mathcal{E}} \\ &= B \cdot B^{-1} \\ \mathrm{Id}_n &= {}_{\mathcal{B}}\mathrm{Id}_{\mathcal{B}} = {}_{\mathcal{B}}\mathrm{Id}_{\mathcal{E}} \cdot {}_{\mathcal{E}}\mathrm{Id}_{\mathcal{B}} \\ &= B^{-1} \cdot B\,. \end{aligned} $$

Lineare Gleichungssysteme der Form

$$ \begin{array}{rcl} a_{11}x_1 + \cdots + a_{1n}x_n & = & b_1 \\ \vdots & & \vdots \\ a_{m1}x_1 + \cdots + a_{mn}x_n & = & b_m \end{array} $$

können wir mit dem gaußschen Algorithmus lösen. Mit Zeilenoperationen, welche die Lösungen nicht ändern, wird das Gleichungssystem auf eine sehr einfache Gestalt gebracht. Wir können Gleichungssysteme auch mithilfe von linearen Abbildungen beschreiben. Sind $a_1, \ldots, a_n \in K^m$ die Spaltenvektoren der Matrix

$$ \begin{pmatrix} a_{11} & \cdots & a_{1n} \\ \vdots & & \vdots \\ a_{m1} & \cdots & a_{mn} \end{pmatrix} $$

und $b = (b_1, \dots, b_m) \in K^m$, so können wir das Gleichungssystem schreiben als

$$x_1 a_1 + \cdots + x_n a_n = b\,.$$

Es geht jedoch noch kürzer:

$$A(x) = b\,,$$

wobei $A\colon K^n \to K^m$ die lineare Abbildung ist, mit Matrix

$${}_{\mathcal{E}}A_{\mathcal{E}} = \begin{pmatrix} a_{11} & \cdots & a_{1n} \\ \vdots & & \vdots \\ a_{m1} & \cdots & a_{mn} \end{pmatrix}$$

bezüglich der Standardbasen $\mathcal{E} = \mathcal{E}_n$ von $K^n$ und $\mathcal{E} = \mathcal{E}_m$ von $K^m$. Solche Gleichungssysteme können mithilfe des gaußschen Eliminationsverfahrens gelöst werden. Ist $n = m$, so hat das Gleichungssystem $A(x) = b$ für jedes $b$ eine Lösung genau dann, wenn die Spaltenvektoren $a_1, \dots, a_n$ der Matrix eine Basis von $K^n$ bilden. In diesem Fall ist die Lösung $x$ eindeutig bestimmt. Die Lösung von

$$A(x) = e_i$$

für $i = 1, \dots, n$ organisieren wir als Spalten in der inversen Matrix $A^{-1}$ von $A$. Es gilt daher

$$A \cdot A^{-1} = \mathrm{Id}_n\,,$$

wobei $\mathrm{Id}_n$ die sogenannte Einheitsmatrix ist. Wir können deshalb die inverse Matrix mithilfe des gaußschen Algorithmus berechnen.

Die Zeilenoperationen, welche wir im gaußschen Algorithmus durchführen,[3] können wir auch als Multiplikation von *links* mit sogenannten Elementarmatrizen interpretieren. In Termen der Gruppentheorie, die wir erst in Kapitel 8 entwickeln werden, gibt es folgende Beschreibung: Die Gruppe der invertierbaren linearen Abbildungen $\mathrm{GL}(n, K)$ wird von den Elementarmatrizen erzeugt.

Im vorletzten Paragrafen behandeln wir die Konstruktion der Quotientenräume. Diese Konstruktion wird allgemein als sehr schwierig empfunden. Der Grund dafür dürfte sein, dass die Elemente eines Quotientenraums *Mengen* sind. Eine solche Konstruktion hat nun einmal einen höheren Abstraktionslevel.

Bei fast allen Sätzen in diesem Kapitel können Sie statt $K$-Vektorraum einfach $\mathbb{R}^n$ lesen. Es ist eine gute Idee, dieses Beispiel eines $K$-Vektorraums immer im Hinterkopf zu behalten. Was bedeutet die angegebene Konstruktion und der Beweis im Fall $\mathbb{R}^n$? Oder selbst $\mathbb{R}^3$ oder $\mathbb{R}^2$, welche wir ausführlich in den ersten zwei Kapiteln des Buches behandelt haben? Ein solcher Vergleich macht das Verstehen der abstrakten Beweise leichter.

**In diesem Kapitel ist *K* ein Körper.**

3 Außer dem Streichen von Zeilen, deren sämtliche Einträge gleich null sind.

## 4.1 Vektorräume

Ein $K$-Vektorraum $V$ ist eine Menge, dessen Elemente wir **Vektoren** nennen. Ein Vektorraum $V$ enthält einen Vektor 0 (den Nullvektor). Weiterhin ist für je zwei Vektoren $v, w$ eine **Summe** $v + w \in V$ und für jeden Vektor $v$ und jede Zahl $\lambda$ in $K$ das $\lambda$-Fache $\lambda v \in V$ definiert, die folgende Rechenregeln erfüllen: Für $v, w, u \in V$ und $\lambda, \mu \in K$ gilt:

1. $v + w = w + v$
2. $(v + w) + u = v + (w + u)$
3. $v + 0 = v$
4. Für jedes $v$ gibt es ein $x \in V$ mit $v + x = 0$
5. $1v = v$
6. $\lambda(v + w) = \lambda v + \lambda w$
7. $(\lambda + \mu) \cdot v = \lambda v + \mu v$
8. $(\lambda\mu)v = \lambda(\mu v)$

**Bemerkungen** 1. Natürlich besteht ein Unterschied zwischen der Zahl $0 \in K$ und dem Nullvektor $0 \in V$, was wir eigentlich in der Notation zum Ausdruck bringen sollten, wollen diese aber nicht unnötig aufblähen.

2. Das Element $x$ mit $v + x = 0$ ist eindeutig bestimmt (Aufgabe 4.1). Wir bezeichnen dieses $x$ mit $-v$ und nennen es den negativen Vektor zu $v$.

3. Wir sprechen oft vom Vektorraum statt vom $K$-Vektorraum, wenn aus dem Kontext klar ist, welcher Körper $K$ gemeint ist. Ist $K = \mathbb{R}$, so redet man von einem reellen Vektorraum, ist $K = \mathbb{C}$ von einem komplexen Vektorraum.

**Beispiele** 1. $K^n = \{(a_1, \dots, a_n) \colon a_i \in K\}$ mit

$$(a_1, \dots, a_n) + (b_1, \dots, b_n) := (a_1 + b_1, \dots, a_n + b_n), \qquad \lambda(a_1, \dots, a_n) := (\lambda a_1, \dots, \lambda a_n)$$

2. Der Raum der $m \times n$-Matrizen $K^{m \times n}$ mit Einträgen in $K$ ist ein Vektorraum.

$$\begin{pmatrix} a_{11} & \cdots & a_{1n} \\ \vdots & & \vdots \\ a_{m1} & \cdots & a_{mn} \end{pmatrix} + \begin{pmatrix} b_{11} & \cdots & b_{1n} \\ \vdots & & \vdots \\ b_{m1} & \cdots & b_{mn} \end{pmatrix} = \begin{pmatrix} a_{11} + b_{11} & \cdots & a_{1n} + b_{1n} \\ \vdots & & \vdots \\ a_{m1} + b_{m1} & \cdots & a_{mn} + b_{mn} \end{pmatrix},$$

$$\lambda \cdot \begin{pmatrix} a_{11} & \cdots & a_{1n} \\ \vdots & & \vdots \\ a_{m1} & \cdots & a_{mn} \end{pmatrix} = \begin{pmatrix} \lambda \cdot a_{11} & \cdots & \lambda \cdot a_{1n} \\ \vdots & & \vdots \\ \lambda \cdot a_{m1} & \cdots & \lambda \cdot a_{mn} \end{pmatrix}$$

Wir schreiben oft $(a_{ij})$ für eine Matrix, wobei $a_{ij}$ der Eintrag der Matrix in der $i$-ten Zeile und $j$-ten Spalte ist.

Sei $V$ ein $K$-Vektorraum. Dann heißt $U \subset V$ ein Unterraum , wenn $0 \in U$ und aus $a, b \in U$ folgt, dass $a + b \in U$ und $\lambda \cdot a \in U$ für alle $\lambda \in K$.

*Ein Unterraum $U$ des Vektorraums $V$ ist deshalb selbst wieder ein Vektorraum.*

**Beispiele** Die Unterräume von $\mathbb{R}^2$ sind $U = \{0\}$, $U = \mathbb{R}^2$ und die Geraden durch $(0, 0)$. Eine Gerade, welche nicht $(0, 0)$ enthält, ist kein Unterraum. Die Unterräume von $\mathbb{R}^3$ sind $\{0\}$, Geraden durch $(0, 0, 0)$, Ebenen durch $(0, 0, 0)$ und $\mathbb{R}^3$ selbst.

## Aufgaben

Lösung

**Aufgabe 4.1** Sei $V$ ein Vektorraum, $v, w, x \in V$. Zeigen Sie nachfolgende Aussagen.

1. Ist $v + x = v$, so folgt $x = 0$.
2. $0 \cdot v = 0$
3. Ist $v + w = v + x$, so ist $w = x$.
4. $(-1) \cdot v = -v$

**Aufgabe 4.2** Es sei $A$ eine Menge.

1. Sei $\mathrm{Abb}(A, K) = \{f : A \to K\}$ mit Addition $(f + g)(a) := f(a) + g(a)$ für $f, g \in \mathrm{Abb}(A, K)$ und Skalarmultiplikation $(\lambda f)(a) := \lambda \cdot f(a)$ für $f \in \mathrm{Abb}(A, K)$ und $\lambda \in K$. Zeigen Sie, dass $\mathrm{Abb}(A, K)$ ein $K$-Vektorraum ist.
2. Zeigen Sie, dass der von $A$ erzeugte freie Vektorraum

$$F(A, K) := \{f \in \mathrm{Abb}(A, K) : f(a) = 0 \text{ für alle bis auf endlich viele } a \in K\},$$

ein Unterraum von $\mathrm{Abb}(A, K)$ ist.

**Aufgabe 4.3** Sind $V$ und $W$ zwei $K$-Vektorräume, so betrachten Sie die direkte Summe

$$V \oplus W = V \times W = \{(v, w) : v \in V \text{ und } w \in W\}$$

mit Addition $(v_1, w_1) + (v_2, w_2) := (v_1 + v_2, w_1 + w_2)$ und Skalarmultiplikation $\lambda(v, w) := (\lambda v, \lambda w)$. Zeigen Sie, dass $V \oplus W$ ein Vektorraum ist.

**Aufgabe 4.4** Zeigen Sie, dass die nachfolgenden Teilmengen Unterräume von $\mathrm{Abb}(\mathbb{R}, \mathbb{R})$ sind.

1. $U = \{f \in \mathrm{Abb}(\mathbb{R}, \mathbb{R}) : f \text{ stetig}\}$
2. $U = \{f \in \mathrm{Abb}(\mathbb{R}, \mathbb{R}) : f \text{ stetig in } 0\}$
3. $U = \{f \in \mathrm{Abb}(\mathbb{R}, \mathbb{R}) : f \text{ differenzierbar in } 0\}$
4. $U = \{f \in \mathrm{Abb}(\mathbb{R}, \mathbb{R}) : f(0) = 0\}$

**Aufgabe 4.5** Ein Element von $\mathrm{Abb}(\mathbb{N}, \mathbb{R})$ wird eine Folge reeller Zahlen genannt. Zeigen Sie, dass die nachfolgenden Teilmengen Unterräume von $\mathrm{Abb}(\mathbb{N}, \mathbb{R})$ sind.

1. Die Teilmenge konvergenter Folgen.
2. Die Teilmenge aller Nullfolgen.
3. $U = \{a \in \mathrm{Abb}(\mathbb{N}, \mathbb{R}) : \text{ es gibt ein } N \in \mathbb{N} \text{ mit } a_n = 0 \text{ für alle } n \geq N\}$

**Aufgabe 4.6** Bestimmen Sie jeweils, ob $U$ ein Unterraum von $V$ ist.

1. $V = \mathbb{R}^2, U = \{(x, y) \in \mathbb{R}^2 : y \geq 0\}$
2. $V = K^3, U = K^2 \setminus \{1, 0\}$
3. $V = \{f : \mathbb{R} \to \mathbb{R} : f \text{ stetig}\}, \quad U = \{f \in V : f(1) = 0\}$
4. $V = \{f : \mathbb{R} \to \mathbb{R} : f \text{ stetig}\}, \quad U_a = \left\{f \in V : \int_0^1 f(x)dx = a\right\}, \quad a \in \mathbb{R} \text{ fest}$

## 4.2 Basen

Sei $V$ ein $K$-Vektorraum.

1. Ein System von Vektoren $(b_1, \dots, b_n)$ aus $V$ heißt Erzeugendensystem von $V$, wenn es für jedes $v \in V$ Zahlen $x_1, \dots, x_n$ in $K$ gibt, sodass $v = x_1 b_1 + \cdots + x_n b_n$. Man nennt $x_1 b_1 + \cdots + x_n b_n$ eine Linearkombination von $b_1, \dots, b_n$. Existiert ein solches Erzeugendensystem, so heißt $V$ endlich dimensional.
2. $(b_1, \dots, b_n)$ heißt linear unabhängig, wenn aus $x_1 b_1 + \cdots + x_n b_n = 0$ folgt, dass $x_1 = \cdots = x_n = 0$.
3. $(b_1, \dots, b_n)$ heißt *Basis* von $V$, wenn sie $V$ erzeugt und linear unabhängig ist.

Wir werden im nächsten Abschnitt zeigen, dass jeder endlich dimensionale Vektorraum $V$ eine Basis $(b_1, \dots, b_n)$ hat und dass je zwei Basen von $V$ gleich viele Vektoren enthalten.

Ist $V$ ein endlich dimensionaler $K$-Vektorraum und $(b_1, \dots, b_n)$ eine Basis von $V$, so heißt $n = \dim_K(V) = \dim(V)$ die Dimension von $V$.

Ist $(b_1, \dots, b_n)$ eine Basis des $K$-Vektorraums $V$ und $v \in V$, so gibt es eindeutig bestimmte Zahlen $(x_1, \dots, x_n)$ mit

$$v = x_1 b_1 + \cdots + x_n b_n \, .$$

Ist nämlich $x_1 b_1 + \cdots + x_n b_n = y_1 b_1 + \cdots + y_n b_n$, so folgt $(x_1 - y_1) b_1 + \cdots + (x_n - y_n) b_n = 0$, also $x_i = y_i$ für $i = 1, \dots, n$ wegen der linearen Unabhängigkeit.

Ist $\mathcal{B} = (b_1, \dots, b_n)$ eine Basis des $K$-Vektorraums $V$ und gilt $v = x_1 b_1 + \cdots + x_n b_n$, so nennt man $(x_1, \dots, x_n)$ die Koordinaten von $v$ bezüglich der Basis $\mathcal{B}$.

**Beispiele**

1. Der $K$-Vektorraum $K^n$ hat als Basis $\mathcal{E} = (e_1, \dots, e_n)$, wobei

   $$e_1 = (1, 0, \dots, 0), e_2 = (0, 1, 0, \dots, 0) \text{ usw.}$$

   Die Dimension von $K^n$ ist deshalb gleich $n$. Wir nennen $\mathcal{E}$ die *Standardbasis* von $K^n$. Die Koordinaten von $(x_1, \dots, x_n)$ bezüglich $\mathcal{E}$ sind einfach $(x_1, \dots, x_n)$.
2. Der Raum $K^{m \times n}$ der $m \times n$-Matrizen mit Einträgen in $K$ hat die Dimension $m \cdot n$. Eine Basis ist gegeben durch

   $$(E_{11}, \dots, E_{1n}, E_{21}, \dots, E_{2n}, \dots, E_{m1}, \dots, E_{mn}) \, .$$

   Hierbei ist $E_{ij}$ die Matrix mit allen Einträgen gleich null, außer dem Eintrag in der $i$-ten Zeile und $j$-ten Spalte, der gleich eins ist.
3. Der Unterraum $V$ von $K^3$, gegeben durch die Gleichung $x_1 + x_2 + x_3 = 0$, hat als Basis $((1, -1, 0), \ (1, 0, -1))$. Deshalb ist $\dim(V) = 2$.

## Aufgaben

Lösung

**Aufgabe 4.7** Sei $V$ ein Vektorraum und seien $U, W$ Unterräume von $V$.

1. Zeigen Sie, dass $U \cap W$ ein Unterraum ist, jedoch $U \cup W$ im Allgemeinen nicht.
2. Sei $U + W := \{u + w\colon u \in U, w \in W\}$ die **Summe** von $U$ und $W$. Zeigen Sie: $U + W$ ist ein Unterraum von $V$.
3. Angenommen, $U \cap W = \{0\}$ und $U + W = V$. Zeigen Sie, dass für jedes $v \in V$ eindeutig bestimmte $u \in U$ und $w \in W$ existieren, sodass $v = u + w$.

   In diesem Fall schreibt man $V = U \oplus W$ und nennt $V$ die (interne) **direkte Summe** von $U$ und $W$.
4. Sei $V = \mathbb{R}^3$, $U$ gegeben durch die Gleichung $x + y + z = 0$ und $W = \mathbb{R} \cdot (1, 2, 3)$. Zeigen Sie, dass $V = U \oplus W$. Ist $v = (-1, 5, 8)$, bestimmen Sie $u \in U$ und $w \in W$ mit $v = u + w$.

**Aufgabe 4.8** Eine Matrix $A = (a_{ij}) \in K^{n \times n}$ heißt symmetrisch, wenn $a_{ij} = a_{ji}$ für jedes $i$ und $j$, und schiefsymmetrisch, wenn $a_{ij} = -a_{ij}$.

1. Zeigen Sie, dass die Menge $U$ der symmetrischen $n \times n$-Matrizen ein Unterraum von $K^{n \times n}$ ist. Bestimmen Sie eine Basis und die Dimension von $U$.
2. Wiederholen Sie die Aufgabe für die schiefsymmetrischen Matrizen.
   Tipp: Aufpassen! Es könnte $1 + 1 = 0$ in $K$ gelten.
3. Es sei $K = \mathbb{R}$ (oder allgemeiner $1 + 1 \neq 0$ in $K$) und $A \in K^{n \times n}$. Finden Sie eine symmetrische Matrix $B$ und eine schiefsymmetrische Matrix $C$ mit $A = B + C$.

**Aufgabe 4.9** Eine Matrix $A = (a_{ij}) \in \mathbb{C}^{n \times n}$ heißt hermitesch, wenn $a_{ij} = \bar{a}_{ji}$ für alle $i$ und $j$, kurz $A = \overline{A}^{\mathrm{T}} = A^*$.

1. Zeigen Sie, dass der Raum der hermiteschen Matrizen kein Unterraum des komplexen Vektorraums $\mathbb{C}^{n \times n}$ ist.
2. Zeigen Sie, dass $\mathbb{C}^{n \times n}$ ein reeller Vektorraum der Dimension $2n^2$ ist.
3. Zeigen Sie, dass der Raum $U$ der hermiteschen Matrizen ein reeller Unterraum von $\mathbb{C}^{n \times n}$ ist. Bestimmen Sie $\dim_{\mathbb{R}}(U)$.

**Aufgabe 4.10** Sei $V$ der $\mathbb{R}$-Vektorraum aller Folgen $(x_1, x_2, x_3, \ldots)$, mit $x_i \in \mathbb{R}$.

1. Sei $U$ die Menge aller Folgen $(x_1, x_2, \ldots)$, für die $x_{n+2} = x_{n+1} + x_n$ für alle $n \geq 1$ gilt. Zeigen Sie, dass $U$ ein Unterraum von $V$ ist.
2. Zeigen Sie, dass $U$ endlich dimensional ist und $\dim(U) = 2$.
3. Zeigen Sie, dass die Folgen $(x_1, x_2, \ldots)$ mit $x_n = \left(\frac{1}{2} + \frac{\sqrt{5}}{2}\right)^n$ und $(y_1, y_2, \ldots)$ mit $y_n = \left(\frac{1}{2} - \frac{\sqrt{5}}{2}\right)^n$ eine Basis von $U$ bilden.
4. Bestimmen Sie eine Formel für die Fibonacci-Folge: $x_1 = x_2 = 1$ und $x_{n+2} = x_{n+1} + x_n$.

## 4.3 Basissätze und Steinitz'scher Austauschsatz

**Satz 4.1**

1. **(Basisauswahlsatz)** Ist $(b_1, \ldots, b_n)$ ein Erzeugendensystem von $V$, so gibt es $c_1, \ldots, c_s \in \{b_1, \ldots, b_n\}$, sodass $(c_1, \ldots, c_s)$ eine Basis von $V$ ist.
2. **(Steinitz'scher Austauschsatz)** Sei $(a_1, \ldots, a_k)$ linear unabhängig und $(b_1, \ldots, b_n)$ ein Erzeugendensystem. Dann ist $k \leq n$ und es gibt $c_{k+1}, \ldots, c_n \in \{b_1, \ldots, b_n\}$, sodass $(a_1, \ldots, a_k, c_{k+1}, \ldots, c_n)$ den Raum $V$ erzeugen.
3. Je zwei Basen von $V$ haben die gleiche Länge.
4. Sei $\dim(V) = n$. Ist $(a_1, \ldots, a_n)$ linear unabhängig, so ist $(a_1, \ldots, a_n)$ eine Basis von $V$. Erzeugt $(b_1, \ldots, b_n)$ den Vektorraum $V$, so ist sie eine Basis von $V$.
5. **(Basisergänzungssatz)** Ist $(a_1, \ldots, a_k)$ linear unabhängig und $(b_1, \ldots, b_n)$ ein Erzeugendensystem, so gibt es $a_{k+1}, \ldots, a_s \in \{b_1, \ldots, b_n\}$, sodass $(a_1, \ldots, a_s)$ eine Basis von $V$ ist.

1. Sei $s$ minimal, sodass $s$ Elemente aus $(b_1, \ldots, b_n)$ den Raum $V$ erzeugen. Wir nennen diese Elemente $c_1, \ldots, c_s$. Angenommen, $(c_1, \ldots, c_s)$ ist linear abhängig, also $x_1c_1 + \cdots + x_sc_s = 0$ mit z. B. $x_s \neq 0$. Sei $v \in V$. Dann gibt es $\lambda_1, \ldots, \lambda_s$ mit
$$v = \lambda_1c_1 + \cdots + \lambda_sc_s = (\lambda_1 - \lambda_sx_1/x_s)c_1 + \cdots + (\lambda_{s-1} - \lambda_sx_{s-1}/x_s)c_{s-1},$$
also erzeugt $(c_1, \ldots, c_{s-1})$ den Vektorraum $V$, Widerspruch zur Wahl von $s$!
2. Induktion nach $k$, $k = 0$ ist klar. Nach Induktionsannahme gibt es $c_k, \ldots, c_n \in \{b_1, \ldots, b_n\}$, sodass $(a_1, \ldots, a_{k-1}, c_k, \ldots, c_n)$ den Unterraum $V$ erzeugen. Also gibt es $\lambda_i$ und $\mu_j$ mit $a_k = \lambda_1a_1 + \cdots + \lambda_{k-1}a_{k-1} + \mu_kc_k + \cdots + \mu_nc_n$. Weil $(a_1, \ldots, a_k)$ linear unabhängig ist, ist eine der $\mu_j$, nach Umnummerieren $\mu_k$, ungleich null. Also ist $k \leq n$. Ist $v \in V$ und $v = x_1a_1 + \ldots x_{k-1}a_{k-1} + x_kc_k + \cdots + x_nc_n$ so ist
$$v = (x_1 - x_k\lambda_1/\mu_k)\,a_1 + \cdots + (x_{k-1} - x_k\lambda_{k-1}/\mu_k)\,a_{k-1} + (x_k/\mu_k)a_k$$
$$+ (x_{k+1} - x_k\mu_{k+1}/\mu_k)\,c_{k+1} + \cdots + (x_n - x_k\mu_n/\mu_k)\,c_n\,.$$
Also erzeugen $(a_1, \ldots, a_k, c_{k+1}, \ldots, c_n)$ den Vektorraum $V$.
3. Sind $(a_1, \ldots, a_k)$ und $(b_1, \ldots, b_n)$ zwei Basen, so ist $k \leq n$ und $n \leq k$ nach dem Steinitz'schen Austauschsatz. Also gilt $k = n$.
4. Sind $(a_1, \ldots, a_n)$ linear unabhängig und ist $(b_1, \ldots, b_n)$ ein Erzeugendensystem, so ist nach dem Austauschsatz $(a_1, \ldots, a_n)$ ebenfalls ein Erzeugendensystem, also eine Basis von $V$. Ist $(b_1, \ldots, b_n)$ ein Erzeugendensystem, so kann man nach dem Basisauswahlsatz hieraus eine Basis wählen, welche jedoch $n$ Elemente haben muss, weil $\dim(V) = n$. Also ist $(b_1, \ldots, b_n)$ eine Basis.
5. Ohne Einschränkung ist $(b_1, \ldots, b_n)$ eine Basis von $V$. Wenden Sie jetzt den Austauschsatz an: Es gibt $n - k$ Elemente $a_{k+1}, \ldots, a_n \in \{b_1, \ldots, b_n\}$, sodass $(a_1, \ldots, a_n)$ den Raum $V$ erzeugen. Dann ist $(a_1, \ldots, a_n)$ eine Basis von $V$. ■

## Aufgaben

Lösung

**Aufgabe 4.11** Sei $V$ ein $n$-dimensionaler Vektorraum. Zeigen Sie:

1. Sei $U$ ein Unterraum von $V$. Dann ist $\dim(U) \leq \dim(V)$ und $\dim(U) = \dim(V)$ genau dann, wenn $U = V$.
2. Ist $k > n$, so ist $(b_1, \ldots, b_k)$ linear abhängig für alle $b_1, \ldots, b_k \in V$.

**Aufgabe 4.12** Es sei $(b_1, b_2, b_3)$ eine Basis des $K$-Vektorraums $V$. Untersuchen Sie in den nachfolgenden Fällen, ob eine Basis von $V$ vorliegt.

1. $(b_1, b_1 + b_2, b_1 + b_2 - b_3)$
2. $(b_1 + b_2, b_3 - b_2 + b_1, b_2 - b_1)$
3. $(b_1 - b_2, b_2 - b_3, b_3 - b_1)$

**Aufgabe 4.13** Sei $V$ ein Vektorraum der Dimension $n$ und $U \neq V$ ein Unterraum. Zeigen Sie, dass es eine Basis $(b_1, \ldots, b_n)$ von $V$ gibt, sodass $b_i \notin U$ für $i = 1, \ldots, n$.

**Aufgabe 4.14** Zeigen Sie, dass $b_1 = (1, 2, 3, 4)$ und $b_2 = (1, 1, 3, 1)$ linear unabhängige Elemente von $\mathbb{R}^4$ sind. Ergänzen Sie $(b_1, b_2)$ zu einer Basis von $\mathbb{R}^4$.

**Aufgabe 4.15** Seien $b_1 = (1, 2, 3)$, $b_2 = (-1, 3, 4)$, $b_3 = (3, 1, 2)$, $b_4 = (-1, 1, 3)$. Wählen Sie aus den $(b_1, b_2, b_3, b_4)$ eine Basis von $\mathbb{R}^3$ aus.

**Aufgabe 4.16** Sei $V$ ein Vektorraum und seien $U, W$ Unterräume von $V$.

1. Zeigen Sie: $\dim(U + W) + \dim(U \cap W) = \dim(U) + \dim(W)$. Tipp: Beginnen Sie mit einer Basis von $U \cap W$ und ergänzen Sie.
2. $V$ ist die direkte Summe von $U$ und $W$, also $V = U \oplus W$ genau dann, wenn $\dim(U) + \dim(W) = \dim(V)$ und $\dim(U \cap W) = \{0\}$ (vgl. Aufgabe 4.7).

**Aufgabe 4.17** Geben Sie eine Basis der Unterräume $U$ von $\mathbb{R}^n$ an.

1. $U = \{(x_1, \ldots, x_n) \colon x_1 + \cdots + x_n = 0\}$
2. $n = 4, U = \{(x_1, x_2, x_3, x_4) \colon x_1 = 2x_2, x_1 + x_3 + x_4 = 0\}$
3. $n = 4, U = \{(x_1, x_2, x_3, x_4) \colon x_1 + 2x_2 - x_3 = x_1 + x_3 + 2x_4 = 0\}$
4. $n = 5, U = \{(x_1, x_2, x_3, x_4, x_5) \colon x_1 - x_2 + x_3 - x_4 + x_5 = 0\}$

**Aufgabe 4.18** Es sei $0 \neq (a_1, \ldots, a_n) \in K^n$. Zeigen Sie, dass die Menge

$$\{(x_1, \ldots, x_n) \in K^n \colon a_1 x_1 + \cdots + a_n x_n = 0\}$$

ein Unterraum von $K^n$ der Dimension $n - 1$ ist (Hyperebene).

**Aufgabe 4.19** Sei $\mathbb{F}_2$ der Körper mit zwei Elementen. Wählen Sie aus den nachfolgenden $b_1, b_2, b_3, b_4$ eine Basis von $\mathbb{F}_2^3$ aus.

1. $b_1 = (1, 0, 1)$, $b_2 = (1, 1, 0)$, $b_3 = (0, 1, 1)$, $b_4 = (1, 1, 0)$
2. $b_1 = (1, 0, 1)$, $b_2 = (1, 1, 1)$, $b_3 = (0, 1, 0)$, $b_4 = (1, 1, 0)$

## 4.4 Berechnung eines Erzeugendensystems

1. Sind $b_1, \ldots, b_m$ Elemente eines Vektorraums $V$, so bezeichnen wir mit $\langle b_1, \ldots, b_m \rangle := \{x_1 b_1 + \cdots + x_n b_m : x_i \in K\}$ den Unterraum erzeugt von $b_1, \ldots, b_n$.
2. Sei $A \in K^{m \times n}$ eine Matrix. Der (Zeilen-)Rang der Matrix ist die Dimension des Unterraums von $K^n$, erzeugt durch die Zeilenvektoren von $A$.

**Satz 4.2** Es seien $b_1, \ldots, b_m$ Vektoren eines Vektorraums $V$.

I. $\langle b_1, \ldots, b_m \rangle$ ändert sich nicht bei Vertauschung von $b_i$ und $b_j (i \neq j)$.

II. $\langle b_1, \ldots, b_k, \ldots, b_n \rangle = \langle b_1, \ldots, \lambda \cdot b_k, \ldots, b_m \rangle$ für $\lambda \neq 0$

III. $\langle b_1, \ldots, b_i, \ldots, b_m \rangle = \langle b_1, \ldots, b_i + \lambda \cdot b_j, \ldots, b_m \rangle$ für $i \neq j, \lambda \in K$

IV. Ist $b_m = 0$, so ist $\langle b_1, \ldots, b_m \rangle = \langle b_1, \ldots, b_{m-1} \rangle$.

Der Beweis ist einfach und bleibt dem Leser überlassen. Diese Prozedur wenden wir auf den Fall $V = K^n$ an. Wir schreiben die Vektoren $b_1, \ldots, b_m$ als Zeilen in eine Matrix, mit Einträgen $b_{ij}$. Die jeweiligen Operationen, beschrieben im obigen Satz, nennen wir Zeilenoperation vom Typ *I, II, III* und *IV*.

Man sagt, dass eine Matrix $(b_{ij})$ in *Zeilenstufenform* ist, wenn folgende Bedingungen erfüllt sind: Keine Zeile ist gleich null und ist $j_i$ die kleinste Zahl mit $b_{ij_i} \neq 0$, so ist $j_1 < \cdots < j_m$.

Wir werden die Matrix mit Zeilenoperationen in Zeilenstufenform bringen: Sei $j_1$ die kleinste Zahl, sodass ein $b_{ij_1}$ ungleich 0 ist. Nach Vertauschung ist $b_{1j_1} \neq 0$. Dann addiere das $-b_{ij_1}/b_{1j_1}$-Fache der ersten Zeile zur $i$-ten Zeile. Danach hat die $j_i$-te Spalte nur einen Eintrag ungleich null.

Vergessen wir einen Moment die erste Zeile, so entsteht eine kleinere Matrix, die wir mit Induktion durch Zeilenoperationen in Zeilenstufenform bringen können. Dann sind die Vektoren, welche übrig bleiben, linear unabhängig (Aufgabe 4.21) und somit eine Basis des Unterraums $\langle b_1, \ldots, b_m \rangle$.

$$\begin{pmatrix} \lfloor\star & & & \\ & \lfloor\star & & \\ 0 & & \ddots & \\ & & & \lfloor\star \end{pmatrix}$$

**Beispiel** Sei $U = \langle (0,1,2,9), (3,4,5,9), (6,7,8,9), (9,9,9,9) \rangle$.

$$\begin{pmatrix} 0 & 1 & 2 & 9 \\ 3 & 4 & 5 & 9 \\ 6 & 7 & 8 & 9 \\ 9 & 9 & 9 & 9 \end{pmatrix} \rightsquigarrow \begin{pmatrix} 3 & 4 & 5 & 9 \\ 0 & 1 & 2 & 9 \\ 6 & 7 & 8 & 9 \\ 9 & 9 & 9 & 9 \end{pmatrix} \rightsquigarrow \begin{pmatrix} 3 & 4 & 5 & 9 \\ 0 & 1 & 2 & 9 \\ 0 & -1 & -2 & -9 \\ 0 & -3 & -6 & -18 \end{pmatrix} \rightsquigarrow \begin{pmatrix} 3 & 4 & 5 & 9 \\ 0 & 1 & 2 & 9 \\ 0 & 0 & 0 & 0 \\ 0 & 0 & 0 & 9 \end{pmatrix} \rightsquigarrow \begin{pmatrix} 3 & 4 & 5 & 9 \\ 0 & 1 & 2 & 9 \\ 0 & 0 & 0 & 9 \end{pmatrix}$$

Also ist $(3,4,5,9), (0,1,2,9), (0,0,0,9)$ eine Basis von $U$. Diese Vektoren haben wir erhalten aus der zweiten, ersten und vierten Zeile. Es folgt deshalb, dass auch $((0,1,2,9), (3,4,5,9), (9,9,9,9))$ eine Basis von $U$ ist. Der Rang der Matrix ist gleich 3.

## Aufgaben

Lösung

**Aufgabe 4.20** Beweisen Sie den Satz 4.2.

**Aufgabe 4.21** Es seien $b_1, \ldots, b_m$ Vektoren von $K^m$. Schreiben Sie diese Vektoren als Zeilen in einer Matrix. Zeigen Sie: Ist die Matrix in Zeilenstufenform, so ist $(b_1, \ldots, b_m)$ linear unabhängig und der Rang der Matrix ist gleich $m$.

**Aufgabe 4.22** Berechnen Sie den Rang der nachfolgenden reellen Matrizen.

1. $\begin{pmatrix} 1 & -1 & 4 & 5 \\ 2 & 2 & -1 & 3 \\ 3 & 1 & 2 & 8 \\ -1 & 3 & 1 & 5 \end{pmatrix}$

2. $\begin{pmatrix} 1 & -1 & 4 & 5 \\ 2 & 2 & -1 & 3 \\ -3 & 1 & 2 & 8 \\ -1 & 3 & 1 & 5 \end{pmatrix}$

3. $\begin{pmatrix} 1 & -1 & 4 & 6 \\ -2 & 1 & 4 & 5 \\ -1 & 2 & 3 & 4 \\ -2 & 2 & 11 & 15 \end{pmatrix}$

4. $\begin{pmatrix} 2 & -1 & 3 & 1 \\ -1 & 2 & 1 & -1 \\ 0 & 3 & 1 & -2 \\ -1 & 4 & 5 & -7 \end{pmatrix}$

**Aufgabe 4.23** Sei $A = (a_{ij}) \in K^{m \times n}$ und $A^{\mathrm{T}} = (a_{ji}) \in K^{n \times m}$ die Transponierte von $A$. Berechnen Sie den Rang von $A^{\mathrm{T}}$ für die Matrizen $A$ der vorherigen Aufgabe. Was fällt Ihnen auf?

**Aufgabe 4.24** Wir rechnen im Körper $\mathbb{F}_2$ mit zwei Elementen. Berechnen Sie den Rang der nachfolgenden Matrizen.

1. $\begin{pmatrix} 1 & 0 & 1 & 1 & 0 \\ 1 & 1 & 0 & 1 & 1 \\ 1 & 1 & 0 & 1 & 0 \\ 1 & 0 & 1 & 0 & 1 \end{pmatrix}$

2. $\begin{pmatrix} 0 & 0 & 1 & 0 & 1 & 0 \\ 1 & 0 & 1 & 1 & 0 & 1 \\ 1 & 0 & 0 & 1 & 1 & 0 \\ 0 & 0 & 1 & 0 & 0 & 1 \end{pmatrix}$

3. $\begin{pmatrix} 1 & 0 & 0 & 1 & 0 & 1 & 1 & 0 & 1 & 0 & 1 \\ 1 & 1 & 0 & 0 & 1 & 1 & 0 & 0 & 1 & 1 & 0 \\ 0 & 1 & 1 & 1 & 0 & 0 & 1 & 0 & 0 & 0 & 1 \\ 1 & 0 & 0 & 0 & 1 & 1 & 0 & 0 & 0 & 1 & 0 \\ 0 & 0 & 1 & 0 & 0 & 0 & 1 & 0 & 1 & 0 & 1 \\ 1 & 1 & 0 & 0 & 1 & 1 & 0 & 0 & 1 & 1 & 1 \\ 1 & 0 & 1 & 1 & 0 & 0 & 1 & 1 & 0 & 0 & 0 \\ 1 & 0 & 0 & 1 & 1 & 0 & 1 & 1 & 0 & 1 & 1 \\ 0 & 0 & 1 & 1 & 0 & 1 & 1 & 1 & 0 & 0 & 0 \\ 1 & 1 & 1 & 0 & 1 & 1 & 1 & 1 & 0 & 1 & 1 \end{pmatrix}$

## 4.5 Gleichungssysteme

Für Vektoren $a = (a_1, \ldots, a_n)$ und $x = (x_1, \ldots, x_n)$ in $K^n$ definieren wir $\langle a, x \rangle := a_1x_1 + \cdots + a_nx_n$ („Skalarprodukt").

Wir betrachten nebenstehendes Gleichungssystem. Hierbei sind die $a_{ij}$ und $b_j$ Elemente eines festen Körpers $K$, z. B. $\mathbb{R}$ oder $\mathbb{C}$. Die Zahlen $a_{ij}$ und $b_j$ bestimmen schon gänzlich das Gleichungssystem: Die $x_i$ brauchen wir nicht aufzuschreiben. Wir organisieren deshalb das Gleichungssystem in einer Koeffizientenmatrix und einer erweiterten Koeffizientenmatrix, wie unten dargestellt.

$$\begin{matrix} a_{11}x_1 + \cdots + a_{1n}x_n & = & b_1 \\ \vdots & & \vdots \\ a_{m1}x_1 + \cdots + a_{mn}x_n & = & b_m \end{matrix} \qquad (*)$$

$$A = \begin{pmatrix} a_{11} & \cdots & a_{1n} \\ \vdots & & \vdots \\ a_{m1} & \cdots & a_{mn} \end{pmatrix}$$

**Koeffizientenmatrix**

$$(A|\,b) = \left(\begin{array}{ccc|c} a_{11} & \cdots & a_{1n} & b_1 \\ \vdots & & \vdots & \vdots \\ a_{m1} & \cdots & a_{mn} & b_m \end{array}\right)$$

**Erweiterte Koeffizientenmatrix**

Es seien $a_1, \ldots, a_n$ die Zeilenvektoren der Koeffizientenmatrix. Wir können das Gleichungssystem auch schreiben als $\langle a_i, x \rangle = b_i$ für $i = 1, \ldots, m$. Erfüllt $x = (x_1, \ldots, x_n)$ zwei Gleichungen dieses Typs $\langle a_i, x \rangle = b_i$ und $\langle a_j, x \rangle = b_j$, dann auch $\langle a_i + \lambda a_j, x \rangle = b_i + \lambda b_j$. Erfüllt umgekehrt $x$ die zwei Gleichungen $\langle a_j, x \rangle = b_j$ und $\langle a_i + \lambda a_j, x \rangle = b_i + \lambda b_j$, dann auch $\langle a_i, x \rangle = b_i$. Man sieht, dass die Lösungsmenge eines Gleichungssystems sich nicht ändert, wenn wir auf der erweiterten Koeffizientenmatrix Zeilenoperationen durchführen. Wir können deshalb die erweiterte Koeffizientenmatrix auf Zeilenstufenform bringen.

Liegt eine erweiterte Koeffizientenmatrix $(A|b)$ in Zeilenstufenform vor, so lässt sich die Lösungsmenge des Gleichungssystems leicht bestimmen. Ist die letzte Zeile von $A$ in der Zeilenstufenform von $(A|b)$ gleich null, dann liegt eine Gleichung der Form $0 \cdot x_1 + \cdots + 0 \cdot x_n = b \neq 0$ vor. Die Lösungsmenge des Gleichungssystems ist dann leer. Dies sei nun nicht der Fall und die Anzahl Zeilen von $(A|b)$ in Zeilenstufenform sei $m$. Wir setzen zur Vereinfachung voraus, dass $a_{11}, \ldots, a_{mm}$ alle ungleich null sind, also die Stufen haben alle die Länge eins. Dies kann man durch eine Umnummerierung der $x_i$ erreichen. Wir können dann $x_{m+i} = \lambda_i$ für $i = 1, \ldots, n - m$ setzen und von unten nach oben nach $x_m, \ldots, x_1$ lösen:

$$\begin{aligned} x_m(\lambda) &= \frac{1}{a_{mm}} \cdot (-a_{m,m+1}\lambda_1 - \cdots - a_{mn}\lambda_{n-m} + b_m) \\ &\ \ \vdots \\ x_1(\lambda) &= \frac{1}{a_{11}} (-a_{12}x_2 - \cdots - a_{1m}x_m - a_{1,m+1}\lambda_1 - \cdots - a_{1n}\lambda_{n-m} + b_1) \end{aligned}$$

Hierbei ist $\lambda = (\lambda_1, \ldots, \lambda_{n-m})$ ein beliebiges Element von $K^{n-m}$. Die Lösungsmenge ist gleich dem Bild der injektiven Abbildung

$$K^{n-m} \to K^n\,, \quad (\lambda_1, \ldots, \lambda_{n-m}) \mapsto (x_1(\lambda), \ldots, x_m(\lambda), \lambda_1, \ldots, \lambda_{n-m})$$

# Aufgaben

Lösung

**Aufgabe 4.25** Berechnen Sie die Lösungsmengen der nachfolgenden Gleichungssysteme.

1.
$$\begin{aligned} 14x_1 + 35x_2 - 7x_3 - 63x_4 &= 0 \\ -10x_1 - 25x_2 + 5x_3 + 45x_4 &= 0 \\ 26x_1 + 65x_2 - 13x_3 - 117x_4 &= 0 \end{aligned}$$

2.
$$\begin{aligned} 2x_1 - 5x_2 + 4x_3 + 3x_4 &= 0 \\ 3x_1 - 4x_2 + 7x_3 + 5x_4 &= 0 \\ 4x_1 - 9x_2 + 8x_3 + 5x_4 &= 0 \\ -3x_1 + 2x_2 - 5x_3 + 3x_4 &= 0 \end{aligned}$$

3.
$$\begin{aligned} x_1 - x_2 + 2x_3 &= 1 \\ 2x_1 \phantom{- x_2} + 2x_3 &= 1 \\ x_1 - 3x_2 + 4x_3 &= 2 \end{aligned}$$

4.
$$\begin{aligned} x_1 + 2x_2 + 3x_3 + 4x_4 &= 0 \\ 7x_1 + 14x_2 + 20x_3 + 27x_4 &= 0 \\ 5x_1 + 10x_2 + 16x_3 + 19x_4 &= -2 \\ 3x_1 + 5x_2 + 6x_3 + 13x_4 &= 5 \end{aligned}$$

5.
$$\begin{aligned} x_1 + 2x_2 + 3x_3 + 4x_4 &= 0 \\ 7x_1 + 14x_2 + 20x_3 + 27x_4 &= 0 \\ 5x_1 + 10x_2 + 16x_3 + 19x_4 &= -4 \\ 3x_1 + 5x_2 + 6x_3 + 13x_4 &= 10 \end{aligned}$$

6.
$$\begin{aligned} x_1 + 2x_2 + 3x_3 + 4x_4 &= 1 \\ -x_1 + 2x_2 + 3x_3 - x_4 &= -2 \\ 5x_1 + 6x_2 - x_3 + x_4 &= -2 \\ 5x_1 + 10x_2 + 5x_3 + x_4 &= 2 \end{aligned}$$

**Aufgabe 4.26** Bestimmen Sie für alle Werte von $a \in \mathbb{R}$ die Lösungsmenge folgender Gleichungssysteme:

1.
$$\begin{aligned} x_1 + x_2 + ax_3 &= 1 \\ x_1 + ax_2 + x_3 &= 1 \\ ax_1 + x_2 + x_3 &= 1 \end{aligned}$$

2.
$$\begin{aligned} x_1 - ax_2 + x_4 &= 3 \\ -x_1 + x_2 + 2x_3 + ax_4 &= 1 \\ ax_1 - x_2 - x_4 &= -3 \\ x_1 + a^2x_2 + x_4 &= 3 \end{aligned}$$

3.
$$\begin{aligned} (a+1)x_1 + x_2 + x_3 &= a^2 + 3a \\ x_1 + (a+1)x_2 + x_3 &= a^3 + 3a^2 \\ x_1 + x_2 + (a+1)x_3 &= a^4 + 3a^3 \end{aligned}$$

4.
$$\begin{aligned} a^2x_1 - 4x_2 + 2x_3 + 2x_4 &= 8 \\ ax_1 - 2x_2 + x_3 + x_4 &= 4 \\ x_1 + 2x_2 + ax_3 &= 0 \\ x_1 + x_4 + x_3 &= 2 \end{aligned}$$

## 4.6 Lineare Abbildungen, Isomorphismen

**1.** Eine Abbildung $A\colon V \to W$ zwischen $K$-Vektorräumen $V$ und $W$ nennt man linear, wenn $A(\lambda v + \mu w) = \lambda A(v) + \mu A(w)$ für alle $v, w \in V$ und $\lambda, \mu \in K$.

- $\mathrm{Hom}(V, W)$ ist die Menge der linearen Abbildungen $A\colon V \to W$.
- $V^* = \mathrm{Hom}(V, K)$ heißt der Dualraum zu $V$.
- Ein Element von $\mathrm{End}(V) := \mathrm{Hom}(V, V)$ heißt Endomorphismus von $V$.

**2.** Eine lineare Abbildung heißt Isomorphismus, wenn sie bijektiv ist.

**3.** Zwei Vektorräume $V$ und $W$ heißen isomorph, wenn es einen Isomorphismus $A\colon V \to W$ gibt.

**4.** Ist $A\colon V \to W$ linear, so ist der Kern von $A$ definiert durch
$\mathrm{Ker}(A) = \{v \in V\colon A(v) = 0\}$.

**Beispiele** **1.** Ist $U$ ein Unterraum von $V$, so ist die Inklusionsabbildung $\iota\colon U \to V$, $\iota(u) = u$ offenbar linear. Insbesondere gilt dies für $U = V$. In diesem Fall heißt $\iota = \mathrm{Id} = \mathrm{Id}_V$ die identische Abbildung.

**2.** Seien $V$ und $W$ Vektorräume. Die Nullabbildung $N(v) = 0$ ist offenbar linear.

**Satz 4.3** **1.** Sei $(b_1, \ldots, b_n)$ eine Basis von $V$ und $a_1, \ldots, a_n$ Elemente von $W$. Dann gibt es genau eine lineare Abbildung $A\colon V \to W$ mit $A(b_i) = a_i$.

**2.** $A$ ist ein Isomorphismus genau dann, wenn $(a_1, \ldots, a_n)$ eine Basis von $W$ ist.

**3.** Zwei endlich dimensionale $K$-Vektorräume $V$ und $W$ sind isomorph genau dann, wenn $\dim(V) = \dim(W)$.

Ist $A$ eine solche lineare Abbildung, dann gilt $A(x_1 b_1 + \cdots + x_n b_n) = x_1 a_1 + \cdots + x_n a_n$. Also ist $A$ eindeutig bestimmt. Andererseits gibt diese Formel eine lineare Abbildung $A\colon V \to W$. Die zweite und dritte Aussage folgen aus der ersten. ■

**Satz 4.4** Sei $A\colon V \to W$ linear.

**1.** Ist $A$ ein Isomorphismus, so ist $A^{-1}$ ebenfalls ein Isomorphismus.

**2.** Ist $B\colon W \to U$ linear, so auch $B \circ A$. Sind $B, A$ Isomorphismen, so auch $B \circ A$.

**1.** Zu zeigen ist, dass $A^{-1}$ linear ist. Seien $v, w \in W$, $A(a) = v$ und $A(b) = w$:

$$\begin{aligned} A^{-1}(\lambda v + \mu w) &= A^{-1}(\lambda A(a) + \mu A(b)) = A^{-1}(A(\lambda a + \mu b)) = \lambda a + \mu b \\ &= \lambda A^{-1}(v) + \mu A^{-1}(w)\,. \end{aligned}$$

**2.** Aufgaben

## Aufgaben

Lösung

**Aufgabe 4.27** Es sei $A\colon K^n \to W$ eine lineare Abbildung. Zeigen Sie, dass es $a_1, \dots, a_n \in W$ gibt, sodass $A(x_1, \dots, x_n) = x_1 a_1 + \cdots + x_n a_n$.

**Aufgabe 4.28** Sei $A\colon V \to W$ eine lineare Abbildung.

1. Sei $U \subset V$ ein Unterraum. Zeigen Sie, dass $\mathrm{Im}(A) := A(U) := \{A(u)\colon u \in U\}$ ein Unterraum von $W$ ist.
2. Sei $U \subset W$ ein Unterraum von $W$. Zeigen Sie, dass $A^{-1}(U) = \{x \in V\colon A(x) \in U\}$ ein Unterraum von $V$ ist.

**Aufgabe 4.29**

1. Es seien $V, W$ Vektorräume. Zeigen Sie, dass $\mathrm{Hom}(V, W)$ mit der offensichtlichen Addition und Skalarmultiplikation ebenfalls ein $K$-Vektorraum ist.
2. Es sei $A, B \in \mathrm{Hom}(V, W)$ und $C \in \mathrm{Hom}(W, Z)$ für Vektorräume $V, W, Z$. Zeigen Sie, dass $C \circ (A + B) = C \circ A + C \circ B$.
3. Es sei $A, B \in \mathrm{Hom}(V, W)$ und $C \in \mathrm{Hom}(Z, V)$. Zeigen Sie, dass $(A+B)\circ C = A\circ C + B\circ C$. Diese Aussage bedeutet, dass die Abbildung $\mathrm{Hom}(V, W) \to \mathrm{Hom}(Z, W)$ mit $A \mapsto A \circ C$ linear ist. Der Raum $\mathrm{Hom}(V, K)$ heißt Dualraum und wird auch mit $V^*$ bezeichnet.
4. Es sei $A \in \mathrm{End}(V)$ nilpotent, d. h., es gibt ein $n \in \mathbb{N}$ mit $A^n = 0$. Zeigen Sie, dass $\mathrm{Id} - A$ ein Isomorphismus ist.

**Aufgabe 4.30** Es sei $V = U \oplus W$. Zeigen Sie, dass die Abbildung $\sigma\colon V \to V$, gegeben durch $\sigma(v, w) = (v, -w)$ für $v \in U$ und $w \in W$, ein Isomorphismus ist. Beschreiben Sie $\sigma^{-1}$.

**Aufgabe 4.31** Es sei $K[x]_{\leq n}$ der $K$-Vektorraum der Polynome vom Grad kleiner oder gleich $n$.

Seien $a_0, \dots, a_n$ verschiedene Elemente von $\mathbb{R}$. Zeigen Sie, dass die Abbildung $\mathbb{R}[x]_{\leq n} \to \mathbb{R}^{n+1}$, gegeben durch

$$f \mapsto (f(a_0), \dots, f(a_n)) \;,$$

ein Isomorphismus ist.

**Aufgabe 4.32** Für eine Matrix $A = (a_{ij}) \in K^{m\times n}$ ist die transponierte Matrix $A^{\mathrm{T}} \in K^{n\times n}$ definiert durch $A^{\mathrm{T}} = (a_{ji})$. Zeigen Sie, dass die Abbildung $K^{m\times n} \to K^{n\times m}$ mit $A \mapsto A^{\mathrm{T}}$ ein Isomorphismus ist.

**Aufgabe 4.33** Sei $V$ ein Vektorraum und seien $U, W$ Unterräume von $V$. Man sagt, dass $V$ die direkte Summe von $U$ und $W$ ist, wenn die Abbildung $U \oplus W \to V$, gegeben durch $(u, w) \mapsto u + w$, ein Isomorphismus ist, Notation $V = U \oplus W$. Zeigen Sie: Ist $V$ endlich dimensional, so ist $V$ die direkte Summe von $U$ und $W$ genau dann, wenn $\dim(V) = \dim(U) + \dim(W)$ und $U \cap W = \{0\}$.

## 4.7 Matrizen

Sei $A\colon V \to W$ linear, $\mathcal{B} = (b_1, \ldots, b_n)$ eine Basis von $V$ und $\mathcal{C} = (c_1, \ldots, c_m)$ eine Basis von $W$. Die $m \times n$-Matrix ${}_{\mathcal{C}}A_{\mathcal{B}} = (a_{ij})$ ist definiert durch $A(b_j) = \sum_{i=1}^{m} a_{ij}c_i$.

In der $j$-ten Spalte der Matrix ${}_{\mathcal{C}}A_{\mathcal{B}}$ steht deshalb das Bild $A(b_j)$ des $j$-ten Basisvektors, welches wir in der Basis $(c_1, \ldots, c_m)$ von $\mathcal{C}$ ausschreiben. Ist $V = K^n$, $W = K^m$ mit Standardbasen $\mathcal{E} = \mathcal{E}_n$ und $\mathcal{E} = \mathcal{E}_m$, so schreiben wir kurz $A = {}_{\mathcal{E}_m}A_{\mathcal{E}_n}$. Beachten Sie, dass $\mathrm{Id}_n = {}_{\mathcal{E}}\mathrm{Id}_{\mathcal{E}} = (a_{ij})$ mit $a_{ij} = 0$ für $i \neq j$ und $a_{ii} = 1$ für $i = 1, \ldots, n$.

Sei $A = (a_{ij}) \in K^{m \times n}$ und $B = (b_{ki}) \in K^{p \times m}$. Das (Matrix-)Produkt von $B$ und $A$ ist die $p \times n$-Matrix $B \cdot A = (c_{kj})$ mit $c_{kj} = \sum_{i=1}^{m} b_{ki}a_{ij}$.

Um den Eintrag $c_{kj}$ von $B \cdot A$ zu bestimmen, nimmt man das „Skalarprodukt" der $k$-ten Zeile von $B$ mit der $j$-ten Spalte von $A$. Beachten Sie, dass die Anzahl Spalten von $B$ gleich der Anzahl Zeilen von $A$ sein muss: Sonst ist $B \cdot A$ nicht definiert.

**Beispiele**

1. $\begin{pmatrix} 1 & 2 & 3 \end{pmatrix} \cdot \begin{pmatrix} 4 \\ 5 \\ 6 \end{pmatrix} = (32)$

2. $\begin{pmatrix} 4 \\ 5 \\ 6 \end{pmatrix} \cdot \begin{pmatrix} 1 & 2 & 3 \end{pmatrix} = \begin{pmatrix} 4 & 8 & 12 \\ 5 & 10 & 15 \\ 6 & 12 & 18 \end{pmatrix}$

3. $\begin{pmatrix} 1 & 2 \\ -1 & 3 \\ 2 & 1 \end{pmatrix} \cdot \begin{pmatrix} 1 & 2 \\ 3 & -1 \end{pmatrix} = \begin{pmatrix} 7 & 0 \\ 8 & -5 \\ 5 & 3 \end{pmatrix}$

4. $\begin{pmatrix} 1 & 2 & 3 \\ -1 & 4 & 5 \end{pmatrix} \cdot \begin{pmatrix} -2 & 3 \\ 7 & 4 \\ 1 & -2 \end{pmatrix} = \begin{pmatrix} 15 & 5 \\ 35 & 3 \end{pmatrix}$

**Satz 4.5**

1. Sei $A \in K^{m \times n}$. Dann gilt: $\mathrm{Rang}(A) = \mathrm{Rang}(A^{\mathrm{T}})$.
2. Sei $\mathrm{Rang}(A) = k$. Dann gibt es eine $k \times k$-Untermatrix von $A$ von Rang $k$.

1. Der Rang von $A^{\mathrm{T}}$ ist der Spaltenrang von $A$, also die Dimension des Unterraumes von $K^n$, aufgespannt durch die Spaltenvektoren von $A$. Ist $B$ eine $m \times k$-Matrix und $C$ eine $k \times n$-Matrix, so ist jede Zeile von $B \cdot C$ eine Linearkombination der Zeilen von $C$ und jede Spalte von $B \cdot C$ eine Linearkombination von Spalten von $B$. Es folgt: Der Zeilenrang von $A$ ist kleiner gleich $k$ genau dann, wenn es ein $B \in K^{m \times k}$ und ein $C \in K^{k \times n}$ gibt mit $A = B \cdot C$ genau dann, wenn der Spaltenrang von $A$ kleiner gleich $k$ ist. Also ist der Spaltenrang von $A$ gleich dem Zeilenrang von $A$.
2. Nach dem Basisauswahlsatz können wir $k$ Spalten von $A$ wählen, welche den Spaltenraum der Matrix $A$ erzeugen. Wir erhalten eine $m \times k$-Matrix $A'$ vom Rang $k$. Aus $A'$ können wir $k$ Zeilen wählen, welche den Raum $K^k$ erzeugen. Wir erhalten somit eine $k \times k$-Untermatrix $A''$ vom Rang $k$. ■

## Aufgaben

Lösung

**Aufgabe 4.34** Berechnen Sie die nachfolgenden Matrixprodukte.

1. $\begin{pmatrix} 1 & 3 & 2 \\ 0 & 4 & 1 \\ 2 & 1 & 0 \end{pmatrix} \begin{pmatrix} 4 & 2 & 1 & 0 \\ 1 & 2 & 0 & 3 \\ 0 & 1 & 5 & 2 \end{pmatrix}$

2. $\begin{pmatrix} 1 \\ 2 \\ -2 \end{pmatrix} \begin{pmatrix} 4 & 2 & 3 \end{pmatrix}$

3. $\begin{pmatrix} 0 & 1 & 0 \end{pmatrix} \begin{pmatrix} 83 & -29 & -52 & 46 \\ -14 & 34 & 79 & -14 \\ 83 & -11 & 23 & 85 \end{pmatrix}$

4. $\begin{pmatrix} 4 & 2 & 3 \end{pmatrix} \begin{pmatrix} 1 \\ 2 \\ -2 \end{pmatrix}$

**Aufgabe 4.35** Es sei $V = \{a_0 + a_1 x + \cdots + a_n x^n : a_0, \ldots, a_n \in \mathbb{R}\}$ der reelle Vektorraum aller Polynome vom Grad kleiner oder gleich $n$. Für $f \in V$ sei $A(f) = f'' + (x^n \cdot f(1/x))'$. Zeigen Sie, dass $A\colon V \to V$ linear ist, und bestimmen Sie ${}_{\mathcal{B}}A_{\mathcal{B}}$ für $\mathcal{B} = (1, x, x^2, \ldots, x^n)$.

**Aufgabe 4.36** Es seien $V, W$ $K$-Vektorräume mit $\dim(V) = n$ und $\dim(W) = m$. Sei $\mathcal{B}$ eine Basis von $V$ und $\mathcal{C}$ eine Basis von $W$. Zeigen Sie, dass die Abbildung

$$\mathrm{Hom}(V, W) \to K^{m \times n}, \ A \mapsto {}_{\mathcal{C}}A_{\mathcal{B}}$$

ein Isomorphismus ist.

**Aufgabe 4.37** Sei $B$ eine $p \times m$- und $A$ eine $m \times n$-Matrix.

1. Zeigen Sie, dass $(B \cdot A)^{\mathrm{T}} = A^{\mathrm{T}} \cdot B^{\mathrm{T}}$.
2. Für eine Matrix $A = (a_{ij}) \in \mathbb{C}^{m \times n}$ ist die komplex konjugierte Matrix $A^* \in \mathbb{C}^{n \times m}$ definiert durch $A^* = (\overline{a}_{ji})$. Zeigen Sie, dass $(B \cdot A)^* = A^* \cdot B^*$

**Aufgabe 4.38** Zeigen Sie das Lemma von Schur. Sei $A \in K^{n \times n}$, sodass $A \cdot B = B \cdot A$ für alle $\in K^{n \times n}$. Dann gibt es ein $c \in K$ mit $A = c \cdot \mathrm{Id}_n$.

**Aufgabe 4.39 (Kästchenmultiplikation)** Es seien $A$ und $B$ Matrizen der Form:

$$A = \begin{pmatrix} A_{11} & \cdots & A_{1n} \\ \vdots & & \vdots \\ A_{m1} & \cdots & A_{mn} \end{pmatrix} \quad \text{und} \quad B = \begin{pmatrix} B_{11} & \cdots & B_{1k} \\ \vdots & & \vdots \\ B_{n1} & \cdots & B_{nk} \end{pmatrix},$$

wobei die Anzahl Spalten von $A_{ij}$ gleich der Anzahl Zeilen von $B_{j\ell}$ ist. Zeigen Sie:

$$A \cdot B = \begin{pmatrix} C_{11} & \cdots & C_{1k} \\ \vdots & & \vdots \\ C_{m1} & \cdots & C_{mk} \end{pmatrix} \quad \text{mit} \quad C_{i\ell} = \sum_{j=1}^{n} A_{ij} B_{j\ell}\,.$$

## 4.8 Dimensionssatz

Sei $A\colon V \to W$ linear.

**1.** Der Kern von $A$ ist der Unterraum von $V$ definiert durch $\mathrm{Ker}(A) := \{v \in V\colon A(v) = 0\}$.

**2.** $\mathrm{Im}(A) = \{A(v)\colon v \in V\}$ ist ein Unterraum von $W$. Wir definieren den Rang von $A$ als die Dimension von $\mathrm{Im}(A)$.

**Satz 4.6** Sei $A\colon V \to W$ linear.

**1.** $A$ ist injektiv genau dann, wenn $\mathrm{Ker}(A) = \{0\}$.

**2.** Ist $\dim(V) < \infty$, so ist $\dim(V) = \dim(\mathrm{Im}(A)) + \dim(\mathrm{Ker}(A))$.

**3.** Ist $W$ endlich dimensional, so gibt es Basen $\mathcal{B}$ von $V$ und $\mathcal{C}$ von $W$, sodass ${}_{\mathcal{C}}A_{\mathcal{B}}$ die nebenstehende Gestalt hat.

$$\begin{pmatrix} \mathrm{Id}_r & 0 \\ 0 & 0 \end{pmatrix}$$

**4.** Ist $A\colon V \to V$ ein Endomorphismus, $\dim(V) < \infty$, so gilt: $A$ injektiv $\iff$ $A$ surjektiv $\iff$ $A$ bijektiv.

**1.** Sei $A$ injektiv. Dann folgt aus $A(v) = 0$, dass $A(v) = A(0)$, also $v = 0$. Sei umgekehrt $\mathrm{Ker}(A) = \{0\}$. Ist $A(v) = A(w)$, dann $A(v - w) = 0$, also $v - w = 0$ und $v = w$.

**2.** und **3.** Die Dimension von $\mathrm{Ker}(A)$ sei gleich $n - k$. Wähle eine Basis $b_{k+1}, \ldots, b_n$ von $\mathrm{Ker}(A)$. Ergänze diese zu einer Basis $\mathcal{B} = (b_1, \ldots, b_k, b_{k+1}, \ldots, b_n)$ von $V$. Sei $c_i = A(b_i)$. Dann ist $\mathrm{Im}(A)$ erzeugt von $c_1, \ldots, c_k$, da $A(b_j) = 0$ für $j > k$. Die $(c_1, \ldots, c_k)$ sind linear unabhängig: Wäre $0 = x_1c_1 + \cdots + x_kc_k = 0$, so folgt

$$\begin{aligned} 0 &= x_1c_1 + \cdots + x_kc_k = x_1A(b_1) + \cdots + x_kA(b_k) \\ &= A(x_1b_1 + \cdots + x_kb_k) \,. \end{aligned}$$

Also $x_1b_1 + \cdots + x_kb_k \in \mathrm{Ker}(A)$. Es gibt deshalb $x_{k+1}, \ldots, x_n \in K$ mit

$$x_1b_1 + \cdots + x_kb_k = x_{k+1}b_{k+1} + \cdots + x_nb_n \,.$$

Deshalb ist $x_1 = \ldots = x_k = 0$, weil $(b_1, \ldots, b_n)$ linear unabängig ist. Es folgt $\dim(\mathrm{Im}(A)) = k$ und $\dim(V) = \dim(\mathrm{Ker}(A)) + \dim(\mathrm{Im}(A))$. Zum Beweis der dritten Aussage ergänzen wir $(c_1, \ldots, c_k)$ zu einer Basis $\mathcal{C}$ von $W$. Dann hat ${}_{\mathcal{C}}A_{\mathcal{B}}$ die angegebene Form.

**4.** Folgt aus der zweiten Aussage. $A$ is injektiv $\iff$ $\mathrm{Ker}(A) = \{0\}$ $\iff$ $\dim(\mathrm{Ker}(A)) = 0$ $\iff$ $\dim(\mathrm{Im}(A)) = n$ $\iff$ $\mathrm{Im}(A) = V$ $\iff$ $A$ ist surjektiv. ■

## Aufgaben

Lösung

**Aufgabe 4.40** Sei $V = \text{Abb}(\mathbb{N}, \mathbb{R})$ der Vektorraum der Folgen.

1. Bestimmen Sie eine lineare Abbildung $A\colon V \to V$, welche surjektiv, aber nicht injektiv ist.
2. Bestimmen Sie eine lineare Abbildung $A\colon V \to V$, welche injektiv, aber nicht surjektiv ist.

**Aufgabe 4.41** Sei $V = \{f\colon \mathbb{R} \to \mathbb{R}\colon f \text{ unendlich oft differenzierbar}\}$ und $A\colon V \to V$ gegeben durch $A(f) = f'' + f$. Zeigen Sie, dass $A$ linear ist, und bestimmen Sie $\text{Ker}(A)$.

**Aufgabe 4.42**

1. Es sei $V$ ein zweidimensionaler $K$-Vektorraum, $A : V \to V$ linear mit $A^2 = 0$, aber $A \neq 0$. Zeigen Sie, dass $\text{Ker}(A) = \text{Im}(A)$. Geben Sie ein Beispiel einer solchen Abbildung $A$.
2. Gilt diese Aussage auch für einen dreidimensionalen $K$-Vektorraum $V$?

**Aufgabe 4.43** Es sei $A : V \to V$ linear mit $A^2 = A$.

1. Zeigen Sie, dass $\text{Ker}(A) \cap \text{Im}(A) = \{0\}$.
2. Zeigen Sie, dass jedes $x \in V$ auf genau eine Weise geschrieben werden kann als $x = y + z$ mit $y \in \text{Ker}(A)$ und $z \in \text{Im}(A)$, d. h. $V = \text{Ker}(A) \oplus \text{Im}(A)$.

**Aufgabe 4.44** Bestimmen Sie für die nachfolgenden Matrizen $A$ Basen $\mathcal{B}$ und $\mathcal{C}$ so, dass ${}_{\mathcal{C}}A_{\mathcal{B}}$ die in Satz 4.6 angegebene Form hat.

1. $\begin{pmatrix} 1 & 2 & 0 & 1 \\ 2 & -1 & 2 & -1 \\ 1 & 3 & 2 & -2 \end{pmatrix}$
2. $\begin{pmatrix} 1 & 2 & 0 & 4 & -1 \\ 2 & 3 & -1 & 2 & 0 \\ 1 & 3 & 1 & 10 & -3 \\ -1 & 0 & 2 & 8 & -3 \end{pmatrix}$
3. $\begin{pmatrix} 1 & 2 & -1 & 3 & 4 & 3 \\ 2 & -1 & 3 & 1 & -1 & 2 \\ -1 & 3 & -2 & 4 & 1 & -1 \end{pmatrix}$
4. $\begin{pmatrix} 1 & -1 & 2 & 1 \\ 2 & -1 & 3 & -1 \\ 4 & -1 & 2 & 3 \\ -1 & 2 & 5 & 7 \\ 4 & -1 & 3 & 5 \end{pmatrix}$

## 4.9 Inverse Matrizen

Eine Matrix $A \in K^{n\times n}$ heißt invertierbar, wenn es eine Matrix $A^{-1}$ gibt mit $A \cdot A^{-1} = \mathrm{Id}_n$. Eine nicht invertierbare Matrix heißt auch singuläre Matrix.

$$\mathrm{Id}_n = \begin{pmatrix} 1 & 0 & \cdots & 0 \\ 0 & 1 & \cdots & 0 \\ \vdots & & \ddots & \vdots \\ 0 & 0 & \cdots & 1 \end{pmatrix}$$

Es folgt, dass $A^{-1} \cdot A = \mathrm{Id}$ ist. Ist nämlich $A \cdot A^{-1} = \mathrm{Id}$, so ist die Abbildung $A\colon K^n \to K^n$ surjektiv: mit $x = A^{-1}(b)$ gilt $A(x) = b$. Dann ist $A$ auch bijektiv (Satz 4.6), also ein Isomorphismus. Die Umkehrabbildung ist deshalb gegeben durch die Matrix $A^{-1}$ und $A^{-1} \cdot A = \mathrm{Id}$ folgt. Ist umgekehrt $A^{-1} \cdot A = \mathrm{Id}_n$, so ist $A$ injektiv und damit auch ein Isomorphismus. Es folgt $A \cdot A^{-1} = \mathrm{Id}$.

Das Gleichungssystem mit der nebenstehenden erweiterten Koeffizientenmatrix $(A|b)$ können wir auch in Matrixdarstellung schreiben: $A \cdot x = b$. Dieses Gleichungssystem hat eine eindeutige Lösung genau dann, wenn die Matrix $A$ invertierbar ist. Die Lösung ist in diesem Fall gegeben durch die Formel $x = A^{-1} \cdot b$.

$$\left(\begin{array}{ccc|c} a_{11} & \cdots & a_{1n} & b_1 \\ \vdots & & \vdots & \vdots \\ a_{n1} & \cdots & a_{nn} & b_n \end{array}\right)$$

Um die Inverse $A^{-1}$ zu berechnen, bemerkt man, dass die $i$-te Spalte von $A^{-1}$ ein Vektor $x$ in $K^n$ ist, welcher die Gleichung $A \cdot x = e_i$ löst. Man erhält die gleiche Prozedur wie im Fall $\mathbb{R}^3$.

**Satz 4.7** Schreibe $(A|\,\mathrm{Id})$ auf. Führe Zeilenoperationen durch, bis links die Matrix Id steht. Dann steht rechts die Matrix $A^{-1}$.

Die Existenz solcher Zeilenoperationen ist klar. Man arbeite Spalte nach Spalte der Matrix $A$ ab, genau wie im Fall $\mathbb{R}^3$.

**Beispiel** Sei $K = \mathbb{F}_2 = \{0,1\}$ der Körper mit zwei Elementen.

$$\left(\begin{array}{cccc|cccc} 1&1&1&1&1&0&0&0\\ 1&0&1&1&0&1&0&0\\ 0&1&1&0&0&0&1&0\\ 1&0&1&0&0&0&0&1 \end{array}\right) \rightsquigarrow \left(\begin{array}{cccc|cccc} 1&1&1&1&1&0&0&0\\ 0&1&0&0&1&1&0&0\\ 0&1&1&0&0&0&1&0\\ 0&1&0&1&1&0&0&1 \end{array}\right) \rightsquigarrow \left(\begin{array}{cccc|cccc} 1&0&1&1&0&1&0&0\\ 0&1&0&0&1&1&0&0\\ 0&0&1&0&1&1&1&0\\ 0&0&0&1&0&1&0&1 \end{array}\right) \rightsquigarrow$$

$$\left(\begin{array}{cccc|cccc} 1&0&0&1&1&0&1&0\\ 0&1&0&0&1&1&0&0\\ 0&0&1&0&1&1&1&0\\ 0&0&0&1&0&1&0&1 \end{array}\right) \rightsquigarrow \left(\begin{array}{cccc|cccc} 1&0&0&0&1&1&1&1\\ 0&1&0&0&1&1&0&0\\ 0&0&1&0&1&1&1&0\\ 0&0&0&1&0&1&0&1 \end{array}\right)$$

Tatsächlich gilt
$$\begin{pmatrix} 1&1&1&1\\ 1&0&1&1\\ 0&1&1&0\\ 1&0&1&0 \end{pmatrix} \cdot \begin{pmatrix} 1&1&1&1\\ 1&1&0&0\\ 1&1&1&0\\ 0&1&0&1 \end{pmatrix} = \begin{pmatrix} 1&0&0&0\\ 0&1&0&0\\ 0&0&1&0\\ 0&0&0&1 \end{pmatrix}$$

## Aufgaben

Lösung

**Aufgabe 4.45** Berechnen Sie, wenn möglich, die Inversen der nachfolgenden Matrizen ($K = \mathbb{R}$).

1. $\begin{pmatrix} 3 & 2 & 2 & 1 \\ -1 & 1 & 0 & 1 \\ 2 & 2 & 1 & 1 \\ 2 & 3 & 0 & 1 \end{pmatrix}$

2. $\begin{pmatrix} 1 & -1 & 3 & 1 \\ 2 & -3 & 8 & 6 \\ -1 & 2 & -4 & 0 \\ 1 & -1 & 3 & 2 \end{pmatrix}$

3. $\begin{pmatrix} 2 & 3 & 4 & 5 \\ 3 & 3 & 4 & 5 \\ 4 & 4 & 4 & 5 \\ 5 & 5 & 5 & 5 \end{pmatrix}$

4. $\begin{pmatrix} 1 & -1 & 1 & 2 \\ 3 & 2 & -2 & 5 \\ 2 & 1 & 0 & 4 \\ 2 & 1 & -2 & 1 \end{pmatrix}$

**Aufgabe 4.46** Sei $K = \mathbb{F}_2$ der Körper mit zwei Elementen. Berechnen Sie, wenn möglich, die Inversen der nachfolgenden Matrizen.

1. $\begin{pmatrix} 1 & 0 & 1 & 1 & 1 \\ 1 & 1 & 0 & 1 & 1 \\ 0 & 1 & 1 & 1 & 0 \\ 1 & 0 & 1 & 1 & 0 \\ 1 & 0 & 0 & 1 & 1 \end{pmatrix}$

2. $\begin{pmatrix} 1 & 0 & 0 & 1 & 1 \\ 1 & 1 & 0 & 1 & 1 \\ 0 & 1 & 1 & 1 & 0 \\ 1 & 1 & 1 & 1 & 0 \\ 1 & 0 & 0 & 1 & 1 \end{pmatrix}$

**Aufgabe 4.47** Sei $K = \mathbb{F}_3$ der Körper mit drei Elementen $\{0, 1, -1\}$, also $1+1 = -1$. Berechnen Sie, wenn möglich, die Inversen der nachfolgenden Matrizen.

1. $\begin{pmatrix} -1 & 0 & 1 & -1 & 1 \\ 1 & -1 & 0 & 1 & 1 \\ 0 & -1 & 1 & 0 & 1 \\ 1 & 0 & 1 & 1 & 0 \\ 1 & 0 & 0 & 1 & 1 \end{pmatrix}$

2. $\begin{pmatrix} 1 & 0 & 0 & -1 & 1 \\ 1 & -1 & 0 & 1 & 1 \\ 0 & 1 & 1 & -1 & 0 \\ 1 & -1 & 1 & 1 & 0 \\ 1 & 0 & 0 & 1 & 1 \end{pmatrix}$

**Aufgabe 4.48** Es seien $A$ und $B$ invertierbare Matrizen. Zeigen Sie, dass $A \cdot B$ invertierbar ist und $(A \cdot B)^{-1} = B^{-1} \cdot A^{-1}$.

**Aufgabe 4.49** Sei $A = (a_{ij})$ eine invertierbare obere Dreiecksmatrix, also $a_{ij} = 0$ für $i > j$. Zeigen Sie, dass $A^{-1}$ ebenfalls eine obere Dreiecksmatrix ist.

## 4.10 Basiswechsel

**Satz 4.8**

1. Seien $A\colon V \to W$ und $B\colon W \to U$ linear, $\mathcal{B}$ eine Basis von $V$, $\mathcal{C}$ eine Basis von $W$ und $\mathcal{D}$ eine Basis von $U$. Dann gilt: ${}_{\mathcal{D}}(B \circ A)_{\mathcal{B}} = {}_{\mathcal{D}}B_{\mathcal{C}} \cdot {}_{\mathcal{C}}A_{\mathcal{B}}$.
2. Es seien $\mathcal{B}$ und $\mathcal{C}$ Basen eines $n$-dimensionalen Vektorraums $V$ und $\mathrm{Id}\colon V \to V$ die Identitätsabbildung. Dann gilt

$$\mathrm{Id}_n = {}_{\mathcal{B}}\mathrm{Id}_{\mathcal{B}} \text{ und } {}_{\mathcal{B}}\mathrm{Id}_{\mathcal{C}} = \left({}_{\mathcal{C}}\mathrm{Id}_{\mathcal{B}}\right)^{-1} .$$

1. Sei $\dim(V) = n$, $\dim(W) = m$ $\dim(U) = p$, ${}_{\mathcal{C}}A_{\mathcal{B}} = (a_{ij})$ und ${}_{\mathcal{D}}B_{\mathcal{C}} = (b_{ki})$. Es gilt $A(b_j) = \sum_{i=1}^{m} a_{ij}c_i$ und $B(c_i) = \sum_{k=1}^{p} b_{ki}d_k$. Es folgt, dass $B \circ A(b_j)$ gleich

$$B(A(b_j)) = B\left(\sum_{i=1}^{m} a_{ij}c_i\right) = \sum_{i=1}^{m} a_{ij}B(c_i) = \sum_{i=1}^{m} a_{ij} \sum_{k=1}^{p} b_{ki}d_k = \sum_{k=1}^{p}\left(\sum_{i=1}^{m} b_{ki}a_{ij}\right) d_k$$

ist. Also ${}_{\mathcal{D}}(B \circ A)_{\mathcal{B}} = \left(\sum_{i=1}^{m} b_{ki}a_{ij}\right) = {}_{\mathcal{D}}B_{\mathcal{C}} \cdot {}_{\mathcal{C}}A_{\mathcal{B}}$.

2. Die Aussage $\mathrm{Id}_n = {}_{\mathcal{B}}\mathrm{Id}_{\mathcal{B}}$ ist offensichtlich. Es gilt deshalb

$$\mathrm{Id}_n = {}_{\mathcal{B}}\mathrm{Id}_{\mathcal{B}} = {}_{\mathcal{B}}(\mathrm{Id} \circ \mathrm{Id})_{\mathcal{B}} = {}_{\mathcal{B}}\mathrm{Id}_{\mathcal{C}} \cdot {}_{\mathcal{C}}\mathrm{Id}_{\mathcal{B}} .$$ ■

Ist $\mathcal{B} = (b_1, \ldots, b_n)$ eine Basis von $K^n$ und $\mathcal{E}$ die Standardbasis von $K^n$, so ist ${}_{\mathcal{E}}\mathrm{Id}_{\mathcal{B}}$ die Matrix mit Spaltenvektoren $b_1, \ldots, b_n$. Sie ist deshalb sehr leicht zu bestimmen.

**Beispiel** Betrachte die Abbildung $A\colon \mathbb{R}^3 \to \mathbb{R}^2$, welche bezüglich der Standardbasen gegeben ist durch die Matrix

$${}_{\mathcal{E}_2}A_{\mathcal{E}_3} = \begin{pmatrix} 1 & -1 & 3 \\ 2 & 1 & -2 \end{pmatrix} .$$

Sei $\mathcal{B} = (b_1, b_2, b_3)$ mit $b_1 = (1, 0, -1)$, $b_2 = (3, 1, 2)$ und $b_3 = (4, 1, 0)$. Dann ist $\mathcal{B}$ eine Basis von $\mathbb{R}^3$. Sei $\mathcal{C} = (c_1, c_2)$ mit $c_1 = (3, 4)$ und $c_2 = (-1, 1)$. Dann ist

$${}_{\mathcal{E}_2}\mathrm{Id}_{\mathcal{C}} = \begin{pmatrix} 3 & -1 \\ 4 & 1 \end{pmatrix}, \quad {}_{\mathcal{C}}\mathrm{Id}_{\mathcal{E}_2} = \left({}_{\mathcal{E}_2}\mathrm{Id}_{\mathcal{C}}\right)^{-1} = \frac{1}{7} \cdot \begin{pmatrix} 1 & 1 \\ -4 & 3 \end{pmatrix}$$

und

$${}_{\mathcal{C}}A_{\mathcal{B}} = \frac{1}{7}\begin{pmatrix} 1 & 1 \\ -4 & 3 \end{pmatrix} \cdot \begin{pmatrix} 1 & -1 & 3 \\ 2 & 1 & -2 \end{pmatrix} \cdot \begin{pmatrix} 1 & 3 & 4 \\ 0 & 1 & 1 \\ -1 & 2 & 0 \end{pmatrix} = \frac{1}{7}\begin{pmatrix} 2 & 11 & 12 \\ 20 & -23 & 15 \end{pmatrix} .$$

## Aufgaben

Lösung

**Aufgabe 4.50** Sei $A\colon \mathbb{R}^2 \to \mathbb{R}^3$ gegeben durch die Matrix ${}_{\mathcal{E}}A_{\mathcal{E}} = \begin{pmatrix} 3 & -1 \\ -2 & 2 \\ 4 & -3 \end{pmatrix}$.

Sei $b_1 = (1,1,0)$, $b_2 = (2,-1,3)$, $b_3 = (2,0,3)$, $c_1 = (2,3)$ und $c_2 = (-1,3)$.

1. Zeigen Sie: $\mathcal{B} = (b_1, b_2, b_3)$ ist eine Basis von $\mathbb{R}^3$ und $\mathcal{C} = (c_1, c_2)$ ist eine Basis von $\mathbb{R}^2$.
2. Berechnen Sie ${}_{\mathcal{B}}A_{\mathcal{C}}$.

**Aufgabe 4.51** Sei $A\colon \mathbb{R}^3 \to \mathbb{R}^4$ linear mit $A(2,1,-1) = (1,2,3,5)$, $A(1,-1,4) = (2,-1,0,3)$ und $A(3,1,3) = (4,-1,3,-2)$. Bestimmen Sie ${}_{\mathcal{E}}A_{\mathcal{E}}$.

**Aufgabe 4.52** Sei $b_1 = (1,-1,0,1)$, $b_2 = (1,3,1,-1)$, $b_3 = (2,1,0,-1)$, $b_4 = (1,3,4,-1)$.

1. Zeigen Sie, dass $\mathcal{B} = (b_1, b_2, b_3, b_4)$ eine Basis von $\mathbb{R}^4$ ist.
2. Die Koordinaten von $v$ bezüglich $\mathcal{B}$ sind $(1,-1,2,3)$. Bestimmen Sie $v$.
3. Sei $w = (-1,3,2,4)$. Bestimmen Sie die Koordinaten von $w$ bezüglich $\mathcal{B}$.

**Aufgabe 4.53** Die Matrix $A \in \mathbb{R}^{4\times 4}$ sei gegeben durch

$$A = \begin{pmatrix} 3 & 0 & -3 & 4 \\ 1 & 3 & 0 & -3 \\ 0 & 0 & 1 & 0 \\ 0 & 0 & 1 & -1 \end{pmatrix}.$$

Bestimmen Sie eine invertierbare Matrix $S$, sodass $S^{-1}AS$ eine obere Dreiecksmatrix ist.

**Aufgabe 4.54** Sei $A \in \mathbb{R}^{2\times 2}$. Zeigen Sie: Es existiert eine Basis $\mathcal{B}$ von $\mathbb{R}^2$, sodass ${}_{\mathcal{B}}A_{\mathcal{B}}$ gleich

1. $\begin{pmatrix} a & 0 \\ 0 & b \end{pmatrix}$ oder 2. $\begin{pmatrix} a & 1 \\ 0 & a \end{pmatrix}$ oder 3. $\begin{pmatrix} a & -b \\ b & a \end{pmatrix}$

ist.

**Aufgabe 4.55** Seien

$$A = \begin{pmatrix} 0 & 1 & 0 & 0 \\ 0 & 0 & 1 & 0 \\ 0 & 0 & 0 & 0 \\ 0 & 0 & 0 & 0 \end{pmatrix} \quad \text{und} \quad B = \begin{pmatrix} 0 & 1 & 0 & 0 \\ 0 & 0 & 1 & 0 \\ 0 & 0 & 0 & 1 \\ 0 & 0 & 0 & 0 \end{pmatrix}.$$

Zeigen Sie, dass es keine Basis $\mathcal{B}$ von $\mathbb{R}^4$ gibt, sodass ${}_{\mathcal{B}}A_{\mathcal{B}} = B$.

## 4.11 Elementarmatrizen

Die Zeilenoperationen (bzw. Spaltenoperationen) einer Matrix (außer Streichen von Zeilen) können auch durch Multiplikation von **links** (bzw. rechts) mit sogenannten Elementarmatrizen beschrieben werden.

**1.** Mit $E_{ij}$ bezeichnen wir die Matrix in $K^{n\times n}$, deren Einträge alle null sind, mit Ausnahme des Eintrags an der Stelle $(i,j)$, welcher 1 ist.

**2.** Wir definieren die Elementarmatrizen in $K^{n\times n}$:

1. $P_{ij} = \mathrm{Id} - E_{ii} - E_{jj} + E_{ij} + E_{ji}$
2. $Q_{ij}(\lambda) = \mathrm{Id} + \lambda E_{ij}$ für $i \neq j$
3. $S_i(\lambda) = \mathrm{Id} + (\lambda - 1)E_{ii}$ für $\lambda \neq 0$

**Satz 4.9** Es sei $A$ eine $n \times n$-Matrix.

**1.** Die Matrix $P_{ij} \cdot A$ erhalten wir aus $A$ durch Vertauschen der *Zeilen* $i$ und $j$. Die Matrix $A \cdot P_{ij}$ erhalten wir aus $A$ durch Vertauschen der *Spalten* $i$ und $j$.

**2.** Die Matrix $Q_{ij}(\lambda) \cdot A$ erhalten wir aus $A$ durch Addition von $\lambda$ mal der $j$-ten Zeile von $A$ zur $i$-ten Zeile von $A$. Die Matrix $A \cdot Q_{ij}(\lambda)$ erhalten wir aus $A$ durch Addition von $\lambda$-mal der $i$-ten Spalte von $A$ zur $j$-ten Spalte von $A$.

**3.** Wir erhalten $S_i(\lambda) \cdot A$ aus $A$ durch Multiplikation der $i$-ten Zeile mit $\lambda$. Wir erhalten $A \cdot S_i(\lambda)$ aus $A$ durch Multiplikation der $i$-ten Spalte mit $\lambda$.

**4.** Die Elementarmatrizen sind invertierbar: $P_{ij}^{-1} = P_{ij}$, $Q_{ij}(\lambda)^{-1} = Q_{ij}(-\lambda)$ und $S_i(\lambda)^{-1} = S_i(1/\lambda)$.

**5.** Jede invertierbare Matrix $A$ ist Produkt von Elementarmatrizen.

Die Zeilenvektoren der Matrix $E_{ij} \cdot A$ sind alle gleich null, abgesehen von der $i$-ten Zeile, in welcher die $j$-te Zeile von $A$ steht. Analog für $A \cdot E_{ij}$. Hier sind alle Spalten gleich null, außer der $j$-ten Spalte, in welcher die $i$-te Spalte von $A$ steht. Hieraus leitet man dann die ersten vier Aussagen ab.

**5.** Es gibt nach dem Gauß-Verfahren elementare Matrizen $E_1, \ldots, E_k$, sodass $E_1 \cdot \ldots \cdot E_k \cdot A$ gleich der Identitätsmatrix ist. Dann ist $A = E_k^{-1} \cdot \ldots \cdot E_1^{-1}$ und die $E_i^{-1}$ sind ebenfalls Elementarmatrizen. ■

Ist $A$ nicht invertierbar, so gibt es $E_1, \ldots, E_k, B$ mit

$$A = E_1 \cdot \ldots \cdot E_k \cdot B\,,$$

wobei $E_1, \ldots, E_k$ Elementarmatrizen sind und die letzte Zeile von $B$ gleich 0 ist.

## Aufgaben

Lösung

**Aufgabe 4.56** Geben Sie jeweils eine Elementarmatrix $E$ an, sodass $E \cdot A$ eine obere Dreiecksmatrix ist.

1. $\begin{pmatrix} 1 & -3 \\ 2 & 1 \end{pmatrix}$
2. $\begin{pmatrix} 0 & -3 \\ 4 & 1 \end{pmatrix}$
3. $\begin{pmatrix} 2 & -3 \\ 1 & 4 \end{pmatrix}$

**Aufgabe 4.57** Schreiben Sie die nachfolgenden invertierbaren Matrizen als Produkt elementarer Matrizen.

1. $\begin{pmatrix} 1 & 2 \\ 2 & 5 \end{pmatrix}$
2. $\begin{pmatrix} 0 & -1 \\ 1 & 1 \end{pmatrix}$
3. $\begin{pmatrix} 1 & -3 \\ 2 & 4 \end{pmatrix}$
4. $\begin{pmatrix} 1 & 2 & -2 \\ 1 & 3 & 0 \\ 0 & -2 & 1 \end{pmatrix}$
5. $\begin{pmatrix} -1 & 4 & 1 \\ 0 & 1 & 0 \\ 1 & -2 & 1 \end{pmatrix}$
6. $\begin{pmatrix} 1 & 0 & 1 & 1 \\ 1 & 1 & -1 & 2 \\ 2 & 0 & 1 & 0 \\ 0 & -1 & 1 & 2 \end{pmatrix}$

**Aufgabe 4.58** Zeigen Sie:

1. $P_{ij} = Q_{ji}(1) \cdot Q_{ij}(-1) \cdot Q_{ji}(1) \cdot S_j(-1)$
2. $Q_{ij}(\lambda) = S_j(1/\lambda) \cdot Q_{ij}(1) \cdot S_j(\lambda)$

**Aufgabe 4.59** Warum ist jede untere Dreiecksmatrix mit Einsen auf der Diagonalen ein Produkt von Elementarmatrizen der Form $Q_{ij}(\lambda)$?

**Aufgabe 4.60** Es sei $A \in \mathbb{R}^{n \times n}$ eine invertierbare Matrix. Zeigen Sie, dass eine Matrix $B$ existiert, sodass $B \cdot A \cdot B^{\mathrm{T}}$ eine Diagonalmatrix mit Einträgen 1, $-1$ oder 0 ist.

## 4.12 Quotientenräume

1. Ein affiner Unterraum eines Vektorraums $V$ ist eine Menge der Form $a+U = \{a+u\colon u \in U\}$, wobei $U$ ein Unterraum ist.
2. Wir nennen $a+U$ ein zu $U$ paralleler affiner Unterraum von $V$.
3. Die Menge der zu $U$ parallelen affinen Unterräume bezeichnen wir mit $V/U$ und nennen diese den Quotientenraum von $V$ nach $U$ oder kurz „$V$ modulo $U$“.

Beachten Sie, dass $a+U = b+U$ genau dann, wenn $a-b \in U$. Der Vektor $a$ heißt Stützvektor von $a+U$, der Unterraum $U$ heißt der Richtungsunterraum von $a+U$.

**Satz 4.10** Sei $V$ ein $K$-Vektorraum und $U$ ein Unterraum.

Dann ist $V/U$ mit der Addition $(a+U)+(b+U) := (a+b)+U$ und der Skalarmultiplikation $\lambda \cdot (a+U) := \lambda \cdot a + U$ ein $K$-Vektorraum. Ist $V$ endlich dimensional, so ist $\dim(V/U) = \dim(V) - \dim(U)$.

1. Das Problem ist zu zeigen, dass die Addition und die Multiplikation „wohldefiniert“ sind. Hiermit ist gemeint, dass in der Definition ein Stützvektor des affinen Unterraums gewählt wurde. Ist $a'+U = a+U$ und $b+U = b'+U$, so sind $a-a' \in U$ und $b-b' \in U$. Deshalb auch $(a+b)-(a'+b') \in U$ und es folgt, dass

$$(a+U)+(b+U) = (a+b)+U = (a'+b')+U = (a'+U)+(b'+U)\,.$$

Für die Skalarmultiplikation argumentiert man analog. Die Vektorraumregeln prüft man routinemäßig.

2. Die Abbildung $A\colon V \to V/U$, definiert durch $A(v) = v+U$, ist linear mit $\mathrm{Im}(A) = V/U$ und $\mathrm{Ker}(A) = U$. Aus $\dim(V) = \dim(\mathrm{Im}(A)) + \dim(\mathrm{Ker}(A))$ folgt $\dim(V) = \dim(V/U) + \dim(U)$. ■

**Satz 4.11**
1. Für $A\colon V \to W$ linear gilt: $V/\,\mathrm{Ker}(A)$ ist isomorph zu $\mathrm{Im}(A)$.
2. Sind $U$ und $W$ Unterräume von $V$, so ist $(U+W)/W$ isomorph zu $U/U \cap W$. Insbesondere gilt $\dim(U+W) + \dim(U \cap W) = \dim(U) + \dim(W)$.

1. Sei $U = \mathrm{Ker}(A)$. Definiere die Abbildung $\overline{A}\colon V/U \to \mathrm{Im}(A)$, $\overline{A}(v+U) := A(v)$. Dann ist die Definition von $\overline{A}(v+U)$ unabhängig von der Wahl des Stützvektors $v$. Die Abbildung $\overline{A}$ ist offenbar linear und bijektiv.
2. Ein Element von $(U+W)/W$ hat die Form $(u+w)+W = u+W$ für $u \in U$ und $w \in W$. Die Abbildung $\overline{A}\colon (U+W)/W \to U/U \cap W$ mit $\overline{A}(u+W) := u + U \cap W$ ist wohldefiniert, linear und bijektiv, wie man leicht nachprüft. ■

# Aufgaben

Lösung

**Aufgabe 4.61** Wir erinnern daran, dass für eine Menge $A$ der Vektorraum $F(A,K)$ definiert ist durch

$$F(A,K) = \{f\colon A \to K\colon f(a) = 0 \text{ für alle bis auf endlich viele } a\} .$$

Seien nun $V, W$ $K$-Vektorräume und $U := F(V \times W, K)$. Ein Element von $U$ schreiben wir als $\lambda_1(v_1, w_1) + \cdots + \lambda_n(v_n, w_n)$ für $\lambda_1, \ldots, \lambda_n \in K$. Betrachten Sie den kleinsten Unterraum $T$ von $U$, welcher alle Elemente der Form

$$\begin{aligned}
&(v_1 + v_2, w) - (v_1, w) - (v_2, w)\,, \quad v_1, v_2 \in V\,, \quad w \in W \\
&(v, w_1 + w_2) - (v, w_1) - (v, w_2)\,, \quad v \in V\,, \quad w_1, w_2 \in V \\
&\lambda(v, w) - (\lambda v, w)\,, \quad \lambda(v, w) - (v, \lambda w)\,, \quad \lambda \in K\,, \quad v \in V\,, \quad w \in W
\end{aligned}$$

enthält. Wir definieren das **Tensorprodukt**

$$V \otimes W := U/T\,.$$

Ein Element $(v, w) + T$ schreiben wir kurz als $v \otimes w$.

1. Begründen Sie in $V \otimes W$ die Rechenregeln:
   1. $(\lambda v_1 + \mu v_2) \otimes w = \lambda v_1 \otimes w + \mu v_2 \otimes w$
   2. $v \otimes (\lambda w_1 + \mu w_2) = \lambda v \otimes w_1 + \mu v \otimes w_2$
2. Sei $(v_1, \ldots, v_n)$ eine Basis von $V$ und $(w_1, \ldots, w_n)$ eine Basis von $W$. Zeigen Sie, dass $v_i \otimes w_j$ für $i = 1, \ldots, n$ und $j = 1, \ldots, m$ eine Basis von $V \otimes W$ bildet. Insbesondere ist $\dim(V \otimes W) = \dim(V) \cdot \dim(W)$.

**Aufgabe 4.62** Betrachten Sie in $V \otimes V$ den kleinsten Unterraum $X$, welcher

$$v \otimes v$$

für alle $v \in V$ enthält. Wir definieren $\wedge^2 V := V \otimes V/X$. Ein Element $v \otimes w + X$ schreiben wir kurz als $v \wedge w$.

1. Begründen Sie in $\wedge^2 V$ die Rechenregel $v \wedge w = -w \wedge v$.
2. Gilt $\dim(V) = n$, so ist $\dim(\wedge^2 V) = \binom{n}{2}$. Zeigen Sie diese Aussage.
3. Sei $A\colon V \to V$ linear. Zeigen Sie, dass die Abbildung

$$\begin{aligned}
\wedge^2(A)\colon\ \wedge^2 V &\to \wedge^2 V \\
v \wedge w &\mapsto A(v) \wedge A(w)
\end{aligned}$$

   wohldefiniert ist. Beschreiben Sie diese Abbildung für $V = K^2$.

## 4.13 Berechnungen mit SAGEMATH

In SAGEMATH rechnet man mit beliebigen $m \times n$-Matrizen, wie bei $2 \times 2$- und $3 \times 3$-Matrizen. Stimmen die Größen nicht, so erhält man eine Fehlermeldung. Allerdings interpretiert SAGEMATH einen Zeilenvektor $v$ automatisch als Spaltenvektor, wenn $A(v) = A * v$ berechnet werden soll. Zeilen- und Spaltenoperationen von Matrizen sind programmiert.

```
A.swap_rows(0,1)
A.add_multiple_of_row(-3,0,3)
```

Der letzte Befehl addiert $-3$ mal die erste Zeile zur vierten Zeile der Matrix $A$. Einen analogen Befehl für die Spalten gibt es auch.

Invertieren von Matrizen ist einfach:

```
A^(-1)
```

Unterräume von z. B. $\mathbb{Q}^4$ können durch Erzeugende gebildet werden. Zum Beispiel:

```
sage: v1 =  vector(QQ,(1,2,3,4))
sage: v2 =  vector(QQ,(2,-1,5,1))
sage: U = span([v1,v2],QQ)
sage: V = span([v1,v1+v2],QQ)
sage: U == V
True
```

Wenn man den Kern einer Matrix $A$ bilden will, so schreibt man

```
A.right_kernel()
```

Es gibt auch den Befehl `A.left_kernel()`. Dieser berechnet alle $v$ mit $v \cdot A = 0$ oder anders formuliert $A^T v = 0$.

Möchte man die Zeilen einer Matrix $A$ als Vektorraum auffassen, so tippt man `A.row_space()` ein. Analog für Spalten.

Um mehr Informationen zu erhalten, laden Sie den quickref-linalg.pdf herunter.

# Determinanten

5



ÜBERBLICK

## LERNZIELE

- Die Entwicklungsformeln der Determinante
- Berechnung der Determinante mit dem gaußschen Verfahren
- Die adjunkte Matrix, die Inverse und die cramersche Regel
- Leibniz-Formel und Produktregel
- Volumina in $\mathbb{R}^n$

Die Determinante ist eine Funktion, welche einer $n \times n$-Matrix $A \in K^{n \times n}$ eine Zahl $\det(A)$ in $K$ zuordnet. Besteht $A$ aus den Zeilenvektoren $(a_1, \ldots, a_n)$, so schreiben wir auch $\det(a_1, \ldots, a_n)$. Die Determinante ist induktiv definiert.

1. Ist $A = (a)$ eine $1 \times 1$-Matrix, so ist $\det(A) = a$.
2. Ist $A$ eine $n \times n$-Matrix und $A_{ij}$ die Matrix, welche aus $A$ durch Streichen der $i$-ten Zeile und der $j$-ten Spalte entsteht, so definieren wir

$$\det(A) = \sum_{j=1}^{n} (-1)^{1+j} a_{1j} \cdot \det(A_{1j}) .$$

Diese Formel der Determinante nennen wir die Entwicklung der Determinante nach der ersten Zeile. Es gilt auch die Entwicklung der Determinanten nach der $k$-ten Zeile für $k = 1, \ldots, n$:

$$\det(A) = \sum_{j=1}^{n} (-1)^{k+j} a_{kj} \cdot \det(A_{kj}) .$$

Um die Determinante einer $n \times n$-Matrix zu berechnen, ist es für $n \geq 4$ nicht sinnvoll, die Definition der Determinante zu nehmen. Man erhält nämlich $n! = n \cdot (n-1) \cdot \ldots \cdot 2 \cdot 1$ Terme. Für $n = 4$ bekommt man 24 Terme, für $n = 10$ in etwa 3,6 Millionen. Daher ist eine direkte Berechnung natürlich undenkbar. Die praktische Berechnung verläuft folgendermaßen:

1. Die Determinante einer oberen Dreiecksmatrix ist gleich dem Produkt der Diagonalelemente.
2. Das Verhalten der Determinante unter Zeilenoperationen ist bekannt:
   - Zeilenoperationen vom Typ I ändern nur das Vorzeichen der Determinante.
   - Multipliziert man eine Zeile mit $\lambda$, so multipliziert man die Determinante mit $\lambda$.
   - Die Determinante ändert sich nicht bei einer Typ-III-Zeilenoperation.

Mit dem gaußschen Algorithmus können wir die Matrix auf obere Dreiecksgestalt bringen. Diese Methode zur Berechnung der Determinante einer Matrix funktioniert ziemlich gut.

Es gibt zwei wichtige Begründungen dafür, Determinanten einzuführen:

1. Die Berechnung von Volumina.
2. Die Herleitung einer Lösungsformel für ein Gleichungssystem von $n$ Gleichungen mit $n$ Unbekannten (cramersche Regel). Verwandt hiermit ist die Formel für die Inverse einer Matrix $A$ (falls diese existiert).

Wir haben diese beiden Aspekte bereits für $2\times 2$- und $3\times 3$-Matrizen kennengelernt. Betrachten wir zunächst das Volumen $V(a_1,\dots,a_n)$ des Parallelotops

$$P(a_1,\dots,a_n) = \{x_1a_1 + \cdots + x_na_n \colon 0 \le x_i \le 1\} \subset \mathbb{R}^n\,.$$

Wir werden, wie im zwei- und dreidimensionalen Fall, ein orientiertes Volumen betrachten. Dieses hat folgende einleuchtende Eigenschaften.

1. $V(e_1,\dots,e_n) = 1$
2. $V(a_1,\dots,a_{i-1},\lambda\cdot a_i,a_{i+1},\dots,a_n) = \lambda\cdot V(a_1,\dots,a_n)$
3. $V(a_1,\dots,a_{i-1},a_i+a_j,a_{i+1},\dots,a_n) = V(a_1,\dots,a_n)$ für $i\neq j$

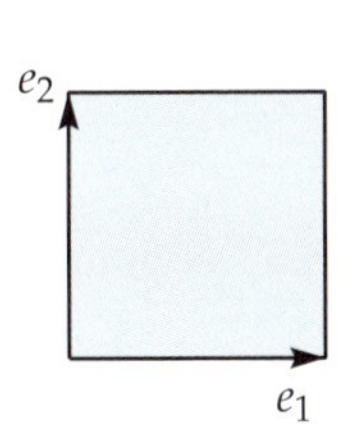


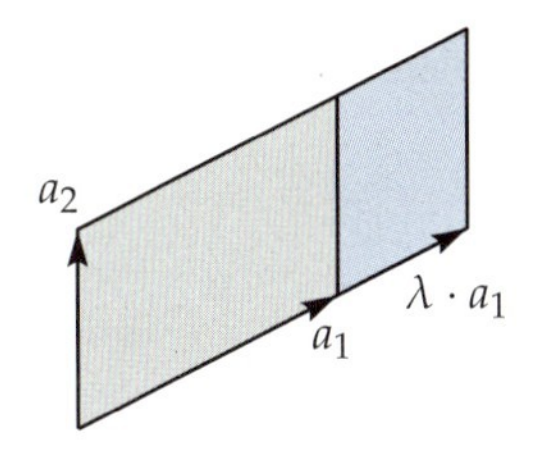


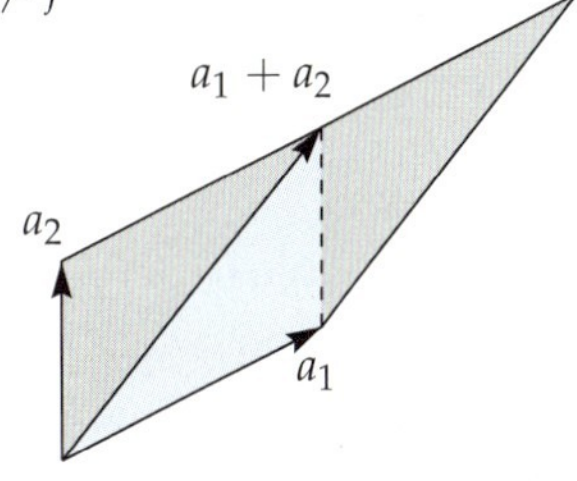


Es wird sich herausstellen, dass die Determinantenfunktion, wie oben definiert, eindeutig durch diese Eigenschaften bestimmt ist. Die Beweisidee ist, das Verhalten einer solchen Funktion unter Zeilenoperationen zu beweisen. Man braucht dann nur die Eindeutigkeit für Diagonalmatrizen und für Matrizen mit einer Nullzeile zu zeigen. Für diese folgt die Eindeutigkeit ziemlich leicht.

Wir kümmern uns nun um die zweite Eigenschaft. Aus den Entwicklungssätzen der Determinante und der Tatsache, dass eine Determinante gleich null ist, wenn zwei Zeilen gleich sind, folgt, dass das Produkt

$$\begin{pmatrix} a_{11} & a_{12} & \cdots & a_{1n}\\ a_{21} & a_{22} & \cdots & a_{2n}\\ \vdots & \vdots & & \vdots\\ a_{n1} & a_{n2} & \cdots & a_{nn}\end{pmatrix}\cdot\begin{pmatrix} +\det(A_{11}) & -\det(A_{21}) & \cdots & (-1)^{n+1}\det(A_{n1})\\ -\det(A_{12}) & +\det(A_{22}) & \cdots & (-1)^{n+2}\det(A_{n2})\\ \vdots & \vdots & & \vdots\\ (-1)^{n+1}\det(A_{1n}) & (-1)^{n+2}\det(A_{2n}) & \cdots & (-1)^{2n}\det(A_{nn})\end{pmatrix}$$

gleich $\det(A)\cdot \mathrm{Id}_n$ ist. Die Matrix rechts bezeichnen wir mit $A^{\mathrm{ad}}$, sie heißt adjunkte Matrix. Die erste Spalte der rechten Matrix bezeichnen wir mit $a_2\times\cdots\times a_n$, das "Kreuzprodukt", die zweite Spalte mit $-a_1\times a_3\cdots\times a_n$, usw. Tatsächlich ist der Eintrag in der ersten Zeile und ersten Spalte des Produkts gleich

$$a_{11}\det(A_{11}) - a_{12}\det(A_{12}) + \cdots + (-1)^{n+1}a_{1n}\det(A_{1n}) = \det(A)\,.$$

Diese Gleichung können wir auch als

$$\det(A) = \langle a_1, a_2 \times \cdots \times a_n \rangle$$

schreiben. Der Eintrag in der $k$-ten Zeile und $k$-ten Spalte ist gleich

$$(-1)^{k+1} a_{k1} \det(A_{k1}) + (-1)^{k+2} a_{k2} \det(A_{k2}) + \cdots + (-1)^{k+n} \det(A_{kn}) .$$

Dieser Ausdruck ist auch gleich $\det(A)$, wegen der Entwicklung der Determinante nach der $k$-ten Zeile. Nun betrachten wir zum Beispiel den Eintrag in der zweiten Zeile und ersten Spalte. Er ist gleich

$$-a_{21} \det(A_{11}) + a_{22} \det(A_{12}) + \cdots + (-1)^n a_{2n} \det(A_{1n}).$$

Hier steht die Determinante einer Matrix, deren ersten zwei Zeilen gleich sind. Deshalb ist das Ergebnis gleich null. Allgemein ist der Eintrag der $k$-ten Zeile und $\ell$-ten Spalte von $A \cdot A^{\mathrm{ad}}$ gleich null, wenn $k \neq l$ ist. Diese Zahl ist gleich der Determinante der Matrix, die man aus $A$ erhält durch die $\ell$-te Zeile von $A$, durch die $k$-te Zeile von $A$ zu ersetzen (Enwicklung nach der $\ell$-ten Zeile). Deshalb

$$A \cdot A^{\mathrm{ad}} = \det(A) \, \mathrm{Id}_n .$$

Ist $\det(A) \neq 0$, so ist $A$ invertierbar und $A^{-1} = \frac{1}{\det(A)} \cdot A^{\mathrm{ad}}$. Ist $A \cdot x = b$, so folgt aus $A^{-1} = \frac{1}{\det(A)} \cdot A^{\mathrm{ad}}$, dass

$$x = \frac{1}{\det(A)} \cdot A^{\mathrm{ad}} \cdot b.$$

Wir kommen jetzt zur Leibniz-Formel der Determinante. Aus der induktiven Definition folgt, dass die Determinante die Summe aller Terme

$$\pm a_{1\sigma(1)} \cdot \ldots \cdot a_{n\sigma(n)}$$

ist, wobei die $\sigma(i)$ alle verschieden sind. Eine solche Abbildung $\sigma$ nennt man eine Permutation. Die Menge der Permutationen bezeichnet man mit $S_n$. Man nimmt also aus der Matrix mit Zeilen $a_1, \ldots, a_n$ aus jeder Zeile genau einen Eintrag. Das Vorzeichen $\pm$ heißt das Signum von $\sigma$, Notation $\mathrm{sgn}(\sigma)$, welches wir definieren müssen. Auf diese Weise erhalten wir die Leibniz-Formel für die Determinante

$$\det(A) = \sum_{\sigma \in S_n} \mathrm{sgn}(\sigma) \cdot a_{1,\sigma(1)} \cdot \ldots \cdot a_{n,\sigma(n)} .$$

Die Produktformel für die Determinante besagt, dass für zwei $n \times n$-Matrizen $A, B \in K^{n \times n}$ die Gleichung

$$\det(A \cdot B) = \det(A) \cdot \det(B)$$

gilt. Zu dieser Formel existieren verschiedene Beweise. In diesem Kapitel zeigen wir zwei, einer in Aufgabe 5.9. Nachfolgend wird ein 3. Beweis skizziert. Ist $\det(B) = 0$, so ist $B$ nicht invertierbar. Deshalb ist auch $A \cdot B$ nicht invertierbar und $\det(A \cdot B) = 0$. Der Satz gilt also in diesem Fall. Ist dagegen $\det(B) \neq 0$, so betrachten wir die Abbildung

$$V \colon K^{n \times n} \to K$$
$$A \mapsto \frac{\det(A \cdot B)}{\det(B)} .$$

Man prüft, dass diese Funktion die drei oben genannten Eigenschaften einer Volumenfunktion besitzt. Weil eine Volumenfunktion schon durch diese drei Eigenschaften bestimmt ist, folgt $V(A) = \det(A)$ und deshalb auch $\det(A) \cdot \det(B) = \det(A \cdot B)$.

Mit diesen Ergebnissen ist es nicht schwer, allgemeine antisymmetrische Multilinearformen eines endlich dimensionalen Vektorraums zu betrachten. Ist zum Beispiel $V = \mathbb{R}^n$, so heißt eine Abbildung $\omega\colon V^k \to \mathbb{R}$ eine antisymmetrische Multilinearform, wenn folgende Bedingungen erfüllt sind.

1. $\omega$ ist antisymmetrisch: $\omega(a_{\sigma(1)}, \ldots, a_{\sigma(k)}) = \operatorname{sgn}(\sigma)\omega(a_1, \ldots, a_k)$.
2. $\omega$ ist multilinear: Für alle $\lambda, \mu \in K$:

$$\omega(\lambda a_1 + \mu a_1', a_2, \ldots, a_k) = \lambda\omega(a_1, a_2, \ldots, a_k) + \mu \cdot \omega(a_1', a_2, \ldots, a_k)\,.$$

Ist $k = n$, so ist $\omega = c \cdot \det$ für eine Konstante $c$. Die antisymmetrischen Multilinearformen spielen in der Analysis und Geometrie bei den Sätzen von Gauß, Green, Stokes eine wichtige Rolle. Wir können ein solches $\omega$ interpretieren als eine Abbildung, die jedes „orientierte" $k$-dimensionale Parallelotop

$$P(a_1, \ldots, a_k) = \{x_1 a_1 + \ldots + x_k a_k \colon 0 < x_i < 1\}$$

einer Zahl zuordnet, welches z. B. als Fluss durch dieses Parallelotop interpretiert werden kann.

Beispiele erhalten wir, indem wir $P(a_1, \ldots, a_k)$ auf einen $k$-dimensionalen Unterraum

$$\langle e_{i_1}, \ldots, e_{i_k} \rangle$$

projizieren und dann die Determinante nehmen. Wir werden zeigen, dass diese eine Basis für den Vektorraum aller antisymmetrischen Multilinearformen bilden.

In der Analysis spielt die Determinante eine Rolle bei der jacobischen Transformationsformel, eine wichtige Formel in der Integrationstheorie. Verwunderlich ist dies nicht, denn mit der Integrationstheorie möchte man z. B. Volumina von Körpern in $\mathbb{R}^3$ ausrechnen. Sei $U$ eine offene Menge in $\mathbb{R}^n$, $a \in U$ und $F = (F_1, \ldots, F_m)\colon U \to \mathbb{R}^m$. Die Jacobi-Matrix von $F$ in $a$ ist gegeben durch

$$f'(a) = \begin{pmatrix} \frac{\partial F_1}{\partial x_1}(a) & \cdots & \frac{\partial F_1}{\partial x_n}(a) \\ \vdots & & \vdots \\ \frac{\partial F_m}{\partial x_1}(a) & \cdots & \frac{\partial F_m}{\partial x_n}(a) \end{pmatrix},$$

vorausgesetzt, die Abbildung $F$ ist stetig differenzierbar. Diese Jacobi-Matrix definiert eine lineare Annäherung der Funktion $F$. Es gilt

$$F(x) \approx F(a) + f'(a)(x - a)\,.$$

Ist $n = m$, so wird ein kleiner Würfel in $R^n$ mit Mittelpunkt $a$, dessen Volumen gleich $v$ ist, auf eine Menge in $R^n$ abgebildet, welche in Annäherung ein Parallelotop mit Volumen $v \cdot \det(f'(a))$ ist.

## 5.1 Die Determinante einer Matrix

**1.** Ist $A$ eine Matrix, so definieren wir $A_{ij}$ als die Matrix, die aus $A$ durch Streichen der $i$-ten Zeile und der $j$-ten Spalte entsteht.

**2.** Wir definieren die Determinante für $A \in K^{n\times n}$ mit Zeilenvektoren $a_1, \ldots, a_n$ induktiv:

$$\det((a)) := a\,, \quad |A| := \det(a_1, \ldots, a_n) := \det(A) := \sum_{j=1}^{n} (-1)^{1+j} a_{1j} \cdot \det\left(A_{1j}\right) .$$

**Satz 5.1**

**1.** $\det(\mathrm{Id}) = 1$.

**2.** Entwicklung nach der $k$-ten Zeile: $\det(A) = \sum_{j=1}^{n} (-1)^{k+j} a_{kj} \cdot \det(A_{kj})$.

**3.** Die Determinante ist linear in jeder Zeile:

$$\det(a_1, \ldots, a_{k-1}, \lambda b + \mu c, a_{k+1}, \ldots, a_n)$$
$$= \lambda \cdot \det(a_1, \ldots, a_{k-1}, b, a_{k+1}, \ldots, a_n) + \mu \cdot \det(a_1, \ldots, a_{k-1}, c, a_{k+1}, \ldots, a_n)$$

**4.** $\det(A) \neq 0 \iff A$ ist invertierbar $\iff (a_1, \ldots, a_n)$ ist eine Basis von $K^n$.

**2.** Es sei $a$ die erste und $b$ die $k$-te Zeile und $\Delta_{ij}$ die Determinante der Matrix, welche aus $A$ durch Streichen der Spalten $i$ und $j$ sowie der Zeilen 1 und $k$ entsteht. Dann zeigt die folgende Berechnung von $\det(A)$, die die Definition und Induktion benutzt, die Aussage.

$$\sum_{i=1}^{n} (-1)^{i+1} a_i \det(A_{1i}) = \sum_{i=1}^{n} a_i \left( \sum_{j=1}^{i-1} (-1)^{k+i+j} b_j \Delta_{ij} + \sum_{j=i+1}^{n} (-1)^{k+i+j+1} b_j \Delta_{ij} \right)$$

$$= \sum_{j=1}^{n} b_j \left( \sum_{i=1}^{j-1} (-1)^{k+i+j+1} a_i \Delta_{ij} + \sum_{i=j+1}^{n} (-1)^{k+i+j} a_i \Delta_{ij} \right) = \sum_{j=1}^{n} (-1)^{k+j} b_j \det(A_{kj})$$

**1.** Folgt aus der Definition und **3.** folgt aus der Entwicklung nach der $k$-ten Zeile.

**4.** Wir zeigen zuerst: gilt $a_j = a_\ell$ für $j \neq \ell$, so ist $\det(A) = 0$. Für $n = 2$ ist das klar. Ist $n \geq 2$, so wähle ein $k \neq j, \ell$. Dann hat $A_{ki}$ zwei gleiche Zeilen, also $\det(A_{ki}) = 0$ nach Induktion. Mit Entwicklung nach der $k$-ten Zeile folgt $\det(A) = 0$.

Wir definieren das **Kreuzprodukt** $a_2 \times \cdots \times a_n = (\Delta_1, \ldots, \Delta_n)$ durch $\Delta_i := (-1)^{i+1} \det(A_{1i})$. Die Determinante ist definitionsgemäß $\det(A) = \langle a_1, a_2 \times \cdots \times a_n \rangle$.

**Fall 1:** $a_2 \times \cdots \times a_n \neq 0$. Sei

$$H := \{x \in K^n : \langle x, a_2 \times \cdots \times a_n \rangle = 0\} \quad \text{und} \quad U := \langle a_2, \ldots, a_n \rangle .$$

Für $j \geq 2$ liegen die Vektoren $a_j$ in $H$, denn die Matrix mit Zeilen $a_j, a_2, \ldots, a_n$ hat zwei gleiche Zeilen. Also ist $U \subset H$. Es gibt ein $i$ mit $\Delta_i \neq 0$. Für dieses $i$ ist nach Induktion $A_{1i}$ invertierbar und es folgt aus dem Satz 4.5, dass $a_2, \ldots, a_n$ linear unabhängig sind. Daher ist $\dim(U) = n - 1$ und weil $\dim(H) = n - 1$, folgt $U = H$. Insbesondere

$$(a_1, \ldots, a_n) \text{ linear abhängig} \iff a_1 \in U \iff a_1 \in H \iff \det(a_1, \ldots, a_n) = 0 .$$

**Fall 2:** $a_2 \times \cdots \times a_n = 0$. Mit Induktion gilt dies genau dann, wenn jede Untermatrix $A_{1i}$ nicht invertierbar ist. Dies ist genau der Fall, wenn $a_2, \ldots, a_n$ linear abhängig sind. Dann ist sicherlich $a_1, \ldots, a_n$ linear abhängig und auch $\det(A) = 0$. ∎

# Aufgaben

Lösung

**Aufgabe 5.1** Berechnen Sie die nachfolgenden Determinanten.

1. $\begin{vmatrix} 3 & 0 & 0 & 0 \\ 5 & 2 & 0 & 0 \\ 7 & -1 & 2 & 0 \\ 5 & -1 & 2 & -1 \end{vmatrix}$ 2. $\begin{vmatrix} 2 & -3 & 4 & 2 \\ 0 & 3 & -6 & -5 \\ 0 & 0 & 2 & -4 \\ 0 & 0 & 0 & -1 \end{vmatrix}$ 3. $\begin{vmatrix} 2 & -3 & 4 & 2 \\ 4 & 3 & -6 & -5 \\ 2 & -3 & 4 & 2 \\ 7 & 6 & 5 & -1 \end{vmatrix}$

4. $\begin{vmatrix} 3 & -1 & 2 & 5 \\ 0 & 0 & 3 & 0 \\ 7 & -1 & 2 & -1 \\ 5 & 0 & 2 & 0 \end{vmatrix}$ 5. $\begin{vmatrix} 4 & -3 & 5 & -1 \\ 0 & 0 & -6 & -5 \\ 0 & 0 & 2 & 3 \\ 1 & 1 & -2 & -1 \end{vmatrix}$ 6. $\begin{vmatrix} 1 & 0 & 4 & 0 \\ 7 & -3 & -6 & -5 \\ 5 & 0 & 4 & 0 \\ 6 & 1 & 5 & -1 \end{vmatrix}$

**Aufgabe 5.2**

1. Es sei $A = (a_{ij})$ eine untere Dreiecksmatrix, d. h. $a_{ij} = 0$ für $i < j$. Zeigen Sie, dass $\det(A)$ gleich dem Produkt der Diagonaleinträge ist, d. h. $\det(A) = a_{11} \cdot a_{22} \cdot \ldots \cdot a_{nn}$.
2. Zeigen Sie die gleiche Aussage für obere Dreiecksmatrizen.

**Aufgabe 5.3** Sei $A \in K^{m \times m}$, $B \in K^{n \times n}$ und $C \in K^{n \times m}$. Zeigen Sie mit Induktion nach $m$:

$$\det \begin{pmatrix} A & 0 \\ C & B \end{pmatrix} = \det(A) \cdot \det(B)\,.$$

**Aufgabe 5.4** Es seien $a, b, c$ drei Punkte in $\mathbb{R}^2$, die nicht auf einer Geraden sind. Zeigen Sie, dass es genau einen Kreis $K$ gibt mit $a, b, c \in K$. Zeigen Sie, dass die nebenstehende Gleichung diesen Kreis beschreibt (Notation $\|x\|^2 = x_1^2 + x_2^2$ usw.).

$$\begin{vmatrix} 1 & \|x\|^2 & x_1 & x_2 \\ 1 & \|a\|^2 & a_1 & a_2 \\ 1 & \|b\|^2 & b_1 & b_2 \\ 1 & \|c\|^2 & c_1 & c_2 \end{vmatrix} = 0$$

**Aufgabe 5.5** Berechnen Sie die nachfolgende Determinante:

$$\begin{vmatrix} x & 0 & 0 & \cdots & 0 & b_0 \\ -1 & x & 0 & \cdots & 0 & b_1 \\ 0 & -1 & x & \cdots & 0 & b_2 \\ \vdots & \vdots & \ddots & \ddots & \vdots & \vdots \\ \vdots & & \vdots & \ddots & x & b_{n-2} \\ 0 & 0 & 0 & \cdots & -1 & x + b_{n-1} \end{vmatrix}$$

## 5.2 Berechnung von Determinanten

**Satz 5.2**

1. Typ-III-Zeilenoperationen ändern die Determinante nicht.
2. Entsteht $A'$ aus $A$ durch Vertauschen zweier Zeilen, so ist $\det(A) = -\det(A')$.

1. $\det(a_1,\ldots,a_{k-1},a_k+\lambda a_i,a_{k+1},\ldots,a_n) = \det(a_1,\ldots,a_{k-1},a_k,a_{k+1},\ldots,a_n)$ $+\lambda\cdot\det(a_1,\ldots,a_{k-1},a_i,a_{k+1},\ldots,a_n) = \det(a_1,\ldots,a_{k-1},a_k,a_{k+1},\ldots,a_n)$, wenn $i \neq k$.
2. Für die ersten zwei Zeilen

$$\begin{aligned} 0 &= \det(a_1+a_2,a_1+a_2,a_3,\ldots,a_n) \\ &= \det(a_1,a_1,a_3,\ldots,a_n) \\ &\quad + \det(a_1,a_2,a_3,\ldots,a_n) + \det(a_2,a_1,a_3,\ldots,a_n) + \det(a_2,a_2,a_3,\ldots,a_n)\,. \end{aligned}$$

Ist die erste Spalte nicht 0, so kann man den gaußschen Algorithmus durchführen und dafür sorgen, dass in der ersten Spalte der Matrix nur links oben ein Eintrag ungleich 0 entsteht. Hierbei ändert die Determinante höchstens das Vorzeichen. Weitere Zeilenentwicklungen bringen die Matrix auf die obere Dreiecksgestalt. Für diese ist die Determinante das Produkt der Diagonaleinträge. Beachten Sie: wenn die erste Spalte fertig ist, dann ändert sich diese erste Zeile in dem Algorithmus nicht mehr. Wir können deshalb sofort zu einer kleineren Determinante wechseln.

**Beispiel**

$$\updownarrow \cdot -1 \begin{vmatrix} 0 & -1 & 7 & 4 \\ 1 & -2 & 4 & 3 \\ 1 & 4 & 3 & 1 \\ -1 & 3 & -2 & 3 \end{vmatrix} = \begin{matrix} \\ \\ -1\downarrow \\ +1\downarrow \end{matrix} \begin{vmatrix} 1 & -2 & 4 & 3 \\ 0 & 1 & -7 & -4 \\ 1 & 4 & 3 & 1 \\ -1 & 3 & -2 & 3 \end{vmatrix} = \begin{vmatrix} 1 & -2 & 4 & 3 \\ 0 & 1 & -7 & -4 \\ 0 & 6 & -1 & -2 \\ 0 & 1 & 2 & 6 \end{vmatrix} =$$

$$\begin{matrix} \\ -6\downarrow \\ -1\downarrow \end{matrix} \begin{vmatrix} 1 & -7 & -4 \\ 6 & -1 & -2 \\ 1 & 2 & 6 \end{vmatrix} = \begin{vmatrix} 41 & 22 \\ 9 & 10 \end{vmatrix} = 41\cdot 10 - 9\cdot 22 = 212$$

**Beispiel**

$$\begin{matrix} \\ \cdot 3 \\ \cdot 3 \\ \cdot 3 \end{matrix} \begin{vmatrix} 3 & -2 & -5 & 4 \\ -5 & 2 & 8 & -5 \\ -2 & 4 & 7 & -3 \\ 2 & -3 & -5 & 8 \end{vmatrix} = \begin{matrix} \\ +5\downarrow \\ +2\downarrow \\ -2\downarrow \end{matrix} \frac{1}{27} \begin{vmatrix} 3 & -2 & -5 & 4 \\ -15 & 6 & 24 & -15 \\ -6 & 12 & 21 & -9 \\ 6 & -9 & -15 & 24 \end{vmatrix} =$$

$$\frac{1}{27} \begin{vmatrix} 3 & -2 & -5 & 4 \\ 0 & -4 & -1 & 5 \\ 0 & 8 & 11 & -1 \\ 0 & -5 & -5 & 16 \end{vmatrix} = \frac{1}{9} \begin{matrix} \\ \\ \cdot 4 \end{matrix} \begin{vmatrix} -4 & -1 & 5 \\ 8 & 11 & -1 \\ -5 & -5 & 16 \end{vmatrix} = \begin{matrix} \\ +2\downarrow \\ -5\downarrow \end{matrix} \frac{1}{36} \begin{vmatrix} -4 & -1 & 5 \\ 8 & 11 & -1 \\ -20 & -20 & 64 \end{vmatrix} =$$

$$\frac{1}{36} \begin{vmatrix} -4 & 1 & 5 \\ 0 & 9 & 9 \\ 0 & -15 & 39 \end{vmatrix} = -\begin{vmatrix} 1 & 1 \\ -15 & 39 \end{vmatrix} = -54$$

## Aufgaben

Lösung

**Aufgabe 5.6** Berechnen Sie die nachfolgenden Determinanten.

1. $\begin{vmatrix} 1 & 0 & 0 & -1 \\ 2 & 3 & 4 & 7 \\ -3 & 4 & 5 & 9 \\ -4 & -5 & 6 & 1 \end{vmatrix}$

2. $\begin{vmatrix} 1 & 2 & 3 & 4 & 5 \\ 2 & 3 & 4 & 5 & 1 \\ 3 & 4 & 5 & 1 & 2 \\ 4 & 5 & 1 & 2 & 3 \\ 5 & 1 & 2 & 3 & 4 \end{vmatrix}$

3. $\begin{vmatrix} 1 & 2 & 3 & 4 & 5 \\ 4 & 7 & 6 & 7 & 8 \\ 2 & 5 & 9 & 10 & 11 \\ 5 & 9 & 1 & 1 & 1 \\ 9 & 1 & 2 & 3 & 4 \end{vmatrix}$

**Aufgabe 5.7** Sei $A, B \in K^{n \times n}$.

1. Zeigen Sie: $\det \begin{pmatrix} A & 0 \\ -\operatorname{Id} & B \end{pmatrix} = \det(A \cdot B)$.

   Tipp: Machen Sie die Matrix $A$ durch Zeilenoperationen zur Nullmatrix.

2. Folgern Sie: $\det(A \cdot B) = \det(A) \cdot \det(B)$.

**Aufgabe 5.8** Zeigen Sie:

$$\begin{vmatrix} a & 1 & 1 & \cdots & 1 \\ 1 & a & 1 & \cdots & 1 \\ 1 & 1 & a & \cdots & 1 \\ \vdots & \vdots & & \ddots & \vdots \\ 1 & 1 & 1 & \cdots & a \end{vmatrix} = (a-1)^{n-1}(a+n-1)$$

**Aufgabe 5.9** Zeigen Sie:

$$\begin{vmatrix} a & b & c & d \\ -b & a & -d & c \\ -c & d & a & -b \\ -d & -c & b & a \end{vmatrix} = (a^2+b^2+c^2+d^2)^2$$

**Aufgabe 5.10** Die Zahlen 12029, 12397, 23621, 56534 und 90942 sind alle durch 23 teilbar. Zeigen Sie, dass die nachfolgende Determinante ebenfalls durch 23 teilbar ist.

$$\begin{vmatrix} 1 & 1 & 2 & 5 & 9 \\ 2 & 2 & 3 & 6 & 0 \\ 0 & 3 & 6 & 5 & 9 \\ 2 & 9 & 2 & 3 & 4 \\ 9 & 7 & 1 & 4 & 2 \end{vmatrix}$$

## 5.3 Die adjunkte Matrix

Im Beweis von Satz 5.1 haben wir zu $n-1$ Vektoren $c_1,\ldots,c_{n-1}$ in $K^n$ das Kreuzprodukt $(\Delta_1,\ldots,\Delta_n) = c_1 \times \cdots \times c_{n-1} \in K^n$ benutzt. Schreiben wir $c_1,\ldots,c_{n-1}$ als Zeilen in einer Matrix $C$ und ist $C_i$ die Matrix, die aus $C$ durch Streichen der $i$-ten Spalte entsteht, so ist $\Delta_i = (-1)^{i+1}\det(C_i)$. Das Kreuzprodukt hat die Eigenschaft, dass $c_1 \times \cdots \times c_{n-1} \neq 0$ genau dann, wenn $c_1,\ldots,c_{n-1}$ linear unabhängig ist. In diesem Fall ist der Unterraum $\langle c_1,\ldots,c_{n-1}\rangle$ gegeben durch die Gleichung $\langle x, c_1 \times \cdots \times c_{n-1}\rangle = 0$. Die Determinante $\det(a_1,\ldots,a_n)$ ist gleich $\langle a_1, a_2 \times \cdots \times a_n\rangle$.

Ist $A = \begin{pmatrix} - & a_1 & - \\ & \vdots & \\ - & a_n & - \end{pmatrix} \in K^{n\times n}$, dann definieren wir $A^{\mathrm{ad}} := \begin{pmatrix} | & & | \\ \widehat{a}_1 & \cdots & \widehat{a}_n \\ | & & | \end{pmatrix}$

die adjunkte Matrix zu $A$, wobei

$$\widehat{a}_i := (-1)^{i-1} a_1 \times \cdots \times a_{i-1} \times a_{i+1} \times \cdots \times a_n\,.$$

**Satz 5.3**

1. $A^{\mathrm{ad}} \cdot A = A \cdot A^{\mathrm{ad}} = \det(A)\cdot \mathrm{Id}$.
2. $\det(A^T) = \det(A)$: Alle Rechenregeln für die Determinante, die für die Zeilen gelten, gelten auch für die Spalten.

Es gilt $\langle a_i, \widehat{a}_i\rangle = (-1)^{i-1}\det(a_i, a_1,\ldots,a_{i-1},a_{i+1},\ldots,a_n) = \det(a_1,\ldots,a_n)$. Ist $i \neq j$, so ist $\langle a_i, \widehat{a}_j\rangle = 0$ nach Konstruktion des Kreuzprodukts. Deshalb gilt $A \cdot A^{\mathrm{ad}} = \det(A)\cdot\mathrm{Id}$. Mit Induktion dürfen wir annehmen, dass $\det(A_{ij}) = \det(A_{ij}^T)$ für jedes $i$ und $j$. Ist

$$A = \begin{pmatrix} | & & | \\ b_1 & \cdots & b_n \\ | & & | \end{pmatrix}, \text{ dann } A^{\mathrm{ad}} = \begin{pmatrix} | & & | \\ \widehat{a}_1 & \cdots & \widehat{a}_n \\ | & & | \end{pmatrix} = \begin{pmatrix} - & \widehat{b}_1 & - \\ & \vdots & \\ - & \widehat{b}_n & - \end{pmatrix},$$

weil in beiden Fällen der Eintrag an Stelle $(i,j)$ der Matrix definitionsgemäß gleich $(-1)^{i+j}\det(A_{ji})$ ist. Insbesondere

$$A^{\mathrm{ad}}A = \begin{pmatrix} - & \widehat{b}_1 & - \\ & \vdots & \\ - & \widehat{b}_n & - \end{pmatrix} \cdot \begin{pmatrix} | & & | \\ b_1 & \cdots & b_n \\ | & & | \end{pmatrix} = \det(b_1,\ldots,b_n)\cdot\mathrm{Id} = \det(A^T)\cdot\mathrm{Id}\,.$$

Es reicht also, die Gleichung $\det(A) = \det(A^T)$ zu zeigen. Sie gilt sicherlich für die Nullmatrix. Sonst folgt

$$\det(a_1,\ldots,a_n)\cdot A = (A\cdot A^{\mathrm{ad}})\cdot A = A\cdot(A^{\mathrm{ad}}\cdot A) = A\cdot\det(b_1,\ldots,b_n)\,.$$

Weil nicht alle Einträge von $A$ gleich 0 sind, folgt $\det(a_1,\ldots,a_n) = \det(b_1,\ldots,b_n)$. ■

# Aufgaben

Lösung

**Aufgabe 5.11** Zeigen Sie die **cramersche Regel**.

Sei $A$ eine $n \times n$-Matrix und $b \in K^n$ ein Spaltenvektor. Sei $A_j(b)$ die Matrix, welche aus $A$ durch Ersetzen der $j$-ten Spalte durch $b$ entsteht. Die Gleichung $Ax = b$ hat eine eindeutige Lösung genau dann, wenn $\det(A) = 0$. Es gilt

$$x_j = \frac{\det(A_j(b))}{\det(A)} \text{ für } j = 1, \dots, n\,.$$

**Aufgabe 5.12** Sei $A = -A^{\mathrm{T}}$ eine schiefsymmetrische Matrix mit reellen Einträgen. Zeigen Sie: Ist $n$ ungerade, so ist $\det(A) = 0$. Warum ist diese Aussage falsch für $K = \mathbb{F}_2$?

**Aufgabe 5.13** Berechnen Sie die vandermondesche Determinante:

$$\begin{vmatrix} 1 & x_1 & x_1^2 & \cdots & x_1^{n-1} \\ 1 & x_2 & x_2^2 & \cdots & x_2^{n-1} \\ \vdots & \vdots & \vdots & & \vdots \\ 1 & x_n & x_n^2 & \cdots & x_n^{n-1} \end{vmatrix}$$

**Aufgabe 5.14** Berechnen Sie $A^{\mathrm{ad}}$ für die nachfolgenden Matrizen $A$.

1. $\begin{pmatrix} 3 & 1 & 4 & 1 \\ -1 & -2 & 3 & 4 \\ 4 & 1 & -3 & -1 \\ 3 & 2 & 1 & -1 \end{pmatrix}$

2. $\begin{pmatrix} 3 & 1 & 4 & 1 \\ 1 & 2 & 3 & 4 \\ 4 & 3 & 7 & 5 \\ 2 & -1 & 1 & -3 \end{pmatrix}$

**Aufgabe 5.15**

1. Sei $A \in K^{n \times n}$. Zeigen Sie, dass $\operatorname{Rang}(A^{\mathrm{ad}}) = 0, 1$ oder $n$.
2. Seien $A, B \in K^{n \times n}$. Zeigen Sie: $(A \cdot B)^{\mathrm{ad}} = B^{\mathrm{ad}} \cdot A^{\mathrm{ad}}$.

**Aufgabe 5.16** Die Determinante der nebenstehenden sogenannten Sylvestermatrix nennen wir die Resultante $R(f,g)$ von

$$f = a_0 + a_1 x + \cdots + a_n x^n$$

und

$$g = b_0 + b_1 x + \cdots + b_m x^m\,.$$

$$\begin{pmatrix} a_0 & & & & b_0 & & & \\ a_1 & a_0 & & & b_1 & b_0 & & \\ \vdots & a_1 & \ddots & & \vdots & b_1 & \ddots & \\ \vdots & \vdots & \ddots & a_0 & b_{m-1} & \vdots & \ddots & b_0 \\ a_n & a_{n-1} & & a_1 & b_m & b_{m-1} & & b_1 \\ & a_n & \ddots & \vdots & & b_m & \ddots & \vdots \\ & & \ddots & a_{n-1} & & & \ddots & b_{m-1} \\ & & & a_n & & & & b_m \end{pmatrix}$$

Zeigen Sie:

1. Es gibt Polynome $0 \neq A \in K[x]$ vom Grad höchstens $m-1$ und $0 \neq B \in K[x]$ vom Grad höchstens $n-1$ mit $Af + Bg = 0$ genau dann, wenn $R(f,g) = 0$.
2. Es gibt Polynome $A, B$ wie eben mit $Af + Bg = R(f,g)$.

## 5.4 Permutationen

**1.** Eine Permutation $\sigma$ von $1,\dots,n$ ist eine Anordnung $\sigma(1),\dots,\sigma(n)$ der Elemente $1,\dots,n$. Die Menge der Permutationen bezeichnen wir mit $S_n$.

**2.** Wir definieren $\operatorname{sgn}(\sigma) := \det(e_{\sigma(1)},\dots,e_{\sigma(n)}) \in \{-1,1\}$. Wir nennen $\sigma$ gerade, wenn $\operatorname{sgn}(\sigma) = 1$, sonst nennen wir $\sigma$ ungerade.

Wir benutzen zwei Methoden, um eine Permutation $\sigma \in S_n$ aufzuschreiben. Erstens können wir die Permutation durch eine Matrix beschreiben, bei der in der ersten Zeile die Zahlen $1,2,\dots,n$ und in der zweiten Zeile die Zahlen $\sigma(1),\dots,\sigma(n)$ stehen. Eine zweite Methode ist gegeben durch die Permutationsmatrix $P_\sigma$ , welche als Spaltenvektoren $e_{\sigma(1)},\dots,e_{\sigma(n)}$ hat. Nebenstehend sind die gleichen Permutationen $\sigma$ dargestellt. Sind $\sigma,\tau \in S_n$, so erhält man die Verknüpfung $\sigma \cdot \tau \in S_n$ vermöge $\sigma \cdot \tau(i) := \sigma(\tau(i))$. Bemerke, dass $P_{\sigma\cdot\tau} = P_\sigma \cdot P_\tau$. Hat $A$ die *Spalten* $(a_1,\dots,a_n)$, so hat $A \cdot P_\sigma$ die Spalten $a_{\sigma(1)},\dots,a_{\sigma(n)}$, wie man sofort nachrechnet. (Siehe Abschnitt 4.11)

$$\sigma = \begin{pmatrix} 1 & 2 & 3 & 4 & 5 \\ 2 & 4 & 1 & 5 & 3 \end{pmatrix}$$

$$P_\sigma = \begin{pmatrix} 0 & 0 & 1 & 0 & 0 \\ 1 & 0 & 0 & 0 & 0 \\ 0 & 0 & 0 & 0 & 1 \\ 0 & 1 & 0 & 0 & 0 \\ 0 & 0 & 0 & 1 & 0 \end{pmatrix}$$

Es sei $i \neq j$. Die Paarvertauschung oder Transposition von $i$ und $j$, Notation $(i\,j)$ , ist die Permutation, welche $i$ und $j$ vertauscht und alle anderen Elemente fest lässt.

**Satz 5.4** **1.** Jedes Element $\sigma$ von $S_n$ ist ein Produkt von Paarvertauschungen.

**2.** Es sei $\sigma \in S_n$. Dann gilt: $\det(a_{\sigma(1)},\dots,a_{\sigma(n)}) = \operatorname{sgn}(\sigma)\det(a_1,\dots,a_n)$.

**3.** Ist $\sigma$ das Produkt von $k$ Paarvertauschungen, so ist $\operatorname{sgn}(\sigma) = (-1)^k$.

**1.** Sei $s = \#\{i\colon \sigma(i) \neq i\}$. Beweis über Induktion nach $s$. Ist $s = 0$, so ist nichts zu zeigen. Sonst sei $\sigma(i) = j \neq i$. Sei $\tau = (i\,j)$. Dann ist nach Induktion $\tau \circ \sigma = \tau_1 \cdot \ldots \cdot \tau_k$ für Paarvertauschungen $\tau_\ell$. Dann ist $\sigma = \tau \cdot \tau_1 \cdot \ldots \cdot \tau_k$.

**2.** und **3.** Wir dürfen $a_1,\dots,a_n$ als Spalten einer Matrix $A$ auffassen. Ist $\tau$ eine Paarvertauschung, so entsteht $A \cdot P_\tau$ aus $A$ durch Vertauschung zweier Spalten, also $\det(A \cdot P_\tau) = -\det(A)$. Sei $\sigma = \tau_1 \cdot \ldots \cdot \tau_k$ mit $\tau_i$ Paarvertauschungen, so folgt $\det(A \cdot P_\sigma) = (-1)^k \det(A)$. Ist $A = \mathrm{Id}$, so folgt $\operatorname{sgn}(\sigma) = (-1)^k$ und danach $\det(a_{\sigma(1)},\dots,a_{\sigma(n)}) = \det(AP_\sigma) = (-1)^k \det(A) = \operatorname{sgn}(\sigma)\det(A)$. ■

**Beispiel** $\begin{pmatrix} 1 & 2 & 3 & 4 & 5 \\ 2 & 4 & 1 & 5 & 3 \end{pmatrix} = (3\,5)\cdot(3\,1)\cdot(1\,4)\cdot(1\,2)$ , also $\operatorname{sgn}(\sigma) = (-1)^4 = 1$ .

# Aufgaben

Lösung

**Aufgabe 5.17**

1. Schreiben Sie alle Elemente von $S_2$, $S_3$ und $S_4$ auf.
2. Zeigen Sie, dass die Anzahl der Elemente von $S_n$ gleich $n! = n \cdot (n-1) \cdot \ldots \cdot 2 \cdot 1$ ist.

**Aufgabe 5.18**

1. Zeigen Sie: $\sigma \cdot (\tau \cdot \chi) = (\sigma \cdot \tau) \cdot \chi$ für alle $\sigma, \tau$ und $\chi \in S_n$.
2. Es sei

$$\sigma = \begin{pmatrix} 1 & 2 & 3 & 4 & 5 & 6 & 7 \\ 4 & 1 & 5 & 2 & 7 & 3 & 6 \end{pmatrix}, \qquad \tau = \begin{pmatrix} 1 & 2 & 3 & 4 & 5 & 6 & 7 \\ 5 & 3 & 4 & 1 & 6 & 7 & 2 \end{pmatrix}.$$

Berechnen Sie $\sigma \cdot \tau$ und $\tau \cdot \sigma$.

**Aufgabe 5.19**

1. Zeigen Sie: die inverse Matrix $(P_\sigma)^{-1}$ einer Permutationsmatrix ist wiederum eine Permutationsmatrix $P_{\sigma^{-1}}$.
2. Sei $A$ eine Matrix und $P_\sigma$ eine Permutationsmatrix. Wie erhält man $P_\sigma \cdot A$ aus $A$?

**Aufgabe 5.20** Schreiben Sie die nachfolgenden Permutationen als Produkt von Paarvertauschungen.

1. $\begin{pmatrix} 1 & 2 & 3 \\ 2 & 3 & 1 \end{pmatrix}$
2. $\begin{pmatrix} 1 & 2 & 3 & 4 \\ 2 & 3 & 4 & 1 \end{pmatrix}$
3. $\begin{pmatrix} 1 & 2 & 3 & 4 & 5 \\ 5 & 3 & 4 & 1 & 2 \end{pmatrix}$
4. $\begin{pmatrix} 1 & 2 & 3 & 4 & 5 & 6 & 7 & 8 \\ 5 & 8 & 6 & 7 & 1 & 3 & 4 & 2 \end{pmatrix}$

**Aufgabe 5.21** Das Fadendiagramm einer Permutation $\sigma$ erhalten wir, indem wir in zwei Zeilen die Zahlen $1, 2, \ldots, n$ schreiben und die Zahlen $i$ und $\sigma(i)$ durch eine Linie verbinden.

1. Zeichnen Sie das Fadendiagramm von $\begin{pmatrix} 1 & 2 & 3 & 4 & 5 & 6 & 7 \\ 4 & 1 & 5 & 2 & 7 & 3 & 6 \end{pmatrix}$.
2. Ein Paar $i < j$ mit $1 \leq i < j \leq n$ heißt Fehlstand von $\sigma$, wenn $\sigma(i) > \sigma(j)$. Sei $k$ die Anzahl der Fehlstände von $\sigma$. Zeigen Sie, dass $\mathrm{sgn}(\sigma) = (-1)^k$.

**Aufgabe 5.22** Bestimmen Sie, ob die nachfolgenden Permutationen gerade oder ungerade sind. Zeichnen Sie dazu ein Fadendiagramm.

$$\begin{pmatrix} 1 & 2 & 3 & 4 \\ 4 & 3 & 2 & 1 \end{pmatrix}, \quad \begin{pmatrix} 1 & 2 & 3 & 4 & 5 \\ 4 & 5 & 1 & 2 & 3 \end{pmatrix}, \quad \begin{pmatrix} 1 & 2 & 3 & 4 & 5 \\ 2 & 4 & 5 & 1 & 3 \end{pmatrix}.$$

## 5.5 Leibniz-Formel und Produktregel

**Satz 5.5**

**1.** **(Leibniz-Formel)** Für eine Matrix $A = (a_{ij})$ gilt

$$\det(A) = \sum_{\sigma \in S_n} \operatorname{sgn}(\sigma) a_{1,\sigma(1)} \cdot \ldots \cdot a_{n,\sigma(n)} .$$

**2.** $\det(A \cdot B) = \det(A) \cdot \det(B)$, insbesondere $\det(A^{-1}) \cdot \det(A) = 1$.

**3.** Sei $A\colon V \to V$ ein Endomorphismus, $\dim(V) < \infty$ und $\mathcal{B}, \mathcal{C}$ zwei Basen von $V$. Dann gilt $\det({}_{\mathcal{B}}A_{\mathcal{B}}) = \det({}_{\mathcal{C}}A_{\mathcal{C}})$.

**1.** Die Zeilenvektoren von $A \cdot B$ sind $\sum_{\sigma(1)=1}^{n} a_{1,\sigma(1)} b_{\sigma(1)}, \ldots, \sum_{\sigma(n)=1}^{n} a_{n,\sigma(n)} b_{\sigma(n)}$. Wir benutzen die Definition der Matrixmultiplikation und die Linearität der Determinante in den Zeilen.

$$\begin{aligned} \det(A \cdot B) &= \det \left( \sum_{\sigma(1)=1}^{n} a_{1,\sigma(1)} b_{\sigma(1)}, \ldots, \sum_{\sigma(n)=1}^{n} a_{n,\sigma(n)} b_{\sigma(n)} \right) \\ &= \sum_{\sigma(1),\ldots,\sigma(n)=1}^{n} a_{1,\sigma(1)} \cdot \ldots \cdot a_{n,\sigma(n)} \cdot \det(b_{\sigma(1)}, \ldots, b_{\sigma(n)}) \\ &= \sum_{\sigma \in S_n} \operatorname{sgn}(\sigma) a_{1,\sigma(1)} \cdot \ldots \cdot a_{n,\sigma(n)} \det(b_1, \ldots, b_n), \end{aligned}$$

weil die Determinante gleich 0 ist, wenn zwei Zeilen gleich sind. Anwendung auf $b_i = e_i$ ergibt die Leibniz-Formel und damit folgt auch die zweite Aussage.

**3.** Sei $T = {}_{\mathcal{B}}\mathrm{Id}_{\mathcal{C}}$. Dann ist ${}_{\mathcal{C}}\mathrm{Id}_{\mathcal{B}} = T^{-1}$ und

$$\det({}_{\mathcal{B}}A_{\mathcal{B}}) = \det(T \cdot {}_{\mathcal{C}}A_{\mathcal{C}} \cdot T^{-1}) = \det(T) \cdot \det({}_{\mathcal{C}}A_{\mathcal{C}}) \cdot \det(T^{-1}) = \det({}_{\mathcal{C}}A_{\mathcal{C}}).$$

Sei $\dim(V) < \infty$ und $A\colon V \to V$ ein Endomorphismus. Die Determinante von $A$ ist definiert durch $\det(A) = \det({}_{\mathcal{B}}A_{\mathcal{B}})$, wobei $\mathcal{B}$ eine beliebige Basis von $V$ ist.

Diese Definition ist sinnvoll wegen der dritten Aussage des Satzes 5.5. Es folgt aus Satz 4.6:

**Satz 5.6** Ist $V$ ein endlich dimensionaler Vektorraum und $A \in \operatorname{End}(V)$, so ist $A$ surjektiv genau dann, wenn $A$ bijektiv ist, genau dann, wenn $\det(A) \neq 0$.

# Aufgaben

Lösung

**Aufgabe 5.23** Es sei $A = \begin{pmatrix} 1 & 2 & 3 \\ 0 & 1 & 1 \\ 1 & 4 & 4 \end{pmatrix}$. Berechnen Sie die Determinante von $A^{99}$.

**Aufgabe 5.24** Sei $V = \mathbb{R}^{2\times 2}$ und $A\colon V \to V$ mit $A(B) = CB^{\mathrm{T}} - 3B$, wobei $C = \begin{pmatrix} 2 & -1 \\ 3 & -2 \end{pmatrix}$. Zeigen Sie, dass $A$ linear ist, und berechnen Sie die Determinante von $A$.

**Aufgabe 5.25** Es sei $V$ der Unterraum von $\mathrm{Abb}(\mathbb{R}, \mathbb{R})$ erzeugt von $\sin(x), \cos(x)$, $x\cos(x)$ und $x\sin(x)$. Sei $A\colon V \to V$ gegeben durch $A(f) = f'$. Berechnen Sie die Determinante von $A$.

**Aufgabe 5.26** Es seien $\sigma, \tau \in S_n$. Zeigen Sie: $\mathrm{sgn}(\sigma \cdot \tau) = \mathrm{sgn}(\sigma) \cdot \mathrm{sgn}(\tau)$.

**Aufgabe 5.27** Sei $A$ eine $n \times n$-Matrix mit Einträgen in $\mathbb{Z}$. Zeigen Sie: $A \cdot x = b$ hat für jedes $b \in \mathbb{Z}^n$ eine Lösung $x \in \mathbb{Z}^n$ genau dann, wenn $\det(A) = \pm 1$.

**Aufgabe 5.28** Es seien $A, B \in K^{n\times n}$ zwei Matrizen, beide ungleich 0, aber $A \cdot B = 0$. Zeigen Sie, dass $\det(A) = \det(B) = 0$.

**Aufgabe 5.29**

1. **(Cauchy-Binet)** Es seien $A$ und $B$ zwei $m \times n$-Matrizen mit $m \le n$ mit Spaltenvektoren $a_1, \ldots, a_n$ und $b_1, \ldots, b_n$. Dann gilt

$$\det(A \cdot B^{\mathrm{T}}) = \sum_{i_1 < \cdots < i_m} \det(a_{i_1}, \ldots, a_{i_m}) \cdot \det(b_{i_1}, \ldots, b_{i_m})$$

   Bemerkung: Diese Aufgabe ist schwer.

2. Wenden Sie Cauchy-Binet auf $A = B$ für eine $2 \times 3$-Matrix $A$ an. Benutzen Sie hierbei das Vektorprodukt.

**Aufgabe 5.30** Sei $A \in K^{n\times n}$ und $B \in K^{m\times m}$. Das Tensorprodukt $A \otimes B$ ist die nebenstehende Matrix. Zeigen Sie:

1. Ist $A' \in K^{n\times n}$ und $B' \in K^{m\times m}$, so gilt

$$(A \otimes B) \cdot (A' \otimes B') = (A \cdot A') \otimes (B \cdot B')\,.$$

2. $\det(\mathrm{Id}_n \otimes B) = \det(B)^n$
3. $\det(A \otimes \mathrm{Id}_m) = \det(A)^m$
4. $\det(A \otimes B) = \det(A)^m \cdot \det(B)^n$

## 5.6 *Antisymmetrische Multilinearformen*

Sei $K$ ein Körper mit $1+1 \neq 0$, z. B. $K = \mathbb{R}$. Es sei $V$ ein endlich dimensionaler $K$-Vektorraum, $k \in \mathbb{N}$. Eine $k$-Form auf $V$ ist eine lineare Abbildung $\omega\colon V^k \to \mathbb{R}$ mit

1. $\omega$ ist antisymmetrisch, d. h.: $\omega(a_{\sigma(1)}, \ldots, a_{\sigma(k)}) = \operatorname{sgn}(\sigma)\omega(a_1, \ldots, a_k)$.
2. $\omega$ ist multilinear: Für alle $\lambda, \mu \in K$:

$$\omega(\lambda a_1 + \mu a_1', a_2, \ldots, a_k) = \lambda\omega(a_1, a_2, \ldots, a_k) + \mu \cdot \omega(a_1', a_2, \ldots, a_k)\,.$$

Mit $\wedge^k V^*$ bezeichnen wir die Menge der $k$-Formen, $V^* := \wedge^1 V^*$ und $\wedge^0 V^* := K$.

Gilt $a_i = a_j$ für $i \neq j$, so folgt $\omega(a_1, \ldots, a_k) = -\omega(a_1, \ldots, a_k)$, also $\omega(a_1, \ldots, a_k) = 0$.

Offenbar können wir zwei $k$-Formen $\omega, \eta$ addieren: $(\omega + \eta)(v_1, \ldots, v_k) := \omega(v_1, \ldots, v_k) + \eta(v_1, \ldots, v_k)$. Auch können wir mit einem Skalar multiplizieren: $(\lambda\omega)(v_1, \ldots, v_k) := \lambda \cdot \omega(v_1, \ldots, v_k)$. Man prüft, dass es sich bei $\wedge^k V^*$ mit diesen Operationen um einen $K$-Vektorraum handelt.

Ist $(e_1, \ldots, e_n)$ eine Basis von $V$ und sind $a_1, \ldots, a_k \in V$, so erhalten wir eine $k \times n$-Matrix $A$ mit Zeilenvektoren $a_1, \ldots, a_k$: $a_i = \sum_{j=1}^n a_{ij} e_j$. Wenn $I = \{i_1, \ldots, i_k\} \subset \{1, \ldots, n\}$ eine Menge mit $k$ Elementen ist und $i_1 < i_2 < \cdots < i_k$, so erhalten wir folgende $k$-Form $x_I$. Nehme die Untermatrix $A_I$ von $A$ bestehend aus den Spalten $i_1, \ldots, i_k$ und nehme die Determinante $\det(A_I)$. Also $x_I(a_1, \ldots, a_k) = \det(A_I)$.

$$\begin{pmatrix} - & a_1 & - \\ & \vdots & \\ - & a_k & - \end{pmatrix}$$

**Satz 5.7** Ist $(e_1, \ldots, e_n)$ eine Basis von $V$, so bilden die $x_I$ für $I \subset \{1, \ldots, n\}$ und $\#I = k$ eine Basis von $\wedge^k V^*$. Insbesondere ist $\dim \wedge^k V^* = \binom{n}{k}$.

Ausrechnen: Sei $\omega \in \wedge^k V^*$ und $a_1, \ldots, a_k \in V$. Dann

$$\begin{aligned}
\omega(a_1, \ldots, a_k) &= \omega\left(\sum_{i_1=1}^n a_{1i_1} e_{i_1}, \ldots, \sum_{i_k=1}^n a_{ki_k} e_{i_k}\right) \\
&= \sum_{i_1=1}^n \cdots \sum_{i_k=1}^n a_{1i_1} \cdot \ldots \cdot a_{ki_k} \cdot \omega(e_{i_1}, \ldots, e_{i_k}) \\
&= \sum_{1 \le i_1 < \cdots < i_k \le n} \ \sum_{\sigma \in S_k} \operatorname{sgn}(\sigma) a_{1i_{\sigma(1)}} \cdot \ldots \cdot a_{ki_{\sigma(k)}} \omega(e_{i_1}, \ldots, e_{i_k}) \\
&= \sum_{1 \le i_1 < \cdots < i_k \le n} \det(A_{i_1, \ldots, i_k}) \cdot \omega(e_{i_1}, \ldots, e_{i_k}) = \sum_I \omega(e_I) \cdot x_I(a_1, \ldots, a_k)\,,
\end{aligned}$$

wobei $\omega(e_I) := \omega(e_{i_1}, \ldots, e_{i_k})$. Diese Gleichung besagt, dass $\omega = \sum_I \omega(e_I) \cdot x_I$. Also sind die $x_I$ Erzeuger von $\wedge^k V^*$. Sie sind auch linear unabhängig. Ist $\sum \lambda_I x_I = 0$ und $J \subset \{1, \ldots, n\}$ mit $\#J = k$, so ist $x_I(e_J) = 0$ wenn $I \neq J$ und $x_I(e_I) = 1$. Ist also $\sum \lambda_I x_I = 0$, so folgt $0 = \sum \lambda_I x_I(e_J) = \lambda_J$ für alle $J \subset \{1, \ldots, n\}$ mit $\#J = k$. ■

# Aufgaben

Lösung

**Aufgabe 5.31** Es sei $A\colon V \to W$ eine lineare Abbildung. Zeigen Sie, dass die Vorschrift, für $\omega \in \wedge^k(W^*)$,

$$A^*(\omega)(v_1, \ldots, v_k) := \omega(A(v_1), \ldots, A(v_k))$$

eine lineare Abbildung $A^*\colon \wedge^k(W^*) \to \wedge^k(V^*)$ definiert.

**Aufgabe 5.32** Sind $k, \ell \in \mathbb{N}$, so definieren wir $\sigma \in S_{k+\ell}$ als $(k,\ell)$-Mischung, wenn

$$\sigma(1) < \sigma(2) < \cdots < \sigma(k)$$
$$\sigma(k+1) < \sigma(k+2) < \cdots < \sigma(k+\ell)\,.$$

Die Menge der $(k,\ell)$-Mischungen bezeichnen wir mit $Sh(k,\ell)$ (englisch: Shuffle). Für $\omega \in \wedge^k V^*$ und $\eta \in \wedge^\ell V^*$ und $a_1, \ldots, a_{k+\ell} \in V$ definiere

$$(\omega \wedge \eta)(a_1, \ldots, a_{k+\ell}) := \sum_{\sigma \in Sh(k,\ell)} \operatorname{sgn}(\sigma) \cdot \omega(a_{\sigma(1)}, \ldots, a_{\sigma(k)}) \cdot \eta(a_{\sigma(k+1)}, \ldots, a_{\sigma(k+\ell)})$$

Beweisen Sie:

1. $\omega \wedge \eta \in \wedge^{k+\ell} V^*$.
2. $A\colon V \to W$ linear, so ist $A^*(\omega \wedge \eta) = A^*(\omega) \wedge A^*(\eta)$.
3. $\omega \wedge \eta = (-1)^{k\ell} \eta \wedge \omega$.
4. Ist überdies $\zeta \in \wedge^m V^*$, so gilt $(\omega \wedge \eta) \wedge \zeta = \omega \wedge (\eta \wedge \zeta)$.
   Tipp: Definieren Sie $Sh(k, \ell, m)$.
5. $x_I = x_{i_1} \wedge (x_{i_2} \wedge \cdots \wedge x_{i_k})$.
6. $(a\omega + b\omega') \wedge \eta = a \cdot \omega \wedge \eta + b \cdot \omega' \wedge \eta$.

**Aufgabe 5.33** $A$ eine $k \times k$-Matrix und $\omega_1, \ldots \omega_k \in \wedge^1 V^* = V^*$. Zeigen Sie:

$$\left(\sum_{j=1}^k a_{1j}\omega_j\right) \wedge \cdots \wedge \left(\sum_{j=1}^k a_{kj}\omega_j\right) = \det(A) \cdot \omega_1 \wedge \cdots \wedge \omega_k\,.$$

## 5.7 Volumen

Die Determinante hat eine wichtige geometrische Interpretation als „orientiertes" Volumen. Wir haben den Begriff Volumen (oder besser: $n$-dimensionales Volumen) einer Teilmenge von $\mathbb{R}^n$ nicht diskutiert. Dies ist nämlich ein Thema für die Analysis. Dennoch ist es einleuchtend, dass das Volumen $V(a_1, \ldots, a_n)$ des Parallelotops

$$P(a_1, \ldots, a_n) = \{\lambda_1 a_1 + \cdots + \lambda_n a_n \colon 0 \leq \lambda_1, \ldots, \lambda_n \leq 1\}$$

folgende Eigenschaften erfüllt.

1. $V(e_1, \ldots, e_n) = 1$
2. $V(a_1, \ldots, a_{i-1}, a_i + a_j, a_{i+1}, \ldots, a_n) = V(a_1, \ldots, a_n)$ für $i \neq j$
3. $V(a_1, \cdots, a_{i-1}, \lambda \cdot a_i, a_{i+1}, \ldots, a_n) = \lambda \cdot V(a_1, \ldots, a_n)$

Die drittte Aussage gilt nur für $\lambda > 0$. Der Begriff orientiertes Volumen bedeutet, dass wir die dritte Aussage für alle $\lambda$ fordern. Die dritte Aussage respektiert die Tatsache, dass $a_1$ und $-a_1$ auf verschiedenen Seiten der Hyperebene $\langle a_2, \ldots, a_n \rangle$ liegen (wenn $a_2, \ldots, a_n$ linear unabhängig sind).

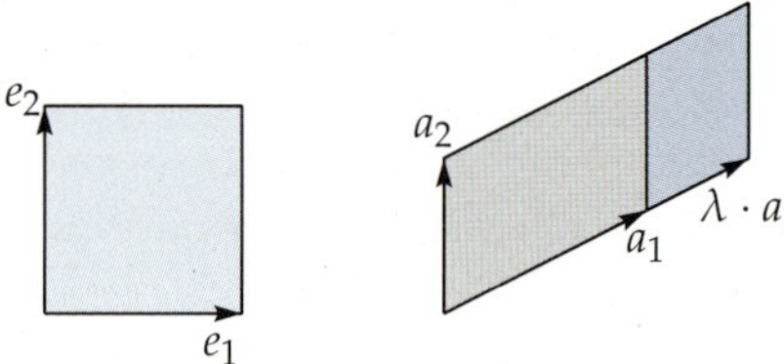


**Satz 5.8** Es sei $V$ eine Funktion mit den oben genannten drei Eigenschaften. (Der Körper $K$ ist beliebig.) Dann gilt $V(a_1, \ldots, a_n) = \det(a_1, \ldots, a_n)$.

Wir betrachten die Vektoren als Zeilenvektoren einer Matrix. Bei Vertauschung zweier Vektoren ändert sich lediglich das Vorzeichen von $V$, z. B. für $a_1$ und $a_2$:

$$\begin{aligned} V(a_1, a_2, \ldots) &= V(a_1 + a_2, a_2, \ldots) = -V(a_1 + a_2, -a_2, \ldots) \\ &= -V(a_1 + a_2, -a_2 + a_1 + a_2, \ldots) = -V(a_1 + a_2, a_1, \ldots) = -V(a_2, a_1, \ldots) \end{aligned}$$

Nun wenden wir eine Typ-III-Zeilenoperation an. Sei $\lambda \neq 0$ und der Einfachheit halber $i = 1, j = 2$:

$$V(a_1, a_2, \ldots) = \tfrac{1}{\lambda} V(a_1, \lambda a_2, \ldots) = \tfrac{1}{\lambda} V(a_1 + \lambda a_2, \lambda a_2, \ldots) = V(a_1 + \lambda a_2, a_2, \ldots)$$

Wir wenden jetzt Typ-I- und Typ-III-Zeilenoperationen an. Die Funktion $V$ verhält sich dabei wie die Determinante. Sind $(a_1, \ldots, a_n)$ linear abhängig, so entsteht auf der letzten Zeile die Nullzeile und sowohl $V$ als auch det sind gleich 0. Sonst können wir, wie bei der Berechnung einer Inversen, zu einer Diagonalmatrix reduzieren, also $a_i = \lambda_i e_i$. In diesem Fall gilt $V(a_1, \ldots, a_n) = \lambda_1 \cdot \ldots \cdot \lambda_n = \det(a_1, \ldots, a_n)$. ■

Genau wie im Fall $\mathbb{R}^3$ zeigt man mithilfe des Zwischenwertsatzes der Analysis, dass es keine stetige Familie von Basen von $(a_{1t}, \ldots, a_{nt})$ für $t \in [0,1]$ von $\mathbb{R}^n$ gibt mit $\det(a_{10}, \ldots, a_{n0}) > 0$ und $\det(a_{11}, \ldots, a_{n1}) < 0$.

Auch in $\mathbb{R}^n$ gilt der Satz, dass

$$\det(a_1, \ldots, a_n) \cdot \det(b_1, \ldots, b_n) > 0$$

genau dann, wenn es eine stetige Familie von Basen $(a_{1t}, \ldots, a_{nt})$ von $\mathbb{R}^n$ gibt mit

$$\begin{aligned}(a_{10}, \ldots, a_{n0}) &= (a_1, \ldots, a_n)\\ (a_{11}, \ldots, a_{n1}) &= (b_1, \ldots, b_n)\,.\end{aligned}$$

Der Beweis, den wir in Kapitel 2 für $\mathbb{R}^3$ gegeben haben, lässt sich auf den Fall $\mathbb{R}^n$ verallgemeinern. Hierfür brauchen wir den Begriff der Orthogonalität in $\mathbb{R}^n$, den wir in Kapitel 7 behandeln werden. Es ist jedoch auch möglich (obwohl etwas mühsamer), einen Beweis zu geben, welcher diesen Begriff der Orthogonalität nicht benutzt. Wir werden diesen Beweis jetzt geben.

Wir betrachten die Menge $\mathrm{GL}(n, \mathbb{R})$ aller $n \times n$-Matrizen mit der Determinante ungleich 0. Diesen Raum können wir mit dem Raum aller Basen von $\mathbb{R}^n$ identifizieren und als offene Menge in $\mathbb{R}^{n \times n} = \mathbb{R}^{n^2}$ auffassen. Wir werden zeigen, dass wir zwei Basen durch einen stetigen Weg verbinden können genau dann, wenn sie die gleiche Orientierung haben. In sogenannten topologischen Termen bedeutet diese Aussage, dass $\mathrm{GL}(n, \mathbb{R})$ aus zwei „Zusammenhangskomponenten" besteht. Im Folgenden brauchen wir einige Begriffe aus der Analysis, wie Stetigkeit und den Zwischenwertsatz. Diese akzeptieren und benutzen wir ohne weitere Begründung.

**Satz 5.9** Sei $\det(a_1, \ldots, a_n)$ eine Basis mit $\det(a_1, \ldots, a_n) < 0$. Dann existiert keine stetige Familie von invertierbaren Matrizen $D_t\colon \mathbb{R}^n \to \mathbb{R}^n$ mit $D_0 = \mathrm{Id}$ und $D_1(e_1) = a_i$ für $i = 1, \ldots, n$.

Wäre eine solche $D_t$ vorhanden, so wäre $\det(D_0) = \det(\mathrm{Id}) = 1$ und $\det(D_1) < 0$. Jedoch ist $\det(D_t)\colon [0,1] \to \mathbb{R}$ eine stetige Funktion und nach dem Zwischenwertsatz aus der Analysis gibt es ein $\xi \in (0,1)$ mit $\det(D_\xi) = 0$, Widerspruch! ■

**Satz 5.10** Sei $a_1, \ldots, a_n$ eine Basis von $\mathbb{R}^n$. Dann gibt es eine stetige Familie von invertierbaren linearen Abbildungen $D_t\colon \mathbb{R}^n \to \mathbb{R}^n$ für $t \in [0,1]$ mit $D_0 = \mathrm{Id}$ und $D_1(e_1) = \pm a_1$, $D_1(e_i) = a_i$ für $i = 2, \ldots, n$.

Sei $1 \leq k \leq n$. Angenommen, eine stetige Familie $F_t$ von invertierbaren Matrizen mit $F_0 = \mathrm{Id}$ und $F_1(e_i) = a_i$ für $i = k+1, \ldots, n$ sei bereits vorhanden. Betrachte $b := F_1(e_k)$. Dann sind $b, a_{k+1}, \ldots, a_n$ linear unabhängig.

*Fall 1. Die Vektoren $b, a_k, \ldots, a_n$ sind linear unabhängig.*

Ergänze $(b, a_k, \ldots, a_n)$ mit $c_1, \ldots, c_{k-2}$ zu einer Basis von $\mathbb{R}^n$ und betrachte die Familie von invertierbaren linearen Abbildungen $G_t$ bestimmt durch:

$$\begin{aligned}
&G_t(a_i) = a_i \text{ für } i \geq k+1 \quad G_t(c_i) = c_i \text{ für } i = 1, \ldots, k-2 \\
&G_t(a_k) = \cos(\pi t/2) a_k + \sin(\pi t/2) b \\
&G_t(b) = -\sin(\pi t/2) a_k + \cos(\pi t/2) b
\end{aligned}$$

Dann ist $G_0 = \mathrm{Id}$, $G_1(b) = a_k$ und $G_1(a_i) = a_i$ für $i \geq k+1$. Setze weiterhin $H_t = \mathrm{Id}$.

*Fall 2. Für gewisse $\lambda$ und $\lambda_i$ gilt $b = \lambda a_k + \lambda_{k+1} a_{k+1} + \cdots + \lambda_n a_n$.*

In diesem Fall ist $\lambda \neq 0$ und $(a_1, \ldots, a_{k-1}, b, a_{k+1}, \ldots, a_n)$ ist eine Basis von $\mathbb{R}^n$. Betrachte die invertierbare Abbildung $G_t$ für $t \in [0,1]$ bestimmt durch $G_t(a_i) = a_i$ für $i \neq k$ und

$$G_t(b) = \frac{b - t \cdot (\lambda_{k+1} a_{k+1} + \cdots + \lambda_n a_n)}{(t|\lambda| + (1-t))} .$$

Dann ist $G_1(b) = \pm a_k$ und $G_0 = \mathrm{Id}$.

*Fall 2a.* $\lambda > 0$ oder $k = 1$. Dann definiere $H_t := \mathrm{Id}$ für $t \in [0,1]$.
*Fall 2b.* $\lambda < 0$ und $k \geq 2$. Dann ist $G_1(b) = -a_k$. Betrachte die Familie von invertierbaren linearen Abbildungen gegeben durch $H_t(a_i) = a_i$ für $i \neq k-1, k$ und

$$H_t(a_{k-1}) = \cos(\pi t) a_{k-1} + \sin(\pi t) a_k , \quad H_t(a_k) = -\sin(\pi t) a_{k-1} + \cos(\pi t) a_k .$$

Dann ist $H_0 = \mathrm{Id}$ und $H_1(a_k) = -a_k$.

Wir definieren nun

$$D_t := \begin{cases} F_{3t} & 0 \leq t \leq 1/3 \\ G_{3t-1} \cdot F_1 & 1/3 \leq t \leq 2/3 \\ H_{3t-2} \cdot G_1 \cdot F_1 & 2/3 \leq t \leq 1 \end{cases}$$

$D_t$ ist eine stetige Familie von invertierbaren linearen Abbildungen mit $D_0 = \mathrm{Id}$. Ist $k \geq 2$, so ist $D_1(e_i) = a_i$ für $i \geq k$. Ist $k = 1$, so ist $D_1(e_i) = a_i$ für $i \geq 2$ und $D_1(e_1) = \pm a_1$.

Das Anwenden dieser Prozedur auf $k = n, n-1, \ldots, 1$ gibt uns die gesuchte Familie $D_t$. ■

# Eigenwerte und Eigenvektoren

6



ÜBERBLICK

## LERNZIELE

- Eigenvektoren und Eigenwerte
- Charakteristisches Polynom
- Diagonalisierbarkeit
- Minimalpolynom, Satz von Cayley-Hamilton
- Spaltungssatz
- Jordansche Normalform

Ein Eigenvektor $0 \neq v$ einer linearen Abbildung $A$ ist definiert als ein Vektor mit der Eigenschaft, dass $A(v) = \lambda v$ für gewisse $\lambda \neq 0$. Die Zahl $\lambda$ heißt Eigenwert. Der Vektor $v$ wird somit unter $A$ lediglich gestreckt. Eigenvektoren brauchen nicht zu existieren: Es ist geometrisch klar, dass eine Drehung in $\mathbb{R}^2$ über einem Winkel ungleich null oder $\pi$ keine Eigenvektoren hat. Ist $v$ ein Eigenvektor zum Eigenwert $\lambda$, so hat die Gleichung

$$(\lambda \cdot \mathrm{Id} - A)x = 0$$

die nicht triviale Lösung $v$ und umgekehrt. Aus der Theorie der Determinanten wissen wir, dass diese Situation genau dann auftritt, wenn

$$\det(\lambda \, \mathrm{Id} - A) = 0\,.$$

Wenn wir das charakteristische Polynom $\chi_A(x)$ von $A$ definieren durch $\chi_A(x) = \det(x \, \mathrm{Id} - A)$, so folgt, dass $\lambda$ ein Eigenwert von $A$ ist genau dann, wenn $\chi_A(\lambda) = 0$. Hat man einen solchen Eigenwert gefunden, so bestimmt man nachfolgend die zugehörigen Eigenvektoren durch Lösen des homogenen Gleichungssystems

$$(A - \lambda \, \mathrm{Id})x = 0\,,$$

welches dann notwendigerweise eine nicht triviale Lösung hat.

Hat die Gleichung $\chi_A(x) = 0$ keine Lösungen, so existieren keine Eigenvektoren. Für die Drehung über $90^\circ$, gegeben durch die Matrix

$$\begin{pmatrix} 0 & -1 \\ 1 & 0 \end{pmatrix},$$

gilt $\chi_A(x) = x^2 + 1$. Die Gleichung $\chi_A(x) = 0$ hat deshalb keine reelle Lösung. Über $\mathbb{C}$ ist die Lage besser. Bekanntlich besagt der Hauptsatz der Algebra , dass polynomiale Gleichungen in $\mathbb{C}$ immer Lösungen haben. Üblicherweise werden Methoden der Analysis benutzt, um diesen Hauptsatz zu beweisen. Um so erfreulicher ist es, dass vor nicht langer Zeit (2003) Harm Derksen einen direkten, sehr trickreichen Beweis für die Existenz eines Eigenvektors gefunden hat. Die Existenz eines Eigenvektors impliziert übrigens den Hauptsatz der Algebra. Auf diese Weise erhält man vielleicht nicht den einfachsten Beweis des Hauptsatzes der Algebra, aber immerhin den natürlichen Beweis für die Existenz eines Eigenvektors. Den Beweis geben wir im ersten Teil des Kapitels, aber es ist ratsam, diesen erst dann durchzulesen, wenn Sie das gesamte Kapitel durchgearbeitet haben.

Existiert eine Basis von $V$ aus Eigenvektoren einer Abbildung $A$, so nennt man diese Abbildung $A$ diagonalisierbar. Bezüglich einer Basis von Eigenvektoren hat die Matrix von $A$ tatsächlich eine Diagonalgestalt. Die Frage der Diagonalisierbarkeit ist wichtig. Es ist ja ziemlich klar, dass gewisse Probleme sich für Diagonalmatrizen, und damit für diagonalisierbare Matrizen, leichter behandeln lassen.

Leider braucht eine Matrix, selbst über $\mathbb{C}$, nicht diagonalisierbar zu sein, obwohl die charakteristische Gleichung mit Multiplizitäten gerechnet, genügend viele Lösungen hat. Das einfachste Beispiel einer Matrix, welche über $\mathbb{C}$ nicht diagonalisierbar ist, ist

$$\begin{pmatrix} 0 & 1 \\ 0 & 0 \end{pmatrix} .$$

Man rechnet nämlich nach, dass nur $te_1$ für $t \neq 0$ Eigenvektoren sind, also kann keine Basis von Eigenvektoren existieren. Es ist wichtig, Bedingungen zu finden, ob eine Matrix diagonalisierbar ist. Wir werden zwei dieser Bedingungen behandeln.

**1.** Zu jedem Eigenwert $\lambda$ betrachtet man den Eigenraum $\text{Eig}_\lambda(A) = \text{Ker}(\lambda \,\text{Id} - A)$. Er besteht aus den Eigenvektoren von $A$ zum Eigenwert $\lambda$ zusammen mit dem Nullvektor. Die Dimension $m_g(\lambda)$ von $\text{Eig}_\lambda(A)$ nennt man die geometrische Multiplizität von $\lambda$. Andererseits hat man die algebraische Multiplizität $m_a(\lambda)$ von $\lambda$. Sie ist definiert als die Multiplizität der Nullstelle von $\lambda$ des charakteristischen Polynoms:

$$\chi_A(x) = (x - \lambda)^{m_a(\lambda)} \cdot P(x)$$

mit $P(\lambda) \neq 0$. Das erste Diagonalisierbarkeitskriterium ist:

> Eine Abbildung $A$ ist diagonalisierbar, wenn das charakteristische Polynom $\chi_A(x)$, mit Multiplizität gezählt, $n$ Nullstellen hat **und** für jeden Eigenwert $\lambda$ von $A$ gilt $m_g(\lambda) = m_a(\lambda)$.

Insbesondere ist eine Abbildung diagonalisierbar, wenn sie $n = \dim(V)$ verschiedene Eigenwerte hat.

**2.** Das zweite Diagonalisierbarkeitskriterium formuliert man mit dem Minimalpolynom von $A$. Es ist das normierte Polynom $M_A(x)$ kleinsten Grades, sodass $M_A(A) = 0$. Leicht einzusehen ist, dass ein Polynom $P(x)$ mit $P(A) = 0$ existiert. Wir werden ein praktisches Verfahren zur Berechnung des minimalen Polynoms angeben. Die Nullstellen des Minimalpolynoms $M_A(x)$ sind genau die Eigenwerte von $A$. Immer gilt, dass das Minimalpolynom $M_A(x)$ ein Teiler des charakteristischen Polynoms $\chi_A(x)$ ist. Dies ist der berühmte Satz von Cayley-Hamilton, den man auch als $\chi_A(A) = 0$ formulieren kann. Fast immer ist das Minimalpolynom gleich dem charakteristischen Polynom, aber eben nicht immer. So ist für $\text{Id} = \text{Id}_n$ das Minimalpolynom gleich $M_A(x) = x - 1$, jedoch $\chi_A(x) = (x - 1)^n$. Das zweite Diagonaliserbarkeitskriterium lautet:

Eine Abbildung $A$ ist diagonalisierbar genau dann, wenn $M_A(x)$ genau $k = \deg(M_A(x))$ **verschiedene** Nullstellen hat.

Es gibt algebraische Methoden (siehe Satz 3.10) um festzustellen, ob eine Gleichung eine mehrfache Nullstelle hat oder nicht, ohne die Nullstellen tatsächlich zu berechnen. In diesem Sinne ist das Diagonalisierbarkeitskriterium mit dem Minimalpolynom zu bevorzugen. Genau genommen braucht man das charakteristische Polynom nicht, um die Theorie der Eigenwerte zu entwickeln.

Das charakteristische Polynom einer $2 \times 2$-Matrix ist einfach aufzuschreiben: Für die Matrix

$$A = \begin{pmatrix} a & b \\ c & d \end{pmatrix}$$

gilt $\chi_A(x) = x^2 - (a+d)x + ad - bc$. Für $3 \times 3$-Matrizen ist die Berechnung des charakteristischen Polynoms und des minimalen Polynoms ungefähr noch mit dem gleichen Aufwand verbunden. Für $4 \times 4$-Matrizen macht die direkte Berechnung des charakteristischen Polynoms keinen Spaß mehr. Die Berechnung des Minimalpolynoms ist jedoch für solche Matrizen noch sehr gut machbar.

Wenn das Minimalpolynom vollständig faktorisiert werden kann, die Abbildung jedoch nicht diagonalisierbar ist, können wir uns die Frage nach einer Basis stellen, bezüglich der die Matrix eine möglichst einfache Gestalt hat. Die Antwort wird gegeben durch die jordansche Normalform. Sie besagt, dass man eine Basis $\mathcal{B}$ finden kann, eine sogenannte Jordan-Basis, bezüglich der die Matrix aus Blöcken der Form

$$\begin{pmatrix} \lambda & 1 & & \\ & \lambda & \ddots & \\ & & \ddots & 1 \\ & & & \lambda \end{pmatrix}$$

besteht. Ein solches $\lambda$ ist ein Eigenwert.

Mithilfe des sogenannten Spaltungssatzes bringt man einen Beweis der Existenz einer Jordan-Basis zurück auf den Fall, dass die Abbildung $A$ lediglich einen Eigenwert hat. Man kann also Eigenwert für Eigenwert vorgehen. Durch Verschiebung (d. h. ersetze $A$ durch $A - \lambda \cdot \mathrm{Id}$) kann man anschließend erreichen, dass dieser Eigenwert gleich 0 ist. Deshalb braucht man nur die sogenannten nilpotenten Matrizen zu behandeln, also Matrizen $A$ mit $A^k = 0$.

Für diese schreibt man induktiv eine Jordan-Basis auf: Ist $A^k = 0$ für $k$ minimal, so seien $a_1, \ldots, a_s$ Elemente, die eine Basis von $\mathrm{Ker}(A^k) / \mathrm{Ker}(A^{k-1})$ induzieren. Dann ergänze $A(a_1), A(a_2), \ldots, A(a_s)$ mit Elementen, die eine Jordan–Basis von $\mathrm{Ker}(A^{k-1}) / \mathrm{Ker}(A^{k-2})$ induzieren usw. Durch richtige Anordnung (Platzieren der $a_i$ hinter den $A(a_i)$) aller dieser Elemente erhält man eine Jordan-Basis für $A$.

Die Theorie der Eigenwerte, Eigenvektoren, Diagonalisierbarkeit und jordanschen Normalform hat viele Anwendungen innerhalb der Mathematik. Euler benutzte schon implizit Eigenvektoren und Eigenwerte für symmetrische $3 \times 3$-Matrizen. Im nächsten Kapitel werden wir sehen, dass symmetrische Matrizen diagonalisierbar sind. Ein weiterer klassischer Anwendungsbereich ist die Theorie der linearen Differenzialgleichungen. Ist $x(t) \in \mathbb{R}^n$ eine von $t$ abhängige differenzierbare Funktion und $A$ eine $n \times n$-Matrix, so können wir die Differenzialgleichung

$$x' = Ax\,, \quad x(0) = v$$

betrachten. Ist hierbei $v$ ein Eigenvektor von $A$ zum Eigenwert $\lambda$, so ist $x(t) = e^{\lambda t}v$ eine Lösung der Differenzialgleichung, denn es gilt:

$$x'(t) = \lambda e^{\lambda t} \cdot v = A(e^{\lambda t} \cdot v) = A(x(t))\,.$$

Ist $(v_1, \ldots, v_n)$ eine Basis aus Eigenvektoren von $A$ mit $A(v_i) = \lambda_i \cdot v_i$ und ist $v = a_1 v_1 + \cdots + a_n v_n$, so ist

$$x(t) = a_1 e^{\lambda_1 t} v_1 + \cdots + a_n e^{\lambda_1 t} v_n$$

die Lösung der Differenzialgleichung. Ist $A$ über den komplexen Zahlen diagonalisierbar, so lässt sich die Lösung auch einfach hinschreiben. Weil jedoch $A$ im Allgemeinen nicht über $\mathbb{C}$ diagonalisierbar ist, kommt hier eine jordansche Normalform zu Hilfe. Für Details verweisen wir auf eine entsprechende Vorlesung in der Analysis.

Modernere Anwendungen von Eigenwerten findet man z. B. bei dem Page-Ranking von Google und bei der Gesichtserkennung. Wir nennen hier aber noch ein Beispiel in der Mathematik. Es seien polynomiale Gleichungen

$$f_1(x_1, \ldots, x_n) = \cdots = f_m(x_1, \ldots, x_n) = 0$$

gegeben. Wir nehmen an, dass dieses polynomiale Gleichungssystem nur endlich viele Lösungen in $\mathbb{C}^n$ hat. Diesem Gleichungssystem kann man einen endlich dimensionalen $\mathbb{C}$-Vektorraum

$$V = \mathbb{C}[x_1, \ldots, x_n] / \langle f_1, \ldots, f_m \rangle$$

zuordnen, deren Dimension in den meisten Fällen gleich der Anzahl der Lösungen des Gleichungssystems ist. (Sonst zählt man die Lösungen mit Multiplizität.) Diesen Vektorraum $V$ kann man als Vektorraum der polynomialen Funktionen auf der (endlichen) Lösungsmenge $f_1 = \cdots = f_m = 0$ interpretieren. Die $i$-ten Koordinaten der Lösungen sind genau die Eigenwerte der *Multiplikation* mit $x_i$ auf $V$. Die Matrix der Multiplikation kann man mit der sogenannten Theorie der Gröbner-Basen bestimmen. Um die Lösungen des Gleichungssystems anzugeben, reicht es deshalb, Eigenwerte von gewissen linearen Abbildungen zu bestimmen. In der numerischen Mathematik sind sehr gute Methoden entwickelt worden, um näherungsweise Eigenwerte zu berechnen. Wir können somit numerisch die Lösungen des oben genannten Gleichungssystems bestimmen. In dieser Theorie kommen also algebraische und numerische Methoden zur Anwendung. Wir behandeln diese Theorie in Kapitel 9.

## 6.1 Eigenwerte und Eigenvektoren

Es sei $A\colon V \to V$ ein Endomorphismus von $K$-Vektorräumen.

1. Ein Element $\lambda \in K$ heißt Eigenwert von $A$, wenn ein Vektor $v \neq 0$ in $V$ existiert mit $A(v) = \lambda \cdot v$.
2. Ein $v \neq 0$ mit $A(v) = \lambda v$ nennen wir einen Eigenvektor von $A$ (zum Eigenwert $\lambda$).
3. Ist $A$ gegeben durch eine Matrix $(a_{ij}) =_{\mathcal{B}} A_{\mathcal{B}}$, so heißt

$$\chi_A(x) := \det \begin{pmatrix} x - a_{11} & \cdots & -a_{1n} \\ \vdots & & \vdots \\ -a_{n1} & \cdots & x - a_{nn} \end{pmatrix} = \det(x \operatorname{Id} - A)$$

das **charakteristische Polynom** von $A$.

4. Die Gleichung $\chi_A(x) = 0$ heißt die **charakteristische Gleichung** von $A$.

Weil jedes Polynom als Element der rationalen Funktionenkörper $K(x)$ aufgefasst werden kann (siehe Aufgabe 3.27), ist das charakteristische Polynom als Element von $K(x)$ definiert. Durch Entwicklung nach der ersten Zeile und Induktion sieht man, dass $\chi_A(x)$ tatsächlich ein Polynom ist.

Zu bemerken ist weiter, dass die Definition von $\chi_A(x)$ unabhängig von der gewählten Basis $\mathcal{B}$ ist. Ist $\mathcal{C}$ eine weitere Basis, so gilt mit $S =_{\mathcal{B}} \operatorname{Id}_{\mathcal{C}}$:

$$\det(x \operatorname{Id} - S^{-1}AS) = \det(S^{-1}(x \operatorname{Id} - A)S) = \det(x \operatorname{Id} - A)\,.$$

**Satz 6.1** Die Eigenwerte von $A$ sind genau die Nullstellen von $\chi_A(x)$.

Die Bedingung $\chi_A(\lambda) = \det(\lambda \operatorname{Id} - A) = 0$ ist äquivalent zur Existenz eines $v \neq 0$ mit $(\lambda \operatorname{Id} - A)(v) = 0$, also $A(v) = \lambda v$. Siehe Satz 5.1 Nr. 4 und Satz 4.6 Nr. 4. ∎

**Beispiel** Mit $A = \begin{pmatrix} 5 & -6 \\ 2 & -2 \end{pmatrix}$ ist $\chi_A(x) = \begin{vmatrix} x-5 & 6 \\ -2 & x+2 \end{vmatrix} = (x-5)(x+2) + 12 = (x-1)(x-2)$. Die Eigenwerte sind $\lambda = 1$ und $\lambda = 2$. Um Eigenvektoren zu finden, lösen wir die Gleichungssysteme $A(v) = v$ bzw. $A(v) = 2v$:

$$\begin{cases} 5x_1 - 6x_2 = x_1 \\ 2x_1 - 2x_2 = x_2 \end{cases} \quad \text{bzw.} \quad \begin{cases} 5x_1 - 6x_2 = 2x_1 \\ 2x_1 - 2x_2 = 2x_2 \end{cases}$$

Die Gleichungen sind (natürlich) linear abhängig. Es ist $(3,2)$ ein Eigenvektor zum Eigenwert 1 und $(2,1)$ ein Eigenvektor zum Eigenwert 2.

# Aufgaben

Lösung

**Aufgabe 6.1** Berechnen Sie die Eigenwerte und Eigenvektoren der nachfolgenden linearen Abbildungen $A\colon \mathbb{R}^2 \to \mathbb{R}^2$.

1. $\begin{pmatrix} 4 & -4 \\ 1 & 0 \end{pmatrix}$
2. $\begin{pmatrix} 1 & 12 \\ 2 & 3 \end{pmatrix}$
3. $\begin{pmatrix} 1 & -3 \\ 2 & 4 \end{pmatrix}$

**Aufgabe 6.2** Berechnen Sie die Eigenwerte und Eigenvektoren der nachfolgenden linearen Abbildungen $A\colon \mathbb{R}^3 \to \mathbb{R}^3$.

1. $\begin{pmatrix} 1 & 4 & 0 \\ 4 & 1 & 3 \\ 0 & 3 & 1 \end{pmatrix}$
2. $\begin{pmatrix} -3 & 1 & -1 \\ -7 & 5 & -1 \\ -6 & 6 & 2 \end{pmatrix}$
3. $\begin{pmatrix} 1 & -2 & 2 \\ -2 & -2 & 4 \\ 2 & 4 & -2 \end{pmatrix}$

**Aufgabe 6.3** Sei $A = (a_{ij})$ eine $n \times n$-Matrix. Zeigen Sie:

$$\chi_A(x) = x^n - \mathrm{Sp}(A)x^{n-1} + \cdots + (-1)^n \det(A)$$

wobei $\mathrm{Sp}(A) = a_{11} + \cdots + a_{nn}$ die Spur von $A$ ist.

**Aufgabe 6.4** Betrachten Sie die Drehmatrix $R_{a,b} = \begin{pmatrix} a & -b \\ b & a \end{pmatrix}$. Berechnen Sie die komplexen Eigenwerte von $R_{a,b}$. Berechnen Sie die zugehörigen Eigenvektoren.

**Aufgabe 6.5** Betrachten Sie die symmetrische reelle $2 \times 2$-Matrix $\begin{pmatrix} a & b \\ b & d \end{pmatrix}$.

1. Zeigen Sie, dass $A$ zwei verschiedene Eigenwerte hat außer, wenn $b = 0$ und $a = d$.
2. Zeigen Sie, dass korrespondierende Eigenvektoren senkrecht aufeinanderstehen.

**Aufgabe 6.6**

1. Zeigen Sie: Ist $A$ invertierbar und $\lambda$ ein Eigenwert von $A$, so ist $\lambda^{-1}$ ein Eigenwert von $A^{-1}$.
2. Zeigen Sie: Sind $A, B$ $n \times n$-Matrizen, so haben die Matrizen $AB$ und $BA$ die gleichen Eigenwerte.
3. Zeigen Sie: Die Eigenwerte von $A$ sind genau die Eigenwerte von $A^T$.

**Aufgabe 6.7** Es sei $A$ eine reelle $n \times n$-Matrix und $\lambda \in \mathbb{C}$ ein Eigenwert von $A$, der nicht reell ist, sowie $v \in \mathbb{C}^n$ ein Eigenvektor von $A$ zum Eigenwert $\lambda$.

1. Zeigen Sie: $\overline{\lambda}$ ist ebenfalls ein Eigenwert von $A$ mit Eigenvektor $\overline{v}$. Warum ist $v \notin \mathbb{R}^n$?
2. Sei $w = v + \overline{v}$ und $W = \langle w, A(w) \rangle \subset \mathbb{R}^n$. Zeigen Sie: $A(W) \subset W$. (Man nennt $W$ einen $A$-invarianten Unterraum.)

## 6.2 Existenz eines komplexen Eigenvektors

**Satz 6.2** Es sei $V$ ein endlich dimensionaler **komplexer** Vektorraum und $A: V \to V$ linear. Dann hat $A$ einen Eigenvektor (und somit einen Eigenwert).

Der Beweis des Satzes erfolgt in sechs Schritten.

**1. Schritt.** *Eine reelle $n \times n$-Matrix $A$ mit $n$ ungerade hat einen reellen Eigenwert.*

Das charakteristische Polynom $\chi_A(x)$ ist vom Grad $n$ und hat reelle Koeffizienten. Ein einfacher Satz aus der Analysis (Zwischenwertsatz) besagt, dass $\chi_A(x)$ eine (reelle) Nullstelle hat, und deshalb hat $A$ nach Satz 6.1 einen (reellen) Eigenwert. ■

**2. Schritt.** *Es sei $V$ ein reeller Vektorraum ungerader Dimension $n$ und $L, M \in \mathrm{End}(V)$ mit $L \cdot M = M \cdot L$. Dann gibt es einen gemeinsamen (reellen) Eigenvektor für $L$ und $M$.*

Sei $\lambda$ ein Eigenwert von $L$. Betrachte die Unterräume $U = \mathrm{Ker}(L - \lambda \cdot \mathrm{Id})$ und $W = \mathrm{Im}(L - \lambda\,\mathrm{Id})$ von $V$. Wegen $\dim(U) + \dim(W) = \dim(V)$ (Satz 4.6) hat entweder $U$ oder $W$ eine ungerade Dimension.

***Fall 1.*** $\dim(U)$ ist ungerade. Sei $u \in U$. Dann ist $L(M(u)) = M(L(u)) = M(\lambda u) = \lambda M(u)$, also $M(u) \in U$. Wegen dem 1. Schritt hat $M$ einen Eigenvektor $v$ in $U$. Dieses $v$ ist ebenfalls ein Eigenvektor von $L$ (mit Eigenwert $\lambda$).

***Fall 2.*** $\dim(W)$ ist ungerade. Weil $U \neq (0)$, ist $\dim(W) < \dim(V)$. Sei $w \in W$. Dann ist $w = L(v) - \lambda(v)$ für ein $v \in V$. Es folgt $M(w) = M(L(v)) - M(\lambda v) = L(M(v)) - \lambda M(v) \in W$. Ebenfalls $L(w) = L(L(v)) - \lambda L(v) \in W$. Also $L, M: W \to W$ und mit Induktion folgt, dass $L, M$ einen gemeinsamen Eigenvektor in $W$ haben. ■

**3. Schritt.** *Eine komplexe $n \times n$-Matrix $A$ mit $n$ ungerade hat einen Eigenwert.*

Betrachte den Vektorraum $V$, bestehend aus Matrizen $B$ mit komplexen Einträgen, sodass gilt $B = B^*$ (sogenannte hermitesche Matrizen). Sie bilden einen reellen Vektorraum der ungeraden Dimension $n^2$, siehe Aufgabe 4.9. Wir betrachten die linearen Abbildungen $L: V \to V$ und $M: V \to V$, gegeben durch

$$L(B) := \tfrac{1}{2}(AB + BA^*) \quad \text{und} \quad M(B) := \tfrac{1}{2i}(AB - BA^*)\,.$$

Rechnen Sie selbst nach, dass $L(B)^* = L(B)$, $M(B)^* = M(B)$ und $L(M(B)) = M(L(B))$. Nach dem 2. Schritt gibt es einen gemeinsamen Eigenvektor von $L$ und $M$. Dieser Eigenvektor ist eine Matrix $B$ mit $L(B) = \lambda B$ und $M(B) = \mu(B)$. Dann gilt:
$(L + iM)(B) = AB = (\lambda + \mu \cdot i)B$. Jede Spalte von $B$, welche nicht gleich null ist, ist ein Eigenvektor von $A$. ■

**4. Schritt.** *Induktionsvoraussetzung. Sei $n = 2^k \cdot s$ mit $k \leq d-1$ und $s$ ungerade. Dann hat jede komplexe $n \times n$-Matrix einen komplexen Eigenwert.*

**5. Schritt.** *Es sei $V$ ein komplexer Vektorraum der Dimension $n = 2^{d-1} \cdot s$ mit $s$ ungerade. Es seien $L, M\colon V \to V$ zwei Endomorphismen von $V$ mit $L \cdot M = M \cdot L$. Dann gibt es einen gemeinsamen (komplexen) Eigenvektor für $L$ und $M$.*

Wiederholen Sie den Beweis des zweiten Schrittes, wobei Sie „reell" durch „komplex" und „ungerade Dimension" durch „Dimension $2^k \cdot s$ mit $k \leq d-1$" ersetzen. ∎

**6. Schritt.** *Induktionsschritt. Eine komplexe $n \times n$-Matrix $A$ mit $n = 2^d \cdot s$, $s$ ungerade, hat einen Eigenwert.*

Sei $V$ der Vektorraum der symmetrischen komplexen $n \times n$-Matrizen. Dann hat $V$ die Dimension $\binom{n+1}{2}$ (Aufgabe 4.8). Es gilt:

$$\binom{n+1}{2} = \frac{2^d \cdot s \cdot (2^d s + 1)}{2} = 2^{d-1} \cdot t$$

mit $t$ ungerade. Wir betrachten die Abbildungen $L, M\colon V \to V$, gegeben durch

$$L(B) = AB + BA^{\mathrm{T}}, \quad M(B) = ABA^{\mathrm{T}}.$$

Man rechnet nach, dass $L(B)^{\mathrm{T}} = L(B)$, $M(B)^{\mathrm{T}} = M(B)$ und $L(M(B)) = M(L(B))$. Nach dem 5. Schritt gibt es einen gemeinsamen Eigenvektor, welcher eine Matrix $B$ ist. Sei $L(B) = \lambda B$ und $M(B) = \mu(B)$ mit $\lambda, \mu \in \mathbb{C}$. Dann ist

$$\begin{aligned}(A^2 - \lambda A + \mu \cdot \mathrm{Id})B &= A(AB + BA^{\mathrm{T}}) - \lambda AB - ABA^{\mathrm{T}} + \mu B \\ &= A(L(B)) - \lambda AB - M(B) + \mu(B) = 0\,.\end{aligned}$$

Nach dem Satz 3.4 existieren $\alpha, \beta$ in $\mathbb{C}$ mit $x^2 - \lambda x + \mu = (x-\alpha)(x-\beta)$. Sei $v$ eine Spalte von $B$, welche nicht null ist. Es folgt:

$$(A - \alpha\,\mathrm{Id})(A - \beta\,\mathrm{Id})(v) = 0\,.$$

Wenn $(A - \beta\,\mathrm{Id})(v) = 0$, dann ist $v$ ein Eigenvektor von $A$ mit Eigenwert $\beta$, sonst ist $0 \neq w = (A - \beta\,\mathrm{Id})(v)$ ein Eigenvektor von $A$ mit Eigenwert $\alpha$. Deshalb gibt es immer einen Eigenvektor von $A$. ∎

**Satz 6.3 (Hauptsatz der Algebra)** Jedes Polynom $p(x) = x^n + a_1 x^{n-1} + \cdots + a_n$ mit Koeffizienten in $\mathbb{C}$ hat eine komplexe Nullstelle.

Sei $V$ der $\mathbb{C}$-Vektorraum der Polynome vom Grad kleiner als $n$ und $A \in \mathrm{End}(V)$ die lineare Abbildung, welche ein Polynom $f(x)$ auf den Rest von $x \cdot f(x)$ bei Teilung durch $p(x)$ abbildet. Sei $f(x)$ ein Eigenvektor mit Eigenwert $\lambda$. Dann ist $xf(x) - \alpha p(x) = \lambda \cdot f(x)$ für ein $\alpha$. Aus Gradgründen ist $\alpha \in \mathbb{C}$ und $\alpha \neq 0$. Nach Einsetzen von $x = \lambda$ folgt $p(\lambda) = 0$. ∎

## 6.3 Diagonalisierbarkeit

Eine lineare Abbildung $A\colon V \to V$ heißt diagonalisierbar, wenn es eine Basis von $V$ gibt, welche aus Eigenvektoren von $A$ besteht.

Ist eine solche Basis $\mathcal{B}$ aus Eigenvektoren gegeben, dann ist die Matrix ${}_{\mathcal{B}}A_{\mathcal{B}}$ eine Diagonalmatrix. Ist nämlich $\mathcal{B} = (b_1, \dots, b_n)$ und $A(b_i) = \lambda_i b_i$, so ist offensichtlich ${}_{\mathcal{B}}A_{\mathcal{B}}$ eine Diagonalmatrix, wie nebenstehend dargestellt.

$$ {}_{\mathcal{B}}A_{\mathcal{B}} = \begin{pmatrix} \lambda_1 & & \\ & \ddots & \\ & & \lambda_n \end{pmatrix} $$

Eine Matrix $A$ ist also genau dann diagonalisierbar, wenn es eine invertierbare Matrix $S$ gibt, sodass $S^{-1}AS$ eine Diagonalmatrix ist. Die Spalten von $S$ bilden eine Basis von Eigenvektoren.

**Satz 6.4**

**1.** Sei $\dim(V) = n$. Ist $A \in \operatorname{End}(V)$ diagonalisierbar, so gilt

$$ \chi_A(x) = (x - \lambda_1) \cdot \ldots \cdot (x - \lambda_n) . $$

**2.** Ist $\chi_A(x) = (x - \lambda_1) \cdot \ldots \cdot (x - \lambda_n)$ mit $\lambda_i \neq \lambda_j$ für $i \neq j$, so ist $A$ diagonalisierbar.

**1.** Die Berechnung von $\chi_A(x)$ für eine Diagonalmatrix ist einfach.

**2.** Sei $v_i$ ein Eigenvektor zum Eigenwert $\lambda_i$. Wir zeigen mit Induktion, dass $(v_1, \dots, v_k)$ für $k \leq n$ linear unabhängig sind. Für $k = 1$ ist dies klar. Sei $v = x_1 v_1 + \cdots + x_k v_k = 0$. Dann ist

$$ \begin{aligned} \lambda_k v &= \lambda_k x_1 v_1 + \cdots + \lambda_k x_{k-1} v_{k-1} + \lambda_k x_k v_k = 0 \\ A(x_1 v_1 + \cdots + x_k v_k) &= \lambda_1 x_1 v_1 + \cdots + \lambda_{k-1} x_{k-1} v_{k-1} + \lambda_k x_k v_k = 0 \end{aligned} $$

Nach Subtraktion: $(\lambda_k - \lambda_1) x_1 v_1 + \cdots + (\lambda_k - \lambda_{k-1}) x_{k-1} v_{k-1} = 0$. Mit Induktion sind $v_1, \dots, v_{k-1}$ linear unabhängig. Weil $\lambda_k \neq \lambda_i$ für $i = 1, \dots, k-1$, folgt $x_1 = \ldots = x_{k-1} = 0$. Dann gilt auch $x_k \cdot v_k = 0$, also $x_k = 0$. ■

**Beispiel**

$A$ sei gegeben durch die nebenstehende Matrix. Man berechnet, dass $\chi_A(x) = (x-1)(x+1)(x-2)$. Somit sind die Eigenwerte $1, -1$ und $2$ mit Eigenvektoren bzw. $(2,2,1)$, $(2,1,0)$ und $(3,2,1)$. Diese Vektoren schreiben wir als Spaltenvektoren in die Matrix $S$. Dann berechnet man:

$$ \begin{pmatrix} 4 & -10 & 14 \\ 2 & -5 & 8 \\ 1 & -2 & 3 \end{pmatrix} $$

$$ S = \begin{pmatrix} 2 & 2 & 3 \\ 2 & 1 & 2 \\ 1 & 0 & 1 \end{pmatrix}, \quad S^{-1} = \begin{pmatrix} -1 & 2 & -1 \\ 0 & 1 & -2 \\ 1 & -2 & 2 \end{pmatrix}, \quad S^{-1}AS = \begin{pmatrix} 1 & 0 & 0 \\ 0 & -1 & 0 \\ 0 & 0 & 2 \end{pmatrix} $$

# Aufgaben

Lösung

**Aufgabe 6.8** Zeigen Sie, dass die nachfolgenden Matrizen $A$ über $\mathbb{R}$ nicht diagonalisierbar sind. Sind sie über $\mathbb{C}$ diagonalisierbar?

1. $\begin{pmatrix} 0 & -1 \\ 1 & 0 \end{pmatrix}$
2. $\begin{pmatrix} 0 & 1 \\ 0 & 0 \end{pmatrix}$
3. $\begin{pmatrix} 3 & 4 \\ -2 & -1 \end{pmatrix}$

**Aufgabe 6.9** Zeigen Sie, dass die nachfolgenden Matrizen $A$ diagonalisierbar sind. Bestimmen Sie Matrizen $S$, sodass $S^{-1}AS$ eine Diagonalmatrix ist.

1. $\begin{pmatrix} 1 & 2 & 1 \\ 2 & 1 & 1 \\ 1 & 1 & 2 \end{pmatrix}$
2. $\begin{pmatrix} 2 & -2 & 3 \\ 1 & 1 & 1 \\ 1 & 3 & -1 \end{pmatrix}$
3. $\begin{pmatrix} 1 & -2 & -4 \\ 6 & -1 & -6 \\ -1 & -2 & -2 \end{pmatrix}$
4. $\begin{pmatrix} 4 & 0 & -3 \\ -6 & 4 & 6 \\ 8 & -2 & -7 \end{pmatrix}$
5. $\begin{pmatrix} 9 & -2 & -6 \\ 6 & 2 & -6 \\ 4 & -2 & -1 \end{pmatrix}$
6. $\begin{pmatrix} -19 & 12 & 40 \\ 2 & 4 & -4 \\ -12 & 6 & 25 \end{pmatrix}$

**Aufgabe 6.10** Es sei $A$ die nebenstehende Matrix. Die Vektoren $(1,1,0)$ und $(0,1,2)$ seien Eigenvektoren von $A$.

$$\begin{pmatrix} -4 & a & b \\ -9 & 11 & c \\ -12 & d & -5 \end{pmatrix}$$

1. Bestimmen Sie $a, b, c, d$.
2. Bestimmen Sie eine invertierbare Matrix $S$, sodass $S^{-1}AS$ eine Diagonalmatrix ist.

**Aufgabe 6.11** Zeigen Sie, dass die nachfolgenden Matrizen nicht über $\mathbb{R}$, jedoch über $\mathbb{C}$ diagonalisierbar sind.

1. $\begin{pmatrix} 3 & -2 & -2 \\ 2 & -1 & -2 \\ 3 & -2 & -1 \end{pmatrix}$
2. $\begin{pmatrix} 3 & -1 & -1 \\ 1 & 1 & -1 \\ 2 & -1 & 1 \end{pmatrix}$
3. $\begin{pmatrix} 5 & -7 & -1 \\ 3 & -4 & 0 \\ 4 & -7 & 4 \end{pmatrix}$

**Aufgabe 6.12** **(Potenzmethode)**

Es sei $A \in \mathbb{R}^{n\times n}$ diagonalisierbar über $\mathbb{C}$ mit der Basis von Eigenvektoren $(b_1, \ldots, b_n)$ und zugehörigen Eigenwerten $\lambda_1, \ldots, \lambda_n$. Nehmen Sie an, dass $\lambda_1 \in \mathbb{R}$ und $|\lambda_1| > |\lambda_i|$ für $i > 2$. Sei $v \in \mathbb{R}^n$ beliebig, aber allgemein. Erklären Sie, warum die Folge von Vektoren $(A^k(v))/\|A^k(v)\|$ gegen ein Vielfaches von $b_1$ konvergiert. Wie erhält man den Eigenwert $\lambda_1$?
Rechts ist ein SAGE-Programm, womit Sie experimentieren können. Nehmen Sie einige Zufallsmatrizen $A$.

```
def powermethod(A,k):
    v = random_vector(RDF,A.ncols())
    for i in range(k):
        v = A*v
        v /= v.norm()
    w = A*v;
    a = v.norm(1);
    b = w.norm(1)
    if a!=0: return(b/a)
    return(0)
```

## 6.4 Eigenräume

Sei $\lambda$ ein Eigenwert von $A\colon V \to V$.

1. Der Raum $\mathrm{Eig}_\lambda(A) := \mathrm{Ker}(\lambda \,\mathrm{Id} - A)$ heißt der Eigenraum zum Eigenwert $\lambda$.
2. Die **geometrische Multiplizität** $m_g(\lambda)$ von $\lambda$ ist die Dimension von $\mathrm{Eig}_\lambda(A)$.
3. Ist $\chi_A(x) = (x-\lambda)^m P(x)$ mit $P(\lambda) \neq 0$, so heißt $m = m_a(\lambda)$ die **algebraische Multiplizität** von $\lambda$.

**Satz 6.5** Sei $\lambda$ ein Eigenwert von $A$. Dann gilt:

1. $m_g(\lambda) \leq m_a(\lambda)$
2. Ist $m_a(\lambda) = 1$, so ist $m_g(\lambda) = 1$.

Wähle eine Basis $(b_1, \ldots, b_k)$ von $\mathrm{Eig}_\lambda(A)$, $(k = m_g(\lambda))$ und ergänze diese zu einer Basis $\mathcal{B}$ von $V$. Dann hat $x\,\mathrm{Id} - {}_{\mathcal{B}}A_{\mathcal{B}}$ die nebenstehende Form, wobei links oben eine $k \times k$-Matrix steht (vgl. Aufgabe 5.3). Es folgt, dass $\chi_A(x) = (x-\lambda)^k \chi_B(x)$ und deshalb $k = m_g(\lambda) \leq m_a(\lambda)$. Die zweite Aussage folgt aus der ersten.

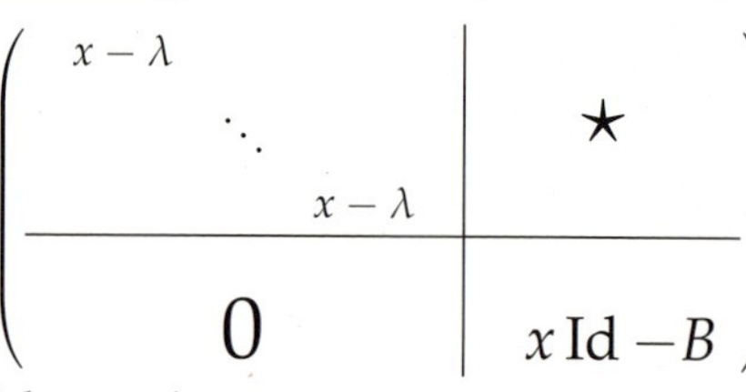

**Satz 6.6** Sei $V$ ein $K$-Vektorraum und $A \in \mathrm{End}(V)$. Dann ist $A$ diagonalisierbar genau dann, wenn beide nachfolgenden Bedingungen erfüllt sind.

1. $\chi_A(x) = (x-\lambda_1)^{n_1} \cdot \ldots \cdot (x-\lambda_s)^{n_s}$ für verschiedene $\lambda_i \in K$.
2. Für jedes $\lambda_i$ ist $m_a(\lambda_i) = n_i = m_g(\lambda_i)$.

Die zwei Bedingungen seien erfüllt. Sei $(v_1^{(i)}, \ldots, v_{n_i}^{(i)})$ eine Basis von $\mathrm{Eig}_{\lambda_i}(A)$. Dann ist $n_1 + \cdots + n_s = n = \dim(V)$, und wir müssen nur zeigen, dass die $v_j^{(i)}$ linear unabhängig sind. Sei $\sum\limits_{i=1}^{s} \sum\limits_{j=1}^{n_i} \mu_j^{(i)} v_j^{(i)} = 0$ und $w_i := \sum_{j=1}^{n_i} \mu_j^{(i)} v_j^{(i)} \in \mathrm{Eig}_{\lambda_i}$. Dann ist $w_1 + \cdots + w_s = 0$. Im Beweis von Satz 6.4 wurde gezeigt, dass Eigenvektoren zu verschiedenen Eigenwerten linear unabhängig sind. Es folgt $w_i = 0$ für jedes $i$ und daraus $\mu_j^{(i)} = 0$ für jedes $i$ und $j$. Also hat $V$ eine Basis von Eigenvektoren.

Sei umgekehrt $A$ diagonalisierbar. Dann ist sowohl $m_a(\lambda_i)$ als auch $m_g(\lambda_i)$ die Anzahl der Eigenvektoren zum Eigenwert $\lambda_i$ in einer Basis aus Eigenvektoren von $A$.

## Aufgaben

Lösung

**Aufgabe 6.13** Die geometrische Multiplizität kann kleiner sein als die algebraische Multiplizität. Das einfachste Beispiel ist gegeben durch die Matrix $A = \begin{pmatrix} 0 & 1 \\ 0 & 0 \end{pmatrix}$.

Zeigen Sie, dass $m_a(0) = 2$, aber $m_g(0) = 1$.

Finden Sie eine $n \times n$-Matrix mit $m_a(0) = n$ und $m_g(0) = 1$.

**Aufgabe 6.14** Berechnen Sie die geometrischen und algebraischen Multiplizitäten der nachfolgenden Matrizen $A$. Prüfen Sie, ob $A$ diagonalisierbar ist. Bestimmen Sie in diesem Fall eine Matrix $S$, sodass $S^{-1}AS$ eine Diagonalmatrix ist.

1. $\begin{pmatrix} 1 & -2 & 2 \\ -2 & -2 & 4 \\ 2 & 4 & -2 \end{pmatrix}$ 2. $\begin{pmatrix} 1 & -2 & 0 \\ -2 & 0 & -2 \\ 0 & 2 & 1 \end{pmatrix}$ 3. $\begin{pmatrix} -2 & -8 & -4 \\ 3 & 8 & 3 \\ -1 & -2 & 1 \end{pmatrix}$

4. $\begin{pmatrix} 0 & 5 & -3 \\ -2 & 9 & -5 \\ -2 & 8 & -4 \end{pmatrix}$ 5. $\begin{pmatrix} 5 & -3 & -1 \\ 0 & 4 & 1 \\ 2 & -5 & 0 \end{pmatrix}$ 6. $\begin{pmatrix} 1 & 2 & 2 \\ 1 & 2 & -1 \\ -2 & 2 & 5 \end{pmatrix}$

7. $\begin{pmatrix} 1 & -3 & 3 \\ 3 & -5 & 3 \\ 6 & -6 & 4 \end{pmatrix}$ 8. $\begin{pmatrix} -5 & 17 & 14 \\ -5 & 9 & 6 \\ 2 & 4 & 4 \end{pmatrix}$ 9. $\begin{pmatrix} -3 & 4 & 4 \\ -5 & 7 & 8 \\ 2 & -2 & -3 \end{pmatrix}$

**Aufgabe 6.15** Sei $A$ die nebenstehende Matrix.

$$\begin{pmatrix} 0 & 4 & 1 & 3 \\ -1 & 1 & -3 & 1 \\ 0 & -1 & 0 & -1 \\ 1 & -1 & 4 & -1 \end{pmatrix}$$

1. Zeigen Sie, dass $A^2 + \mathrm{Id} = 0$.
2. Zeigen Sie, dass $A$ über $\mathbb{C}$ diagonalisierbar ist. Bestimmen Sie eine komplexe Matrix $S$ so, dass $S^{-1}AS$ eine Diagonalmatrix ist.

**Aufgabe 6.16** Die nebenstehende Matrix beschreibt eine Parallelprojektion auf einer Ebene.

$$\begin{pmatrix} 0 & 1 & c \\ -1 & b & -1 \\ a & 1 & 0 \end{pmatrix}$$

1. Was sind die Eigenwerte von $A$?
2. Berechnen Sie $a, b, c$.
3. Berechnen Sie die Projektionsrichtung und die Projektionsebene.

**Aufgabe 6.17** **(Gerschgorin-Kreise)**

Es sei $A = (a_{ij}) \in \mathbb{C}^{n \times n}$. Ein Gerschgorin-Kreis ist ein Kreis in $\mathbb{C}$ gegeben durch

$$K_i := \{\lambda \in \mathbb{C} : |\lambda - a_{ii}| \leq \sum_{j \neq i} |a_{ij}|\} .$$

1. Zeigen Sie: Jeder Eigenwert von $A$ liegt in einem Gerschgorin-Kreis $K_i$.
   Tipp: Sei $(v_1, \dots, v_n)$ ein Eigenvektor und sei $i$ so gewählt, dass $|v_j| \leq |v_i|$ für $j \neq i$.
2. Gibt es auch Gerschgorin-Kreise für die Spalten?
3. Wenden Sie dies für die Matrizen aus Aufgabe 6.11 an.

## 6.5 Das Minimalpolynom eines Elements

Ist $A \in \mathrm{End}(V)$ und $P(x) = a_k x^k + a_{k-1}x^{k-1} + \cdots + a_1 x + a_0 \in K[x]$, so bezeichnen wir mit $P(A)$ den Endomorphismus $a_k A^k + a_{k-1}A^{k-1} + \cdots + a_1 A + a_0 \,\mathrm{Id}$ von $V$.

**Satz 6.7** Sei $A \in \mathrm{End}(V)$ und $v \in V$. Dann existiert ein normiertes Polynom kleinsten Grades $M_{A,v}(x)$, das Minimalpolynom von $A$ und $v$, mit $M_{A,v}(A)(v) = 0$.

Sei $k$ minimal, sodass $(v, A(v), \ldots, A^k(v))$ linear abhängig ist. Es gibt dann $a_0, \ldots, a_{k-1}$ in $K$ mit $-A^k(v) = a_0 v + a_1 A(v) + \cdots + a_{k-1}A^{k-1}(v)$. Offenbar ist dann $M_{A,v}(x) = x^k + a_{k-1}x^{k-1} + \cdots + a_1 x + a_0$. ∎

**Beispiel**

1. Es gilt $M_{A,v}(x) = x - \lambda$ genau dann, wenn $v$ ein Eigenvektor von $A$ zum Eigenwert $\lambda$ ist.
2. $\begin{pmatrix} 1 & 2 & 1 \\ 2 & 1 & 1 \\ 1 & 1 & 2 \end{pmatrix}$ Sei $A$ gegeben durch die nebenstehende Matrix. Man berechnet: $A(e_1) = (1,2,1)$, $A^2(e_1) = (6,5,5)$, $A^3(e_1) = (21,22,21)$. Das Gleichungssystem

$$a_0 e_1 + a_1 A(e_1) + a_2 A^2(e_1) = -A^3(e_1)$$

$\left(\begin{array}{ccc|c} 1 & 1 & 6 & -21 \\ 0 & 2 & 5 & -22 \\ 0 & 1 & 5 & -21 \end{array}\right)$ hat die nebenstehende erweiterte Koeffizientenmatrix mit der eindeutigen Lösung $a_2 = -4$, $a_1 = -1$, $a_0 = 4$. Das Minimalpolynom von $A$ und $e_1$ ist

$$M_{A,e_1}(x) = x^3 + a_2 x^2 + a_1 x + a_0 = x^3 - 4x^2 - x + 4\,.$$

**Satz 6.8 (Cayley-Hamilton)** Sei $A \in \mathrm{End}(V)$. Dann ist $\chi_A(A) = 0$.

Sei $0 \neq v \in V$, $k$ minimal, sodass $\dim(U) = k$ für $U = \langle v, A(v), \ldots, A^k(v)\rangle$. Dann ist $A(U) \subset U$. Sei $L(u) = A(u)$ für $u \in U$. Die Matrix von $L$ bezüglich der Basis $(v, A(v), \ldots, A^{k-1}(v))$ hat die nebenstehende Form und eine Berechnung (Aufgabe 6.18) zeigt, dass $M_{A,v}(x) = \chi_L(x)$. Ergänze die angegebene Basis von $U$ zu einer Basis von $V$.

$$\begin{pmatrix} 0 & & & & -a_0 \\ 1 & 0 & & & -a_1 \\ & 1 & \ddots & & \vdots \\ & & \ddots & 0 & \vdots \\ & & & 1 & -a_{k-1} \end{pmatrix}$$

Die Matrix von $A$ hat bezüglich dieser Basis die untenstehende Form. Es folgt:

$$\chi_A(x) = \chi_B(x) \cdot \chi_L(x)$$
$$\chi_A(A)(v) = \chi_B(A) \cdot \chi_L(A)(v) = 0$$

$$\left(\begin{array}{c|c} L & \star \\ \hline 0 & B \end{array}\right)$$

Deshalb gilt $\chi_A(A)(v) = 0$ für alle $v \neq 0$, also $\chi_A(A) = 0$. ∎

## Aufgaben

Lösung

**Aufgabe 6.18**

1. Sei $L$ die Matrix im Beweis des Satzes von Cayley-Hamilton. Zeigen Sie, dass $\chi_L(x) = x^n + a_{n-1}x^{n-1} + \cdots + a_0$.
2. Zeigen Sie: Ist $\deg(M_{A,v})(x) = n = \deg(\chi_A(x))$, so ist $M_{A,v}(x) = \chi_A(x)$.

   Dies liefert eine praktische Methode, mit der das charakteristische Polynom oft berechnet werden kann. Beachten Sie weiter, dass $a_{n-1} = -\operatorname{Sp}(A)$ (siehe Aufgabe 6.3). Für eine Verallgemeinerung siehe Aufgabe 6.45.

**Aufgabe 6.19** $W \subset V$ heißt $A$-invariant, wenn $A(W) \subset W$. Zeigen Sie:

1. Ist $P \in K[x]$ so sind $\operatorname{Im}(P(A))$ und $\operatorname{Ker}(P(A))$ beide $A$-invariant.
2. Sei $v \in V$. Dann existiert ein „kleinster invarianter Unterraum" $W$, mit $v \in W$. Zeigen Sie: $\dim(W) = \deg(M_{A,v}(x))$.

**Aufgabe 6.20** Berechnen Sie das Minimalpolynom $M_{A,e_1}$ für die nachfolgenden Matrizen $A$.

1. $\begin{pmatrix} 4 & -4 \\ 1 & 0 \end{pmatrix}$
2. $\begin{pmatrix} 1 & 12 \\ 2 & 3 \end{pmatrix}$
3. $\begin{pmatrix} 1 & -3 \\ 2 & 4 \end{pmatrix}$
4. $\begin{pmatrix} 2 & 7 & 4 \\ -1 & -3 & -2 \\ 1 & -4 & 3 \end{pmatrix}$
5. $\begin{pmatrix} 0 & 1 & 1 \\ -2 & -1 & 2 \\ 1 & 2 & 2 \end{pmatrix}$
6. $\begin{pmatrix} 1 & -2 & 2 \\ -2 & -2 & 4 \\ 2 & 4 & -2 \end{pmatrix}$

**Aufgabe 6.21** Berechnen Sie das charakteristische Polynom der nachfolgenden Matrizen. Benutzen Sie dazu Aufgabe 6.18.

1. $\begin{pmatrix} 2 & 0 & 2 & 0 \\ 2 & 2 & 2 & 1 \\ 0 & -1 & 1 & 4 \\ -6 & 3 & -2 & 1 \end{pmatrix}$
2. $\begin{pmatrix} 1 & 4 & -2 & 3 \\ 1 & -1 & 3 & 2 \\ -1 & 3 & 1 & 4 \\ -2 & 3 & -2 & 1 \end{pmatrix}$

**Aufgabe 6.22** Wir geben in dieser Aufgabe einen weiteren Beweis des Satzes von Cayley-Hamilton. Sei $B = x\,\mathrm{Id} - A$ und $\chi_A(x) = x^n + a_{n-1}x^{n-1} + \cdots + a_0$.

1. Betrachten Sie die adjunkte Matrix $B^{\mathrm{ad}}$. Was ist $B^{\mathrm{ad}} \cdot B$?
2. Schreiben Sie: $B^{\mathrm{ad}} = B_{n-1}x^{n-1} + \cdots + B_1 x + B_0$. Zeigen Sie:

$$B_{n-1} = \mathrm{Id}\,, \quad B_0 A = -a_0 \mathrm{Id} \text{ und } -B_i A + B_{i-1} = a_i \cdot \mathrm{Id} \text{ für } i = 1, \ldots, n-1\,.$$

3. Folgern Sie den Satz von Cayley-Hamilton.

## 6.6 Das Minimalpolynom einer linearen Abbildung

Sei $A\colon V \to V$ eine lineare Abbildung. Das Minimalpolynom $M_A(x) \neq 0$ von $A$ ist das normierte Polynom minimalen Grades mit $M_A(A) = 0$.

**Satz 6.9**

1. Aus $P(A) = 0$ folgt $P = Q \cdot M_A$ für ein Polynom $Q$.
2. Aus $P(A)(v) = 0$ folgt $P = Q \cdot M_{A,v}$ für ein Polynom $Q$. Dies gilt insbesondere für $P = M_A$.

1. Sei $P = Q \cdot M_A + R$, $\deg(R) < \deg(M_A)$. Weil $P(A) = M_A(A) = 0$ folgt $R(A) = 0$, deshalb $R = 0$ wegen der Wahl von $M_A$. Also $P = Q \cdot M_A$.
2. Der Beweis ist analog. ∎

**Berechnung von $M_A(x)$.** Zur Berechnung von $M_A$ nehmen wir $v \neq 0$ an und betrachten $P(x) = M_{A,v}(x)$. Ist $P(A) = 0$, so ist $M_A(x) = M_{A,v}(x)$. Sonst betrachten wir $W := \operatorname{Im}(P(A))$. Dann ist $\dim(W) < \dim(V)$ und $W$ ist $A$-invariant, d. h. $A(W) \subset W$. Induktiv finden wir das Minimalpolynom $Q(x) = x^s + q_{s-1}x^{s-1} + \cdots + q_0 s$ für $A$ auf $\operatorname{Im}(P(A))$. Dann ist $PQ$ das Minimalpolynom von $A$, wie wir jetzt zeigen.

Sei $T(A) = 0$. Dann ist $T(A)(v) = 0$, also $T = S \cdot P$ für ein $S \in K[x]$. Hieraus folgt $S(A)(w) = 0$ für alle $w \in \operatorname{Im}(P(A))$, also $S = R \cdot Q$. Daher $T = R \cdot (PQ)$. Anwenden auf $T = M_A$ liefert $M_A = P \cdot Q$.

**Bemerkung.** Natürlich könnte man auch in dem Raum der Matrizen rechnen: suche $k$ minimal, sodass $(\mathrm{Id}, A, \ldots, A^k)$ linear abhängig ist. Die lineare Abhängigkeitsrelation liefert das Minimalpolynom von $A$. Diese Prozedur ist zwar einfacher zu verstehen, dauert in der Praxis jedoch länger.

**Beispiel** Wir berechnen zunächst das Minimalpolynom von $e_1$. Es gilt $A(e_1) = (1, -2, -4)$ und $A^2(e_1) = (-3, -4, -8)$. Dann ist $(A^2 - 2A + 5\,\mathrm{Id})(e_1) = 0$. Sei $p(x) = x^2 - 2x + 5$. Dann ist

$$\begin{pmatrix} 1 & -10 & 6 \\ -2 & 1 & 0 \\ -4 & 0 & 1 \end{pmatrix}$$

$$p(A) = A^2 - 2A + 5\,\mathrm{Id} = \begin{pmatrix} 0 & 0 & 0 \\ 0 & 24 & -12 \\ 0 & 40 & -20 \end{pmatrix}.$$

Die erste Spalte ist (natürlich) gleich null. Der Bildraum ist erzeugt von $(0, 3, 5)$, welcher ein Eigenvektor von $A$ zum Eigenwert 1 ist. Also $Q(x) = (x-1)$ und $M_A(x) = (x-1)(x^2 - 2x + 5)$.

# Aufgaben

Lösung

**Aufgabe 6.23** Berechnen Sie das Minimalpolynom der nachfolgenden Matrizen. Folgen Sie hierzu der Prozedur, welche auf der vorherigen Seite angegeben ist.

1. $\begin{pmatrix} 2 & 7 & 4 \\ -1 & -3 & -2 \\ 1 & -4 & 3 \end{pmatrix}$ 2. $\begin{pmatrix} 0 & 1 & 1 \\ -2 & -1 & 2 \\ 1 & 2 & 2 \end{pmatrix}$ 3. $\begin{pmatrix} 1 & -2 & 2 \\ -2 & -2 & 4 \\ 2 & 4 & -2 \end{pmatrix}$

4. $\begin{pmatrix} 4 & -4 & 6 & -3 \\ 3 & -5 & 12 & -9 \\ 3 & -5 & 11 & -8 \\ 3 & -4 & 8 & -6 \end{pmatrix}$ 5. $\begin{pmatrix} 4 & -4 & 4 & 1 \\ 6 & -8 & 11 & -2 \\ 5 & -7 & 10 & -3 \\ 4 & -5 & 7 & -3 \end{pmatrix}$ 6. $\begin{pmatrix} 0 & 1 & 1 & 1 \\ 0 & 0 & 1 & 1 \\ 0 & 0 & 0 & 1 \\ 0 & 0 & 0 & 2 \end{pmatrix}$

**Aufgabe 6.24** Sei $A \in \operatorname{End}(V)$, $\dim(V) = n$ und $M_A(x) = x^n$.

1. Warum gibt es ein $v \in V$, sodass $(A^{n-1}(v), \ldots, A(v), v)$ eine Basis von $V$ ist? Tipp: Benutzen Sie Satz 6.9.
2. Geben Sie die Matrix von $A$ bezüglich dieser Basis an.

**Aufgabe 6.25** Sei $A \in \operatorname{End}(V)$ mit Minimalpolynom

$$M_A(x) = x^k + a_{k-1}x^{k-1} + \cdots + a_0 \,.$$

Zeigen Sie:

1. Für invertierbare $A$ gilt $a_0 \neq 0$.
2. Ist $a_0 \neq 0$, so gilt $A^{-1} = -\frac{1}{a_0}\left(a_1 \operatorname{Id} + a_2 A + \cdots + a_{k-1}A^{k-2} + A^{k-1}\right)$.
3. Berechnen Sie mit dieser Methode die Inversen der nachfolgenden Matrizen $A$:

   1. $\begin{pmatrix} 1 & 2 & -3 \\ 6 & 5 & -9 \\ 6 & 6 & -10 \end{pmatrix}$ 2. $\begin{pmatrix} 1 & -1 & 3 \\ 0 & 2 & 1 \\ 0 & 1 & 3 \end{pmatrix}$ 3. $\begin{pmatrix} 3 & 2 & -3 \\ 2 & 4 & -3 \\ -2 & 2 & 3 \end{pmatrix}$

**Aufgabe 6.26** Sei $A$ eine $n \times n$-Matrix.

1. Sei $B_k = x^{k-1} \operatorname{Id} + x^{k-2}A + x^{k-3}A^2 + \cdots + xA^{k-2} + A^{k-1}$. Zeigen Sie:

$$x^k \operatorname{Id} - A^k = (x \operatorname{Id} - A) \cdot B_k$$

2. Sei $M_A(x) = x^r + m_1 x^{r-1} + \cdots + m_r$ und $B = B_r + m_1 B_{r-1} + \cdots + m_{r-1}B_1$. Zeigen Sie:

$$M_A(x) \cdot \operatorname{Id} = (x \operatorname{Id} - A) \cdot B$$

3. Folgern Sie, dass $\chi_A(x)$ das Polynom $M_A(x)^n$ teilt.

## 6.7 Der Spaltungssatz

**Satz 6.10** Sei $\dim(V) < \infty$, $A\colon V \to V$ linear mit Minimalpolynom $M_A$.

**1.** Die Nullstellen von $M_A$ sind genau die Eigenwerte von $A$.

**2.** **(Spaltungssatz)** Seien $M_A(x) = P(x) \cdot Q(x)$ mit $P, Q$ teilerfremde nicht konstante Polynome. Dann gilt, dass $\mathrm{Ker}(P(A)) = \mathrm{Im}(Q(A))$ und $\mathrm{Ker}(Q(A)) = \mathrm{Im}(P(A))$ nicht triviale $A$-invariante Unterräume von $V$ sind mit

$$V = \mathrm{Ker}(P(A)) \oplus \mathrm{Im}(P(A)) = \mathrm{Ker}(Q(A)) \oplus \mathrm{Im}(Q(A))\,.$$

**3.** $A$ ist diagonalisierbar genau dann, wenn $M_A(x) = (x - \lambda_1) \cdot \ldots \cdot (x - \lambda_k)$ für **verschiedene** $\lambda_1, \ldots, \lambda_k$.

**1.** Ist $\lambda$ ein Eigenwert von $A$, so gilt $M_{A,v}(x) = (x - \lambda)$ für ein $v \in V$. Weil $M_{A,v}(x)$ das Polynom $M_A(x)$ teilt, folgt $M_A(\lambda) = 0$. Ist umgekehrt $M_A(\lambda) = 0$, so ist $M_A(x) = (x - \lambda) \cdot Q$ für ein $Q(x)$. Es existiert dann ein $v \in V$ mit $Q(A)(v) \neq 0$, sonst wäre nämlich $Q(x)$ das Minimalpolynom von $A$. Es folgt $(A - \lambda\,\mathrm{Id})(Q(A)(v)) = 0$, also ist $Q(A)(v)$ ein Eigenvektor zum Eigenwert $\lambda$.

**2.** Ist $w = P(A)(v) \in \mathrm{Im}(P(A))$, so folgt $Q(A)(w) = (Q \circ P)(A)(v) = 0$. Deshalb ist $\mathrm{Im}(P(A)) \subset \mathrm{Ker}(Q(A))$. Wäre $\mathrm{Ker}(Q(A)) = \{0\}$, so würde $P(A)(v) = 0$ für alle $v \in V$ folgen und $P$ wäre das Minimalpolynom von $A$, Widerspruch! Wäre $\mathrm{Ker}(Q(A)) = V$, so wäre $Q$ das Minimalpolynom von $A$, auch ein Widerspruch.

Weil $\mathrm{ggT}(P, Q) = 1$, gibt es Bézout-Koeffizienten $R(x)$ und $S(x)$ (Satz 3.7), sodass

$$1 = P(x) \cdot R(x) + S(x) \cdot Q(x)\,, \quad \mathrm{Id} = P(A) \cdot R(A) + S(A) \cdot Q(A)\,.$$

Aus $Q(A)(v) = 0$ folgt $v = P(A)(R(A)(v))$. Deshalb gilt $\mathrm{Ker}(Q(A)) \subset \mathrm{Im}(P(A))$ und $\mathrm{Im}(P(A)) = \mathrm{Ker}(Q(A))$ folgt.

Ist $v \in \mathrm{Ker}(Q(A)) \cap \mathrm{Ker}(P(A))$, so folgt $v = R(A)(P(A)(v)) + S(A)(Q(A)(v)) = 0$. Deshalb $V = \mathrm{Ker}(P(A)) \oplus \mathrm{Im}(P(A))$. Die restlichen Aussagen folgen durch Vertauschen der Rollen von $P$ und $Q$.

**3.** Sei $A$ diagonalisierbar und $\lambda_1, \ldots, \lambda_k$ die verschiedenen Diagonalelemente einer Diagonalgestalt ${}_{\mathcal{B}}A_{\mathcal{B}}$ von $A$. Ist $\lambda$ der Eintrag an der Stelle $(i,i)$, so ist $M_{A,b_i}(x) = x - \lambda$. Mit $M_A(x) = (x - \lambda_1) \cdot \ldots \cdot (x - \lambda_k)$ gilt deshalb $M_A(A)(b_i) = 0$ für alle $i$ und $M_A$ ist also das Minimalpolynom. Ist umgekehrt $M_A(x) = (x - \lambda_1) \cdot \ldots \cdot (x - \lambda_k)$ für verschiedene $\lambda_i$, so folgt aus dem Spaltungssatz und Induktion, dass $V = \mathrm{Ker}(A - \lambda_1 \mathrm{Id}) \oplus \cdots \oplus \mathrm{Ker}(A - \lambda_k \mathrm{Id})$. Wähle Basen von $\mathrm{Ker}(A - \lambda_i \mathrm{Id})$ und setze diese zusammen zu einer Basis von $V$. Es existiert deshalb eine Basis von $V$ aus Eigenvektoren von $A$. ■

**Beispiel** Die Abbildung $A$ sei gegeben durch die nebenstehende Matrix. Man berechnet $M_A(x) = (x - 3)(x^2 - 4x + 5)$, also

$$\begin{pmatrix} 2 & 1 & -1 \\ 2 & 2 & 1 \\ 3 & 0 & 3 \end{pmatrix}$$

$$(A - 3\,\mathrm{Id}) \cdot (A^2 - 4A + 5\,\mathrm{Id}) = 0.$$

Es folgt, dass $W = \mathrm{Im}(A - 3\,\mathrm{Id})$ ein zweidimensionaler invarianter Unterraum ist (d. h. $A(W) \subset W$) und $\mathrm{Im}(A^2 - 4A + 5\,\mathrm{Id})$ der Eigenraum zum Eigenwert 3 ist.

## Aufgaben

Lösung

**Aufgabe 6.27** Die nachfolgenden linearen Abbildungen $A$ haben alle einen invarianten zweidimensionalen Unterraum. Bestimmen Sie eine Gleichung dieses Unterraums.

1. $\begin{pmatrix} 4 & 2 & -2 \\ -5 & -2 & 5 \\ 2 & 1 & 0 \end{pmatrix}$ 2. $\begin{pmatrix} 4 & 3 & -6 \\ -1 & 1 & 1 \\ 2 & 2 & -3 \end{pmatrix}$ 3. $\begin{pmatrix} 12 & 5 & -10 \\ -9 & -2 & 9 \\ 6 & 3 & -4 \end{pmatrix}$

**Aufgabe 6.28** Prüfen Sie mit dem Minimalpolynom, ob nachfolgende Matrizen über $\mathbb{R}$ und/oder über $\mathbb{C}$ diagonalisierbar sind.

1. $\begin{pmatrix} 3 & 1 & 1 \\ 2 & 4 & 2 \\ 1 & 1 & 3 \end{pmatrix}$ 2. $\begin{pmatrix} 2 & 1 & -1 \\ 2 & 2 & 1 \\ 3 & 0 & 3 \end{pmatrix}$ 3. $\begin{pmatrix} -10 & -1 & 12 \\ -9 & 2 & 9 \\ -9 & -1 & 11 \end{pmatrix}$

4. $\begin{pmatrix} 2 & 0 & 2 & 0 \\ 0 & -1 & -1 & -1 \\ -3 & 0 & -2 & 0 \\ 2 & 2 & 2 & 1 \end{pmatrix}$ 5. $\begin{pmatrix} 0 & 1 & 1 & 1 \\ 1 & 5 & -1 & 6 \\ -1 & -4 & 0 & -4 \\ -1 & -1 & 1 & -2 \end{pmatrix}$

**Aufgabe 6.29** Es sei $A \in \mathrm{End}(V)$ und $W$ ein $A$-invarianter Unterraum von $V$. Sei $B\colon W \to W, B(w) = A(w)$ die Einschränkung von $A$ auf $W$. Warum ist $M_B(x)$ ein Teiler von $M_A(x)$?

**Aufgabe 6.30** Berechnen Sie die invarianten reellen Teilräume der nachfolgenden Matrizen $A$, welche ungleich $\langle 0 \rangle$ und ungleich $\mathbb{R}^4$ sind.

1. $\begin{pmatrix} 1 & 4 & 2 & 1 \\ -1 & -8 & -5 & -2 \\ 1 & 10 & 6 & 2 \\ -1 & 3 & 3 & 1 \end{pmatrix}$ 2. $\begin{pmatrix} 1 & 2 & -2 & -4 \\ 3 & -6 & 7 & 3 \\ 2 & -5 & 6 & 3 \\ 1 & -2 & 2 & 1 \end{pmatrix}$

3. $\begin{pmatrix} 2 & -3 & 5 & 2 \\ 1 & -3 & 5 & 3 \\ 0 & -1 & 5 & 1 \\ 1 & -4 & 1 & 4 \end{pmatrix}$ 4. $\begin{pmatrix} 5 & -7 & -4 & -3 \\ -3 & 6 & 1 & 3 \\ 3 & -7 & -2 & -3 \\ 9 & -15 & -6 & -7 \end{pmatrix}$

**Aufgabe 6.31** Wir haben zwei Kriterien für die Diagonalisierbarkeit einer Abbildung, nämlich Satz 6.6 und Satz 6.10 Teil 3. Das zweite Kriterium ist besser, weil wir bestimmen können, ob das Minimalpolynom mehrfache Nullstellen hat, ohne diese Nullstellen berechnen zu müssen. Welche der nachfolgenden Matrizen sind diagonalisierbar?

1. $\begin{pmatrix} 0 & 0 & 0 & -2 \\ 1 & 0 & 0 & -2 \\ 0 & 1 & 0 & 1 \\ 0 & 0 & 1 & 2 \end{pmatrix}$ 2. $\begin{pmatrix} 0 & 0 & 0 & -1 \\ 1 & 0 & 0 & -2 \\ 0 & 1 & 0 & 1 \\ 0 & 0 & 1 & 2 \end{pmatrix}$

**Aufgabe 6.32** Im 1. Schritt des Beweises von Satz 6.2 wurde mithilfe von Determinanten bewiesen, dass eine reelle $n \times n$-Matrix $A$ mit $n$ ungerade einen reellen Eigenwert hat. Geben Sie hier einen Beweis mithilfe von Minimalpolynomen. (Hiermit wird der Beweis von Satz 6.2 „determinantenfrei".)

## 6.8 Nilpotente Abbildungen

Ein Endomorphismus $A \in \mathrm{End}(V)$ heißt nilpotent, wenn es eine natürliche Zahl $k$ gibt mit $M_A(x) = x^k$.

Ist $M_A(x) = x^k$, so gilt $A^k = 0$ und $A^{k-1} \neq 0$. Die Eigenwerte nilpotenter Abbildungen sind alle 0. Nebenstehend ist eine nilpotente Matrix dargestellt. Wir werden gleich sehen, dass nilpotente Abbildungen auf solche Matrizen aufgebaut sind.

$$\begin{pmatrix} 0 & 1 & & \\ & 0 & \ddots & \\ & & \ddots & 1 \\ & & & 0 \end{pmatrix}$$

**Satz 6.11** Sei $A$ ein nilpotenter Endomorphismus von $V$ mit $\dim(V) < \infty$, mit $M_A(x) = x^k$. Dann existiert eine Jordan-Basis von $V$ für $A$, d. h. eine Basis $(b_1, \dots, b_n)$ von $V$, sodass gilt: entweder $A(b_i) = 0$ oder $A(b_i) = b_{i-1}$.

Sei $b_1, \dots, b_s \in \mathrm{Ker}(A^k))$ linear unabhängig modulo $\mathrm{Ker}(A^{k-1})$, das heißt, aus $\sum_{i=1}^s c_i b_i \in \mathrm{Ker}(A^{k-1})$ folgt, dass $c_1 = \cdots = c_s = 0$. Wir zeigen mit Induktion nach $k$ dass $b_1, \dots, b_s$ Teil einer Jordan-Basis von $\mathrm{Ker}(A^k)$ für $A$ ist. Für $k = 1$ ist $A = 0$ und wir können den Basisergänzungssatz anwenden. Sind solche $b_1, \dots, b_s$ induktiv gegeben, so folgt aus $\sum_{i=1}^s c_i A(b_i) \in \mathrm{Ker}(A^{k-2})$, dass $\sum_{i=1}^s c_i b_i \in \mathrm{Ker}(A^{k-1})$, also $c_1 = \cdots = c_s = 0$. Dies ist nicht der Fall. Nach Induktion ist $A(b_1), \dots, A(b_s)$ Teil einer Jordan-Basis von $\mathrm{Ker}(A^{k-1})$ für $A$. Wir platzieren für $i = 1, \dots, s$ die $b_i$ direkt hinter den $A(b_i)$ und erhalten eine Jordan-Basis von $\mathrm{Ker}(A^k)$ für $A$. ■

**Beispiel** Sei $A$ die nebenstehende Matrix. Man berechnet $M_A(x) = x^3$. Als dritten Basisvektor einer Jordan-Basis nehmen wir einen beliebigen Vektor, welcher nicht in $\mathrm{Ker}(A^2)$ liegt, z. B. $e_2$. Dann ist $(A^2(e_2), A(e_2), e_2)$ eine Jordan-Basis von $V$, also $((-2,1,1), (-5,3,3), (0,1,0))$.

$$A = \begin{pmatrix} -2 & -5 & 1 \\ 1 & 3 & -1 \\ 1 & 3 & -1 \end{pmatrix}$$

**Beispiel** Betrachten Sie die nebenstehende Matrix, welche Rang 1 hat. Man berechnet, dass $A^2 = 0$. Um eine Jordan-Basis zu finden, nehmen wir zunächst einen Vektor, welcher nicht in $\mathrm{Ker}(A)$ liegt. Der Kern von $A$ ist gegeben durch die Gleichung

$$A = \begin{pmatrix} 6 & -6 & -18 \\ 3 & -3 & -9 \\ 1 & -1 & -3 \end{pmatrix}$$

$$x_1 - x_2 - 3x_3 = 0\,.$$

Also ist $e_1$ nicht in $\mathrm{Ker}(A)$. Dann ist $A(e_1) = (6,3,1)$ und wir ergänzen $A(e_1)$ mit $(1,1,0)$ zu einer Basis von $\mathrm{Ker}(A)$. Dann ist $((6,3,1), (1,0,0), (1,1,0))$ eine Jordan-Basis von $A$.

# Aufgaben

Lösung

**Aufgabe 6.33** Berechnen Sie Jordan-Basen für die nachfolgenden nilpotenten Matrizen.

1. $\begin{pmatrix} 0 & 0 & 0 \\ 1 & 1 & 1 \\ -1 & -1 & -1 \end{pmatrix}$ 2. $\begin{pmatrix} 6 & 2 & 2 \\ -15 & -5 & -5 \\ -3 & -1 & -1 \end{pmatrix}$ 3. $\begin{pmatrix} 1 & -1 & 2 \\ 2 & -2 & 3 \\ 1 & -1 & 1 \end{pmatrix}$

4. $\begin{pmatrix} 8 & 3 & 2 \\ -13 & -5 & -3 \\ -11 & -4 & -3 \end{pmatrix}$ 5. $\begin{pmatrix} -2 & -2 & -2 \\ -1 & -1 & -1 \\ 3 & 3 & 3 \end{pmatrix}$ 6. $\begin{pmatrix} 2 & -1 & -1 \\ -4 & 5 & 3 \\ 10 & -11 & -7 \end{pmatrix}$

**Aufgabe 6.34** Bestimmen Sie eine Jordan-Basis für $\begin{pmatrix} 0 & 1 & a \\ 0 & 0 & 1 \\ 0 & 0 & 0 \end{pmatrix}$.

**Aufgabe 6.35** Zeigen Sie, dass eine $n \times n$-Matrix $A$ mit $a_{ij} = 0$ für $i \geq j$ eine nilpotente Matrix ist. Beschreiben Sie eine Jordan-Basis für $A$.

**Aufgabe 6.36** Es sei $A = \begin{pmatrix} a & b \\ c & d \end{pmatrix}$ eine $2 \times 2$-Matrix. Zeigen Sie, dass $A$ nilpotent ist genau dann, wenn $d = -a$ und $ad - bc = 0$.

**Aufgabe 6.37** Es sei $A$ eine $5 \times 5$-Matrix. Sei $\text{Rang}(A) = 3$, $\text{Rang}(A^2) = 1$, $A^3 = 0$. Geben Sie ein Beispiel einer solchen Matrix $A$.

**Aufgabe 6.38** Bestimmen Sie eine Jordan-Basis für die nachfolgenden nilpotenten $5 \times 5$-Matrizen.

1. $\begin{pmatrix} 2 & 1 & -1 & -1 & 0 \\ -3 & -1 & 2 & 2 & 0 \\ 7 & 3 & -3 & -2 & -1 \\ -5 & -2 & 2 & 1 & 1 \\ -3 & -1 & 1 & 0 & 1 \end{pmatrix}$ 2. $\begin{pmatrix} 4 & 1 & 1 & 3 & 1 \\ 1 & 0 & 3 & 5 & 0 \\ 14 & 3 & 5 & 13 & 3 \\ -9 & -2 & -3 & -8 & -2 \\ -5 & -1 & -2 & -5 & -1 \end{pmatrix}$

## 6.9 Jordansche Normalform

Sei $V$ ein endlich dimensionaler Vektorraum und $A\colon V \to V$ linear. Eine Basis $\mathcal{B} = (b_1, \ldots, b_n)$ von $V$ heißt **Jordan-Basis** von $V$ für $A$, wenn gilt:

$$ {}_{\mathcal{B}}A_{\mathcal{B}} = \begin{pmatrix} \boxed{J_1} & & \\ & \ddots & \\ & & \boxed{J_\ell} \end{pmatrix} \quad \text{mit } J_i = \begin{pmatrix} \lambda_i & 1 & & \\ & \lambda_i & \ddots & \\ & & \ddots & 1 \\ & & & \lambda_i \end{pmatrix}. $$

Man nennt eine solche Darstellung einer Matrix eine **jordansche Normalform**.

**Satz 6.12** Sei $A \in \mathrm{End}(V)$. Zerfällt das Minimalpolynom $M_A(x)$ von $A$ in Linearfaktoren, so existiert eine Jordan-Basis von $V$ für $A$.

Wir können $M_A(x) = (x - \lambda_1)^{m_1} \cdot \ldots \cdot (x - \lambda_s)^{m_s}$ schreiben. Mit dem Spaltungssatz und Induktion gilt

$$ V = \mathrm{Ker}((A - \lambda_i)^{m_1}) \oplus \cdots \oplus \mathrm{Ker}((A - \lambda_s)^{m_s}) . $$

Die Abbildungen $B_i := (A - \lambda_i)^{m_i}$ sind offenbar nilpotent auf $\mathrm{Ker}((A - \lambda_i)^{m_i})$. Eine Jordan-Basis für $B_i$ von $\mathrm{Ker}((A - \lambda_i)^{m_i})$ existiert nach dem letzten Abschnitt. Nun setze diese Basen für $i = 1, \ldots, s$ zusammen zu einer Jordan-Basis von $V$ für $A$. ■

**Beispiel** Wir betrachten die nebenstehende Matrix $A$. Eine langwierige Rechnung zeigt, dass $M_A(x) = x^3 + x^2 = x^2(x+1)$. Eine jordansche Normalform ist deshalb

$$ \begin{pmatrix} 11 & -2 & 3 \\ -19 & 3 & -5 \\ -55 & 10 & -15 \end{pmatrix}. $$

$$ \begin{pmatrix} 0 & 1 & 0 \\ 0 & 0 & 0 \\ 0 & 0 & -1 \end{pmatrix}. $$

Ein Eigenvektor zum Eigenwert $-1$ ist $(-2, 3, 10)$. Wir suchen nun ein Element von $\mathrm{Ker}(A^2)$, welches nicht in $\mathrm{Ker}(A)$ liegt. Weil $A^2 \cdot (A + \mathrm{Id}) = 0$, gilt $(A + \mathrm{Id})(v) \in \mathrm{Ker}(A^2)$ für jedes $v$ und wir müssen schon Pech haben, wenn es in $\mathrm{Ker}(A)$ liegt. Für $v = e_1$ gilt $(A + \mathrm{Id})(v) = (12, -19, -55) = w$. Dann ist $A(w) = (5, -10, -25)$. Eine Jordan-Basis ist also

$$ ((5, -10, -25), (12, -19, -55)(-2, 3, 10)) . $$

## Aufgaben

Lösung

**Aufgabe 6.39** Bestimmen Sie alle möglichen essenziell verschiedenen (das heißt, bis auf Vertauschung der Jordan-Blöcke) jordanschen Normalformen der $4 \times 4$-Matrizen mit nachfolgendem charakteristischen Polynom.

1. $(x+1)^2(x-1)^2$ 2. $(x-1)^4$ 3. $(x-1)(x+3)(x+2)^2$ 4. $x^2(x+1)^2$

**Aufgabe 6.40** Bestimmen Sie alle möglichen essenziell verschiedenen jordanschen Normalformen der $5 \times 5$-Matrizen mit nachfolgendem Minimalpolynom.

1. $(x-2)^2(x-1)$ 2. $(x-2)^2$ 3. $(x+1)^2(x-2)^2$ 4. $(x+2)^2(x-3)^2$

**Aufgabe 6.41** Bestimmen Sie für die nachfolgenden Matrizen eine Jordan-Basis und bestimmen Sie eine jordansche Normalform.

1. $\begin{pmatrix} 2 & 4 \\ 1 & 2 \end{pmatrix}$ 2. $\begin{pmatrix} 1 & -1 \\ 1 & -1 \end{pmatrix}$ 3. $\begin{pmatrix} 5 & -2 \\ 2 & 1 \end{pmatrix}$

4. $\begin{pmatrix} 3 & 1 & -1 \\ 2 & 2 & 0 \\ 1 & -1 & 3 \end{pmatrix}$ 5. $\begin{pmatrix} 10 & -4 & -3 \\ 7 & -1 & -3 \\ 7 & -4 & 0 \end{pmatrix}$ 6. $\begin{pmatrix} -5 & 1 & 3 \\ 1 & -2 & -1 \\ -3 & 1 & 1 \end{pmatrix}$

7. $\begin{pmatrix} -2 & 3 & -2 & 3 \\ -4 & 3 & -2 & 5 \\ -7 & 6 & -4 & 9 \\ -2 & 3 & -2 & 3 \end{pmatrix}$ 8. $\begin{pmatrix} 2 & 4 & -3 & 1 \\ 4 & 4 & -2 & -3 \\ 7 & 7 & -4 & -4 \\ 2 & 4 & -3 & 1 \end{pmatrix}$ 9. $\begin{pmatrix} 2 & -3 & 5 & 2 \\ 1 & -3 & 5 & 3 \\ 0 & -1 & 5 & 1 \\ 1 & -4 & 1 & 4 \end{pmatrix}$

**Aufgabe 6.42** Zeigen Sie für die nebenstehende Matrix $A$, dass $M_A(x) = x^3(x-1)^2$, und berechnen Sie eine Jordan-Basis von $A$.
Tipp: Beginnen Sie direkt mit der Berechnung der Jordan-Basis. Beachten Sie die Aussagen des Spaltungssatzes.

$$\begin{pmatrix} 1 & 1 & 1 & -1 & -2 \\ -1 & -3 & -1 & 4 & 6 \\ 0 & -1 & -1 & 1 & 3 \\ 0 & -1 & 0 & 2 & 2 \\ 0 & -1 & -1 & 1 & 3 \end{pmatrix}$$

**Aufgabe 6.43 (Reelle jordansche Normalform)**

1. Sei $A\colon \mathbb{R}^{2n} \to \mathbb{R}^{2n}$ linear mit Minimalpolynom $M_A(x) = (x^2+px+q)^n$. Die komplexen Lösungen der Gleichung $x^2+px+q = 0$ seien $a \pm ib$ mit $b \neq 0$. Zeigen Sie, dass es eine Basis $\mathcal{B}$ von $\mathbb{R}^{2n}$ mit ${}_{\mathcal{B}}A_{\mathcal{B}}$ wie nebenstehend dargestellt gibt.
2. Formulieren Sie einen Satz über die jordansche Normalform für reelle Matrizen.

$$\begin{pmatrix} a & -b & 1 & 0 & & & & & & \\ b & a & 0 & 1 & & & & & & \\ & \ddots & \ddots & \ddots & \ddots & & & & & \\ & & \ddots & \ddots & \ddots & \ddots & & & & \\ & & & \ddots & \ddots & \ddots & \ddots & & & \\ & & & & & a & -b & 1 & 0 \\ & & & & & b & a & 0 & 1 \\ & & & & & & & a & -b \\ & & & & & & & b & a \end{pmatrix}$$

## 6.10 Berechnungen mit SAGEMATH

Lösung

### Aufgaben

**Aufgabe 6.44**

1. Schreiben Sie ein SAGEMATH-Programm

   `minipoly(A,v)`,

   welches das Minimalpolynom von $A$ und $v$ berechnet.

   Benutzen Sie hierzu auch die SAGEMATH-Befehle `augment` und `right_kernel`. Um aus einem eindimensionalen Vektorraum $V$ in SAGEMATH einen Vektor zu machen, benutzen Sie den Befehl $V = V.0$.

2. Schreiben Sie ein SAGEMATH-Programm, das das Minimalpolynom einer Matrix berechnet.

**Aufgabe 6.45** Mit `A = random_matrix(ZZ,20)` erhält man eine $20 \times 20$-Matrix mit zufälligen ganzen Zahlen als Einträgen.

1. Benutzen Sie den Befehl `A.charpoly()`, um einzusehen, dass SAGEMATH ohne Probleme das charakteristische Polyom von $A$ berechnen kann.

2. Stellen Sie die Matrix $x \cdot \mathrm{Id} - A$ (mit Koeffizienten in `QQ[x]`) auf und versuchen Sie, in `sagemath` direkt $\det(x\mathrm{Id} - A)$ zu berechnen. Was fällt auf?

3. Schreiben Sie ein eigenes SAGEMATH-Programm, welches es schafft, charakteristische Polynome von solchen Matrizen zu berechnen, und nicht nur Minimalpolynome.

   Tipp: Schauen Sie sich den Beweis des Satzes von Cayley-Hamilton nochmals an. Bestimmen Sie eine Basis $\mathcal{B}$, sodass ${}_{\mathcal{B}}A_{\mathcal{B}}$ eine relativ einfache Gestalt hat. Testen Sie Ihre Ergebnisse, durch eine Diagonalmatrix $D$ mit mehreren gleichen Einträgen zu transformieren, mit einer zufälligen Matrix $C$, also $A = C^{-1} \cdot A \cdot C$.

# Euklidische und unitäre Vektorräume

7



ÜBERBLICK

## LERNZIELE

- Euklidische Vektorräume
- Orthonormalbasen
- Orthogonale Projektionen
- Gram-Schmidt-Verfahren
- Orthogonale Abbildungen
- Unitäre Vektorräume
- Symmetrische und hermitesche Abbildungen
- Unitäre und normale Abbildungen
- Spektralsatz
- Bilinearformen
- Quadratische Hyperflächen

Für die Räume $\mathbb{R}^2$ und $\mathbb{R}^3$ haben wir zusätzlich zur Vektorraumstruktur die Begriffe „Länge von Vektoren" und „Winkel zwischen zwei Vektoren". Diese Begriffe stehen im Zusammenhang mit dem Skalarprodukt. In diesem Kapitel werden wir diese Begriffe generalisieren. Allerdings ist es notwendig, hier nur mit reellen oder komplexen Vektorräumen zu arbeiten.

Ein euklidischer Vektorraum $V$ ist ein reeller Vektorraum zusammen mit einem Skalarprodukt. Ein Skalarprodukt ordnet jedem Paar $(v, w)$ von Elementen aus $V$ eine Zahl $\langle v, w\rangle$ in $\mathbb{R}$ zu. Ein Skalarprodukt ist symmetrisch ($\langle v, w\rangle = \langle w, v\rangle$), linear in jeder Variablen (also bilinear) und positiv definit. Die letzte Bedingung bedeutet, dass $\langle v, v\rangle > 0$ für $v \neq 0$, und erlaubt uns, die Länge eines Vektors durch

$$\|v\| := \sqrt{\langle v, v\rangle}$$

zu definieren. Die Zahl $\|v\|$ nennt man auch die Norm von $v$. Der Winkel $\angle(v, w)$ zwischen $v$ und $w$ wird bestimmt durch

$$\cos(\angle(v, w)) = \frac{\langle v, w\rangle}{\|v\| \cdot \|w\|} .$$

Natürlich gilt dies nur für Vektoren $v$ und $w$, die beide ungleich dem Nullvektor sind. Weil die sogenannte Ungleichung von Cauchy-Schwarz

$$-1 \leq \frac{\langle v, w\rangle}{\|v\| \cdot \|w\|} \leq 1$$

gültig ist, macht die Definition des Winkels überhaupt Sinn. Das wichtigste Beispiel eines euklidischen Raumes ist der Raum $\mathbb{R}^n$ mit dem Skalarprodukt

$$\langle x, y\rangle = x_1 y_1 + \ldots + x_n y_n$$

für $x = (x_1, \ldots, x_n)$ und $y = (y_1, \ldots, y_n)$ in $\mathbb{R}^n$. Die Länge des Vektors $x$ ist

$$\|x\| = \sqrt{\langle x, x\rangle} = \sqrt{x_1^2 + \ldots + x_n^2}\,.$$

Ist $V$ ein endlich dimensionaler euklidischer Vektorraum, so zeigt ein einfacher Induktionsbeweis, dass $V$ eine Orthonormalbasis hat. Für eine Orthonormalbasis hat jeder der Basisvektoren die Länge eins und die Basisvektoren sind paarweise senkrecht, d. h. haben einen Winkel von 90°. Bezüglich einer solchen Orthonormalbasis hat das Skalarprodukt die Standardform: Ist $\mathcal{B} = (b_1, \ldots, b_n)$ eine Orthonormalbasis von $V$ und ist $x = x_1b_1 + \ldots + x_nb_n$, $y = y_1b_1 + \ldots + y_nb_n$, so folgt

$$\langle x, y\rangle = x_1y_1 + \ldots + x_ny_n\,.$$

Ein konkretes Verfahren, eine solche Orthonormalbasis zu berechnen, ist das Gram-Schmidt-Verfahren.

Die abstandsbewahrenden bijektiven Abbildungen $A\colon V \to V$ mit $A(0) = 0$ werden orthogonale Abbildungen genannt. Eine äquivalente Bedingung ist, dass $A$ linear ist und dass $\langle A(v), A(w)\rangle = \langle v, w\rangle$ gilt. Ist $V$ endlich dimensional, so ist ein Endomorphismus $A\colon V \to V$ orthogonal genau dann, wenn eine Orthonormalbasis von $V$ auf eine Orthonormalbasis von $V$ abgebildet wird. Ist also $\mathcal{B} = (b_1, \ldots, b_n)$ eine Orthonormalbasis von $V$, so ist $A \in \mathrm{End}(V)$ orthogonal genau dann, wenn $(A(b_1), \ldots, A(b_n))$ ebenfalls eine Orthonormalbasis von $V$ ist.

Deshalb definiert eine Matrix $A \in \mathbb{R}^{n\times n}$ einen orthogonalen Endomorphismus von $\mathbb{R}^n$ (mit dem Standardskalarprodukt) genau dann, wenn die Spalten von $A$ eine Orthonormalbasis bilden. Dies kann man auch mit der Transponierten der Matrix beschreiben. Ist $A$ eine Matrix mit den Spaltenvektoren $a_1, \ldots, a_n$, so ist nach Definition der Matrixmultiplikation

$$A^{\mathrm{T}} \cdot A = \Big(\langle a_i, a_j\rangle\Big)\,.$$

Wir sehen, dass $A$ orthogonal ist genau dann, wenn $A^{\mathrm{T}} \cdot A = \mathrm{Id}$, d. h. $A^{\mathrm{T}} = A^{-1}$.

Die orthogonalen Abbildungen des $\mathbb{R}^3$ haben wir im zweiten Kapitel als die Drehungen und die Drehspiegelungen klassifiziert. Diese Aussage lässt sich verallgemeinern. Ist $A\colon V \to V$ ein orthogonaler Endomorphismus eines endlich dimensionalen euklidischen Vektorraums, so existiert eine Orthonormalbasis $\mathcal{B}$ von $V$, sodass

$$_{\mathcal{B}}A_{\mathcal{B}} = \begin{pmatrix} \pm 1 &&&&&&& \\ & \ddots &&&&&& \\ && \pm 1 &&&&& \\ &&& \cos(\alpha_1) & -\sin(\alpha_1) &&& \\ &&& \sin(\alpha_1) & \cos(\alpha_1) &&& \\ &&&&& \ddots && \\ &&&&&& \cos(\alpha_k) & -\sin(\alpha_k) \\ &&&&&& \sin(\alpha_k) & \cos(\alpha_k) \end{pmatrix}$$

Ist $b \in \mathbb{R}^n$ und $U$ ein Unterraum von $V$, so ist die orthogonale Projektion $\pi_U(b)$ von $b$ auf $U$ der eindeutig bestimmte Punkt in $U$ mit minimalem Abstand zu $b$. Man kann $\pi_U(b)$ berechnen, wenn eine Orthonormalbasis $(u_1, \dots, u_k)$ von $U$ vorliegt (welche man mit dem Gram-Schmidt-Verfahren berechnen kann). Es gilt: $\pi_U(b) = \langle b, u_1 \rangle \cdot u_1 + \dots + \langle b, u_k \rangle \cdot u_k$. Allerdings lässt sich auch direkt eine Formel für den Abstand angeben. Dazu benutzt man die sogenannte Gram-Matrix. Ist $(a_1, \dots, a_k)$ eine beliebige Basis des Unterraums $U$, so ist die Gram-Matrix gegeben durch

$$G(a_1, \dots, a_k) = \Big(\langle a_i, a_j \rangle\Big) = \begin{pmatrix} \langle a_1, a_1 \rangle & \langle a_1, a_2 \rangle & \cdots & \langle a_1, a_k \rangle \\ \langle a_2, a_1 \rangle & \langle a_2, a_2 \rangle & \cdots & \langle a_2, a_k \rangle \\ \vdots & \vdots & & \vdots \\ \langle a_k, a_1 \rangle & \langle a_k, a_2 \rangle & \cdots & \langle a_k, a_k \rangle \end{pmatrix}.$$

Ist $A$ die Matrix mit den Spaltenvektoren $a_1, \dots, a_k$, so ist die Gram-Matrix gleich $A^{\mathrm{T}}A$. Die Wurzel aus der Determinante der Gram-Matrix, also $\sqrt{\det(A^{\mathrm{T}}A)}$, berechnet das $k$-dimensionale Volumen des Parallelotops $P(a_1, \dots, a_k)$ aufgespannt von $(a_1, \dots, a_k)$. Diese Aussage ist klar, wenn $a_1, \dots, a_k \subset \mathbb{R}^k \subset R^n$. In diesem Fall gilt $\det(A^{\mathrm{T}}) = \det(A')^2$, wobei $A'$ die ersten $k$ Zeilen von $A$ sind: Die anderen Zeilen sind gleich null. Die Gram-Matrix $G(a_1, \dots, a_k)$ ändert sich nicht bei Bewegungen, denn Skalarprodukte sind invariant unter Bewegungen. Weil sich das $k$-dimensionale Volumen ebenfalls nicht ändert, gilt die Formel für das Volumen eines Parallelotops.

Weil das Volumen gleich Höhe mal Volumen der Basis ist, erhält man die Formel

$$d(b, U) = \frac{\sqrt{\det(G(b, a_1, \dots, a_k))}}{\sqrt{\det(G(a_1, \dots, a_k))}}.$$

Die Gram-Matrizen treten auch bei der Beschreibung des Skalarprodukts auf. Ist $V$ ein euklidischer Vektorraum und $(a_1, \dots, a_n)$ eine Basis von $V$, so heißt $\Big(\langle a_i, a_j \rangle\Big)$ die Gram-Matrix. Sie ist offenbar symmetrisch. Ist umgekehrt eine symmetrische reelle Matrix $A$ gegeben, so definiert

$$\langle x, y \rangle = x^{\mathrm{T}} A y$$

eine Funktion $\mathbb{R}^n \times \mathbb{R}^n \to \mathbb{R}$, welche die ersten zwei Eigenschaften eines Skalarproduktes erfüllt. (Bei dieser Definition wird eine $1 \times 1$-Matrix als eine Zahl aufgefasst.) Die letzte Bedingung des Skalarproduktes kann man folgendermaßen beschreiben: $x^{\mathrm{T}} A x > 0$ für alle $x \neq 0$. Eine solche Matrix nennt man positiv definit. Mithilfe des sylvesterschen Kriteriums lässt sich feststellen, ob eine Matrix positiv definit ist.

Ist eine reelle Matrix $A$ gegeben, so gilt $\langle A(x), y \rangle = \langle x, A^{\mathrm{T}}(y) \rangle$ für alle $x, y$. Man nennt die Abbildung mit Matrix $A^{\mathrm{T}}$ die adjungierte Matrix von $A$. Hierfür wird auch oft die Notation $A^*$ benutzt. Gilt also $A = A^*$, so heißt $A$ symmetrisch.

Symmetrische Abbildungen haben eine besondere Eigenschaft. Es existiert nämlich eine Orthonormalbasis aus Eigenvektoren von $V$ (Spektralsatz ). In dem Beweis, den wir hier geben, benutzen wir die Existenz eines komplexen Eigenwertes, welchen wir in Kapitel 6 bewiesen haben. Die Symmetrie von $A$ sorgt dafür, dass dieser Eigenwert reell ist. Der Beweis erfolgt dann durch Induktion.

Eine schöne geometrische Anwendung dieses Satzes ist die Hauptachsentransformation, welche wir im letzten Abschnitt behandeln. Ist $A$ eine symmetrische Matrix, $b \in \mathbb{R}^n$ und $c \in \mathbb{R}$, so ist die Lösungsmenge einer Gleichung

$$\langle A(x), x \rangle + \langle b, x \rangle + c = 0$$

eine quadratische Hyperfläche. Eine solche Gleichung kann ziemlich wüst aussehen. Jedoch kann man, wegen des Spektralsatzes, eine solche quadratische Hyperfläche in $\mathbb{R}^n$ so bewegen, dass die Gleichung der quadratischen Hyperfläche eine einfache Gestalt bekommt. Mischterme $x_i x_j$ für $i \neq j$ im quadratischen Teil kann man verschwinden lassen.

Die Theorie der Skalarprodukte auf komplexen Vektorräumen ist weitgehend analog zur Theorie der euklidischen Vektorräume. Man muss jedoch beachten, dass die vier Bedingungen des Skalarproduktes nicht alle gleichzeitig erfüllt sein können. Wenn man den eindimensionalen Raum $\mathbb{C}$ betrachtet, so möchte man, dass $\langle z, z \rangle$ das Quadrat der Länge ist, also $\langle z, z \rangle = z \cdot \bar{z}$. Im Allgemeinen fordert man $\langle v, w \rangle = \overline{\langle w, v \rangle}$. Dann ist $\langle v, v \rangle$ automatisch eine reelle Zahl und man kann $\langle v, v \rangle > 0$ für $v \neq 0$ fordern. Ein komplexer Vektorraum mit Skalarprodukt wird unitärer Vektorraum genannt. Ansonsten ist, wie gesagt, fast alles analog zum euklidischen Fall.

Schließlich behandeln wir einige Tatsachen bezüglich Bilinearformen. Allerdings können wir hier nur die absoluten Grundlagen der Theorie darstellen. Für eine ausführliche Diskussion verweisen wir auf die Bücher von Brieskorn.

## 7.1 Euklidische Vektorräume

Sei $V$ ein reeller Vektorraum. Ein Skalarprodukt ist eine Abbildung $V \times V \to \mathbb{R}$, $(v,w) \to \langle v,w \rangle$, sodass folgende Eigenschaften erfüllt sind.

1. $\langle v,w \rangle = \langle w,v \rangle$
2. $\langle v+z,w \rangle = \langle v,w \rangle + \langle z,w \rangle$
3. $\langle \lambda v,w \rangle = \lambda \langle v,w \rangle$
4. $\langle v,v \rangle > 0$ für $v \neq 0$

Ein euklidischer Vektorraum $V$ ist ein reeller Vektorraum zusammen mit einem Skalarprodukt $\langle \cdot,\cdot \rangle$. Man schreibt $\|v\| := \sqrt{\langle v,v \rangle}$ und nennt dies die Norm von $v$. Man nennt $v,w$ *orthogonal*, wenn $\langle v,w \rangle = 0$, Notation $v \perp w$.

**Beispiel**

1. Das Standardskalarprodukt auf $\mathbb{R}^n$ ist gegeben durch

$$\langle x,y \rangle = x_1y_1 + \ldots + x_ny_n \, .$$

2. Auf $\mathbb{R}^2$ ist $\langle x,y \rangle = 3x_1y_1 + 2x_2y_2 + x_1y_2 + x_2y_1$ ein Skalarprodukt. (Warum?)
3. Sei $V$ ein euklidischer Vektorraum, $W$ ein Unterraum von $V$. Dann ist $W$ auf natürliche Weise auch ein euklidischer Vektorraum.
4. Sei $V$ der Vektorraum der stetigen Funktionen auf dem Intervall $[a,b]$. Dann ist

$$\langle f,g \rangle := \int_a^b f(x) \cdot g(x) dx$$

ein Skalarprodukt auf $V$. Dieses spielt in der Analysis eine wichtige Rolle.

**Satz 7.1 (Ungleichung von Cauchy-Schwarz)** Ist $V$ ein euklidischer Vektorraum, so gilt $|\langle v,w \rangle| \leq \|v\| \cdot \|w\|$. Gleichheit tritt nur auf, wenn $v = 0$ oder $w$ ein Vielfaches von $v$ ist.

Die Aussage stimmt für $v = 0$. Sei $v \neq 0$ und $t \in \mathbb{R}$ beliebig. Dann

$$0 \leq \|tv - w\|^2 = \left( t\|v\| - \frac{\langle v,w \rangle}{\|v\|} \right)^2 + \|w\|^2 - \frac{\langle v,w \rangle^2}{\|v\|^2} \, .$$

Wir nehmen jetzt $t = \frac{\langle v,w \rangle}{\|v\|^2}$ und die Cauchy-Schwarz-Ungleichung folgt. Gleichheit gilt in der Cauchy-Schwarz-Ungleichung genau dann, wenn $\|tv - w\| = 0$ für ein $t$, also genau dann, wenn $v$ und $w$ linear abhängig sind. ■

Sei $V$ ein euklidischer Vektorraum und $0 \neq v,w \in V$. Wir definieren den Winkel $\varphi = \angle(v,w)$ durch $\cos(\varphi) = \dfrac{\langle v,w \rangle}{\|v\| \cdot \|w\|}, \quad 0 \leq \varphi \leq \pi.$

## Aufgaben

Lösung

**Aufgabe 7.1** Sei $V$ ein euklidischer Vektorraum und $v, w \in V$.

1. Zeigen Sie den Cosinussatz : Sind $v, w \neq 0$, so ist
$$\|v - w\|^2 = \|v\|^2 + \|w\|^2 - 2 \cdot \|v\| \cdot \|w\| \cdot \cos(\angle(v, w)) .$$
2. Sei $v \perp w$. Zeigen Sie den Satz von Pythagoras: $\|v + w\|^2 = \|v\|^2 + \|w\|^2$.
3. Zeigen Sie die Dreiecksungleichung:
$$\|v + w\| \leq \|v\| + \|w\| .$$
4. Zeigen Sie:
$$\langle v, w \rangle = \frac{1}{4}\|v + w\|^2 - \frac{1}{4}\|v - w\|^2 .$$
5. Zeigen Sie: $\|v + w\|^2 + \|v - w\|^2 = 2\|v\|^2 + 2\|w\|^2$.

**Aufgabe 7.2** Sei $V = \mathbb{R}^{2\times 3}$ und für $A, B \in V$ definieren wir $\langle A, B \rangle := \mathrm{Sp}(A^{\mathrm{T}}B)$. Zeigen Sie, dass $V$ ein euklidischer Vektorraum ist.

**Aufgabe 7.3** Sei
$$V = \{f \colon [0, 2\pi] \to \mathbb{R} \colon f \text{ stetig und } f(0) = f(2\pi)\}$$
mit Skalarprodukt
$$\langle f, g \rangle = \int_0^{2\pi} f(x)g(x)\mathrm{d}x$$
Berechnen Sie:

1. $\langle \sin(x), \sin(x) \rangle$ und $\langle \cos(x), \cos(x) \rangle$
2. $\langle \sin(x), \cos(x) \rangle$
3. Berechnen Sie allgemeiner $\langle \sin(nx), \cos(mx) \rangle$, $\langle \sin(nx), \sin(mx) \rangle$ und $\langle \cos(nx), \cos(mx) \rangle$ für $n, m \in \mathbb{N}$.

**Aufgabe 7.4** Sei
$$\ell^2 = \left\{ x = (x_n) \in \mathrm{Abb}(\mathbb{N}, \mathbb{R}) \colon \sum_{n=1}^{\infty} x_n^2 < \infty \right\} .$$
Zeigen Sie: Sind $x = (x_n), y = (y_n)$ beide in $\ell^2$, so ist
$$\langle x, y \rangle := \sum_{n=1}^{\infty} x_n \cdot y_n \text{ konvergent} .$$
Zeigen Sie, dass $\langle x, y \rangle$ ein Skalarprodukt auf $\ell^2$ definiert.

## 7.2 Orthonormalbasen

Sei $V$ ein euklidischer Vektorraum.

**1.** Ist $U$ ein Unterraum, so heißt

$$U^\perp := \{x \in V\colon \langle x, y\rangle = 0 \text{ für alle } y \in U\}$$

das Orthoplement von $U$ in $V$.

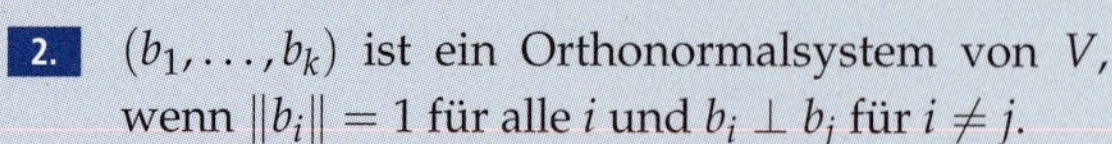

**2.** $(b_1, \ldots, b_k)$ ist ein Orthonormalsystem von $V$, wenn $\|b_i\| = 1$ für alle $i$ und $b_i \perp b_j$ für $i \neq j$.

Ein Orthonormalsystem $(b_1, \ldots, b_k)$ heißt eine Orthonormalbasis von $V$, wenn $k = \dim(V)$.

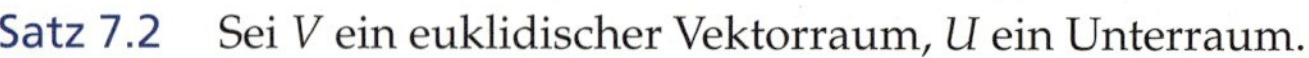

**Satz 7.2** Sei $V$ ein euklidischer Vektorraum, $U$ ein Unterraum.

**1.** $U^\perp$ ist ein Unterraum von $V$.

**2.** Ein Orthonormalsystem ist linear unabhängig.

**3.** Ist $\mathcal{B} = (b_1, \ldots, b_n)$ eine Orthonormalbasis von $V$, so ist $\mathcal{B}$ eine Basis von $V$. Ist $x \in V$, so gilt $x = \langle x, b_1\rangle b_1 + \ldots + \langle x, b_n\rangle b_n$.

**4.** Ist $(b_1, \ldots, b_n)$ eine Orthonormalbasis von $V$, $x = x_1 b_1 + \ldots + x_n b_n$ und $y = y_1 b_1 + \ldots + y_n b_n$, so gilt $\langle x, y\rangle = x_1 y_1 + \ldots + x_n y_n$.

**5.** Ist $V$ endlich dimensional, so kann jedes Orthonormalsystem von $U$ zu einer Orthonormalbasis von $V$ ergänzt werden. Insbesondere gibt es Orthonormalbasen.

**6.** Ist $V$ endlich dimensional, so ist $V = U \oplus U^\perp$.

**7.** Ist $V$ endlich dimensional, so ist $U = (U^\perp)^\perp$.

**1.** Dies ist eine einfache Aufgabe, die wir dem Leser überlassen.

**2.** Es sei $x = x_1 b_1 + \ldots + x_k b_k = 0$. Dann gilt:

$$0 = \langle x, b_i\rangle = \langle x_1 b_1 + \ldots + x_k b_k, b_i\rangle = x_i \langle b_i, b_i\rangle = x_i \text{ für jedes } i\,.$$

**3.** Weil $(b_1, \ldots, b_n)$ linear unabhängig ist für $n = \dim(V)$, ist sie eine Basis. Ist $x = x_1 b_1 + \ldots + x_n b_n$, so folgt $\langle x, b_i\rangle = \langle x_1 b_1 + \ldots + x_n b_n, b_i\rangle = x_i$.

**4.** Zeigt man analog.

**5.** und **6.** Die Aussage ist einfach für $U = V$. Ist $\dim(U) = 1$, so ist $b$ mit $\|b\| = 1$ eine Orthonormalbasis von $U$. Sei $0 < k < n$ und mit Induktion $(b_1, \ldots, b_k)$ eine Orthonormalbasis von $U$. Für $x \in U \cap U^\perp$ gilt $\langle x, x\rangle = 0$, also $x = 0$. Sei $x \in V$. Dann ist $v := x - \sum_{i=1}^k \langle x, b_i\rangle b_i$ ein Element von $U^\perp$. Es folgt, dass $V = U \oplus U^\perp$. Wähle nun mit Induktion eine Orthonormalbasis $(b_{k+1}, \ldots, b_n)$ von $U^\perp$. Dann ist $(b_1, \ldots, b_n)$ eine Orthonormalbasis von $V$.

**7.** Die Inklusion $U \subset (U^\perp)^\perp$ ist klar. Es gilt $\dim(U) = \dim((U^\perp)^\perp)$, weil $V = U \oplus U^\perp = U^\perp \oplus (U^\perp)^\perp$. Also $U = (U^\perp)^\perp$.

## Aufgaben

Lösung

**Aufgabe 7.5**

1. Betrachten Sie den $\mathbb{R}^2$ mit Skalarprodukt
$$\langle x, y\rangle = 3x_1y_1 + 2x_2y_2 + x_1y_2 + x_2y_1 \,.$$
Bestimmen Sie eine Orthonormalbasis von $\mathbb{R}^2$.
2. Führen Sie die gleiche Aufgabe für den $\mathbb{R}^3$ mit dem Skalarprodukt $\langle x, y\rangle = x_1y_1+2x_2y_2+6x_3y_3 + (x_1y_2 + x_2y_1) + 2(x_1y_3 + x_3y_1) + 3(x_2y_3 + x_3y_2)$ durch.

**Aufgabe 7.6** Sei $V$ ein euklidischer Vektorraum, $U$ ein Unterraum und $(b_1, \dots, b_n)$ eine Orthonormalbasis von $U$. Zeigen Sie die Ungleichung von Bessel: Für $v \in V$ ist
$$\|v\|^2 \geq \langle v, b_1\rangle^2 + \dots + \langle v, b_n\rangle^2 \,.$$

**Aufgabe 7.7** Es sei im $\mathbb{R}^5$ mit dem Standardskalarprodukt der Unterraum $U$ gegeben, der aufgespannt wird durch die Vektoren $(1, -1, 0, 0, 3)$, $(0, 3, 1, 3, 2)$ und $(0, 0, 1, 0, -1)$. Bestimmen Sie eine Orthonormalbasis von $U^\perp$.

**Aufgabe 7.8** Sei $\mathcal{B} = (b_1, \dots, b_n)$ eine Basis des euklidischen Vektorraums $V$. Zeigen Sie, dass genau eine Basis $\mathcal{A} = (a_1, \dots, a_n)$ von $V$ existiert, sodass
$$\langle b_i, a_j\rangle = \begin{cases} 1 & \text{wenn } i = j \\ 0 & \text{wenn } i \neq j \end{cases}$$

**Aufgabe 7.9** Sei $V$ ein endlich dimensionaler euklidischer Vektorraum und seien $U, W$ Unterräume. Zeigen Sie, dass $(U \cap W)^\perp = U^\perp + W^\perp$.

**Aufgabe 7.10** Sei $\ell^2$ der euklidische Raum aus Aufgabe 7.4.

1. Existiert ein Unterraum $U$ von $\ell^2$ mit $(U^\perp)^\perp \neq U$?
2. Existieren Unterräume $U$ und $W$ von $\ell^2$, sodass $(U \cap W)^\perp \neq U^\perp + W^\perp$?

**Aufgabe 7.11** Sei $V$ ein endlich dimensionaler reeller Vektorraum und $\mathcal{B} = (b_1, \dots, b_n)$ eine Basis von $V$. Zeigen Sie, dass genau ein Skalarprodukt auf $V$ existiert, sodass $\mathcal{B}$ eine Orthonormalbasis von $V$ ist.

**Aufgabe 7.12** Sei $V = \mathbb{R}^{n\times n}$ mit dem Skalarprodukt $\langle A, B\rangle = \mathrm{Sp}(A \cdot B^\mathrm{T})$. Bestimmen Sie eine Orthonormalbasis von $V$.

**Aufgabe 7.13** Sei $V$ der Vektorraum der stetigen Funktionen, definiert auf dem Intervall $[-1, 1]$, mit dem Skalarprodukt
$$\langle f, g\rangle = \int_{-1}^{1} f(x) \cdot g(x)\,\mathrm{d}x \,.$$
Sei $U$ der Unterraum von $V$, dessen Elemente die geraden Funktionen sind. Also ist $f \in U$ genau dann, wenn $f(x) = f(-x)$ für $x \in [-1, 1]$. Bestimmen Sie $U^\perp$.

## 7.3 Orthogonale Projektionen, Gram-Schmidt-Verfahren

Ist $V$ ein endlich dimensionaler euklidischer Vektorraum und $U$ ein Unterraum, so ist $V = U \oplus U^\perp$. Ist $x \in V$, so ist $x = \pi_U(x) + \pi_{U^\perp}(x)$ mit $\pi_U(x) \in U$ und $\pi_{U^\perp}(x) \in U^\perp$.

Diese Abbildung $\pi_U\colon V \to U$, $x \mapsto \pi_U(x)$ nennen wir die orthogonale Projektion von $V$ auf $U$.

Bereits im Beweis von Satz 7.2 ist Folgendes bewiesen.

**Satz 7.3** Sei $V$ ein euklidischer Vektorraum, $U$ ein Unterraum und $(b_1, \dots, b_k)$ eine Orthonormalbasis von $U$. Dann ist $\pi_U(x) = \sum_{i=1}^k \langle x, b_i\rangle \cdot b_i$ für alle $x \in V$.

**Beispiel** Wir betrachten die Ebene $E$, gegeben durch $2x_1 - 2x_2 + x_3 = 0$, $p = (3, -5, 2)$. Dann ist

$$\pi_{E^\perp}(p) = \frac{\langle (3,-5,2),(2,-2,1)\rangle}{9}(2,-2,1) = (4,-4,2)$$

und $\pi_E(p) = p - \pi_{E^\perp}(p) = (-1,-1,0)$.

Ist $(e_1, \dots, e_k)$ ein Orthonormalsystem und $b_{k+1} \notin \langle e_1, \dots, e_k\rangle$, so ist $\widetilde{b_k} := b_k - \sum_{i=1}^k \langle b_k, e_i\rangle \cdot e_i$ ein Vektor, welcher orthogonal auf $e_1, \dots, e_k$ steht. Es folgt:

**Satz 7.4 (Gram-Schmidt)** Sei $V$ ein euklidischer Vektorraum und $(b_1, \dots, b_n)$ seien linear unabhängig. Definiere induktiv $e_1, \dots, e_n$ durch:
$e_1 := b_1 / \|b_1\|$ und $e_k = \widetilde{b_k} / \|\widetilde{b_k}\|$ mit

$$\widetilde{b_k} = b_k - \sum_{j=1}^{k-1} \langle b_k, e_j\rangle e_j\,.$$

Dann ist $\langle e_1, \dots, e_n\rangle = \langle b_1, \dots, b_n\rangle$ und $(e_1, \dots, e_n)$ ist ein Orthonormalsystem von $V$.

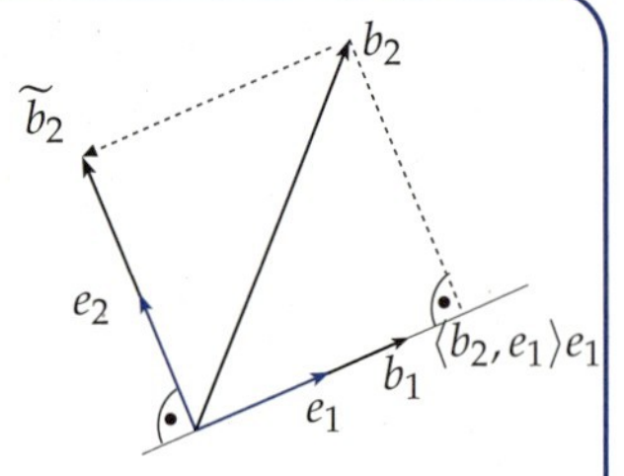


**Beispiel** Sei $b_1 = (2,2,1)$, $b_2 = (3,0,3)$, $b_3 = (1,1,5)$. Dann ist $e_1 = \frac{1}{3}(2,2,1)$ und

$\widetilde{b_2} = b_2 - \langle b_2, e_1\rangle e_1 = (3,0,3) - 3 \cdot \frac{1}{3} \cdot (2,2,1) = (1,-2,2)\,, \quad e_2 = \frac{1}{3}(1,-2,2)\,,$

$\widetilde{b_3} = b_3 - \langle b_3, e_1\rangle e_1 - \langle b_3, e_2\rangle e_2 = (1,1,5) - \frac{3}{3}(2,2,1) - \frac{3}{3}(1,-2,2) = (-2,1,2)\,,$

$e_3 = \frac{1}{3}(-2,1,2)\,.$

## Aufgaben

Lösung

**Aufgabe 7.14** Sei $U$ ein endlich dimensionaler Unterraum des euklidischen Vektorraums $V$. Sei $\mathcal{B} = (b_1, \ldots, b_k)$ eine Orthonormalbasis von $U$ und $\pi_U(x) = \sum_{i=1}^{k} \langle x, b_i \rangle b_i$. Sei $y \in U$ mit $y \neq \pi_U(x)$. Zeigen Sie, dass $\|y - x\| > \|y - \pi_U(x)\|$ ist.

**Aufgabe 7.15** Wenden Sie das Gram-Schmidt-Verfahren auf die folgenden Vektoren an.

1. $b_1 = (1,0,0)$, $b_2 = (1,1,0)$ und $b_3 = (1,1,1)$.
2. Auf $(b_3, b_2, b_1)$ aus dem ersten Teil der Aufgabe.
3. $b_1 = (1,1,2)$, $b_2 = (3,-1,3)$ und $b_3 = (7,-2,1)$.
4. Auf die Standardbasis von $\mathbb{R}^4$, jedoch mit dem Skalarprodukt

$$\begin{aligned}\langle x, y \rangle = {} & x_1(y_1 + y_2 + y_3 + y_4) + x_2(y_1 + 2y_2 + y_3 + y_4) \\ & + x_3(y_1 + y_2 + 2y_3 + y_4) + x_4(y_1 + y_2 + y_3 + 2y_4)\,.\end{aligned}$$

**Aufgabe 7.16**

1. Es sei $B$ eine Matrix, sodass die Spalten von $B$ eine Orthonormalbasis des Unterraums $U$ in $\mathbb{R}^n$ bilden. Zeigen Sie, dass $BB^T$ die Matrix von $\pi_U$ ist.
2. Berechnen Sie in den folgenden Fällen die Matrix der orthogonalen Projektion von $\mathbb{R}^4$ auf $U$ bezüglich der Standardbasis von $\mathbb{R}^4$.
   a. $U$ ist der Unterraum von $\mathbb{R}^4$ erzeugt von $(1,1,1,-1)$ und $(0,1,0,1)$.
   b. $U$ ist gegeben durch die Gleichungen $x_1 + 2x_2 + 4x_4 = x_2 + x_3 = 0$.

**Aufgabe 7.17** Eine Matrix $Q \in \mathbb{R}^{n \times n}$ heißt orthogonal, wenn die Spaltenvektoren von $Q$ eine Orthonormalbasis von $\mathbb{R}^n$ bilden. Ist $(b_1, \ldots, b_n)$ eine Basis von $\mathbb{R}^n$ und $(e_1, \ldots, e_n)$ die durch das Gram-Schmidt-Verfahren berechnete Orthonormalbasis von $\mathbb{R}^n$, so gilt $\langle b_1, \ldots, b_i \rangle = \langle e_1, \ldots, e_i \rangle$ für jedes $i$. Sei $A$ die Matrix mit Spaltenvektoren $(b_1, \ldots, b_n)$ und $Q$ die Matrix mit Spaltenvektoren $(e_1, \ldots, e_n)$.

1. Zeigen Sie, dass diese Aussage bedeutet, dass $A$ als $Q \cdot R$, mit $Q$ orthogonal und $R$ eine obere Dreiecksmatrix, geschrieben werden kann.
2. Zeigen Sie, dass $Q$ und $R$ eindeutig sind, wenn wir annehmen, dass die Diagonaleinträge von $R$ positiv sind. Diese Zerlegung von $A$ heißt **QR-Zerlegung** von $A$.
3. Bestimmen Sie diese $Q$ und $R$ für das Beispiel auf der vorherigen Seite sowie für die Basen aus Aufgabe 7.15, Teil 1–3.

**Aufgabe 7.18** Sei $V$ der Vektorraum der stetigen Funktion, definiert auf $[-1,1]$ mit Skalarprodukt

$$\langle f, g \rangle := \int_{-1}^{1} f(x) \cdot g(x)\, \mathrm{d}x\,.$$

Betrachten Sie die Funktionen $b_i = x^i$ für $i = 0,1,2,\ldots$ Es seien $e_0, e_1, e_2, \ldots$ die Funktionen, die durch das Gram-Schmidt-Orthonormierungsverfahren aus den $b_0, b_1, b_2 \ldots$ gewonnen werden.

1. Berechnen Sie $e_0, e_1$ und $e_2$.
2. Betrachten Sie die Legendre-Polynome

$$P_n(x) := \frac{1}{2^n \cdot n!} \frac{\mathrm{d}^n}{\mathrm{d}x^n} (x^2 - 1)^n\,.$$

   Zeigen Sie, dass $e_n = \sqrt{n + 1/2} \cdot P_n$.

## 7.4 Orthogonale Abbildungen

Wiederum sei $V$ ein euklidischer Vektorraum.

**1.** Eine Abbildung $A\colon V \to V$ heißt orthogonal, wenn $A$ invertierbar ist , $A(0) = 0$ und $A$ eine Bewegung ist, d. h. für alle $v, w \in V$ gilt, dass $\|v - w\| = \|A(v) - A(w)\|$.

**2.** Eine Matrix $A \in \mathbb{R}^{n\times n}$ heißt orthogonal, wenn $A^{\mathrm{T}} \cdot A = \mathrm{Id}$.

**Satz 7.5** Für eine orthogonale Abbildung $A$ gilt:

1. $\langle A(v), A(w)\rangle = \langle v, w\rangle$ für alle $v, w$ in $V$.  2. $A$ ist linear.

**1.** Genauso wie im Beweis von Satz 2.10.

**2.** $\|A(v+w) - A(v) - A(w)\|^2 = \langle A(v+w) - A(v) - A(w), A(v+w) - A(v) - A(w)\rangle$

$$= \|A(v+w)\|^2 + \|A(v)\|^2 + \|A(w)\|^2$$
$$- 2\cdot\langle A(v+w), A(v)\rangle - 2\cdot\langle A(v+w), A(w)\rangle + 2\cdot\langle A(v), A(w)\rangle$$
$$= \|v+w\|^2 + \|v\|^2 + \|w\|^2 - 2\cdot\langle v+w, v\rangle - 2\cdot\langle v+w, w\rangle + 2\cdot\langle v, w\rangle = 0$$

Es folgt, dass $A(v+w) - A(v) - A(w) = 0$. Analog zeigt man $A(\lambda\cdot v) - \lambda\cdot A(v) = 0$. ■

**Satz 7.6** Sei $V$ ein endlich dimensionaler euklidischer Vektorraum, $\mathcal{B} = (b_1, \dots, b_n)$ eine Orthonormalbasis von $V$ und $A\colon V \to V$ linear.

**1.** Die Abbildung $A$ ist orthogonal genau dann, wenn $(A(b_1), \dots, A(b_n))$ eine Orthonormalbasis von $V$ ist.

**2.** $A$ ist orthogonal genau dann, wenn ${}_{\mathcal{B}}A_{\mathcal{B}}$ eine orthogonale Matrix ist.

**1.** Wir müssen nur noch eine Richtung zeigen. Sei $a_i = A(b_i)$ und $(a_1, \dots, a_n)$ eine Orthonormalbasis von $V$. Ist $v - w = \sum_{i=1}^{n} x_i b_i \in V$, so gilt
$\|A(v) - A(w)\|^2 = \|A(v-w)\|^2 = \left\|\sum_{i=1}^{n} x_i a_i\right\|^2 = \sum_{i=1}^{n} x_i^2 = \|v-w\|^2$.

**2.** Seien $a_1, \dots, a_n$ die Spaltenvektoren von ${}_{\mathcal{B}}A_{\mathcal{B}} := C$. Gilt $C^{\mathrm{T}}C = c_{ik}$, so ist $c_{ik} = \sum_{j=1}^{n} a_{ji}a_{jk} = \langle a_i, a_k\rangle$. Also $C^{\mathrm{T}}C = \mathrm{Id}$ genau dann, wenn $(a_1, \dots, a_n)$ eine Orthonormalbasis von $V$ ist. ■

**Beispiel** Sei $U$ ein echter Unterraum des endlich dimensionalen euklidischen Vektorraums $V$. Dann ist $V = U \oplus U^\perp$ und die Abbildung $S_U\colon V \to V$, welche ein $x + y$ mit $x \in U$ und $y \in U^\perp$ auf $x - y$ abbildet, ist orthogonal (siehe Aufgabe 7.19). Man nennt $S_U$ die orthogonale Spiegelung in $U$. Beachten Sie, dass $S_U = \mathrm{Id} - 2\pi_{U^\perp} = -\mathrm{Id} + 2\pi_U = \pi_U - \pi_{U^\perp}$.

## Aufgaben

Lösung

**Aufgabe 7.19** Zeigen Sie: Sei $V$ ein euklidischer Vektorraum und $A\colon V \to V$ linear.

1. Gilt $\|A(v)\| = \|v\|$ für alle $v \in V$, so ist $A$ orthogonal.
2. Sei $U$ ein echter Unterraum von $V$. Zeigen Sie, dass die orthogonale Projektion auf $U$ keine orthogonale Abbildung ist.
3. Sei $U$ ein Unterraum von $V$. Zeigen Sie, dass die orthogonale Spiegelung in $U$ eine orthogonale Abbildung ist.
4. Sei $v, w \in V$ mit $\|v\| = \|w\|$. Zeigen Sie, dass es eine orthogonale Spiegelung $A$ in einer Hyperebene gibt mit $A(v) = w$.
5. Sie $A\colon \mathbb{R}^n \to \mathbb{R}^n$ eine orthogonale Abbildung. Zeigen Sie: $A$ ist das Produkt von höchstens $n$ Spiegelungen in Hyperebenen.
6. Sei $a \in \mathbb{R}^n, a \neq 0$ und $U = \langle a, x\rangle = 0$. Geben Sie eine Formel für die orthogonale Spiegelung in $U$.
7. Sei $V$ ein euklidischer Vektorraum endlicher Dimension und $A\colon V \to V$ orthogonal, $\lambda$ ein Eigenwert von $A$. Zeigen Sie, dass $\lambda = \pm 1$.

**Aufgabe 7.20** Betrachten Sie den Raum $\mathbb{R}^n$ mit dem Standardskalarprodukt. Die lineare Abbildung sei bezüglich der Standardbasis gegeben durch die Matrix $A$ und $A^{\mathrm{T}} = -A$. Zeigen Sie: Die Abbildung, die definiert ist durch die Matrix $(\mathrm{Id} + A)^{-1} \cdot (\mathrm{Id} - A)$, ist orthogonal.

**Aufgabe 7.21** Bestimmen Sie für die Unterräume $U$, gegeben durch die nachfolgenden Gleichungen, jeweils eine orthogonale Abbildung $A\colon \mathbb{R}^4 \to \mathbb{R}^4$ mit $A(e_i) \in U$ für $i = 1, 2, 3$.

1. $x_1 + x_2 + x_3 + x_4 = 0$
2. $2x_1 - x_2 + x_3 - 3x_4 = 0$

**Aufgabe 7.22** Es sei $A\colon \mathbb{R}^n \to \mathbb{R}^n$ orthogonal mit $A(e_i) = a_i$ für $i = 1, \ldots, n-1$. Wie viele Wahlmöglichkeiten hat man für $A(e_n)$?

**Aufgabe 7.23** Es seien die nachfolgenden Unterräume $U$ von $\mathbb{R}^4$ gegeben. Bestimmen Sie die Matrix der orthogonalen Spiegelung in $U$ bezüglich der Standardbasis.

1. $U$ ist gegeben durch $x_1 + x_2 + x_3 + x_4 = 0$ in $\mathbb{R}^4$.
2. $U = \langle(-2, 1, 0, 2), (1, -1, 1, 1)\rangle$

**Aufgabe 7.24** Die lineare Abbildung $A\colon \mathbb{R}^2 \to \mathbb{R}^2$ sei gegeben durch die Matrix

$$\begin{pmatrix} 2 & -1 \\ 1 & 3 \end{pmatrix}.$$

Gibt es ein Skalarprodukt auf $\mathbb{R}^2$, sodass $A$ orthogonal ist?

## 7.5 Abstände

Sei $U$ ein Unterraum von $\mathbb{R}^n$ und $b \in \mathbb{R}^n$. Wir nennen $d(b,U) := \|b - \pi_U(b)\|$ den Abstand von $b$ zu $U$.

Tatsächlich ist $\pi_U(b)$ der eindeutig bestimmte Punkt von $U$ mit kleinstem Abstand zu $b$ (Aufgabe 7.14). Sind $a + U_1$ und $b + U_2$ zwei affine Teilräume von $\mathbb{R}^n$, so gilt

$$\min\{\|(a+u_1) - (b+u_2)\| : u_1 \in U_1,\ u_2 \in U_2\} = \min\{\|a - b - u\| : u \in U_1 + U_2\} .$$

Also gilt $d(a + U_1, b + U_2) = d(a - b, U_1 + U_2)$.

Sei $a_1, \dots, a_k \in \mathbb{R}^n$ und $A$ die Matrix mit Spaltenvektoren $a_1, \dots, a_k$.

**1.** Die Gram-Matrix ist die $k \times k$-Matrix $G(a_1, \dots, a_k) = A^{\mathrm{T}} \cdot A = (\langle a_i, a_j \rangle)$.

**2.** Die Zahl $\sqrt{\det(A^{\mathrm{T}} \cdot A)}$ ist das $k$-dimensionale Volumen des Parallelotops $P(a_1, \dots, a_k) = \{x_1 a_1 + \cdots + x_k a_k : 0 \leq x_i \leq 1\} \subset \mathbb{R}^n$.

**Satz 7.7** Sei $U = \langle a_1, \dots, a_k \rangle \subset \mathbb{R}^n$, $\dim(U) = k$ und $b \in \mathbb{R}^n$. Dann gilt

$$d(b,U) = \frac{\sqrt{\det(G(b, a_1, \dots, a_k))}}{\sqrt{\det(G(a_1, \dots, a_k))}}$$

**1.** Ist $U = \langle e_1, \dots, e_k \rangle$ und $b = (b_1, \dots, b_k, b_{k+1}, 0, 0, \dots, 0)$, so ist $d(b,U) = |b_{k+1}|$. Ist $a_j = (a_{1j}, \dots, a_{nj})$, so ist $a_{ij} = 0$ für $i > k$. Es folgt, dass $G(a_1, \dots, a_k)$ gleich $A^{\mathrm{T}}A$ ist und $G(b, a_1, \dots, a_k)$ gleich $B^{\mathrm{T}}B$ mit

$$A = \begin{pmatrix} a_{11} & \cdots & a_{1k} \\ \vdots & & \vdots \\ a_{k1} & \cdots & a_{kk} \end{pmatrix} \text{ und } B = \begin{pmatrix} b_1 & a_{11} & \cdots & a_{1k} \\ \vdots & \vdots & & \vdots \\ b_k & a_{k1} & \cdots & a_{kk} \\ b_{k+1} & 0 & \cdots & 0 \end{pmatrix} .$$

Also: $$\frac{\sqrt{\det(G(b, a_1, \dots, a_k))}}{\sqrt{\det(G(a_1, \dots, a_k))}} = \frac{\sqrt{\det(B^{\mathrm{T}}B)}}{\sqrt{\det(A^{\mathrm{T}}A)}} = \frac{|\det(B)|}{|\det(A)|} = |b_{k+1}| .$$

**2.** Wir betrachten den allgemeinen Fall. Sei $P\colon \mathbb{R}^n \to \mathbb{R}^n$ eine orthogonale Abbildung mit $P(U) \subset \langle e_1, \dots, e_k \rangle$ und $P(b) \in \langle e_1, \dots, e_{k+1} \rangle$. Weil $P$ orthogonal ist, gilt $G(a_1, \dots, a_k) = G(P(a_1), \dots, P(a_k))$. Wegen dem ersten Fall gilt:

$$d(b,U) = d(P(b), P(U)) = \frac{\sqrt{\det(G(P(b), P(a_1), \dots, P(a_k)))}}{\sqrt{\det(G(P(a_1), \dots, P(a_k)))}} = \frac{\sqrt{\det(G(b, a_1, \dots, a_k))}}{\sqrt{\det(G(a_1, \dots, a_k))}}$$

■

# Aufgaben

Lösung

**Aufgabe 7.25**

1. Bestimmen Sie in $\mathbb{R}^5$ den Abstand zwischen den Geraden $(1,-2,-1,0,1) + \langle(1,-1,1,1,1)\rangle$ und $(-1,-1,1,-1,1) + \langle(1,2,0,-1,1)\rangle$.
2. Bestimmen Sie in $\mathbb{R}^4$ den Abstand zwischen den Geraden $\langle(1,3,1,-1)\rangle$ und der Ebene, die gegeben ist durch die zwei Gleichungen $x_1 + x_2 = 1$ und $x_3 + x_4 = 2$.
3. Bestimmen Sie in $\mathbb{R}^6$ den Abstand von $(1,-1,0,1,3,4)$ zu der Ebene $\langle(1,2,3,4,5,6),(-1,0,3,1,3,1)\rangle$.

**Aufgabe 7.26** Sei $A$ eine $n \times k$-Matrix mit den Spaltenvektoren $a_1,\ldots,a_k$. In dieser Aufgabe wird gezeigt, dass $\sqrt{\det(A^{\mathrm{T}} \cdot A)}$ das $k$-dimensionale Volumen des Parallelotops $P(a_1,\ldots,a_k)$ berechnet.

1. Überzeugen Sie sich von der Richtigkeit dieser Aussage, wenn $a_i \in \langle e_1,\ldots,e_k\rangle$.
2. Um den allgemeinen Fall zu behandeln, betrachten Sie, wie im Beweis von Satz 7.7, eine orthogonale Abbildung $P\colon \mathbb{R}^n \to \mathbb{R}^n$ mit $P(a_i) \subset \langle e_1,\ldots,e_k\rangle$ für $i = 1,\ldots,k$.

**Aufgabe 7.27** Sei $a_1,\ldots,a_k \in \mathbb{R}^n$ und $A$ die Matrix mit Spaltenvektoren $a_1,\ldots,a_k$.

1. Zeigen Sie: $\det(A^{\mathrm{T}}A) \geq 0$ und $\det(A^{\mathrm{T}} \cdot A) = 0$ genau dann, wenn $a_1,\ldots,a_k$ linear abhängig sind.
2. Welche bekannte Ungleichung erhalten wir für $k = 2$?

**Aufgabe 7.28** Sei $U$ ein echter Unterraum eines euklidischen Vektorraums $V$ und $b \in V$ mit $b \neq 0$. Der Winkel $\angle(b,U)$ ist definiert als $\angle(b,\pi_U(b))$, wenn $\pi_U(b) \neq 0$, und $90^\circ$ sonst.

1. Zeigen Sie: $0^\circ \leq \angle(b,U) \leq 90^\circ$.
2. Zeigen Sie: Ist $x \in U$, $x \neq 0$, so ist $\angle(b,x) \geq \angle(b,U)$.
3. Für welche $x \in U$ gilt $\angle(b,x) = \angle(b,U)$?

**Aufgabe 7.29** Sei $V$ ein endlich dimensionaler euklidischer Vektorraum und $a_1,\ldots,a_k \in V$ linear unabhängig. Sei $U = \langle a_1,\ldots,a_k\rangle$, $b \in V$ und $x = \pi_{U^\perp}(b)$. Zeigen Sie:

1. $\angle(b,U) = 90^\circ - \angle(b,x)$
2. $\sqrt{\det(G(b,a_1,\ldots,a_k))} = \|x\| \cdot \sqrt{\det(G(a_1,\ldots,a_k))}$
3. $\sqrt{G(b,a_1,\ldots,a_k)} = \sin(\angle(b,U)) \cdot \sqrt{\det(G(a_1,\ldots,a_k))} \cdot \|b\|$
4. $\sqrt{\det(G(a_1,\ldots,a_k))} \leq \|a_1\| \cdot \ldots \cdot \|a_k\|$
5. Sei $A$ eine $n \times n$-Matrix mit Spaltenvektoren $a_1,\ldots,a_n$. Zeigen Sie die Ungleichung von Hadamard: $|\det(A)| \leq \|a_1\| \cdot \ldots \cdot \|a_n\|$.

**Aufgabe 7.30** Sei $A$ eine $(n-1) \times n$-Matrix (mit reellen Koeffizienten) mit Zeilen $a_1,\ldots,a_{n-1}$ und $N = a_1 \times \cdots \times a_{n-1}$ das Kreuzprodukt. Zeigen Sie, dass $\|N\| = \sqrt{\det(A^T A)}$.

Tipp: Betrachten Sie die Matrix mit Zeilen $N, a_1,\ldots,a_{n-1}$.

## 7.6 Positiv definite Matrizen

Ist $V$ ein euklidischer Vektorraum, $\mathcal{A} = (a_1, \ldots, a_n)$ eine Basis von $V$, so heißt die Matrix $(\langle a_i, a_j \rangle)$ die Gram-Matrix der Basis $\mathcal{A}$.

Die Gram-Matrix ist gleich der Identitätsmatrix genau dann, wenn $\mathcal{A}$ eine Orthonormalbasis von $V$ ist. Die Gram-Matrix ist eine symmetrische Matrix.

Ist umgekehrt eine symmetrische $n \times n$-Matrix $A$ gegeben und $x, y \in \mathbb{R}^n$ (geschrieben als Spaltenvektoren), so erfüllt

$$\langle x, y \rangle := x^{\mathrm{T}} \cdot A \cdot y$$

die ersten drei Bedingungen eines Skalarproduktes.

Eine symmetrische Matrix $A \in \mathbb{R}^{n \times n}$ heißt positiv definit, wenn $x^{\mathrm{T}} A x > 0$ für alle $x \neq 0$.

Positiv definite Matrizen definieren deshalb mittels $\langle x, y \rangle = x^{\mathrm{T}} A y$ ein Skalarprodukt auf $\mathbb{R}^n$. In diesem Fall ist $A$ die Gram-Matrix für die Standardbasis.

**Satz 7.8 (Sylvester-Kriterium)** Sei $A$ eine symmetrische $n \times n$-Matrix, $A_k$ die obere $k \times k$-Untermatrix von $A$, welche man durch Streichen der letzten $n-k$ Zeilen und $n-k$ Spalten von $A$ erhält. Dann ist $A$ positiv definit genau dann, wenn $\det(A_k) > 0$ für $k = 1, \ldots, n$.

Die Aussage ist offenbar wahr für eine Diagonalmatrix, insbesondere für $n = 1$. Für den Induktionsschritt dürfen wir annehmen, dass $\det(A_k) > 0$ für $k = 1, \ldots, n-1$, denn $A_k$ ist die Gram-Matrix für den Unterraum $\langle e_1, \ldots, e_k \rangle$. Es reicht deshalb zu zeigen, dass $\det(A) > 0$ genau dann, wenn $A$ positiv definit ist. Die Matrix $B$ sei invertierbar. Dann gilt:

$$(Bx)^{\mathrm{T}} \cdot A \cdot Bx = x^{\mathrm{T}} (B^{\mathrm{T}} A B) x .$$

Hieraus folgt, dass $A$ positiv definit ist genau dann, wenn $B^{\mathrm{T}} A B$ positiv definit ist. Wir werden im Induktionsschritt eine solche Matrix $B$ finden.

Die Matrix $A_{n-1}$ definiert ein Skalarprodukt auf $\langle e_1, \ldots, e_{n-1} \rangle$. Wähle eine Orthonormalbasis $(b_1, \ldots, b_{n-1})$ von $\langle e_1, \ldots, e_{n-1} \rangle$, also $b_i^{\mathrm{T}} A b_j = 0$ für $i \neq j$ und $b_i^{\mathrm{T}} A b_i = 1$. Sei, wie bei Gram-Schmidt, $b_n = e_n - \sum_{i=1}^{n-1} (e_n^{\mathrm{T}} A b_i) \cdot b_i$. Dann ist $(b_1, \ldots, b_n)$ eine Basis von $\mathbb{R}^n$ und für $j < n$ gilt $b_n^{\mathrm{T}} A b_j = 0$. Dann ist $B$ invertierbar und $B^{\mathrm{T}} A B$ ist eine Diagonalmatrix, wie gewünscht. Also ist

$$\det(A) > 0 \iff \det(B^2)\det(A) > 0 \iff \det(B^{\mathrm{T}} A B) > 0 \iff$$
$$B^{\mathrm{T}} A B \text{ positiv definit} \iff A \text{ positiv definit.}$$

■

## Aufgaben

Lösung

**Aufgabe 7.31**

1. Es sei $A = (a_{ij})$ eine positiv definite Matrix. Warum sind die Diagonaleinträge $a_{ii}$ positiv?
2. Gibt es positiv definite Matrizen, welche auch negative Einträge haben?

**Aufgabe 7.32** Welche der nachfolgenden Matrizen sind positiv definit?

1. $\begin{pmatrix} 1 & 2 \\ 2 & 1 \end{pmatrix}$
2. $\begin{pmatrix} 2 & 1 \\ 1 & 2 \end{pmatrix}$
3. $\begin{pmatrix} 2 & -1 \\ -1 & 2 \end{pmatrix}$
4. $\begin{pmatrix} 2 & -1 & 0 \\ -1 & 2 & -1 \\ 0 & -1 & 2 \end{pmatrix}$
5. $\begin{pmatrix} 1 & 3 & 5 \\ 3 & 10 & 6 \\ 5 & 6 & 11 \end{pmatrix}$
6. $\begin{pmatrix} 2 & 1 & 5 \\ 1 & 4 & 6 \\ 5 & 6 & 8 \end{pmatrix}$

**Aufgabe 7.33**

1. Es sei $A$ eine positiv definite Matrix. Zeigen Sie, dass $A^{-1}$ ebenfalls positiv definit ist.
2. Die $n \times n$-Matrizen $A$ und $B$ seien positiv definit und $\lambda, \mu > 0$. Zeigen Sie, dass $\lambda \cdot A + \mu \cdot B$ positiv definit ist.

**Aufgabe 7.34** Eine reelle $n \times n$-Matrix $A$ heißt negativ definit, wenn $\langle A(x), x \rangle < 0$ für alle $x \neq 0$. Zeigen Sie, dass $A$ negativ definit ist genau dann, wenn $-A$ positiv definit ist.

**Aufgabe 7.35** Sei $A$ eine positiv definite reelle Matrix.

1. Benutzen Sie das Gram-Schmidt-Verfahren, um zu zeigen, dass eine obere Dreiecksmatrix $B$ existiert, sodass $B^{\mathrm{T}} \cdot A \cdot B = \mathrm{Id}$.
2. Zeigen Sie, dass eine obere Dreiecksmatrix $L$ existiert, sodass $A = L^{\mathrm{T}} \cdot L$ *(Cholesky-Zerlegung)*
3. Bestimmen Sie eine Cholesky-Zerlegung aller positiv definiten Matrizen aus der Aufgabe 7.32.

**Aufgabe 7.36** Sei $a_{ij} = \dfrac{1}{i+j-1}$. Ist die Matrix $A = \left(a_{ij}\right) \in \mathbb{R}^{n \times n}$ positiv definit?

**Aufgabe 7.37** Sei $A$ eine invertierbare $n \times n$-Matrix. Warum ist $A^{\mathrm{T}} \cdot A$ positiv definit?

## 7.7 Adjungierte Abbildung

Sei $V$ ein euklidischer Vektorraum und $A \in \mathrm{End}(V)$.

1. Eine Abbildung $A^*\colon V \to V$ heißt Adjungierte von $A$, wenn $\langle A(v), w\rangle = \langle v, A^*(w)\rangle$ für alle $v, w \in V$.
2. $A$ heißt symmetrisch, wenn $A = A^*$, also $\langle A(v), w\rangle = \langle v, A(w)\rangle$ für alle $v, w \in V$.

Es gibt höchstens eine Adjungierte: Zum Nachweis nehmen wir an, dass eine weitere Adjungierte $B$ existiert. Dann wäre $0 = \langle v, A^*(w) - B(w)\rangle$ für alle $v, w$, insbesondere für $v = A^*(w) - B(w)$. Es folgt $A^*(w) = B(w)$. Eine adjungierte Abbildung ist automatisch linear (Aufgabe 7.38).

**Satz 7.9** Ist $V$ endlich dimensional und euklidisch, so hat jedes $A \in \mathrm{End}(V)$ eine Adjungierte. Ist $\mathcal{E}$ eine Orthonormalbasis von $V$, so gilt ${}_{\mathcal{E}}A^*{}_{\mathcal{E}} = ({}_{\mathcal{E}}A_{\mathcal{E}})^{\mathrm{T}}$. Die Adjungierte ist deshalb gegeben durch die transponierte Matrix.

Sei $(a_{ij}) = {}_{\mathcal{E}}A_{\mathcal{E}}$ und $A^*$ die lineare Abbildung, die definiert ist durch die transponierte Matrix $(a_{ji})$, also $A^*(e_j) = \sum_{i=1}^{n} a_{ji}e_i$. Dann gilt:

$$\langle e_i, A^*(e_j)\rangle = a_{ji} = \langle A(e_i), e_j\rangle\,.$$

Für allgemeine $v = x_1e_1 + \cdots + x_ne_n$ ist

$$\langle A(v), e_j\rangle = \sum_{i=1}^{n} x_i\langle A(e_i), e_j\rangle = \sum_{i=1}^{n} x_i\langle e_i, A^*(e_j)\rangle = \langle v, A^*(e_j)\rangle$$

und dann für $w = y_1e_1 + \cdots + y_ne_n$:

$$\langle A(v), w\rangle = \sum_{j=1}^{n} y_j\langle A(v), e_j\rangle = \sum_{j=1}^{n} y_j\langle v, A^*(e_j)\rangle = \langle v, A^*(w)\rangle\,.$$

■

**Beispiel** Sei $V = \mathbb{R}[x]$ und $\langle f, g\rangle = \int_0^1 f(x)\cdot g(x)\mathrm{d}x$. Wir betrachten $A\colon V \to V$, gegeben durch $A(f)(x) := f(2x)$. Dann existiert keine Adjungierte von $A$. Sei nämlich

$$\int_0^1 f(2x)g(x)\,\mathrm{d}x = \int_0^1 f(x)A^*(g)(x)\,\mathrm{d}x$$

für $f(x) = x^n$ und $g(x) = x^m$. Es folgt

$$\frac{2^n}{m+n+1} = \int_0^1 (2x)^n\cdot x^m\mathrm{d}x = \int_0^1 x^nA^*(g)(x)\,\mathrm{d}x \le \int_0^1 |A^*(g)(x)|\,\mathrm{d}x = K\,.$$

Wir erhalten einen Widerspruch, indem wir $n > 0$ wählen, sodass $2^n > K(m+n+1)$.

## Aufgaben

Lösung

**Aufgabe 7.38** Es seien $A^*$ und $B^*$ Adjungierte von $A, B \in \text{End}(V)$. Zeigen Sie die nachfolgenden Aussagen.

1. $A^*$ ist linear.
2. $(A^*)^* = A$
3. $\text{Id}^* = \text{Id}$
4. $(A \circ B)^* = B^* \circ A^*$
5. Ist $A$ invertierbar, dann $(A^{-1})^* = (A^*)^{-1}$.
6. $(a \cdot A)^* = a \cdot A^*$
7. $(A + B)^* = A^* + B^*$

**Aufgabe 7.39** Sei $V$ der Vektorraum der unendlich oft differenzierbaren Funktionen auf $\mathbb{R}$ mit $f(0) = f(2\pi)$ und $\langle f, g \rangle = \int_0^{2\pi} f(x) \cdot g(x)\,\mathrm{d}x$. Berechnen Sie die Adjungierte von $\frac{\mathrm{d}}{\mathrm{d}x}$ und auch von $\frac{\mathrm{d}^n}{\mathrm{d}x^n}$.

**Aufgabe 7.40** Sei $\ell^2 = \{(x_1, x_2, \ldots)\colon \sum_{n=1}^{\infty} x_n^2 < \infty\}$ und $A\colon \ell^2 \to \ell^2$ der Verschiebungsoperator: $A(x_1, x_2, x_3, \ldots) = (0, x_1, x_2, x_3, \ldots)$. Bestimmen Sie $A^*$.

**Aufgabe 7.41** Sei $V$ der euklidische Vektorraum der stetigen Funktionen auf $[0,1]$ mit Skalarprodukt

$$\langle f, g \rangle = \int_0^1 f(x) \cdot g(x)\,\mathrm{d}x\,.$$

Sei $A\colon V \to V$ mit $A(f)(x) = f(0)$. Existiert die Adjungierte von $A$?

**Aufgabe 7.42** Sei $V$ ein euklidischer Vektorraum, $a \in V$. Zeigen Sie, dass die Abbildung $A\colon V \to V$ mit $A(x) = -x + \langle a, x \rangle \cdot a$ eine symmetrische Abbildung ist.

**Aufgabe 7.43** Für die symmetrische Abbildung $A\colon \mathbb{R}^3 \to \mathbb{R}^3$ gilt $\text{Sp}(A) = 3$, $A(1,1,0) = (3,3,0)$ und $A(1,-1,0) = (-1,1,-4)$. Bestimmen Sie die Matrix von $A$ bezüglich der Standardbasis von $\mathbb{R}^3$.

**Aufgabe 7.44** Sei $\langle x, y \rangle = \frac{1}{2}(x_1y_1 + (x_1 + x_2)(y_1 + y_2) + (x_3 + x_4)(y_3 + y_4) + x_4y_4)$ für $x, y \in \mathbb{R}^4$. Zeigen Sie:

1. $\langle x, y \rangle$ ist ein Skalarprodukt auf $\mathbb{R}^4$.
2. $(e_1, e_1 - 2e_2, e_4 - 2e_3, e_4)$ ist eine Orthonormalbasis von $\mathbb{R}^4$.
3. Ist die Abbildung, die durch die nebenstehende Matrix gegeben ist, symmetrisch? Ist sie orthogonal?

$$\frac{1}{6} \cdot \begin{pmatrix} 6 & 1 & 1 & 4 \\ -8 & -4 & -6 & -8 \\ -8 & -6 & 4 & 8 \\ 4 & 1 & -1 & -6 \end{pmatrix}$$

## 7.8 Der Spektralsatz I

**Satz 7.10** Sei $V$ ein endlich dimensionaler euklidischer Vektorraum und $A \in \mathrm{End}(V)$ symmetrisch. Dann existiert eine Orthonormalbasis von $V$, bestehend aus Eigenvektoren von $A$.

Ohne Einschränkung ist $V = \mathbb{R}^n$. Wir können $A\colon \mathbb{R}^n \to \mathbb{R}^n$, $A(x_1, \ldots, x_n) = x_1 a_1 + \cdots + x_n a_n$ auch als Abbildung $A\colon \mathbb{C}^n \to \mathbb{C}^n$ auffassen. Als solche hat $A$ einen Eigenvektor $v \in \mathbb{C}^n$ mit Eigenwert $\lambda$. Beachten Sie, dass $A(\overline{v}) = \overline{\lambda} \cdot \overline{v}$. Es folgt

$$\lambda \langle v, \overline{v} \rangle = \langle A(v), \overline{v} \rangle = \langle v, A(\overline{v}) \rangle = \overline{\lambda} \langle v, \overline{v} \rangle \,.$$

Sei $0 \neq v = (v_1, \ldots, v_n) \in \mathbb{C}^n$. Dann gilt $\langle v, \overline{v} \rangle = |v_1|^2 + \cdots + |v_n|^2 \neq 0$ und es folgt $\lambda = \overline{\lambda}$. Somit ist $v = b_1$ ein reeller Eigenvektor von $A$. Sei $U = \mathbb{R} \cdot v$ und $x \in U^\perp$. Dann gilt $\langle v, A(x) \rangle = \langle A(v), x \rangle = \lambda \langle v, x \rangle = 0$, also $A\colon U^\perp \to U^\perp$. Nach Induktion hat $U^\perp$ eine Orthonormalbasis $(b_2, \ldots, b_n)$ von Eigenvektoren von $A$. Dann ist $(b_1, \ldots, b_n)$ die gesuchte Orthonormalbasis. ■

**Satz 7.11** Sei $V$ ein euklidischer Vektorraum, $\dim(V) < \infty$ und $A \in \mathrm{End}(V)$ eine orthogonale Abbildung. Dann gibt es eine Orthonormalbasis $\mathcal{B}$ von $V$, sodass ${}_{\mathcal{B}}A_{\mathcal{B}}$ die nebenstehende Form hat. Hierbei ist $A_i$ eine Drehung:

$$A_i = \begin{pmatrix} \cos(\alpha_i) & -\sin(\alpha_i) \\ \sin(\alpha_i) & \cos(\alpha_i) \end{pmatrix}$$

$$\begin{pmatrix} \pm 1 & & & & & \\ & \ddots & & & & \\ & & \pm 1 & & & \\ & & & A_1 & & \\ & & & & \ddots & \\ & & & & & A_k \end{pmatrix}$$

Ohne Einschränkung ist $V = \mathbb{R}^n$. Wir führen Induktion nach $n$ durch. Der Fall $n = 1$ ist trivial und der Fall $n = 2$ wurde schon in Kapitel 1 behandelt. Ist $v \in \mathbb{R}^n$ ein Eigenvektor von $A$, so sei $U = \mathbb{R} \cdot v$. Existiert kein reeller Eigenvektor von $A$, so sei $v$ ein komplexer Eigenvektor von $V$ zum Eigenwert $a$. Dann ist $\overline{v}$ ebenfalls ein komplexer Eigenvektor zum Eigenwert $\overline{a}$. Sei $w = v + \overline{v}$ und $U = \mathbb{R} \cdot w + \mathbb{R} \cdot A(w)$. Man rechnet nach, dass

$$A^2(w) = (a + \overline{a}) A(w) - a \cdot \overline{a} \cdot w \,.$$

Also ist $A(U) \subset U$ und $A\colon U \to U$ orthogonal, insbesondere invertierbar. Dann gilt auch $A(U^\perp) \subset U^\perp$: Ist $x \in U^\perp$, so gilt für alle $y = A(z) \in U$:

$$\langle y, A(x) \rangle = \langle A(z), A(x) \rangle = \langle z, x \rangle = 0 \,.$$

Also ist $A(x) \in U^\perp$. Wir können jetzt die Induktionsvoraussetzung anwenden. ■

## Aufgaben

Lösung

**Aufgabe 7.45** Finden Sie für die nachfolgenden Matrizen, jeweils eine orthogonale Matrix $S$, sodass $S^{-1} \cdot A \cdot S$ eine Diagonalmatrix ist.

1. $\frac{1}{2} \cdot \begin{pmatrix} 1 & 1 & 1 & 1 \\ 1 & 1 & -1 & -1 \\ 1 & -1 & 1 & -1 \\ 1 & -1 & -1 & 1 \end{pmatrix}$
2. $\begin{pmatrix} 5 & -1 & -3 & 3 \\ -1 & 5 & 3 & -3 \\ -3 & 3 & 5 & -1 \\ 3 & -3 & -1 & 5 \end{pmatrix}$

**Aufgabe 7.46** Sei $a = \frac{1}{3}(2, 1, -2)$ und $P\colon \mathbb{R}^3 \to \mathbb{R}^3$ die orthogonale Projektion auf $\langle e_1, e_2 \rangle$. Sei $A\colon \mathbb{R}^3 \to \mathbb{R}$, gegeben durch $A(x) \coloneqq P(x) - \langle a, x \rangle \cdot a$.

1. Zeigen Sie, dass $A$ symmetrisch ist.
2. Sei $v \in \operatorname{Im}(P) \cap \langle a \rangle^{\perp}$ mit $v \neq 0$. Zeigen Sie, dass $v$ ein Eigenvektor ist.
3. Berechnen Sie die Eigenwerte von $A$.

**Aufgabe 7.47** Es sei $A \in \mathbb{R}^{m \times n}$.

1. Zeigen Sie, dass alle Eigenwerte von $A^T A \in \mathbb{R}^{n \times n}$ nicht negativ sind.
2. Es seien $\lambda_1, \ldots, \lambda_r$ die positiven Eigenwerte von $A^T A$ mit Eigenvektoren $(v_1, \ldots, v_r)$, sodass die Matrix $V$ mit den Spaltenvektoren $v_1, \ldots, v_r$ eine orthogonale Matrix ist. Die **Singulärwerte** von $A$ sind definiert durch die Zahlen $\sigma_i = \sqrt{\lambda_i}$ für $i \leq r$. Sei $u_i = A(v_j)/\sigma_i$, wenn $i \leq r$. Zeigen Sie, dass $(u_1, \ldots, u_r)$ ein Orthonormalsystem ist.
3. Ergänze $(u_1, \ldots, u_r)$ zu einer Orthonormalbasis $(u_1, \ldots, u_m)$ von $\mathbb{R}^m$ und sei $U$ die Matrix mit den Spaltenvektoren $(u_1, \ldots, u_m)$. Die Matrix $\Sigma \in \mathbb{R}^{m \times n}$ sei definiert durch $\Sigma_{ii} = \sigma_i$ für $i \leq r$ und alle anderen Einträge gleich 0. Sei $V$ die Matrix mit den Spaltenvektoren $(v_1, \ldots, v_r)$. Zeigen Sie, dass $A = U \Sigma V^T$.
4. Zeigen Sie, dass die Singulärwerte von $A$ und die von $A^T$ gleich sind.

**Aufgabe 7.48** Es sei $V$ ein endlich dimensionaler euklidischer Vektorraum und $A\colon V \to V$ eine symmetrische und orthogonale lineare Abbildung. Zeigen Sie, dass $A^2 = \mathrm{Id}$. Welche Art der symmetrischen und orthogonalen linearen Abbildungen gibt es überhaupt?

**Aufgabe 7.49** Es sei $V$ ein endlich dimensionaler euklidischer Vektorraum und $A$ ein symmetrischer Endomorphismus von $V$.

1. Die Eigenwerte von $A$ seien alle positiv. Zeigen Sie, dass $A$ und $A^2$ die gleichen Eigenräume haben.
2. Was kann passieren, wenn einige der Eigenwerte von $A$ negativ sind?

**Aufgabe 7.50** Sei $A\colon \mathbb{R}^4 \to \mathbb{R}^4$ eine orthogonale Abbildung mit $\mathrm{Sp}(A) = \det(A) = -1$; $-1$ sei ein Eigenwert von $A$.

1. Zeigen Sie, dass 1 ebenfalls ein Eigenwert von $A$ ist.
2. Es sei $W$ ein zweidimensionaler Unterraum von $\mathbb{R}^n$, sodass $A\colon W \to W$ eine Drehung ist. Welche Drehungswinkel sind möglich?
3. Bestimmen Sie $n \geq 1$ mit $A^n = \mathrm{Id}$.
4. Es sei $(2, 1, 0, -2)$ ein Eigenvektor zum Eigenwert $-1$ und der Unterraum $W$ sei gegeben durch die Gleichungen $2x_2 + 2x_3 + x_4 = -2x_1 - 2x_2 + 3x_3 - x_4 = 0$. Bestimmen Sie einen Eigenvektor zum Eigenwert 1.

**Aufgabe 7.51** Zeigen Sie: Eine symmetrische Matrix $A \in \mathbb{R}^{n \times n}$ ist positiv definit genau dann, wenn alle Eigenwerte von $A$ positiv sind.

## 7.9 Unitäre Vektorräume

Sei $V$ ein komplexer Vektorraum. Ein Skalarprodukt auf $V$ ist eine Abbildung $V \times V \to \mathbb{C}$, $(v,w) \to \langle v,w \rangle$, sodass folgende Eigenschaften erfüllt sind.

1. $\langle v,w \rangle = \overline{\langle w,v \rangle}$
2. $\langle v+z,w \rangle = \langle v,w \rangle + \langle z,w \rangle$
3. $\langle \lambda v,w \rangle = \lambda \langle v,w \rangle$
4. $\langle v,v \rangle > 0$ für $v \neq 0$

Ein unitärer Vektorraum $V$ ist ein komplexer Vektorraum zusammen mit einem Skalarprodukt $\langle \cdot,\cdot \rangle$. Man nennt $v,w$ *orthogonal*, wenn $\langle v,w \rangle = 0$.

Man schreibt oft $\|v\| := \sqrt{\langle v,v \rangle}$ und nennt dies die Norm von $v$. Der Abstand von $v$ zu $w$ ist gleich $\|v-w\|$.

Tatsächlich ist $\langle v,v \rangle = \overline{\langle v,v \rangle}$ eine reelle Zahl. Das einfachste Beispiel ist $\mathbb{C}^n$ mit dem Standardskalarprodukt $\langle x,y \rangle = x_1 \cdot \overline{y_1} + \cdots + x_n \cdot \overline{y}_n$.

Ein unitärer Vektorraum $V$ ist natürlich auch ein reeller Vektorraum (der doppelten Dimension). Mit $\langle x,y \rangle_{\mathbb{R}} := \operatorname{Re}\langle x,y \rangle$ wird $V$ zu einem euklidischen Vektorraum (Aufgabe 7.52). Insbesondere ist der Winkel zwischen zwei Vektoren definiert.

Die Theorie der unitären Vektorräume ist weitgehend analog zu der Theorie der euklidischen Vektorräume. Wir nennen einige Tatsachen.

1. Es existieren Orthonormalbasen für endlich dimensionale unitäre Vektorräume. Diese lassen sich mit dem Gram-Schmidt-Verfahren berechnen. Orthogonale Projektionen berechnet man mit der gleichen Formel.

2. Eine bijektive Abbildung $A\colon V \to V$ mit $A(0) = 0$ und $\|A(v) - A(w)\| = \|v - w\|$ für alle $v,w \in V$ heißt *unitäre Abbildung*. Es gilt, dass $A$ linear ist und $\langle A(v), A(w) \rangle = \langle v,w \rangle$ für alle $v,w \in V$. Insbesondere bildet $A$ Orthonormalbasen von $V$ auf Orthonormalbasen von $V$ ab.

   Ist $A$ die Matrix einer Abbildung bezüglich einer Orthonomalbasis von $V$, so ist $A$ unitär genau dann, wenn $A^* \cdot A = \mathrm{Id}$. Hierbei ist $A^* = \overline{A}^{\mathrm{T}}$ die adjungierte Matrix.

3. Eine Matrix heißt hermitesch, wenn $A^* = A$ gilt. Ist $\mathcal{A} = (a_1, \ldots, a_n)$ eine Basis eines unitären Vektorraums, so heißt die Matrix $\big(\langle a_i, a_j \rangle\big)$ die Gram-Matrix des Skalarproduktes bezüglich der Basis $\mathcal{A}$.

4. Für eine hermitesche Matrix $A$ ist $\langle x,y \rangle := x^{\mathrm{T}} \cdot A \cdot y$ ein Skalarprodukt auf $\mathbb{C}^n$ genau dann, wenn $A$ positiv definit ist. Dies bedeutet, dass $x^{\mathrm{T}} \cdot A \cdot \overline{x} > 0$ für alle $x \in \mathbb{C}^n$ und $x \neq 0$. Satz 7.8 bleibt gültig im unitären Fall.

5. Ist $V$ ein unitärer Vektorraum und $A\colon V \to V$ eine lineare Abbildung, so heißt $A^*$ die Adjungierte von $A$, wenn $\langle A(v), w \rangle = \langle v, A^*(w) \rangle$ für alle $v,w \in V$. Eine Adjungierte ist, wenn sie existiert, eindeutig bestimmt. Ist $V$ endlich dimensional, so existiert die adjungierte Abbildung. Ist die lineare Abbildung durch eine Matrix gegeben, so ist die adjungierte Abbildung gegeben durch die adjungierte Matrix $A^* = \overline{A}^{\mathrm{T}}$. Eine Abbildung heißt hermitesch, wenn $A^* = A$.

## Aufgaben

Lösung

**Aufgabe 7.52** Sei $V$ ein unitärer Vektorraum.

1. Seien $v, w \in V$. Zeigen Sie die Cauchy-Schwarz-Ungleichung: $|\langle v, w\rangle| \leq \|v\| \cdot \|w\|$.
2. Sei $\mathcal{B} = (b_1, \ldots, b_n)$ eine Orthonormalbasis von $V$, $x = x_1b_1 + \cdots + x_nb_n$ und $y = y_1b_1 + \cdots + y_nb_n$. Zeigen Sie: $\langle x, y\rangle = x_1\overline{y}_1 + \cdots + x_n\overline{y}_n$.
3. Bestimmen Sie nicht orthogonale $v, w \in \mathbb{C}^2$ mit $\angle(v, w) = 90°$.
4. Formulieren und beweisen Sie Satz 7.8 im unitären Fall.
5. Zeigen Sie, dass $V$ als $\mathbb{R}$-Vektorraum zusammen mit $\langle x, y\rangle_{\mathbb{R}} := \operatorname{Re}\langle x, y\rangle$ ein euklidischer Vektorraum ist.
6. Sei $A\colon V \to V$ eine Abbildung, sodass $\langle A(x), y\rangle = \langle x, A(y)\rangle$ für alle $x, y \in V$. Zeigen Sie, dass $A$ linear ist.

**Aufgabe 7.53** Für welche der nachfolgenden Matrizen $A$ definiert $\langle x, y\rangle = x^{\mathrm{T}}A\overline{y}$ ein Skalarprodukt auf $\mathbb{C}^3$?

1. $\begin{pmatrix} 1 & 1+i & 2 \\ 1-i & 3 & i \\ 2 & -i & 0 \end{pmatrix}$ 2. $\begin{pmatrix} 2 & i & 2 \\ i & 2 & -i \\ 2 & -i & 3 \end{pmatrix}$ 3. $\begin{pmatrix} 2 & i & 2 \\ -i & 2 & -i \\ 2 & i & 3 \end{pmatrix}$

**Aufgabe 7.54** Die Gram-Matrix eines Skalarprodukts auf $\mathbb{C}^2$ sei gegeben durch $\begin{pmatrix} 1 & -i \\ i & 2 \end{pmatrix}$ und $A\colon \mathbb{C}^2 \to \mathbb{C}^2$ durch die Matrix $\begin{pmatrix} -3i & 4 \\ 2 & 3i \end{pmatrix}$. Bestimmen Sie $A^*$.

**Aufgabe 7.55** Der lineare Unterraum $U \subset \mathbb{C}^3$ sei erzeugt von $(2-3i, 1, -1+i)$ und $(i, 2-7i, 1+2i)$. Bestimmen Sie eine Orthonormalbasis von $U$.

**Aufgabe 7.56**

1. Sei $\mathcal{B} = (b_1, b_2, b_3)$ mit $b_i = (i, 0, 0)$, $b_2 = (1, i, 0)$ und $b_3 = (i, 1, i)$. Zeigen Sie, dass $\mathcal{B}$ eine Basis von $\mathbb{C}^3$ ist.
2. Die lineare Abbildung $A\colon \mathbb{C}^3 \to \mathbb{C}^3$ sei gegeben durch die Matrix

$$_{\mathcal{B}}A_{\mathcal{B}} = \begin{pmatrix} -1+3i & -2-3i & -8+12i \\ 2+2i & 1+i & 8+4i \\ 1-i & 2+i & 6-4i \end{pmatrix}.$$

Zeigen Sie, dass $A$ hermitesch ist.

**Aufgabe 7.57** Betrachten Sie die Gram-Matrix $A = \begin{pmatrix} 1 & -1 & 0 \\ -1 & 3 & 2 \\ 0 & 2 & 5 \end{pmatrix}$.

1. Zeigen Sie, dass $\langle x, y\rangle = x^{\mathrm{T}}A\overline{y}$ ein Skalarprodukt auf $\mathbb{C}^3$ ist.
2. Sei $x = (2, 2i, -i)$ und $y = (1+i, -i, i)$. Bestimmen Sie $\|x\|$, $\|y\|$, $\|x-y\|$ und $\langle x, y\rangle$.

## 7.10 Der Spektralsatz II

Sei $V$ ein unitärer Vektorraum. Ein Endomorphismus $A\colon V \to V$ heißt normal, wenn $A^*$ existiert und $A^* \cdot A = A \cdot A^*$.

Hermitesche Abbildungen sind natürlich normal: Aus $A^* = A$ folgt $A^* \cdot A = A \cdot A^*$. Ebenso sind unitäre Abbildungen normal. Für unitäre Abbildungen gilt $A^* \cdot A = \mathrm{Id}$, also $A^* = A^{-1}$.

**Satz 7.12** Sei $V$ ein unitärer Vektorraum, $\dim(V) < \infty$, $A \in \mathrm{End}(V)$. Dann gilt:

1. $A$ normal $\iff$ $V$ hat eine Orthonormalbasis aus Eigenvektoren von $A$.
2. $A$ hermitesch $\iff$ $A$ normal und alle Eigenwerte von $A$ sind reell.
3. $A$ unitär $\iff$ $A$ normal und alle Eigenwerte von $A$ haben Betrag 1.

„$\Longrightarrow$"

1. Induktion nach $\dim(V)$. Sei $a$ ein Eigenwert von $A$ und $U = \mathrm{Eig}_a(A)$. Sei $(b_1, \dots, b_k)$ eine Orthonormalbasis von $U$. Sei $B = A - a\,\mathrm{Id}$. Dann ist $B^* = A^* - \bar{a}\,\mathrm{Id}$ und $B^*B = BB^*$. Es folgt
$x \in \mathrm{Eig}_a(A) \iff B(x) = 0 \iff \langle B(x), B(x)\rangle = 0 \iff \langle x, B^*B(x)\rangle = 0 \iff$
$\langle x, BB^*(x)\rangle = 0 \iff \langle B^*(x), B^*(x)\rangle = 0 \iff B^*(x) = 0 \iff x \in \mathrm{Eig}_{\bar{a}}(A^*)$.
Deshalb ist $U = \mathrm{Eig}_a(A) = \mathrm{Eig}_{\bar{a}}(A^*)$. Sei $x \in U^\perp$. Dann gilt für alle $y \in U$:
$$0 = a \cdot \langle y, x\rangle = \langle A(y), x\rangle = \langle y, A^*(x)\rangle \text{ und } 0 = \bar{a} \cdot \langle y, x\rangle = \langle A^*(y), x\rangle = \langle y, A(x)\rangle\,.$$
Es folgt, dass $A^*(x) \in U^\perp$ und $A(x) \in U^\perp$. Deshalb ist $A\colon U^\perp \to U^\perp$ eine normale Abbildung. Weil $\dim(U^\perp) < n$ gibt es nach Induktion eine Orthonormalbasis $(b_{k+1}, \dots, b_n)$ von $U^\perp$ bestehend aus Eigenvektoren von $A$. Dann ist $(b_1, \dots, b_n)$ die gesuchte Orthonormalbasis.
2. Ist $A$ hermitesch, so ist $\langle A(x), y\rangle = \langle x, A(y)\rangle$. Sei $\lambda$ ein Eigenwert von $A$ mit Eigenvektor $v$. Dann folgt $\lambda = \bar{\lambda}$, also $\lambda \in \mathbb{R}$ aus $\langle v, v\rangle \neq 0$ und
$$\lambda\langle v, v\rangle = \langle \lambda v, v\rangle = \langle A(v), v\rangle = \langle v, A(v)\rangle = \langle v, \lambda v\rangle = \bar{\lambda}\langle v, v\rangle\,.$$
3. Ist $\lambda$ ein Eigenwert von $A$ mit Eigenvektor $v$, so folgt $|\lambda| = 1$ aus
$$0 \neq \langle v, v\rangle = \langle v, A^*A(v)\rangle = \langle A(v), A(v)\rangle = \langle \lambda v, \lambda v\rangle = |\lambda|^2 \cdot \langle v, v\rangle\,.$$

„$\Longleftarrow$"

1. Hat $V$ eine solche Orthonormalbasis $\mathcal{B}$, so ist ${}_{\mathcal{B}}A_{\mathcal{B}}$ eine Diagonalmatrix. Die Matrix von $A^*$ ist gleich $({}_{\mathcal{B}}A_{\mathcal{B}})^*$ und ist ebenfalls eine Diagonalmatrix. Also ist $A \cdot A^* = A^*A$.
2. Es existiert wiederum eine Orthonormalbasis, sodass ${}_{\mathcal{B}}A_{\mathcal{B}}$ eine Diagonalmatrix ist. Die Einträge auf der Diagonalen sind die Eigenwerte, sie sind also reell. Es folgt $A^* = A$.
3. Analog. Benutze $\lambda \cdot \bar{\lambda} = 1$, wenn $\lambda$ ein Eigenwert von $A$ ist.

# Aufgaben

Lösung

**Aufgabe 7.58** Es sei $A\colon \mathbb{C}^3 \to \mathbb{C}^3$ gegeben durch die Matrix

$$A = \frac{1}{9} \cdot \begin{pmatrix} 13 & 4i & -2i \\ -4i & 13 & -2 \\ 2i & -2 & 10 \end{pmatrix}.$$

1. Berechnen Sie das charakteristische Polynom von $A$.
2. Bestimmen Sie eine Orthonormalbasis von Eigenvektoren von $A$.
3. Bestimmen Sie eine unitäre Matrix $U$, sodass $U^{-1}AU$ eine Diagonalmatrix ist.

**Aufgabe 7.59** Zeigen Sie, dass die nachfolgenden Matrizen unitäre Abbildungen $A\colon \mathbb{C}^3 \to \mathbb{C}^3$ definieren. Berechnen Sie eine Orthonormalbasis aus Eigenvektoren von $A$.

1. $\frac{1}{9} \cdot \begin{pmatrix} -4+3i & -6+2i & 4 \\ 6-2i & -1 & 6+2i \\ 4 & -6-2i & -4-3i \end{pmatrix}$
2. $\frac{1}{6} \cdot \begin{pmatrix} -3+i & -1+3i & -4 \\ 1-3i & -3+i & 4i \\ 4 & 4i & -2i \end{pmatrix}$

**Aufgabe 7.60** Von der unitären Abbildung $A\colon \mathbb{C}^3 \to \mathbb{C}^3$ sei gegeben, dass $\det(A) = 1$. Weiterhin sei $(1, i, -1)$ ein Eigenvektor zum Eigenwert $i$ und $(2, -i, 1)$ ein Eigenvektor zum Eigenwert $-i$. Bestimmen Sie die Matrix von $A$ bezüglich der Standardbasis von $\mathbb{C}^3$.

**Aufgabe 7.61** Sei $V = \mathbb{C}^{2\times 2}$ mit dem Skalarprodukt $\langle A, B\rangle = \mathrm{Sp}(A \cdot B^*)$. Sei $B \in V$. Zeigen Sie: Der Endomorphismus $F\colon V \to V$ gegeben durch $F(A) = A \cdot B$ ist normal genau dann, wenn $B$ normal ist.

**Aufgabe 7.62** Sei $V$ ein unitärer Vektorraum und seien $A, B\colon V \to V$ normale Endomorphismen mit $A \cdot B = B \cdot A$. Zeigen Sie, dass eine Orthonormalbasis von $V$ existiert, die aus Eigenvektoren sowohl von $A$ als auch von $B$ besteht.

**Aufgabe 7.63** Sei

$$A = \frac{1}{8} \cdot \begin{pmatrix} 5-i & -2+2i & (-3+i)\sqrt{2} & 1-3i \\ -2+2i & 4+4i & (-2-2i)\sqrt{2} & -2-2i \\ (3-i)\sqrt{2} & (2+2i)\sqrt{2} & 2-2i & (1+3i)\sqrt{2} \\ -1+3i & 2+2i & (1+3i)\sqrt{2} & 5-i \end{pmatrix}.$$

1. Zeigen Sie, dass $A$ unitär ist.
2. Zeigen Sie, dass $\chi_A(x) = (x-1)^2 \cdot (x^2+1)$.
3. Berechnen Sie eine unitäre Matrix $U$ so, dass $U^{-1}AU$ eine Diagonalmatrix ist.

## 7.11 Bilinearformen

Sei $V$ ein $K$-Vektorraum.

1. Eine Abbildung $\sigma\colon V \times V \to K$ heißt Bilinearform, wenn für festes $y$ die Abbildung $x \mapsto \sigma(x,y)$ linear und für festes $x$ die Abbildung $y \mapsto \sigma(x,y)$ linear ist.
2. Eine Bilinearform $\sigma$ heißt symmetrisch, wenn $\sigma(x,y) = \sigma(y,x)$ für alle $x, y$, und schiefsymmetrisch, wenn $\sigma(x,y) = -\sigma(y,x)$ für alle $x, y \in V$.
3. Ist $\mathcal{B} = (b_1, \ldots, b_n)$ eine Basis von $V$, so heißt die Matrix $\big(\sigma(b_i, b_j)\big)$ die Matrix der Bilinearform bezüglich $\mathcal{B}$.
4. Eine symmetrische oder schiefsymmetrische Bilinearform heißt nicht ausgeartet, wenn aus $\sigma(x,y) = 0$ für alle $y \in V$ folgt, dass $x = 0$.

Sei $\mathcal{B} = (b_1, \ldots, b_n)$ eine Basis von $V$ und $v = x_1 b_1 + \cdots + x_n b_n$, $w = y_1 b_1 + \cdots + y_n b_n$. Dann gilt, wenn $x$ und $y$ als Spaltenvektoren geschrieben werden:

$$\sigma(v,w) = \sum_{i,j=1}^{n} x_i \cdot \sigma(b_i, b_j) \cdot y_j = x^{\mathrm{T}} \cdot \Big(\sigma(b_i, b_j)\Big) \cdot y\,.$$

Ist $\mathcal{A} = (a_1, \ldots, a_n)$ eine weitere Basis von $V$ und $S = {}_{\mathcal{B}}\mathrm{Id}_{\mathcal{A}}$, so folgt

$$\Big(\sigma(a_i, a_j)\Big) = S^{\mathrm{T}} \cdot \Big(\sigma(b_i, b_j)\Big) \cdot S\,.$$

Dies ist der Basiswechselsatz für Bilinearformen. Für beliebige Bilinearformen kann man über Orthogonalität reden. Weil jedoch aus $\sigma(x,y) = 0$ nicht folgt, dass $\sigma(y,x) = 0$, werden wir uns auf symmetrische und schiefsymmetrische Bilinearformen beschränken. Beachten Sie, dass eine Bilinearform (schief-)symmetrisch ist genau dann, wenn die Matrix $\sigma(b_i, b_j)$ (schief-)symmetrisch ist.

**Beispiele**

1. Ein Skalarprodukt auf $\mathbb{R}^n$ ist eine symmetrische Bilinearform.
2. Die hyperbolische Ebene ist der Raum $K^2$ mit der symmetrischen Bilinearform $\sigma(x,y) = x_1 y_2 + x_2 y_1$, wenn $x = (x_1, x_2)$ und $y = (y_1, y_2)$.
3. Die Form $\sigma(x,y) = x_1 y_2 - x_2 y_1$ ist nicht ausgeartet.

Ist $\sigma$ eine Bilinearform und $V^* = \mathrm{Hom}(V, K)$ der Dualraum, so definiert $\sigma$ einen Homomorphismus $\sigma^*\colon V \to V^*$ durch $\sigma^*(v)(w) := \sigma(v,w)$ für alle $v, w \in V$. Nicht ausgeartet bedeutet, dass $\sigma^*$ injektiv, also bijektiv ist (wenn $\dim(V) < \infty$).

Sei $V$ ein Vektorraum mit symmetrischer Bilinearform $\sigma$.

1. Ein Vektor $x \in V$ heißt ein isotroper Vektor, wenn $\sigma(x,x) = 0$.
2. Ist $W$ ein Unterraum, so ist $W^{\perp} := \{x \in V\colon \sigma(x,y) = 0 \text{ für alle } y \in W\}$.
3. Der Nullraum von $V$ ist gleich $V_0 := V^{\perp}$.

# Aufgaben

Lösung

**Aufgabe 7.64** Zeigen Sie, dass $V$ nicht ausgeartet ist genau dann, wenn $V_0 = \{0\}$.

**Aufgabe 7.65** Sei $\sigma$ eine nicht ausgeartete schiefsymmetrische Bilinearform auf $\mathbb{R}^2$.

1. Sei $v \in \mathbb{R}^2$ ein isotroper Vektor. Zeigen Sie, dass ein $w \in \mathbb{R}^2$ existiert mit $\sigma(v, w) = 1$.
2. Zeigen Sie, dass eine Basis $(b_1, b_2)$ von $\mathbb{R}^2$ existiert, sodass die Matrix von $\sigma$ bezüglich $\mathcal{B}$ gleich $\begin{pmatrix} 0 & 1 \\ -1 & 0 \end{pmatrix}$ ist.

**Aufgabe 7.66** Sei $V$ ein Vektorraum über $K$. Eine *quadratische Form* $q$ ist eine Abbildung $q\colon V \to K$ mit

1. $q(c \cdot v) = c^2 q(v)$ für alle $c \in K$ und $v \in V$;
2. $q(v + w) - q(v) - q(w)$ ist eine Bilinearform auf $V$.

Nehmen Sie an, dass $2 \neq 0$ in $K$. Zeigen Sie:

Ist $\sigma$ eine symmetrische Bilinearform auf $V$, so ist $\sigma(v, v) = q(v)$ eine quadratische Form auf $V$. Die quadratische und symmetrische Bilinearform bestimmen einander.

## 7.12 Orthogonalbasen

**Satz 7.13** Sei $K$ ein Körper mit $1+1 \neq 0$. Sei $V$ ein endlich dimensionaler $K$-Vektorraum mit symmetrischer Bilinearform $\sigma$. Dann existiert eine $\sigma$-Orthogonalbasis von $V$, d. h. eine Basis $(b_1, \ldots, b_n)$ von $V$ mit $\sigma(b_i, b_j) = 0$ für $i \neq j$. Ist $q(x) = \sigma(x, x)$, so sprechen wir auch von einer $q$-Orthogonalbasis.

Induktion nach $n = \dim(V)$. Ist $\sigma(x, x) = 0$ für alle $x \in V$, so gilt für alle $x, y$

$$\sigma(x+y, x+y) - \sigma(x, x) - \sigma(y, y) = 2\sigma(x, y) = 0 .$$

Ist also $\sigma(x, x) = 0$ für alle $x$, so ist jede Basis von $V$ eine $\sigma$-orthogonale Basis. Sonst sei $b_1 \in V$ ein nicht isotroper Vektor. Der lineare Unterraum $\sigma(b_1, x) = 0$ in $V$ hat die Dimension $n-1$ und hat nach Induktion eine $\sigma$-orthogonale Basis $(b_2, \ldots, b_n)$. Dann ist $(b_1, b_2, \ldots, b_n)$ eine $\sigma$-orthogonale Basis von $V$. ∎

**Satz 7.14 (Trägheitssatz von Sylvester)** Sei $V$ ein endlich dimensionaler *reeller* Vektorraum, $\sigma$ eine symmetrische Bilinearform und $(b_1, \ldots, b_n)$ eine $\sigma$-Orthogonalbasis von $V$. Sei $a_1, \ldots, a_n$ mit $\sigma(x, x) = a_1 x_1^2 + \cdots + a_n x_n^2$ für alle $x = x_1 b_1 + \cdots + x_n b_n$ in $V$. Die Anzahl der positiven und die Anzahl der negativen $a_i$ hängt nur von $\sigma$ und nicht von der gewählten $\sigma$-Orthogonalbasis ab.

Ohne Einschränkung sei $a_1, \ldots, a_r > 0$, $a_{r+1}, \ldots, a_k < 0$ und $a_{k+1} = \cdots = a_n = 0$. Sei $V_+$ der Raum, der von $b_1, \ldots, b_r$ aufgespannt wird, $V_-$ der Raum, der von $b_{r+1}, \ldots, b_k$ aufgespannt wird, und $V_0$ der Raum, der von $b_{k+1}, \ldots, b_n$ aufgespannt wird. Ist nun $\mathcal{B}'$ eine weitere $\sigma$-Orthogonalbasis, so hat man entsprechende Räume $V'_+$, $V'_-$ und $V'_0$. Sei $x \in V'_+ \cap (V_- + V_0)$. Weil $\sigma(x, x) > 0$ für alle $x \in V'_+$ und $x \neq 0$ und $\sigma(x, x) \leq 0$ für alle $x \in V_- + V_0$, so folgt, dass $x = 0$. Also gilt $\dim(V'_+) + \dim(V_-) + \dim(V_0) \leq n$, und es folgt $\dim(V'_+) \leq r$. Analog ist $\dim(V'_+) \geq r = \dim(V_+)$, und $r = \dim(V'_+)$ folgt. Analog zeigt man $\dim(V_-) = \dim(V'_-)$. ∎

Sei $V$ ein endlich dimensionaler reeller Vektorraum, $\sigma$ eine symmetrische Bilinearform, $(b_1, \ldots, b_n)$ eine $\sigma$-Orthogonalbasis von $V$ und $\sigma(x, x) = a_1 x_1^2 + \cdots + a_n x_n^2$ für alle $x = x_1 b_1 + \cdots + x_n b_n$ in $V$. Sei $r$ die Anzahl der positiven $a_i$ und $s$ die Anzahl der negativen $a_i$.

1. Der Rang von $\sigma$ ist $r + s$.
2. $r - s$ ist der Index von $\sigma$.
3. Das Paar $(r, s)$ ist die Signatur von $\sigma$.

## Aufgaben

Lösung

**Aufgabe 7.67** Bestimmen Sie für die nachfolgenden quadratischen Formen eine Basis von $\mathbb{R}^3$, für die $q$ in Diagonalgestalt dargestellt ist.

1. $q(x) = x_1x_2 - 2x_1x_3 + x_3^2 + 3x_2x_3$
2. $q(x) = x_1^2 + 3x_2^2 - 4x_3^2 - 4x_1x_2 + 2x_1x_3 + 2x_2x_3$

**Aufgabe 7.68** Schreiben Sie für die nachfolgenden Matrizen $A \in \mathbb{R}^{4\times 4}$ die quadratische Form $q(x) = \langle A(x), x\rangle$ aus und bestimmen Sie ein $S \in \mathbb{R}^{4\times 4}$, sodass $S^{\mathrm{T}}AS$ eine Diagonalmatrix ist.

1. $\begin{pmatrix} 1 & 0 & 1 & 2 \\ 0 & 0 & -2 & 1 \\ 1 & -2 & 0 & 0 \\ 2 & 1 & 0 & 0 \end{pmatrix}$
2. $\begin{pmatrix} 1 & 2 & 0 & -1 \\ 2 & 3 & 1 & 0 \\ 0 & 1 & 0 & 1 \\ -1 & 0 & 1 & 4 \end{pmatrix}$

**Aufgabe 7.69** Bringen Sie die nachfolgenden quadratischen Formen auf Diagonalform.

1. $q(x) = x_1x_2 + x_2x_3 + x_3x_1$
2. $q(x) = x_1^2 + 6x_1x_2 + 5x_2^2 - 4x_1x_3 - 12x_2x_3 + 4x_3^2 - 4x_2x_4 - 8x_3x_4 - x_4^2$

**Aufgabe 7.70** In $\mathbb{R}^5$ sei die quadratische Form $q(x) = x_1x_2 + x_3x_4$ gegeben.

1. Bestimmen Sie die isotropen Vektoren von $q$.
2. Bestimmen Sie eine $q$-orthogonale Basis von $V$.
3. Bestimmen Sie Rang, Index und Signatur.

**Aufgabe 7.71** Beantworten Sie die gleichen Fragen wie in der vorherigen Aufgabe für die quadratische Form $x_1^2 + x_2^2 + x_3^2 + 2(x_1x_2 + x_2x_3 + x_1x_3)$.

**Aufgabe 7.72** Bestimmen Sie für die nachfolgenden reellen quadratischen Formen Rang, Index und Signatur.

1. $2x_1x_2 + 2x_1x_3 + 2x_2x_3 + x_3^2$
2. $x_1^2 + 4x_1x_2 + x_2^2 + 2x_1x_3 - 2x_3^2$
3. $2x_1x_2 + 6x_2x_3 + 4x_1x_3 + 2x_3^2$
4. $x_1^2 + 2x_1x_2 + 6x_2x_3 + 2x_1x_3 + 4x_3^2$

**Aufgabe 7.73** Bestimmen Sie die Signatur von $\sum_{1\leq i\leq j\leq n} x_ix_j$.

## 7.13 Hauptachsentransformation

Eine quadratische Hyperfläche in $\mathbb{R}^n$ ist eine Menge der Form

$$\{x \in \mathbb{R}^n \colon \langle x, A(x)\rangle + 2\langle x, b\rangle + c = 0\} ,$$

wobei $A$ eine reelle symmetrische $n \times n$-Matrix ist, $A \neq 0$ gilt und $\langle \cdot, \cdot \rangle$ das Standardskalarprodukt ist.

Weil $A(x) = \sum_{i,j=1}^n a_{ij} x_j e_i$, folgt $\langle x, A(x)\rangle = \sum_{i,j=1}^n a_{ij} x_i x_j$. Ist zum Beispiel die quadratische Kurve gegeben durch die Gleichung $2x^2 + 2xy - y^2 + x - y = 10 = 0$, so ist $A$ die nebenstehende Matrix.

$$\begin{pmatrix} 2 & 1 \\ 1 & -1 \end{pmatrix}$$

**Satz 7.15 (Hauptachsentransformation)** Sei $H$ eine quadratische Hyperfläche in $\mathbb{R}^n$. Dann gibt es eine Bewegung $B \colon \mathbb{R}^n \to \mathbb{R}^n$, sodass die quadratische Hyperfläche $B(H)$ gegeben wird durch eine der nachfolgenden Gleichungen:

1. $a_1 x_1^2 + \cdots + a_k x_k^2 = 1$ oder
2. $a_1 x_1^2 + \cdots + a_k x_k^2 = 0$ oder
3. $a_1 x_1^2 + \cdots + a_k x_k^2 = 2x_{k+1}$

Nach Satz 7.10 existiert eine Drehung, gegeben durch eine orthogonale Matrix $S$, sodass $S^{\mathrm{T}}AS$ eine Diagonalmatrix ist. Mit $y = S^{\mathrm{T}}(x)$, $x \in H$ und $b' = S^{\mathrm{T}}(b)$ gilt:

$$\begin{aligned} \langle y, S^{\mathrm{T}}AS(y)\rangle = \langle S(y), AS(y)\rangle = \langle x, A(x)\rangle = -2\langle x, b\rangle - c = -2\langle S^{\mathrm{T}}(x), S^{\mathrm{T}}(b)\rangle - c \\ = -2\langle y, b'\rangle - c \end{aligned}$$

Weil $S^{\mathrm{T}}AS$ eine Diagonalmatrix ist, hat die Gleichung von $S^{\mathrm{T}}(H)$ die Form:

$$a_1 x_1^2 + \cdots + a_n x_n^2 = 2b_1 x_1 + \cdots + 2x_n b_n - c$$

O.B.d.A. sei $a_1, \ldots, a_k \neq 0$ und $a_{k+1} = \cdots = a_n = 0$. Wir verschieben: Ist $x \in S^{\mathrm{T}}(H)$, so gilt mit $y_i = x_i - b_i/a_i$ für $i \leq k$ und $y_i = x_i$ für $i > k$:

$$a_1 y_1^2 + \cdots + a_k y_k^2 = 2b_{k+1} y_{k+1} + \cdots + 2b_n y_n + c'$$

Ist $c' \neq 0$, so können wir die Gleichung noch durch $c'$ teilen. Ist $k = n$ oder $b_{k+1} = \cdots = b_n = 0$, so erhalten wir die ersten zwei Normalformen.

Sei nun $b'' = (0, \ldots, 0, b_{k+1}, \ldots, b_n)$. Wir drehen jetzt $b''$ in die Richtung von $e_{k+1}$: Sei $T$ eine Drehung mit $T(e_i) = e_i$ für $i = 1, \ldots, k$ und $T(b'') = \lambda e_{k+1}$. Dann ist die Gleichung von $TVS^{\mathrm{T}}(H)$ gegeben durch $a_1 x_1^2 + \cdots + a_k x_k^2 = 2\lambda x_{k+1} + c'$. Wir verschieben noch einmal: $x_{k+1} \to x_{k+1} + c'/(2\lambda)$ und $x_i \to x_i$ für $i \neq k+1$. Nach Teilung der resultierenden Gleichung durch $\lambda$ erhalten wir die dritte Normalform. ■

Auf den nächsten Seiten werden wir für den Fall $n = 2$ und $n = 3$ die verschiedenen Möglichkeiten für solche quadratischen Hyperflächen auflisten.

## Aufgaben

Lösung

**Aufgabe 7.74** Bestimmen Sie eine Hauptachsentransformation für die nachfolgenden quadratischen Hyperflächen. Bestimmen Sie, welche Arten von quadratischen Hyperflächen vorliegen (siehe die Liste auf den nächsten zwei Seiten).

1. $2xy = 0$
2. $3x^2 - 4xy + 6y^2 - 10 = 0$
3. $2x^2 + 8xy + 2y^2 - 8 = 0$
4. $9x^2 + 6y^2 - 4xy + 5\sqrt{5}x + 10\sqrt{5}y = 0$
5. $x_1^2 - 2x_1 + x_2^2 + 2x_2 - 2x_3^2 = 0$
6. $x^2 + y^2 + z^2 + 6(xy + xz - yz) = 0$
7. $5x^2 + 6y^2 + 7z^2 - 4xy + 4yz - 10x + 8y + 14z - 6 = 0$
8. $x^2 + 2y^2 - 3z^2 + 12xy - 8xz - 4yz + 14x + 16y - 12z - 3 = 0$
9. $7x^2 - 2y^2 + 4z^2 - 4xy - 16yz + 20xz + 18z = 0$
10. $4x^2 + 4y^2 + 2z^2 - 2xy + 6xz - 6yz + 20x - 14y + 14z = 0$
11. $4x^2 + y^2 + 4z^2 - 4xy + 8xz - 4yz - 12x - 12y + 6z = 0$

**Aufgabe 7.75** Bestimmen Sie eine Hauptachsentransformation für die nachfolgenden quadratischen Hyperflächen.

1. $2(x_1^2 + x_2^2 + x_3^2 - 2x_1x_2 + x_1x_4 + x_2x_3 - 2x_3x_4 + x_4^2) = 10$
2. $2(x_1x_2 + x_1x_3 - x_1x_4 + x_3x_4 - x_2x_3 + x_2x_4) - 6 = 0$

Für $n = 2$ haben wir folgende Möglichkeiten.

**1.** $a^2x^2 + b^2y^2 = 1$: Ellipse

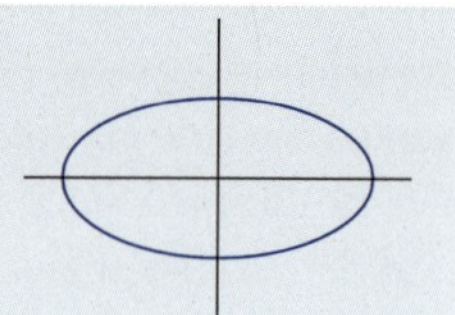

**2.** $a^2x^2 - b^2y^2 = 1$: Hyperbel

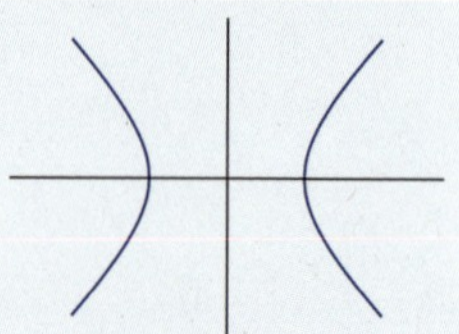

**3.** $a^2x^2 - b^2y^2 = 0$: zwei Geraden

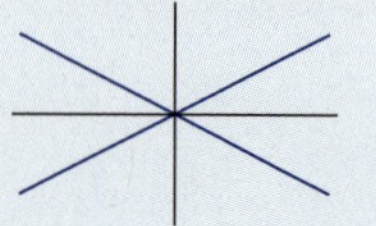

**4.** $a^2x^2 + y = 0$. Parabel

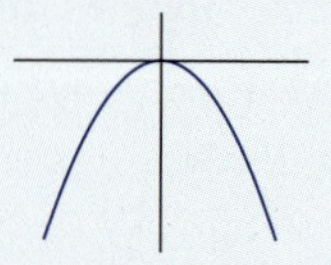

**5.** $a^2x^2 = 1$: zwei parallele Geraden

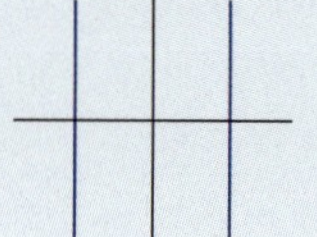

**6.** $x^2 = 0$: zwei gleiche Geraden

**7.** $a^2x^2 + b^2y^2 = 0$: ein Punkt

**8.** $x^2 = -1$, $a^2x^2 + b^2x^2 = -1$: leere Menge

Für $n = 3$ haben wir die nachfolgenden Möglichkeiten.

**1.** $a^2x^2 + b^2y^2 + c^2z^2 = 1$: Ellipsoide

**2.** $a^2x^2 + b^2y^2 - c^2z^2 = 1$: einschaliges Hyperboloid

**3.** $a^2x^2 - b^2y^2 - c^2z^2 = 1$: zweischaliges Hyperboloid

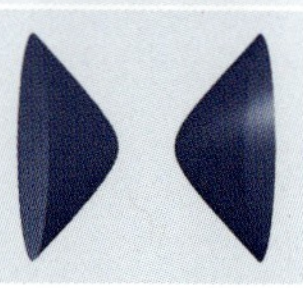

**4.** $a^2x^2 + b^2y^2 - c^2z^2 = 0$: elliptischer Kegel

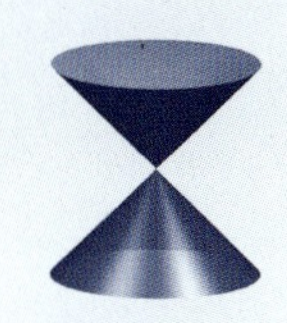

**5.** $a^2x^2 + b^2y^2 - z = 0$: elliptisches Paraboloid

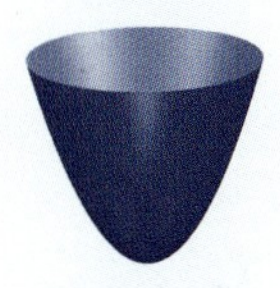

**6.** $a^2x^2 - b^2y^2 - z = 0$: hyperbolisches Paraboloid (Sattelfläche)

**7.** $a^2x^2 + b^2y^2 = 1$: elliptischer Zylinder

**8.** $a^2x^2 - b^2y^2 = 1$: hyperbolischer Zylinder

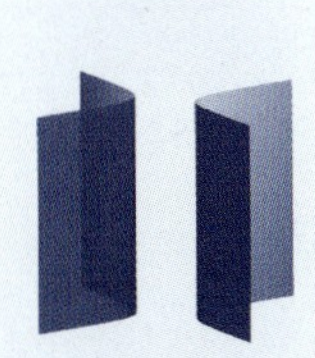

**9.** $a^2x^2 - b^2y^2 = 0$: zwei sich schneidende Ebenen

**10.** $a^2x^2 = 1$: zwei parallele Ebenen

**11.** $x^2 = -1, -a^2x^2 - b^2y^2 - c^2z^2 = 1$: leere Menge

**12.** $x^2 = 0$: eine Ebene

**13.** $a^2x^2 + b^2y^2 + c^2z^2 = 0$: ein Punkt

# Gruppen

8



ÜBERBLICK

## LERNZIELE

- Gruppen
- Zerlegungen, Äquivalenzrelationen
- Untergruppen, der Satz von Lagrange
- Normalteiler
- Präsentation einer Gruppe
- Gruppenwirkungen, Bahn-Standgruppe-Satz
- Die Sylow-Sätze

Eine Menge $G$ zusammen mit einer Abbildung $G \times G \to G$, welche $a, b \in G$ dem Produkt $a \cdot b \in G$ zuordnet, heißt Gruppe, wenn folgende Rechenregeln (Axiome) erfüllt sind:

**G1** Für alle $a, b, c \in G$ gilt $(a \cdot b) \cdot c = a \cdot (b \cdot c)$ (Assoziativgesetz).

**G2** Es gibt ein Einheitselement $e \in G$, sodass $a \cdot e = a$ für alle $a \in G$.

**G3** Für jedes $a \in G$ gibt es ein Inverses $a^{-1} \in G$ mit $a \cdot a^{-1} = e$.

Ist überdies $a \cdot b = b \cdot a$ für jedes $a, b \in G$, so heißt die Gruppe abelsch. Man schreibt dann oft, aber nicht immer, $a + b$ statt $a \cdot b$ und 0 statt $e$. Oft schreibt man auch $ab$ statt $a \cdot b$. Die Anzahl der Elemente von $G$ wird auch Ordnung von $G$ genannt.

Beispiele von Gruppen sind:

1. Die Gruppe $\mathbb{Z}$ mit der Addition als Multiplikation.
2. Die Gruppe $GL(2, \mathbb{R})$ der invertierbaren $2 \times 2$-Matrizen mit der Matrixmultiplikation. Statt $\mathbb{R}$ können wir auch einen beliebigen Körper nehmen (auch endliche Körper).
3. Die symmetrische Gruppe $S_n$ aller Permutationen von $\{1, \ldots, n\}$.

Obwohl die Anzahl der Rechenregeln (oder vielleicht deswegen) in einer Gruppe viel kleiner ist als die bei Vektorräumen, ist die Theorie der Gruppen viel komplizierter als die Theorie der Vektorräume. Gruppen studieren wir so spät in diesem Buch, da wir nun durch unserere Kenntnisse der linearen Algebra einfacher Beispiele geben können. Viele Gruppen tauchen als *Untergruppen* bereits bekannter Gruppen auf, wie $GL(2, K)$ oder $S_n$. Eine Teilmenge $H$ von $G$ ist eine Untergruppe, wenn

1. $e \in H$
2. Aus $a, b \in H$ folgt, dass $ab \in H$.
3. Aus $a \in H$ folgt, dass $a^{-1} \in H$.

Eine große Einschränkung bei der Suche nach Untergruppen endlicher Gruppen liefert der wichtige Satz von Lagrange. Er besagt Folgendes: Ist $G$ endlich und $H$ eine Untergruppe, so teilt die Ordnung von $H$ die Ordnung von $G$. Diese Tatsache schränkt die Suche nach Untergruppen endlicher Gruppen sehr ein.

Als Beispiel betrachten wir die Gruppe $\mathrm{GL}(2, \mathbb{R})$. Die vier Matrizen

$$\begin{pmatrix} \pm 1 & 0 \\ 0 & \pm 1 \end{pmatrix}, \quad \begin{pmatrix} 0 & 1 \\ -1 & 0 \end{pmatrix} \text{ und } \begin{pmatrix} 0 & -1 \\ 1 & 0 \end{pmatrix}$$

bilden eine Untergruppe von $\mathrm{GL}(2, \mathbb{R})$. Auch die Gruppe $\mathbb{Z}$ mit der Addition können wir als Untergruppe von $\mathrm{GL}(2, \mathbb{R})$ sehen:

$$\left\{ \begin{pmatrix} 1 & a \\ 0 & 1 \end{pmatrix} : a \in \mathbb{Z} \right\} .$$

Beachten Sie hier, dass

$$\begin{pmatrix} 1 & a \\ 0 & 1 \end{pmatrix} \cdot \begin{pmatrix} 1 & b \\ 0 & 1 \end{pmatrix} = \begin{pmatrix} 1 & a+b \\ 0 & 1 \end{pmatrix} .$$

Eine andere sehr schöne Gruppe ist die *Diedergruppe* $D_n$. Diese Gruppe ist die Symmetriegruppe $D_n$ des regelmäßigen $n$-Ecks, hier gezeichnet für $n = 6$.

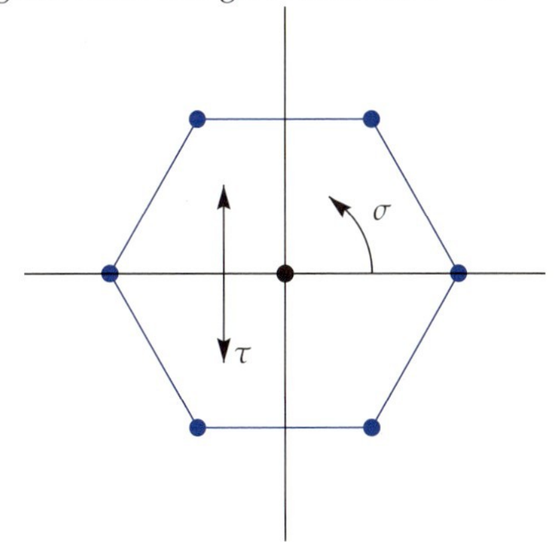


Die Drehung $\sigma$ über dem Winkel $2\pi/n$, gegeben durch die Matrix

$$\sigma = \begin{pmatrix} \cos(2\pi/n) & -\cos(2\pi/n) \\ \sin(2\pi/n) & \cos(2\pi/n) \end{pmatrix} ,$$

ist ein Element von $D_n$. Natürlich sind auch die Drehungen $\sigma^2, \ldots, \sigma^{n-1}$ und ebenfalls Id Elemente von $D_n$. Weiterhin gibt es die Spiegelung in der $x$-Achse, gegeben durch

$$\begin{pmatrix} 1 & 0 \\ 0 & -1 \end{pmatrix} .$$

Die Isometrien $\sigma$ und $\tau$ kommutieren nicht. Es gilt

$$\sigma\tau = \tau\sigma^{-1} ,$$

wie man sofort nachrechnet. Die Spiegelungen in den anderen Achsen werden gegeben durch $\sigma^k\tau$ für $k = 1, \ldots, n-1$. So ist z. B. $\sigma \cdot \tau$ gleich

$$\begin{pmatrix} \cos(2\pi/n) & \cos(2\pi/n) \\ \sin(2\pi/n) & -\cos(2\pi/n) \end{pmatrix},$$

was die Spiegelung in der Geraden durch $(0,0)$ ist, welche einen Winkel $\pi/n$ mit der $x$-Achse hat.

Zwei Gruppen, die aufgrund ihrer algebraischen Struktur im Wesentlichen gleich sind, werden isomorph genannt. Genauer heißt eine Abbildung $\varphi\colon G \to H$ zwischen zwei Gruppen ein Isomorphismus, wenn sie bijektiv und ein Homomorphismus ist. Die letzte Bedingung bedeutet, dass $\varphi(a \cdot b) = \varphi(a) \cdot \varphi(b)$ für alle $a, b \in G$ gilt. Ist $\varphi$ ein Isomorphismus, so lässt sich leicht zeigen, dass auch $\varphi^{-1}$ ein Isomorphismus ist. Das Ziel ist festzustellen, ob Gruppen isomorph sind oder nicht, und die Gruppen bis auf Isomorphie zu klassifizieren.

Die Klassifikation von endlich dimensionalen $K$-Vektorräumen ist einfach: Sie sind alle isomorph zu $K^n$ für ein $n \in \mathbb{N}$. Die Klassifikation von Gruppen bis auf Isomorphie ist, selbst für endliche Gruppen, sehr schwierig. Lediglich die endlichen *abelschen* Gruppen sind leicht zu klassifizieren.

Es ist meist leichter einzusehen, dass zwei Gruppen nicht isomorph sind. Sind $G$ und $H$ isomorph, so muss die Anzahl der Elemente, auch Ordnung genannt, von $G$ und $H$ gleich sein. Ist $G$ abelsch, so auch $H$. Hat $G$ eine abelsche Untergruppe, so auch $H$, usw. Schwieriger ist es zu beweisen, dass zwei Gruppen isomorph sind.

Eine Methode, Gruppen zu klassifizieren, ist zu versuchen, sie in kleine Stücke aufzubrechen. Die Idee ist hierbei die gleiche wie bei der Konstruktion eines Quotientenraums $V/U$ (siehe Abschnitt 4.12). Eine Linksnebenklasse $aH = \{ah\colon h \in H\}$ ist das Analogon eines affinen Teilraums $a+U = \{a+U\}$. Für affine Teilräume $(a+U)+(b+U)$ ist die Summe gleich $(a+b)+U$ und das Skalarprodukt gleich $\lambda(a+U) = \lambda a+U$. Analog möchten wir $(aH)\cdot(bH) := (ab)H$ für die Linksnebenklassen definieren. Es gibt nur ein Problem: Diese Konstruktion funktioniert nicht immer. Es folgt nicht aus $a'H = aH$, dass $a'bH = abH$, also das Produkt ist im Allgemeinen nicht wohldefiniert. Es stellt sich heraus, dass wir an die Untergruppe $H$ eine zusätzliche Bedingung stellen müssen: $aH = Ha$ oder

$$a^{-1}Ha = H \text{ für alle } a \in H\,.$$

Hierbei ist $a^{-1}Ha = \{a^{-1}ha\colon h \in H\}$ eine sogenannte konjugierte Untergruppe von $H$. Untergruppen $H$ mit $a^{-1}Ha = H$ für alle $a \in H$ nennt man *Normalteiler* von $G$, Notation $H \lhd G$. Solche Normalteiler bezeichnen wir üblicherweise mit $N$.

Zum Beispiel ist $\{e, \tau\}$ eine Untergruppe von $D_n$, jedoch kein Normalteiler. Es gilt $\sigma^{-1}\tau\sigma \neq e, \tau$. Die Untergruppe der Drehungen $\{e, \sigma, \ldots, \sigma^{k-1})$ ist jedoch ein Normalteiler, da $\tau^{-1}\sigma^k\tau = \sigma^{-k}$ wiederum eine Drehung ist.

Natürlich sind $N = \{e\}$ und $N = G$ Normalteiler von $G$ (die trivialen Normalteiler). Jedoch ist es nicht immer einfach, weitere Normalteiler von $G$ zu bestimmen, und im Allgemeinen auch nicht möglich. Nach dem Satz von Lagrange hat eine Gruppe mit $p$ Elementen keine echten Untergruppen, also erst recht keinen echten Normalteiler.

Für Normalteiler $N \lhd G$ ist die *Quotientengruppe* $G/N$ wohldefiniert. Ist $N$ nicht trivial, so sind $G/N = H$ und $N$ beides Gruppen kleinerer Ordnung, die man besser verstehen kann. Die Gruppe $G$ ist irgendwie aus $H$ und $N$ zusammengebastelt. Diese Bastelei ist jedoch auch nicht immer eine leichte Aufgabe.

Eine wichtige Errungenschaft der Mathematik im 20. Jahrhundert ist die Klassifikation von allen endlichen Gruppen, welche nur triviale Normalteiler haben. Solche Gruppen nennt man einfach (was nicht bedeutet, dass sie einfach zu verstehen sind). Außer der Gruppe $\mathbb{Z}/p\mathbb{Z}$ ist die Untergruppe $A_n$ von $S_n$, bestehend aus den geraden Permutationen, einfach für $n \geq 5$, jedoch nicht für $n = 4$. Es gilt $A_2 = \{e\}$ und $A_3$ ist isomorph zu $\mathbb{Z}/3\mathbb{Z}$. In den letzten Abschnitten des Kapitels werden wir die Einfachheit der Gruppen $A_n$ zeigen sowie auch die Einfachheit einer anderen Familie, $\mathrm{PSL}(n, \mathbb{F}_q)$ für fast alle $(n, q)$. Der Beweis der Einfachheit von $\mathrm{PSL}(n, \mathbb{F}_q)$ benutzt Methoden der Matrixmultiplikation und Elementarmatrizen, welche wir in diesem Buch kennengelernt haben.

Der Satz von Lagrange bedeutet eine eher große Einschränkung für die Ordnung von Untergruppen. Positive Sätze sind die Sylow-Sätze. Sie sagen viel über die Existenz gewisser Untergruppen aus. Ist $\#G = p^n \cdot k$ mit $p$ eine Primzahl und $p \nmid k$, so gibt es eine Untergruppe der Ordnung $p^n$. Eine solche Gruppe nennt man eine $p$-Sylowgruppe und deren Anzahl bezeichnen wir mit $n_p$. Es gilt, dass $n_p = 1$ genau dann, wenn die $p$-Sylowgruppe ein Normalteiler ist. Genauer gilt $n_p = 1 \bmod p$ und $n_p \mid k$. Die Sylow-Sätze sind extrem wichtig für die Klassifikation Gruppen kleinerer Ordnung.

Das Gute an den Sylow-Sätzen ist, dass man sie wunderbar anwenden kann, ohne den Beweis verstanden haben zu müssen. Es ist deshalb vielleicht eine gute Idee, zuerst die Aufgaben zu den Sylow-Sätze zu lösen, um die Aussagekraft der Sylow-Sätze würdigen zu lernen. So kann man mit den Sylow-Sätzen die Gruppen der Ordnung 15, 12 und 21 klassifizieren. In den letzten Abschnitten des Kapitels werden die Sylow-Sätze benutzt, um Folgendes zu zeigen. Eine *einfache* Gruppe der Ordnung kleiner oder gleich 200 ist entweder isomorph zu $\mathbb{Z}/p\mathbb{Z}$, $A_5$ oder $\mathrm{PSL}(2, \mathbb{F}_7)$. Allerdings sind die Beweise anspruchsvoll.

Die Sylow-Sätze werden wir in diesem Buch mithilfe des Bahn-Standgruppe-Satzes beweisen, welcher eine Verallgemeinerung des Satzes von Lagrange ist. Dazu betrachten wir Gruppenwirkungen. Eine Gruppe $G$ wirkt auf einer Menge $X$, wenn zu jedem $g \in G$ und $x \in X$ ein neues Element $g \cdot x$ von $X$ gegeben ist. Die Eigenschaften

1. $e \cdot x = x$,
2. $g \cdot (h \cdot x) = (gh) \cdot x$

sollten gültig sein. Anders gesagt, eine Wirkung von $G$ auf $X$ ist gegeben durch einen Gruppenhomomorphismus $G \to S(X)$.

Für viele Gruppen ist auf offensichtliche Weise eine Wirkung definiert. Die Gruppe $S_n$ wirkt auf $\{1, \ldots, n\}$ und $\mathrm{GL}(2, \mathbb{R})$ wirkt auf $\mathbb{R}^2$. Ist $G$ eine Wirkung auf $X$, so hat man die Bahn: $G \cdot x = \{g \cdot x \colon g \in G\}$. Die Bahnen brauchen nicht alle gleich groß zu sein. Die Standgruppe $G_x$ eines Elementes $x$ sind alle Gruppenelemente, die $x$ festhalten: $G_x = \{g \in G \colon g \cdot x = x\}$. Sie ist offenbar eine Untergruppe von $G$ und der Bahn-Standgruppe-Satz besagt

$$\#G = \#(G \cdot x) \cdot \#G_x \,.$$

Wir werden eine $p$-Sylowgruppe als Standgruppe einer schlau gewählten Gruppenwirkung finden. Man nimmt hier für $X$ die Menge aller $p^n$-elementigen Teilmengen von $X$.

Wie schreibt man eine Gruppe auf? Weiter oben haben wir Untergruppen von schon bekannten Gruppen wie $\mathrm{GL}(2,\mathbb{R})$ betrachtet. Man kann auch, wenn die Gruppe endlich ist, die Multiplikationstabelle aufschreiben. Man schreibt dann alle Elemente einer Gruppe und das Ergebnis des Produkts auf. Zum Beispiel definiert die nachfolgende Multiplikationstabelle eine Gruppe der Ordnung 6:

| $\cdot$ | $e$ | $a$ | $b$ | $c$ | $d$ | $f$ |
|---|---|---|---|---|---|---|
| $e$ | $e$ | $a$ | $b$ | $c$ | $d$ | $f$ |
| $a$ | $a$ | $b$ | $e$ | $d$ | $f$ | $c$ |
| $b$ | $b$ | $e$ | $a$ | $f$ | $c$ | $d$ |
| $c$ | $c$ | $f$ | $d$ | $e$ | $b$ | $a$ |
| $d$ | $d$ | $c$ | $f$ | $a$ | $e$ | $b$ |
| $f$ | $f$ | $d$ | $c$ | $b$ | $a$ | $e$ |

Es ist überhaupt nicht leicht einzusehen, dass hier das Assoziativgesetz gilt, wenn alle Elemente verschieden sind. Allerdings gibt es immer eine Gruppe mit dieser Multiplikationstabelle, zur Not setzt man $e = a = b = c = d = f$. Wir werden nicht oft eine Multiplikationstabelle benutzen, da es für Gruppen mit einer größeren Ordnung doch sehr umständlich ist.

Eine weitere wichtige Methode ist eine Präsentation der Gruppe. In diesem Fall beschreibt man eine Gruppe durch Erzeugende und Relationen.

> *Relationen sind zusätzliche Rechenregeln, welche außer den bekannten Rechenregeln, die durch die Axiome einer Gruppe beschrieben werden, gelten.*

So ist zum Beispiel die zyklische Gruppe mit $n$ Elementen, gegeben durch eine Erzeugende $a$ und die zusätzliche Rechenregel $a^n = e$. Die Gruppe $S_3$ kann man durch zwei Erzeugende $a, b$ mit den Relationen $a^3 = b^2 = e, ba = a^{-1}b$ beschreiben.

Sind Erzeugende $a_1, \ldots, a_n$ und Relationen gegeben, so gibt es immer eine zugehörige Gruppe $G$; im „schlimmsten" Fall $G = \{e\}$. Ist eine Gruppe $G$ durch eine Präsentation gegeben, so ist es im Allgemeinen unmöglich, die Anzahl der Elemente der Gruppe $G$ zu bestimmen! Selbst festzustellen, ob $G = \{e\}$, ist ein Ding der Unmöglichkeit. In einfachen Fällen, wie z.B bei $G = \langle a, b \colon a^n = b^2 = e, ab = ba^{-1} \rangle$, kann man $\#G$ abschätzen. Im eben genannten Beispiel gilt $\#G \leq 2n$. Um $\#G = 2n$ zu zeigen, braucht man eine konkrete Realisierung der Gruppe, in diesem Fall die Gruppe $D_n$. Diese Gruppe hat Elemente $a, b$, welche die angegebenen Relationen erfüllen.

In diesem Buch zeigen wir nur die grundlegenden Begriffe der Gruppentheorie. So behandeln wir keine auflösbaren Gruppen (welche in der Galoistheorie eine wichtige Rolle spielen) und ebenfalls nicht die Jordan-Hölder-Theorie. Auch die Darstellungstheorie endlicher Gruppen konnten wir nicht mehr behandeln. Man möchte in dieser Theorie die verschiedenen Möglichkeiten, die Gruppe $G$ als Untergruppe von $\mathrm{GL}(n, \mathbb{C})$ darzustellen, klassifizieren. Diese schöne Theorie hat wichtige Anwendungen nicht nur in der Mathematik, sondern auch in der Physik und der Chemie.

## Historisches zum Gruppenbegriff

Euler untersuchte schon die Gruppe der Bewegungen in $\mathbb{R}^3$, inbesondere die Drehungsgruppe. Auch die Gruppe $\mathbb{Z}/p\mathbb{Z}$ spielte in den Untersuchungen von Euler eine wichtige Rolle. Damit konnte er den kleinen fermatschen Satz $a^{p-1} = 1 \bmod p$ beweisen. Hierbei ist $p$ eine Primzahl und $p \nmid a$. Später wurden Substitutionsgruppen (also Untergruppen von $S_n$) von Lagrange, Ruffini, Abel und Galois in der Theorie der algebraischen Gleichungen benutzt. Mit der sogenannten Galoisgruppe eines Polynoms $f$ wird untersucht, ob es eine „Lösungsformel" für die Lösungen der Gleichung $f(x) = 0$ gibt. Eine große Schwierigkeit hierbei ist, genau zu beschreiben, was eine Lösungsformel ist. Die Tatsache, dass die symmetrische Gruppe $S_n$ nur die Normalteiler $\{e\}$, $A_n$ und $S_n$ hat, wird benutzt, um zu zeigen, dass es für „allgemeine" Gleichungen vom Grad mindestens fünf eine solche Lösungsformel nicht gibt.

Die Definition einer abstrakten abelschen Gruppe stammt von Kronecker. Von ihm ist auch der Satz, dass jede endliche abelsche Gruppe isomorph zu $\mathbb{Z}/n_1\mathbb{Z} \times \cdots \times \mathbb{Z}/n_s\mathbb{Z}$ für natürliche Zahlen $n_1 \mid n_2 \mid \cdots \mid n_s$ und $n_2 \geq 2$ ist. Die Eindeutigkeit der Zahlen $n_i$ wurde von Frobenius und Stickelberger bewiesen. Erst am Ende des 19. Jahrhunderts ist die allgemeine abstrakte Definition, so wie wir sie heute kennen, von Heinrich Weber gegeben worden. Merkwürdigerweise besagt ein Satz von Cayley aus dem Jahr 1878, dass eine Gruppe $G$ immer isomorph zu einer Untergruppe von $S(G)$ ist, mittels der Abbildung $g \mapsto \varphi_g$, mit $\varphi_g(h) = gh$. Hierbei ist $S(G)$ die Gruppe aller bijektiven Abbildungen von $G$ auf sich selbst. Die Beschreibung einer Gruppe durch Erzeugende und Relationen geht auf von Dyck zurück. Die Sylow-Sätze stammen aus dem Jahr 1872.

## 8.1 Definition der Gruppe

Eine Menge $G$ mit einer Abbildung $G \times G \to G$, welche je zwei Elementen $a, b \in G$ das „Produkt“ $a \cdot b \in G$ zuordnet, heißt Gruppe, wenn gilt:

**G1** Für alle $a, b, c \in G$ gilt $(a \cdot b) \cdot c = a \cdot (b \cdot c)$ (Assoziativgesetz).

**G2** Es gibt ein Einheitselement $e \in G$, sodass $a \cdot e = a$ für alle $a \in G$.

**G3** Für jedes $a \in G$ gibt es ein Inverses $a^{-1} \in G$ mit $a \cdot a^{-1} = e$.

Gilt $a \cdot b = b \cdot a$ für alle $a, b \in G$, so heißt die Gruppe $G$ kommutativ oder abelsch. In diesem Fall schreiben wir oft $a + b$ statt $a \cdot b$ (additive Notation).

Die Zahl $\#G$ heißt die Ordnung der Gruppe. Sie kann endlich oder unendlich sein.

Wir schreiben oft $ab$ statt $a \cdot b$ und aufgrund der ersten Eigenschaft $abc$ statt $a(bc) = (ab)c$. Wir schreiben $a^0 = e$, $a^1 = a$, $a^n = a \cdot a^{n-1}$ und $a^{-n} = (a^{-1})^n$. Es gilt dann $a^n \cdot a^m = a^{n+m}$ für alle $n, m \in \mathbb{Z}$ und $(a^n)^m = a^{nm}$ für alle $n, m \in \mathbb{Z}$. (Aufgabe 8.2).

**Beispiele**

1. Die ganzen Zahlen $\mathbb{Z}$ mit der Addition als „Produkt“ ist eine abelsche Gruppe.
2. Sei $K$ ein Körper. Dann ist $K^* := K \setminus \{0\}$ zusammen mit der Multiplikation eine abelsche Gruppe. Ebenfalls ist $K$ mit der Addition eine abelsche Gruppe.
3. Die Menge $\mathrm{GL}(2, \mathbb{R}) = \{A \in \mathbb{R}^{2\times 2} \colon \det(A) \neq 0\}$ mit der Matrixmultiplikation ist die Gruppe der invertierbaren $2\times 2$-Matrizen mit Koeffizienten in $\mathbb{R}$. Statt $\mathbb{R}$ können wir einen beliebigen Körper $K$ nehmen, z. B. $\mathbb{F}_p$.
4. Sei $X$ eine Menge und $S(X)$ die Menge aller bijektiven Abbildungen $f \colon X \to X$. Das Produkt zweier bijektiver Abbildungen ist die Komposition. Sie ist nicht abelsch, wenn $\#X \geq 3$. Ist $X = \{1, \ldots, n\}$, so schreiben wir $S_n$ statt $S(X)$ (siehe Abschnitt 5.4). Die Gruppe $S(X)$ heißt symmetrische Gruppe.
5. $S^1 = \{z \in \mathbb{C} \colon |z| = 1\}$ mit der Multiplikation komplexer Zahlen.

**Satz 8.1** Sei $G$ eine Gruppe.

1. Es gilt $a^{-1}a = e$ und $ea = a$ für alle $a \in G$.
2. Die Gleichungen $ax = b$ und $xa = b$ haben eine eindeutige Lösung in $G$.
3. Das Inverse $a^{-1}$ zu $a$ ist eindeutig bestimmt, das Einheitselement $e$ ebenfalls.

1. $a^{-1}a = a^{-1}ae = a^{-1}a(a^{-1}(a^{-1})^{-1}) = a^{-1}e(a^{-1}(a^{-1})^{-1}) = a^{-1}(a^{-1})^{-1}) = e$ und $ea = aa^{-1}a = ae = a$.
2. Wenn $ax = b$, dann $x = ex = a^{-1}ax = a^{-1}b$. Umgekehrt erfüllt $x = a^{-1}b$ die Gleichung. Die zweite Aussage folgt analog.
3. Die Gleichung $ax = e$ hat eine eindeutige Lösung, ebenfalls $ax = a$. ■

# Aufgaben

Lösung

**Aufgabe 8.1**

1. Für $n \in \mathbb{N}$ sei $\mathbb{Z}/n\mathbb{Z} = \{0, 1, \ldots, n-1\}$ und $+_n$ gegeben durch:

$$a +_n b := \begin{cases} a+b & \text{falls} \quad a+b < n \\ a+b-n & \text{falls} \quad a+b \geq n \end{cases}$$

   Zeigen Sie, dass $\mathbb{Z}/n\mathbb{Z}$ mit $+_n$ eine abelsche Gruppe ist.

2. Zeigen Sie: Die Anzahl der Lösungen von $kx = 0$ in $\mathbb{Z}/n\mathbb{Z}$ ist gleich dem $\mathrm{ggT}(k, n)$. Tipp: Betrachten Sie zunächst den Fall $\mathrm{ggT}(k, n) = 1$.

**Aufgabe 8.2** Sei $G$ eine Gruppe. Zeigen Sie:

1. $(ab)^{-1} = b^{-1}a^{-1}$ für alle $a, b \in G$.
2. $a^n \cdot a^m = a^{n+m}$ für alle $a \in G$ und $n, m \in \mathbb{Z}$.
3. $(a^n)^m = a^{nm}$ für alle $a \in G$ und $n, m \in \mathbb{Z}$.
4. Im Allgemeinen gilt nicht $(a \cdot b)^2 = a^2 \cdot b^2$.

**Aufgabe 8.3**

1. Sei $G = \{e, a\}$ eine Gruppe. Warum gilt $a^2 = e$?
2. Sei $G$ eine Gruppe mit drei Elementen. Sei $a \in G$ mit $a \neq e$. Warum gilt $a^2 \neq e$ und $a^2 \neq a$ und $a^3 = e$?
3. Sei $G$ eine Gruppe mit vier Elementen: Wir betrachten zwei Fälle:
   1. Es gibt ein Element $a \in G$ mit $a^2 \neq e$. Zeigen Sie: $a^2 \neq a$. Warum ist $a^3 \neq e, a^3 \neq a$ und $a^3 \neq a^2$ und $a^4 = e$? Welches sind also die vier Elemente von $G$?
   2. Sonst seien $a, b$ zwei verschiedene Elemente von $G$ mit $a, b \neq e$. Warum ist $ab \neq a$, $ab \neq b$? Warum ist $ab = ba$? Welches sind also die vier Elemente von $G$?

**Aufgabe 8.4 (Direktes Produkt)** Es seien $G, H$ zwei Gruppen. Betrachten Sie $G \times H = \{(g, h) \colon g \in G \text{ und } h \in H\}$ mit dem Produkt $(g_1, h_1) \cdot (g_2, h_2) := (g_1 \cdot g_2, h_1 \cdot h_2)$. Zeigen Sie, dass mit diesem Produkt $G \times H$ eine Gruppe ist (direktes Produkt).

**Aufgabe 8.5** Betrachten Sie die nachfolgenden vier Matrizen in $\mathrm{GL}(2, \mathbb{C})$:

$$e = \begin{pmatrix} 1 & 0 \\ 0 & 1 \end{pmatrix}, \quad a = \begin{pmatrix} 0 & -1 \\ 1 & 0 \end{pmatrix}, \quad b = \begin{pmatrix} i & 0 \\ 0 & -i \end{pmatrix}, \quad c = \begin{pmatrix} 0 & i \\ i & 0 \end{pmatrix}.$$

Warum bilden die acht Matrizen $\pm e, \pm a, \pm b, \pm c$ eine nicht abelsche Gruppe? Diese Gruppe wird die Quaternionengruppe $Q_8$ genannt.

**Aufgabe 8.6**

1. Schreiben Sie alle Elemente von $\mathrm{GL}(2, \mathbb{F}_2)$, die Gruppe der invertierbaren $2 \times 2$-Matrizen mit Koeffizienten in $\mathbb{F}_2$, auf. Weshalb ist sie nicht abelsch?
2. Bestimmen Sie die Anzahl der Elemente von $\mathrm{GL}(n, \mathbb{F}_p)$.

## 8.2 Homomorphismen, Isomorphismen, Untergruppen

Es seien $G, H$ zwei Gruppen.

1. Eine Abbildung $\varphi\colon G \to H$ heißt Homomorphismus, wenn für alle $a, b \in G$ gilt: $\varphi(a \cdot b) = \varphi(a) \cdot \varphi(b)$.
2. Ist $\varphi$ ein bijektiver Homomorphismus, so heißt $\varphi$ ein Isomorphismus.
3. $G$ und $H$ heißen isomorph, Notation $G \cong H$, wenn es einen Isomorphismus $\varphi\colon G \to H$ gibt.
4. Die Gruppe $G$ heißt zyklisch, wenn sie isomorph zu $\mathbb{Z}$ oder $\mathbb{Z}/n\mathbb{Z}$ ist.

**Satz 8.2**

1. Ist $\varphi\colon G \to H$ ein Homomorphismus, so ist $\varphi(e) = e$ und $\varphi(a^{-1}) = (\varphi(a))^{-1}$.
2. Ist $\varphi\colon G \to H$ ein Isomorphismus, so auch die Inverse $\varphi^{-1}\colon H \to G$.
3. Sind $\varphi\colon G \to H$ und $\psi\colon H \to K$ Homomorphismen, so ist auch $\psi \circ \varphi$ ein Homomorphismus. Sind $\varphi, \psi$ Isomorphismen, so ist auch $\psi \circ \varphi$ ein Isomorphismus.

Weil der Beweis vollkommen analog zum Beweis von Satz 4.4 ist, wird er als Aufgabe überlassen. Die Identitätsabbildung $\mathrm{Id}\colon G \to G$ ist offenbar ein Isomorphismus. Deshalb ist $G$ mit $G$ isomorph. Sind also $G$ und $H$ isomorph, so folgt aus dem Satz, dass auch $H$ und $G$ isomorph sind. Ist überdies $H$ mit $K$ isomorph, so auch $G$ mit $K$. In der Sprache der Äquivalenzrelationen des nächsten Abschnitts ist Isomorphie eine Äquivalenzrelation auf der Menge der Gruppen.

Sei $G$ eine Gruppe. Eine nichtleere Teilmenge $H$ von $G$ heißt Untergruppe von $G$, Notation $H < G$, wenn aus $a, b \in H$ folgt, dass $a^{-1} \in H$ und $a \cdot b \in H$.

Dann ist automatisch $H$ eine Gruppe. Aus $a \in H$ folgt $a^{-1} \in H$ und $a \cdot a^{-1} = e \in H$. Das Assoziativgesetz gilt in $H$ automatisch, weil es schon in $G$ gültig ist.

**Satz 8.3** Es sei $A \subset G$ eine Menge. Dann gibt es eine Untergruppe $\langle A \rangle$ mit der Eigenschaft: Aus $A \subset H < G$ folgt, dass $\langle A \rangle \subset H$.

Man nennt $\langle A \rangle$ die von $A$ *erzeugte Untergruppe* von $G$.

Für $A = \emptyset$, nehme $\langle A \rangle = \{e\}$. Sind $a_1, \dots, a_k \in A$, so muss die kleinste Untergruppe von $G$, welche $A$ enthält, auch das Element $a_1 \cdot \ldots \cdot a_k$ enthalten und ebenfalls das Element $a_i^{-1}$. Nun ist $H = \{a_1 \cdot \ldots \cdot a_k : a_i \in A \text{ oder } a_i^{-1} \in A\}$ eine Untergruppe von $G$ (einfache Aufgabe), also existiert die kleinste Untergruppe, welche $A$ enthält. ■

# Aufgaben

Lösung

**Aufgabe 8.7**

1. Beweisen Sie Satz 8.2.
2. Sei $\varphi\colon G \to H$ ein Homomorphismus. Zeigen Sie, dass $\varphi$ injektiv ist genau dann, wenn $\operatorname{Ker}(\varphi) = \varphi^{-1}(e) = \{e\}$ ist.
3. Sei $H < G$. Zeigen Sie, dass die *konjugierte Untergruppe* $a^{-1}Ha = \{a^{-1}ha\colon h \in H\}$ ebenfalls eine Untergruppe von $H$ ist.

**Aufgabe 8.8** Zeigen Sie für die jeweils angegebene Gruppe $G$ und Teilmenge $H \subset G$, dass $H$ eine Untergruppe von $G$ ist.

1. $G$ die Gruppe aller bijektiven Abbildungen von $\mathbb{R}^2$ auf sich selbst, $H$ die Menge aller invertierbaren linearen Abbildungen.
2. $G = \mathrm{GL}(2,\mathbb{R})$ und $H = O(2)$ die Menge der orthogonalen Matrizen.
3. $G = O(2)$ und $H = SO(2)$ die orthogonalen Matrizen mit Determinante gleich eins (also die Drehungen mit Zentrum $(0,0)$ in $\mathbb{R}^2$).
4. Sei $n \in \mathbb{N}$, $G = \mathbb{Z}$ und $H = n\mathbb{Z} = \{kn\colon k \in \mathbb{Z}\}$.
5. $G = S_n$, $H = A_n = \{\sigma \in S_n\colon \operatorname{sgn}(\sigma) = 1\}$.
6. Sei $G = S(\mathbb{R}^n)$ und $H = \{A\colon \mathbb{R}^n \to \mathbb{R}^n\colon \|A(v) - A(w)\| = \|v - w\|\}$ die Menge der Bewegungen von $\mathbb{R}^n$.
7. Sei $G$ die Gruppe der Bewegungen von $\mathbb{R}^n$ und $A \subset \mathbb{R}^n$. Sei $H$ die Symmetriegruppe von $A$, d. h. $H = \{g \in G\colon g(A) = A\}$.

**Aufgabe 8.9**

1. Betrachten Sie die Gruppe $\mathbb{C}^*$, sei $n \in \mathbb{N}$ und $C_n = \{e^{k\cdot 2\pi i/n}\colon k = 0,\ldots,n-1\}$. Zeigen Sie, dass $C_n$ eine Untergruppe von $\mathbb{C}^*$ ist, welche isomorph zu $\mathbb{Z}/n\mathbb{Z}$ ist.
2. Sei $n \in \mathbb{N}$ und

$$\sigma = \begin{pmatrix} \cos(2\pi/n) & -\sin(2\pi/n) \\ \sin(2\pi/n) & \cos(2\pi/n) \end{pmatrix} \text{ und } \tau = \begin{pmatrix} 1 & 0 \\ 0 & -1 \end{pmatrix}.$$

Zeigen Sie, dass die von $\sigma$ und $\tau$ erzeugte Untergruppe $D_n$ von $\mathrm{GL}(2,\mathbb{R})$ eine Gruppe mit $2n$ Elementen ist. Man nennt $D_n$ die *Diedergruppe*. Warum ist sie die Symmetriegruppe des regelmäßigen $n$-Ecks in $\mathbb{R}^2$?

**Aufgabe 8.10** Zeigen Sie:

1. Ist $G$ eine Gruppe mit zwei Elementen, so ist $G$ isomorph zu $\mathbb{Z}/2\mathbb{Z}$.
2. Ist $G$ eine Gruppe mit drei Elementen, so ist $G$ isomorph zu $\mathbb{Z}/3\mathbb{Z}$.
3. Eine Gruppe mit vier Elementen ist entweder isomorph zu $\mathbb{Z}/4\mathbb{Z}$ oder isomorph zu $\mathbb{Z}/2\mathbb{Z} \times \mathbb{Z}/2\mathbb{Z}$.
4. Die Diedergruppe $D_3$ und die Gruppe $\mathrm{GL}(2,\mathbb{F}_2)$ sind isomorph.
5. Die Gruppe $D_4$ ist nicht isomorph zu der Gruppe $Q_8$ von Aufgabe 8.5.

## 8.3 Zerlegungen und Äquivalenzrelationen

Sei $X$ eine nichtleere Menge. Eine Zerlegung von $X$ ist eine Menge $\{A_i : i \in I\}$ von Teilmengen von $X$ mit

1. $X = \bigcup_{i \in I} A_i,\ A_i \neq \emptyset$
2. $A_i \cap A_j = \emptyset$ für $i \neq j$.

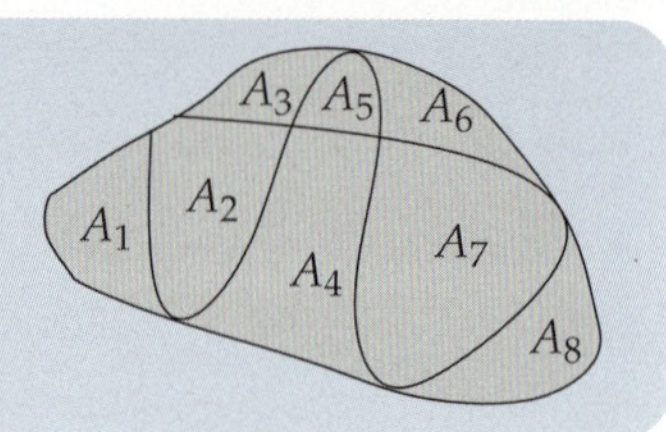


Sei $\{A_i : i \in I\}$ eine Zerlegung von $X$ und $x, y \in X$. Wir schreiben $x \sim y$ genau dann, wenn $x$ und $y$ in der gleichen Menge $A_i$ sind. Daraus ergeben sich folgende Eigenschaften:

1. Reflexivität: $x \sim x$ für alle $x \in X$.
2. Symmetrie: Aus $x \sim y$ folgt $y \sim x$.
3. Transitivität: Aus $x \sim y$ und $y \sim z$ folgt $x \sim z$.

1. Sei $X$ eine Menge. Eine Relation $R$ auf $X$ ist eine Teilmenge $R \subset X \times X$. Wir schreiben $xRy$, wenn $(x, y) \in R$.
2. Eine Relation $\sim$ auf $X$ heißt Äquivalenzrelation, wenn sie reflexiv, symmetrisch und transitiv ist.
3. Für $x \in X$ heißt die Menge $[x] = \{y \in X : y \sim x\}$ die Äquivalenzklasse von $x$. Das Element $x$ heißt ein Vertreter von $[x]$.
4. Die Menge der Äquivalenzklassen einer Äquivalenzrelation $\sim$ auf $X$ bezeichnen wir mit $X/\sim$.

**Satz 8.4** Sei $\sim$ eine Äquivalenzrelation auf $X$. Dann bildet die Menge der verschiedenen Äquivalenzklassen eine Zerlegung von $X$.

Seien $[x]$ und $[y]$ zwei Äquivalenzklassen. Zu zeigen ist, dass $[x] = [y]$ oder $[x] \cap [y] = \emptyset$. Sei $z \in [x] \cap [y]$. Zu zeigen ist, dass $[x] = [y]$. Sei $w \in [x]$. Dann gilt $w \sim x, x \sim z, z \sim y$. Aus der Transitivität folgt, dass $w \sim y$, also $w \in [y]$. Es folgt $[x] \subset [y]$ und analog $[y] \subset [x]$. ■

**Beispiel** Ein wichtiges Beispiel kennen wir aus der 6. Klasse. Sei $X = \mathbb{N} \times \mathbb{N}$. Wir definieren $(a, b) \sim (c, d)$ genau dann, wenn $ad = bc$. Man prüft nach, dass diese Relation eine Äquivalenzrelation ist. Die Äquivalenzklasse von $(a, b)$ bezeichnen wir in diesem Fall mit $\frac{a}{b}$. Es gilt also $\frac{a}{b} = \frac{c}{d}$ genau dann, wenn $ad = bc$. Die Äquivalenzklassen können also als die positiven rationalen Zahlen interpretiert werden.

## Aufgaben

Lösung

**Aufgabe 8.11** Welche der nachfolgenden Relationen auf $X$ ist eine Äquivalenzrelation? Versuchen Sie im Fall einer Äquivalenzrelation die Äquivalenzklassen zu beschreiben und geben Sie für jede Äquivalenzklasse einen Vertreter an.

1. Auf $X = \mathbb{Z}$ die Relation $a \sim b$ genau dann, wenn $a + b$ gerade ist.
2. Auf $X = \mathbb{N}$ die Relation $a \sim b$ genau dann, wenn $a$ ein Teiler ist von $b$.
3. Auf $X = \mathbb{N} \times \mathbb{N}$ die Relation $(a, b) \sim (c, d)$ genau dann, wenn $a + d = b + c$.
4. Auf $X = \mathbb{R}$ die Relation $x \sim y$ genau dann, wenn $x - y \in \mathbb{Q}$.
5. Auf $X = \mathbb{Z}$ die Relation $x \sim y$ genau dann, wenn $x \geq y$.
6. Für einen Vektorraum $X = V$ und einen Unterraum $U$ von $V$ setzen wir $x \sim y$ genau dann, wenn $x - y \in U$.
7. Für einen Vektorraum $X = V$ und einen Unterraum $U$ von $V$ setzen wir $x \sim y$ genau dann, wenn $x + y \in U$.
8. $X = \mathbb{C}$ und $z \sim w$ genau dann, wenn $zw = 1$.
9. $X = \mathbb{R}^2$ und $(x, y) \sim (a, b)$ genau dann, wenn $x^2 + y^2 = a^2 + b^2$.
10. Sei $f : X \to A$ eine Abbildung. Auf $X$ die Relation $x \sim y$ genau dann, wenn $f(x) = f(y)$.
11. $X$ ist die Menge aller $K$-Vektorräume und $V \sim W$ genau dann, wenn es einen Isomorphismus $\varphi : V \to W$ gibt.
12. $X$ ist die Menge aller Gruppen und $G \sim H$ genau dann, wenn $G$ und $H$ isomorph sind.

**Aufgabe 8.12** Was ist falsch an der nachfolgenden Argumentation, welche zeigen würde, dass die Reflexivität aus der Symmetrie und der Transitivität folgt?

Wegen der Symmetrie folgt aus $x \sim y$, dass $y \sim x$, und mit der Transitivität folgt $x \sim x$.

**Aufgabe 8.13** Eine Relation $\leq$ auf $X$ heißt partielle Ordnung, wenn gilt:

1. $x \leq x$ für alle $x \in X$.
2. Aus $x \leq y$ und $y \leq x$ folgt $x = y$.
3. Aus $x \leq y$ und $y \leq z$ folgt $x \leq z$.

Eine partielle Ordnung nennt man total, wenn für alle $x, y$ entweder $x \leq y$ oder $y \leq x$. Zeigen Sie, dass die nachfolgenden Relationen partielle Ordnungen sind. Welche sind total?

1. $X = \mathbb{N} \times \mathbb{N}$, $(a, b) \leq (c, d)$ genau dann, wenn $a < b$ oder $a = b$ und $c \leq d$.
2. Sei $Y$ eine Menge und $X$ die Menge aller Teilmengen von $X$, $A \leq B$ genau dann, wenn $A \subset B$.

## 8.4 Der Satz von Lagrange

Sei $G$ eine Gruppe, $H$ eine Untergruppe von $G$ und $a \in G$.

**1.** Eine Menge $aH = \{ah\colon h \in H\}$ heißt eine Linksnebenklasse von $H$. Die Menge aller Linksnebenklassen von $H$ bezeichnen wir mit $G/H$.

**2.** Die Ordnung von $\langle a \rangle = \{a^n : n \in \mathbb{Z}\}$ heißt die Ordnung von $a$, Notation $o(a)$.

Ist $a^k = e$ für ein $k \in \mathbb{N}$, so ist $o(a)$ endlich, sonst ist $o(a)$ unendlich. Ist $a^k = e$, so ist $\langle a \rangle = \{e, a, a^2, \ldots, a^{k-1}\}$ (siehe Aufgabe 8.15).

**Satz 8.5 (Satz von Lagrange)** Sei $G$ eine endliche Gruppe.

**1.** Ist $H < G$, so gilt $\#(G/H) \cdot \#H = \#G$, insbesondere ist $\#H \mid \#G$.

**2.** Für $a \in G$ ist $o(a)$ ein Teiler von $\#G$.

Die zweite Aussage folgt aus der ersten. Zwei Linksnebenklassen $aH$ und $bH$ sind entweder disjunkt oder gleich: Ist $c = ah_1 = bh_2 \in aH \cap bH$ und $h \in H$, so gilt $ah = ah_1 h_1^{-1} h = bh_2 h_1^{-1} h \in bH$, weil $h_2 h_1^{-1} h \in H$. Es folgt $aH \subset bH$ und analog $bH \subset aH$. Also bildet $G/H$ eine Zerlegung von $G$. Außerdem gilt $\#H = \#aH$: Die Abbildung $\varphi\colon H \to aH$ mit $\varphi(h) = ah$ ist eine Bijektion. Es folgt $\#(G/H) \cdot \#H = \#G$. Die zweite Aussage folgt aus der ersten, denn $\langle a \rangle$ ist eine Untergruppe von $G$ der Ordnung $o(a)$. ■

**Satz 8.6** Sei $G$ eine Gruppe mit sechs Elementen. Dann ist $G$ entweder isomorph zu $\mathbb{Z}/6\mathbb{Z}$ oder isomorph zur Diedergruppe $D_3$.

Sei $a \in G$. Aus $o(a) = 6$ folgt, dass $G = \langle a \rangle$ zyklisch ist. Sonst ist $o(a) = 1, 2$ oder 3.

*Fall 1.* Alle Elemente ungleich $e$ haben die Ordnung 2. Sei $b \neq a$ und $b \neq e$. Dann hat $ab$ auch die Ordnung 2 und $(ab) = (ab)^{-1} = b^{-1}a^{-1} = ba$. Es folgt, dass $\{e, a, b, ab\}$ eine Untergruppe von $G$ ist, Widerspruch zum Satz von Lagrange!

*Fall 2.* Alle Elemente ungleich $e$ von $G$ haben die Ordnung 3. Betrachte die Bijektion $a \leftrightarrow a^{-1}$. Es gilt $a = a^{-1}$ genau dann, wenn $a = e$. Also hat $G$ eine ungerade Anzahl von Elementen, Widerspruch!

*Fall 3.* Sei $a$ ein Element der Ordnung 2 und $b$ ein Element der Ordnung 3. Dann ist $H = \{e, b, b^2\}$ eine Untergruppe von $G$ und $G = H \cup aH$. Also $G = \{e, b, b^2, a, ab, ab^2\}$. Betrachte $ba$. Dann ist $ba \neq e$, weil $a \neq b^2$, $ba \neq b$, weil $a \neq e$, $ba \neq b^2$, weil $a \neq b$, und $ba \neq a$, weil $b \neq e$. Es bleiben die Fälle $ba = ab$ und $ba = ab^2$ übrig. Gilt $ba = ab$, so rechnet man nach, dass $o(ab) = 6$, und die Gruppe $G$ ist zyklisch. Sonst gilt $ba = ab^2$ und die Abbildung $\varphi\colon G \to D_3$ mit $\varphi(a) = \tau$ und $\varphi(b) = \sigma$ ist ein Isomorphismus. ■

## Aufgaben

Lösung

**Aufgabe 8.14** Berechnen Sie für $G = D_5$ und $H = \{e, \tau\}$ die Linksnebenklassen von $H$.

**Aufgabe 8.15**

1. Es sei $k = o(g)$. Zeigen Sie $g^j \neq g^s$ für $0 \leq j < s \leq k - 1$.
2. Es sei $p$ eine Primzahl und $G$ eine Gruppe mit $p$ Elementen. Zeigen Sie, dass $G$ zyklisch ist.

**Aufgabe 8.16** Zeigen Sie: Haben alle Elemente einer Gruppe $G$ die Ordnung 2 oder 1, so ist $G$ abelsch.

**Aufgabe 8.17** Sei $G$ eine endliche abelsche Gruppe, $H$ und $N$ Untergruppen von $G$ mit $N \cap H = \{e\}$ und $\#G = \#H \cdot \#N$. Zeigen Sie, dass die Abbildung $\varphi\colon N \times H \to G$ mit $\varphi(n,h) = n \cdot h$ ein Isomorphismus ist. (Für die Definition von $N \times H$ siehe Aufgabe 8.4.)

**Aufgabe 8.18** In dieser Aufgabe zeigen wir, dass eine Gruppe mit acht Elementen isomorph zu einer der Gruppen $\mathbb{Z}/8\mathbb{Z}$, $\mathbb{Z}/4\mathbb{Z} \times \mathbb{Z}/2\mathbb{Z}$, $\mathbb{Z}/2\mathbb{Z} \times \mathbb{Z}/2\mathbb{Z} \times \mathbb{Z}/2\mathbb{Z}$, $D_4$ (Aufgabe 8.9) oder $Q_8$ (Aufgabe 8.5) ist.

1. Warum sind keine zwei dieser Gruppen zueinander isomorph?
2. Angenommen, alle Elemente $a \in G$ mit $a \neq e$ haben die Ordnung 2. Warum ist $G$ isomorph zu $\mathbb{Z}/2\mathbb{Z} \times \mathbb{Z}/2\mathbb{Z} \times \mathbb{Z}/2\mathbb{Z}$? Tipp: Aufgaben 8.16 und 8.17
3. Es sei $a \in G$ mit $o(a) = 4$ und $H = \{e, a, a^2, a^3\}$ und $b \notin H$. Zeigen Sie:
   a. Ist $b^2 = a$ oder $b^2 = a^3$, so ist $o(b) = 8$ und $G$ ist isomorph zu $\mathbb{Z}/8\mathbb{Z}$.
   b. Ist $G$ abelsch, $b^2 = e$ oder $b^2 = a^2$, so ist $G$ isomorph zu $\mathbb{Z}/4\mathbb{Z} \times \mathbb{Z}/2\mathbb{Z}$.
   c. Sei $b^2 = e$ und $G$ nicht abelsch. Zeigen Sie, dass $ab = ba^{-1}$. Fertigen Sie die Multiplikationstabelle von $G$ an und zeigen Sie, dass $G$ isomorph zu $D_4$ ist.
   d. Sei $b^2 = a^2$ und $G$ nicht abelsch. Zeigen Sie, dass $ab = ba^{-1}$ und dass $G$ isomorph zu $Q_8$ ist.
4. Zeigen Sie, dass $G$ isomorph zu einer der fünf oben genannten Gruppen ist.

**Aufgabe 8.19** Sei $G$ eine Gruppe und $H$ eine Untergruppe von $G$. Eine Rechtsnebenklasse ist eine Menge der Form $Ha = \{ha\colon h \in H\}$ für ein $a \in G$. Zeigen Sie, dass für die Gruppe $D_4$, $H = \{e, \tau\}$ und $a = \sigma$ gilt: $aH \neq Ha$.

**Aufgabe 8.20**

1. Sei $G$ eine Gruppe und $a \in G$. Zeigen Sie, dass $a^{\#G} = e$.
2. Sei $a \in \mathbb{F}_p^*$. Zeigen Sie, dass $a^{p-1} = 1$ (kleiner Satz von Fermat).

**Aufgabe 8.21** Sei $G$ eine Gruppe der Ordnung $2n$.

1. Zeigen Sie, dass $G$ ein Element der Ordnung 2 hat.
2. Ist $n$ ungerade und ist $G$ abelsch, so gibt es nur ein Element der Ordnung 2 in $G$. Ist diese Aussage auch wahr, wenn $G$ nicht abelsch ist?

## 8.5 Normalteiler, Homomorphiesatz

Eine Untergruppe $N$ einer Gruppe $G$ heißt Normalteiler oder normale Untergruppe, Notation $N \lhd G$, wenn für alle $a \in G$ gilt $a^{-1}Na \subset N$. (Es folgt $a^{-1}Na = N$.)

**Satz 8.7** **1.** Sei $G$ eine Gruppe und $N \lhd G$. Dann ist die Quotientengruppe $G/N$ („$G$ modulo $N$") mit $(aN) \cdot (bN) := (ab)N$ eine Gruppe.

**2.** **(Homomorphiesatz)** Sei $\varphi\colon G \to H$ ein Homomorphismus. Dann ist $\mathrm{Im}(\varphi)$ eine Untergruppe von $H$ und $\mathrm{Ker}(\varphi)$ ein Normalteiler von $G$. Die Abbildung $\overline{\varphi}\colon G/\,\mathrm{Ker}(\varphi) \to \mathrm{Im}(\varphi)$, $a \cdot \mathrm{Ker}(\varphi) \mapsto \varphi(a)$ ist ein Isomorphismus.

**3.** Ist $N \lhd G$ und $H < G$, dann ist $HN := \{hn\colon h \in H \text{ und } n \in N\}$ eine Gruppe. Es gilt $N \cap H \lhd H$ und $H/N \cap H \cong HN/N$.

**1.** Notwendig ist, dass die Multiplikation wohldefiniert ist: Ist z. B. $a'N = aN$, so ist $(a'b)N = (ab)N$. Zu zeigen ist, dass $a'b \in (ab)N$: Ist $a' = ah$ mit $h \in N$, so folgt $a'b = ahb = ab(b^{-1}hb) \in abN$, weil $b^{-1}hb \in N$. Der Fall $b' = bh$ ist einfacher. Die Gruppengesetze prüft man leicht.

**2.** Weil $(\varphi(a))^{-1} = \varphi(a^{-1})$ und $\varphi(ab) = \varphi(a) \cdot \varphi(b)$, ist $\mathrm{Im}(\varphi)$ eine Untergruppe von $H$. Aus $\varphi(a) = \varphi(b) = e$ folgt $\varphi(a^{-1}) = (\varphi(a))^{-1} = e^{-1} = e$ und ebenfalls $e = \varphi(ab) = \varphi(a) \cdot \varphi(b)$. Deshalb ist $\mathrm{Ker}(\varphi)$ eine Untergruppe von $G$. Für $g \in G$ und $a \in \mathrm{Ker}(\varphi)$ gilt $\varphi(g^{-1}ag) = \varphi(g^{-1}) \cdot \varphi(a) \cdot \varphi(g) = \varphi(g^{-1}) \cdot \varphi(g) = e$. Also $g^{-1}ag \in \mathrm{Ker}(\varphi)$ und $\mathrm{Ker}(\varphi)$ ist ein Normalteiler von $G$. Die Abbildung $\overline{\varphi}$ ist wohldefiniert: Ist z. B. $b \cdot \mathrm{Ker}(\varphi) = a \cdot \mathrm{Ker}(\varphi)$, so ist $b = ah$ für ein $h \in \mathrm{Ker}(\varphi)$, also $\varphi(b) = \varphi(ah) = \varphi(a)\varphi(h) = \varphi(a)e = \varphi(a)$. Die Abbildung $\overline{\varphi}$ ist offenbar ein Homomorphismus und surjektiv. $\varphi$ ist auch injektiv: Ist $\varphi(a) = e$, so ist $a \in \mathrm{Ker}(\varphi)$ und $a\,\mathrm{Ker}(\varphi) = \mathrm{Ker}(\varphi)$. Also ist $\overline{\varphi}$ ein Isomorphismus.

**3.** Man rechnet nach, dass $H \cdot N$ eine Untergruppe von $G$ ist (Aufgabe 8.23). Offenbar gilt $N \lhd HN$. Die Abbildung $H \to HN/N$, $h \to hN$ ist ein surjektiver Homomorphismus. Es gilt $hN = N$ genau dann, wenn $h \in N \cap H$. Nun wende man den Homomorphiesatz an. ■

**Beispiele** **1.** Sei $\mathrm{GL}(n, K)$ die Gruppe der invertierbaren $n \times n$-Matrizen mit Koeffizienten in $K$. Die Abbildung $\det\colon \mathrm{GL}(n, K) \to K^*$ ist ein Homomorphismus (Satz 5.5). Der Kern, also alle $A \in \mathrm{GL}(n, K)$ mit $\det(A) = 1$, wird mit $\mathrm{SL}(n, K)$ bezeichnet. Aus dem Homomorphiesatz folgt $\mathrm{GL}(n, K)/\,\mathrm{SL}(n, K) \cong K^*$.

**2.** Betrachten Sie die Gruppe $(\mathbb{R}, +)$ und $\exp\colon \mathbb{R} \to \mathbb{C}^*$, die definiert ist durch $\exp(x) = e^{2\pi i x}$. Aus der Analysis ist bekannt, dass exp ein Homomorphismus ist, $\mathrm{Im}(\exp) = S^1$ und $\mathrm{Ker}(\exp) = \mathbb{Z}$. Also gilt $\mathbb{R}/\mathbb{Z} \cong S^1$.

**3.** $H = \{\mathrm{id}, \tau\}$ ist eine Untergruppe von $D_4$, jedoch kein Normalteiler. Es gilt $\sigma\tau\sigma^{-1} \neq \mathrm{id}$ und $\sigma\tau\sigma^{-1} \neq \tau$, weil $\sigma\tau \neq \tau\sigma$. Also $\sigma H \sigma^{-1} \not\subset H$.

# Aufgaben

Lösung

**Aufgabe 8.22**

1. Schreiben Sie alle Untergruppen von $D_3$ auf. Bestimmen Sie die Normalteiler von $D_3$.
2. Bestimmen Sie einen Normalteiler $N$ von $D_4$, sodass $D_4/N \cong \mathbb{Z}/2\mathbb{Z} \times \mathbb{Z}/2\mathbb{Z}$.

**Aufgabe 8.23**

1. Sei $H < G$. Zeigen Sie, dass $H \lhd G$ genau dann, wenn $aH = Ha$ für alle $a \in G$.
2. Sei $G$ abelsch und $H < G$. Zeigen Sie: $H \lhd G$.
3. Sei $\#G/H = 2$. Zeigen Sie, dass $H \lhd G$ und $G/H \cong \mathbb{Z}/2\mathbb{Z}$.
4. Sei $N \lhd G$ und $H < G$. Zeigen Sie, dass $HN = \{hn\colon h \in H, n \in N\} < G$.
5. Zeigen Sie: Ist $H \lhd N \lhd G$ mit $H \lhd G$, dann ist $N/H \lhd G/H$ und $(G/H)/(N/H) \cong G/N$.

**Aufgabe 8.24** Sei $G$ eine Gruppe. Die Kommutatoruntergruppe $[G,G]$ ist die kleinste Untergruppe von $G$, welche alle Kommutatoren $[a,b] := aba^{-1}b^{-1}$ enthält. Zeigen Sie:

1. $[G,G] \lhd G$ und die Gruppe $G/[G,G]$ ist abelsch.
2. Ist $N \lhd G$ und ist $G/N$ abelsch, so ist $[G,G] < N$.

**Aufgabe 8.25** Sei $G$ eine Gruppe und $H$ eine Untergruppe. Dann heißt $N(H) = N_G(H) = \{g \in G\colon g^{-1}Hg = H\}$ der Normalisator von $H$ in $G$.

1. Zeigen Sie, dass $N_G(H) < G$.
2. Zeigen Sie: Ist $H \lhd N_G(H)$ und $U$ eine Untergruppe von $G$ mit $H \lhd U$, so gilt $U < N_G(H)$. (Der Normalisator ist „die größte Untergruppe" von $G$, für die $H$ ein Normalteiler ist.)

**Aufgabe 8.26** Sei $G$ eine Gruppe. Eine Abbildung $\varphi\colon G \to G$ heißt ein Automorphismus von $G$, wenn $\varphi$ ein Isomorphismus ist. Die Menge der Automorphismen von $G$ bezeichnen wir mit $\mathrm{Aut}(G)$.

1. Zeigen Sie, dass $\mathrm{Aut}(G)$ eine Untergruppe von $S(G)$ ist.
2. Sei $g \in G$. Zeigen Sie, dass $\varphi_g\colon G \to G$ mit $\varphi_g(x) = gxg^{-1}$ ein Automorphismus von $G$ ist. Ein $\varphi_g$ wird innerer Automorphismus von $G$ genannt. Die Menge der inneren Automorphismen von $G$ bezeichnen wir mit $\mathrm{Inn}(G)$. Zeigen Sie, dass $\mathrm{Inn}(G) < \mathrm{Aut}(G)$.
3. Zeigen Sie, dass $f\colon G \to \mathrm{Inn}(G)$, $g \mapsto \varphi_g$ ein Homomorphismus ist.
4. Zeigen Sie, dass gilt $\mathrm{Ker}(f) = Z(G) = \{g \in G : xg = gx \text{ für alle } x \in G\}$, das sogenannte Zentrum von $G$. Folgern Sie: $Z(G) \lhd G$ und $G/Z(G) \cong \mathrm{Inn}(G)$.

**Aufgabe 8.27**

1. Sei $G$ die Menge der invertierbaren oberen Dreiecksmatrizen. Zeigen Sie, dass $G < \mathrm{GL}(2,\mathbb{R})$.
2. Sei $N = \left\{\begin{pmatrix} 1 & a \\ 0 & 1 \end{pmatrix} : a \in \mathbb{R}\right\}$. Zeigen Sie, dass $N \lhd G$.
3. Zeigen Sie, dass $G/N$ abelsch ist.

## 8.6 Die symmetrische Gruppe

Die symmetrische Gruppe $S_n$ haben wir schon in Kapitel 5 studiert. Wir haben dort einen injektiven Homomorphismus $S_n \to \mathrm{GL}(n,\mathbb{R})$, $\sigma \mapsto P_\sigma$ angegeben und die Abbildung sgn: $S_n \to \{1,-1\}$, gegeben durch $\mathrm{sgn}(\sigma) = \det(P_\sigma)$, ist ein Homomorphismus. Den Kern von $\sigma$ bezeichnen wir mit $A_n$, die alternierende Gruppe. Es gilt deshalb $A_n \lhd S_n$ und $S_n/A_n \cong \mathbb{Z}/2\mathbb{Z}$.

Seien $a_1,\dots,a_k$ verschiedene Elemente von $\{1,\dots,n\}$.

**1.** Mit dem $k$-Zykel $(a_1\ a_2\ \cdots\ a_k)$ bezeichnen wir das Element von $S_n$, gegeben durch $a_i \mapsto a_{i+1}, i \neq k$, $a_k \mapsto a_1$ und $m \mapsto m$ sonst.

**2.** $(a_1\ a_2\ \cdots\ a_k)$ und $(b_1\ b_2\ \cdots\ b_\ell)$ heißen disjunkt, wenn $a_i \neq b_j$ für alle $i,j$.

**Satz 8.8**

**1.** Zwei disjunkte Zykel $\sigma,\tau$ kommutieren: $\sigma\tau = \tau\sigma$.

**2.** Jedes Element von $S_n$ kann, bis auf Reihenordnung und 1-Zykel, eindeutig als Produkt disjunkter Zykeln geschrieben werden.

**3.** Ein $k$-Zykel ist in $A_n$ genau dann, wenn $k$ ungerade ist.

**4.** Für $\sigma \in S_n$ gilt $\sigma(a_1\ a_2\ \cdots\ a_k)\sigma^{-1} = (\sigma(a_1)\ \sigma(a_2)\ \cdots\ \sigma(a_k))$.

**5.** Die Ordnung eines $k$-Zykels ist $k$. Ist $\sigma = \sigma_1 \cdot \ldots \cdot \sigma_t$, wobei $\sigma_i$ disjunkte $k_i$-Zykel sind, so ist die Ordnung von $\sigma$ gleich $\mathrm{kgV}(k_1 \cdot \ldots \cdot k_t)$.

**1.** Klar.

**2.** Sei $k = k_1$ minimal mit $\sigma^k(\ell) = \sigma^\ell(1)$ für $0 \leq \ell < k$. Dann ist $\sigma^{k-\ell}(1) = 1$ und $\ell = 0$ folgt. Also sind $1, \sigma(1), \dots, \sigma^{k-1}(1)$ verschieden. Nun sei $2 \leq j \leq n$ das kleinste Element mit $j \neq \sigma^s(1)$ für alle $s$. Dann ist $\sigma^t(j) \neq \sigma^s(1)$ für alle $s,t$, sonst wäre $\sigma$ nicht injektiv. Sei $k_2$ minimal mit $\sigma^{k_2}(j) = j$ usw. Dann ist

$$\sigma = (1\ \sigma(1)\ \cdots\ \sigma^{k-1}(1)) \cdot (j\ \sigma(j)\ \cdots\ \sigma^{k_2-1}(j)) \cdot \ldots$$

**3.** Folgt aus $(a_1\ a_2\ \cdots\ a_k) = (a_k\ a_1)(a_{k-1}\ a_1) \cdot \ldots \cdot (a_2\ a_1)$.

**4.** Einfach: Berechnen Sie das Bild von $\sigma(a_i)$ und auch von $m \neq \sigma(a_i)$.

**5.** Ist $\sigma = (a_1\ a_2\ \cdots\ a_k)$, so ist $\sigma\colon a_i \mapsto a_{i+1 \bmod k}$. Dann gilt $\sigma^j\colon a_i \mapsto a_{i+j \bmod k}$. Also $\sigma^k = \mathrm{id}$ und $\sigma^j \neq \mathrm{Id}$ für $1 \leq j \leq k-1$. Die zweite Aussage beweist man analog. ■

**Beispiel** Sei $\sigma = \begin{pmatrix} 1 & 2 & 3 & 4 & 5 & 6 & 7 & 8 & 9 \\ 5 & 1 & 7 & 4 & 2 & 9 & 8 & 6 & 3 \end{pmatrix}$.

Dann ist $\sigma = (1\,5\,2) \cdot (3\,7\,8\,6\,9) \cdot (4)$. Weil $(4) = \mathrm{id}$, können wir $(4)$ weglassen. Damit ist $\sigma$ das Produkt eines 3-Zykels und eines 5-Zykels, also $o(\sigma) = 15$.

## Aufgaben

Lösung

**Aufgabe 8.28** Schreiben Sie die nachfolgenden Permutationen als Produkt disjunkter Zykel und berechnen Sie die Ordnung.

1. $\begin{pmatrix} 1 & 2 & 3 & 4 & 5 & 6 & 7 & 8 & 9 & 10 \\ 10 & 3 & 5 & 7 & 2 & 8 & 9 & 4 & 1 & 6 \end{pmatrix}$
2. $\begin{pmatrix} 1 & 2 & 3 & 4 & 5 & 6 & 7 & 8 & 9 & 10 & 11 & 12 \\ 3 & 7 & 12 & 4 & 8 & 5 & 2 & 6 & 10 & 11 & 9 & 1 \end{pmatrix}$

**Aufgabe 8.29** Bestimmen Sie einen Normalteiler $N \lhd A_4$ mit $\#N = 4$.

**Aufgabe 8.30** Sei $G$ eine Gruppe, $g, h \in G$.

1. Es sei $gh = hg$. Zeigen Sie: $o(gh) \mid \mathrm{kgV}(o(g), o(h))$.
2. Zeigen Sie: $o(h) = o(g^{-1}hg)$.

**Aufgabe 8.31**

1. Zwei Elemente $a, b \in G$ heißen konjugiert, wenn $a = g^{-1}bg$ für ein $g \in G$. Zeigen Sie, dass Konjugiert-sein eine Äquivalenzrelation ist. Die Äquivalenzklassen nennen wir die Konjugationsklassen von $G$. Die Konjugationsklasse von $g$ bezeichnen wir mit $C(g)$.
2. Sei $N < G$. Zeigen Sie: $N \lhd G$ genau dann, wenn $N$ die Vereinigung von Konjugationsklassen ist.

**Aufgabe 8.32** Betrachten Sie $S_5$ und $g_1 = (1\,2\,3), g_2 = (1\,2\,3\,4\,5), g_3 = (1\,2) \cdot (3\,4)$. Zeigen Sie:

1. $g_1, g_2, g_3$ sind gerade, also $g_1, g_2, g_3 \in A_n$.
2. $\#C(g_1) = 20$, $\#C(g_2) = 24$ und $\#C(g_3) = 15$.
3. $A_5 = \{e\} \cup C(g_1) \cup C(g_2) \cup C(g_3)$.
4. Jetzt studieren wir die Konjugationsklassen in $A_5$. Diese können jetzt kleiner sein, weil in der Konjugation $gag^{-1}$ das Element $g$ in $A_5$ liegen muss und deshalb nicht mehr ungerade sein darf.
   1. Sei $A_4 = \{\sigma \in S_5 \colon \sigma \text{ gerade und } \sigma(5) = 5\}$. Zeigen Sie, dass $\#A_4 = 12$ und $\#\{\sigma(1\,2\,3\,4\,5)\sigma^{-1} \colon \sigma \in A_4\} = 12$.
   2. Zeigen Sie, dass $\#\{\sigma(2\,1\,3\,4\,5)\sigma^{-1} \colon \sigma \in A_4\} = 12$. Sei $g_4 = (2\,1\,3\,4\,5)$. Zeigen Sie, dass die Vereinigung der Konjugationsklassen von $g_2$ und $g_4$ genau 24 Elemente hat.
   3. Zeigen Sie, dass die Konjugationsklasse von $g_3$ in $A_5$ genau fünfzehn Elemente hat.
   4. Zeigen Sie, dass die Konjugationsklasse von $g_1$ genau zwanzig Elemente hat.
   5. Zeigen Sie: Ist $N \lhd A_5$, so ist $N = \{e\}$ oder $N = A_5$. Man sagt: Die Gruppe $A_5$ ist eine *einfache Gruppe*.

## 8.7 Präsentation einer Gruppe

Sei $A$ eine Menge und $A' := \{a^{-1} : a \in A\}$.

1. Ein Wort mit Buchstaben in $A \cup A'$ ist ein Ausdruck $a_1 \cdot \ldots \cdot a_k$ mit $a_i \in A \cup A'$. Das leere Wort bezeichnen wir auch als ein Wort.
2. Ein solches Wort heißt reduziert wenn keine Paare $aa^{-1}$ oder $a^{-1}a$ im Wort vorkommen. Die Menge der reduzierten Wörter bezeichnen wir mit $F(A)$.

Ist ein Wort gegeben, dann kann man ein solches Wort reduzieren. Kommt nämlich $aa^{-1}$ bzw. $a^{-1}a$ vor, dann kann man dies streichen und man wiederholt diese Prozedur, bis ein reduziertes Wort vorliegt.

**Satz 8.9** Jedes Wort lässt sich zu genau einem reduzierten Wort reduzieren.

Der Beweis erfolgt mit Induktion nach der Länge des Wortes. Es seien zwei Reduktionen des gleichen nicht reduzierten Wortes gegeben. Wir nehmen an, $a^{-1}a$ kommt im Wort vor, der Fall $aa^{-1}$ ist analog. Wird $a^{-1}a$ irgendwann in beiden Reduktionen gestrichen, so hat die Streichung von $a^{-1}a$ keinen Einfluss auf die restlichen Streichungen. Wir können dann sofort Induktion anwenden. Angenommen, in einer Reduktion wird $a^{-1}a$ nicht sofort gestrichen. Dann muss irgendwann $a^{-1}$ oder $a$ gestrichen werden, z. B. zunächst $a^{-1}$, der Fall $a$ ist analog. Das kann nur auftreten, wenn $aa^{-1}a$ im Reduktionsprozess vorkommt. Streichen von $aa^{-1}$ gibt das gleiche Ergebnis wie Streichen von $a^{-1}a$, also hätten wir dies genauso gut zuerst streichen können. Wir sind im ersten Fall. ■

1. Sei $A$ eine Menge. Sind $w, u \in F(A)$, so definieren wir $w \cdot u \in F(A)$ als die Reduktion des Wortes $wu$.
2. Sei $R \subset F(A)$ und $N_R := \bigcap_{N \lhd G:\, R \subset N} N$ der kleinste Normalteiler, welcher $R$ enthält. Wir definieren $\langle A : R \rangle := F(A)/N_R$.
3. $\langle A : R \rangle$ heißt Präsentation einer Gruppe $G$, wenn es einen Isomorphismus $\varphi : \langle A : R \rangle \to G$ gibt.

Die Gruppenaxiome für $F(A)$ lassen sich leicht prüfen. Um die Notation nicht unnötig kompliziert zu machen, schreiben wir einfach $w$ statt $wN_R$.

**Beispiel**

1. $\langle a : a^n \rangle$ ist eine Präsentation von $\mathbb{Z}/n\mathbb{Z}$.
2. $G = \langle a, b : a^n, b^2, abab \rangle$ ist eine Präsentation der Diedergruppe $D_n$. In dieser Gruppe gilt also $a^n = b^2 = e$ und $ab = ba^{-1}$. In solchen Fällen schreiben wir auch $G = \langle a, b : a^n = b^2 = e, ab = ba^{-1} \rangle$.

## Aufgaben

Lösung

**Aufgabe 8.33** Warum ist die Multiplikationstabelle die ultimative Präsentation?

**Aufgabe 8.34**

1. Zeigen Sie, dass für die freie Gruppe $F(A)$ die Gruppenaxiome erfüllt sind.
2. Sei $G$ eine Gruppe, $g_1, \ldots, g_n \in G$ und $A = \{a_1, \ldots, a_n\}$ eine $n$-elementige Menge. Zeigen Sie, dass es genau einen Homomorphismus $F(A) \to G$ mit $a_i \mapsto g_i$ gibt.

**Aufgabe 8.35**

1. Sei $T = \langle a, b \colon b^4 = a^3 = e,\ aba = b\rangle$. Zeigen Sie, dass $\#G \leq 12$.
2. Sei $\omega = e^{2\pi i/3} = -\frac{1}{2} + \frac{1}{2}\sqrt{3} \cdot i$. Zeigen Sie, dass $T$ isomorph zu der Untergruppe von $\mathrm{GL}(2, \mathbb{C})$, erzeugt durch die Matrizen
$$a = \begin{pmatrix} \omega & 0 \\ 0 & \omega \end{pmatrix} \quad \text{und} \quad b = \begin{pmatrix} 0 & i \\ i & 0 \end{pmatrix},$$
ist. Folgern Sie, dass $\#T = 12$. Zeigen Sie, dass $T$ nicht isomorph zu $A_4$ und $D_6$ ist.

**Aufgabe 8.36**

1. Sei $G = \langle a, b \colon a^3 = b^7 = e, ab = b^2 a\rangle$. Zeigen Sie, dass $\#G \leq 21$.
2. Zeigen Sie, dass $\#G = 21$. Betrachten Sie hierzu die Untergruppe von $\mathrm{GL}(2, \mathbb{F}_7)$, erzeugt von den Elementen
$$\begin{pmatrix} 4 & 0 \\ 0 & 2 \end{pmatrix} \quad \text{und} \quad \begin{pmatrix} 1 & 1 \\ 0 & 1 \end{pmatrix}.$$
Diese Gruppe ist nicht abelsch.

**Aufgabe 8.37** Sei $G$ die Gruppe mit Präsentation
$$G = \langle a, b, c \colon a^3 = b^7 = c^2 = e, \quad ab = b^2 a, \quad ac = ca^{-1}, \quad cb^{-1}c = bcb\rangle.$$
Sei $P = \langle b\rangle < G$ und $H = \langle a, b\rangle < P$. Zeigen Sie:

1. $cbc = b^{-1}cb^{-1}, \quad cb^2c = a^{-1}b^{-1}cb^{-1}a, \quad cb^3c = abcba^{-1}, \quad cb^4c = ab^{-1}cb^{-1}a^{-1},$
$cb^5c = a^{-1}bcba$
2. $G = H \cup PcH$ und $\#G \leq 168$. Tipp: Bewegen Sie alle $a$'s nach rechts.
3. Betrachte $\mathrm{SL}(2, \mathbb{F}_7) = \{A \in \mathrm{GL}(2, \mathbb{F}_7) \colon \det(A) = 1\}$. Zeigen Sie, dass
$$a = \begin{pmatrix} 4 & 0 \\ 0 & 2 \end{pmatrix}, \quad b = \begin{pmatrix} 1 & 1 \\ 0 & 1 \end{pmatrix}, \quad c = \begin{pmatrix} 0 & 1 \\ -1 & 0 \end{pmatrix} \quad \text{und} \quad d = \begin{pmatrix} -1 & 0 \\ 0 & -1 \end{pmatrix}$$
die Gruppe $\mathrm{SL}(2, \mathbb{F}_7)$ erzeugen. Tipp: Elementarmatrizen
4. Sei $\mathrm{PSL}(2, \mathbb{F}_7) = \mathrm{SL}(2, \mathbb{F}_7) / \langle d\rangle$. Zeigen Sie: $\#\,\mathrm{PSL}(2, \mathbb{F}_7) = 168$.
5. Zeigen Sie, dass $G$ isomorph zu $\mathrm{PSL}(2, \mathbb{F}_7)$ ist.
6. Zeigen Sie, dass $G$ isomorph zu $\mathrm{GL}(3, \mathbb{F}_2)$ ist.

**Aufgabe 8.38** Bestimmen Sie eine Präsentation der Gruppe $A_4$.

## 8.8 Direkte Produkte, endliche abelsche Gruppen

**Satz 8.10** Sei $G$ eine Gruppe, $N \lhd G$ und $H \lhd G$. Gilt $HN = \{hn \cdot h \in H, n \in N\} = G$ und $H \cap N = \{e\}$, so ist $\varphi\colon N \times H \to G$ mit $\varphi(n,h) = nh$ ein Isomorphismus.

Ist $n \in N$ und $h \in H$, so ist

$$nhn^{-1}h^{-1} = (nhn^{-1})h^{-1} \in H, \quad nhn^{-1}h^{-1} = n(hn^{-1}h^{-1}) \in N\,.$$

Also $nhn^{-1}h^{-1} = e$. Es folgt $nh = hn$, das heißt, die Elemente aus $N$ und $H$ kommutieren. Jetzt folgt leicht, dass $\varphi$ ein Homomorphismus ist. Bijektivität ist klar. ∎

**Satz 8.11** Sei $G$ eine endliche abelsche Gruppe. Dann gibt es eindeutig bestimmte Zahlen $n_1 \mid \cdots \mid n_s$, sodass $G \cong \mathbb{Z}/n_1\mathbb{Z} \times \cdots \times \mathbb{Z}/n_s\mathbb{Z}$.

Man nennt $(n_1, \ldots, n_s)$ die Invarianten der abelschen Gruppe $G$.

Wir schreiben die Gruppenwirkung additiv, also $+$ statt $\cdot$. Sei $s$ minimal mit $G = \langle x_1, \ldots, x_s \rangle$. Wir führen Induktion nach $s$ durch. Ist $s = 1$, so ist $G$ zyklisch. Sei $m > 1$ die kleinste Zahl, sodass es Erzeugende $x_1, \ldots, x_s$ und eine Gleichung $mx_1 + a_2x_2 + \cdots + a_sx_s = 0$ gibt. Wir schreiben $a_i = q_im + r_i$, $0 \le r_i < m$. Wir ersetzen jetzt $x_1$ durch $x_1' = x_1 + q_2x_2 + \cdots + q_sx_s$. Dann erzeugen auch $x_1', x_2, \ldots, x_s$ die Gruppe $G$. Es folgt $mx_1' + r_2x_2 + \cdots + r_sx_s = 0$. Aus der Minimalität von $m$ folgt, dass $r_i = 0$. Deshalb gilt $mx_1' = 0$. Mit $N = \langle x_1' \rangle$ und $H = \langle x_2, \ldots, x_s \rangle$ gilt $N \cap H = \{0\}$, sonst

$$ax_1' = a_2x_2 + \cdots + a_sx_s, \text{ also } ax_1' - a_2x_2 - \ldots - a_sx_s = 0$$

für ein $1 \le a \le m-1$, Widerspruch zur Wahl von $m$! Es folgt $G \cong N \times H$ und mit Induktion, dass es $n_2 \mid n_3 \mid \cdots \mid n_s$ gibt, sodass $H \cong \mathbb{Z}/n_2\mathbb{Z} \times \cdots \times \mathbb{Z}/n_s\mathbb{Z}$. Also gibt es einen Isomorphismus $\varphi\colon \mathbb{Z}/n_1\mathbb{Z} \times \cdots \times \mathbb{Z}/n_s\mathbb{Z} \to G$. Sei $e_1 = \varphi(1,0,\ldots,0)$, $e_2 = \varphi(0,1,0,\ldots,0)$ usw. Wäre $n_1 := m \nmid n_2$, so ist $d = \mathrm{ggT}(m, n_2) < m$. Dann ist $d = am + bn_2$ für gewisse $a$ und $b$. Es folgt $de_1 + n_2(e_2 - be_1) = (am + bn_2)e_1 + n_2e_2 - bn_2e_1 = 0$. Nun erzeugen $e_1, e_2 - be_1, e_3, \ldots, e_s$ auch die Gruppe $G$. Weil $d < m$, gibt es einen Widerspruch zur Wahl von $m$! Also $m \mid n_2$, und $n_1 \mid n_2$ folgt.

Eindeutigkeit: Es sei $n_1 \mid \cdots \mid n_s$ und $m_1 \mid m_2 \cdots \mid m_t$ mit $s \ge t$ und

$$\mathbb{Z}/n_1\mathbb{Z} \times \cdots \times \mathbb{Z}/n_s\mathbb{Z} \cong \mathbb{Z}/m_1\mathbb{Z} \times \cdots \times \mathbb{Z}/m_t\mathbb{Z}\,.$$

Die Anzahl der Lösungen der Gleichung $n_1x = 0$ ist gleich $n_1^s = \mathrm{ggT}(n_1, m_1) \cdot \ldots \cdot \mathrm{ggT}(n_1, m_t)$ (Aufgabe 8.39). Es folgt $s = t$ und $n_1 \mid m_1$. Auch gilt $m_1 \mid n_1$, also $n_1 = m_1$. Die Anzahl der Lösungen von $n_2x = 0$ ist gleich $n_1n_2^{s-1} = n_1\,\mathrm{ggT}(n_2, m_2) \cdot \ldots \cdot \mathrm{ggT}(n_2, m_s)$. Es folgt $n_2 \mid m_2$, analog $m_2 \mid n_2$, also $n_2 = m_2$ usw. ∎

## Aufgaben

Lösung

**Aufgabe 8.39** Zeigen Sie, dass die Anzahl der Lösungen von $kx = 0$ in der Gruppe $\mathbb{Z}/n_1\mathbb{Z} \times \cdots \times \mathbb{Z}/n_s\mathbb{Z}$ gleich $\mathrm{ggT}(k, n_1) \cdot \ldots \cdot \mathrm{ggT}(k, n_s)$ ist. Tipp: Aufgabe 8.1

**Aufgabe 8.40**

1. Zeigen Sie: Ist $\mathrm{ggT}(n, m) = 1$, so ist $\mathbb{Z}/n\mathbb{Z} \times \mathbb{Z}/m\mathbb{Z} \cong \mathbb{Z}/nm\mathbb{Z}$ (Tipp: chinesischer Restsatz).
2. Zu welcher Gruppe in der Liste ist $\mathbb{Z}/6\mathbb{Z} \times \mathbb{Z}/15\mathbb{Z}$ isomorph?
3. Zeigen Sie, dass eine abelsche Gruppe der Ordnung 30 zyklisch ist.
4. Zeigen Sie allgemeiner: Ist $n = p_1 \cdot \ldots \cdot p_s$, wobei die $p_i$ verschiedene Primzahlen sind, so ist eine abelsche Gruppe mit $n$ Elementen zyklisch.
5. Klassifizieren Sie, bis auf Isomorphie, die abelschen Gruppen mit 10, 20, 100, 360, 1000 Elementen.

**Aufgabe 8.41** Sei $G$ eine abelsche Gruppe mit $p^n$ Elementen und $G$ habe genau $p - 1$ Elemente der Ordnung $p$. Zeigen Sie, dass $G$ zyklisch ist.

**Aufgabe 8.42**

1. Sei $K$ ein Körper und $G < K^*$ eine endliche Gruppe. Zeigen Sie, dass $G$ zyklisch ist. Tipp: Zeigen Sie, dass $x^{n_s} - 1 = 0$ für jedes $x \in G$.
2. Welches sind die endlichen Untergruppen von $\mathbb{R}^*$?
3. Welches sind die endlichen Untergruppen von $\mathbb{C}^*$?
4. Bestimmen Sie Erzeugende von $\mathbb{F}_3^*, \mathbb{F}_5^*, \mathbb{F}_{17}^*, \mathbb{F}_{19}^*$.

**Aufgabe 8.43** Es seien $H, N$ Gruppen und $\varphi\colon H \to \mathrm{Aut}(N)$, $h \to \varphi_h$ sei ein Homomorphismus. Definiere auf $N \times H$ das Produkt: $(n, h) \cdot (m, k) := (n\varphi_h(m), hk)$.

1. Zeigen Sie, dass so eine Gruppenstruktur definiert wird.
2. Diese Gruppe notieren wir als $N \rtimes_\varphi H$ und nennen sie ein semidirektes Produkt von $N$ und $H$. Zeigen Sie, dass $N \times \{e\} \lhd N \rtimes_\varphi H$.

**Aufgabe 8.44** Sei $N \lhd G$ und $H < G$ mit $G = HN$ und $N \cap H = \{e\}$. Dann ist $N \times H \to G$ mit $(n, h) \mapsto nh$ im Allgemeinen kein Homomorphismus, wenn $H$ kein Normalteiler von $G$ ist. In dieser Aufgabe studieren wir diese Situation.

1. Zeigen Sie, dass $G/N \cong H$.
2. Sei $\mathrm{Aut}(N) = \{\varphi\colon N \to N\colon \varphi \text{ Isomorphismus}\}$. Sei $h \in H$. Zeigen Sie, dass $\varphi_h\colon N \to N$, $n \mapsto hnh^{-1}$ ein Element von $\mathrm{Aut}(N)$ ist.
3. Zeigen Sie, dass $\varphi\colon H \to \mathrm{Aut}(N)$, $h \to \varphi_h$ ein Homomorphismus ist.
4. Zeigen Sie, dass $\alpha : N \rtimes_\varphi H \to G$ mit $\alpha(n, h) = nh$ ein Isomorphismus ist.
5. Zeigen Sie, dass $D_4 \cong \mathbb{Z}/4\mathbb{Z} \rtimes_\varphi \mathbb{Z}/2\mathbb{Z}$ für ein geeignetes $\varphi$ gilt.

**Aufgabe 8.45** Sei $n$ ungerade. Zeigen Sie, dass $D_{2n} \cong D_n \times \mathbb{Z}/2\mathbb{Z}$.
Tipp: Präsentation

## 8.9 Gruppenwirkungen

Eine Wirkung einer Gruppe $G$ auf einer Menge $X$ ist eine Abbildung $G \times X \to X$ mit:

1. $e \cdot x = x$ für alle $x \in X$.
2. $a \cdot (b \cdot x) = (ab) \cdot x$ für alle $x \in X$ und $a, b \in G$.

Ist $x \in X$, so schreiben wir $G_x = \{g \in G\colon g \cdot x = x\}$ und $G \cdot x = \{g \cdot x\colon g \in G\}$. $G_x$ heißt die Standgruppe von $x$ und $G \cdot x$ die Bahn durch $x$.

Mit $\varphi\colon G \to S(X)$, gegeben durch $\varphi(g)(x) = g \cdot x$, ist $\varphi$ ein Homomorphismus. Umgekehrt definiert ein Homomorphismus $\varphi\colon G \to S(X)$ eine Wirkung von $G$ auf $X$.

**Satz 8.12 (Bahn-Standgruppe-Satz)** Die Gruppe $G$ wirkt auf $X$. Dann gilt:

1. Die Standgruppe $G_x$ eines Elementes $x$ ist eine Untergruppe von $G$.
2. Die verschiedenen Bahnen bilden eine Zerlegung von $X$.
3. $\#(G/G_x) = \#(G \cdot x)$

1. Nachrechnen.
2. Sei $a \cdot x = b \cdot y \in G \cdot x \cap G \cdot y$. Dann ist $y = b^{-1}ax \in G \cdot x$ und $c \cdot y = cba^{-1} \cdot x \in G \cdot x$ für alle $c \in G$. Also $G \cdot y \subset G \cdot x$ und genauso folgt $G \cdot x \subset G \cdot y$.
3. Sei $\varphi\colon G \to G \cdot x, a \mapsto a \cdot x$. Dann ist $\varphi$ surjektiv. Sei $y = b \cdot x \in G \cdot x$. Es gilt $\varphi(a) = y \iff a \cdot x = b \cdot x \iff b^{-1}a \in G_x \iff a \in bG_x$. Deshalb ist $G/G_x \to G \cdot x$, gegeben durch $aG_x \mapsto a \cdot x$, wohldefiniert und bijektiv. ∎

**Satz 8.13** 1. Ist $G$ eine $p$-Gruppe (eine Gruppe mit $p^n$ Elementen, $p$ eine Primzahl), so ist das Zentrum $Z(G)$ von $G$ (Aufgabe 8.26) nicht trivial: $Z(G) \neq \{e\}$.

2. Ist $G/Z(G)$ zyklisch, so ist $G$ abelsch.
3. Eine Gruppe der Ordnung $p^2$ ist abelsch für $p$ eine Primzahl.

1. Betrachte die Wirkung von $G$ auf $G$, gegeben durch $g \cdot h = ghg^{-1}$. Die Bahnen sind die sogenannten Konjugationsklassen von $G$. Aus Satz 8.12 folgt, dass die Anzahl der Elemente einer Bahn gleich $p^i$ für ein $i \leq n$ ist. Weil $\#G \cdot e = 1$ (da $g \cdot e = geg^{-1} = e$) und die Bahnen $G$ ausfüllen, gibt es noch weitere Bahnen $G \cdot h$ mit $\#G \cdot h = 1$. Dann ist $h \in Z(G)$, weil $ghg^{-1} = h$ für alle $g \in G$.
2. Sei $xZ(G)$ eine Erzeugende von $G/Z(G)$. Zwei Elemente von $G$ haben die Form $x^i g$ und $x^j h$ für $h, g \in Z(G)$. Dann gilt $(x^i g)(x^j h) = x^{i+j} gh = x^{i+j} hg = (x^j h)(x^i g)$.
3. Wäre $Z(G) \neq G$, so hätte $Z(G)$ die Ordnung $p$ und $G/Z(G)$ ebenfalls die Ordnung $p$, wäre also zyklisch. Deshalb ist $G$ abelsch. ∎

# Aufgaben

Lösung

**Aufgabe 8.46** Die orthogonale Gruppe $G = O(2)$ wirkt auf $\mathbb{R}^2$ vermöge $A \cdot x = A(x)$. Beschreiben Sie die Bahnen und die Standgruppen.

**Aufgabe 8.47**

1. Die Gruppe $G$ wirkt auf $G$ durch $g \cdot h = gh$. Zeigen Sie, dass die Abbildung $G \to S(G)$, $g \mapsto (h \mapsto hg)$ injektiv ist. Folgern Sie, dass jede endliche Gruppe isomorph zu einer Untergruppe von $S_n$ ist **(Satz von Cayley)**.
2. Die Gruppe $G$ wirkt auf $X$. Sei $x \in X$. Zeigen Sie, dass $G_x = G_y$ für alle $y \in G \cdot x$ genau dann, wenn $G_x \lhd G$.
3. Zeigen Sie allgemeiner, dass je zwei Standgruppen einer Bahn konjugiert sind: Ist $y \in G \cdot x$, so ist $gG_xg^{-1} = G_y$ für ein $g \in G$.

**Aufgabe 8.48** Die Gruppe $G$ wirkt auf $G$ durch Konjugation: $g \cdot x = gxg^{-1}$. Die Bahnen nennt man Konjugationsklassen von $G$.

1. Zeigen Sie, dass der Zentralisator $C(x) = \{g \in G\colon gx = xg\} = G_x$ eine Untergruppe von $G$ ist.
2. Zeigen Sie: $C(x) = G$ für ein Element $x \in G$ genau dann, wenn $Z(G) \neq \{e\}$.
3. Zeigen Sie: Gibt es eine Konjugationsklasse mit nur zwei Elementen, dann ist $G$ nicht einfach.
4. Sei $\#G \geq 3$. Zeigen Sie, dass $G$ mehr als zwei Konjugationsklassen hat.

**Aufgabe 8.49 (Satz von Cauchy)** Sei $G$ eine Gruppe und $p$ eine Primzahl, welche $\#G$ teilt. Zeigen Sie: Es gibt ein $x \in G$ der Ordnung $p$.

Tipp: Betrachten Sie die Menge $X = \{(x_1, \ldots, x_p)\colon x_i \in G \text{ und } x_1 \cdot \ldots \cdot x_p = e\}$. Auf $X$ wirkt die Gruppe $\mathbb{Z}/p\mathbb{Z}$ durch „Verschiebung". Wie viele Elemente hat $X$? Für welche $x \in X$ hat die Bahn genau ein Element?

**Aufgabe 8.50** Sei $G$ eine Gruppe, $H < G$ mit $\#G/H = m$. Betrachte die $G$-Wirkung auf $G/H$: $g \cdot (aH) := (ga)H$.

1. Zeigen Sie, dass diese Wirkung eine Abbildung $\varphi\colon G \to S(G/H) \cong S_m$ induziert.
2. Zeigen Sie: $\mathrm{Ker}(\varphi) = \bigcap_{a \in G} aHa^{-1} < H$.
3. Zeigen Sie: Ist $N \lhd G$ und $N < H$, dann gilt $N < \mathrm{Ker}(\varphi)$.

**Aufgabe 8.51** Sei $G$ eine Gruppe der Ordnung $2p$, wobei $p > 2$ eine Primzahl ist.

1. Sei $x$ ein Element der Ordnung $p$ und $P = \langle x \rangle$. Warum ist $P \lhd G$?
2. Sei $y$ ein Element der Ordnung 2? Warum ist $y \notin P$?
3. Zeigen Sie: $G = \{e, x, \ldots, x^{p-1}, y, yx, \ldots, yx^{p-1}\}$.
4. Zeigen Sie: $yxy = x^k$ für ein $k$? Ist $k \neq p-1$, dann hat $yx$ die Ordnung $2p$.
5. Zeigen Sie: Entweder $G$ ist zyklisch oder $G \cong D_p$.

## 8.10 Die Sylow-Sätze

Sei $G$ eine Gruppe mit $\#G = p^n \cdot k$, wobei $p$ eine Primzahl ist, die $k$ nicht teilt. Eine Untergruppe $P$ von $G$ heißt $p$-Sylowgruppe, wenn $\#P = p^n$. Die Menge der $p$-Sylowgruppen von $G$ bezeichnen wir mit $\mathrm{Syl}_p(G)$.

**Satz 8.14** Sei $G$ eine Gruppe, $\#G = p^n \cdot k$, $p \nmid k$, $p$ eine Primzahl

1. Die Anzahl $n_p$ der $p$-Sylowgruppen von $G$ ist gleich 1 modulo $p$.
2. Jede $p$-Untergruppe von $G$ ist in einer $p$-Sylowgruppe von $G$ enthalten.
3. Je zwei $p$-Sylowgruppen von $G$ sind konjugiert, insbesondere isomorph.
4. Der Normalisator $N_G(P) = \{g \in G\colon gPg^{-1} = P\}$ ist eine Untergruppe von $G$ vom Index $n_p$. Ist $n_p = 1$, so ist $P \lhd G$.
5. Es gilt $n_p \mid \#G/p^n$, also $n_p \mid k$.

**1.** $G$ operiert auf der Menge $\mathcal{A} := \{A \subset G\colon \#A = p^n\}$ durch $g \cdot A := \{g \cdot a\colon a \in A\}$. Es gilt $\#\mathcal{A} = k \bmod p$ (Aufgabe 8.52). Sei $G_A$ die Standgruppe einer $A \in \mathcal{A}$ und $a \in A$ beliebig. Dann definiert $g \mapsto g \cdot a$ eine injektive Abbildung $G_A \to A$. Also ist $\#G_A \leq p^n$.

Sei $B = G \cdot A$ eine Bahn. Wir zeigen: Entweder $p \mid \#B$ und $B$ enthält *keine* $p$–Sylowgruppe oder $\#B = k$ und $B$ enthält genau eine $p$-Sylowgruppe. Der erste Aussage folgt hieraus, denn die Bahnen zerlegen $\mathcal{A}$ und modulo $p$ gilt $k \cdot n_p = k$.

• Sei $G \cdot A$ eine Bahn mit $p \nmid \#G \cdot A$. Weil $\#(G \cdot A) \cdot \#G_A = \#G = p^n k$ folgt $p^n \mid \#G_A$. Weil $\#G_A \leq p^n$ folgt $\#G_A = p^n$: $G_A$ ist eine $p$–Sylowgruppe. Sei $a \in A$. Dann gilt $G_A \cdot a = A$ und $P := a^{-1} G_A \cdot a = a^{-1} A$ ist ein $p$-Sylowgruppe in der Bahn $G \cdot A$. Wäre $Q$ eine weitere $p$–Sylowgruppe in $G \cdot A$, so ist $Q = g \cdot P$ für ein $g \in G$ und $1 \in g \cdot P$ folgt. Somit $P = g \cdot P \cdot P = g \cdot P = Q$.

• Ist $P < G$ eine $p$-Sylowgruppe, so ist $P \in \mathcal{A}$, mit $P < G_P$. Wegen $\#G_P \leq p^n$ folgt $P = G_P$. Weil $\#(G \cdot P) \cdot \#G_P = \#G = p^n k$ folgt $\#G \cdot P = k$ (und $p \nmid \#G \cdot P$).

**2.** und **3.** Sei $Q$ eine $p$-Gruppe und $P$ eine $p$-Sylowgruppe. Wir betrachten die Menge $G/P$ der Linksnebenklassen von $P$. Dann ist $G/P$ eine $Q$-Menge: $g \in Q$, $xP \in G/P$, dann gilt $g \cdot (xP) := (gx)P$. Die Ordnung jeder Bahn ist eine Potenz von $p$. Es folgt, dass die Anzahl der Bahnen mit genau einem Element gleich $\#G/P \bmod p = k$ ist. Es existiert deshalb eine Bahn der Länge eins, d. h. ein $x \in G$ mit $QxP = xP$. Sei $g \in Q$. Dann ist $gx = gxe \in xP$, dass heißt $g \in xPx^{-1}$. Es folgt $Q \subset xPx^{-1}$ und Letztere ist ein $p$-Sylowuntergruppe. Wenn überdies $\#Q = p^n$ gilt, so folgt $Q = xPx^{-1}$.

**4.** $G$ wirkt auf $\mathrm{Syl}_p(G)$durch Konjugation: $g \cdot P = gPg^{-1}$. Es wurde eben gezeigt, dass es genau eine Bahn gibt, die $n_p$ Elemente hat. Die Standgruppe ist $N_G(P)$. Der Index dieser Gruppe ist nach dem Bahn-Standgruppe-Satz gleich $n_p$.

**5.** Der Normalisator $N_G(P)$ von $P$ ist eine Untergruppe von $G$ vom Index $n_p$. Deshalb gilt $n_p \mid \#G$, und weil $n_p = 1 \bmod p$ ist, folgt $n_p \mid \#G/p^n$.

## Aufgaben

Lösung

**Aufgabe 8.52** Zeigen Sie, dass der Binomialkoeffizient $\binom{p^n k}{p^n}$ modulo $p$ gleich $k$ ist.

Tipp: Warum gilt $(1+x)^p = 1 + x^p \in \mathbb{F}_p[x]$? Betrachten Sie $(1+x)^{p^n k} \in \mathbb{F}_p[x]$.

**Aufgabe 8.53** Sei $G$ eine Gruppe der Ordnung 15.

1. Zeigen Sie, dass $n_3 = n_5 = 1$.
2. Zeigen Sie, dass es zwei Elemente der Ordnung 3 und vier Elemente der Ordnung 5 gibt.
3. Zeigen Sie, dass es acht Elemente der Ordnung 15 gibt.
4. Zeigen Sie, dass $G$ zyklisch ist.
5. Zeigen Sie, dass eine Gruppe der Ordnung 35 ebenfalls zyklisch ist.

**Aufgabe 8.54** Eine Gruppe heißt einfach, wenn $\{e\}$ und $G$ die einzigen Normalteiler von $G$ sind. Es sei $p$ eine Primzahl.

1. Sei $G$ eine endliche Gruppe und $P$ eine $p$-Sylowgruppe. Zeigen Sie: $n_p = 1$ genau dann, wenn $P \lhd G$.
2. Es sei $\#G = np^k$ mit $n > 1$ und $k > 1$. Nehmen Sie an, es gibt kein $r \mid n$ mit $r = 1 \bmod p$ und $r \neq 1$. Zeigen Sie, dass $n_p = 1$ gilt, also $G$ nicht einfach ist.

**Aufgabe 8.55** Sei $G$ eine Gruppe mit 30 Elementen.

1. Zeigen Sie: Ist $G$ einfach, dann ist $n_3 = 10$ und $n_5 = 6$.
2. Zeigen Sie: Ist $G$ einfach, dann gibt es 20 Elemente der Ordnung 3 und 24 Elemente der Ordnung 5 in $G$.
3. Folgern Sie, dass es keine einfache Gruppe mit 30 Elementen gibt.

**Aufgabe 8.56** Sei $G$ eine einfache Gruppe der Ordnung 56.

1. Wie viele Elemente der Ordnung 7 gibt es in $G$?
2. Warum gibt es nur eine 2-Sylowgruppe?
3. Folgern Sie, dass es keine einfache Gruppe mit 56 Elementen gibt.

**Aufgabe 8.57** Zeigen Sie, dass es keine einfache Gruppen der Ordnungen 105, 126 und 132 gibt.

**Aufgabe 8.58** Sei $G$ eine Gruppe der Ordnung $pq$ mit $p > q$ und $p \neq 1 \bmod q$. Zeigen Sie, dass $G$ zyklisch ist. Ist $p = 1 \bmod q$, so zeigen Sie, dass $G$ nicht einfach ist.

**Aufgabe 8.59** Seien $p, q, r$ verschiedene Primzahlen. Zeigen Sie, dass keine einfache Gruppe der Ordnung $pqr$ existiert.

## 8.11 Gruppen der Ordnungen 12 und 21

**Satz 8.15** Sei $G$ eine Gruppe der Ordnung 21. Dann ist $G$ abelsch oder isomorph zu der Gruppe in Aufgabe 8.36.

Aus den Sylow-Sätzen folgt, dass es nur eine 7-Sylowgruppe $\langle b \rangle = N \cong \mathbb{Z}/7\mathbb{Z}$ gibt, welche also normal ist. Sei $a$ ein Element der Ordnung 3. Dann erzeugen $a$ und $b$ die Gruppe, wir haben nämlich schon 9 Elemente und die Anzahl der Elemente einer Untergruppe teilt 21. Es gilt $a^3 = b^7 = e$. Es folgt $aba^{-1} = b^i$, also $ba = a^i b$ für ein $i$. Wir berechnen $b = a^3ba^{-3} = a^2b^ia^{-2} = ab^{i^2}a^{-1} = b^{i^3}$. Also $i^3 = 1 \bmod 7$ oder $i = 1, 2, 4$. Für $i = 1$ gilt $ab = ba$ und $G$ ist abelsch, für $i = 2$ erhalten wir die Gruppe aus Aufgabe 8.36. Für $i = 4$ ersetzen wir $a$ durch $a' = a^2$. Dann ist $a'^3 = b^7 = e, a'ba'^{-1} = b^{4^2} = b^2$, also wiederum die Gruppe von Aufgabe 8.36. ■

**Satz 8.16** Es sei $G$ eine Gruppe der Ordnung 12. Dann ist $G$ abelsch oder isomorph zu einer der Gruppen $A_4$, $D_6$ oder der Gruppe $T$ von Aufgabe 8.35.

Die 2-Sylowgruppen und 3-Sylowgruppen sind abelsch, weil alle Gruppen der Ordnung $\leq 5$ abelsch sind. Aus den Sylow-Sätzen folgt $n_2 \in \{1, 3\}$ und $n_3 \in \{1, 4\}$. Sei $H_2$ eine 2-Sylowgruppe und $H_3$ eine 3-Sylowgruppe.

1. Ist $n_2 = n_3 = 1$, so sind $H_2$ und $H_3$ normal, also $G \cong H_2 \times H_3$, also abelsch. Es gibt die zwei Möglichkeiten $\mathbb{Z}/12\mathbb{Z}$ und $\mathbb{Z}/2\mathbb{Z} \times \mathbb{Z}/6\mathbb{Z}$.

2. Wenn $n_3 = 4$, d. h. $\#Syl_3(G) = 4$, so ist $S(Syl_3(G))$ isomorph zu $S_4$. Die Gruppe $G$ wirkt auf $Syl_3(G)$ durch Konjugation. Wir erhalten einen Homomorphismus $\varphi\colon G \to S_4$ (Aufgabe 8.47). Nach den Sylow-Sätzen hat $N_G(H_3)$ Index $n_3 = 4$. Aus $H_3 < N_G(H_3)$ folgt $H_3 = N_G(H_3)$. Es gilt $g \in \mathrm{Ker}(\varphi)$ genau dann, wenn $gH_3g^{-1} = H_3$ also $g \in N_G(H_3) = H_3$ für alle $H_3$. Weil zwei Elemente aus $Syl_3(G)$ Durchschnitt $\{e\}$ haben, folgt, dass $\varphi$ injektiv ist. $G$ wie auch $A_4$ haben 8 Elemente der Ordnung 3 und diese acht Elemente erzeugen $A_4$, weil es keine Teiler von zwölf größer als sechs gibt. Also $\varphi(G) = A_4$.

3. $n_3 = 1$, $n_2 = 3$. Sei $a \in H_3$ und $b \in H_2$ mit $a, b \neq e$. Dann ist $ab = c \notin H_3$, denn sonst $b = a^{-1}c \in H_3$. Analog $ab \notin H_2$. Also ist $H_2 \cup H_3$ keine Untergruppe und $\#(H_2 \cup H_3) = 6$. Deshalb erzeugen $H_2$ und $H_3$ die Gruppe $G$. Sei $H_3 = \{e, a, a^2\}$.

*Fall 1.* $H_2 \cong \mathbb{Z}/4\mathbb{Z}$. Sei $b \neq e$, $b^4 = e$. Dann gilt $bab^{-1} = a^i$, $i = 1, -1$. Ist $i = 1$, so ist $G$ abelsch, sonst $i = -1$. Es folgt $bab^{-1} = a^{-1}$ und $aba = b$, also die Gruppe $T$.

*Fall 2.* $H_2 \cong \mathbb{Z}/2\mathbb{Z} \times \mathbb{Z}/2\mathbb{Z}$. Es gibt zwei kommutierende Elemente $b, c$ der Ordnung 2. Ist $bab = a$, $cac = a$, so ist $G$ abelsch. Ist $bab = a^{-1}$ und $cac = a^{-1}$, so ist $bcabc = bcacb = ba^{-1}b = (bab)^{-1} = a$. Wir ersetzen $c$ durch $bc$. Dann ist $a^3 = b^2 = c^2 = 1$, $ca = ac$, $bc = cb, bab = a^{-1}$ und wir erhalten die Gruppe $D_6$. ■

## 8.12 Die alternierende Gruppe

**Satz 8.17** Die alternierende Gruppe $A_n$ ist einfach für $n \geq 5$.

**1.** *$A_n$ ist erzeugt von 3-Zykeln.* Dies gilt, da jedes Element von $A_n$ Produkt einer Permutation der Form $(a\ b)(c\ d) = (a\ c\ b)(a\ c\ d)$ oder $(a\ b)(a\ c) = (a\ c\ b)$ ist.

**2.** *Sei $N \lhd A_n$. Angenommen, $N$ enthält einen 3-Zykel $(a\ b\ c)$. Dann gilt $N = A_n$.* Sind $d, f, g$ vorgegeben, so wähle ein $\sigma \in S_n$ mit $\sigma(a) = d, \sigma(b) = f$ und $\sigma(c) = g$. Ist $\sigma$ ungerade, so ersetze $\sigma$ durch $\sigma \cdot (h\ k)$, wobei $h, k$ ungleich $d, f, g$ sind. Das geht, weil $n \geq 5$. Dann gilt $\sigma(a\ b\ c)\sigma^{-1} = (d\ f\ g) \in N$. Somit enthält $N$ jeden 3-Zykel und $N = A_n$ folgt.

**3.** Sei nun $\{e\} \neq N \lhd A_n$. Sei $\sigma \in N$ mit $\sigma \neq 1$. Wir schreiben $\sigma$ als Produkt von disjunkten Zykeln, wobei der längste Zykel am Anfang steht.

*1. Fall. Sei $\sigma = (1\ 2\ \cdots\ k)\varphi$ mit $k \geq 4$.* Nehme $\tau := (3\ 2\ 1)$. Dann ist $(1\ 2\ k) = \sigma^{-1}\tau\sigma\tau^{-1} \in N$. Also hat $N$ einen 3-Zykel und $N = A_n$.

*2. Fall. $\sigma = (1\ 2\ 3)(4\ 5\ 6)\varphi$.* Mit $\tau := (1\ 2\ 4)$ gilt $\sigma^{-1}\tau\sigma\tau^{-1} = (1\ 4\ 2\ 6\ 3) \in N$ und wir sind bei Fall 1.

*3. Fall. $\sigma = (1\ 2\ 3)\varphi$, wobei $\varphi$ ein Produkt von 2-Zykeln ist.* Dann gilt $\sigma^2 = (1\ 3\ 2) \in N$, also $N = A_n$.

*4. Fall. $\sigma = (1\ 2)(3\ 4)\varphi$.* Dann ist $(3\ 2\ 1)\sigma(1\ 2\ 3) = (1\ 3)(2\ 4) = \psi \in N$. Es folgt $\psi(5\ 3\ 1)\psi(1\ 3\ 5) = (1\ 5\ 3) \in N$. Also hat $N$ einen 3-Zykel und $N = A_n$. ∎

**Satz 8.18** Sei $G$ eine einfache Gruppe mit $\#G \geq 3$. Sei $H$ eine Untergruppe von $G$ vom Index $[G : H] = m$.

**1.** Es gibt einen injektiven Homomorphismus (Einbettung) $\varphi\colon G \to A_m$.

**2.** $\#G$ ist ein Teiler von $m!/2$, insbesondere $\#H \mid m!/2$.

Die Gruppe $G$ wirkt nicht trivial auf die Linksnebenklassen von $H$. Die Wirkung ist $g \cdot (aH) := (ga)H$. Wir erhalten einen Gruppenhomomorphismus $\varphi\colon G \to S(G/H) \cong S_m$. Der Kern ist ein Normalteiler, ungleich $G$. Weil $G$ einfach ist, folgt $\mathrm{Ker}(\varphi) = \{e\}$. Wir können also $G$ als Untergruppe von $S_m$ auffassen, was wir jetzt auch tun werden. Weil $A_m \lhd S_m$ folgt $A_m \cap G \lhd G$. Ist $A_m \cap G = G$, so folgt $G < A_m$. Ist $A_m \cap G \neq G$, so folgt, weil $G$ einfach ist, dass $A_m \cap G = \{e\}$. Für je zwei Elemente $x, y \in G \setminus A_m$ gilt $xy \in A_m$. Also ist $xy \in G \cap A_m$ und es folgt $xy = e$. Insbesondere folgt $x^2 = e$ und $x = y$. Also hat $G$ höchstens zwei Elemente $e$ und $x$.

Die zweite Aussage folgt durch Anwendung des Satzes von Lagrange. ∎

## 8.13 *Einfache Gruppen kleiner Ordnung*

Wir betrachten die einfachen Gruppen $G$ kleiner Ordnung $n \leq 200$. Wir kennen schon die Gruppen $\mathbb{Z}/p\mathbb{Z}, p$ eine Primzahl. Diese sind einfach, weil sie selbst keine nicht trivialen Untergruppen haben. Außerdem haben wir die einfache Gruppe $A_5$ mit 60 Elementen. Wir gehen zunächst alle Zahlen durch, die höchstens zwei Primfaktoren haben.

**1.** Ist $n = p^k$ und $k \geq 2$, so ist die Gruppe $G$ nicht einfach: Entweder $G$ ist abelsch und sicherlich nicht einfach nach der Klassifikation von endlichen abelschen Gruppen oder $G$ ist nicht abelsch und das Zentrum $Z(G)$ von $G$ ist ein echter Normalteiler (Satz 8.13).

**2.** Ist $n = pq$ mit $p, q$ verschiedene Primzahlen, so ist $G$ nicht einfach (Aufgabe 8.58).

**3.** Gilt $n = p^k \cdot m$ mit $0 < m < p$, so ist $G$ nicht einfach, denn $n_p = 1, p+1, \ldots$ und $n_p \mid m$, also $n_p = 1$.

**4.** Gilt $n = p^2 q$ mit $p, q$ zwei verschiedene Primzahlen, so ist $G$ nicht einfach. Wir brauchen das nur noch für $p < q$ zu zeigen. Es gilt $n_q = 1$ oder $p$ oder $p^2$ und $n_q = 1 \bmod q$. Wäre $n_q = p$, so ist $p = 1 \bmod q$. Das ist wegen $p < q$ nicht möglich. Wäre $n_q = p^2$, so ist $p^2 = 1 \bmod q$, also $p = 1 \bmod q$ oder $p = -1 \bmod q$. Wegen $p < q$ folgt $q = p + 1$, also $p = 2$ und $q = 3$. Damit haben wir eine Gruppe der Ordnung 12 und diese ist nicht einfach nach Satz 8.16.

**5.** Ist $n = 2^3 \cdot p^k$ mit $p \geq 3$ eine Primzahl, so zeigen wir, dass $G$ nicht einfach ist. Ist $p \geq 11$, so ist $n_p = 1, p+1, \ldots$ und $n_p \mid 8$, also bleibt $n_p = 1$ übrig.

1. $p = 3$. Dann $n_3 = 1, 4, 7, \ldots$ und $n_3 \mid 8$. Wäre $n_3 = 4$, so ist der Normalisator eine 3-Sylowgruppe vom Index 4, aber $2^3 \cdot p^k \nmid 4!/2$.
2. $n = 2^3 \cdot 5^k$. Dann ist $n_5 = 1, 6, \ldots$ und $n_5 \mid 8$, also $n_5 = 1$.
3. $n = 2^3 \cdot 7$. Siehe Aufgabe 8.56.

**6.** Es sei $n = 2^4 \cdot p$. Dann ist $G$ nicht einfach.

1. Ist $p \geq 11$, dann gilt $n_p = 1, p+1, 2p+1, \ldots$ und $n_p \mid 16$, also $n_p = 1$.
2. $p = 5$: $n = 2^4 \cdot 5 = 80$ und $2^4 \nmid 5!/2 = 60$. Analog $p = 3$.
3. $n = 2^4 \cdot 7 = 112$. Dann ist $n_2 = 1, 3, 5, 7, \ldots$ und $n_2 \mid 7$. Wäre $n_2 = 7$, so ist der Normalistor eine 2-Sylowgruppe vom Index 7 und $112 \mid 7!/2$ folgt. Das ist nicht der Fall, also $n_2 = 1$.

**7.** $n = 2^4 \cdot 3^2 = 144$. Dann ist $n_3 = 1, 4, 7, 10, 13, 16, \ldots$ und $n_3 \mid 16$. Wäre $n_3 = 4$, so ist der Normalisator von $n_3$ eine Untergruppe vom Index 4, aber $144 \nmid 4!/2$. Sei $n_3 = 16$. Schneiden sich je zwei 3-Sylowgruppen $P, Q$ in $\{e\}$, so erhalten wir $16 \cdot 8$ Elemente der Ordnung 3 oder 9; es bleiben 16 übrig für eine eindeutige 2-Sylowgruppe. Also $n_2 = 1$, Widerspruch! Also gibt es mindestens zwei 3-Sylowgruppen $P, Q$ mit $P \cap Q \neq \{e\}$. Als Gruppe der Ordnung 9 sind die 3-Sylowgruppen abelsch. Wir betrachten den Normalisator $H = N(P \cap Q)$. Dieser enthält sicherlich die zwei abelschen 3-Sylowgruppen, also ist $\#N(P \cap Q) \geq 18$, denn $9 \mid \#H$. Weiterhin gilt $\#N(P \cap Q) \mid 144$. Der Index von $N(Q)$ kann nicht kleiner oder gleich 6 sein, denn $144 \nmid 6!/2$. Also ist $\#N(P \cap Q) = 18$. Wegen der Sylow-Sätze hat $N(P \cap Q)$ nur eine 3-Sylowgruppe, also $P = Q$, Widerspruch! Es folgt $n_3 = 1$ und $G$ ist einfach.

**8.** Für $n = 2^5 \cdot 3 = 96$ und $n = 2^6 \cdot 3 = 192$ gibt es eine Abbildung $G \to A_3$, also ist $G$ nicht einfach. Ebenso für den Fall, wenn $n = 2^5 \cdot 5 = 160$.

**9.** $n = 3^3 \cdot p$ mit $p \geq 5$ und $p \neq 13$. Dann ist $n_p \mid 3^3$, also $n_p = 1, 3, 9, 27$. Es folgt $n_p = 1$ für $p \neq 13$.

Jetzt betrachten wir die Zahlen mit drei Primfaktoren.

- Ist $n = pqr$ mit $p, q, r$ verschiedene Primzahlen, so ist $G$ nicht einfach (Aufgabe 8.59).
- $n = 2^2 \cdot 3 \cdot 5 = 60$. Wir behaupten, $G$ ist isomorph zu $A_5$.
  Es gilt $n_2 = 3, 5, 15$ und $n_5 = 6$ wegen Sylow und Einfachheit von $G$. Wäre $n_2 = 3$, so ist der Normalisator eine Untergruppe vom Index 3 und es gibt eine Einbettung $G \to A_3$. Das ist unmöglich, also ist $n_2 \neq 3$.
  Angenommen $n_2 = 15$. Wäre $P \cap Q = \{e\}$ für zwei 2-Sylowgruppen, so gäbe es $15 \cdot 3$ Elemente der Ordnung 2 oder 4. Weil auch $n_5 = 6$ ist, gibt es 24 Elemente der Ordnung 5, dies sind zu viele! Also gibt es 2-Sylowuntergruppen $P, Q$ mit $\#(P \cap Q) = 2$. Sei $H$ der Normalisator von $P \cap Q$. Weil $P, Q$ abelsch sind (alle Gruppen mit vier Elementen sind abelsch), ist $P, Q < H$. Also $4 \mid \#H \mid 60$, aber auch $\#H > 4$ (weil $P, Q < H$) und $\#H \leq 12$, sonst gäbe es eine Untergruppe mit dem Index kleiner als fünf. Also $\#H = 12$. Wir haben eine Untergruppe $H < G$ vom Index fünf, deshalb eine Einbettung $G \to A_5$. Dies ist ein Isomorphismus, weil $\#H = \#G$.
- $n = 2^2 \cdot 3 \cdot p$ mit $p \geq 7$. Dann ist $n_p = 1, p+1$ und $n_p \mid 12$. Dann bleibt $p = 11$ übrig. Für diesen Fall, siehe Aufgabe 8.57.
- $n = 2 \cdot 3^2 \cdot 5 = 90$ und $G$ nicht einfach. Dann ist $n_3 = 6$. Es gibt also eine Einbettung $G \to A_6$. Die Gruppe $A_6$ hat 360 Elemente. Also hat $A_6$ eine Untergruppe vom Index vier, deshalb gibt es eine Einbettung $A_6 \to A_4$, Widerspruch!
- $n = 2^3 \cdot 3 \cdot 5 = 120$. Dann ist $n_5 = 1, 6, 11, \ldots$ und $n_5 \mid 24$. Wäre $n_5 = 6$, so argumentiere wie bei $n = 90$.
- $n = 2^2 \cdot 5 \cdot 7 = 140$. Dann ist $n_7 = 1, 8, 15 \ldots$ und $n_7 \mid 20$. Also ist $n_7 = 1$.
- $n = 2 \cdot 3 \cdot 5^2 = 150$. Weil $25 \nmid 6!/2 = 360$ ist $G$ nicht einfach.
- $n = 2^3 \cdot 3 \cdot 7 = 168$. Tatsächlich gibt es hier eine weitere eindeutige einfache Gruppe, nämlich die Gruppe $\mathrm{PSL}(2, \mathbb{F}_7)$, die wir in Aufgabe 8.37 behandelt haben. Allgemeiner gibt es die Gruppen $\mathrm{PSL}(n, F)$, wobei $n \in \mathbb{N}$ und $F$ ein Körper ist. Diese sind alle bis auf zwei Ausnahmen einfach, wie wir auf den nächsten Seiten beweisen werden.
- $n = 2^2 \cdot 3^2 \cdot 5 = 180$. Dann ist $n_5 = 1, 6, 11, 16, 21, \ldots$ und $n_5 \mid 36$. Wäre $n_5 = 6$, so gibt es eine Untergruppe vom Index 6. Wäre $G$ einfach, so gibt es eine Einbettung $G \to A_6$. Das Bild hat den Index 2, also gibt es eine Einbettung $A_6 \to A_2$, weil $A_6$ einfach ist. Das ist ein Widerspruch.

Somit haben wir den nachfolgenden Satz.

**Satz 8.19** Es sei $n \leq 200$ mit $n \neq 168$. Sei $G$ eine einfache Gruppe der Ordnung $n$. Dann ist $n$ eine Primzahl und $G \cong \mathbb{Z}/n\mathbb{Z}$ oder $n = 60$ und $G \cong A_5$.

## 8.14 *Die Gruppe PSL$(n, F)$*

Ist $F$ ein Körper und $n \in \mathbb{N}$, so bezeichnet $\mathrm{SL}(n,F)$ die Untergruppe von $\mathrm{GL}(n,F)$, bestehend aus den Matrizen mit der Determinante gleich eins. Die Vielfachen der Identität $\lambda\,\mathrm{Id}_n$, wobei $\lambda^n = 1$, bilden einen Normalteiler $D \lhd \mathrm{SL}(n,F)$. Sei $\mathrm{PSL}(n,F) := \mathrm{SL}(n,F)/D$.

**Satz 8.20** Die Gruppe $\mathrm{PSL}(n,F)$ ist einfach, außer für $n = 2$ und $\#F \leq 3$.

**1. Schritt.** *Die Elementarmatrizen $Q_{ij}(\lambda)$ erzeugen die Gruppe $\mathrm{SL}(n,F)$.*

Durch Multiplikation mit Elementarmatrizen vom Typ $Q_{ij}(\lambda)$ kann man jede invertierbare Matrix auf Diagonalgestalt bringen. Hierzu sind die Permutationsmatrizen nicht nötig, siehe Aufgabe 4.58. Wenn wir mit $D(b_1,\ldots,b_n)$ die Diagonalmatrix mit Einträgen $b_1,\ldots,b_n$ bezeichnen, so berechnet man, wenn $a_1,\ldots,a_n \neq 0$:

$$D(a_1,a_2,a_3,\ldots,a_n) = D(1,a_1a_2,a_3,\ldots,a_n)\cdot E_1$$
$$E_1 = Q_{21}((1-a_1)/a_1)\cdot Q_{12}(1)\cdot Q_{21}(a_1-1)\cdot Q_{12}(1/a_1)$$

Mit Induktion sieht man, dass $D(1,a_1a_2,a_3,\ldots,a_n)$ als Produkt von Elementarmatrizen $Q_{ij}(\lambda)$ geschrieben werden kann. Also gilt dies auch für $D(a_1,\ldots,a_n)$. ■

**2. Schritt.** *Sei $G = \mathrm{SL}(n,F)$. Dann gilt $[G,G] = G$, also kann $\mathrm{SL}(n,F)$ keinen nicht trivialen abelschen Quotienten haben, siehe Aufgabe 8.24, außer wenn $n = 2$ und $\#F \leq 3$.*

Für $n \geq 3$ berechnet man $Q_{21}(1)Q_{32}(-\lambda)Q_{21}(1)^{-1}Q_{32}(-\lambda)^{-1} = Q_{31}(\lambda)$. Also $Q_{31}(\lambda)$ ist ein Kommutator und analog $Q_{ij}(\lambda)$ für beliebige $i,j$ mit $i \neq j$. Weil die Elementarmatrizen $Q_{ij}(\lambda)$ die Gruppe $\mathrm{SL}(n,F)$ erzeugen, folgt die Aussage. Für $n = 2$ bemerke

$$\begin{pmatrix} a & 0 \\ 0 & a^{-1} \end{pmatrix}\cdot\begin{pmatrix} 1 & b \\ 0 & 1 \end{pmatrix}\cdot\begin{pmatrix} a^{-1} & 0 \\ 0 & a \end{pmatrix}\cdot\begin{pmatrix} 1 & -b \\ 0 & 1 \end{pmatrix} = \begin{pmatrix} 1 & (a^2-1)b \\ 0 & 1 \end{pmatrix}.$$

Weil $\#F > 3$, gibt es ein $a \in F^*$ mit $a^2 \neq 1$. Mit $b = \lambda/(a^2-1)$ folgt $Q_{12}(\lambda) \in [G,G]$. Analog $Q_{21}(\lambda) \in [G,G]$. ■

**3. Schritt.** *Angenommen, die Gruppe $G$ wirkt auf der Menge $X$ zweifach transitiv. Dies bedeutet, dass für $x_1 \neq x_2$ und $y_1 \neq y_2$ in $X$ ein $g \in G$ existiert mit $g(x_i) = y_i$, $i = 1,2$. Dann ist die Standgruppe $G_x$ eines Elements $x$ eine maximale Untergruppe von $G$: Ist also $G_x < K < G$, so ist $G_x = K$ oder $K = G$.*

Ist $G_x < K < G$ mit $G_x \neq K$, so ist zu zeigen, dass $K = G$. Angenommen, $K \neq G$. Wir wählen $g \in G \setminus K$ und $k \in K \setminus G_x$. Dann sind $g,k \notin G_x$, also $g\cdot x \neq x$ und $k \cdot x \neq x$. Wir können wegen der zweifachen Transitivität ein $h \in G$ finden mit $h \cdot x = x$ (also $h \in G_x$) und $h \cdot gx = kx$. Es folgt $k^{-1}hg \cdot x = x$, also $k^{-1}hg \in G_x$ und $g \in h^{-1}kG_x$. Weil $h \in G_x < K$ und $k \in K$, folgt $g \in K$, ein Widerspruch, weil $g \in G \setminus K$ gewählt wurde! ■

**4. Schritt.** $P = \left\{ \begin{pmatrix} c & v \\ 0 & B \end{pmatrix} : c \in K^*, v \in F^{n-1},\ B \in F^{(n-1)\times(n-1)} \text{ mit } \det(B) = 1/c \right\}$ *ist eine maximale Untergruppe von* $\mathrm{SL}(n, F)$.

Wir schreiben $G = \mathrm{SL}(n, F)$. Sei $X$ die Menge der eindimensionalen Unterräume von $F^n$. Die Gruppe $G$ wirkt auf $X$, denn ein Element von $GL(n, F)$ bildet Geraden auf Geraden ab. Bemerke, dass $P$ die Standgruppe von $\langle e_1 \rangle$ ist. Für die Maximalität brauchen wir nach dem Lemma nur die zweifache Transitivität zu beweisen. Dies ist mit linearer Algebra leicht einzusehen. Die $x_1, x_2$ sind Geraden in $F^n$ und $y_1, y_2$ ebenfalls. Wähle Vektoren $v_i \in x_i$ und $w_i \in y_i$. Dann gibt es eine invertierbare lineare Abbildung $g\colon F^n \to F^n$ mit $g(v_i) = w_i$. Durch Skalieren erreicht man, dass $\det(g) = 1$, also $g \in \mathrm{SL}(n, F)$. ∎

**5. Schritt.** *Sei* $N \lhd \mathrm{SL}(n, F)$ *mit* $D < N$ *und* $D \neq N$. *Dann ist* $\mathrm{SL}(n, F)/N$ *kommutativ.*

Sei $P$ wie im vorherigen Schritt. Angenommen $N < P$. Sei $h \in N$ und $h(e_1) = c \cdot e_1$. Für $v \in F^n$ wähle ein $g \in \mathrm{SL}(n, F)$ mit $g(e_1) = v$. Dann gilt $N = gNg^{-1} < gPg^{-1}$ und deshalb $ghg^{-1}(v) = gh(e_1) = g(ce_1) = cv$ für ein $c \neq 0$. Deshalb ist $g = c\,\mathrm{Id}$ und $h \in D$. Dies gilt für alle $h \in$N und $N < D$ folgt, Widerspruch! Deshalb ist $N \not\subset P$; es folgt $P \subsetneq PN$. Weil $P$ eine maximale Untergruppe ist, gilt $PN = \mathrm{SL}(n, F)$. Sei

$$A = \left\{ A_v = \begin{pmatrix} 1 & v \\ 0 & \mathrm{Id} \end{pmatrix} : v \in F^{n-1} \right\}.$$

Dann ist $A$ eine abelsche Gruppe. Wir zeigen $A \cdot N = \mathrm{SL}(n, F)$.
Eine beliebige Elementarmatrix in $\mathrm{SL}(n, F)$ ist konjugiert zu einem Element in $A$:

$$Q_{i1}(\lambda) = (P_{1i}S_1(-1))^{-1} \cdot Q_{1i}(-\lambda) \cdot P_{1i}S_1(-1)$$
$$Q_{ij}(\lambda) = (P_{1i}S_1(-1))^{-1} Q_{1j}(\lambda) P_{1i}S_1(-1),$$

weil $Q_{1i}(\lambda) \in A$. Es sei $E$ also eine Elementarmatrix und $g \in G$ und $a \in A$ mit $E = g^{-1}ag$. Weil $P \cdot N = \mathrm{SL}(n, F)$, existieren $p \in P$ und $h \in N$ mit $g = ph$. Eine einfache Berechnung zeigt, dass $p^{-1}ap \in A$. Sei $b = p^{-1}ap$. Dann folgt

$$E = g^{-1}ag = h^{-1}p^{-1}aph = h^{-1}bh = b \cdot (b^{-1}h^{-1}b \cdot h) \in AN\,.$$

Weil die Elementarmatrizen $\mathrm{SL}(n, F)$ erzeugen, ist $A \cdot N = \mathrm{SL}(n, F)$. Nun gilt

$$\mathrm{SL}(n, F)/N = A \cdot N/N \cong A/A \cap N$$

nach Satz 8.7. Rechts steht offenbar eine abelsche Gruppe und die Behauptung folgt. ∎

**6. Schritt.** *Beweis des Satzes 8.20.*

Sei $N \lhd \mathrm{PSL}(n, F)$ mit $\#N > 1$. Betrachte die kanonische Abbildung $\varphi\colon \mathrm{SL}(n, F) \to \mathrm{PSL}(n, F)$ und $\widetilde{N} = \{h \in \mathrm{SL}(n, F)\colon \varphi(h) \in N\}$. Dann ist $D < \widetilde{N}$ und $D \neq \widetilde{N}$. Außerdem ist $\widetilde{N} \lhd \mathrm{SL}(n, F)$: Ist $h \in \widetilde{N}$ und $g \in \mathrm{SL}(n, F)$, so ist $\varphi(g^{-1}hg) = \varphi(g)^{-1}\varphi(h)\varphi(g) \in N$, also $g^{-1}hg \in \widetilde{N}$.
Nach dem 5. Schritt ist $\mathrm{SL}(n, F)/\widetilde{N}$ abelsch. Nach dem 2. Schritt kann $\mathrm{SL}(n, F)$ keinen nicht trivialen abelschen Quotienten haben. Es folgt $\widetilde{N} = \mathrm{SL}(n, F)$ und $N = \mathrm{PSL}(n, F)$. ∎

## 8.15 *Die einfache Gruppe mit 168 Elementen*

**Satz 8.21** Sei $G$ eine einfache Gruppe mit 168 Elementen. Dann ist $G \cong \mathrm{PSL}(2, \mathbb{F}_7)$.

Es ist in Aufgabe 8.37 gezeigt worden, dass eine Gruppe mit der Präsentation

$$a^3 = b^7 = c^2 = e,\ ab = b^2a,\ ac = ca^{-1},\ bcb = cb^{-1}c$$

isomorph zu $\mathrm{PSL}(2, \mathbb{F}_7)$ ist. Es reicht deshalb zu zeigen, dass eine einfache Gruppe mit 168 Elementen eine solche Präsentation hat. Bemerke, dass $168 = 8 \cdot 3 \cdot 7$.

**Im ganzen Beweis ist $P$ eine 7-Sylowgruppe der einfachen Gruppe $G$, $\#G = 168$ und $H = N(P) = \{g \in G : gPg^{-1} = P\}$ der Normalisator von $P$.**

**1. Schritt.** *Es gilt $n_7 = 8$ und $H$ ist nicht zyklisch.*

$n_7 = 1, 8, 15, \ldots$ und ein Teiler von $168/7 = 24$. Weil $G$ einfach ist, ist $n_7 \neq 1$, also $n_7 = 8$. Der Normalisator $H$ einer 7-Sylowgruppe hat deshalb Index 8. Es folgt, dass $G$ isomorph zu einer Untergruppe von $A_8$ ist. Nun hat $A_8$ keine Elemente der Ordnung 21, deshalb enthält $G$ keine Elemente der Ordnung 21. Es folgt, dass $H$ nicht isomorph zu $\mathbb{Z}/21\mathbb{Z}$ ist. ■

**2. Schritt.** $n_3 = 28$.

Nach den Sylow-Sätzen und weil $G$ einfach ist, gilt $n_3 = 4, 7, 28$. Weil $n_3 = 4$ implizieren würde, dass eine Einbettung $G \to A_4$ existiert, bleiben $n_3 = 7, 28$ übrig. $H$ ist isomorph zu der nicht zyklischen Gruppe der Ordnung 21 und diese hat sieben 3-Sylowgruppen. Wäre $n_3 = 7$, so liegen alle 3-Sylowgruppen von $G$ in $H$. Alle $14 = 2 \cdot 7$ Elemente der Ordnung 3 würden in $H$ liegen. Hat $a$ die Ordnung 3, so auch $g^{-1}ag$ für alle $g \in G$. Die vierzehn Elemente von Ordnung drei erzeugen deshalb die Gruppe $H$. Es folgt, dass $g^{-1}Hg = H$ für alle $g \in G$, also $H \lhd G$, Widerspruch, weil $G$ einfach ist. ■

**3. Schritt.** *Sei $Q$ eine 3-Sylowgruppe von $G$. Dann ist $N(Q)$ isomorph zu $S_3$.*

Da es nur zwei nicht isomorphe Gruppen der Ordnung sechs gibt, reicht es zu zeigen, dass $N(Q)$ nicht zyklisch ist. Angenommen $N(Q)$ wäre zyklisch. Eine solche Untergruppe hat zwei Elemente der Ordnung drei und zwei Elemente der Ordnung 6. Somit enthält $N(Q)$ genau eine 3-Sylowgruppe. Alle 3-Sylowgruppen sind konjugiert, somit gibt es mindestens 28 zu $N(Q)$ verschiedene konjugierte Untergruppen. Es gibt deshalb mindestens 56 Elemente der Ordnung 6 in $G$.

Wir haben somit: $8 \cdot 6 = 48$ Elemente der Ordnung 7, $28 \cdot 2$ Elemente der Ordnung 3 und mindestens 56 Elemente der Ordnung 6. Übrig bleiben höchstens $168 - 48 - 56 - 56 = 8$ Elemente. Deshalb kann es nur eine 2-Sylowgruppe (der Ordnung 8) geben. Es folgt, dass diese 2-Sylowgruppe eine normale Untergruppe von $G$ ist, Widerspruch! ■

**4. Schritt.** *Für jedes $c \in N(Q) \setminus Q$ gilt $c^2 = e$, $(cPc) \cap H = \{e\}$ und $G = H \cup PcH$.*

**1.** Ist $cbc \in H$ für ein $b \neq e$ und $b \in P$, so erzeugt jedes $b$ die Gruppe $P \cong \mathbb{Z}/7\mathbb{Z}$. Also $cPc \subset H$. Weil $H$ nur eine 7-Sylowgruppe hat, folgt $cPc = P$. Dies bedeutet (weil $c^{-1} = c$), dass $c \in N(P) = H$. Dies ist nicht der Fall, weil die Ordnung von $c$ zwei ist und $\#H = 21$. Es folgt, dass $cbc \notin H$ für alle $b \in P \setminus \{e\}$, also $(cPC) \cap H = \{e\}$.

**2.** Wir zeigen nun, dass $G = H \cup PcH$. Weil $\#H = 21$ ist, müssen wir zeigen, dass

(a) $H \cap (PcH) = \emptyset$ und (b) $\#PcH = 7 \cdot 21 = 147$.

(a) Es reicht, $H \cap HcH = \emptyset$ zu zeigen. Ist $h_1ch_2 = h$ mit $h_1, h_2, h \in H$, so folgt $c = h_1^{-1}hh_2^{-1} \in H$, aber $H$ hat keine Elemente der Ordnung zwei, Widerspruch!

(b) Sei nun $pch = c$ für $p \in P$ und $h \in H$. Dann ist $cpc = h^{-1}$, also $cpc = e$. Es folgt $p = cc = e$ und $h = e$. Wäre $pch = \widetilde{p}c\widetilde{h}$ für $p, \widetilde{p} \in P$ und $h, \widetilde{h} \in H$, so ist $(\widetilde{p}^{-1}p)c(h\widetilde{h}^{-1}) = c$, also $\widetilde{p}^{-1}p = e$ und $h\widetilde{h}^{-1} = e$ wie eben gezeigt. Es folgt $p = \widetilde{p}$ und $h = \widetilde{h}$. Alle $7 \cdot 21$ Elemente von $PcH$ sind deshalb verschieden. ■

**5. Schritt.** *Es gibt Erzeuger $a, b, c$ von $G$ mit $a^3 = b^7 = c^2 = e$, $ac = ca^2$, $ab = b^2a$ und $cbc = b^{-1}cb^{-1}$. Also ist $G$ isomorph zu $PSL(2, \mathbb{F}_7)$.*

Weil $H$ nicht zyklisch ist, gibt es nach Satz 8.15 (siehe Aufgabe 8.36) Elemente $a, b \in H$ mit $a^3 = b^7 = e$ und $ab = b^2a$. Ist $c \in N(Q)$ der Ordnung zwei, so gilt $ac = ca^2$, weil $N(Q)$ isomorph zu $S_3$ ist. Zu zeigen ist nur noch $cbc = b^{-1}cb^{-1}$.

Wir zerlegen $H$ in $P \cup Pa \cup Pa^2$. Aus $G = PcH$ folgt die disjunkte Zerlegung:

$$G = H \cup PcP \cup PcPa \cup PcPa^2 .$$

Wir betrachten $cbc$. Im 4. Schritt haben wir $cbc \notin H$ gesehen. Ist $cbc \in PcPa^k$, so ist

$$cb^2c = cb^2aa^2c = a^2(cbc)a \in a^2(PcPa^k)a = Pa^2cPa^{k+1}PcaPa^{k+1} = PcPa^{k+2}$$

und analog $cb^4c \in PcPa^{k+1}$. Wir können deshalb eventuell den Erzeuger $b$ von $P$ abändern, sodass $cbc \in PcP$. Die Gleichungen $ab = b^2a$ und $ac = ca^2$ bleiben gültig. Dann sind $cb^2c, cb^4c \notin PcP$. Aus $cbc \in P$ folgt $cb^{-1}c \in PcP$ und $cb^{-2}c, cb^{-4}c \notin PcP$. Also:

$$cb^kc \in PcP \iff k = \pm 1 \bmod 7 . \tag{8.1}$$

Aus der obigen Zerlegung von $G$ folgt die Identität $cbc = b^icb^j$ für gewisse $i$ und $j$. Zu zeigen ist, dass $i = j = -1 \bmod 7$. Aus $cbc = b^icb^j$ folgt

$$cb^ic = bcb^{-j} .$$

Nach der Behauptung (8.1) oben ist $i = \pm 1 \bmod 7$. Analog $j = \pm 1 \bmod 7$. Wäre $i = 1 \bmod 7$ und $j = -1 \bmod 7$, dann gilt

$$cbc = bcb^{-1} .$$

Die Ordnung von $b$ ist die Ordnung von $cbc^{-1} = cbc = bcb^{-1}$, also gleich der Ordnung von $c$. Die Ordnung von $b$ wäre zwei, Widerspruch! Analog kann $i = 1, j = -1$ nicht auftreten. Wäre $i = j = 1 \bmod 7$, so folgt aus $cbc = bcb$ die Gleichung $bcb^{-1} = cbc$, was wir eben ausgeschlossen haben. Also ist $i = j = -1 \bmod 7$. ■

# Polynomiale Gleichungssysteme

9



ÜBERBLICK

## LERNZIELE

- Polynomring in mehreren Veränderlichen
- Nullstellensatz (schwach und stark) für nulldimensionale Ideale
- Anzahl der Lösungen über $\mathbb{C}$
- Monomordnungen; Teilung mit Rest durch ein Ideal
- Gröbner-Basen; Buchberger-Kriterium und -Algorithmus
- Berechnung des Radikals für nulldimensionale Ideale
- Satz des primitiven Elementes
- Reelle Lösungen von polynomialen Gleichungssystemen
- Elimination und Eliminationsordnungen
- Nullstellensatz (schwach und stark)

Polynomiale Gleichungssysteme sind Gleichungssysteme der Form

$$f_1(x_1, \ldots, x_n) = \ldots = f_s(x_1, \ldots, x_n) = 0$$

mit $f_i$ Polynome in $(x_1, \ldots, x_n)$, welche Koeffizienten in einem Körper $K$ haben. Die wichtigsten Körper in diesem Kapitel sind $K = \mathbb{Q}, \mathbb{R}$ und $\mathbb{C}$. Gesucht sind Elemente $(a_1, \ldots, a_n) \in K^n$, welche das Gleichungssystem erfüllen.

Klar ist, dass ein solches Gleichungssystem keine Lösung haben muss. Zum Beispiel hat das Gleichungssystem, bestehend aus der Gleichung in einer Veränderlichen

$$x^2 + 1 = 0,$$

keine Lösung in $\mathbb{R} = \mathbb{R}^1$. In den komplexen Zahlen $\mathbb{C}$ hat diese Gleichung eine Lösung. Wir werden deshalb zunächst die Lösungen in $\mathbb{C}^n$ betrachten.

Ein anderer Grund, weshalb das obige Gleichungssystem keine Lösung haben kann, ist nachfolgend erklärt. Wenn es Polynome $b_1, \ldots, b_s$ gibt, sodass

$$1 = b_1 f_1 + \ldots + b_s f_s,$$

folgt aus der Existenz einer Lösung, dass $1 = 0$, Widerspruch! In diesem Fall gibt es sicherlich keine Lösungen. Wir werden sehen, dass dies der „einzige Grund" ist (schwacher Nullstellensatz).

Um algebraisch alles richtig formulieren zu können, betrachten wir den Polynomring $K[x_1, \ldots, x_n]$. Ein Ring im Allgemeinen hat die gleichen Eigenschaften wie ein Körper, abgesehen davon, dass nicht alle Elemente ungleich 0 in einem Ring eine multiplikative Inverse haben müssen.

Ein wichtiger Begriff ist der eines Ideals. Es ist das Analogon des Unterraums eines Vektorraums. Ist $R$ ein Ring, so ist $I \subset R$ ein Ideal, wenn gilt:

1. $I$ ist nicht leer;
2. Aus $f, g \in I$ folgt, dass $f + g \in I$;
3. Aus $f \in I$ und $b \in R$ folgt, dass $b \cdot f \in I$.

Sind $f_1, \ldots, f_s \in R$, so ist

$$I = \langle f_1, \ldots, f_s \rangle := \{ b_1 f_1 + \ldots + b_s f_s \colon b_1, \ldots, b_s \in R \}$$

ein Ideal. Man sagt, dass $I$ von den Elementen $f_1, \ldots, f_s$ erzeugt wird.

Ist eine Teilmenge $A$ vom Polynomring gegeben, so definieren wir die Nullstellenmenge von $A$ durch

$$V(A) = \{ a \in \mathbb{C}^n \colon f(a) = 0 \text{ für alle } f \in A \}.$$

Ist $I = \langle f_1, \ldots, f_s \rangle$, so zeigt sich routinemäßig, dass $V(I) = V(\{f_1, \ldots, f_s\})$. Deshalb betrachten wir nur Nullstellenmengen von Idealen. Ein wichtiger Satz in diesem Zusammenhang ist, wie oben schon erwähnt, der (schwache) Nullstellensatz (Hilbert 1890):

$$1 \in I \iff \emptyset = V(I) \subset \mathbb{C}^n.$$

Kurz gesagt: Polynomiale Gleichungssysteme haben immer eine Lösung in $\mathbb{C}^n$, es sei denn, dass dies offensichtlich nicht der Fall ist. Es ist daher wichtig festzustellen, ob ein gegebenes Polynom $f$ (z. B. $f = 1$) ein Element von $I$ ist. Dies ist nicht immer einfach zu entscheiden.

Wir betrachten das Beispiel, gegeben durch die nachfolgenden drei Gleichungen.

$$\begin{aligned} f_1 &= 2x^2 + y^2 - 6 = 0, \\ f_2 &= -x^3 + y^3 - 7 = 0, \\ f_3 &= x^3 - 2xy + y^2 - 5x + 4 = 0. \end{aligned}$$

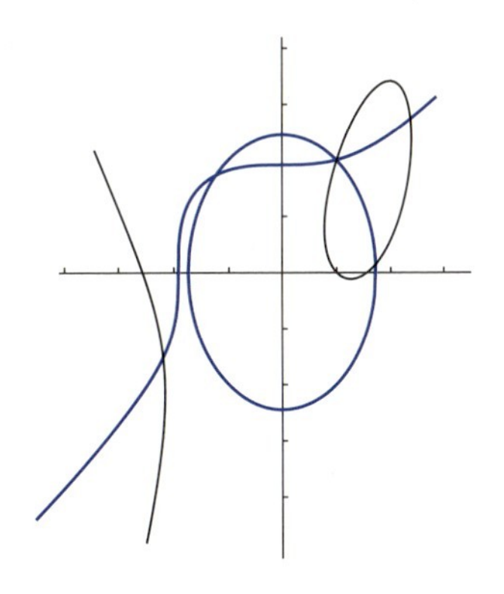

Diese haben eine Lösung $(x, y) = (1, 2)$, wie man durch direktes Einsetzen sieht. Rechts sind die reellen Lösungen von $f_1 = 0$, $f_2 = 0$ und $f_3 = 0$ in einem Bild gezeichnet. Hier sind $f_1 = 0$ und $f_2 = 0$ beide blau gezeichnet und $f_3 = 0$ ist schwarz.

Wenn wir eine der $f_i$ nur etwas abändern, so dürfte klar sein, dass es keine gemeinsame Lösung der drei Gleichungen gibt. Das fast identische Gleichungssystem

$$\begin{aligned} f_1 &= 2x^2 + y^2 - 6 = 0, \\ g_2 &= -x^3 + y^3 - 6 = 0, \\ f_3 &= x^3 - 2xy + y^2 - 5x + 4 = 0 \end{aligned}$$

hat tatsächlich keine Lösung, auch keine Lösung mit komplexen Koordinaten. Nach dem oben erwähnten schwachen Nullstellensatz gibt es keine Polynome $b_1, b_2, b_3$ mit $1 = b_1 f_1 + b_2 f_2 + b_3 f_3$, jedoch gibt es Polynome mit $1 = b_1 f_1 + b_2 g_2 + b_3 f_3$. Um festzustellen, ob solche $b_i$ existieren, benutzen wir Gröbner-Basen.

Man möchte auch die Anzahl der Lösungen $\#V(I)$ bestimmen. Dazu rechnen wir im sogenannten Quotientenring. Ist ein Ideal $I$ in einem Ring $R$ gegeben, so ist der Quotientenring $R/I$ definiert durch

$$R/I = \{ a + I \colon a \in R \}.$$

Hierbei ist $a + I = \{a + r \colon r \in I\}$. Ein Element von $R/I$ ist deshalb eine Menge mit unendlich vielen Elementen. Man prüft routinemäßig, dass $R/I$ auf natürliche Weise ein Ring ist. Wir werden am Ende des Kapitels zeigen:

$$\#V(I) < \infty \iff \mathbb{C}[x_1, \ldots, x_n]/I \text{ ist ein endlich dimensionaler komplexer Vektorraum.}$$

Wenn wir das Radikal $\sqrt{I} := \{f \colon \exists k \text{ mit } f^k \in I\}$ definieren, so gilt die wichtige Aussage:

$$\#V(I) = \dim_{\mathbb{C}}(\mathbb{C}[x_1, \ldots, x_n]/\sqrt{I}).$$

Ist die rechte Seite eine endliche Zahl, so zeigen wir diese Aussage bereits am Anfang des Kapitels. Die Bedingung $I = \sqrt{I}$ ist notwendig, um Lösungen mit höherer Vielfachheit zu vermeiden. Sei $V(I) = \{p_1, \ldots, p_s\}$, $\#V(I) = s$. Die Gleichheit $\#V(I) = \dim_{\mathbb{C}} \mathbb{C}[x_1, \ldots, x_n]/\sqrt{I}$ kommt zustande, indem wir zeigen, dass die Auswertungsabbildung

$$\begin{aligned} \mathbb{C}[x_1, \ldots, x_n] &\to \mathbb{C}^s \\ f &\mapsto (f(p_1), \ldots, f(p_s)) \end{aligned}$$

surjektiv mit dem Kern $\sqrt{I}$ ist. Wir erhalten einen Isomorphismus

$$\mathbb{C}[x_1, \ldots, x_n]/\sqrt{I} \to \mathbb{C}^s$$

(starker Nullstellensatz für nulldimensionale Ideale). Das bedeutet insbesondere, dass es Polynome $f_i$ gibt, sodass $f_i(p_j) = 0$ für $j \neq i$ und $f_i(p_i) = 1$.

Daher brauchen wir Methoden, um $\sqrt{I}$ und $\dim_{\mathbb{C}} \mathbb{C}[x_1, \ldots, x_n]/I$ zu bestimmen und um in dem Quotientenring $K[x_1, \ldots, x_n]/I$ vernünftig zu rechnen. Hierfür bestimmen wir zu jedem Element $f + I$ (welches selbst eine Menge mit unendlich vielen Elementen ist) einen **eindeutig bestimmten Vertreter**. Dies bedeutet, dass man zu jedem Polynom $f$ eindeutig bestimmte Polynome $g_f \in I$ und $r_f = NF(f, I)$ findet, sodass (Teilung mit Rest durch $I$):

$$f = g_f + r_f$$

Hierbei muss gelten, dass $r_f = 0$ genau dann, wenn $f \in I$. Statt mit Mengen $f + I$ zu rechnen, rechnen wir nur mit den Resten $r_f$. Diese Methode kennen wir schon für $\mathbb{Z}/n\mathbb{Z}$ und $K[x]/\langle f \rangle$. Um die Teilung mit Rest durch ein Ideal durchführen zu können, brauchen wir eine sogenannte Monomordnung. Diese Ordnung erfüllt gewisse Eigenschaften, sodass die Theorie funktioniert. Eine Monomordnung ist nicht eindeutig bestimmt und die Geschwindigkeit der Berechnungen hängt essentiel von der Wahl der Monomordnung ab. Jedes Polynom $f \in K[x_1, \ldots, x_n]$, $f \neq 0$, hat **nach Wahl** einer Monomordnung ein eindeutig bestimmtes Leitmonom $LM(f)$. Die Bedingung an den Rest $r_f$ ist, dass jedes Monom von $r_f$ nicht gleich $LM(g)$ für ein $g \in I$, $g \neq 0$, ist. Allerdings ist es hierfür notwendig, dass die Menge der Leitmonome $LM(I)$

$$LM(I) = \{LM(g) \colon g \in I, g \neq 0\}$$

bekannt ist. Aus

$$I = \langle f_1, \ldots, f_s \rangle$$

folgt im Allgemeinen jedoch **nicht**

$$LM(I) = \langle LM(f_1), \ldots, LM(f_s) \rangle (= \{x^\alpha LM(f_i) \colon \alpha \in \mathbb{N}_0^n, i = 1, \ldots s\}).$$

Wenn dies doch der Fall ist, liegt eine sogenannte Gröbner-Basis von $I$ vor.

Es ist deshalb ein grundlegendes Problem, eine Gröbner-Basis eines Ideals $I$ zu bestimmen. Wir werden dazu das Buchberger-Kriterium sowie den Buchberger-Algorithmus beschreiben. Dieser Algorithmus verallgemeinert sowohl den gaußschen Algorithmus für lineare Gleichungssysteme sowie den euklidischen Algorithmus.

Nachdem wir die Theorie der Gröbner-Basen entwickelt haben, sodass wir damit ordentlich in dem Quotientenring $K[x_1, \ldots, x_n]/I$ rechnen können, sind viele Probleme lösbar. Es sei $I$ ein nulldimensionales Ideal, d. h. $\mathbb{Q}[x_1, \ldots, x_n]/I$ ein endlich dimensionaler Vektorraum.

1. Sei $g$ ein Polynom. Indem man modulo $I$ nach einer linearen Abhängigkeitsrelation zwischen $1, g, g^2, \ldots$ sucht, kann man ein normiertes Polynom $M_g(t) \in \mathbb{Q}[t]$, das Minimalpolynom finden mit $M_g(g) \in I$. Die komplexen Nullstellen von $M_g$ sind die Werte von $g$ auf $V(I)$.
2. Dies kann man insbesondere für die $x_i$ berechnen. Indem man die quadratfreien Teile von $M_{x_i}$ für $i = 1, \ldots, n$ zu $I$ hinzufügt, erhält man $\sqrt{I}$. Nach Berechnung einer Gröbner-Basis von $\sqrt{I}$ sind insbesondere die Anzahl der Lösungen, also $\#V(I) \subset \mathbb{C}^n$ berechenbar.
3. Ist $I$ ein radikales Ideal, d. h. $I = \sqrt{I}$, so können wir ein (lineares) Polynom $g$ (mit Koeffizienten in $\mathbb{Q}$) bestimmen, deren Werte auf $V(I)$ alle verschieden sind. Diese Aussage ist der **Satz des primitiven Elementes**. Oft, aber nicht immer, kann man $g = x_i$ für ein $i$ nehmen. Geometrisch ist diese Aussage einleuchtend.

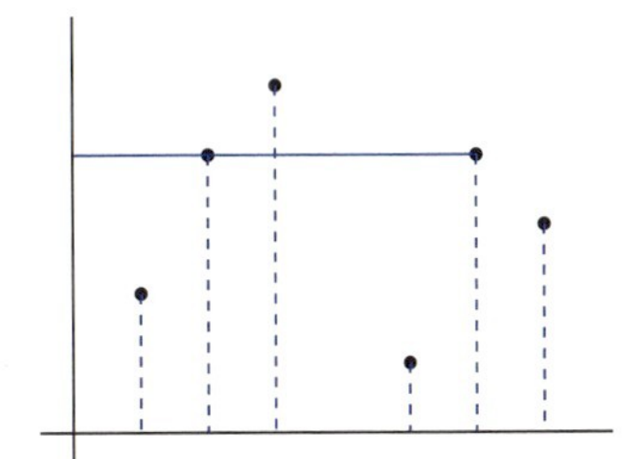

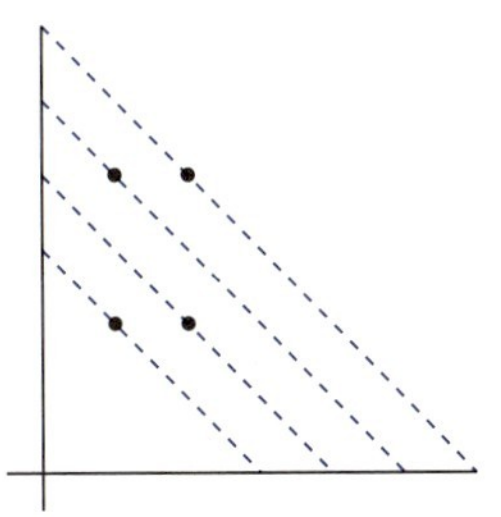

4. Sei $K$ ein Körper zwischen $\mathbb{Q}$ und $\mathbb{C}$ und $g$ ein primitives Element für $I$. Wir werden zeigen:

$$\text{Ist } p \in V(I) \text{ und } g(p) \in K\,, \text{ so ist } p \in K^n\,.$$

Auf diese Weise bestimmen wir die Anzahl der reellen Elemente von $V(I)$.

Hier folgen noch ein paar Worte zu den Aufgaben. Unser Ziel ist es, die Algorithmen zu verstehen. Es ist praktisch unvermeidlich, dass die Berechnungen umfangreich werden. In diesem Kapitel muss man oft Polynome miteinander multiplizieren. Da ich davon ausgehe, dass Sie dies können, rate ich Ihnen dringend, SAGEMATH für das Rechnen im Polynomring zu benutzen. Einige Aufgaben zum Durchrechnen vom Buchberger-Kriterium und Buchberger-Algorithmus sind nur machbar, wenn man die Addition und Multiplikation von Polynomen mit dem Rechner durchführt. Sobald man diese Algorithmen gut verstanden hat, ist es natürlich ratsam, Gröbner-Basen durch den Rechner bestimmen zu lassen.

## 9.1 Ringe

Ein (kommutativer) Ring $R$ ist eine Menge zusammen mit einer Addition $+$, welche zwei Elemente $a, b \in R$ der Summe $a + b$ zuordnet, und eine Multiplikation $\cdot$, welche zwei Elemente $a, b \in R$ dem Produkt $a \cdot b$ zuordnet. Hierbei ist $R$ zusammen mit $+$ eine abelsche Gruppe, die Multiplikation erfüllt die kommutative und assoziative Eigenschaft, es gibt eine $1 \in R$ ($1 \cdot a = a$ für alle $a \in R$) und die distributive Eigenschaft gilt: $a \cdot (b+c) = a \cdot b + a \cdot c$ für alle $a, b, c \in R$.

Ist $R$ ein Ring und gibt es für jedes $a \neq 0$ ein $b$ mit $a \cdot b = 1$, so ist $R$ ein Körper.

Sind $R, S$ Ringe, so nennt man eine Abbildung $\varphi\colon R \to S$ einen (Ring-)Homomorphismus, wenn $\varphi(a+b) = \varphi(a) + \varphi(b)$ und $\varphi(a \cdot b) = \varphi(a) \cdot \varphi(b)$ für alle $a, b \in R$. Ein Homomorphismus $\varphi\colon R \to S$ ist ein Isomorphismus, wenn $\varphi$ bijektiv ist. (Dann ist $\varphi^{-1}$ auch ein Homomorphismus.)

Das einfachste Beispiel sind die ganzen Zahlen. Ist $R$ ein Ring, so definieren wir den Polynomring $R[x]$ mit Koeffizienten in $R$. Ein Element $f \in R[x]$ ist ein Ausdruck $f = a_0 + a_1 x + \ldots + a_n x^n$ mit $a_i \in R$. Hierbei wird $0 \cdot x^k$ als 0 interpretiert. Wir setzen $a_{n+1} = a_{n+2} = \cdots = 0$. Die Zahl $n$ hängt von $f$ ab und ist $a_n \neq 0$, so ist $n$ der Grad von $f$. Sei $g = b_0 + \ldots + b_m x^m$ und z. B. $n \geq m$:

$$f + g := (a_0 + b_0) + (a_1 + b_1) + \ldots + (a_n + b_n)x^n$$
$$f \cdot g := a_0 b_0 + (a_0 b_1 + a_1 b_0)x + \ldots + (a_n b_m)x^{n+m}.$$

Ausgehend von einem Körper $K$ können wir den Polynomring mehrerer Veränderlicher $K[x_1, \ldots, x_n] = K[x_1, \ldots, x_{n-1}][x_n]$ definieren. Elemente aus diesem Ring sind

$$f(x_1, x_2, \ldots, x_n) = \sum_{\alpha_1=0}^{N} \sum_{\alpha_2=0}^{N} \cdots \sum_{\alpha_n=0}^{N} c_{\alpha_1, \alpha_2, \ldots, \alpha_n} x_1^{\alpha_1} x_2^{\alpha_2} \cdots x_n^{\alpha_n},$$

wobei $c_{\alpha_1, \alpha_2, \ldots, \alpha_n}$ aus $K$ sind. Wir werden oft die *Multiindex-Notation* $x^\alpha = x_1^{\alpha_1} \cdots x_n^{\alpha_n}$ benutzen und analog $c_\alpha$. Die Zahl $|\alpha| = \alpha_1 + \cdots + \alpha_n$ heißt Totalgrad des Monoms $x^\alpha$. Ist $a = (a_1, \ldots, a_n) \in K^n$, so schreiben wir $f(a)$ für den Wert von $f$ an der Stelle $a$.

Ist $R$ ein Ring, so heißt eine nichtleere Teilmenge $I \subset R$ ein Ideal in $R$, wenn gilt:

1. Sind $a, b \in I$, dann auch $a + b \in I$.
2. Ist $a \in I$ und $b \in R$, dann auch $a \cdot b \in I$.

Ist $A$ eine Menge von Polynomen, so ist $\langle A \rangle := \{r_1 f_1 + \ldots + r_k f_k \colon r_i \in R \text{ und } f_i \in A\}$ ein Ideal, das von $A$ erzeugte Ideal. Weil Ideale meistens unendlich viele Elemente haben, möchten wir Ideale durch endlich viele Erzeugende $f_1, \ldots, f_s$ beschreiben: $I = \langle \{f_1, \ldots, f_s\} \rangle =: \langle f_1, \ldots, f_s \rangle$.

Ist $I$ ein Ideal in einem Ring $R$, so können wir den sogenannten Quotientenring $R/I$ bilden. Elemente von diesem Ring sind Mengen vom Typ $a + I = \{a + b \colon b \in I\}$. Wir definieren die Addition und Multiplikation durch $(a+I) + (b+I) := (a+b) + I$ und $(a+I) \cdot (b+I) = a \cdot b + I$.

Es gilt $a + I = b + I \iff a - b \in I$. In diesem Fall sagt man, dass $a$ gleich $b$ modulo $I$ ist. Weil ein Element von $R/I$ eine Menge mit üblicherweise unendlich vielen Elementen ist, ist es a priori schwierig, in $R/I$ zu rechnen. Die Theorie der Gröbner-Basen ist jedoch eine Methode, dies zu erreichen, wenn $I$ ein Ideal im Polynomring mehrerer Veränderlicher ist.

## Aufgaben

Lösung

**Aufgabe 9.1** Zeigen Sie:

1. Ist $I$ ein Ideal in einem Ring $R$, so ist $0 \in I$.
2. Sei $I = \langle f_1, \dots, f_s \rangle$ mit $s \geq 2$ und $f_i \neq 0$ für jedes $i$. Warum ist ein Tupel $(a_1, \dots, a_s)$ mit $f = a_1 f_1 + \ldots + a_s f_s$ nie eindeutig bestimmt?

**Aufgabe 9.2** Es seien $I, J$ Ideale in einem Ring $R$.

1. Zeigen Sie, dass $I \cap J$ ebenfalls ein Ideal in $R$ ist. Ist $I \cup J$ ein Ideal?
2. Zeigen Sie, dass die Summe $I + J := \{f + g : f \in I \text{ und } g \in J\}$ ebenfalls ein Ideal ist. Es ist das kleinste Ideal, das sowohl $I$ als auch $J$ enthält.

**Aufgabe 9.3** Sei $R$ ein Ring und $I$ ein Ideal in $R$. Zeigen Sie, dass $R/I$ tatsächlich ein Ring ist, also alle geforderten Eigenschaften der Addition und Multiplikation erfüllt sind.

**Aufgabe 9.4** Es seien $R, S$ Ringe und $\varphi\colon R \to S$ ein surjektiver Ringhomomorphismus.

1. Zeigen Sie, dass $\operatorname{Ker}(\varphi) := \{a \in R : \varphi(a) = 0\}$ ein Ideal in $R$ ist.
2. Zeigen Sie, dass $\overline{\varphi}\colon R/\operatorname{Ker}(\varphi) \to S$ mit $\overline{\varphi}(a + \operatorname{Ker}(\varphi)) = \varphi(a)$ wohldefiniert und ein Isomorphismus ist.

**Aufgabe 9.5** Es sei $R$ ein Ring, $A$ eine Menge und $\operatorname{Abb}(A, R) = \{f\colon A \to R\}$ die Menge der Abbildungen von $A$ nach $R$.

1. Zeigen Sie, dass $\operatorname{Abb}(A, R)$ auf natürliche Weise ein Ring ist.
2. Im Fall $A = \{1, \dots, s\}$ und $R = \mathbb{C}$, wie können wir $\operatorname{Abb}(A, R)$ interpretieren?

**Aufgabe 9.6** Es sei $K$ ein Körper.

1. Warum ist jedes Ideal in $K[x]$ ein Hauptideal: $I = \langle d \rangle$? Tipp: Nehmen Sie ein $d$ vom minimalen Grad im Ideal und führen Sie Teilung mit Rest durch.
2. Es sei $f_1, f_2, \dots, f_s \in K[x]$ Zeigen Sie:
   (a) $\langle f_1, f_2, \dots, f_s \rangle = \langle \operatorname{ggT}(f_1, f_2, \dots, f_s) \rangle$.
   (b) $\langle f_1 \rangle \cap \langle f_2 \rangle \cap \dots \cap \langle f_s \rangle = \langle \operatorname{kgV}(f_1, f_2, \dots, f_s) \rangle$.
3. Es seien $f_1, \dots, f_s$ teilerfremde Polynome, $f = f_1 \cdot \ldots \cdot f_s$ und $\widehat{f}_i = f / f_i$. Warum gibt es **eindeutige** $a_i \in K[x]$, $\deg(a_i) < \deg(f_i)$ mit $1 = a_1 \widehat{f}_1 + \ldots + a_s \widehat{f}_s$?

**Aufgabe 9.7**

1. Zeigen Sie, dass ein Ring $R \neq 0$ ein Körper ist, genau dann, wenn $R$ nur zwei Ideale hat.
2. Es sei $I \subset R$ ein Ideal. Zeigen Sie, dass es eine 1-1-Korrespondenz zwischen den Idealen in $R/I$ und Idealen $J$ mit $I \subset J$ in $R$ gibt.
3. Ein Ideal $\mathfrak{m} \subsetneq R$ in einem Ring $R$ heißt maximales Ideal, wenn es kein Ideal $I$ mit $\mathfrak{m} \subsetneq I \subsetneq R$ gibt. Zeigen Sie, dass $\mathfrak{m}$ ein maximales Ideal ist genau dann, wenn $R/\mathfrak{m}$ ein Körper ist.
4. Bestimmen Sie die maximalen Ideale in $\mathbb{C}[x]$ und in $\mathbb{R}[x]$.

## 9.2 Polynomiale Gleichungssysteme

Ist $K$ ein Körper, $A \subset K[x_1, \ldots, x_n]$ eine Teilmenge, so definieren wir:

$$V(A) = \{a \in K^n : f(a) = 0 \text{ für alle } f \in A\} .$$

Ist $I = \langle A \rangle$, so gilt offenbar $V(I) = V(\langle A \rangle)$. Daher brauchen wir nur Ideale $I$ zu betrachten: Das ist aus Gründen der Theoriebildung besser.

**Beispiele**

1. Lineare Gleichungssysteme $V(f_1, \ldots, f_k)$ mit $f_i = a_{i1}x_1 + \ldots + a_{in}x_n - b_i$.
2. Ist $p \in \mathbb{R}^2$ (oder allgemeiner $\mathbb{R}^n$) ein Punkt und $M = V(f)$ gegeben durch eine polynomiale Gleichung $f = 0$, so können wir nach dem Abstand $d(p, M)$ fragen.

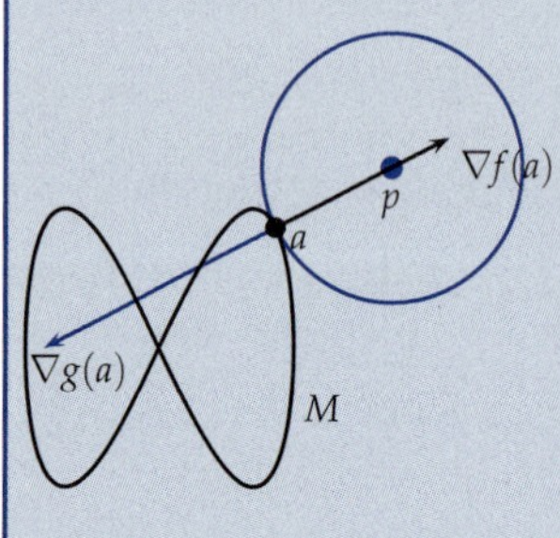


Sei $g(x,y) = (p_1 - x)^2 + (p_2 - y)^2$. Die Theorie der Lagrange-Multiplikatoren besagt, dass ein solches (lokales) Minimum (oder Maximum) in Punkten angenommen wird, wo $\nabla(f)$ und $\nabla(g)$ linear abhängig sind. Wir suchen also das Minimum der Funktion $g(x,y)$ auf der Menge, gegeben durch die Gleichungen $f = 0$ und $\det(\nabla(f), \nabla(g)) = 0$. Wir erhalten ein polynomiales Gleichungssystem, welches sehr oft über den komplexen Zahlen endlich viele Lösungen hat. Im nebenstehenden Beispiel ist $f = \frac{2}{3}x^2(4 - 3x^2)$ und $p = (2, 3/2)$.

**Satz 9.1 (Nullstellensatz)** Für $I \subset \mathbb{C}[x_1, \ldots, x_n]$ ein Ideal gilt: $1 \notin I \iff V(I) \neq \emptyset$.

1. Ist $I \subset R$ ein Ideal, so heißt $\sqrt{I} = \{f \in R : \exists k \text{ mit } f^k \in I\}$ das Radikal von $I$. Ein Ideal heißt radikal, wenn $I = \sqrt{I}$.
2. Ein Ideal $I \subset K[x_1, \ldots, x_n]$ heißt nulldimensional, wenn $\dim_K K[x_1, \ldots, x_n]/I$ ein endlich dimensionaler $K$-Vektorraum ist.

Wir werden auf den nächsten Seiten den folgenden Spezialfall des Nullstellensatzes beweisen. Den allgemeinen Fall beweisen wir im Abschnitt 9.13.

**Satz 9.2 (Starker Nullstellensatz für nulldimensionale Ideale)** Sei $I$ ein Ideal in $\mathbb{C}[x_1, \ldots, x_n]$ und $I \cap \mathbb{C}[x_i] = \langle g_i \rangle$.

1. $I$ ist nulldimensional $\iff$ $g_i \neq 0$ für jedes $i$.
2. Sei $I$ nulldimensional. Haben $g_i$ und $h_i \in \mathbb{C}[x_i]$ die gleichen Nullstellen mit $h_i$ einfache Nullstellen, so ist $\sqrt{I} = I + \langle h_1, \ldots, h_n \rangle$. Wir nennen $h_i$ den quadratfreien Teil von $g_i$.
3. $I$ ist nulldimensional genau dann, wenn $\#V(I) = s < \infty$. Wenn $V(I) = \{p_1, \ldots, p_s\}$, so ist die Auswertungsabbildung ein Isomorphismus:

$$ev\colon \mathbb{C}[x_1, \ldots, x_n]/\sqrt{I} \to \mathbb{C} \times \cdots \times \mathbb{C} = \mathbb{C}^s \qquad f \mapsto (f(p_1), \ldots, f(p_s))$$

# Aufgaben

Lösung

**Aufgabe 9.8** Es seien $I, J$ Ideale in einem Ring $R$. Zeigen Sie:

1. $\sqrt{I}$ ist ein Ideal mit $I \subset \sqrt{I}$.
2. $\sqrt{\sqrt{I}} = \sqrt{I}$.
3. $\sqrt{I \cap J} = \sqrt{I} \cap \sqrt{J}$.
4. $\sqrt{I+J} = \sqrt{\sqrt{I} + \sqrt{J}}$.
5. $I + J$ ist nicht notwendigerweise radikal.

**Aufgabe 9.9** Es seien $I, J$ Ideale in $K[X_1, \ldots, X_n]$. Es sei $I \cdot J$ das Produkt von $I$ und $J$, d. h. $I \cdot J = \{\sum_{i=1}^{s} f_i g_i : f_i \in I \text{ und } g_i \in J\}$. Zeigen Sie:

1. Ist $I \supset J$, so ist $V(I) \subset V(J)$.
2. $V(I + J) = V(I) \cap V(J)$.
3. $V(I \cdot J) = V(I) \cup V(J)$.
4. $V(I \cap J) = V(I) \cup V(J)$.

**Aufgabe 9.10** Es sei $I \subset \mathbb{C}[x_1, \ldots, x_n]$ ein nulldimensionales radikales Ideal.

1. Es seien $f, g$ Polynome mit $f \cdot g \in I$, aber $f, g \notin I$. Zeigen Sie, dass $V(I + \langle f \rangle) \neq \emptyset$.
2. Es sei $\langle g_i \rangle = I \cap \mathbb{C}[x_i]$. Zeigen Sie, dass die Projektion $\pi\colon V(I) \to \mathbb{C}$ mit $\pi(a_1, \ldots, a_n) = a_i$ surjektiv auf $V(g_i) \subset \mathbb{C}$ abbildet.
3. Sei $J$ ein Ideal mit $J \supset I$. Zeigen Sie, dass auch $J$ ein radikales Ideal ist.
4. Sei $J \supset I$. Zeigen Sie, dass es ein $f \in J$ gibt mit $J = I + \langle f \rangle$.
5. Es gibt Polynome $f_1, \ldots, f_{n+1}$ mit $I = \langle f_1, \ldots, f_{n+1} \rangle$. Zeigen Sie diese Aussage. Ist sie auch gültig für nicht radikale nulldimensionale Ideale?

**Aufgabe 9.11** Sei $A = \{(i,j) \in \mathbb{N}^2 : 1 \leq i,j \leq 3\}$ und $B = \{(1,1), (2,3), (2,1), (3,2)\}$.

Bestimmen Sie $f \in \mathbb{Q}[x,y]$ mit $f(p) = 0$ für alle $p \in B$, aber $f(p) \neq 0$ für alle $p \in A \setminus B$.

**Aufgabe 9.12** Es sei $I \subset \mathbb{C}[x_1, \ldots, x_n]$ ein nulldimensionales Ideal. In dieser Aufgabe werden wir die Lösungen $p \in V(I)$ einer Vielfachheit zuordnen. Sei $p \in V(I)$, $f(p) = 0$, aber $f(q) \neq 0$ für alle $q \in V(I) \setminus \{p\}$. Betrachte die Abbildung

$$f\cdot : \mathbb{C}[x_1, \ldots, x_n]/I \to \mathbb{C}[x_1, \ldots, x_n]/I,$$

die Multiplikation mit $f$, welche $g$ auf $f \cdot g$ mod $I$ abbildet.

1. Zeigen Sie, dass $\operatorname{Ker}(f\cdot) \neq 0$. Tipp: Nullstellensatz.
2. Zeigen Sie: Es gibt ein $k \in \mathbb{N}$ mit $\operatorname{Ker}(f^k\cdot) = \operatorname{Ker}(f^{k+1}\cdot)$ und $\operatorname{Ker}(f^k\cdot) \cap \operatorname{Im}(f^k\cdot) = \{0\}$.
3. Sei $g = f^k$ wie im vorherigen Teil und $I_p = I + \langle g \rangle = \operatorname{Im}(g\cdot)$ und $J_p = \operatorname{Ker}(g\cdot)$. Zeigen Sie, dass $V(I_p) = p$, $V(J_p) = V(I) \setminus \{p\}$ und
$$\dim_{\mathbb{C}} \mathbb{C}[x_1, \ldots, x_n]/I = \dim_{\mathbb{C}} \mathbb{C}[x_1, \ldots, x_n]/I_p + \dim_{\mathbb{C}} \mathbb{C}[x_1, \ldots, x_n]/J_p.$$
4. Sei $h$ ein weiteres Polynom mit $h(p) = 0$, $h(q) \neq 0$ für $q \in V(I) \setminus \{p\}$. und $\operatorname{Ker}(h\cdot) \cap \operatorname{Im}(h\cdot) = \{0\}$. Zeigen Sie, dass $\operatorname{Ker}(h\cdot) = \operatorname{Ker}(g\cdot)$ und $\operatorname{Im}(h\cdot) = \operatorname{Im}(g\cdot)$, also $I_p$ und $J_p$ sind unabhängig von der Wahl von $g$. Tipp: Warum gibt es ein $k$ mit $h^k \in I + \langle g \rangle$?
5. Definiere $m_p(I) := \dim_{\mathbb{C}} \mathbb{C}[x_1, \ldots, x_n]/I_p$. Zeigen Sie:
$$\sum_{p \in V(I)} m_p(I) = \dim_{\mathbb{C}} \mathbb{C}[x_1, \ldots, x_n]/I\,.$$

# Beweis des Satzes 9.2

**1.** Wir beginnen mit der ersten Aussage des Satzes 9.2.

„$\Rightarrow$". Sei $K$ ein Körper. Ist $I \subset K[x_1,\ldots,x_n]$ nulldimensional, so ist definitionsgemäß $m := \dim_K K[x_1,\ldots,x_n]/I < \infty$. Sei $f \in K[x_1,\ldots,x_n]$. Weil $m+1$ Elemente in $K[x_1,\ldots,x_n]/I$ linear abhängig sind, gibt es ein minimales $k \leq m$, sodass

$$1+I, f+I, \ldots, f^k+I$$

linear abhängig ist. Also gibt es $a_0,\ldots,a_{k+1}$ mit

$$a_0 + a_1 f + \ldots + a_{k-1} f^{k-1} + f^k + I = 0 + I\,.$$

Es folgt $a_0 + a_1 f + \ldots + a_{k-1} f^{k-1} + f^k \in I$. Wende dies an auf $x_1,\ldots,x_n$, um die $g_i \in I \cap K[x_i]$ zu erhalten.

„$\Leftarrow$". Wir schreiben $m_i = \deg(g_i)$. Es sei $x_1^{\alpha_1}\cdot\ldots\cdot x_n^{\alpha_n}$ ein Monom. Für jedes $x_i^{\alpha_i}$ führen wir Polynomdivision mit $g_i$ durch. Wir erhalten $x_i^{\alpha_i} = q_i \cdot g_i + r_i$ mit $r_i \in K[x_i]$ vom Grad kleiner als $m_i$. Dann gilt:

$$x_1^{\alpha_1}\cdot\ldots\cdot x_n^{\alpha_n} = r_1\cdot\ldots\cdot r_n \bmod I\,.$$

In $r_1\cdot\ldots\cdot r_n$ kommen nur Monome

$$x_1^{\beta_1}\cdot\ldots\cdot x_n^{\beta_n}$$

mit $\beta_i < m_i$ vor. Dann gilt auch, dass jedes $f = \sum_\alpha c_\alpha x^\alpha$ modulo $I$ als Summe der Monome $x_1^{\beta_1}\cdot\ldots\cdot x_n^{\beta_n}$ mit $\beta_i < m_i$ geschrieben werden kann. Also hat $K[x_1,\ldots,x_n]/I$ höchstens die Dimension $m_1\cdot\ldots\cdot m_n$.

**2.** Ist $I$ nulldimensional, so gibt es $g_i \in \mathbb{C}[x_i]$ mit $g_i \neq 0$. Die verschiedenen Nullstellen von $g_i$ seien $a_{i,1},\ldots,a_{i,d_i}$. Dann hat die Menge $V(g_1,\ldots,g_n)$ genau $d_1\cdot\ldots\cdot d_n$ Elemente:

$$V(g_1,\ldots,g_n) = \{(a_{1,j(1)},\ldots,a_{n,j(n)})\colon 1 \leq j(i) \leq d_i\}\,.$$

Weil $V(I) \subset V(g_1,\ldots,g_n)$ ist $\#V(I) < \infty$. Dann ist

$$h_i = (x_1 - a_{i,1})\cdot\ldots\cdot(x_n - a_{i,d_i})$$

und es gibt Zahlen $m_{i,j} \geq 1$ mit

$$g_i = (x_1 - a_{i,1})^{m_{i,1}}\cdot\ldots\cdot(x_n - a_{i,d_i})^{m_{i,d_i}}\,.$$

Gilt $m_i \geq m_{i,j}$ für jedes $j$, so folgt $h_i^{m_i} \in \langle g_i\rangle \in I$. Also $h_i \in \sqrt{I}$.

**3.** Wir zeigen die Surjektivität von $ev$. Zunächst aber folgende Aussage. Sind $p_1,\ldots,p_s$ verschiedene Punkte in $K^n$, so gibt es $f_i \in K[x_1,\ldots,x_n]$ mit

$$f_i(p_j) = \begin{cases} 1 & \text{wenn } i = j \\ 0 & \text{wenn } i \neq j\,. \end{cases}$$

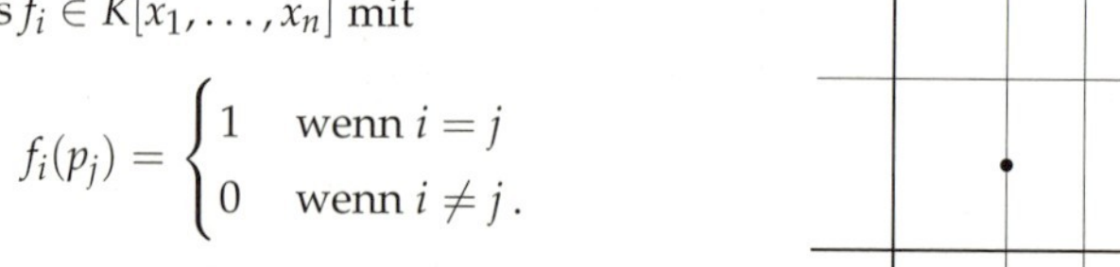

Sei $a_{k,j}$ die $k$-te Koordinate von $p_j$.

Ist $i \neq j$, so wähle ein $k$ mit $a_{k,i} \neq a_{k,j}$ und $L_{i,j} := (x_k - a_{k,j})/(a_{k,i} - a_{k,j})$. Dann $L_{i,j}(p_i) = 1$ und $L_{i,j}(p_j) = 0$. Setze $f_i = \prod_{j\neq i} L_{i,j}$.

Mit $f = \sum_{i=1}^{s} c_i f_i$ ist $ev(f) = (c_1,\ldots,c_s)$. Also ist die Auswertungsabbildung surjektiv.

**4.** Sei $d = d_1 \cdot \ldots \cdot d_n$ und $V(h_1, \ldots, h_n) = \{p_1, \ldots, p_d\}$. Wir haben gerade gezeigt, dass die Auswertungsabbildung $\mathbb{C}[x_1, \ldots, x_n] \to \mathbb{C}^d$ surjektiv ist. Weil $h_i(p_j) = 0$ für alle $i = 1, \ldots, n$ und $j = 1, \ldots, d$, erhalten wir einen surjektiven Homomorphismus

$$\mathbb{C}[x_1, \ldots, x_n] / \langle h_1, \ldots, h_n \rangle \to \mathbb{C}^d .$$

Weil der Vektorraum $\mathbb{C}[x_1, \ldots, x_n] / \langle h_1, \ldots, h_n \rangle$ höchstens die Dimensions $d$ hat, wie wir im ersten Teil bewiesen haben, ist diese Abbildung ein Isomorphismus. Daher gilt:

$$f(p_1) = \ldots = f(p_d) = 0 \iff f \in \langle h_1, \ldots, h_n \rangle .$$

**5.** Es gilt $V(I) \subset V(h_1, \ldots, h_n)$. Ohne Beschränkung der Allgemeinheit ist $V(I) = \{p_1, \ldots, p_s\}$. Wiederum ist die Auswertungsabbildung

$$ev\colon \mathbb{C}[x_1, \ldots, x_n] \to \mathbb{C}^s$$

surjektiv. Wir zeigen, dass $ev(f) = 0 \iff f \in I + \langle h_1, \ldots, h_n \rangle$, also

$$ev\colon \mathbb{C}[x_1, \ldots, x_n] / (I + \langle h_1, \ldots, h_n \rangle) \to \mathbb{C}^s$$

ist ein Isomorphismus. Sei $s < i \leq d$. Dann ist $p_i \notin V(I)$, es gibt deshalb ein $\widetilde{u}_i \in I$ mit $\widetilde{u}_i(p_i) \neq 0$. Nach Multiplikation mit $f_i$ aus dem dritten Teil und einer Konstanten erhalten wir $u_i \in I$ mit $u_i(p_i) = 1$ und $u_i(p_j) = 0$, wenn $i \neq j$.
Sei nun $ev(f) = 0$, also $f(p_1) = \ldots = f(p_s) = 0$. Dann hat

$$\widetilde{f} := f - \sum_{i=s+1}^{d} f(p_i) \cdot u_i$$

die Eigenschaft, dass $\widetilde{f}(p_i) = 0$ für alle $i = 1, \ldots, d$. Es folgt aus dem vierten Teil, dass $\widetilde{f} \in \langle h_1, \ldots, h_n \rangle$ und

$$f = \sum_{i=s+1}^{d} f(p_i) \cdot u_i + \widetilde{f} \in I + \langle h_1, \ldots, h_n \rangle .$$

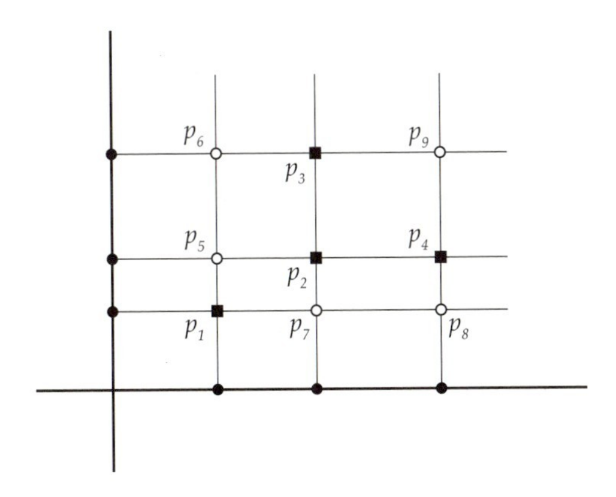


**6.** Es gilt $\sqrt{I} \subset \{f : f(p_1) = \ldots = f(p_s) = 0\} = I + \langle h_1, \ldots, h_n \rangle \subset \sqrt{I}$. Es folgt $\sqrt{I} = I + \langle h_1, \ldots, h_n \rangle$ und alle Aussagen des Satzes sind nun bewiesen. ■

**Bemerkung.** Dieser Beweis des Nullstellensatzes für nulldimensionale Ideale funktioniert auch, wenn wir $\mathbb{C}$ durch einen beliebigen algebraisch abgeschlossenen Körper ersetzen. Dieser Beweis geht selbst durch für Körper, in dem das Polynom $g_1 \cdot \ldots \cdot g_n$ in Linearfaktoren zerfällt.

## 9.3 Monomordnungen

Eine **Monomordnung** $>$ auf $\mathbb{M} := \{x^\alpha : \alpha \in \mathbb{N}_0^n\}$ ist eine Relation $>$ mit:

**1.** $\geq$ ist eine *totale* Ordnung auf $\mathbb{M}$, d. h.

(a) Für $x^\alpha$ und $x^\beta$ gilt entweder $x^\alpha \geq x^\beta$ oder $x^\beta \geq x^\alpha$. Gilt beides, so ist $x^\alpha = x^\beta$.

(b) Ist $x^\alpha \geq x^\beta$ und $x^\beta \geq x^\gamma$, so ist $x^\alpha \geq x^\gamma$.

**2.** Ist $x^\alpha \geq x^\beta$, so ist $x^\gamma \cdot x^\alpha \geq x^\beta \cdot x^\gamma$.

**3.** $1 \in \mathbb{M}$ ist das kleinste Element. Wir schreiben $x^\alpha > x^\beta$, wenn $x^\alpha \geq x^\beta$, aber $x^\alpha \neq x^\beta$.

**Beispiele**

**1.** **Lexikographische Ordnung** lex: Ist $\alpha = (\alpha_1, \dots, \alpha_n)$ und $\beta = (\beta_1, \dots, \beta_n)$, so ist $x^\alpha >_{lex} x^\beta$, wenn für $j = \min\{i \mid \alpha_i \neq \beta_i\}$ gilt $\alpha_j > \beta_j$.

**2.** **Graduiert lexikographische Ordnung** deglex oder auch grlex:

$$x^\alpha >_{deglex} x^\beta :\Longleftrightarrow \begin{cases} |\alpha| > |\beta| & \text{oder} \\ |\alpha| = |\beta| & \text{und } x^\alpha >_{lex} x^\beta \,. \end{cases}$$

**3.** **Grad rückwärts lexicographische Ordnung** degrevlex:

$$x^\alpha >_{degrevlex} x^\beta :\Longleftrightarrow \begin{cases} |\alpha| > |\beta| & \text{oder} \\ |\alpha| = |\beta| & \text{und für } j = \max\{i : \alpha_i \neq \beta_i\} \text{ ist } \alpha_j < \beta_j \,. \end{cases}$$

**4.** **Blockordnungen.** Wir verteilen die Variablen $(x_1, \dots, x_n)$ in zwei disjunkte Gruppen $(t_1, \dots, t_r)$ und $(y_1, \dots, y_s)$, $r + s = n$. Ist $>_1$ eine Monomordnung für $K[y_1, \dots, y_s]$ und $>_2$ eine Monomordnung für $K[t_1, \dots, t_r]$, so erhalten wir eine Monomordnung $>:= (>_1, >_2)$ auf $K[x_1, \dots, x_n]$, indem wir setzen

$$(\alpha_1, \alpha_2) > (\beta_1, \beta_2) \Longleftrightarrow \begin{cases} \alpha_1 >_1 \beta_1 & \text{oder} \\ \alpha_1 = \beta_1 & \text{und } \alpha_2 >_2 \beta_2 \,. \end{cases}$$

**1.** Sei $>$ eine Monomordnung und $0 \neq f$. Wir schreiben $f$ als

$$f = \sum_{j=1}^{k} a_j x^{\alpha(j)}, \quad x^{\alpha(1)} > x^{\alpha(2)} > \cdots > x^{\alpha(k)} \text{ und } a_j \neq 0 \text{ für } j = 1, \dots, k \,.$$

Wir definieren:

(a) $LM(f) := x^{\alpha(1)}$, das Leitmonom von $f$; (b) $LT(f) := a_1 x^{\alpha(1)}$, den Leitterm von $f$;

(c) $LC(f) := a_1$, den Leitkoeffizienten von $f$; (d) $f$ ist normiert, wenn $LC(f) = 1$.

Ist $I \subset K[x_1, \dots, x_n]$ so definieren wir:

$LM(I) = \{LM(f) : 0 \neq f \in I\}$: die Halbgruppe der Leitmonomen aus $I$.

$NB(I) = \mathbb{M} \setminus LM(I)$: die Normalbasis von $I$.

**2.** Es seien $x^\alpha$ und $x^\beta$ Monome. Wir definieren:

1. $x^\alpha \mid x^\beta$, wenn $\alpha(i) \leq \beta(i)$ für $i = 1, \dots, n$, d. h. $x^\alpha$ teilt $x^\beta$.
2. Das kleinste gemeinsame Vielfache $\mathrm{kgV}(x^\alpha, x^\beta)$ als $x^\gamma$, mit $\gamma_i = \max\{\alpha_i, \beta_i\}$.

# Aufgaben

Lösung

**Aufgabe 9.13** Zeigen Sie, dass es für den Polynomring $K[x]$ mit einer Veränderlichen nur eine Monomordnung gibt.

**Aufgabe 9.14** Es sei $>$ eine Monomordnung und $x^\alpha \mid x^\beta$. Zeigen Sie, dass $x^\alpha \leq x^\beta$.

**Aufgabe 9.15** Schreiben Sie

1. $f(x,y,z) = 2x + 3y^3 + x^2y + x^2 - xz^2 + x^3 + yz^2$
2. $g(x,y,z) = 2x^2yz^2 - xy^3z - 3x^4 + y^6 + xy + xy^5$
3. $h(x,y,z) = 2x^2y - xy^2 + x^2z + yz^2 - 2xy - 2y^2 - 2xz - 2yz + z^2$

geordnet bezüglich lex, grlex und degrevlex (jeweils mit $x > y > z$).

**Aufgabe 9.16** Es sei $>$ eine Monomordnung auf $K[x_1, \ldots, x_n]$ und $f, g \in K[x_1, \ldots, x_n]$ mit $f, g \neq 0$. Zeigen Sie die nachfolgenden Aussagen.

1. Ist auch $f + g \neq 0$, so $LM(f+g) \leq \max\{LM(f), LM(g)\}$.
2. Ist $LT(f) + LT(g) = 0$, so ist
   - entweder $f + g = 0$
   - oder $LM(f+g) < \max\{LM(f), LM(g)\} = LM(f) = LM(g)$.
3. $LM(f \cdot g) = LM(f) \cdot LM(g)$.

**Aufgabe 9.17** Betrachte die Blockordnung für $(x,y)$ und $z$, wobei wir auf $x, y$ deglex nehmen. Schreiben Sie die nachfolgenden Polynome aus Aufgabe 9.15 geordnet bezüglich dieser Ordnung.

1. $-2x^4y + x^3z^2 + z^5 + x^2z^2 + x^2y + yz$
2. $-z^{13} + x^2y^2 + 4x^2z^2 + x^3 + xyz$

**Aufgabe 9.18** In SAGEMATH kann man den Polynomring in $x, y, z, w$ mit Koeffizienten in $\mathbb{Q}$ definieren durch `r.<x,y,z,w> = QQ[]`. Dieser Ring hat in diesem Fall den Namen `r`.

1. Mit dieser Definition ist automatisch eine Monomordnung vorgegeben. Welche?
2. Eine andere Konstruktion ist `r = PolynomialRing(QQ,'x,y,z,w',order='lex')`. Was muss man eintippen, um degrevlex oder eine Blockordnung zu bekommen?
3. Wie erhält man einfach einen Polynomring `r` in $x0, \ldots, x9$?

   Bemerkung:

   Man muss nach Definition dieses Ringes den Befehl `r.inject_variables()` benutzen, um die Variablen tatsächlich zur Verfügung zu haben.

## 9.4 Halbgruppen von Monomen, Dicksons Lemma

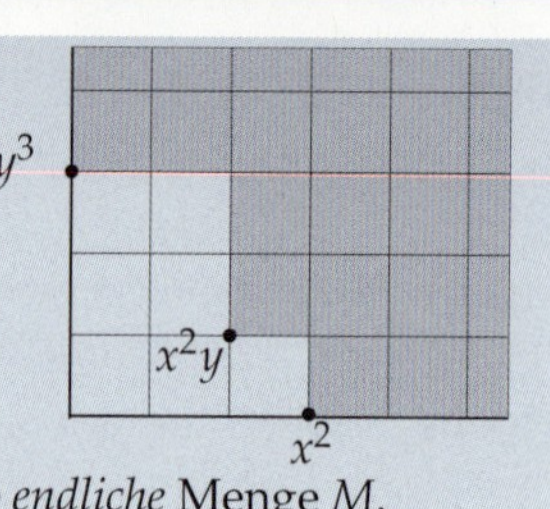


1. Eine Halbgruppe $H$ von Monomen ist eine Menge $H$ von Monomen mit der Eigenschaft: Ist $x^\alpha \in H$ und $x^\gamma$ ein Monom, so ist $x^\gamma \cdot x^\alpha \in H$.
2. Es sei $M \subset \mathbb{M}$ eine Menge von Monomen. Die von diesen Monomen erzeugte Halbgruppe $\langle M \rangle$ ist gegeben durch $\{x^\alpha \cdot x^\gamma \colon x^\alpha \in M, x^\gamma \in \mathbb{M}\}$. Eine Halbgruppe $H$ heißt endlich erzeugt, wenn $H = \langle M \rangle$ für eine *endliche* Menge $M$.

**Satz 9.3 (Dicksons Lemma)**

1. Ist $M$ eine Menge von Monomen, so gibt es $x^{\alpha(1)}, \ldots, x^{\alpha(k)} \in M$ mit $\langle x^\alpha \colon \alpha \in M \rangle = \langle x^{\alpha(1)}, \ldots, x^{\alpha(k)} \rangle$. Insbesondere ist jede Halbgruppe von Monomen endlich erzeugt.
2. Ist $>$ eine Monomordnung, so gibt es keine unendlich fallende Kette $x^{\alpha(1)} > x^{\alpha(2)} > \cdots$ von Monomen.
3. Jede nichtleere Menge von Monomen hat ein kleinstes Element.

1. Mit Induktion, für $n = 0$ trivial. Angenommen die Aussage ist wahr für $n$, aber falsch für $n+1$. Die Variablen seien $x, y_1, \ldots, y_n$. Wähle $f_1 := x^{k(1)} y^{\beta(1)} \in M$ mit $k(1)$ minimal. Weil $\langle f_1, \ldots, f_{i-1} \rangle \neq \langle M \rangle$, gibt es induktiv ein $f_i := x^{k(i)} y^{\beta(i)} \in M$ mit $f_i \notin \langle f_1, \ldots, f_{i-1} \rangle$. Wir wählen $k(i)$ minimal mit dieser Eigenschaft. Insbesondere $k(1) \leq k(2) \leq \cdots$. Nach der Induktionsvoraussetzung gibt es ein $s$ mit
$$\langle y^{\beta(1)}, y^{\beta(2)}, \ldots \rangle = \langle y^{\beta(1)}, \ldots, y^{\beta(s)} \rangle \,.$$
Dann ist $y^{\beta(s+1)}$ teilbar durch $y^{\beta(i)}$ für ein $i \leq s$. Weil $k(i) \leq k(s+1)$, ist $x^{k(i)} y^{\beta(i)} \mid x^{k(s+1)} y^{\beta(s+1)}$, also $f_i \mid f_{s+1}$, Widerspruch.
2. Wir führen einen Widerspruchsbeweis. Sei $H = \langle x^{\alpha(i)} \colon i \in \mathbb{N} \rangle$. Dann gibt es ein $k$ mit $H = \langle x^{\alpha(1)}, \ldots, x^{\alpha(k)} \rangle$. Für alle $j > k$ gibt es ein $i \leq k$ mit $x^{\alpha(i)} \mid x^{\alpha(j)}$. Dann ist $x^{\alpha(i)} \leq x^{\alpha(j)}$ für $i < j$, Widerspruch!
3. Wir führen einen Widerspruchsbeweis. Sei $x^{\alpha_1} \in M$. Dann ist $x^{\alpha_1}$ kein kleinstes Element von $M$. Es gibt ein $x^{\alpha_2} \in M$ mit $x^{\alpha_2} < x^{\alpha_1}$, $x^{\alpha_2}$ ist kein kleinstes Element von $M$ usw. Es entsteht eine unendlich fallende Kette von Monomen, Widerspruch! ■

Sei $I$ ein Ideal und $>$ eine Monomordnung auf $K[x_1, \ldots, x_n]$. $F = (f_1, \ldots, f_s)$ mit $f_i \in I$ heißt Gröbner-Basis von $I$, wenn $LM(I) = \langle LM(f_1), \ldots, LM(f_s) \rangle$.

Gröbner-Basen existieren natürlich wegen Dicksons Lemma. Allerdings ist das Berechnen einer Gröbner-Basis viel Arbeit. Wir kommen hierauf zurück. Bemerke, dass Erzeugende eines Ideals **im Allgemeinen** keine Gröbner-Basis bilden. Hier kommen einfache Beispiele.

1. Im Polynomring einer Veränderlichen $K[x]$ sei $I = \langle f, g \rangle$ mit $f = x$ und $g = x + 1$. Dann ist $1 \in I$, also $LM(I) = \mathbb{M}$, jedoch $\langle LM(f), LM(g) \rangle = \langle x \rangle$.
2. Ganz analog $>_{lex}$ auf $K[x, y]$ mit $I = \langle f, g \rangle$, $f = x$ und $g = x + y$.

## Aufgaben

Lösung

**Aufgabe 9.19** Sei $I \subset K[x_1, \ldots, x_n]$ ein Ideal und $>$ eine Monomordnung. Warum ist $LM(I)$ eine Halbgruppe?

**Aufgabe 9.20** Warum bilden die folgenden Polynome *keine* Gröbner-Basis?

1. $\{x + y + z - 1, x - z + 5\}$ bezüglich $>_{lex}$.
2. $\{x + y - 1, y + 1, x - 4\}$ bezüglich $>_{lex}$.
3. $\{xy^2 - z^4, x - y^3\}$ bezüglich $>_{lex}$.
4. $\{xy^2 - x, x - y^3\}$ bezüglich $>_{grlex}$.

**Aufgabe 9.21**

1. Zeigen Sie: Ist $I = \langle h \rangle$ ein Hauptideal, so ist $(h)$ eine Gröbner-Basis von $I$.
2. Es sei $I = \langle f, g \rangle$ ein Ideal im Polynomring in einer Veränderlichen. Zeigen Sie, dass $(h)$ eine Gröbner-Basis von $I$ ist genau dann, wenn $h = \text{ggT}(f, g)$.

**Aufgabe 9.22** Es sei $H$ eine Halbgruppe von Monomen in $x_1, \ldots, x_n$. Warum gilt:

$$\#(\mathbb{M} \setminus H) < \infty \iff \text{für jedes } i \text{ gibt es ein } \alpha_i \in \mathbb{N} \text{ mit } x^{\alpha_i} \in H?$$

**Aufgabe 9.23**

1. Sei
$$H = \langle x^7, x^6y^2, x^4y^4, y^6 \rangle$$
eine Halbgruppe von Monomen in zwei Veränderlichen. Bestimmen Sie $\#(\mathbb{M} \setminus H)$.
2. Sei
$$H = \langle x^5, x^2yz, z^4, y^3, xyz^2, x^3y, y^2z \rangle$$
eine Halbgruppe von Monomen in drei Veränderlichen. Bestimmen Sie $\#(\mathbb{M} \setminus H)$.

## 9.5 Teilung mit Rest durch ein Ideal

**Satz 9.4** Es sei $>$ eine Monomordnung und $I$ ein Ideal in $K[x_1,\ldots,x_n]$.

**1.** Dann gibt es zu $f \in K[x_1,\ldots,x_n]$ **eindeutig** bestimmte $g$ und $r = NF(f,I)$ mit

(a) $f = g + r$

(b) $g \in I$ und $NF(f,I) = r = \sum_{\alpha \in NB(I)} c_\alpha x^\alpha$ mit $c_\alpha \in K$.

**2.** $K[x_1,\ldots,x_n]/I \to \bigoplus_{x^\alpha \in NB(I)} K \cdot x^\alpha$ ; $\quad f + I \mapsto NF(f,I)$

ist deshalb wohldefiniert und ein Vektorraumisomorphismus.

**Existenz:** Wir setzen $p = f$, $g = 0$ und $r = 0$. Im Algorithmus ist immer $f = g + r + p$ und der Algorithmus hört auf, wenn $p = 0$. Solange $p \neq 0$, mache Folgendes:

- Ist $LM(p) \in LM(I)$, so sei $h \in I$ mit $LT(h) = LT(p)$. Dann $g := g + h$ und $p := p - h$.
- Sonst $LM(p) \notin LM(I)$. Setze $r := r + LT(p)$ und $p := p - LT(p)$.

Nach jedem Schritt wird $LM(p)$ kleiner, siehe Aufgabe 9.16. Der Algorithmus ist endlich, weil es keine unendliche Kette von fallenden Monomen gibt, Satz 9.3.

**Eindeutigkeit:** Wären $f = g_1 + r_1 = g_2 + r_2$ zwei Lösungen, so ist $r_1 - r_2 = g_2 - g_1 \in I$. Wäre $r_1 - r_2 \neq 0$, so ist $LM(r_1 - r_2) \in LM(I)$. Das ist aber Unsinn, denn jedes Monom von $r_1 - r_2$ ist nicht in $LM(I)$. Also $r_1 = r_2$ und $g_1 = g_2$ folgt. ■

**Beispiel** Um $NF(f,I)$ zu berechnen, brauchen wir eine Gröbner-Basis von $I$. Wir betrachten $>_{deglex}$ auf $\mathbb{Q}[x,y]$. Sei $f_1 = y^6 - x^3$, $f_2 = x^4 + y^4$, $f_3 = xy^2 + 1$. Bald werden wir sehen können (Buchberger-Kriterium), dass $(f_1, f_2, f_3)$ eine Gröbner-Basis von $I = \langle f_1, f_2, f_3 \rangle$ ist. Somit ist $NB(I) = \{y^5, y^4, y^3, y^2, x^3y, x^2y, xy, y, x^3, x^2, x, 1\}$ und $LM(I) = \langle x^5, x^2y^2, y^3 \rangle$.

Links zeichnen wir $LM(I)$ und sehen $\dim_{\mathbb{C}} \mathbb{C}[x_1,\ldots,x_n]/I = 12$. Rechts berechnen wir $NF(f,I)$ für $f = x^5y + y^6 + y^5 + xy^3$. In der linken Spalte ist das aktuelle $p$, in der mittlere Spalte ist die Summe gleich $g$ und in der rechten Spalte $r = NF(f,I)$. Also $f = f_1 + xyf_2 + (-y^3 + y)f_3 + (y^5 + x^3 + y^3 - y)$ und $NF(f,I) = y^5 + x^3 + y^3 - y$.

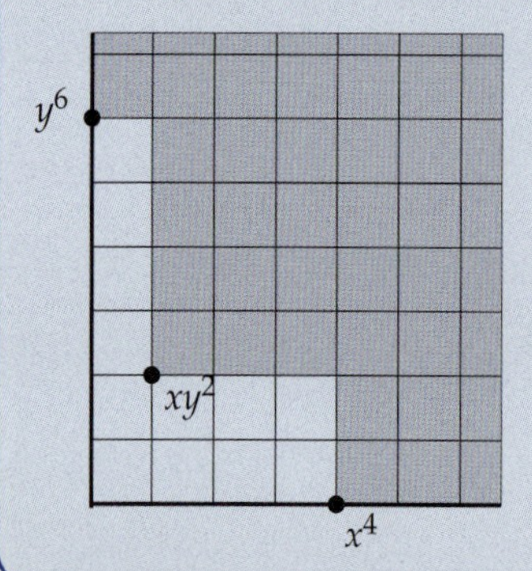


| $p$ | $g$ | $r$ |
|---|---|---|
| $x^5y + y^6 + y^5 + xy^3$ | $xyf_2$ | |
| $-xy^5 + y^6y^5 + xy^3$ | $-y^3f_3$ | |
| $y^6 + y^5 + xy^3 + y^3$ | $f_1$ | |
| $y^5 + xy^3 + x^3 + y^3$ | | $y^5$ |
| $xy^3 + x^3 + y^3$ | $yf_3$ | |
| $x^3 + y^3 - y$ | | $x^3$ |
| $y^3 - y$ | | $y^3$ |
| $-y$ | | $-y$ |
| $0$ | | |

# Aufgaben

Lösung

**Aufgabe 9.24** Sei $>$ eine Monomordnung und $I \subset K[x_1, \ldots, x_n]$ ein Ideal. Zeigen Sie, dass $I$ nulldimensional ist genau dann, wenn für jedes $x_i$ ein $\alpha_i \in \mathbb{N}$ existiert mit $x_i^{\alpha_i} \in LM(I)$.

**Aufgabe 9.25** Warum gilt $NF(f+g, I) = NF(f, I) + NF(g, I)$, aber im Allgemeinen nicht, dass $NF(f \cdot g, I) = NF(f, I) \cdot NF(g, I)$?

**Aufgabe 9.26**

1. Zeigen Sie: Ist $(g_1, \ldots, g_t)$ eine Gröbner-Basis von $I$, so ist $I = \langle g_1, \ldots, g_t \rangle$.
2. Ein Ring $R$ heißt noethersch, wenn jedes Ideal $I$ in $R$ endlich erzeugt ist. Dies bedeutet, es gibt $f_1, \ldots, f_s$ mit $I = \langle f_1, \ldots, f_s \rangle$. Zeigen Sie, dass $K[x_1, \ldots, x_n]$ noethersch ist.
3. Zeigen Sie: Ein Ring ist noethersch genau dann, wenn jede Kette von Idealen $I_1 \subset I_2 \subset \cdots$ stationär wird, das heißt, es gibt ein $k$ mit $I_k = I_{k+1} = I_{k+2} = \cdots$.

**Aufgabe 9.27** Führen Sie den Divisionsalgorithmus in den nachfolgenden Fälle (von Hand) durch.

1. $f = x^2 + y^3 + z$ durch $I$ gegeben durch die Gröbner-Basis $(x + y + z - 1, y - 2z + 3, z - 5)$ bezüglich $>_{lex}$.
2. $f = x^2y^3 + 5x^3 - 2xy + 1$ durch $I$ gegeben durch die Gröbner-Basis $(xy^2 - x, y^3 - x, x^2 - xy)$ bezüglich $>_{grlex}$.
3. $f = x^{13} + x^4, g = y^{12} + y^3$ und $h = z^6 - z^3$ durch die Gröbner-Basis
$$(y^3 + xyz, x^3 + z^2, x^2yz - xz, yz^3 + x^2z, xy^2z + x^2z^2, z^4 - xyz) \text{ bezüglich } >_{degrevlex} .$$

**Aufgabe 9.28** Nachfolgend sind Gröbner-Basen von Idealen $I$ gegeben. Bestimmen Sie eine Normalbasis und die Dimension von Polynomring modulo $I$.

1. $(y^2 - x^3 + x, xy + 2y^3 - 2y)$ mit Monomordnung deglex.
2. $(4y^2 + x^3 - 7, 3x^2y - 8xy, 36y^3 + 64xy - 63y)$ mit Monomordnung deglex.
3. $y^4 - 4/3xy - 2/3y^2 + 4/9x - 8/9y + 1, xy^2 + 2y^3 - 3x - 2, x^2 + 1/2y^2 - 3/2$ mit Monomordnung deglex.
4. $(xz^2 + 1/4z^2 - 1/2x - 1/4, z^3 - 1/8xz + 1/8y - 1/2z, x^2 + 2z^2 - x - 1, xy - xz + z, y^2 - z^2 + x, yz + 3z^2 - x - 1)$ mit Monomordnung degrevlex.

**Aufgabe 9.29** Sei $I$ ein nulldimensionales Ideal und $g$ ein Polynom in $K[x_1, \ldots, x_n]$. Die Abbildung

$$g\cdot : K[x_1, \ldots, x_n]/I \to K[x_1, \ldots, x_n]/I ,$$

welche $f$ mod $I$ auf $g \cdot f$ mod $I$ abbildet, ist offensichtlich linear. Nehmen Sie eine Monomordnung. Schreiben Sie ein SAGEMATH-Programm, das die Matrix von $g\cdot$ bezüglich der Normalbasis von $I$ berechnet.

Hinweise:

Mit `B=I.groebner_basis()` erhält man eine Gröbner-Basis von $I$. Mit `f.reduce(B)` berechnet man in SAGE die Normalform $NF(f, I)$ und mit `h.monomial_coefficient(M)` erhält man den Koeffizienten von $h$ vor dem Monom $M$.

## 9.6 Reduktion

Sei $>$ eine Monomordnung auf $K[x_1,\ldots,x_n]$, $f \in K[x_1,\ldots,x_n]$ und $F = (f_1,\ldots,f_s) \in K[x_1,\ldots,x_n]^s$ ein Tupel von Polynomen.

Wir sagen, dass $f$ modulo $F$ zu $r$ reduziert (Notation $f \xrightarrow{F} r$), wenn es eine Darstellung $f = a_1 f_1 + \ldots + a_s f + r$ gibt mit den Eigenschaften

1. $r = \sum_\alpha c_\alpha x^\alpha$ mit $x^\alpha \notin \langle LM(f_1),\ldots,LM(f_s)\rangle$.
2. $LM(f) \geq LM(a_i f_i)$ für jedes $i$ mit $a_i \neq 0$.

**Satz 9.5** Bei den obigen Notationen gilt: Eine Reduktion $f \xrightarrow{F} r$ existiert. (Aber sie ist im Allgemeinen **nicht eindeutig** bestimmt.)

Wir setzen $p = f, g = 0, a_1,\ldots,a_s = 0$ und $r = 0$. Im Algorithmus ist immer $f = a_1 f_1 + \ldots + a_s f_s + r + p$ und der Algorithmus endet, wenn $p = 0$. Solange $p \neq 0$, mache Folgendes:

1. Gibt es ein $i$ mit $LM(f_i) \mid LM(p)$, so sei:

$$p := p - \big(LT(p)/LT(f_i)\big) \cdot f_i \text{ und } a_i := a_i + LT(p)/LT(f_i).$$

2. Sonst $p := p - LT(p)$ und $r := r + LT(p)$.

Nach jedem Schritt wird $LM(p)$ kleiner. Es gilt in jedem Schritt $LM(a_i f_i) = LM(p) \leq LM(f)$. Die Endlichkeit des Algorithmus ist wie bei der Teilung mit Rest durch ein Ideal. ■

Eine Gröbner-Basis $(f_1,\ldots,f_s)$ von $I$ heißt **reduziert**, wenn

1. $LC(f_i) = 1$ für $i \in \{1,\ldots,t\}$.
2. Für jedes $i$ gilt: Für alle $j$ teilt $LM(f_j)$, nicht $LM(f_i)$.

**Satz 9.6** Sei $I \subset K[X_1,\ldots,X_n]$ ein Ideal und $>$ eine Monomordnung. Dann hat $I$ eine (bis auf Reihenfolge) eindeutig bestimmte reduzierte Gröbner-Basis.

**Existenz.** Nehme eine Gröbner-Basis $(f_1,\ldots,f_s)$ von $I$. Entferne alle $f_i$ mit $LM(f_j) \mid LM(f_i)$ für ein $j$. Ersetze jedes $f_i$ durch $f_i/LC(f_i)$ und schließlich ersetze $f_i$ durch eine Reduktion $\widetilde{f}_i$: $f_i \xrightarrow{F_i} \widetilde{f}_i$ mit $F_i = (f_1,\ldots,f_{i-1},f_{i+1},\ldots,f_t)$.

**Eindeutigkeit.** Seien $F$ und $\widetilde{F}$ zwei reduzierte Gröbner-Basen. Gegeben ein $i$, so gibt es ein $j$ mit $LM(\widetilde{f}_j) \mid LM(f_i)$ und ein $k$ mit $LM(f_k) \mid LM(\widetilde{f}_j)$. Also $LM(f_k) \mid LM(f_i)$ und $i = k$ folgt. Zu zeigen ist, dass $f_i = \widetilde{f}_j$. Betrachte die Differenz $f_i - \widetilde{f}_j$. Ist diese ungleich 0, so gilt für $f_i - \widetilde{f}_j$ bei Teilung durch Rest durch $I$, dass alle Terme in diesem Rest landen. Aber $f_i - \widetilde{f}_j \in I$, also ist dieser Rest gleich 0. ■

# Aufgaben

Lösung

**Aufgabe 9.30** Es sei $f_1 = x^3 + 4y^2 - 7$ und $f_2 = 3x^3y - 8xy$. Nehmen Sie grlex.

1. Berechnen Sie für $f = 3x^3y$ die Division mit Rest durch $(f_1, f_2)$ sowie auch durch $(f_2, f_1)$. Die Reste seien $r_1$ bzw $r_2$.
2. Warum ist $r_2 - r_1 \in \langle f_1, f_2 \rangle$, aber $LM(r_2 - r_1) \notin \langle LM(f_1), LM(f_2) \rangle$?

**Aufgabe 9.31** Es seien $f_1 = x + y - 2, f_2 = y + 1$ Elemente von $\mathbb{Q}[x, y]$. Dann ist $(f_1, f_2)$ eine Gröbner-Basis von $\langle f_1, f_2 \rangle$. Bestimmen Sie die reduzierte Gröbner-Basis von $\langle f_1, f_2 \rangle$.

**Aufgabe 9.32** Es sei $f = x^5 + 6x^3 + x^2 + 8x + 2$ und $g = x^5 + 4x^3 + 4x$ in $\mathbb{Q}[x]$. Bestimmen Sie die reduzierte Gröbner-Basis von $\langle f, g \rangle$.

**Aufgabe 9.33** Es sei ein lineares Gleichungssystem

$$
\begin{aligned}
f_1 &= a_{11}x_1 + \ldots + a_{1n}x_n - b_1 = 0 \\
&\vdots \\
f_n &= a_{1n}x_1 + \ldots + a_{nn}x_n - b_n = 0
\end{aligned}
$$

mit eindeutiger Lösung $(p_1, \ldots, p_n)$ gegeben. Die Monomordnung sei beliebig. Was ist die reduzierte Gröbner-Basis von $\langle f_1, \ldots, f_n \rangle$?

**Aufgabe 9.34** Es seien $f, g$ normierte Polynome. Zeigen Sie, dass

$$LM(g) \cdot f - LM(f) \cdot g \xrightarrow{(f,g)} 0\,.$$

**Aufgabe 9.35**

1. Schreiben Sie ein eigenes SAGEMATH-Programm, das gegeben eine Monomordnung die Reduktion von $f$ bezüglich $F = (f_1, \ldots, f_t)$ berechnet.
2. Schreiben Sie ein eigenes Programm, das aus einer Gröbner Basis eine reduzierte Gröbner-Basis berechnet.

   Die Elemente der Gröbner-Basis sollten Sie in eine Liste schreiben.

**Aufgabe 9.36** Es sei $I \subset K[x_1, \ldots, x_n]$ ein Ideal, $t$ eine zusätzliche Variable, $g \in K[x_1, \ldots, x_n]$ und $J = I + \langle t - g \rangle$. Warum ist

$$
\begin{aligned}
K[x_1, \ldots, x_n, t]/J &\to K[x_1, \ldots, x_n]/I \\
f(x_1, \ldots, x_n, t) &\mapsto f(x_1, \ldots, x_n, g)
\end{aligned}
$$

ein Isomorphismus?

## 9.7 Das Buchberger-Kriterium

Sind $f,g \in K[x_1,\dots,x_n]$ beide ungleich 0, so definieren wir:

$$\tau(f,g) := \mathrm{kgV}(LM(f),LM(g)), \quad m(f,g) := \frac{\tau(f,g)}{LT(f)}$$

$S(f,g) := m(f,g)\cdot f - m(g,f)\cdot g$ heißt das S-Polynom von $f$ und $g$.

**Satz 9.7 (Buchberger-Kriterium)** Sei $>$ eine Monomordnung, $F = (f_1,\dots,f_t)$ mit $f_1,\dots,f_t \in K[x_1,\dots,x_n]$ und $I = \langle f_1,\dots,f_t\rangle$. Gilt für alle $1 \le i < j \le s$:

$$S(f_i,f_j) = b_1 f_1 + \dots + b_t f_t \text{ mit } LM(b_k f_k) < \tau(f_i,f_j) \text{ für } k = 1,\dots,t,$$

dann ist $F$ eine Gröbner-Basis von $I$. Dies gilt insbesondere, wenn $S(f_i,f_j) \xrightarrow{F} 0$.

Für das S-Polynom $S(f,g)$ gilt, dass $LM(S(f,g)) < \tau(f,g)$. Die zweite Behauptung folgt deshalb aus der ersten. Mit $b_i - m(f_i,f_j)$ statt $b_i$ und $b_j + m(f_j,f_i)$ statt $b_j$ gilt:

$$0 = b_1 f_1 + \dots + b_t f_t \text{ mit } LM(b_k f_k) < LM(b_i f_i) = LM(b_j f_j) \text{ für } k \ne i,j. \qquad (9.1)$$

Wäre $F$ keine Gröbner-Basis, so gibt es ein $f \in I$ mit

$$f = a_1 f_1 + \dots + a_t f_t \in I \text{ und } LM(f) \notin \langle LM(f_1),\dots,LM(f_t)\rangle.$$

Unter allen diesen Darstellungen $f = a_1 f_1 + \dots + a_t f_t$ nehmen wir eine mit

$$M := \max\{LM(a_i f_i) : i = 1,\dots,t\} \text{ minimal und } j := \max\{i\colon M = LM(a_i f_i)\} \text{ minimal}.$$

Ohne Einschränkung dürfen wir $LC(a_j f_j) = 1$ nehmen. Es gibt ein $i < j$ mit $LM(a_i f_i) = M$, sonst wäre $LM(f) = LM(a_j f_j) \in \langle LM(f_j)\rangle$. Es folgt $\tau(f_i,f_j) \mid M = LM(a_j f_j)$ und daraus $m(f_i,f_j) \mid LM(a_j)$.

Multipliziere die Gleichung (9.1) mit $LM(a_j)/m(f_i,f_j)$. Es folgt:

$$0 = c_1 f_1 + \dots + c_t f_t; \quad LM(c_k f_k) < LM(c_i f_i) = LM(c_j f_j) = LM(a_j f_j) \text{ für } k \ne i,j.$$

Mit $d_i := a_i - c_i$ gilt $f = d_1 f_1 + \dots + d_t f_t$ und

$$LM(d_k f_k) < LM(a_j f_j) \text{ für } k \ge j; \quad LM(d_k f_k) \le LM(a_j f_j) \text{ für } k < j.$$

Diese Darstellung von $f$ widerspricht der Minimalität von $f = a_1 f_1 + \dots + a_t f_t$. ■

**Beispiel** Wir zeigen, dass $(f_1 = y^5 + x, f_2 = x^2y^2 + 1, f_3 = x^3 - y^3)$ eine Gröbner-Basis ist (Monomordnung deglex).

$$S(f_1,f_2) = x^2 f_1 - y^3 f_2 = f_3; \quad S(f_2,f_3) = x f_2 - y^2 f_1 = f_1;$$
$$S(f_1,f_3) = x^3 f_1 - y^5 f_3 = x^4 + y^8 = y^3 f_1 + x f_3.$$

Also ist $(f_1,f_2,f_3)$ eine Gröbner-Basis.

**Satz 9.8** Ist $(f_1,\dots,f_s)$ eine Gröbner-Basis von $I$ und ist $K \subset L$ mit $L$ ein Körper, so ist $(f_1,\dots,f_s)$ auch eine Gröbner-Basis von $\widetilde{I} := I \cdot L[x_1,\dots,x_n]$ und $\dim_K [x_1,\dots,x_n]/I = \dim_L L[x_1,\dots,x_n]/\widetilde{I}$. Ist $f \in K[x_1,\dots,x_n]$, so ist $f \in I$ genau dann, wenn $f \in \widetilde{I}$.

## Aufgaben

Lösung

**Aufgabe 9.37** Beweisen Sie Satz 9.8.

**Aufgabe 9.38** Im Allgemeinen sind $\binom{t}{2}$ Berechnungen beim Buchberger Kriterium für $F = (f_1, \ldots, f_t)$ durchzuführen. Hier gibt es zwei Kriterien, mit deren Hilfe sich einige Berechnungen vermeiden lassen.

1. Betrachte eine kleinstmögliche Menge $I(s) \subset \{1, \ldots, s-1\}$, sodass

$$\langle m(f_i, f_s) : i \in I(s) \rangle = \langle m(f_1, f_s), \ldots, m(f_{s-1}, f_s) \rangle .$$

   Zeigen Sie: Ist $S(f_i, f_s) \xrightarrow{F} 0$ für alle $(i, s)$ mit $i \in I(s)$, dann ist $F$ eine Gröbner-Basis.

   Tipp: Gehen Sie den Beweis des Buchberger-Kriteriums durch und prüfen Sie, dass nur solche $S(f_i, f_s)$ im Beweis benutzt wurden.

2. (Produkt-Kriterium) Ist $\text{kgV}(LM(f), LM(g)) = LM(f) \cdot LM(g)$, so ist $S(f, g) \xrightarrow{(f,g)} 0$.

**Aufgabe 9.39** Machen Sie die Berechnungen in dieser Aufgabe ohne SAGEMATH. Betrachten Sie $>_{grlex}$ mit $x > y$ auf $\mathbb{C}[x, y]$. Sei $g_1 = xy^2 + x^2, g_2 = -y^3 + x^2, g_3 = -x^2 + y^2$.

1. Zeigen Sie, dass $(g_1, g_2, g_3)$ eine Gröbner-Basis von $I = \langle g_1, g_2, g_3 \rangle$ ist. Bestimmen Sie eine Normalbasis von $I$.
2. Zeigen Sie mit dem Divisionsalgorithmus, dass $f_1 = xy^2 + y^3 \in I$ und $f_2 = y^3 - y^2 \in I$.
3. Betrachten Sie nun $>_{lex}$ mit $x > y$ auf $\mathbb{C}[x, y]$. Warum ist $(g_3, f_1, f_2)$ eine Gröbner-Basis von $I$? (Nicht das Buchberger-Kriterium benutzen, Sie können nur mithilfe der Dimension argumentieren.)
4. Bestimmen Sie $V(I)$ und $\sqrt{I}$.

**Aufgabe 9.40** Zeigen Sie, dass folgende Polynome eine Gröbner-Basis des Ideals bilden. Für die Addition und Multiplikation von Polynomen benutzen Sie bitte SAGEMATH.

1. $(x^3 + yz, y^4 + xz, z^4 + xy)$ bezüglich degrevlex.
2. $(y^2 - xz, x^2y - z^2, x^3 - yz)$ bezüglich degrevlex.
3. $(y^3 - 2y^2 + 3y - 6, 2x^2 + y^2 + 3, xy - 2x)$ bezüglich deglex
4. $(x^4 - x^3 + x^2 - x, yx^2 - yx + 2x^2 - 2x, y^2 - 2x^3 + 2x^2 - 2x - 2)$ bezüglich lex, $y > x$.
5. $(xy^2 + 5xy + 3y^2 + x + y + 1, y^3 - 14xy - 7y^2 - 2x - 3y - 4, x^2 - x - y)$ bezüglich deglex.

## 9.8 Der Buchberger-Algorithmus

**Satz 9.9 (Buchberger-Algorithmus)**

EINGABE: $F = \{f_1, \ldots, f_s\}$.
AUSGABE: Eine Gröbner-Basis von $I := \langle f_1, \ldots, f_s \rangle$.

1. Berechne für alle $i < j$ das S-Polynom $S(f_i, f_j)$ und eine Reduktion: $S(f_i, f_j) \xrightarrow{F} r$.
2. Ist $r \neq 0$, so setze $F := F \cup \{r\}$ und fange von vorne an.
3. Hat man $F = \{f_1, \ldots, f_t\}$ so erweitert, dass $S(f_i, f_j) \xrightarrow{F} 0$ für alle $1 \leq i < j \leq t$, so ist $F$ eine Gröbner-Basis von $I$.

Wenn ein neues Element in $F$ dazukommt, so vergrößert sich $\langle LM(f_1), \cdots, LM(f_t) \rangle$. Wegen Dicksons Lemma 9.3 wird diese Halbgruppe nach endlich vielen Schritten stationär. Wegen des Buchberger-Kriteriums ist das Ergebnis eine Gröbner-Basis von $I$. ■

Wenn wir in der Berechnung feststellen, dass

$$f_i \in \langle f_1, \ldots, f_{i-1}, f_{i+1}, \ldots, f_t \rangle \text{ und } LM(f_j) \mid LM(f_i) \text{ für ein } j \neq i\,,$$

so können wir den Erzeugenden $f_i$ einfach streichen. Dies kann einige Arbeit sparen.

**Beispiel** Sei $I = \langle f_1, f_2 \rangle$ mit $f_1 = x^3 - 4x - y^2, f_2 = x^2 + y^2 - 3$. Wir nehmen als Monomordnung lex. Im unteren Bild ist $f_1 = 0$ die blaue Kurve und $f_2 = 0$ die schwarze Kurve.

1. $S(f_1, f_2) = f_1 - xf_2 = -xy^2 - x - y^2 =: f_3$. Wir können $f_1$ streichen, $LM(f_2) \mid LM(f_1)$.
2. $S(f_2, f_3) = y^2 f_2 + xf_3 = -f_2 + f_3 + f_4, \;\; f_4 := x + y^4 - y^2 - 3$.
3. $S(f_2, f_4) = f_2 - xf_4 = y^2 f_3 - 2f_3 + f_4$. Wir können $f_2$ streichen, $LM(f_4) \mid LM(f_2)$.
4. $S(f_3, f_4) = f_3 + y^2 f_4 = -f_4 + f_5, \;\; f_5 := y^6 - 5y^2 - 3$. $LM(f_4) \mid LM(f_3)$, streiche $f_3$.
5. $S(f_4, f_5) = y^6 f_4 - xf_5 = (5y^2 + 3)f_4 + (-y^4 + y^2 + 3)f_5$.

Also ist $(f_4, f_5)$ mit

$$f_4 := x + y^4 - y^2 - 3 \qquad f_5 := y^6 - 5y^2 - 3$$

eine Gröbner-Basis von $I$. Die Gleichung

$$y^6 - 5y^2 - 3 = 0$$

hat nur zwei reelle Lösungen, nämlich ungefähr $\pm 1{,}578247$. Aus $0 = x + y^4 - y^2 - 3$ folgt $x \approx -0{,}713580$. Es gibt auch noch vier komplexe Lösungen.

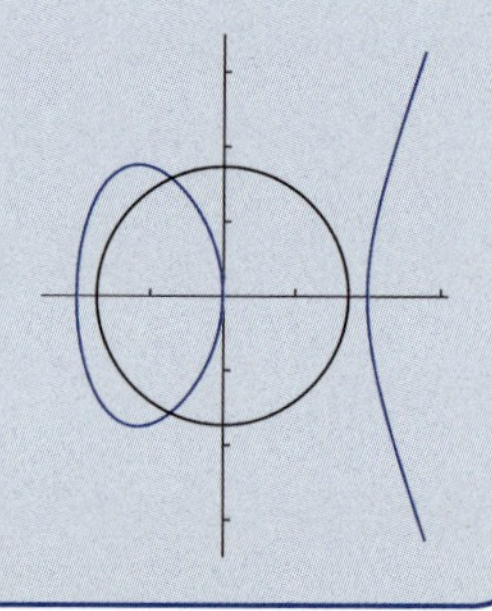

Wir haben den Algorithmus nicht wirtschaftlich aufgeschrieben. Wir müssen nicht erneut eine Reduktion $S(f_i, f_j) \xrightarrow{F} r$ bestimmen, wenn wir schon wissen, dass $S(f_i, f_j) \xrightarrow{F} 0$. Wenn $S(f_i, f_j) \xrightarrow{F} r \neq 0$ und wir $F$ mit $r$ erweitern zu $F'$, so gilt automatisch $S(f_i, f_j) \xrightarrow{F'} 0$. Ebenfalls ist Aufgabe 9.38 zu beachten, um überflüssige Berechnungen zu vermeiden.

## Aufgaben

Lösung

**Aufgabe 9.41** Betrachte lex auf $\mathbb{Q}[x,y]$. Sei $I = \langle f_1, f_2 \rangle$ mit $f_1 = x^3 - 4x + y^2$, $f_2 = xy - 1$. Berechne eine Gröbner-Basis von $I$ mit der Monomordnung lex.

**Aufgabe 9.42** Es sei $g_1 = -x^2 + y^2 + 15$ und $g_2 = xy - y^2 + 15$ und lex, $x > y$.

1. Bestimmen Sie die reduzierte Gröbner-Basis von $I = \langle g_1, g_2 \rangle$.
2. Bestimmen Sie $V(g_1, g_2)$.

**Aufgabe 9.43** Sei $I = \langle x^3 + xy, x^2y - xy^2, y^3 + x^2 \rangle$. Bestimmen Sie von Hand eine (reduzierte) Gröbner-Basis von $I$ bezüglich grlex. Was ist $\dim_{\mathbb{Q}} \mathbb{Q}[x,y]/I$?

**Aufgabe 9.44** Sei $f = y^2 + 2x^2 - 2$, $g = (x + \frac{1}{3})^2 + (y - \frac{1}{3})^2$ und $h = \det(\nabla(f), \nabla(g))$.

1. Plotten Sie $f = 0$. Welche Interpretation hat $V(f, h)$?
2. Nehmen Sie lex mit $y > x$. Bestimmen Sie (von Hand) eine reduzierte Gröbner-Basis vom Ideal $I = (f, h)$.
3. Bestimmen Sie $= \langle d \rangle = I \cap \mathbb{C}[x]$ (von Hand).
4. Bestimmen Sie mit SAGEMATH numerisch die reellen Nullstellen von $d$.
5. Bestimmen Sie numerisch das Minimum und Maximum von $g$ auf $f = 0$.

**Aufgabe 9.45** Schreiben Sie ein eigenes SAGEMATH-Programm, das gegeben ein Erzeugendensystem eines Ideals und eine Monomordnung eine Gröbner-Basis des Ideals berechnet. Benutzen Sie das Programm aus Aufgabe 9.35, um Reduktionen zu berechnen. Das Programm braucht nicht besonders effektiv zu sein.

**Aufgabe 9.46**

1. Berechnen Sie, mit Ihrem Programm aus der vorherigen Aufgabe, eine Gröbner-Basis von $I = (y^3 + xyz, xy^3 + xz, x^3 + z^2)$ bezüglich degrevlex.
2. Berechnen Sie die reduzierte Gröbner-Basis von $I$.
3. Prüfen Sie, dass $z^6 - z^3$, $y^{12} + y^3$ und $x^{13} + x^4 \in I$, siehe Aufgabe 9.27. Bestimmen Sie eine Gröbner-Basis von $\sqrt{I}$.
4. Bestimmen Sie die reellen Elemente von $V(I)$.

**Aufgabe 9.47** Um einzusehen, wie schwierig die Berechnung einer Gröbner-Basis von Hand selbst bei einem relativ einfachen Beispiel ist, betrachten wir hier das Beispiel von Seite 261: $f_1 = y^2 + 2x^2 - 6$, $f_2 = -x^3 + y^3 - 7$ und $f_3 = x^3 - 2xy + y^2 - 5x + 4$.

Berechnen Sie eine (reduzierte) Gröbner-Basis von $\langle f_1, f_2, f_3 \rangle$ bezüglich deglex mit $y > x$. Benutzen Sie das Programm, das Sie in Aufgabe 9.45 geschrieben haben, drucken Sie jedoch bei jedem neuen Element der Gröbner-Basis diese aus.

Berechnen Sie danach eine reduzierte Gröbner-Basis. Was fällt auf?

## 9.9 Minimalpolynome und Werte von Polynomen

Sei $I \subset K[x_1,\ldots,x_n]$, $s = \dim_K K[x_1,\ldots,x_n]/I < \infty$ und $g \in K[x_1,\ldots,x_n]$.

**1.** Das Minimalpolynom $M_g(t) \in K[t]$ von $g$ bezüglich $I$ ist das normierte Polynom kleinsten Grades mit $M_g(g) \in I$.

**2.** Das Polynom $g$ heißt primitives Element von $I$, wenn $(1, g, g^2, \ldots, g^{s-1})$ eine Basis von $K[x_1,\ldots,x_n]/I$ ist.

**Satz 9.10** Sei $I \subset \mathbb{C}[x_1,\ldots,x_n]$ mit $s = \dim_K K[x_1,\ldots,x_n]/I < \infty$ und $g \in K[x_1,\ldots,x_n]$ mit Minimalpolynom $M_g(t)$.

**1.** $\deg(M_g(t) \leq s$. Ist $\deg(M_g(t)) = s$, so ist $g$ ein primitives Element von $I$.

**2.** Ist $K = \mathbb{C}$, so gilt für $\lambda \in \mathbb{C}$ die Aussage: $M_g(\lambda) = 0 \iff \lambda = g(p)$ für ein $p \in V(I)$.

**3.** Ist $K = \mathbb{C}$, $\deg(M_g(t)) = s$ und $M_g(t)$ quadratfrei, so ist $I$ ein radikales Ideal.

**1.** $s+1$ Elemente in $K[x_1,\ldots,x_n]/I$ sind linear abhängig, also gibt es ein $k \leq s$ mit $(1, g, \ldots, g^k)$ linear abhängig modulo $I$. Das Minimalpolynom hat somit Grad $k \leq s$ mit Gleichheit, wenn $(1, g, \ldots, g^{s-1})$ eine Basis von $K[x_1,\ldots,x_n]/I$ ist.

**2.** Aus $M_g(g) \in I$ folgt $M_g(g(p)) = 0$ für alle $p \in V(I)$. Nehme umgekehrt an, $M_g(\lambda) = 0$. Sei $W = \{g(p) \colon p \in V(I)\}$. Mit $h(t) := \prod_{\lambda \in W}(t-\lambda)$ gilt $h(g)(p) = 0$ für alle $p \in V(I)$. Nach dem Nullstellensatz gibt es ein $\ell$ mit $h(g)^\ell \in I$ und $M_g(t)$ ist ein Teiler von $h(t)^\ell$ (Aufgabe 9.49). Deshalb: Ist $M_g(\lambda) = 0$, so ist $\lambda \in W$.

**3.** Ist $M_g(t)$ quadratfrei, so hat $g$ keine mehrfachen Nullstellen und die Menge $W$ aus dem zweiten Teil hat $s$ Elemente. Der starke Nullstellensatz besagt, dass $W$ höchstens $s$ Elemente hat mit Gleichheit genau dann, wenn $I$ ein radikales Ideal ist. ■

Man berechnet $M_g(t)$ durch die Koordinaten der Normalformen von $1, g, g^2, \ldots$ bezüglich einer Normalbasis von $I$ aufzuschreiben und die lineare Abhängigkeit zu suchen. Ist $g = x_i$, so erhält man $I \cap K[x_i] = \langle M_{x_i} \rangle$. Ist $K = \mathbb{Q}$, so können wir hiermit $\sqrt{I}$ berechnen.

**Beispiel** Sei $I = \langle f, g \rangle$ mit $f = y^3 - x^2$ und $g = x^2 + y^2 - 2x$. Dann ist $\langle f, g \rangle$ eine Gröbner-Basis bezüglich grlex. Eine Normalbasis ist $(1, x, y, xy, y^2, xy^2)$. Die Normalformen von $1, x, x^2, \ldots$ stehen als Spalten in der nebenstehenden Matrix. Mit linearer Algebra sieht man, dass $M_x(t) = t^5 - 6t^4 + 13t^3 - 8t^2$. Der quadratfreie Teil von $M_x(x)$ ist $x^4 - 6x^3 + 13x^2 - 8x$. Wir sehen, dass $V(I)$ mindestens vier Lösungen hat. Analog $M_y(t) = t^6 + 2t^5 + t^4 - 4t^3$. Der quadratfreie Teil von $M_y(y)$ ist $y^4 + 2y^3 + y^2 - 4y$. Also:

$$\sqrt{I} = \langle f, g, x^4 - 6x^3 + 13x^2 - 8x, y^4 + 2y^3 + y^2 - 4y \rangle.$$

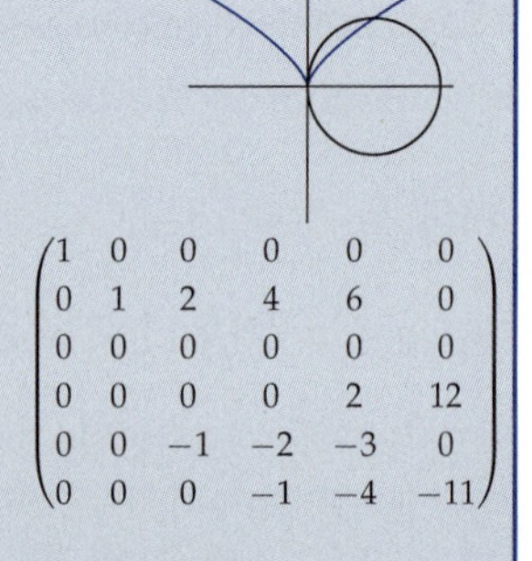

$$\begin{pmatrix} 1 & 0 & 0 & 0 & 0 & 0 \\ 0 & 1 & 2 & 4 & 6 & 0 \\ 0 & 0 & 0 & 0 & 0 & 0 \\ 0 & 0 & 0 & 0 & 2 & 12 \\ 0 & 0 & -1 & -2 & -3 & 0 \\ 0 & 0 & 0 & -1 & -4 & -11 \end{pmatrix}$$

Es ist nun leicht einzusehen, dass

$$V(I) = \left\{ (0,0), (1,1),\ \tfrac{1}{2}(5 - i \cdot \sqrt{7}, -3 - i\sqrt{7}),\ \tfrac{1}{2}(5 + i \cdot \sqrt{7}, -3 + i\sqrt{7}) \right\}.$$

## Aufgaben

Lösung

**Aufgabe 9.48** Es sei $I = \langle x^2 - 2, y^2 - 5\rangle$. Bestimmen Sie $V(I)$ und die Werte von $x + y$ auf $V(I)$. Berechnen Sie das Minimalpolynom $M_{x+y}(t)$.

**Aufgabe 9.49** Sei $I$ ein nulldimensionales Ideal in $K[x_1, \ldots, x_n]$, $h(t) \in K[t]$ mit $h(g) \in I$. Zeigen Sie, dass das Minimalpolynom $M_g(t)$ von $g$ bezüglich $I$ das Polynom $h(t)$ teilt.

**Aufgabe 9.50** Sei $I \subset K[x_1, \ldots, x_n]$ ein nulldimensionales Ideal und $M_g$ das Minimalpolynom eines Polynoms $g$ bezüglich $I$. Zeigen Sie, dass $M_g$ das Minimalpolynom der Multiplikation mit $g$ auf $K[x_1, \ldots, x_n]/I$ ist.

**Aufgabe 9.51**

1. Sei $I$ ein nulldimensionales radikales Ideal von $\mathbb{C}[x_1, \ldots, x_n]$ und $g \in \mathbb{C}[x_1, \ldots, x_n]$. Beschreiben Sie Eigenvektoren der Multiplikation von $g$ auf $\mathbb{C}[x_1, \ldots, x_n]/I$.
2. Schreiben Sie mithilfe von Eigenwerten ein Programm zur Berechnung der Werte von $g$ auf $V(I)$. Sie können hier den Eigenwert-Befehl von SAGEMATH benutzen.
3. Wenden Sie dieses Programm auf das Beispiel von Aufgabe 9.44 an.

**Aufgabe 9.52** Sei $I = \langle x^3 + xy, x^2y - xy^2, y^3 + x^2\rangle$.

1. Bestimmen Sie mit SAGEMATH eine (reduzierte) Gröbner-Basis von $I$ bezüglich grlex. Bestimmen Sie $\dim_{\mathbb{C}} \mathbb{Q}[x, y]/I$?
2. Benutzen Sie diese Gröbner-Basis, um $\mathbb{Q}[x] \cap I$ und $\mathbb{Q}[y] \cap I$ zu bestimmen. Benutzen Sie hierbei nicht SAGEMATH.
3. Bestimmen Sie $\sqrt{I}$ und $V(I)$.

**Aufgabe 9.53** Es sei $I$ ein nulldimensionales Ideal im Polynomring $\mathbb{Q}[x_1, \ldots, x_n]$.

1. Schreiben Sie ein SAGEMATH-Programm `minimal(g,I)`, das das Minimalpolynom von $g$ bezüglich $I$ berechnet.
2. Schreiben Sie ein SAGEMATH-Programm `rad(I,r)`, das das Radikal von $I$ im Polynomring $r = \mathbb{Q}[x_1, \ldots, x_n]$ berechnet. Tipp: `r.gens()`.

**Aufgabe 9.54** Prüfen Sie mit der vorherigen Aufgabe Ihre Ergebnise von Aufgaben 9.44 und 9.46.

**Aufgabe 9.55**

1. Bestimmen Sie numerisch das Maximum und das Minimum des Polynoms $g = xy + z - zx$ auf der Einheitssphäre $S^2$ gegeben durch $f = x^2 + y^2 + z^2 - 1 = 0$.
2. Bestimmen Sie numerisch den Abstand von $(4, 5, 2)$ zu dem Ellipsoid $3x^2 + y^2 + 2z^2 - 1 = 0$.
3. Bestimmen Sie numerisch den Abstand von $M$ in $\mathbb{R}^3$ gegeben durch

$$f = y^2 + z^2 - x^2(4 - x^2) = 0$$

zu dem Punkt $p = (2, 3, 4)$.

## 9.10 Primitive Elemente, reelle Lösungen

**Satz 9.11 (Satz des primitiven Elementes)**

**1.** Sei $K$ ein Körper mit $\mathbb{Q} \subset K \subset C$ und $I$ ein nulldimensionales **radikales** Ideal $K[x_1, \ldots, x_n]$. Dann gibt es ein lineares Polynom $g = \langle a, x \rangle$ mit $a \in \mathbb{Q}^n \subset K^n$, welches ein primitives Element von $I$ ist.

**2.** Für ein primitives Element $g \in K[x_1, \ldots, x_n]$ von $I$ gilt:

$$p \in V(I) \cap K^n \iff g(p) \in K \text{ ist Nullstelle des Minimalpolynoms } M_g(t) \text{ von } g.$$

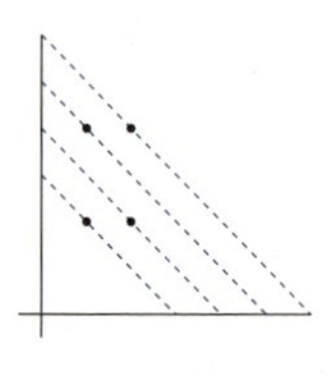

**1.** Sei $V(I) = \{p_1, \ldots, p_s\} \subset \mathbb{C}^n$. Weil $p_i \neq p_j$ für $i \neq j$ ist $0 \neq h(x) := \prod_{i<j}(\langle x, p_i \rangle - \langle x, p_j \rangle)$. Für allgemeine $a \in \mathbb{Q}^n$ gilt $h(a) \neq 0$ (Aufgabe 9.57). Nun nehme $g = \langle a, x \rangle$.

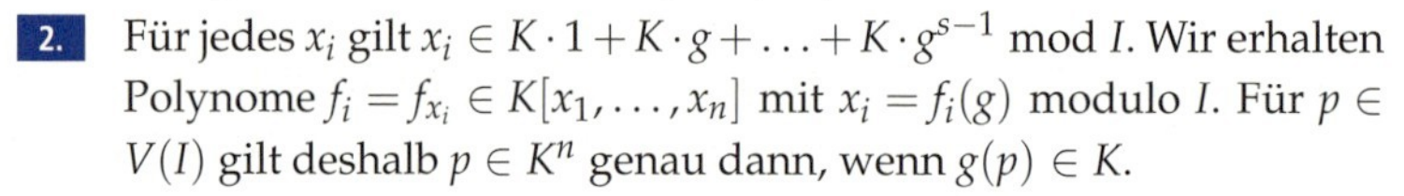

**2.** Für jedes $x_i$ gilt $x_i \in K \cdot 1 + K \cdot g + \ldots + K \cdot g^{s-1} \mod I$. Wir erhalten Polynome $f_i = f_{x_i} \in K[x_1, \ldots, x_n]$ mit $x_i = f_i(g)$ modulo $I$. Für $p \in V(I)$ gilt deshalb $p \in K^n$ genau dann, wenn $g(p) \in K$. ∎

Um ein primitives Element zu finden, probiert man so lange verschiedene $g$'s, bis das Minimalpolynom den gewünschten Grad $s = \dim_K K[x_1, \ldots, x_n]/I$ hat. Versucht wird, die primitiven Elemente einfach zu halten, z. B. $g = x_i$ für ein $i$. Dies ist leider nicht immer möglich. Um die Polynome $f_i$ zu berechnen, nimmt man eine Normalbasis von $I$ und schreibt die Koordinaten von $1, \ldots, g^{s-1}, x_i$ bezüglich dieser Basis als Spalten in einer Matrix. Das Ergebnis ist die erweiterte Koeffizientenmatrix eines lösbaren linearen Gleichungssystems. Die Lösung $a_0, \ldots, a_{s-1}$ besagt, dass $x_i = a_0 + a_1 g + \ldots + a_{s-1} g^{s-1} \mod I$. Mit $f_i(t) = a_0 + a_1 t + \ldots + a_{s-1} t^{s-1}$ gilt deshalb $x_i = f_i(g) \mod I$.

### Algorithmus zur Bestimmung der (reellen) Lösungen V(I)

EINGABE: Ein nulldimensionales radikales Ideal $I \subset \mathbb{R}[x_1, \ldots, x_n]$, $s = \#V(I) \subset \mathbb{C}^n$.

AUSGABE: Die (reellen) Elemente von $V(I)$.

- Bestimme ein primitives Element $g$ von $I$ und die (reellen) Werte $A$ von $g$ auf $V(I)$.
- Bestimme die Polynome $f_i(t)$ mit $x_i = f_i(g) \mod I$.
- Für jedes $a \in A$ berechne $(f_1(a), \ldots, f_n(a))$ und gebe diese zurück.

**Beispiel** $(y^2 + y - 2, xy - x + y - 1, x^3 + 5x^2 + 3x - 1)$ ist eine Gröbner-Basis des Ideals $I$ bezüglich deglex. Eine Normalbasis ist $(1, x, x^2, y)$. Sowohl $x$ als auch $y$ sind keine primitiven Elemente, aber $g = x + y$ ist eines. Die Koeffizienten von $(1, g, g^2, g^3)$ bezüglich der Normalbasis stehen in den ersten vier Spalten der Matrix. In der fünften Spalte steht $g^4$, in der sechsten $x$ und in der siebten $y$.

$$\left(\begin{array}{cccc|ccc} 1 & 0 & 4 & -7 & 27 & 0 & 0 \\ 0 & 1 & 2 & 0 & 8 & 1 & 0 \\ 0 & 0 & 1 & -2 & 8 & 0 & 0 \\ 0 & 1 & -3 & 9 & -27 & 0 & 1 \end{array}\right)$$

Nach Lösen dieser drei Gleichungen (Aufgabe) erhalten wir $M_g(t) = t^4 + 5t^3 + 2t^2 - 12t$, $f_x = t^3 + 2t^2 - 3t - 1$ und $f_y = -t^3 - 2t^2 + 4t + 1$. Die reellen Lösungen von $M_g(t) = 0$ sind 0 und $-3$, die reellen Lösungen in $V(I)$ sind $(f_x(0), f_y(0)) = (-1, 1)$ und $(f_x(-3), f_y(-3)) = (-1, -2)$. Die anderen zwei Lösungen sind komplex.

## Aufgaben

Lösung

**Aufgabe 9.56** Sei $I$ ein nulldimensionales Ideal mit $k = \#V(I)$. Warum reicht es, zum Finden eines primitiven Elementes $g = \langle a, x \rangle$ von $I$ höchstens $\binom{k}{2} + 1$ vernünftig ausgewählte $a \in \mathbb{Q}^n$ auszuprobieren?

**Aufgabe 9.57** Es sei $K$ ein Körper mit unendlich vielen Elementen und $h \in K[x_1, \ldots, x_n]$ mit $h \neq 0$. Warum gilt für allgemeine $a \in K^n$, dass $h(a) \neq 0$?

Warum ist die Aussage im Allgemeinen falsch für Körper mit endlich vielen Elementen?

**Aufgabe 9.58** Es sei $I = \langle x^2, xy, y^2 \rangle$. Dann ist $\dim_{\mathbb{Q}} \mathbb{Q}[x,y]/I = 3$. Zeigen Sie, dass es kein $g \in \mathbb{Q}[x,y]$ gibt, sodass $1, g, g^2$ modulo $I$ eine Basis von $\dim_{\mathbb{Q}} \mathbb{Q}[x,y]/I$ bilden. (Für nicht radikale Ideale gibt es im Allgemeinen kein primitives Element.)

**Aufgabe 9.59** In dieser Aufgabe ist $I$ ein nulldimensionales radikales Ideal in $\mathbb{Q}[x_1, \ldots, x_n]$.

1. Schreiben Sie ein Programm `prim(I,r)`, das ein primitives Element für das radikale Ideal $I$ im Ring r findet, zusammen mit seinem Minimalpolynom.
2. Schreiben Sie ein Programm `numberreell(I,r)`, das die Anzahl der reellen Elemente von $V(I)$ bestimmt. Benutzen Sie hierzu die sturmsche Ketten, siehe Abschnitt 3.9.
3. Schreiben Sie ein Programm `pol(p,g,I)`, das, gegeben ein primitives Element $g$ und ein Polynom $p$, ein Polynom $f \in \mathbb{Q}[t]$ mit $p = f(g)$ mod $I$ bestimmt.
4. Berechnen Sie hiermit die Polynome $f_x$ und $f_y$ der letzten Seite.
5. Wenden Sie das vorherige auf $p = x_i$ an und schreiben Sie ein Programm `Loes(I,r)`, das numerisch die reellen Elemente von $V(I)$ berechnet.

**Aufgabe 9.60** Bei dieser Aufgabe sollten Sie SAGEMATH benutzen. Sei $f(x,y) = 2x^2 - 2xy + y^2 - 4$ und $g(x,y) = -x^3 + 15x^2 + y^2 - 76x + 2y + 126$.

1. Zeichnen Sie die reellen Lösungen von sowohl $f = 0$ als auch $g = 0$ in einem Bild. (Nehmen Sie $x \in (-4, 10)$ und $y \in (-5, 5)$.)
2. Zeigen Sie, dass $x$ ein primitives Element ist. Bestimmen Sie die Anzahl der komplexen Lösungen von $f = g = 0$ und zeigen Sie, dass es keine reellen Lösungen gibt.
3. Bestimmen Sie numerisch den Abstand von $f = 0$ zu $g = 0$ in $\mathbb{R}^2$.

   Tipp: Benutzen Sie die Koordinaten $x, y$ für $f = 0$ und $z, w$ für $g = 0$. Benutzen Sie die Theorie der Lagrange-Multiplikatoren für $d(x,y,z,w) = (x-z)^2 + (y-w)^2$. Warum zählt die sechsfache Nullstelle für das Minimalpolynom von $d$ nicht mit?
4. Wiederholen Sie diese Aufgabe für $f(x,y) = y^2 - x^3 + 1$ und $g(x,y) = (x-6)^2 + 2(y-2)^2 - 2$.

## 9.11 Zeichnen von reellen Kurven

Wir betrachten $f \in \mathbb{Q}[x,y]$ und möchten einen Eindruck davon bekommen, wie die Lösungsmenge $V(f) \subset \mathbb{R}^2$ aussieht. Unsere Darstellung ist hier skizzenhaft.

- Suche die reellen Punkte von $f = 0$ an der Stelle, an der die Kurve nicht glatt ist, also $V(f, \partial_x f, \partial_y f) \cap \mathbb{R}^2$. (Diese ist oft leer.)
- Suche die reellen Punkte mit senkrechter Tangente $V(f, \partial_y f)$.
- Suche die reellen Punkte mit waagerechter Tangente $V(f, \partial_x f)$.

Wir nehmen an, dass tatsächlich $V(f, \partial_y f)$ und $V(f, \partial_x f)$ nulldimensionale Ideale sind. Dies ist keine große Einschränkung. Schreibe:

$$f(x,y) = a_n(x)y^n + a_{n-1}(x)y^{n-1} + \ldots + a_0(x)\,.$$

Ist $d(x) = \mathrm{ggT}(a_0, \ldots, a_n)$, so ist $f(x,y) = d(x) \cdot \widetilde{f}(x,y)$ und $f(x,y) = 0 \iff d(x) = 0$ oder $\widetilde{f}(x,y) = 0$. Ab jetzt nehmen wir an, dass $d(x)$ keine reelle Nullstelle hat.

Die Vereinigung der reellen $x$-Koordinaten der Elemente von $V(f, \partial_y f) \cap \mathbb{R}^2$ zusammen mit den reellen Nullstellen von $a_n(x)$ seien $b_1 < \ldots < b_s$. Wir setzen

$$b_0 = -\infty < b_1 < \ldots < b_s < b_{s+1} = \infty\,.$$

Weiter sei $(x_0, y_0)$ ein Punkt in $V(f)$ mit $\partial_y f(x_0, y_0) \neq 0$. Nach dem impliziten Funktionensatz gibt es ein offenes Intervall $(c,d)$ mit $x_0 \in (c,d)$ und eine differenzierbare Funktion $g\colon (c,d) \to \mathbb{R}$ mit $f(x, g(x)) = 0$ für $x \in (c,d)$. Wir nehmen nun an, dass $d$ das Supremum und $c$ das Infimum ist, sodass ein solches $g$ existiert. Wir behaupten, dass $c$ und $d$ eine der $b_i$ ist. Bemerke dazu, dass es nur endlich viele Punkte mit waagerechter Tangente gibt. Es folgt, dass in einer Umgebung links von $d$ die Funktion monoton wachsend oder fallend ist. Es folgt, dass $\lim_{x \uparrow d} g(x)$ existiert (eventuell gleich $\pm\infty$). Ist $a_n(d) \neq 0$, so ist dieser Grenzwert endlich. Ist nämlich $y = g(x)$ mit $|y| > 1$, so folgt aus $f(x, g(x)) = 0$, dass

$$|y| = \frac{1}{|a_n(x)|}\left|a_{n-1}(x) + \ldots + a_0(x)/y^{n-1}\right| \leq \frac{1}{|a_n(x)|}\left(|a_0(x)| + \ldots + |a_{n-1}(x)|\right)\,.$$

Also ist $|y|$ beschränkt. Es folgt: Ist $a_n(d) \neq 0$, dann ist $f(d, g(d)) = 0$. Wäre $\partial_y f(d, g(d)) \neq 0$, so könnten wir nach dem impliziten Funktionensatz $g$ in einer Umgebung von $d$ fortsetzen, was ein Widerspruch ist. Somit ist $d$ eine der $b_i$. Analog für $c$. Auf dieser Weise sieht man, dass in $(b_{i-1}, b_i) \times \mathbb{R}$ die Menge $V(f)$ eine endliche Vereinigung von Graphen von Funktionen ist. Die Anzahl der Graphen bestimmt man durch Einsetzen einer $x_0 \in (b_{i-1}, b_i)$ und Berechnen der Anzahl der reellen Lösungen $y$ von $f(x_0, y) = 0$.

**Beispiel** Es sei $f = 6x^4 - 16x^2y - 4xy^2 + 4y^3 + 8y^2 + 4x - 3 = 0$. Wir berechnen mit unserem Lösungsprogramm (Aufgabe 9.59), dass die waagerechten Tangenten bei ungefähr

$$(0.14, -1.69),\ (-0.06, -0.79),\ (0.18, 0.52),\ (-1.20, 1.09),\ (1.83, 2.23)$$

liegen. Die senkrechten Tangenten bei ungefähr

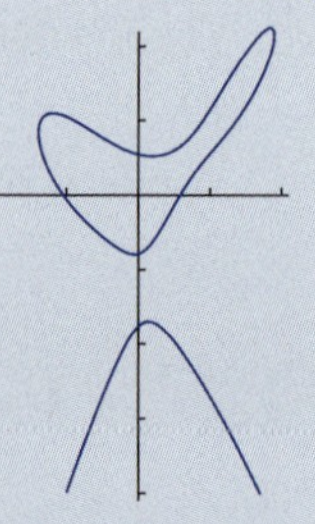

$$(-1.40, 0.84),\ (1.89, 2.40).$$

Man sieht mit den sturmschen Ketten, dass $f(0,y) = 4y^3 + 8y^2 - 3$ drei reelle Lösungen hat, $f(2,y)$ und $f(-2,y)$ lediglich eine. Ebenso $f(x,-2)$ hat zwei, $f(x,-1)$ keine, $f(x,0)$ zwei, $f(x,1)$ vier, $f(x,2)$ zwei und $f(x,3)$ hat keine Lösungen. Mit diesen Informationen kann man schon eine Skizze der Kurve machen.

## Aufgaben

Lösung

**Aufgabe 9.61** Zeigen Sie, dass folgende Gleichungen keine reellen Lösungen haben.

1. $f(x,y) = y^4 - 4xy^2 + 4x^2 + 2y^2 - 4x + 2 = 0.$
2. $f(x,y) = x^4 + 2x^2y^2 + y^4 - 2x^3 - 2x^2y - 2xy^2 - 2y^3 + 4x^2 + 2xy + 3y^2 - 3x - 2y + 5 = 0.$

Benutzen Sie SAGEMATH für Ihre Berechnungen.

**Aufgabe 9.62** Wenn man

```
sage: r.<x,y> = QQ[]
sage: f =4*x^4 - 8*y*x^2 + y^3 + 4*y^2 - 1.
sage: implicit_plot(f,(-2,2),(-2,2))
```

eintippt, so bekommt man etwa folgendes Bild. Ist dieses Bild vollständig?

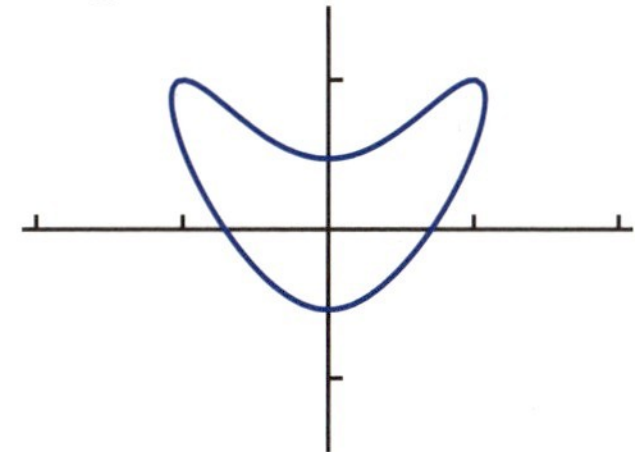

**Aufgabe 9.63** Sei $f = 2x^4y + y^5 + 2x^3y - 8x^2y + y^3 + 4y^2 - 3x - 1$

1. Zeigen Sie, dass es keine singulären Punkte auf $f = 0$ gibt.
2. Bestimmen Sie numerisch die Punkte auf $f = 0$ mit waagerechter sowie mit senkrechter Tangente.
3. Prüfen Sie für jedes $x = a$, wofür keine senkrechte Tangente auftritt, wie viele Lösungen $f(a,y) = 0$ hat.
4. Machen Sie eine Skizze von $f = 0$. Prüfen Sie das Ergebnis mit den `implicit_plot`-Befehl von SAGEMATH.

**Aufgabe 9.64** Sei

$$f = x^3 + 3y^3 + x^2 + y^2 - 3x + 2y + 5 = 0\,.$$

1. Zeigen Sie, dass $x$ ein primitives Element von $I = \langle f, \partial_y f \rangle$ ist.
2. Zeigen Sie, dass

$$\{(x,y) \in \mathbb{R}^2 : f(x,y) = 0\}$$

der Graph einer differenzierbaren Funktion $g\colon \mathbb{R} \to \mathbb{R}$ ist.

## 9.12 Elimination

Wie kann man aus einem Gleichungssystem gewisse Variablen eliminieren? Wir verteilen dazu die Variablen $(x_1, \ldots, x_n)$ in zwei disjunkte Gruppen $T = (t_1, \ldots, t_r)$ und $Y = (y_1, \ldots, y_s)$, $r + s = n$. Elimination der Variablen $(y_1, \ldots, y_s)$ aus einem Ideal $I \subset K[x_1, \ldots, x_n]$ bedeutet die Bildung des Schnitts $I \cap K[t_1, \ldots, t_r]$. Wir werden sogenannte Eliminationsordnungen benutzen. Beispiele sind die Blockordnungen aus dem Abschnitt 9.3.

Eine Monomordnung auf $K[x_1, \ldots, x_n]$ heißt **Eliminationsordnung** für $T$, falls gilt:

$$LM(f) = t_1^{\alpha_1} \cdot \ldots \cdot t_r^{\alpha_r} \implies f \in K[t_1, \ldots, t_r] .$$

**Satz 9.12** Sei $>$ eine Eliminationsordnung für $T = (t_1, \ldots, t_r)$. Sei $I \subset K[x_1, \ldots, x_n]$ ein Ideal und $I_T = I \cap K[t_1, \ldots, t_r]$. Sei $G$ eine Gröbner-Basis von $I$. Dann ist $G_T := G \cap K[t_1, \ldots, t_r]$ eine Gröbner-Basis von $I_T$.

Sei dazu ohne Einschränkung $G = (f_1, \ldots, f_m)$ und $G_T = (f_1, \ldots, f_s)$ mit $s \leq m$. Sei $f \in I_T = I \cap K[t_1, \ldots, t_r]$. Dividieren von $f$ durch $f_1, \ldots, f_s$ in $K[t_1, \ldots, t_r]$ liefert

$$f = a_1 g_1 + \ldots + a_t g_t + r$$

mit $a_i, r \in K[t_1, \ldots, t_r]$. Damit ist $r$ auch der Rest von $f$ bei Teilung durch $G$, also 0. Daher erzeugt $G_T$ das Ideal $I_T$. Betrachte nun $S(f_i, f_j)$ für $i < j \leq s$. Dann $S(f_i, f_j) \in I_T$ und wie oben folgt $S(f_i, f_j) \xrightarrow{G_T} 0$. Nach dem Buchberger-Kriterium ist $G_T$ eine Gröbner-Basis von $I_T$. ■

In der Praxis wird oft die reduzierte Gröbner-Basis eines Ideals mit der Ordnung degrevlex berechnet und danach in eine Gröbner-Basis für eine Eliminationsordnung umgerechnet. Für nulldimensionale Ideale hat man die FGLM-Methode. Diese Methode ist nicht so schwierig und wir hätten sie behandeln können. Für nicht nulldimensionale Ideale benutzt man sogenannte Gröbner-Fans.

Elimination kann z. B. benutzt werden, um Durchschnitte von Idealen zu berechnen.

**Satz 9.13** Es seien $I, J$ Ideale in $K[x_1, \ldots, x_n]$ und $t$ eine neue Veränderliche. Seien $tI = \{tf : f \in I\}$, $(1-t)J = \{(1-t)g : g \in J\}$ Ideale in $K[x_1, \ldots, x_n, t]$. Dann gilt

$$I \cap J = (tI + (1-t)J) \cap K[x_1, \ldots, x_n] .$$

Sei $f \in I \cap J$, dann ist $tf \in tI$ und $(1-t)f \in (1-t)J$. Also $f = tf + (1-t)f \in tI + (1-t)J$. Es folgt „$\subset$". Für die andere Inklusion sei $I = \langle f_1, \ldots, f_s \rangle$, $J = \langle g_1, \ldots, g_k \rangle$ und $f \in (tI + (1-t)J) \cap K[x_1, \ldots, x_n]$. Dann gibt es $p_i$ und $q_j$ in $K[x_1, \ldots, x_n, t]$ mit

$$f = \sum_{i=1}^{s} p_i(x_1, \ldots, x_n, t) t f_i + \sum_{j=1}^{t} q_j(x_1, \ldots, x_n, t)(1-t) g_j .$$

Durch Einsetzen von $t = 0$ folgt $f \in J$ und von $t = 1$ folgt $f \in I$. Also gilt $f \in I \cap J$. ■

# Aufgaben

Lösung

**Aufgabe 9.65** Berechnen Sie von Hand und mit Gröbner-Basen:

1. $\langle z, xy\rangle \cap \langle x, y\rangle$.
2. $\langle z, y^2 - x^3\rangle \cap \langle z - x, z - y\rangle$.

**Aufgabe 9.66** Sei $I \subset K[x_1, \ldots, x_n]$ ein Ideal und $g \in K[x_1, \ldots, x_n]$.

1. Sei $I\colon g = \{h \in K[x_1, \ldots, x_n] \colon hg \in I\}$ der sogenannte Idealquotient. Zeigen Sie: $h \in I\colon g \iff hg \in I \cap \langle g\rangle$.
2. Sei $J$ ein Ideal und $I : J = \{h \in K[x_1, \ldots, x_n] \colon h \cdot g \in I \text{ für alle } g \in J\}$ der Idealquotient. Zeigen Sie: Ist $J = \langle h_1, \ldots, h_s\rangle$, so ist $I : J = (I\colon h_1) \cap \cdots \cap (I\colon h_s)$.
3. Erklären Sie, warum es mit Gröbner-Basen möglich ist, $I : J$ zu berechnen für $I, J$ Ideale in $K[x_1, \ldots, x_n]$.

   Bemerkung: In SAGEMATH benutzt man den Befehl `I.quotient(J)`.
4. Zeigen Sie, dass ein $k$ existiert mit $I : f^k = I : f^{k+1} = \cdots$.

   Ist dies der Fall, so schreiben wir $I : f^\infty := I : f^k$ (Saturierung). Für die Berechnung der Saturierung, siehe Satz 9.15.

**Aufgabe 9.67**

1. Sei $f \in I : J$ und $p \in V(I) \setminus V(J)$. Zeigen Sie, dass $f(p) = 0$. (Die Umkehrung gilt für $I \subset \mathbb{C}[x_1, \ldots, x_n]$ und $I$ radikal. Hierzu braucht man den starken Nullstellensatz.)
2. Wie kann man mit Idealquotienten in Aufgabe 9.60 versuchen, die Lösungen von $f = g = 0$ loszuwerden?

**Aufgabe 9.68** Machen Sie alle Berechnungen mit SAGEMATH. Sei $f = x^4 - 2x^3 + y^2 + z^2 - 1$ und $g = (x + y + z - 6)^2 + 2(z - 2)^2 + 3(y - 1)^2 - 3$.

1. Plotten Sie in einem Bild die Flächen $f = 0$ und $g = 0$. Warum hat $f = g = 0$ unendlich viele Lösungen in $\mathbb{C}^3$?
2. Die Punkte von $V(f, g)$, in denen der implizite Funktionensatz ($y$ und $z$ nach $x$ auflösen) nicht anwendbar ist, erfüllen eine Gleichung $h = 0$. Bestimmen Sie $h$.
3. Zeigen Sie, dass $V(f, g, h)$ nulldimensional ist und keine reellen Lösungen hat.
4. Zeigen Sie, dass $f = g = 0$ keine reellen Lösungen hat.
5. Berechnen Sie numerisch den minimalen Abstand von $f = 0$ zu $g = 0$ in $\mathbb{R}^3$:
   1. Schreiben Sie die Lagrange-Gleichungen in einem Ideal $I$ auf.
   2. Bemerken Sie, dass $I$ nicht nulldimensional ist. Woher kommt das?
   3. Benutzen Sie den Idealquotienten, um überflüssige Punkte von $V(I)$ wegzuschneiden. Siehe auch Aufgabe 9.60.

## 9.13 Nullstellensatz

**Satz 9.14** Sei $I$ ein Ideal in $\mathbb{C}[x_1,\ldots,x_n]$, $I$ nicht nulldimensional. Dann ist $\#V(I) = \infty$.

Ist $I = \langle 0 \rangle$, so ist die Aussage klar. Weil $I$ nicht nulldimensional ist, gibt es eine Koordinate $t$ mit $I \cap \mathbb{C}[t] = \langle 0 \rangle$. Ohne Einschränkung ist $t = x_n$ und $y_i = x_i$ für $i < n$. Wir werden zeigen: Für unendlich viele $b \in \mathbb{C}$ gilt $I(b) := \{f(y,b) : f \in I\} \neq \mathbb{C}[y_1,\ldots,y_{n-1}]$. Mit Induktion folgt, dass es ein $a \in \mathbb{C}^{n-1}$ gibt, sodass $f(a,b) = 0$ für alle $f \in I$.

Wähle eine Eliminationsordnung für $t$ und eine Gröbner-Basis

$$(f_1,\ldots,f_s),\ f_k(y,t) = g_k(t) \cdot y^{\beta_k} + \text{„kleinere Terme in } y\text{“ mit } g_k(t) \neq 0$$

von $I$. Alle weiteren Terme in $f_k$ sind kleiner als $y^{\beta_k}$. Es gilt: $y^{\beta_k} \neq 1$ für $k = 1,\ldots,s$, weil sonst $0 \neq g_k(t) \in I$. Für alle bis auf endlich viele $b \in \mathbb{C}$ gilt $(g_1 \cdot \ldots \cdot g_s)(b) \neq 0$. Wir nehmen ein solches $b$. Die Monomordnung induziert eine Monomordnung auf $\mathbb{C}[y_1,\ldots,y_{n-1}]$. Wir zeigen, dass $(f_1(y,b),\ldots,f_s(y,b)$ eine Gröbner-Basis des oben genannten Ideals $I(b)$ ist. Hieraus folgt $LM(I(b)) \neq \mathbb{M}$ und $I(b) \neq \mathbb{C}[y_1,\ldots,y_{n-1}]$, was wir zeigen wollten.

Sei $h(y) = f(y,b)$ mit $f \in I$ und $LM(f)$ minimal mit dieser Eigenschaft unter allen $f \in I$ mit $h = f(y,b)$. Dann ist $f(y,t) = g(t)y^{\beta} +$ kleinere Terme in $y$. Weil $f \in I$, gibt es ein $k$ mit $y^{\beta_k} \mid y^{\beta}$. Wäre $g(b) = 0$, so ist $\widetilde{f} := \left(g_k(t)f(y,t) - g(t)y^{\beta-\beta_k}f_k(y,t)\right)/g_k(b)$ ein Polynom mit $\widetilde{f}(y,b) = h(y)$, aber $LM(\widetilde{f}) < LM(f)$, Widerspruch! Also folgt $g(b) \neq 0$ und $y^{\beta_k}$ teilt $LM(h)$. Deshalb ist $(f_1(y,b),\ldots,f_s(y,b))$ eine Gröbner-Basis von $I(b)$. ∎

**Satz 9.15** Es sei $I = \langle f_1,\ldots,f_s \rangle \subset K[x_1,\ldots,x_n]$ ein Ideal und $t$ eine neue Variable.

1. Es gilt: $I : f^{\infty} = (I + \langle 1 - f \cdot t \rangle) \cap K[x_1,\ldots,x_n]$. (Siehe Aufgabe 9.66.)
2. (Starker Nullstellensatz) Ist $K = \mathbb{C}$, so ist $f(p) = 0$ für alle $p \in V(I)$ genau dann, wenn $f \in \sqrt{I}$.

1. Sei $g = \sum_{i=1}^{s} g_i(x,t) \cdot f_i + q(x,t) \cdot (1 - tf) \in (I + \langle 1 - tf \rangle) \cap \mathbb{C}[x_1,\ldots,x_n]$.
   Sei $k$ der Maximalgrad von $t$ in den $g_i(x,t)$ für $i = 1,\ldots,s$. Multipliziere die Gleichung für $g$ mit $f^k$. Es gilt $(tf)^j = 1 \bmod (tf-1)$ (geometrische Reihe). Durch Teilung mit Rest von $f^k \cdot g$ durch $(tf - 1)$ folgt
   $$f^k \cdot g = \sum_{i=1}^{s} \widetilde{g}_i(x) \cdot f_i + \widetilde{q}(x,t) \cdot (1 - tf)$$
   für gewisse Polynome $\widetilde{g}_i(x)$ und $\widetilde{q}(x,t)$. Es folgt $\widetilde{q}(x,t) = 0$, weil $f^k g$ und $\widetilde{g}_i(x) \cdot f_i$ nicht von $t$ abhängig sind. Somit $f^k \cdot g = \sum \widetilde{g}_i(x) \cdot f_i \in I$ und es folgt $g \in I : f^k \subset I : f^{\infty}$.
   Ist umgekehrt $f \in I : f^{\infty}$, also $f^k g \in I$ für $g \in \mathbb{C}[x_1,\ldots,x_n]$, so gilt
   $$g = t^k f^k g + (1 - t^k f^k) g \in I + \langle 1 - tf \rangle.$$
2. Ist $f \in \sqrt{I}$, so ist $f^k \in I$ für ein $k$. Hieraus folgt, dass $f(p) = 0$ für alle $p \in V(I)$.
   Sei umgekehrt $f(p) = 0$ für alle $p \in V(I)$. Mit einer neuen Variablen $t$ gilt $V(I + \langle 1 - tf \rangle) = \emptyset$: Ist $(a,b) \in \mathbb{C}^n \times \mathbb{C} \in V(I + \langle 1 - tf \rangle)$, so ist $a \in V(I)$, also $f(a) = 0$ und $1 - bf(a) = 0$, Widerspruch! Nach Satz 9.2 und 9.14 ist $1 \in (I + \langle 1 - tf \rangle) \cap \mathbb{C}[x_1,\ldots,x_n] = I : f^{\infty}$, also $f^k = 1 \cdot f^k \in I$ für ein $k \in \mathbb{N}$. ∎

# Faktorisierung

10



ÜBERBLICK

## LERNZIELE

- Der Satz von Gauß
- Zerfällungskörper
- Körper mit endlich vielen Elementen
- Abschätzung von Koeffizienten der Teiler von Polynomen mit Koeffizienten in $\mathbb{C}[x]$
- Faktorisierung von Polynomen über $\mathbb{F}_p$
- Faktorisierung von Polynomen über $\mathbb{Z}$
- Zerlegung von nulldimensionalen radikalen Idealen
- Faktorisierung von Polynomen mehreren Veränderlichen
- Berechnung des Radikals
- Primärzerlegung von radikalen Idealen

Wir sind interessiert herauszufinden, wie die Zerlegung in irreduzible Faktoren eines Polynoms $f \in \mathbb{Q}[x]$ in der Praxis funktionieren kann. Insbesondere möchten wir eine Methode beschreiben, welche feststellen kann, ob ein Polynom irreduzibel ist. Ist $f$ reduzibel, so reicht es natürlich, einen nicht trivialen Faktor $g$ von $f$ zu finden, da wir das Prozedere dann rekursiv auf $g$ und $f/g$ anwenden können. Es reicht, einen Faktor von $f$ vom Grad höchstens $\lfloor \deg(f)/2 \rfloor$ zu finden, denn ein reduzibles Polynom hat immer einen Faktor vom Grad kleiner oder gleich $\lfloor \deg(f)/2 \rfloor$.

Wir benutzen die folgenden Schritte.

1. Ist $f \in \mathbb{Q}[x]$, so können wir die gemeinsamen Nenner wegmultiplizeren. Es reicht deshalb, Polynome $f \in \mathbb{Z}[x]$ zu betrachten.
2. Es reicht, lediglich Faktoren in $\mathbb{Z}[x]$ zu suchen. Diese Aussage ist der Satz von Gauß.
3. Prüfe, ob $f$ quadratfrei ist. Ist $f$ nicht quadratfrei, so ist $\mathrm{ggT}(f, f')$ bereits ein nicht trivialer Faktor von $f$.
4. Sei $a$ der Leitkoeffizient von $f$. Bestimme eine Schranke $M$ (die Mignotte-Schranke) für die Koeffizienten eines echten Teilers $g$ von $af$ vom Grad höchstens $\lfloor \deg(f)/2 \rfloor$. Hierbei sollte $g$ auch den Leitkoeffizienten $a$ haben.
5. Bestimme eine Primzahl $p > 2M$ und faktorisiere $f$ modulo $p$

$$f = a \cdot f_1 \cdot \ldots \cdot f_s \bmod p\,.$$

Ist $g \in \mathbb{Z}[x]$ ein Teiler von $f$ (vom Grad höchstens $\lfloor \deg(f)/2 \rfloor$), so können wir nach Multiplikation mit einer natürlichen Zahl annehmen, dass der Leitkoeffizient von $g$ ebenfalls gleich $a$ ist. Es folgt, dass es eine Teilmenge $I$ von $\{1, \ldots, s\}$ gibt, sodass

$$g = a \cdot \prod_{i \subset I} f_i \bmod p\,.$$

Andererseits liegen die Koeffizienten von $g$ in $[-M, M]$. Wenn wir Vertreter der Koeffizienten in $[-M, M]$ nehmen (das geht, weil $p > 2 \cdot M$), erhalten wir $g$. Um mögliche

Faktoren von $af$ und damit von $f$ zu bestimmen, brauchen wir „nur“ alle echten Teilmengen von $\{1,\ldots,s\}$ durchzuprobieren.

Das ist die Strategie. Natürlich müssen wir noch modulo $p$ faktorisieren. Um ein Polynom modulo $p$ zu faktorisieren, benutzen wir folgende Aussage. Das Polynom

$$x^{p^n} - x$$

ist das Produkt aller normierten irreduziblen Polynome in $\mathbb{F}_p[x]$ von Grad $d$, mit $d \mid n$. Für den Beweis dieses Satzes brauchen wir die Existenz eines Körpers mit $p^n$ Elementen. Ist $n = 1$, so ist diese Aussage der kleine Satz von Fermat: Alle $x - a$ teilen $x^p - x$. Damit erfüllen alle $a \in \mathbb{F}_p$ die Gleichung $x^p - x = 0$, also $a^p = a$ in $\mathbb{F}_p$.

Hat $f$ einen Faktor vom Grad $d$, aber keinen Faktor vom Grad kleiner als $d$, so ist

$$\mathrm{ggT}(x^{p^i} - x, f) = 1 \text{ für } i < d \text{ und } \mathrm{ggT}(x^{p^d} - x, f) \neq 1\,.$$

Um dies zu prüfen, braucht man deshalb nur ggT-Berechnungen durchzuführen. Hat $f$ auch noch einen Faktor vom Grad größer als $d$, so ist $\mathrm{ggT}(x^{p^d} - x, f)$ ein echter Faktor von $f$. Es bleibt nur der Fall übrig, dass $f$ ein Produkt irreduzibler Polynome vom gleichen Grad $d$ ist. Diese irreduziblen Faktoren sind alle verschieden, denn $x^{p^d} - x$ ist quadratfrei, hat also keine mehrfachen Faktoren.

Um in diesem Fall einen echten Faktor zu finden, wird ein probabilistischer Algorithmus benutzt. Mithilfe des chinesischen Restsatzes wird Folgendes gezeigt. Ist $g$ ein zufällig gewähltes Polynom vom Grad kleiner als der Grad von $f$, so wird mit einer Chance von fast $1/2$ das Polynom $g^{(p^d-1)/2} - 1$ einen Teiler mit $f$ gemeinsam haben. Hier wird $p \neq 2$ vorausgesetzt. Für $p = 2$ muss das Verfahren etwas angepasst werden.

Anwenden können wir die Faktorisierung von Polynomen über $\mathbb{Q}$ auch auf nulldimensionale radikale Ideale $I \subset \mathbb{Q}[x_1,\ldots,x_n]$. Ist $g = \langle a, x\rangle$ ein primitives Element ($a \in \mathbb{Q}^n$) mit Minimalpolynom $M_g$, so induziert

$$\begin{aligned} \mathbb{Q}[t] &\to \mathbb{Q}[x_1,\ldots,x_n]/I \\ f(t) &\mapsto f(g) \end{aligned}$$

einen Isomorphismus von Ringen

$$\mathbb{Q}[t]/\langle M_g(t)\rangle \cong \mathbb{Q}[x_1,\ldots,x_n]/I\,.$$

Weil $I$ ein radikales Ideal ist, ist $M_g(t)$ ein quadratfreies Polynom. Wir können $M_g(t)$ in verschiedene irreduzible Faktoren zerlegen:

$$M_g(t) = M_1(t)\cdot\ldots\cdot M_k(t)$$

mit $M_i(t) \in \mathbb{Q}[t]$ irreduzibel und paarweise verschieden. Dann ist

$$\mathbb{Q}[t]/\langle M_i(t)\rangle \to \mathbb{Q}[x_1,\ldots,x_n]/(I + \langle M_i(g)\rangle)$$

ein Isomorphismus und beide sind Körper. Mit $\mathfrak{m}_i = I + \langle M_i(g)\rangle$ erhalten wir den chinesischen Restsatz:

$$\mathbb{Q}[x_1,\ldots,x_n]/I \cong \mathbb{Q}[x_1,\ldots,x_n]/\mathfrak{m}_1 \times\cdots\times \mathbb{Q}[x_1,\ldots,x_n]/\mathfrak{m}_k\,,$$

welcher direkt aus dem chinesischen Restsatz für Polynomringe folgt, also

$$\mathbb{Q}[t]/\langle M_g(t)\rangle \cong \mathbb{Q}[t]/\langle M_1(t)\rangle \times \cdots \times \mathbb{Q}[t]/\langle M_k(t)\rangle .$$

Wenn wir die Primärzerlegung von nulldimensionalen Idealen anwenden auf z. B.

$$I = \langle a^2 - 2, f(x,a)\rangle \subset \mathbb{Q}[x,a] ,$$

ist das Ergebnis eine Faktorisierung von $f$ über $\mathbb{Q}(\sqrt{2})$. Statt $a^2 - 2$ kann man z. B. auch $a^2 + 1$ nehmen. So erhalten wir eine Faktorisierung von $f$ über $\mathbb{Q}(i)$ usw.

In Punkt 5 oben haben wir eine Primzahl $p > 2M$ genommen. Wenn $M$ groß ist, kann das Faktorisieren modulo $p$ langsam werden. Stattdessen nimmt man dann eine kleine Primzahl $p$, sodass $p$ den Leitkoeffizienten $a$ von $f$ nicht teilt und $f$ modulo $p$ auch quadratfrei ist. Bestimme die Faktorisierung von $a^{-1}f$ modulo $p$ in irreduzible normierte Faktoren. Danach wenden wir das sogenannte Hensel-Lifting an. Haben wir eine Faktorisierung von $a^{-1}f$ modulo $p$, so erhält man schnell eine Faktorisierung modulo $p^2$, dann modulo $p^4$ usw. bis $p^k > 2M$, $M$ die Mignotte-Schranke. Nach Multiplikation mit $a$ erhält man

$$f = a \cdot f_1 \cdot \ldots \cdot f_s \bmod p^k .$$

Um die Faktorisierung von $f$ zu finden, verfahren wir weiter wie in Punkt 5 oben.

Polynome $f \in \mathbb{Q}[x,y]$ ($x = (x_1,\ldots,x_n)$ und $y$ eine Variable) können wir auch faktorisieren. Zunächst bestimmt man, wie bei Polynomen in einer Veränderlichen, ob $f$ quadratfrei ist, und falls nicht, so findet man sofort einen Faktor. Wir dürfen also $f$ quadratfrei annehmen. Setze $x = a$ für eine Konstante $a$ ein, und zwar so, dass das Polynom $f(a,y)$ als Polynom in $y$ ebenfalls quadratfrei ist. Wenn wir annehmen (nach einer Verschiebung der Koordinaten), dass $a = 0$ und $f$ normiert in $y$ ist, so können wir $f(0,y) = f \bmod \langle x\rangle$ faktorisieren. Das können wir, da $f(0,y)$ ein Polynom in einer Veränderlichen ist. Jetzt wenden wir wiederum Hensel-Lifting an. Lifte die Faktorisierung von $f$ modulo $\langle x\rangle$ zu einer Faktorisierung modulo $\langle x\rangle^2$, danach zu einer Faktorisierung modulo $\langle x\rangle^4$ usw. Man stoppt, sobald man eine Faktorisierung modulo $\langle x\rangle^k$ hat, wobei $k$ größer ist als der Maximalgrad von $f$ in $x$. Am Ende probiert man, wie bei Faktorisierung von Polynomen in $\mathbb{Z}[x]$, die verschiedenen Möglichkeiten durch.

Im vorletzten Abschnitt geben wir einen Algorithmus zur Berechnung des Radikals eines Ideals im Polynomring. Im vorherigen Kapitel haben wir gesehen, wie das für nulldimensionale Ideale gemacht wird. Wichtig in unserer Methode ist, dass wir mit Gröbner-Basen Idealquotienten $I : J = \{h \colon hf \in I \text{ für alle } f \in J\}$ sowie auch Durchschnitte von Idealen berechnen können.

Im letzten Abschnitt verallgemeinern wir die Primärzerlegung von nulldimensionalen radikalen Idealen zur Berechnung von Primärzerlegung von radikalen Idealen. Ist $I$ ein solches Ideal, so ist eine Primärzerlegung eine endliche Menge von verschiedenen Primidealen $\mathfrak{p}_1, \ldots, \mathfrak{p}_s$ mit

$$I = \mathfrak{p}_1 \cap \cdots \cap \mathfrak{p}_s \,.$$

Primideale sind die richtigen Verallgemeinerungen von irreduziblen Polynomen. Definitionsgemäß ist $\mathfrak{p}$ ein Primideal, wenn aus $f \cdot g \in \mathfrak{p}$ folgt, dass $f \in \mathfrak{p}$ oder $g \in \mathfrak{p}$. Geometrisch erhalten wir eine Aufspaltung der Nullstellenmenge:

$$V(I) = V(\mathfrak{p}_1) \cup \cdots \cup V(\mathfrak{p}_s) \,.$$

Wir werden zeigen, wie man für radikale Ideale im Polynomring $\mathbb{Q}[x_1, \ldots, x_n]$ eine Primärzerlegung berechnen kann.

Primärzerlegungen für nicht radikale Ideale werden nicht behandelt, weil man eine längere Diskussion über die Eindeutigkeitsaussagen machen sollte.

## 10.1 Der Satz von Gauß

Wenn wir ein Polynom $f \in \mathbb{Q}[x]$ in irreduzible Faktoren zerlegen, dürfen wir annehmen, dass $f \in \mathbb{Z}[x]$ ist. Folgender Satz besagt, dass wir die Faktoren auch nur in $\mathbb{Z}[x]$ suchen müssen. Ist $0 \neq f \in \mathbb{Z}[x]$, so nennen wir den größten gemeinsamen Teiler der Koeffizienten von $f$ den Inhalt von $f$, Notation $\operatorname{Inh}(f)$. Wir nennen $f$ primitiv, wenn $\operatorname{Inh}(f) = 1$.

**Satz 10.1** Es sei $f \in \mathbb{Z}[x]$.

1. Sind $g, h \in \mathbb{Q}[x]$ nicht konstante Polynome mit $f = g \cdot h$. Dann gibt es auch nicht konstante Polynome $\widetilde{g}, \widetilde{h} \in \mathbb{Z}[x]$ mit $f = \widetilde{g} \cdot \widetilde{h}$.
2. Es gibt, bis auf Reihenfolge und bis auf Vorzeichen, eindeutig bestimmte Primzahlen $p_1, \ldots, p_k$ und primitive irreduzible Polynome $f_1, \ldots, f_s \in \mathbb{Z}[x]$ mit

$$f = \pm p_1 \cdot \ldots \cdot p_k \cdot f_1 \cdot \ldots \cdot f_s .$$

1. Ist $c \in \mathbb{Z}$, $g \in \mathbb{Z}[x]$ mit $c \mid g$, so zeigt man mit einem einfachen Induktionsbeweis, dass $c$ jeden Koeffizienten von $g$ teilt.
   Sei $p$ eine Primzahl, $f, g \in \mathbb{Z}[x]$ und $p \mid f \cdot g$. Dann gilt: $p \mid f$ oder $p \mid g$. Angenommen, dies wäre falsch. Schreibe $f = a_0 + a_1 x + \ldots + a_e x^e$, $g = b_0 + b_1 x + \ldots b_d x^d$. Sei $i$ minimal mit $p \nmid a_i$ und $j$ minimal mit $p \nmid b_j$. Der Koeffizient von $x^{i+j}$ in $f \cdot g$ ist gleich
   $$c_{i+j} = a_0 b_{i+j} + \ldots + a_{i-1} b_{j+1} + a_i b_j + a_{i+1} b_{j-1} + \ldots + a_{i+j} b_0 .$$
   Weil $p \mid a_s$ für $s < i$ und $p \mid b_t$ für $t < j$ folgt $p \mid a_i b_j$, also $p \mid a_i$ oder $p \mid b_j$, Widerspruch!
   Sei $f = g \cdot h$ mit $g, h \in \mathbb{Q}[x]$. Nach Vertreiben der gemeinsamen Nenner $c$ erhalten wir $cf = \widetilde{g} \cdot \widetilde{h}$ und $\widetilde{g}, \widetilde{h} \in \mathbb{Z}[x]$. Ist $p$ ein Primteiler von $c$, so ist $p \mid \widetilde{g}$ oder $p \mid \widetilde{h}$. Wir können durch $p$ teilen und erhalten mit Induktion $f = \widetilde{g} \cdot \widetilde{h}$ mit $\widetilde{g}, \widetilde{h} \in \mathbb{Z}[x]$.
2. Mit Induktion erhalten wir eine Darstellung $f = g_1 \cdot \ldots \cdot g_s$ mit $g_i \in \mathbb{Z}[x]$ und irreduzibel in $\mathbb{Q}[x]$. Diese $g_i$ sind als Elemente von $\mathbb{Q}[x]$ und bis auf Multiplikation mit einer rationalen Zahl ungleich 0 eindeutig, weil die Zerlegung in $\mathbb{Q}[x]$ eindeutig ist. Wir teilen jedes $g_i$ durch $\operatorname{Inh}(g_i)$ und erhalten, bis auf $\pm 1$ eindeutig bestimmte primitive $f_i \in \mathbb{Z}[x]$. Mit $c = \operatorname{Inh}(g_1) \cdot \ldots \cdot \operatorname{Inh}(g_s)$ erhalten wir die eindeutige Zerlegung $f = c \cdot f_1 \cdot \ldots \cdot f_s$. Nun zerlege $c \in \mathbb{Z}$ eindeutig in Primfaktoren. ■

**Beispiel** Sei $n \in \mathbb{N}$. Dann ist $x^2 - n$ reduzibel in $\mathbb{Q}[x]$ genau dann, wenn $x^2 - n$ reduzibel in $\mathbb{Z}[x]$ ist, also $x \pm \sqrt{n} \in \mathbb{Z}[x]$. Dies ist der Fall, wenn $\sqrt{n} \in \mathbb{Z}$, also $n$ ein Quadrat in $\mathbb{Z}$. Es folgt, dass $\sqrt{n} \notin \mathbb{Q}$, wenn $n$ kein Quadrat in $\mathbb{Z}$ ist.

**Satz 10.2** Sei $f \in \mathbb{Z}[x]$ ein in $\mathbb{Q}[x]$ quadratfreies Polynom. Dann gibt es nur endlich viele Primzahlen $p$, sodass $f$ modulo $p$ **nicht** quadratfrei ist.

Weil $f$ quadratfrei in $\mathbb{Q}[x]$ ist, gibt es $a/d, c/d \in \mathbb{Q}$ mit $\frac{a}{d} \cdot f + \frac{c}{d} \cdot f' = 1$. Ist $p$ eine Primzahl, welche nicht eine der endlich vielen Primteiler von $d$ ist, so gilt die Gleichung $\frac{a}{d} \cdot f + \frac{c}{d} \cdot f' = 1$ auch modulo $p$. Dann ist $f$ quadratfrei modulo $p$ (Aufgabe 3.46). ■

# Aufgaben

Lösung

**Aufgabe 10.1** Es sei $f = a_n x^n + \ldots + a_0 \in \mathbb{Z}[x]$ ein primitives Polynom und $p$ eine Primzahl mit $p \nmid a_n$.

1. Zeigen Sie: Ist $f$ mod $p$ irreduzibel in $\mathbb{F}_p[x]$, so ist $f$ irreduzibel.
2. Zeigen Sie, dass das Polynom $f(x) = x^5 + x^4 - 4x^3 - 3x^2 + 3x + 1 \in \mathbb{Q}[x]$ irreduzibel ist.
3. Nehmen Sie in SAGEMATH ein zufälliges Polynom $f$ wie oben mit $a_i \in (-10, 10)$, $n = 100$ und $a_{100} = 1$. Prüfen Sie mit SAGEMATH, dass $f$ irreduzibel ist. (Wenn es zufällig nicht irreduzibel ist, so nehmen Sie ein anderes Polynom.) Finden Sie die kleinste Primzahl $p$, sodass $f$ mod $p$ auch irreduzibel ist.
4. Wiederholen Sie diese Aufgabe für einige andere $f$'s. Was fällt auf?

**Aufgabe 10.2** Sei $f = x^4 + 4x^3 + 8x^2 + 8x + 52$.

1. Prüfen Sie mit SAGEMATH, dass $f$ irreduzibel ist.
2. Finden Sie alle Primzahlen $< 10.000$, sodass $f$ mod $p$ irreduzibel ist.

**Aufgabe 10.3** Schreiben Sie ein SAGEMATH-Programm, welches den Inhalt eines Polynoms $f \in \mathbb{Z}[x]$ berechnet.

**Aufgabe 10.4**

1. Sei $R$ ein Ring ohne Nullteiler, d. h. aus $ab = 0$ mit $a, b \in R$ folgt $a = 0$ oder $b = 0$. Ein Element $u \in R$ heißt Einheit, wenn es ein $v \in R$ gibt mit $uv = 1$. Wir sagen, dass $g \in R$ das Element $f \in R$ teilt, Notation $g \mid f$, wenn $f = gh$ für ein $h \in R$.
2. Ein $f \in R$ heißt irreduzibel, wenn $f$ und Einheiten die einzigen Teiler von $f$ sind.
3. Ein Element $f \in R$ heißt Primelement, wenn aus $f \mid (gh)$ folgt, dass $f \mid g$ oder $f \mid h$.
4. Der Ring $R$ heißt ZPE-Ring (oder faktorieller Ring), wenn jedes Element $f \neq 0$ als Produkt von Primelementen geschrieben werden kann.

Es sei $R$ ein ZPE-Ring.

1. Zeigen Sie: $f$ ist ein irreduzibles Element genau dann, wenn $f$ ein Primelement ist.
2. Zeigen Sie: Ist $g_1 \ldots g_r = h_1 \cdots h_s$ mit $g_1, \ldots, g_r, h_1, \ldots, h_s$ irreduzibel, so folgt, dass $r = s$ und nach Umnummerieren der $h_1, \ldots, h_s$ gilt $h_i = u_i g_i$ für Einheiten $u_1, \ldots, u_r \in R$. („Die Zerlegung in irreduzible Elemente ist eindeutig.")
3. Man definiert den Quotientenkörper $Q(R) := \{a/b : a \in R, b \in R \setminus 0\}/\sim$, wobei $a/b \sim c/d \iff ad = bc$. Zeigen Sie: $Q(R)$ ist mit der offensichtlichen Addition und Multiplikation ein Körper.
4. Sei $R$ ein ZPE-Ring und $f \in R[x]$. Zeigen Sie: Gibt es $g, h \in Q(R)[x]$ nicht konstante Polynome mit $f = g \cdot h$, so gibt es $\widetilde{g}, \widetilde{h} \in R[x]$ mit $f = \widetilde{g} \cdot \widetilde{h}$.
5. Zeigen Sie: $R[x]$ ist ebenfalls ein ZPE-Ring.
6. Zeigen Sie: $K[x_1, \ldots, x_n]$ ist ein ZPE-Ring.

## 10.2 Mignotte-Schranke

Dieser Abschnitt ist (ausnahmsweise) einer ohne Aufgaben. Ziel ist eine Abschätzung für Faktoren $g \in \mathbb{Z}[x]$ von Polynomen $f \in \mathbb{Z}[x]$ zu geben. Zunächst einige Definitionen.

Sei $f = a_n x^n + a_{n-1}x^{n-1} + \ldots + a_0 \in \mathbb{C}[x]$. Wir definieren:

- $\|f\|_1 := \sum_{i=0}^n |a_i|$.
- $\|f\|_2 := \sqrt{\sum_{i=0}^n |a_i|^2}$.
- $\|f\|_\infty := \max\{|a_i| : i = 0, \ldots, n\}$.

**Satz 10.3 (Mignotte-Schranke)**

1. Seien $f = a_n x^n + \ldots + a_0$ und $h = b_k x^k + \ldots + b_0$ Polynome mit Koeffizienten in $\mathbb{C}$ mit $a_n, b_k \neq 0$. Ist $h \mid f$, so gilt
$$\|h\|_\infty \leq \|h\|_1 \leq 2^k \frac{|b_k|}{|a_n|} \|f\|_2 \,.$$
2. Ist $f \in \mathbb{Z}[x]$ reduzibel mit dem Leitkoeffizienten $a$, so gibt es einen Faktor $h$ von $af$, mit dem Leitkoeffizienten von $h$ gleich $a$, $\deg(h) \leq \lfloor \deg(f)/2 \rfloor$ und
$$\|h\|_\infty \leq 2^{\lfloor \deg(f)/2 \rfloor} \cdot \|f\|_2 \,.$$

Im Prinzip ist das Finden eines Faktors von $f \in \mathbb{Z}[x]$ somit einfach: Probiere alle Möglichkeiten durch. Für die Koeffizienten von $h$ gibt es „nur" endlich viele Möglichkeiten. In der Praxis ist diese Methode viel zu langsam, selbst für einen Rechner.

Sei $f = a_n x^n + a_{n-1}x^{n-1} + \ldots + a_0 = a_n(x - z_1) \cdot \ldots \cdot (x - z_n) \in \mathbb{C}[x]$. Das **Mahler-Maß** von $f$ ist definiert als
$$M(f) := |a_n| \prod_{i=1}^n \max\{1, |z_i|\}.$$

**Satz 10.4**

1. Für $f \in \mathbb{C}[x]$ vom Grad $n$ gilt: $\|f\|_1 \leq 2^n M(f)$.
2. **Ungleichung von Landau** Für $f \in \mathbb{C}[x]$ gilt $M(f) \leq \|f\|_2$.

1. Sei $f = a_n x^n + a_{n-1}x^{n-1} + \ldots + a_0 = a_n(x - z_1) \cdot \ldots \cdot (x - z_n)$. Dann ist
$$a_i = (-1)^{n-i} a_n \sum_{\#S = n-i,\, j \in S} \prod z_j \,,$$
wobei $S$ Teilmengen von $\{1, 2, \ldots, n\}$ sind. Wir erhalten die Abschätzung
$$|a_i| \leq \binom{n}{i} M(f) \text{ und es folgt } \|f\|_1 = \sum_i |a_i| \leq 2^n M(f) \,.$$

**2.** *1. Schritt*. Sei $z \in \mathbb{C}$ beliebig. Wir zeigen zunächst

$$\|(x-z)f\|_2 = \|(\overline{z}x-1)f\|_2 .$$

Sei $f = \sum_{i=0}^{n} a_i x^i$ und setze $a_{-1} = a_{n+1} = 0$. Dann

$$\begin{aligned}\|(x-z)f\|_2^2 &= \sum_{i=0}^{n+1} |a_{i-1} - za_i|^2 \\ &= \sum_{i=0}^{n+1} (a_{i-1} - za_i)(\overline{a_{i-1}} - \overline{za_i}) \\ &= \sum_{i=0}^{n+1} (\overline{z}a_{i-1} - a_i)(z\overline{a_{i-1}} - \overline{a_i}) \\ &= \|(\overline{z}x-1)f\|_2^2 .\end{aligned}$$

*2. Schritt.* Wir nummerieren die Wurzeln $z_1, \ldots, z_n$ von $f$ so, dass $|z_1|, \ldots, |z_k| > 1$ und $|z_{k+1}|, \ldots, |z_n| \leq 1$. Dann ist $M(f) = |a_n z_1 \cdot \ldots \cdot z_k|$. Sei

$$g = a_n \prod_{i=1}^{k} (\overline{z_i}x - 1) \prod_{i=k+1}^{n} (x - z_i) = g_n x^n + g_{n-1}x^{n-1} + \ldots + g_0 \in \mathbb{C}[x] .$$

Wir wenden nun die Definition und dann wiederholt den 1. Schritt an.

$$\begin{aligned} M(f)^2 &= \left|a_n \overline{z_1} \cdots \overline{z_k}\right|^2 = |g_n|^2 \leq \|g\|_2^2 \\ &= \left\| \frac{g}{(\overline{z_1}x-1)}(x-z_1) \right\|_2^2 \\ &\;\vdots \\ &= \left\| \frac{g}{(\overline{z_1}x-1)\cdots(\overline{z_k}x-1)}(x-z_1)\cdots(x-z_k) \right\|_2^2 \\ &= \|f\|_2^2 . \end{aligned}$$

■

**Beweis der Mignotte-Schranke.**

**1.** Die Ungleichung $\|h\|_\infty \leq \|h\|_1$ ist offensichtlich. Da die Wurzeln von $h$ eine Teilmenge der Wurzeln von $f$ bilden, folgt, dass

$$M(h) \leq \frac{|b_k|}{|a_n|} M(f) .$$

Mit der Ungleichung von LANDAU finden wir

$$\|h\|_1 \leq 2^k M(h) \leq \frac{|b_k|}{|a_n|} 2^k M(f) \leq \frac{|b_k|}{|a_n|} 2^k \|f\|_2 .$$

**2.** Hat $f$ einen Faktor $g$, so ist $f/g$ auch ein Faktor von und eine der beiden Faktoren hat Grad höchstens $\lfloor \deg(f)/2 \rfloor$.

Sei $h \in \mathbb{Z}[x]$ ein Faktor von $f$ vom Grad $k \leq \lfloor \deg(f)/2 \rfloor$ und $b$ der Leitkoeffizient von $h$. Dann ist $b$ ein Teiler des Leitkoeffizienten $a$ von $f$ und $(a/b) \cdot h$ ist ein Teiler von $a \cdot f$. Wende jetzt die Aussage über die Mignotte-Schranke an. Beachte, dass der Leitkoeffizient $b_k$ von $(a/b) \cdot h$ gleich $a$ ist. Der Leitkoeffizient $a_n$ von $af$ ist gleich $a^2$ und $\|af\|_2 = |a| \cdot \|f\|_2$. ■

## 10.3 Körpererweiterungen

Sind $K$ und $L$ Körper mit $K \subset L$, sodass die Addition und Multiplikation von $K$ mit der Addition und Multiplikation von $L$ korrespondiert, so nennen wir $L/K$ eine Körpererweiterung und $L$ einen Erweiterungskörper von $K$. Dann ist $L$ automatisch ein $K$-Vektorraum. Die Multiplikation $L \times L \to L$ induziert eine Skalarmultiplikation $K \times L \to L$. Die Vektorraumaxiome folgen aus den Körperaxiomen.

Eine Körpererweiterung $L/K$ heißt endlich, wenn $L$ ein endlich dimensionaler $K$-Vektorraum ist, $[L:K] := \dim_K(L)$ der Grad der Körpererweiterung.

Ist $L/K$ eine endliche Körpererweiterung und $\alpha \in L$, so gibt es ein minimales $k$, sodass $1, \alpha, \ldots, \alpha^k$ linear abhängig über $K$ sind, d. h., es gibt eindeutig bestimmte $c_0, \ldots, c_{k-1} \in K$ mit $\alpha^k + c_{k-1}\alpha^{k-1} + \ldots + c_0 = 0$. Das Polynom $f_\alpha := x^k + c_{k-1}x^{k-1} + \ldots + c_0 \in K[x]$ nennen wir das **Minimalpolynom** von $\alpha$.

**Satz 10.5**

1. Sind $L/K$ und $M/L$ endliche Körpererweiterungen, so auch $M/K$ und $[M:K] = [M:L] \cdot [L:K]$.
2. Sei $\alpha \in L$ und $L/K$ eine endliche Körpererweiterung. Dann ist $f(x) \in K[x]$ das Minimalpolynom von $\alpha$ genau dann, wenn $f$ normiert, $f(\alpha) = 0$ und $f$ irreduzibel ist.
3. Sei $K$ ein Körper und $f \in K[x]$ ein normiertes Polynom. Dann gibt es eine endliche Körpererweiterung $L/K$ und $\alpha_1, \ldots, \alpha_n \in L$ mit $f(x) = (x - \alpha_1) \cdot \ldots \cdot (x - \alpha_n)$.

1. Siehe Aufgabe 10.6.
2. Gilt $f(x) = p(x) \cdot q(x)$ mit $p(x), q(x) \in K[x]$ und $p(\alpha) = 0$ oder $q(\alpha) = 0$. Wegen Minimalität ist $\deg(p) = \deg(f)$ oder $\deg(q) = \deg(f)$, also ist $f$ irreduzibel.

   Ist umgekehrt $f$ normiert und irreduzibel, $f(\alpha) = 0$ und $p(x)$ das Minimalpolynom, so folgt aus Teilung mit Rest, dass $f(x) = q(x) \cdot p(x) + r(x)$ mit $r(x) = 0$ oder $\deg(r) < \deg(p)$. Aus $f(\alpha) = p(\alpha) = 0$ folgt $r(\alpha) = 0$, aus der Minimalität von $p$ dann $r(x) = 0$ und $f(x) = q(x) \cdot p(x)$. Weil $f$ irreduzibel ist, folgt $f(x) = p(x)$.
3. Wir betrachten Unbestimmte $x_1, \ldots, x_n$ und definieren $s_i \in K[x_1, \ldots, x_n]$ durch:

   $$(x - x_1) \cdot \ldots \cdot (x - x_n) - f(x) = s_0 + s_1 x + \ldots + s_{n-1}x^{n-1}\,.$$

   Sei $I_f = \langle s_0, \ldots, s_{n-1} \rangle \subset K[x_1, \ldots, x_n]$. Die Gleichung besagt, dass $f(x_i) \in I_f$ für $i = 1, \ldots, n$. Deshalb ist $I_f$ nulldimensional. Wähle ein $g \notin I_f$, sodass

   $$\mathfrak{m} := \mathrm{Ker}(g\cdot)\colon K[x_1, \ldots, x_n]/I_f \to K[x_1, \ldots, x_n]/I_f$$

   maximale $K$-Dimension hat. Weil $1 \notin \mathfrak{m}$ (da $g \cdot 1 \notin I_f$), ist $\mathfrak{m}$ nicht ganz $K[x_1, \ldots, x_n]/I_f$. Sei $h, p \notin \mathfrak{m}$. Wäre $h \cdot p \in \mathfrak{m}$, so ist $ghp \in I_f$ und $p \in \mathrm{Ker}(gh) \supsetneq Ker(g)$, Widerspruch zur Maximalität von $\mathfrak{m}$. Die Abbildung $h\cdot\colon K[x_1, \ldots, x_n]/\mathfrak{m} \to K[x_1, \ldots, x_n]/\mathfrak{m}$ ist damit injektiv und somit auch surjektiv. Also 1 ist im Bild von $h\cdot$: Es gibt ein $h^{-1}$ mit $h \cdot h^{-1} = 1 \bmod \mathfrak{m}$. Daher ist $L = K[x_1, \ldots, x_n]/\mathfrak{m}$ ein Körper. Es gilt $f(x) = (x - \alpha_1) \cdot \ldots \cdot (x - \alpha_n)$, weil $\mathfrak{m} \supset I_f$. ■

# Aufgaben

Lösung

**Aufgabe 10.5** Es sei $K$ ein Körper und $f \in K[x]$ ein irreduzibles Polynom. Dann ist $L = K[x]/\langle f \rangle$ eine Körpererweiterung. Wie kann man den Grad der Körpererweiterung $[L : K]$ beschreiben?

**Aufgabe 10.6** Ist $(\alpha_1, \dots, \alpha_k)$ eine Basis von $L$ als $K$-Vektoraum und $(\beta_1, \dots, \beta_n)$ eine Basis von $M$ als $L$-Vektorraum, so zeigen Sie, dass $\alpha_i \beta_j$ für $1 \leq i \leq k$ und $1 \leq j \leq n$ eine Basis von $M$ als $K$-Vektorraum bilden.

**Aufgabe 10.7** Ist $L/K$ eine Körpererweiterung, so heißt ein $\alpha \in L$ algebraisch über $K$, wenn es ein $0 \neq f \in K[X]$ gibt mit $f(\alpha) = 0$.

1. Zeigen Sie: $\alpha$ ist algebraisch über $K$ genau dann, wenn es einen Körper $M$ zwischen $K$ und $L$ gibt mit $M/K$ endlich und $\alpha \in M$.
2. Zeigen Sie: Sind $\alpha, \beta$ algebraisch über $K$, so auch $\alpha + \beta$ und $\alpha \cdot \beta$.
3. Bestimmen Sie ein Polynom $f \in \mathbb{Q}[x]$ sodass $f(\alpha) = 0$ für $\alpha = \sqrt{2} + \sqrt{5}, \alpha = \sqrt[3]{2} + \sqrt{3}$ und $\alpha = -\frac{1}{2} + \sqrt{2} + i\sqrt{3}/2$.

**Aufgabe 10.8** Es sei $K$ ein Körper, $f \in K[x]$ und $L/K$ eine **endliche** Körperweiterung, sodass es $\alpha_1, \dots, \alpha_n \in L$ gibt mit $f = (x - \alpha_1) \cdot \ldots \cdot (x - \alpha_n)$.

$L$ heißt Zerfällungskörper von $f$, wenn für jeden Körper $M$ mit $K \subset M \subset L$ ein $\alpha_i$ gibt mit $\alpha_i \notin M$. Betrachten Sie die Abbildung $\varphi\colon K[x_1, \dots, x_n] \to L$ gegeben durch $g \mapsto g(\alpha_1, \dots, \alpha_n)$.

1. Warum ist $\mathrm{Im}(\varphi)$ ein Körper?
2. Warum ist $K[x_1, \dots, x_n]/\,\mathrm{Ker}(\varphi)$ ein Körper?
3. Warum ist $\mathrm{Ker}(\varphi) \supset I_f$, wobei $I_f$ das Ideal aus dem Beweis des Satzes 10.5 ist?
4. Warum ist ein Zerfällungskörper isomorph zu $K[x_1, \dots, x_n]/\mathfrak{m}$ mit $\mathfrak{m} \supset I_f$ ein maximales Ideal?

**Aufgabe 10.9** Wir betrachten $f$ und $I_f$ wie in der vorherigen Aufgabe. Nehme an, dass alle $\alpha_1, \dots, \alpha_n$ verschieden sind.

1. Beschreiben Sie die Elemente von $V(I_f)$.
2. Es sei $\mathfrak{m}$ mit $I_f \subset \mathfrak{m} \subset K[x_1, \dots, x_n]$ maximal. Warum ist $V(\mathfrak{m}) \subset L^n$ nicht leer?
3. Für $\sigma \in S_n$ und $a \in L^n$ definieren wir $\sigma(a) = \sigma(a_1, \dots, a_n) = (a_{\sigma(1)}, \dots, a_{\sigma(n)})$. Für eine Menge $A \subset L^n$ setzen wir $\sigma(A) = \{\sigma(a) \colon a \in A\}$. Wir erhalten einen Isomorphismus
$$K[x_1, \dots, x_n] \to K[x_1, \dots, x_n], \;\; g(x_1, \dots, x_n) \mapsto g(x_{\sigma(1)}, \dots, x_{\sigma(n)})$$
Sei $I \subset K[x_1, \dots, x_n]$ ein Ideal. Zeigen Sie: $\sigma(V(I)) = V(\sigma^{-1}(I))$.
4. Es sei $\mathfrak{m} \subset K[x_1, \dots, x_n]$ ein maximales Ideal und $I \subset K[x_1, \dots, x_n]$ ein weiteres Ideal. Warum ist entweder $V(I) \supset V(\mathfrak{m})$ oder $V(I) \cap V(\mathfrak{m}) = \emptyset$?
5. Es seien $\mathfrak{m}, \widetilde{\mathfrak{m}} \supset I_f$ zwei maximale Ideale. Zeigen Sie, dass es eine Permutation $\sigma$ gibt mit $\sigma(\mathfrak{m}) = \widetilde{\mathfrak{m}}$. Nehmen Sie dazu ein $a \in V(\mathfrak{m})$ und betrachten Sie ein $b \in V(\mathfrak{m})$ mit $\sigma(a) = b$.
6. Warum sind Zerfällungskörper bis auf Isomorphie eindeutig bestimmt?

## 10.4 Körper mit endlich vielen Elementen

Es sei $K$ ein Körper. Betrachte die Abbildung $\varphi\colon \mathbb{Z} \to K$, welche $n \in \mathbb{Z}$ auf $1 + \ldots + 1 = n \in K$ abbildet. Der Kern von $\varphi$ ist ein Ideal $\langle n \rangle$ mit $n \geq 0$. Ist $n = 0$, so ist die Abbildung $\varphi : \mathbb{Z} \to K$ injektiv und in diesem Fall sagt man, dass $K$ die **Charakteristik 0** hat, $\operatorname{Char}(K) = 0$. Der Fall $n = 1$ kann nicht auftreten, da stets $\varphi(1) = 1 \neq 0$. Wir bezeichnen die induzierte Abbildung $\mathbb{Z}/\langle n \rangle \hookrightarrow K$ mit $\overline{\varphi}$.

Wäre $n > 0$ keine Primzahl, so gibt es $a, b \neq 0 \in \mathbb{Z}/n\mathbb{Z}$ mit $ab = 0$ und somit $\overline{\varphi}(a)\overline{\varphi}(b) = 0$ in $K$. Es folgt $\overline{\varphi}(a) = 0$ oder $\overline{\varphi}(b) = 0$, d. h. $a \in \langle n \rangle$ oder $b \in \langle n \rangle$, Widerspruch! Also ist $n = p$ eine Primzahl. Man sagt, dass $K$ die **Charakteristik** $p$ hat, $\operatorname{Char}(K) = p$. Die Zahl

$$\binom{p}{k} = \frac{p \cdot (p-1) \cdot \ldots \cdot (p-k+1)}{k \cdot (k-1) \cdot \ldots \cdot 2 \cdot 1} = \frac{p!}{(p-k)! \cdot k!}$$

ist für $0 \leq k \leq p$ eine ganze Zahl. Ist dabei $1 \leq k \leq p-1$ und $p$ eine Primzahl, so kommt im Zähler $p$, aber im Nenner kein $p$ vor. In diesem Fall ist $\binom{p}{k}$ eine durch $p$ teilbare natürliche Zahl. Aus der newtonschen Binomialformel folgt dann

$$(x+y)^p = \sum_{k=0}^{p} \binom{p}{k} x^k y^{p-k} = x^p + y^p \bmod p\,.$$

Hierbei sind $x, y$ Unbestimmte. Diese Formel heißt „falsche binomische Formel". Mit Induktion gilt $(x_1 + \ldots + x_k)^p = x_1^p + \ldots + x_k^p$, gültig in jedem Körper der Charakteristik $p$.

**Satz 10.6**

**1.** Ist $K$ ein Körper mit endlich vielen Elementen, so gibt es eine Primzahl $p$ und eine natürliche Zahl $n$, sodass $\#K = p^n$.

**2.** Es gibt eine Körpererweiterung $L/\mathbb{F}_p$ mit $\#L = p^n$.

**3.** Sei $d \mid n$ und $f \in \mathbb{F}_p[x]$ irreduzibel vom Grad $d$. Dann: $f$ teilt $x^{p^n} - x \in \mathbb{F}_p[x]$.

**4.** Es sei $p$ eine ungerade Primzahl, $L$ ein Körper mit $p^d$ Elementen. Die Hälfte der Elemente $\alpha$ von $L^*$ erfüllen $\alpha^{(p^d-1)/2} = +1$, für die andere Hälfte gilt $\alpha^{(p^d-1)/2} = -1$.

**1.** $K$ ist ein endlich dimensionaler $\mathbb{F}_p$-Vektorraum, als Vektorraum deshalb isomorph mit $\mathbb{F}_p^n$. Diese Menge hat $p^n$ Elemente.

**2.** Es sei $L \supset \mathbb{F}_p$ ein Körper, sodass $x^{p^n} - x$ als Produkt von Linearfaktoren geschrieben werden kann, also $x^{p^n} - x = x \cdot (x-1) \cdot (x - \alpha_2) \cdot \ldots \cdot (x - \alpha_{p^n-1})$. Weil die Ableitung von $x^{p^n} - x$ gleich $-1$ ist, hat sie keine mehrfachen Nullstellen (Aufgabe 3.46). Also $K := \{\alpha \in L\colon \alpha^{p^n} = \alpha\}$ hat genau $p^n$ Elemente. Aus $\alpha, \beta \in K$ folgt $\alpha + \beta \in K$, denn

$$(\alpha + \beta)^{p^n} = \alpha^{p^n} + \beta^{p^n}\,.$$

Analog sind $\alpha^{-1}, \alpha \cdot \beta$ Elemente von $K$. Also ist auf $K$ eine Addition und Multiplikation definiert, welche die Axiome erfüllen, da $K \subset L$ und $L$ ein Körper ist.

**3.** Weil $f$ irreduzibel ist, ist $\mathbb{F}_p[x]/\langle f \rangle$ ein Körper. Wegen des Satzes von Lagrange gilt $x^{p^d-1} = 1 \bmod f$. Dann ist $x^{p^d} = x \bmod f$ und $x^{p^{2d}} = \left(x^{p^d}\right)^{p^d} = x \bmod f$ usw. Ist $n = kd$, so folgt $x^{p^n} - x = 0 \bmod f$.

**4.** Sei $q = p^d$. Alle Elemente von $L^*$ erfüllen die Gleichung $x^{q-1} - 1 = 0$. Aus $x^{q-1} - 1 = (x^{(q-1)/2} + 1) \cdot (x^{(q-1)/2} - 1) = 0$ folgt die Behauptung. ∎

## Aufgaben

Lösung

**Aufgabe 10.10** Es seien $K$ und $L$ Körper und $\sigma\colon K \to L$ ein Ringhomomorphismus. Warum ist $\sigma$ injektiv?

**Aufgabe 10.11** Zeigen Sie, dass in Punkt 2 des Beweises des Satzes 10.6, $\alpha \cdot \beta$ und $\alpha^{-1}$ Elemente von $K$ sind.

**Aufgabe 10.12** Ist $K$ ein Körper mit $p^n$ Elementen, so gibt es ein irreduzibles Polynom $f \in \mathbb{F}_p[x]$ vom Grad $n$, sodass $K$ isomorph zu $\mathbb{F}_p[x]/\langle f\rangle$ ist. Zeigen Sie diese Aussage.

Tipp: Betrachten Sie einen Erzeuger $\alpha$ von $K^*$, siehe Aufgabe 8.42.

**Aufgabe 10.13** Es sei $L/K$ eine endliche Körpererweiterung und $\sigma\colon L \to L$ ein Isomorphismus mit $\sigma(\alpha) = \alpha$ für alle $\alpha \in K$. Dann heißt $\sigma$ ein $K$-Isomorphismus von $L$. Die Menge der $K$-Isomorphismen von $L$ nennt man die Galoisgruppe von $L/K$, Notation $\mathrm{Gal}(L/K)$. Sie ist offenbar eine Gruppe.

1. Ist $f(\alpha) = 0$ für $\alpha \in L$ und $f \in K[x]$, so ist auch $f(\sigma(\alpha)) = 0$ für alle $\sigma \in \mathrm{Gal}(L/K)$. Zeigen Sie diese Aussage.
2. Es sei $L = K[x]/\langle f(x)\rangle$. Zeigen Sie, dass die Galoisgruppe von $L/K$ höchstens $\deg(f)$ Elemente hat.
3. Es sei $L$ ein Körper mit $p^n$ Elementen und $K = \mathbb{F}_p$. Zeigen Sie:
   1. $Fr\colon L \to L$ mit $Fr(\alpha) = \alpha^p$ ist in der Galoisgruppe $\mathrm{Gal}(L/K)$. (Die Abbildung $Fr$ wird Frobenius-Abbildung genannt.)
   2. $\mathrm{Gal}(L/K)$ ist eine zyklische Gruppe mit Erzeuger $Fr$, $\#\mathrm{Gal}(L/K) = n$.

**Aufgabe 10.14** Betrachten Sie das Polynom $f(x) = x^4 - 10x^2 + 1$.

1. Zeigen Sie, ohne SAGEMATH zu benutzen, dass $f$ irreduzibel ist.
2. Sei $p$ eine Primzahl und nehmen Sie an, $f$ mod $p$ wäre irreduzibel, also

   $$K = \mathbb{F}_p[a]/\langle a^4 - 10a^2 + 1\rangle$$

   ist ein Körper. Rechnen Sie nach, dass

   $$f(x) = (x-a)(x+a)(x-a^{-1})(x+a^{-1})\,.$$

   Folgern Sie, dass $\mathrm{Gal}(K/\mathbb{F}_p)$ isomorph zu $\mathbb{Z}/2\mathbb{Z} \times \mathbb{Z}/2\mathbb{Z}$ ist.
3. Folgern Sie, dass $f$ mod $p$ reduzibel ist für alle Primzahlen $p$. Benutzen Sie hierbei die vorherige Aufgabe.

## 10.5 Faktorisierung von Polynomen über $\mathbb{F}_p$

**Satz 10.7** Das Polynom $x^{p^n} - x$ ist das Produkt aller normierter irreduzibler Polynome in $\mathbb{F}_p[x]$ vom Grad $d$ mit $d \mid n$.

Die eine Richtung ist Satz 10.6,Nr. 3.

Sei umgekehrt $f \in \mathbb{F}_p[x]$ irreduzibel vom Grad $d$ und ein Teiler von $x^{p^n} - x$. Es sei $L/\mathbb{F}_p$ ein Körper mit $p^n$ Elementen. Alle Elemente von $L$ erfüllen die Gleichung $x^{p^n} - x = 0$, also alle Nullstellen von $f$ sind in $L$. Sei $\alpha \in L$ eine solche Nullstelle von $f$. Der Körper $M := K[x]/\langle f \rangle \xrightarrow{\sim} K \cdot 1 + \ldots + K \cdot \alpha^{d-1}$ hat $p^d$ Elemente. Aus $[L:K] = [L:M] \cdot [M:K]$, $[L:K] = n$ und $[M:K] = d$ folgt $d \mid n$. ∎

Um Polynome $f \in \mathbb{F}_p[x]$ faktorisieren zu können, brauchen wir eine Methode, um zu beweisen, dass $f$ irreduzibel ist, oder wir müssen einen echten Faktor von $f$ bestimmen. Rekursiv können wir dann eine vollständige Faktorisierung von $f$ bestimmen.

### Algorithmus

EINGABE. Ein (normiertes) Polynom $f \in \mathbb{F}_p[x]$ mit $p > 2$.

AUSGABE. Nachweis, dass $f$ irreduzibel ist, oder einen echten Faktor von $f$.

1. Setze $d = 1$ und $g = x$.
2. Berechne $g := g^p$ modulo $f$ und bestimme $h = \text{ggT}(f, g - x)$.
3. Ist $h \neq 1$ und $h \neq f$, so gebe $h$ zurück. Ist $h = 1$ und $d \geq \lfloor \deg(f)/2 \rfloor$, so gebe zurück, dass $f$ irreduzibel ist.

   Sonst setze $d := d + 1$ und gehe zu Punkt 2.
4. Wähle ein zufälliges $g \in \mathbb{F}_p[x]$, $\deg(g) < \deg(f)$. Bestimme $h := \text{ggT}(g^{(p^d-1)/2} - 1, f)$.
5. Ist $h \neq 1$ und $h \neq f$, so gebe $h$ zurück. Sonst gehe zu Punkt 5.

Ist $f$ reduzibel, so gibt es einen Faktor vom Grad höchstens $\lfloor \deg(f)/2 \rfloor$. Wir berechnen sukzessiv $\text{ggT}(x^p - x, f)$, $\text{ggT}(x^{p^2} - x, f)$ usw. Aus dem Satz 10.7 folgt, dass wir spätestens bei $d = \lfloor \deg(f)/2 \rfloor$ einen ggT ungleich eins erhalten.

Erreichen wir im Algorithmus Punkt 4, so gilt $f = f_1 \cdot \ldots \cdot f_s$ mit $f_i$ irreduzibel, paarweise verschieden, $s \geq 2$ und $\deg(f_i) = d$ für jedes $i$. Betrachte den chinesischen Restsatz:

$$\varphi\colon \mathbb{F}_p[x]/\langle f \rangle \xrightarrow{\sim} \mathbb{F}_p[x]/\langle f_1 \rangle \times \cdots \times \mathbb{F}_p[x]/\langle f_s \rangle, \quad g \mapsto (g_1, \ldots, g_s),$$

wobei $g_i = g \bmod h_i$. Ist $\text{ggT}(g, f) = 1$, so folgt, dass $\varphi(g^{(p^d-1)/2}) = (\pm 1, \ldots, \pm 1)$. Es sei $S$ die Menge der Stellen, wo eine $+1$ steht. Dann folgt

$$\text{ggT}(g^{(p^d-1)/2} - 1, h) = \prod_{i \in S} f_i\,.$$

Natürlich kann es passieren, dass $S = \emptyset$ oder $S = \{1, 2, \ldots, s\}$. In diesem Fall finden wir keinen echten Faktor von $f$. Wir starten einen neuen Versuch mit einem anderen $g$ und hoffen auf mehr Glück. Nach einigen Versuchen wird man einen Teiler finden. ∎

## Aufgaben

Lösung

**Aufgabe 10.15** Bestimmen Sie die Anzahl der irreduziblen normierten Polynome

1. vom Grad 2,3,4,5 und 6 in $\mathbb{F}_2[x]$.
2. vom Grad 2,3,4,5 und 6 in $\mathbb{F}_3[x]$.

**Aufgabe 10.16**

1. Schreiben Sie selbst ein Programm in SAGEMATH, das gegeben $p$ und $d$ ein irreduzibles Polynom vom Grad $d$ über $\mathbb{F}_p$ berechnet. Benutzen Sie das Faktorisierungsprogramm von SAGEMATH und probieren Sie Zufallspolynome durch.
2. Erweitern Sie Ihr Programm, um die Anzahl der Versuche zu zahlen. Experimentieren Sie hiermit.
3. Bestimmen Sie ein irreduzibles Polynom $f$ vom Grad 100 über $\mathbb{F}_2$. Warum schafft folgendes Programm es nicht zu zeigen, dass dieses $f$ irreduzibel ist?

```
def irredproof(f,p):
    n = f.degree()//2 +1
    for i in (1..n):
        if gcd(x^(p^i)-x,f)!=1:
            return 'Polynom ist reduzibel'
    return 'Polynom ist irreduzibel'
```

4. Wie kann man das Programm anpassen, sodass es beweist, dass $f$ irreduzibel ist.

**Aufgabe 10.17**

1. Benutzen Sie SAGEMATH, um zu zeigen, dass das Polynom
$$h = x^8 + x^6 + x^5 + x^4 + x^3 + 2x^2 + 2x + 1 \in \mathbb{F}_3[x]$$
das Produkt von zwei irreduzible Faktoren vom Grad 4 ist.
2. Finden Sie diese zwei Faktoren (mit SAGEMATH).

**Aufgabe 10.18**

1. Schreiben Sie ein SAGEMATH-Programm, welches den Algorithmus der vorherigen Seite umsetzt, also das beweist, dass ein $f \in \mathbb{F}_p[x]$ irreduzibel ist oder einen echten Faktor von $f$ zurückgibt.
2. Schreiben Sie ein SAGEMATH-Programm, welches die vollständige Faktorisierung von Polynomen $f \in \mathbb{F}_p[x]$ berechnet ($p$ eine ungerade Primzahl). Sorgen Sie dafür, dass Ihr Programm für $p < 102$ und $\deg(f) \leq 100$ funktioniert.

**Aufgabe 10.19**

1. Sei $p$ eine Primzahl. Zeigen Sie, dass es ein $a \in F_p$ gibt mit $a^2 = -1$ genau dann, wenn $p = 2$ oder $p = 1 \bmod 4$.
2. Für welche Primzahlen $p$ gilt, dass es ein $a \neq 1 \bmod p$ gibt mit $a^3 = 1 \bmod p$?

**Aufgabe 10.20** In dieser Aufgabe besprechen wir die Faktorisierung von $f = f_1 \cdot \ldots \cdot f_k \in \mathbb{F}_2[x]$ mit $\deg(f_i) = d$ für alle $i = 1, \ldots, k$.

1. Betrachte $T_d(x) = x^{2^{d-1}} + x^{2^{d-2}} + \cdots + x^2 + x$. Zeigen Sie, dass $T_d(x)(T_d(x)+1) = x^{2^d} + x$.
2. Zeigen Sie, dass für die Hälfte der Elemente $\alpha$ aus $\mathbb{F}_2[x] / \langle f_i \rangle$ gilt, dass $T_d(\alpha) = 0$.
3. Bestimmen Sie einen Algorithmus, um die Faktorisierung von $f$ zu berechnen.

## 10.6 Faktorisierung über $\mathbb{Z}$

Es sei $N \in \mathbb{N}$ und $\bar{}: \mathbb{Z} \to \mathbb{Z}/N\mathbb{Z}$ die Abbildung $a \mapsto \bar{a} = a + N \cdot \mathbb{Z}$. Ist $u \in \mathbb{Z}/N\mathbb{Z}$, so ist $u^* \in \mathbb{Z}$ die eindeutige Zahl in $(-N/2, N/2]$ mit $\overline{u^*} = u$. Wir wenden diese Abbildungen auf alle Koeffizienten eines Polynoms an und erhalten einen Ringhomomorphismus

$\bar{}: \mathbb{Z}[x] \to \mathbb{Z}/N\mathbb{Z}[x],\ f \mapsto \bar{f}$ und eine Abbildung $^*: \mathbb{Z}/N\mathbb{Z}[x] \to \mathbb{Z}[x],\ f \mapsto f^*$

Aus $N > 2\|f\|_\infty$ folgt offenbar $(\bar{f})^* = f$. Die Abbildung $^*$ ist kein Ringhomorphismus.

**Satz 10.8** Sei $f \in \mathbb{Z}[x]$ mit $a = LC(f)$.

1. Sei $g$ ein echter Teiler von $f$ vom Grad höchstens $\deg(f)/2$, $c := a/LC(g)$.
2. Sei $p$ eine Primzahl mit $p > 2M$, $M = 2^{\lfloor \deg(f)/2 \rfloor} \cdot \|f\|_2$ die Mignotte-Schranke.
   Sei $^*: \mathbb{Z}/p\mathbb{Z}[x] \to \mathbb{Z}[x]$ die oben genannte Abbildung.
3. Modulo $p$ sei $f = a \cdot f_1 \cdot \ldots \cdot f_s$, mit $f_i \in \mathbb{F}_p[x]$ irreduzibel und normiert.
4. Dann gibt es eine Teilmenge $I \subset \{1, \ldots, s\}$, sodass $cg = (a \cdot \prod_{i \in I} f_i)^*$.

Modulo $p$ hat $cg$ den gleichen Leitkoeffizienten wie $f$ und $g$ ist ein Teiler von $f$. Es folgt, dass eine Teilmenge $I \subset \{1, \ldots, s\}$ existiert mit

$$cg = a \prod_{i \in I} f_i \bmod p$$

Das Polynom $cg$ hat den Leitkoeffizienten $a$ und teilt das Polynom $af$ mit Leitkoeffizienten $a^2$. Aus der Mignotte Schranke folgt, dass alle Koeffizienten von $c \cdot g$ im Betrag kleiner als $M$ sind. Aus $p > 2M$ folgt $2\|cg\|_\infty < p$ und $cg = (cg)^\star$. Also gilt $cg = (a \cdot \prod_{i \in I} f_i)^\star$. ■

**Algorithmus.**

EINGABE. Ein quadratfreies primitives Polynom $f \in \mathbb{Z}[x]$ mit Leitkoeffizient $a$.
AUSGABE. Nachweis, dass $f$ irreduzibel ist, oder einen echten Faktor von $f$ in $\mathbb{Z}[x]$.

1. Berechne die Mignotte-Schranke $M$ und eine Primzahl $p > 2M$.
2. Bestimme $f = af_1 \cdot \ldots \cdot f_s$, mit $f_i \in \mathbb{F}_p[x]$ normiert und irreduzibel.
3. Durchsuche alle echten Teilmengen $I \subset \{1, \ldots, s\}$, sodass $\sum_{i \in I} \deg(f_i) \leq n/2$. Bilde $g_I := (a \cdot \prod_{i \in I} f_i)^*$ und prüfe, ob $g_I$ ein echter Teiler von $a \cdot f$ ist. Wenn ja, hat man einen Teiler von $f$ gefunden. Sind alle solche $g_I$ kein Teiler von $af$, so ist $f$ irreduzibel.

**Beispiel** $f = 4x^5 - x^4 + x^3 + 22x^2 + x - 12$. Die Mignotte-Schranke ist $2^2 \cdot \|f\|_2 = 101{,}74\cdots$. Wir nehmen $p = 211$. Faktorisieren modulo 211 gibt:

$$f = (4) \cdot (x + 13) \cdot (x + 146) \cdot (x^3 + 210x^2 + 2x + 3) \bmod 211\,.$$

$(4(x + 13))^\star = 4x + 52$ ist offenbar kein Teiler von $4f$ (weil $52 \nmid 48$). Ebenso ist $(4(x + 146))^\star = 4x - 49$ kein Teiler von $4f$, aber

$$(4 \cdot (x + 13) \cdot (x + 146))^\star = 4x^2 + 3x - 4$$

schon. Wir erhalten die Faktorisierung von $f$:

$$f = (x^3 - x^2 + 2x + 3) \cdot (4x^2 + 3x - 4)\,.$$

## Aufgaben

Lösung

**Aufgabe 10.21** Für die nachfolgenden primitiven und quadratfreien Polynome $f \in \mathbb{Z}[x]$ faktorisieren Sie die Polynome, indem Sie die folgenden Schritte durchführen.

Vergleichen Sie das Ergebnis mit dem SAGEMATH-Befehl `f.factor()`.

- Bestimmen Sie die Mignotte-Schranke $M$.
- Bestimmen Sie eine Primzahl $p > 2M$. Warum ist $f$ modulo $p$ quadratfrei?
- Bestimmen Sie eine Faktorisierung von $f$ modulo $p$. (Benutzen Sie dazu das Faktorisierungsprogramm `f.factor_mod(p)` von SAGEMATH oder ein eigenes Programm.)
- Suchen Sie einen Faktor von $f$.

1. $f = 3x^4 + x^3 + x^2 + 2x + 3$
2. $f = 4x^4 - 4x^3 + x^2 - 8x + 16$
3. $f = 2x^4 + 8x^3 - x^2 - 18x + 4$
4. $f = 9x^4 + 36x^3 - 30x^2 - 132x - 59$
5. $f = x^7 - 9x^6 + 9x^5 + 22x^4 - 65x^3 + 52x^2 + 20x - 62$

**Aufgabe 10.22** Setzen Sie obige Prozedur in einem SAGE-Programm `Einfaktor(f)` um, das entweder beweist, dass ein quadratfreies $f \in \mathbb{Z}[x]$ irreduzibel über $\mathbb{Q}[x]$ ist, oder einen echten Faktor von $f$ ausgibt.

Erstellen Sie Teilprogramme, um z. B. die Mignotte-Schranke und die $^*$-Abbildung zu berechnen. Benutzen Sie die eingebaute Faktorisierung von Polynomen in $\mathbb{F}_p[x]$ in SAGEMATH. Benutzen Sie den `list(factor(f))`-Befehl.

Schauen Sie nach, wie man mit Teilmengen in SAGE arbeiten kann.

**Aufgabe 10.23** Zeigen Sie, dass $^*: \mathbb{Z}/N\mathbb{Z}[x] \to \mathbb{Z}[x]$ kein Ringhomomorphismus ist.

**Aufgabe 10.24** Eine andere Methode, um den lästigen Leitkoeffizienten loszuwerden, ist folgende: Ist

$$f = a_n x^n + a_{n-1}x^{n-1} + a_{n-2}x^{n-2} + \ldots + a_0 ,$$

so betrachte

$$g(x) = x^n + a_{n-1}x^{n-1} + a_n \cdot a_{n-2}x^{n-2} + \ldots + a_n^{n-1} \cdot a_0$$

Zeigen Sie, dass Faktorisierungen von $g$ mit Faktorisierungen von $f$ korrespondieren.

**Aufgabe 10.25** Betrachten Sie das Beispiel $f = 9x^4 + 36x^3 - 30x^2 - 132x - 59$ aus Aufgabe 10.21. Finden Sie mit SAGEMATH alle Primzahlen $5 \leq p \leq 1000$, sodass $f$ irreduzibel modulo $p$ ist. Was fällt auf? (Siehe auch Aufgabe 10.14.)

## 10.7 Primärzerlegung von radikalen Idealen I

Es sei $I \subsetneq \mathbb{Q}[x_1,\ldots,x_n] = R$ ein nulldimensionales radikales Ideal. Wir suchen maximale Ideale $\mathfrak{m} \supset I$, d. h., zwischen $\mathfrak{m}$ und $R$ gibt es keine weiteren Ideale.

**Satz 10.9 (Primärzerlegung für nulldimensionale radikale Ideale)** Es sei $I \subset \mathbb{Q}[x_1,\ldots,x_n]$ ein nulldimensionales radikales Ideal. Dann gibt es eindeutig bestimmte verschiedene maximale Ideale $\mathfrak{m}_1,\ldots,\mathfrak{m}_k$ mit

$$I = \mathfrak{m}_1 \cap \cdots \cap \mathfrak{m}_k\,.$$

Für jedes $\mathfrak{m}_i$ gibt es ein $f_i$ mit $\mathfrak{m}_i = I + \langle f_i \rangle$.

In $\mathbb{Q}[x_1,\ldots,x_n]/I$ ist die Aussage $0 = \mathfrak{m}_1 \cap \cdots \cap \mathfrak{m}_k$ für maximale Ideale $\mathfrak{m}_i$. Sei $g$ ein primitives Element bezüglich $I$ mit Minimalpolynom $M_g(t)$. Dann gilt:

$$\mathbb{Q}[t]/\langle M_g \rangle \xrightarrow{\sim} \mathbb{Q}[x_1,\ldots,x_n]/I\,; \qquad f \to f(g)\,.$$

Die Faktorisierung $M_g = M_1 \cdot \ldots \cdot M_k$ korrespondiert mit einer Zerlegung von Idealen $\langle M_g \rangle = \langle M_1 \rangle \cap \cdots \cap \langle M_k \rangle$ (Aufgabe 9.6). Dann ist $\mathfrak{m}_i = I + \langle M_i(g) \rangle$, also $f_i = M_i(g)$. ■

Der Beweis gibt uns einen Algorithmus, der die Ideale $\mathfrak{m}_i$ berechnet, weil wir gelernt haben, Polynome $M_g(t) \in \mathbb{Q}[t]$ zu faktorisieren. Speziell können wir dies anwenden, um Polynome über endliche Erweiterungskörper $K$ von $\mathbb{Q}$ zu faktorisieren, z. B. $\mathbb{Q}(\sqrt{2})$.

1. Sei $K = \mathbb{Q}[a_1,\ldots,a_n]/J$ ein Körper, $J$ ein nulldimensionales radikales Ideal.
2. Sei $f \in K[x], f \neq 0$ quadratfrei und normiert.
3. $I = J + \langle f \rangle \subset \mathbb{Q}[a_1,\ldots,a_n,x]$. Dann ist $I$ ein nulldimensionales radikales Ideal.
4. Sei $\mathfrak{m} \supsetneq I$ ein maximales Ideal und $g \in \mathfrak{m} \setminus I$ von minimalem Grad in $x$. Wir behaupten, dass $\mathfrak{m} = J + \langle g \rangle$. Wir geben einen Standardbeweis. Ist $g = g_k(a)x^k + \ldots + g_0(a)$, so dürfen wir $g_k(a) = 1$ annehmen, weil $K$ ein Körper ist. Für $h \in \mathfrak{m}$ führt man Teilung mit Rest durch $g$ und sieht, dass der Rest gleich 0 ist.
5. Insbesondere gilt dies für $f \in \mathfrak{m}$, also ist $g$ ein Teiler von $f$ in $K[x]$.

**Beispiel** Wir faktorisieren $f = x^4 + 2x^3 + 3x^2 + 8x + 2 \in \mathbb{Q}(\sqrt{2})[x]$. Es gilt $\mathbb{Q}(\sqrt{2}) \xrightarrow{\sim} \mathbb{Q}[a]/\langle a^2 - 2 \rangle = K$. Ein primitives Element von $\langle a^2 - 2, f \rangle$ ist $g = a + x$. Man berechnet das Minimalpolynom von $g$:

$$M_g(t) = t^8 + 4t^7 + 2t^6 + 4t^5 + 33t^4 + 120t^3 + 80t^2 - 192t - 144\,.$$

Mit SAGEMATH faktorisieren wir:

$$M_g(t) = M_1(t) \cdot M_2(t) = (t^4 + 2t^3 + 3t^2 - 4t - 4) \cdot (t^4 + 2t^3 - 5t^2 + 12t + 36)\,.$$

Wir erhalten die Ideale $\langle M_1(g), a^2 - 2 \rangle = \langle x^2 + ax + x - a + 2, a^2 - 2 \rangle$ und $\langle M_2(g), a^2 - 2 \rangle = \langle x^2 - ax + x + a + 2, a^2 - 2 \rangle$. (Nehmen Sie eine Eliminationsordnung für $a$.) Es folgt:

$$f = \left(x^2 + (1 + \sqrt{2})x + 2 - \sqrt{2}\right) \cdot \left(x^2 + (1 - \sqrt{2})x + 2 + \sqrt{2}\right)\,.$$

# Aufgaben

Lösung

Bemerkung: Mit `I.primary_decomposition()` bekommt man in SAGE eine Primärzerlegung des Ideals $I$.

**Aufgabe 10.26** Es sei $I \subset \mathbb{Q}[x_1, \ldots, x_n]$ ein nulldimensionales, aber nicht notwendigerweise radikales Ideal und $\mathfrak{m} \supset I$ ein maximales Ideal. Dann gibt es im Allgemeinen kein $f$ mit $\mathfrak{m} = I + \langle f \rangle$. Warum nicht?

**Aufgabe 10.27**

1. Warum ist $a^2 + 3 \in \mathbb{Q}[a]$ irreduzibel?
2. Im Körper $K = \mathbb{Q}[a]/\langle a^2 + 3\rangle$ ist „$a = \sqrt{3} \cdot i$". Warum ist das Polynom $x^2 + x + 1 \in \mathbb{Q}[x]$ irreduzibel, aber in $K[x]$ reduzibel?

   Wir prüfen dieses Ergebnis mit unserer Theorie für Faktorisierungen von Polynomen in $K[x]$.
   1. Sei $I = \langle a^2+3, x^2+x+1\rangle \in \mathbb{Q}[x,a]$. Bestimmen Sie eine Gröbner-Basis von $I$. (Monomordnung dürfen Sie wählen.)
   2. Zeigen Sie, dass $g = a + x$ ein primitives Element für $I$ ist. Finden Sie ein $M_g \in \mathbb{Q}[t]$.
   3. Bestimmen Sie mit SAGE eine Faktorisierung von $M_g \in \mathbb{Q}[t]$.
   4. Finden Sie hiermit eine Faktorisierung von $x^2 + x + 1$ in $K[x]$.

**Aufgabe 10.28** Faktorisieren Sie die nachfolgenden Polynome über den angegebenen Körpern. Bestimmen Sie dazu ein primitives Element $g$ und faktorisieren Sie mit SAGE das Minimalpolynom von $g$.

1. $x^4 - 6x^2 - 8x - 1$ über $\mathbb{Q}(\sqrt{2})$.
2. $x^4 - 4x^3 - 20x^2 + 48x - 16$ über $\mathbb{Q}(\sqrt{2}, \sqrt{5})$.

**Aufgabe 10.29**

1. Bestimmen Sie eine Primärzerlegung der folgenden Ideale.
   1. $I = \langle x^5 - 5x + 12, a^5 - 5a + 12\rangle \subset \mathbb{Q}[x,a]$.
   2. $I = \langle x^5 + x^4 - 4x^3 - 3x^2 + 3x + 1, a^5 + a^4 - 4a^3 - 3a^2 + 3a + 1\rangle \subset \mathbb{Q}[x,a]$.
2. Zeigen Sie: Ist $a$ eine Lösung von $x^5 + x^4 - 4x^3 - 3x^2 + 3x + 1 = 0$, dann auch $a^2 - 2$. Bestimmen Sie numerisch die Lösungen von $x^5 + x^4 - 4x^3 - 3x^2 + 3x + 1 = 0$ und prüfen Sie diese Aussage numerisch.

**Aufgabe 10.30** Sei $K$ ein Körper und $f, g \in K[x,y]$ ohne gemeinsamen Teiler. Warum ist $\langle f, g\rangle$ ein nulldimensionales Ideal?

Tipp: Betrachten Sie $f, g$ als Elemente von $K(x)[y]$ und benutzen Sie den erweiterten euklidischen Algorithmus.

## 10.8 Hensel-Lifting

Sei $f \in \mathbb{F}_p[x]$ ein normiertes Polynom und eine Faktorisierung $f = f_1 \cdot \ldots \cdot f_s$ mit $f_i \in \mathbb{F}_p[x]$ und $\mathrm{ggT}(f_i, f_j) = 1$ für $i \neq j$ gegeben. Sei $\widehat{f}_i := f/f_i$. Nach Aufgabe 9.7 gibt es $a_i \in \mathbb{F}_p[x]$ mit $\deg(a_i) < \deg(f_i)$ und $1 = a_1\widehat{f}_1 + \ldots + a_s\widehat{f}_s$. Die $a_i$ nennt man Bézout-Koeffizienten. Hensel-Lifting ist eine Methode, sowohl die Faktorisierung als auch die Bézout-Koeffizienten zu liften modulo $p^2$, dann modulo $p^4$ usw.

**Satz 10.10 (Hensel-Lifting)** Sei $R$ ein Ring, $m \subset R$ ein Ideal und $f \in R[X]$. Weiter:

1. $f_1, \ldots, f_s$ normiert und teilerfremd mit $f = f_1 \cdot \ldots \cdot f_s \bmod m$. Sei $\widehat{f}_i := f/f_i$.
2. $a_1, \ldots, a_s$ mit $\deg(a_i) < \deg(f_i)$, sodass $1 = a_1\widehat{f}_1 + \ldots + a_s\widehat{f}_s \bmod m$.

Dann gibt es eindeutige „Lifts" $g_i, b_i$ mit den Eigenschaften:

1. $f = g_1 \cdot \ldots \cdot g_s \bmod m^2$, $g_i$ normiert und $\deg(g_i) = \deg(f_i)$, $g_i = f_i \bmod m$.
2. $1 = b_1\widehat{g}_1 + \ldots + b_s\widehat{g}_s \bmod m^2$, wobei $\widehat{g}_i = f/g_i$, $b_i = a_i \bmod m$ und $\deg(b_i) < \deg(f_i)$.

Die Formeln sind (modulo $m^2$) gegeben durch:

$$e := f - f_1 \cdot \ldots \cdot f_s \qquad g_i := f_i + (ea_i \bmod f_i)$$
$$E := 1 - (a_1\widehat{g}_1 + \ldots + a_s\widehat{g}_s) \qquad b_i := a_i + (Ea_i \bmod f_i)$$

Wir rechnen modulo $f$ und $m^2$. Sei $r_i = ea_i \bmod f_i$. Dann

$$f - (f_1 + r_1) \cdot \ldots \cdot (f_s + r_s f_s) = (f - f_1 \cdot \ldots \cdot f_s) - \sum_{i=1}^{s} r_i\widehat{f}_i = e - e\sum_{i=1}^{s} a_i\widehat{f}_i = 0.$$

Also ist $f - g_1 \cdot \ldots \cdot g_s = 0 \bmod f$. Weil der Grad von $f - g_1 \cdot \ldots \cdot g_s$ kleiner als der Grad von $f$ ist, ist dieser Ausdruck tatsächlich gleich 0. Der Nachweis für die $b_i$ ist analog.

**Eindeutigkeit.** Sind $f_i + r_i$ und $f_i + r_i'$ zwei Lösungen des Problems. Ist $t_i = r_i - r_i'$, so folgt modulo $m^2$:

$$\sum_{i=1}^{s} t_i\widehat{f_i} = f + \sum_{i=1}^{s} r_i\widehat{f_i} - f - \sum_{i=1}^{s} r_i'\widehat{f_i} = (f_1 + r_1) \cdot \ldots \cdot (f_s + r_s) - (f_1 + r_1') \cdot \ldots \cdot (f_s + r_s') = 0.$$

Es gilt $a_1\widehat{f}_1 = 1 \bmod f_1$. Weil $f_1 \mid \widehat{f}_i$ für $i \geq 2$, folgt $t_1 = t_1 a_1\widehat{f}_1 = -a_1\left(\sum_{i=2}^{s} a_i\widehat{f}_i\right) = 0 \bmod f_1$. Aus $\deg(t_1) < \deg(f_1)$ und $f_1$ normiert folgt $t_1 = 0$. Analog $t_2 = \ldots = t_s = 0$. ■

Mit dem Hensel-Lifting kann man die Faktorisierung von Polynomen in $f = \mathbb{Z}[x]$ verbessern. Statt eine große Primzahl $p > 2M$ zu nehmen, macht man Folgendes:

1. Suche eine Primzahl $p$, sodass $p$ den Leitkoeffizienten von $f$ nicht teilt und $f$ quadratfrei modulo $p$ ist. (Siehe Satz 10.2.)
2. Faktorisiere modulo $p$: $a^{-1}f = f_1 \cdot \ldots \cdot f_s$ mit $f_i \in \mathbb{F}_p[x]$ normiert und irreduzibel.
3. Lifte diese Faktorisierung modulo $p^2, p^4$ usw. bis $p^k > 2M$, $M$ die Mignotte-Schranke.
4. Man erhält $f = af_1 \cdot \ldots \cdot f_s \bmod p^k$. Versuche jetzt, wie im alten Algorithmus, die Faktoren von $f$ zu finden.

# Aufgaben

Lösung

**Aufgabe 10.31** Geben Sie im letzten Beweis den Nachweis für die $b_i$.

**Aufgabe 10.32** Schreiben Sie ein SAGEMATH-Programm, das Folgendes macht.

EINGABE: Ein normiertes quadratfreies Polynom $f \in \mathbb{F}_p[x]$, $p$ eine Primzahl.

AUSGABE: Zwei Listen $F$ und $A$.

- In der Liste $F$ stehen die normierten irreduziblen Faktoren $f_1, \ldots, f_s$ von $f$.
- In der Liste $A$ stehen die Polynome $a_1, \ldots, a_s$ mit $\deg(a_i) < \deg(f_i)$ und $1 = \sum_{i=1}^{s} a_i \cdot \widehat{f_i}$.

Sie können hierbei die Faktorisierung (`list(factor(f))`) und das `xgcd`-Kommando in SAGEMATH benutzen.

Prüfen Sie das Programm für die Polynome

1. $f = x^{12} + x^{10} + 1 \in \mathbb{F}_3[x]$.
2. $f = x^{12} + x^{10} + 3x^8 + 3x^4 + 1 \in \mathbb{F}_5[x]$.
3. $f = x^{16} + x^{15} + 2x^{14} + 2x^{11} + 2x^8 + 2x^7 + x^6 + 2x^4 + x^2 + x + 1 \in \mathbb{F}_3[x]$.

**Aufgabe 10.33** Schreiben Sie ein Programm

`Hensel(f,F,A,m)`.

EINGABE: $f \in \mathbb{Z}[x]$, $m \in \mathbb{N}$, Listen $L = [f_1, \ldots, f_s]$ und $A = [a_1, \ldots, a_s]$ mit $f_i, a_i \in \mathbb{Z}/m\mathbb{Z}[x]$, sodass die $f_i$ normiert sind und

$$f = f_1 \cdot \ldots \cdot f_s \bmod m \text{ und } 1 = a_1\widehat{f}_1 + \ldots + \widehat{f}_s \bmod m$$

AUSGABE: Ähnliche Listen $\widetilde{L}$ und $\widetilde{A}$, welche die Faktorisierung von $f$ und die Bézout-Koeffizienten modulo $m^2$ liftet.

Prüfen Sie Ihr Programm anhand der Beispiele aus Aufgabe 10.32. Wenden Sie einige Male das Hensel-Lifting an.

**Aufgabe 10.34**

1. Schreiben Sie ein Programm

   `findprime(f)`,

   welches für ein quadratfreies Polynom $f \in \mathbb{Z}[x]$ die kleinste Primzahl $p$ findet, die den Leitkoeffizienten von $f$ nicht teilt und für die gilt, dass $f$ quadratfrei modulo $p$ ist.
2. Verbessern Sie Ihr Programm zur Faktorisierung von Polynomen in $\mathbb{Z}[x]$ aus Aufgabe 10.22, indem Sie Hensel-Lifting anwenden.

## 10.9 Polynome in mehreren Veränderlichen

Wir beschreiben einen Algorithmus für die Faktorisierung von Polynomen in $\mathbb{Q}[x_1,\ldots,x_n,y] = \mathbb{Q}[x,y]$ mehrerer Veränderlicher. Sind $f,g \in \mathbb{Q}[x][y]$, so kann man den größten gemeinsamen Teiler berechnen, indem man zunächst induktiv den größten gemeinsamen Teiler der Inhalte von $f$ und $g$ berechnet. Ist $f = a_d y^d + a_{d-1}y^{d-1} + \ldots + a_0$, mit $a_i \in \mathbb{Q}[x]$, so ist der Inhalt definitionsgemäß gleich dem $\mathrm{ggT}(a_d,\ldots,a_0)$. Sie kann induktiv berechnet werden. Dann berechnet man den $\mathrm{ggT}(f,g)$ in $\mathbb{Q}(x)[y]$ mit dem euklidischen Algorithmus. In SAGEMATH ruft man einfach `gcd(f,g)` auf.

**Algorithmus zur Faktorisierung von Polynomen *f* in mehreren Veränderlichen.**

1. Berechne den Inhalt $Inh(f) \in \mathbb{Q}[x]$ und faktorisiere diesen induktiv.

   Wir nehmen der Einfachheit halber an, $f$ sei normiert in $y$. (Aber siehe Aufgabe 10.35.)
2. Ist $f$ nicht quadratfrei, so ist der $\mathrm{ggT}(f,\partial_y f)$ ein echter Faktor von $f$. Wir nehmen also an, $f$ ist quadratfrei.
3. Für allgemeine $a \in \mathbb{Q}^n$ ist $f(a,y)$ ebenfalls quadratfrei. Nach einer Koordinatentransformation $x \to x - a$ dürfen wir annehmen, dass $a = 0$. Faktorisiere das Polynom $f(0,y) \in \mathbb{Q}[y]$, ein Polynom in einer Veränderlichen.
4. Wende das Hensel-Lifting an und faktorisiere $f(0,y)$ modulo $\langle x\rangle^2$, $\langle x\rangle^4$ usw. mindestens bis zum maximalen Grad in den $x$.
5. Kombiniere die möglichen Faktoren und prüfe, ob es echte Faktoren gibt.

**Beispiel**

$f = y^3-2x^3y^2-3x^2y^2+3xy^2+y^2-2x^4y-4x^3y-2x^2y+3xy+y-2x^6-x^5+3x^4-7x^3-x^2+2x$

Offenbar ist $f \in \mathbb{Q}[x][y]$ primitiv.

$$f(0,y) = y^3 + y^2 + y = (y^2+y+1)\cdot y = f_1 \cdot f_2 \,.$$

Wir wenden das Hensel-Lifting an und rechnen modulo $x^2$. Die Polynommultiplikation haben wir natürlich mit SAGEMATH durchgeführt.

$$\begin{aligned}
&a_1 = -(y+1)\,, \quad a_2 = 1 && a_1f_2 + a_2f_1 = 1\\
&e = f - f_1f_2 = 3xy^2 + 3xy + 2x\\
&ea_1 = xy + x \bmod f_1\,; && f_1 := f_1 + xy + x = y^2 + y + 1 + xy + x\\
&ea_2 = 2x \bmod f_2\,; && f_2 := f_2 + 2x = y + 2x\\
&E = 1 - (a_1f_2 - a_2f_1) = xy + x\\
&Ea_1 = -xy \bmod f_1\,; && a_1 := a - xy = y - 1 - xy\\
&Ea_2 = x \bmod f_2\,; && a_2 := a_2 + x = 1 + x
\end{aligned}$$

Wir rechnen nun modulo $x^4$.

$$\begin{aligned}
&e = f - f_1f_2 = -2x^3y^2 - 3x^2y^2 - 4x^3y - 4x^2y - 7x^3 - 3x^2\\
&ea_1 = x^3 - x^2 \bmod f_1\,; \quad f_1 := f_1 + x^3 - x^2 = y^2 + y + 1 + xy + x + x^3 - x^2\\
&ea_2 = -2x^3 - 3x^2 \bmod f_2\,; \quad f_2 := f_2 - 2x^3 - 3x^2 = y + 2x - 2x^3 - 3x^2
\end{aligned}$$

Jetzt könnten wir die neuen $a_1$ und $a_2$ berechnen, aber wir brauchen das nicht, denn

$$f = f_1 \cdot f_2 = (y^2 + y + 1 + xy + x + x^3 - x^2)(y - 2x^3 - 3x^2 + 2x).$$

# Aufgaben

Lösung

**Aufgabe 10.35** Gegeben ist ein Körper $K$.

1. Die Polynome $a(x), b(x) \in K[x]$ erfüllen $a(x) \cdot b(x) = 1 \bmod x^n$. Zeigen Sie, dass mit

$$c(x) = 2b(x) - a(x)b(x)^2$$

gilt:

1. $c(x) = b(x) \bmod x^n$
2. $a(x) \cdot c(x) = 1 \bmod x^{2n}$.
3. Funktioniert diese Methode auch für $K[x_1, \ldots, x_n]$?

Bemerkung: Vergleichen Sie mit dem Abschnitt 1.7 aus meinem Analysis-Buch.

2. Passen Sie den Algorithmus für die Faktorisierung des Polynoms $f \in \mathbb{Q}[x][y]$ an, sodass er auch funktioniert, wenn $f$ nicht normiert in $y$ ist.

**Aufgabe 10.36** Faktorisieren Sie die nachfolgenden Polynome.

1. $z^2 - xy$.
2. $y^2 - (x+1)^3$.
3. $y^3 + xy^2 + x^2y - y + x^3 - x$.
4. $-xy^3 + y^3 + x^4y^2 - x^3y^2 + 6xy^2 - y^2 - 5x^5y + 24x^3y - 5x^2y + y + x^6 - 5x^4 + 5x - 1$.

Tipp: Invertieren Sie $1 - x$ modulo $x^8$.

**Aufgabe 10.37** Es sei

$$f(x,y) = y^2 + 2 * x^2 * y + 2 * x^4 - 2 * x^3 - x^2 + 2 * x + 1 \in \mathbb{Q}[x,y]\,.$$

1. Zeigen Sie, dass $f$ irreduzibel ist.
2. Berechnen Sie eine Faktorisierung von $f$ über $\mathbb{Q}(i) = \{a + bi \colon a, b \in \mathbb{Q}\}$.

**Aufgabe 10.38**

1. Es sei $f \in \mathbb{Q}[x][y]$. Nehme an, $f$ ist normiert in $y$ (dies ist nicht wirklich notwendig). Angenommen

$$f(0,y) = (y - a_1) \cdot \ldots \cdot (y - a_k)$$

mit $a_i \neq a_j$, wenn $i \neq j$ und $a_i \in K$, wobei $K$ ein Körper ist zwischen $\mathbb{Q}$ und $\mathbb{C}$. Zeigen Sie: Ist $f$ irreduzibel in $K[x][y]$, so ist $f$ auch irreduzibel in $\mathbb{C}[x][y]$.

2. Warum erlaubt uns diese Aussage im Prinzip Polynome $f \in \mathbb{Q}[x,y]$ über $\mathbb{C}$ zu faktorisieren?
3. Faktorisieren Sie das Polynom

$$f(x,y) = y^2 + 4x^3y + 2y - 4x^6 + 20x^3 - 7$$

über $\mathbb{C}$.

## 10.10 Berechnung des Radikals

**Algorithmus zur Bestimmung des Radikals.**

EINGABE: Ein Ideal $I$ im Polynomring, Charakteristik gleich 0.
AUSGABE: $\sqrt{I}$.

1. Wähle eine maximale Anzahl von Koordinaten $x_1,\dots,x_s$ mit $I\cap K[x_1,\dots,x_s]=\langle 0\rangle$. Nenne die anderen Koordinaten $y_1,\dots,y_u$.
2. Bestimme für $i=1,\dots,u$ ein Element $0\neq g_i\in I\cap K[x_1,\dots,x_s,y_i]$. Bestimme den quadratfreien Teil $p_i$ von $g_i$ und setze $J=I+\langle p_1,\dots,p_u\rangle$.
3. Bestimme eine Gröbner-Basis von $J$ bezüglich einer Eliminationsordnung für $y_1,\dots,y_u$:
$$f_i=h_i(x)\cdot y^{\beta_i}+\dots,\quad y^{\beta_i}\neq 0 \text{ und } h_i\neq 0\,,\ i=1,\dots,d\,.$$
4. Sei $h=h_1\cdot\ldots\cdot h_d\in K[x_1,\dots,x_s]$. Ist $J=J:h$, so gebe $J=\sqrt{I}$ aus.
5. $J_1:=J:h^\infty$ und $J_2:=J:J_1$. Berechne rekursiv $\sqrt{J_1}$ und $\sqrt{J_2}$. Gebe $\sqrt{J_1}\cap\sqrt{J_2}$ aus.

**Nachweis der Korrektheit des Algorithmus.** Klar ist, dass $I\subset J\subset\sqrt{I}$, also $\sqrt{J}=\sqrt{I}$. Es gibt zwei Fälle in Punkt 4.

- Ist $J\neq J:h$, so gilt in Punkt 5 die Inklusion $J\subsetneq J_1$.

  Wir behaupten: $J\subset J_1\cap(J:J_1)\subset\sqrt{J}$. Die erste Inklusion ist offensichtlich. Ist $g\in J_1$ und $g\in J:J_1$, so ist $g\cdot g\in J$, also $g\in\sqrt{J}$. Es folgt $\sqrt{I}=\sqrt{J_1}\cap\sqrt{I:J_1}$.

  Der Fall $J\neq J_1$ kommt im Algorithmus nur endlich oft vor, denn sonst entsteht eine unendlich aufsteigende Kette von Idealen im Polynomring (siehe Aufgabe 9.26).

- $J=J:h$. Zu zeigen ist, dass $J=\sqrt{J}$. Wie im Beweis des schwachen Nullstellensatzes 9.14 gilt, dass $(f_1,\dots,f_d)$ eine Gröbner-Basis des Ideals $\widetilde{J}=J\cdot K(x_1,\dots,x_s)[y_1,\dots,y_u]$ ist. Weil alle Achsen besetzt sind, ist $\widetilde{J}$ nulldimensional und $p_i\in\widetilde{J}\cap K(x_1,\dots,x_s)[y_i]$ ist quadratfrei. Deshalb ist $\widetilde{J}$ ein radikales Ideal.

  Sei $f\in\sqrt{J}$. Dann sicherlich $f\in\sqrt{\widetilde{J}}=\widetilde{J}$. Wir reduzieren $f$ modulo $(f_1,\dots,f_d)$. Es wird bei dieser Reduktion nur **endlich** oft durch Leitkoeffizienten $h_i(x)\in K[x_1,\dots,x_s]$ geteilt. Weil $h$ das Produkt der $h_i$ ist, folgt, dass es ein $k$ gibt mit $h^k\cdot f\in\langle f_1,\dots,f_s\rangle=J$. Deshalb $f\in J:h^k=J:h=J$. ∎

**Beispiel** Gegeben ist die Gröbner-Basis $(y^2z-x^3z+y^3-x^3y, z^3+yz^2+2xz^2+2xyz+x^2z+x^2y)$ des Ideals $I\subset\mathbb{Q}[x,y,z]$ (Monomordnung lex $x<y<z$). Wir sehen, dass $I\cap\mathbb{Q}[x,y]=0$. Weil das Polynom $y^2z-x^3z+y^3-x^3y$ quadratfrei ist, gilt $J=I$. Weiter $h=y^2-x^3$. Mit SAGEMATH berechnet man:
$$J_1=\langle y+z\rangle \text{ und } J_2=\langle y^2-x^3, x^2+2xz+z^2\rangle\,.$$
Es gilt $J_2\cap\mathbb{Q}[x]=\langle 0\rangle$, $J_2\cap\mathbb{Q}[x,y]=\langle y^2-x^3\rangle$ und $J_2\cap\mathbb{Q}[x,z]=\langle (x+z)^2\rangle$. Wir fügen also $x+z$ zu $J_2$ hinzu und erhalten $\langle y^2-x^3,x+z\rangle$. Dies ist eine Gröbner-Basis bezüglich lex mit $h=1$. Es folgt ohne Probleme, dass $\langle y^2-x^3,x+z\rangle$ ein radikales Ideal ist. Deshalb:
$$\sqrt{I}=\langle y+z\rangle\cap\langle y^2-x^3,x+z\rangle=\langle z^2+yz+xz+xy, z^4+yz^3+y^2z+y^3\rangle.$$

# Aufgaben

Lösung

**Aufgabe 10.39** Sei

$$f_1 = x^2yz + xy^2z - xz^3 - yz^3$$
$$f_2 = x^3y + 2x^2y^2 + xy^3 - x^2z^2 - y^2z^2 - 2z^4$$

und $I = \langle f_1, f_2 \rangle \subset Q[x,y,z]$. Nehmen Sie invlex.

1. Bestimmen Sie (mit SAGEMATH) eine reduzierte Gröbner-Basis von $I$. Folgern Sie, dass $I \cap \mathbb{Q}[x,y] = \langle 0 \rangle$.
2. Bestimmen Sie $h$ und $I + \langle h \rangle$. Berechne mit SAGEMATH eine Gröbner-Basis und das Radikal hiervon (einfach).
3. Bestimmen Sie $J = I : h^\infty$ mit SAGE.
4. Bestimmen Sie $\sqrt{I}$.

Mit `I.radical()` bestimmt man in SAGE das Radikal von $I$. Hiermit können Sie Ihr Ergebnis prüfen.

**Aufgabe 10.40** Führen Sie für die nachfolgenden Ideale den Algorithmus durch, um $\sqrt{I}$ zu berechnen. Die angegebenen Erzeuger bilden eine Gröbner-Basis bezüglich invlex.

1. $I = \langle xz^2 + x^2z, y^2 - xy + x^2 \rangle$.
2. $I = \langle xz + z, w^2 + xw, y^2 + y \rangle$.
3. $I = \langle y^3z + y^5 - x^3y^3, xy^2z + xy^4 - x^4y^2, x^2yz + x^2y^3 - x^5y, x^3z + x^3y^2 - x^6 \rangle$.
4. $I = \langle z^3 - y^2z + x^3z, yz^2 - y^3 + x^3y, xz^2 - xy^2 + x^4 \rangle$.

## 10.11 Primärzerlegung von radikalen Idealen II

Ist $R$ ein Ring, so heißt $\mathfrak{p}$ ein Primideal, wenn aus $fg \in \mathfrak{p}$ folgt, dass $f \in \mathfrak{p}$ oder $g \in \mathfrak{p}$.
Eine Primärzerlegung eines radikalen Ideals $I$ in $R$ ist eine endliche Menge von Primidealen $\mathfrak{p}_1, \ldots, \mathfrak{p}_s$ mit $I = \mathfrak{p}_1 \cap \cdots \cap \mathfrak{p}_s$.

Ist $I$ kein Primideal, so gibt es ein $h \notin I$ mit $I \subsetneqq I : h =: I_1$. Mit $I_2 := I : I_1$ gilt $I \subset I_1 \cap I_2 \subset \sqrt{I}$: Ist $g \in I_1 \cap I_2$, dann ist $g \cdot g \in I$, also $g^2 \in I$. Ist $I$ radikal, so folgt $I = I_1 \cap I_2$. Ist $I_1$ und/oder $I_2$ kein Primideal, so wiederholen wir den Vorgang. Dieser Prozess stoppt, wenn $R$ ein noetherscher Ring ist. Somit existieren für noethersche Ringe Primärzerlegungen von radikalen Idealen.

Um eine Primärzerlegung rekursiv berechnen zu können, brauchen wir einen Nachweis, dass $I$ ein Primideal ist, oder wir müssen ein $h \notin I$ finden, sodass $I \subsetneqq I : h$.

### Algorithmus

EINGABE: Ein radikales Ideal $I \subset \mathbb{Q}[x_1, \ldots, x_n]$.
AUSGABE: Nachweis, dass $I$ ein Primideal ist oder ein $h \notin I$ mit $I \subsetneqq I : h$.

1. Bestimme eine maximale Anzahl von Koordinaten $x = (x_1, \ldots, x_s)$ mit $I \cap \mathbb{Q}[x_1, \ldots, x_s] = \{0\}$. Die anderen Koordinaten nennen wir $y = (y_1, \ldots, y_d)$.
2. Nehme $0 \neq (a_1, \ldots, a_d) \in \mathbb{Q}^d$, setze $g = \langle a, y \rangle$ und bestimme die reduzierte Gröbner-Basis von $J := I + \langle t - g \rangle \subset \mathbb{Q}[t, x, y]$ bezüglich einer Eliminationsordnung für $(x, t)$.

   Schaue nach, ob es für $i = 1, \ldots, d$ Elemente $h_i(x), \widetilde{h}_i(t, x)$ mit $h_i y_i - \widetilde{h}_i$ in der Gröbner-Basis gibt. Wenn nicht, so mache einen neuen Versuch mit anderen $(a_1, \ldots, a_d)$. Wenn ja, setze $h := h_1 \cdot \ldots \cdot h_d \in \mathbb{Q}[x]$.
3. Nehme $f(t, x) \in \mathbb{Q}[t, x]$ aus dieser Gröbner-Basis vom minimalem Grad $d$ in $t$. Ist $h(t, x)$ ein echter Teiler von $f(t, x)$, so gebe $h(g, x)$ aus. Sonst ist $f$ irreduzibel.
4. Ist $I \subsetneqq I : h$, so gebe $h$ zurück. Sonst ist $I$ ein Primideal.

1. Allgemeine $(a_1, \ldots, a_t)$ erfüllen die Bedingungen in Punkt 2. Betrachte dazu $\widetilde{I} = I \cdot \mathbb{Q}(x)[y]$. Dann ist $\widetilde{I}$ ein nulldimensionales Ideal. Man kopiert nun den Beweis des Satzes des primitiven Elementes mit $K = \mathbb{Q}(x)$ statt $\mathbb{Q}$ und mit $L$ ein Erweiterungskörper von $K$, der alle Nullstellen von $g_i$ mit $\langle g_i \rangle = \widetilde{I} \cap K[y_i]$ enthält für $i = 1, \ldots, d$. Dies zeigt auch, dass es ein Polynom $f(t, x)$ wie in Punkt 3 tatsächlich gibt.
2. Ist $h(t, x) q(t, x) = f(t, x)$ in Punkt 3 eine echte Faktorisierung von $f$, so ist $h(g, x)$ und $q(g, x)$ nicht in $I$, aber das Produkt schon.
3. Ist $f(t, x)$ in Punkt 3 irreduzibel, so behaupten wir: $\mathbb{Q}[t, x] \cap J = \langle f \rangle$. Angenommen, diese Behauptung ist falsch. Sei $f = p(x) t^d + \cdots$ und $g = q(x) t^e + \cdots, g \in J \cap Q[t, x]$, $g \notin \langle f \rangle$ und $e \geq d$ minimal mit dieser Eigenschaft. Dann ist $r(t, x) := q(x) t^{e-d} f - p(x) \cdot g \in J \cap Q[t, x]$ und wegen Minimalität von $e$ ist $r(t, x) \in \langle f \rangle$. Es folgt, dass $p(x) \cdot g \in \langle f \rangle$. Aber $p(x) \notin \langle f \rangle$, weil $f \in I$. Also ist $f$ reduzibel, Widerspruch!
4. Sei $I = I : h$ und $f_1 \cdot f_2 \in I$. Kommt $y^\alpha$ als Term mit maximalem Totalgrad $k$ in $f_1$ oder $f_2$ vor, so können wir in $h^k f_1$ und $h^k f_2$ alle Terme $y^\alpha$ modulo $J = I + \langle t - g \rangle$ eliminieren mithilfe der Polynome $h_i(x) \cdot y_i + \widetilde{h}_i(t, x)$. Somit gilt $h^k f_1(x, y) = \widetilde{f}_1(t, x)$ und $h^k f_2(x, y) = \widetilde{f}_2(t, x)$ modulo $J$. Dann ist $\widetilde{f}_1(t, x) \cdot \widetilde{f}_2(t, x) \in J \cap \mathbb{Q}[t, x] = \langle f(t, x) \rangle$. Aus der Irreduzibilität von $f$ folgt $f \mid \widetilde{f}_1$ oder $f \mid \widetilde{f}_2$. Somit $\widetilde{f}_1(g, x) \in I$ oder $\widetilde{f}_2(g, x) \in I$. Also entweder $h^k f_1 \in I$ oder $h^k f_2 \in I$, d. h. entweder $f_1 \in I : h^k = I$ oder $f_2 \in I$. ■

# Aufgaben

Lösung

Bemerkung: Mit `I.primary_decomposition()` bekommt man in SAGEMATH eine Primärzerlegung des Ideals $I$. Hiermit können Sie Ihre eigenen Ergebnisse prüfen.

**Aufgabe 10.41**

1. Zeigen Sie: Ist $I$ ein radikales Ideal, dann auch $I : J$.
2. Sei $I$ ein radikales Ideal und $h \in K[x_1, \dots, x_n]$ quadratfrei. Dann braucht $I + \langle h \rangle$ nicht radikal zu sein. Geben Sie ein Gegenbeispiel.

**Aufgabe 10.42**

1. Es sei $\mathfrak{p}$ ein Primideal und $\mathfrak{p} \supset I \cap J$ für Ideale $I$ und $J$. Zeigen Sie, dass $\mathfrak{p} \supset I$ oder $\mathfrak{p} \supset J$.
2. Es sei $R$ noethersch. Eine Primärzerlegung $\mathfrak{p}_1, \dots, \mathfrak{p}_s$ eines radikalen Ideals heißt minimal, wenn $\mathfrak{p}_i \not\subset \mathfrak{p}_j$ für $i \neq j$. Zeigen Sie, dass die minimale Primärzerlegung eines radikalen Ideals, bis auf Reihenordnung der Primideale, eindeutig ist.
3. Es sei $R$ ein noetherscher Ring, $I \subset \mathbb{R}$ ein Ideal und $P := \{\mathfrak{p} \supset I\colon \mathfrak{p} \text{ ein Primideal}\}$. Zeigen Sie, dass $\sqrt{I} = \bigcap_{\mathfrak{p} \in P} \mathfrak{p}$.

**Aufgabe 10.43** Betrachte das Ideal

$$I = \langle xyz^2 - z^4 - x^2y + xz^2, xy^2 + xyz - yz^2 - z^3 \rangle$$

in $\mathbb{Q}[x, y, z]$. Nehme lex mit $z > y > x$.

1. Bestimmen Sie eine Gröbner-Basis von $I$ und zeigen Sie, dass $I \cap \mathbb{Q}[x, y] = \{0\}$.
2. Dann ist $g = z$ in Punkt 2 eine gute Wahl. Warum? Identifizieren und faktorisieren Sie das Polynom $f$ aus dem Algorithmus.
3. Bestimmen Sie eine Primärzerlegung von $I$.

**Aufgabe 10.44**

1. Bezüglich lex mit $z > y > x$ ist nachfolgend eine Gröbner-Basis des Ideals $I$ gegeben.

$$\begin{aligned} I = \langle & z^2 - yz - xz + xy, y^2z - x^3z - y^3 + x^3y, \\ & x^2yz + yz + x^3z + xz - xy^2 - y^2 - x^3y - xy + x^3 - x^2, \\ & x^4z + x^2z + xy^3 - x^2y^2 - x^4y - x^3, xy^4 - x^4y^2 + x^2y^2 - x^5 \rangle \end{aligned}$$

   1. Lesen Sie ab, dass $I \cap \mathbb{Q}[x] = \langle 0 \rangle$ und $g = y$ eine gute Wahl sind.
   2. Bestimmen Sie das $f$ und finden Sie die drei Faktoren $f_1, f_2, f_3$ von $f$.
   3. Bestimmen Sie eine minimale Primärzerlegung des Ideals $I$ und prüfen Sie, dass $I$ ein radikales Ideal ist.

2. Gehen Sie den Algorithmus durch, um eine minimale Primärzerlegung des Ideals

$$\langle z^2 - yz - xz + xy, x^2yz + yz + x^3z + xz - x^3y - xy - x^4 - x^2, x^2z + z - x^3 - x, y^2 - x^3 \rangle$$

zu bestimmen.

# Weitere Bücher zur linearen Algebra

1. Beutelspacher, A.: *Lineare Algebra: Eine Einführung in die Wissenschaft der Vektoren, Abbildungen und Matrizen*, 8. Auflage, Vieweg + Teubner (2013)
2. Bosch, S.: *Lineare Algebra*, 5. Auflage. Springer Verlag (2014)
3. Brieskorn, E.: *Lineare Algebra und analytische Geometrie I*. Vieweg (1983)
4. Brieskorn, E.: *Lineare Algebra und analytische Geometrie II*. Vieweg (1985)
5. Fischer, G.: *Lineare Algebra*, 18. Auflage. Springer-Spektrum (2013)
6. Grauert, H. und Grunau, H.-G.: *Lineare Algebra und Analytische Geometrie*. Oldenbourg Wissenschaftsverlag (1999)
7. Huppert, B. und Willems, W.: *Lineare Algebra*, 2. Auflage. Vieweg Verlag (2010)
8. Jänich, K.: *Lineare Algebra*, 11. Auflage. Springer Verlag (2013)
9. Koecher, M.: *Lineare Algebra und analytische Geometrie*. 4. Auflage. Springer Verlag (2013)
10. Lorenz, F.: *Lineare Algebra I*, 4. Auflage. Spektrum Akademischer Verlag (2008)
11. Muthsam, H.J.: *Lineare Algebra und ihre Anwendungen*. Springer-Spektrum (2013)
12. Strang, G.: *Lineare Algebra*. Springer Verlag (2013)

# Index

## G



## H



## I

## Q



## R



## S

*unverbindliche Preisempfehlung

**Theo de Jong**

**Analysis**
ISBN 978-3-86894-112-8
26.95 EUR [D], 27.80 EUR [A], 32.10 sFr*
224 Seiten

# Analysis

## BESONDERHEITEN

Der "mathematische" Übergang von der Schule zur Universität ist für viele Studierende eine schwierige Situation. Daher strebt dieses Buch nicht die größte Abstraktion an wie die vergleichende Literatur. Vielmehr werden auf der einen Seite die Grundbegriffe der Analysis auf die Weise eingeführt, wie sie von den Studierenden in der Schule erlernt werden, auf der anderen Seite geschieht dies unter Berücksichtigung der mathematischen Präzision. Das Buch ist somit didaktisch komplett den Bedürfnissen der Leser*innen angepasst.Dieses Buch liefert somit die moderne, pädagogisch überfällige Darstellung der klassischen Analysis für Erstsemester, insbesondere für Mathematik-, Physik-, Informatik- und Lehramtsstudierende.

## EXTRAS ONLINE

Für Studierende:

- Alle Lösungen zu den Aufgaben im Buch

http://www.pearson-studium.de/4112